本色 AutoCAD 2009 中文版快乐启航

王刚 编著

科学出版社
www.sciencep.com

内容提要

本书以 AutoCAD 最新版本 2009 为基础，以实用案例为引导，详细为初学者揭示了 Auto CAD 的功能与应用。全书共分为 15 章，依次讲解了操作界面、如何绘制编辑二维图形、如何进行文字和尺寸标注、如何利用块及捕捉等工具命令提高效率、如何创建轴测图、如何创建三维图形、如何打印输出等内容。为了促进初学者的学习效率，我们在每个章节都设置了疑难及常见问题。

本书作为一本初级读本，内容涉及 Auto CAD 在建筑、机械等各个领域的应用，适合各专业的计算机制图初学者和爱好者阅读。

书中的部分实例素材请到 www.bhp.com.cn 下载。

需要本书或技术支持的读者，请与北京清河 6 号信箱（邮编：100085）发行部联系，电话：010-62978181（总机）、010-82702660，传真：010-82702698，E-mail：tbd@bhp.com.cn。

图书在版编目（CIP）数据

中文版 AutoCAD2009 快乐启航 / 王刚编著
—北京：科学出版社，2008.9
ISBN 978-7-03-022981-6

Ⅰ. A… Ⅱ. 王… Ⅲ. 计算机辅助设计—应用软件，AutoCAD 2009 Ⅳ.TP391.72

中国版本图书馆 CIP 数据核字（2008）第 140825 号

责任编辑：徐 清 / 责任校对：娄 艳
责任印刷：广 益 / 封面设计：盛春宇

科 学 出 版 社 出版
北京东黄城根北街 16 号
邮政编码：100717
http://www.sciencep.com
北京广益印刷有限公司
科学出版社发行 各地新华书店经销
*
2008 年 11 月第 一 版 开本：787×1092 1/16
2008 年 11 月第 一次印 印张：23.5
印数：1- 4000 字数：535 002

定价：38.00 元

序

这是一套让作者“为难”的丛书，但读者将从中得到更多的收益。

为何这套丛书让作者“为难”了呢？这得从本套丛书的特点说起。

近年来，一些出版社邀请各行业的精英加入图书创作，图形图像软件书籍的实用性和美观性大大提高，这一特点在案例书中尤为突出。不过，浮躁随之而来，对案例精美的追求超过了对技术实用的重视，对软件“设计”的包装掩盖了“只是一个工具”的本质。因此读者面对一本本包装精美的图书，反而不知怎么选择了，尤其是初学者或者摆弄过个把月就想尽快熟练的人遇到了更大的困惑。

为此本书编辑萌发出版一套针对读者入门并跃升到熟练水平需求丛书的想法，不奢谈“设计”、不片面追求“美观”。

这样一套“为难”作者的丛书名叫做“本色”，信奉：

本色的我们，本色的书！

这套丛书有两个系列。系列一技术读本叫“快乐本色”，书名为“××快乐启航”；系列二案例读本叫“本色经典”，书名为“××经典汇粹”。

系列二是技术读本，具有如下特点。

1. 务实

软件就是软件，让浮华的“设计”远离软件的初学者，只讲技术，不谈设计，同时不夸大软件的功能。或许像香烟上的“吸烟有害健康”一样，当你做完某个案例却被告知“非常抱歉，这样的效果通常用某某软件制作起来更简单更方便”。书中老鼠王子是这个方面的发言人。老鼠王子有多种形象。王子婆妈，给出提示或注意事项；王子显宝，给出技巧或经验；王子呲牙，提出警告；王子俏皮，给出省事偷工说法；王子眼泪，给出软件功能秘密。

2. 强调视野和解决问题

这是理论读本作者面对的第一道坎。作为一本基础技术书，内容上对软件在各个行业的实际应用层面和用法都要提及，才有助于引领读者更深入地理解和掌握。为了体现这个要求，特设置了“基础应用”和“疑难及常见问题”两节。要写好这两部分内容，作者自身必须成为一个“大家”。

“基础应用”既不会笼统地讲“绘图工具就是用来设计、绘制图案”，也不会逐一地解释功能“矩形工具用来绘制矩形，路径工具用来编辑路径”。下面的内容摘自编辑的一段写作指导。

如果在基础应用部分无话可说或不知道怎么说，第一，检查自己的章节划分是否太细碎或者分类标准混乱了；第二，审视自己是否站在一个综合应用和实际工作需求的高度来看问题。部分作者只能就工具说工具，不会把工具放在整个应用中去说明。

建议大家采用逆向思维：什么情况下需要用到本章的知识？尽可能详细地列出，这样自然就得出需要的东西了。

“疑难及常见问题”处则要求作者努力将读者可能遇到的各种困难都反应出来。这两点将切实帮助读者解决使用问题，加深理解。

3. 强调语言轻松活泼

这是技术读本作者面对的第二道坎。大家提到计算机、图形图像软件书籍时，第一反应就是文字呆板、枯燥、严肃。作者与大多读者一样，都是被这样的书培养和熏陶出来的。现在居然想让这类书的文字轻松活泼起来，这如同是赶鸭子上架 —— 难呀！下面同样摘录自一段策划编辑的写作指导，可以看出文字风格转变的艰难。

关于如何轻松快乐的建议：

(1) 用形象的语言来描述，可以多用比喻、夸张，尤其是导读、术语解释部分。

(2) 多使用情感语言：如表情叹词、祈使句等。在章节点过渡部分可以突出使用。

(3) 可以适当说几句与讲解相关的俏皮话。在案例讲解和大段的知识讲解中可以用到。

系列二是案例读本，具有如下特点。

1. 强调分析和图示

这是案例读本作者面对的第一道坎。每个案例都有剖析原理、要点，让读者“知其所以然”。剖析后，利用简单的示意图表示出来。很多作者习惯按某某步骤做出效果，从未深想过为何这样做、做的要点在什么地方，画的示意图要么是步骤截屏，要么就是糊里糊涂不知所云。实际上制作分析不是简单地罗列步骤，它更需要的是技术和解决思路。

2. 强调变化和举一反三

这是案例读本作者面对的第二道坎。书中每章案例都设置了“同类索引”，要求作者揭示出同样的主体技术还能做什么，揭示相似案例的差别所在。如果不是“见多识广”，该处难以写作。用作者的话说，这个地方是“写得搜肠刮肚”。但是对读者却有好处，可以通过一个案例学会多种变化。

“为难”作者的作品并不一定可爱，但读者的批评和赞美肯定最可爱。因此当你在阅读中发现任何疑问或者错误，请告知我们。登陆www.bhp.com.cn，在“大众书评”和“希望问问”处注册后即可发表评论和提出问题。同时，你也可以通过QQ 603830039或者发邮件到xiaomuwangshan@163.com联系木头编辑。

木头编辑

前　言

AutoCAD是美国Autodesk公司推出的通用计算机辅助绘图和设计软件，因其功能强大且具有简捷、易操作、易掌握等特点，在建筑与工程等设计领域中得到了极为广泛的应用。目前，AutoCAD已经成为建筑与机械设计领域应用最为普遍的计算机辅助设计软件之一。

AutoCAD 2009中文版是AutoCAD系列软件中的最新版本，与以前版本相比，AutoCAD 2009操作更方便，功能更强，效率更高，是继AutoCAD 2008之后的又一开发利器，对广大用户的工作必将起到巨大的推动作用。

本书旨在还原AutoCAD作为一款软件工具的特点，一点一点地向读者传授这款软件的操作方法，同时介绍一些操作技巧，帮助初学者迅速提高绘图技能。另外，在每章的后边还安排了疑难解答，对初学者在学习过程中经常遇到的一些问题进行了详细的解答。

除封面署名的作者外，参加本书创作的还有孙田子、陈朋伟、王峰辉、马瑞红、魏娅宁、石玲、雷春利、高超、兰奇、王社亮和孙月娥等人。由于作者水平有限，本书难免有不足之处，欢迎广大读者批评指正。

编　者

目 录

第一章 AutoCAD 2009概述

1

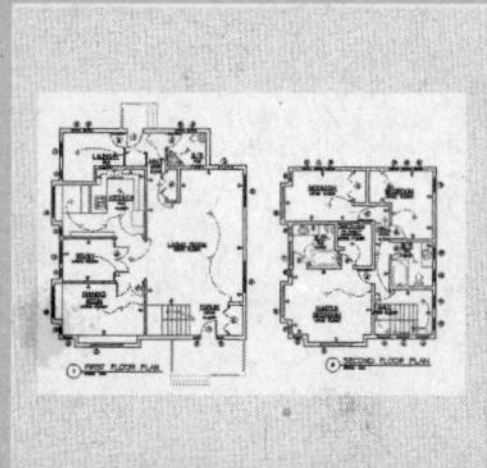

本章内容

基本术语

知识讲解

基础应用

案例表现

疑难及常见问题

本章导读

AutoCAD 2009是美国Autodesk公司目前推出的最新通用计算机辅助绘图与设计软件包，呵呵，通俗地讲，就是AutoCAD绘图软件的最新版本。该软件经过十余次的升级，以其强大的功能、简单而灵活的操作，以及非常友好的界面深受广大工程技术人员的欢迎，因而成为市场上最受欢迎的计算机辅助绘图与设计软件之一。

本章将围绕AutoCAD 2009经典界面介绍AutoCAD 2009的界面组成、图形文件管理以及系统配置，为以后的学习打下良好的基础。

1.1 基本术语

1.1.1 绘图窗口

绘图窗口可不是我们日常生活中所说的窗户，你可以把它看成是一张空白的图纸，绘图窗口是我们绘制图形的主要区域，同时也占据了整个AutoCAD 2009界面的绝大多数区域。

1.1.2 命令栏

用户在AutoCAD中的每一步操作都会被系统记录在案，这些信息都显示在命令栏中，如图1－1所示。

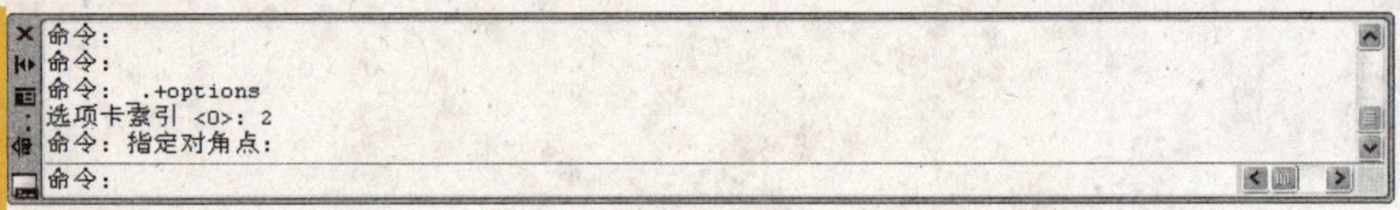

图1–1　命令栏

1.1.3 状态栏

状态栏用于显示当前光标所在位置、辅助绘图工具和其他工具的使用状态，如图1–2所示。

图1–2　状态栏

1.1.4 工作空间

通俗地讲，工作空间就是我们实施操作的场所。对于软件而言，工作空间是指软件界面的组成。在AutoCAD 2009中，系统为用户提供了三种工作空间，分别为"AutoCAD经典"、"二维草图与注释"和"三维建模"。

"AutoCAD经典"工作空间如图1–3所示，该工作空间主要用于二维图形的绘制与编辑。在这个工作空间中，绘图窗口的四周悬停了一些用户可能经常用到的工具栏。

"二维草图与注释"工作空间如图1－4所示，该工作空间也主要用于二维图形的绘制与编辑。与"AutoCAD经典"工作空间不同的是，该工作空间中的工具栏都被集中到不同的选项卡上。用户可以根据需要，通过单击选项卡右边的"最小化为面板标题"按钮，隐藏这些工具栏，从而扩大绘图窗口的区域，如图1－5所示。

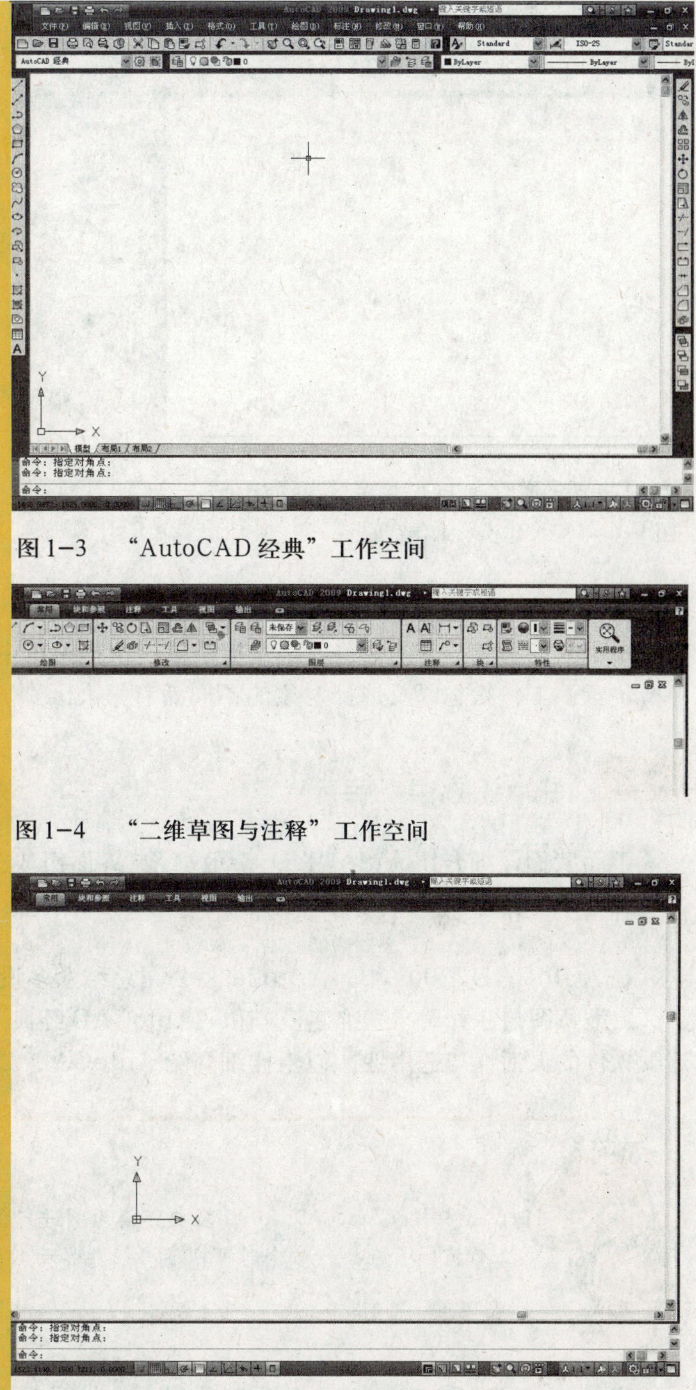

图 1-3　“AutoCAD 经典”工作空间

图 1-4　“二维草图与注释”工作空间

图 1-5　隐藏工具栏

“三维建模”工作空间如图 1-6 所示，该工作空间主要用于绘制三维图形和建模。“三维建模”工作空间比“二维草图与注释”工作空间多了一个工具选项板，其他组成基本相似。细心的你一定发现了这两个工作空间中的选项卡不一样，呵呵，AutoCAD 2009 系统会根据你选择的工作空间的不同，显示出不同的选项卡，而这些选项卡中又包含了不同的工具栏，多么友好的工作界面啊，赶快启动你的 AutoCAD 2009 感受一下吧。

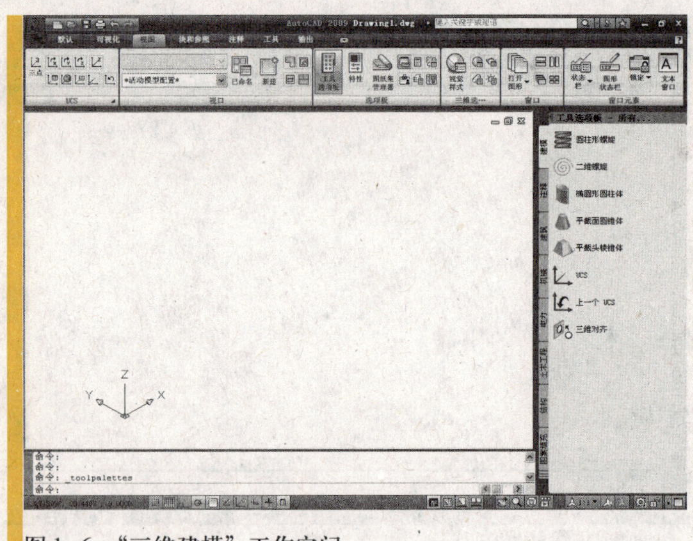

图 1-6 “三维建模”工作空间

1.1.5 快捷菜单

单击鼠标右键打开的菜单就是快捷菜单。快捷菜单中的命令选项会根据当前鼠标的停留位置、工作状态以及选择对象的不同而有很大区别。

1.2 知 识 讲 解

下面我们详细介绍 AutoCAD 2009 经典界面组成、图形文件管理和系统配置。

1.2.1 中文AutoCAD 2009经典界面组成

在 AutoCAD 2009 中，Autodesk 公司总结众多设计师的绘图经验，为用户提供了“二维草图与注释”、“三维建模”和“AutoCAD 经典”3 种工作空间，极大地提高了这款软件的灵活性与适用性。以下详细介绍 AutoCAD 2009 经典界面的组成。

本书以 AutoCAD 2009 经典界面为例进行讲解，如果读者使用其他工作空间，在执行命令时可以参考经典界面的菜单栏或工具栏。

启动 AutoCAD 2009 进入绘图工作界面，如图 1-7 所示。AutoCAD 2009 经典界面主要由标题栏、菜单栏、工具栏、绘图窗口、十字光标、坐标系、命令栏和状态栏等组成。

1．标题栏

AutoCAD 2009 的标题栏非常独特，它具有一般软件标题栏共有的属性，如显示软件名称 AutoCAD 2009 和当前文档的名称 Drawing1.dwg ，以及最小化、最大化和关闭按钮。除此之外，该标题栏还具有搜索功能，在标题栏中的搜索框中输入要查找的关键字或短语，然后单击右边的“搜索”按钮，这样就可以查找到与之相关的所有信息，如图 1-8 所示。

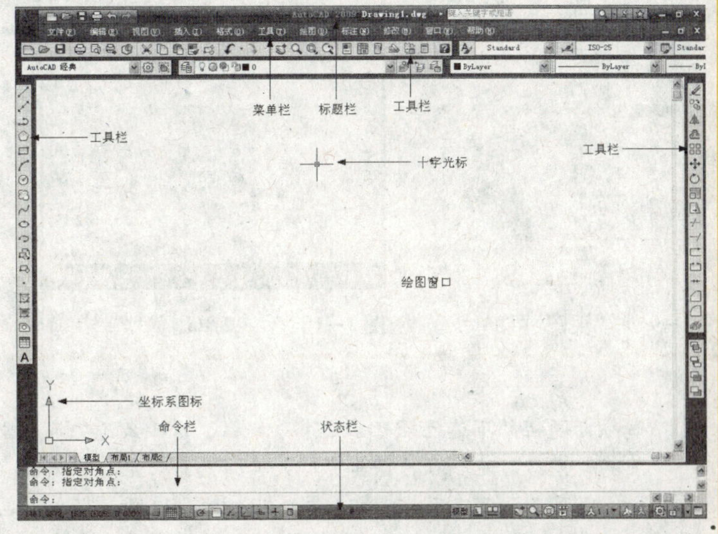

图 1-7　中文版 AutoCAD 2009 经典界面

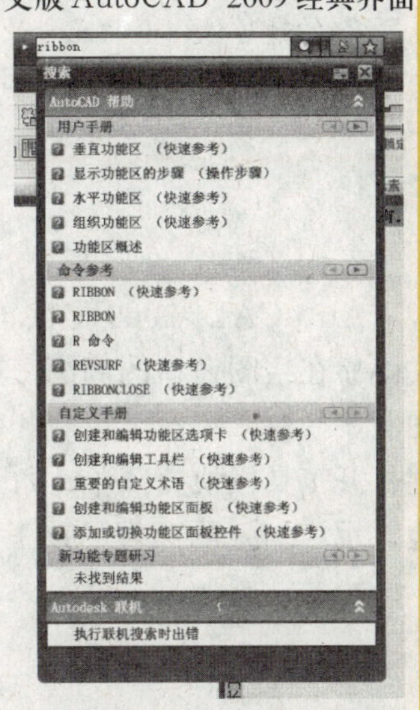

图 1-8　标题栏的搜索功能

标题栏还有一个隐藏的功能，那就是在标题栏上单击鼠标右键，在弹出的快捷菜单中选择“还原”、“移动”、“大小”、“最小化”、“最大化”和“关闭”命令，实现软件状态的控制。

2. 菜单栏

根据以往使用各种软件的经验，如果要执行某个操作，最直接的方法就是在菜单栏中寻找相应的命令。对于 AutoCAD 2009 也不例外，它的菜单栏由“文件”、“编辑”、“视图”、“插入”、“格式”、“工具”、“绘图”、“标注”、“修改”、“窗口”和“帮助”11 个菜单项组成，而每个菜单项又由多个命令或命令集组成，如图 1-9 所示。这些菜单项包含了 AutoCAD 2009 几乎所有的命令。

另外，AutoCAD 2009 新添加了一个“菜单浏览器”，该浏览器位于标题栏和菜单栏的左边，通常情况下显示为图标，当用户单击该图标时，就会显示 AutoCAD 2009 的所有菜单，如图 1-10 所示。

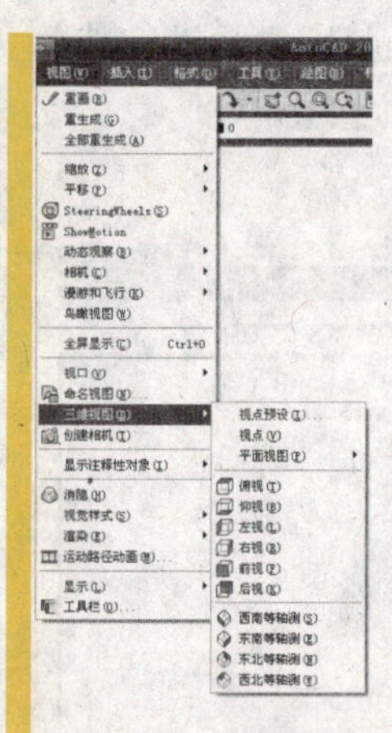

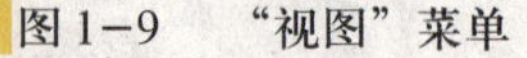

图 1–9 “视图”菜单

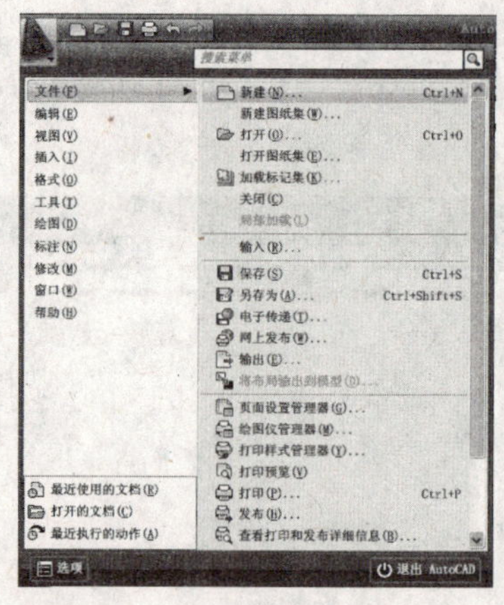

图 1–10 “菜单浏览器”

既然标题栏的下边已经有了一个菜单栏，为什么还要在这里再设置一个“菜单浏览器”呢？呵呵，其实“菜单浏览器”主要应用在“二维草图与注释”以及“三维建模”工作空间。当切换到这两个工作空间时，界面上菜单栏的位置已经被其他选项卡所替代，而这些选项卡中的选项又具有很强的针对性，不能完全显示 AutoCAD 2009 的所有工具，这就是为什么要设置“菜单浏览器”的原因。

3. 工具栏

AutoCAD 2009 提供了 37 种工具栏可供用户选择，默认打开的工具栏以悬停的方式停靠在绘图窗口的周围，其中有“标准”、“图层”、“对象特性”、“绘图”、“修改”、“绘图次序”和“样式”等，如图 1–11 所示。隐藏的工具栏可以通过在工具栏上单击鼠标右键打开工具栏快捷菜单，如图 1–12 所示，勾选所需命令即可在屏幕上显示出来。命令前边显示“✓”的项表示该工具栏已经打开。

“绘图”工具栏

“修改”工具栏

图 1–11 工具栏

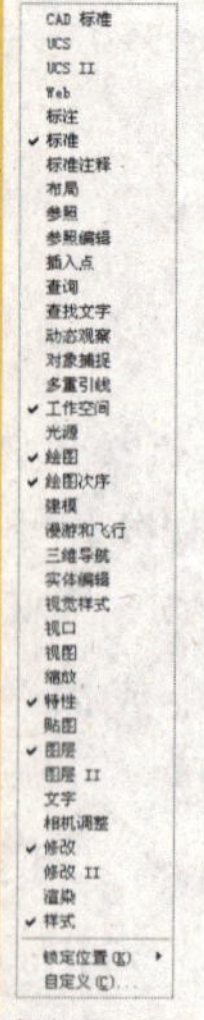

图 1–12 工具栏快捷菜单

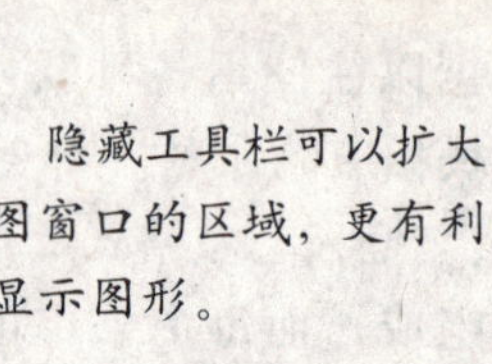

隐藏工具栏可以扩大绘图窗口的区域，更有利于显示图形。

4. 绘图窗口

绘图窗口占据了AutoCAD 2009工作界面的绝大部分区域，也是绘制与编辑图形的主要场所。由于用户的可视区域有限，有时为了扩大绘图窗口，可以隐藏一些悬停在绘图窗口四周的工具栏，或直接按Ctrl+0组合键切换到“专业模式”，这样就可以使绘图窗口最大化，如图1-13所示。

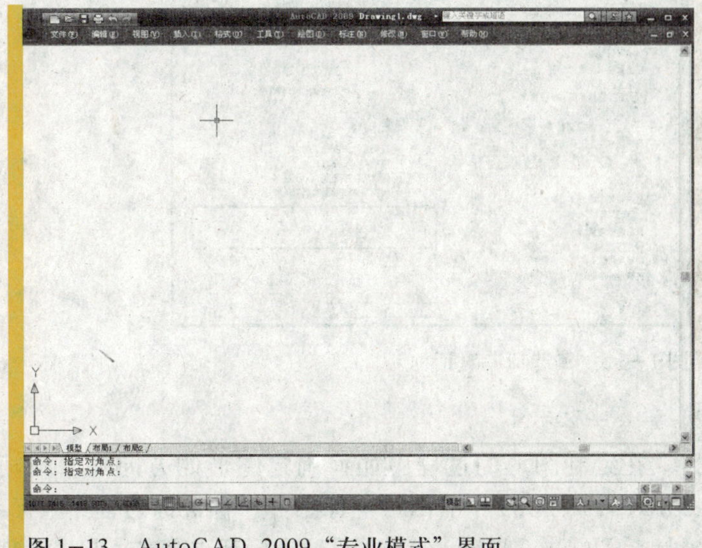

图1-13 AutoCAD 2009“专业模式”界面

在专业模式下，不同的工作空间有不同的界面效果。“AutoCAD经典”中依然保留了菜单栏和菜单浏览器，但在“二维草图与注释”和“三维建模”中却只保留了菜单浏览器。如果你是老用户，无论在哪个工作空间中，都可以通过命令栏直接进行操作，有没有菜单栏和菜单浏览器对你的影响不是很大；但如果你是初学者，那还是按Ctrl+0组合键切换到普通模式吧。

5. 十字光标

十字光标是鼠标在绘图窗口中的显示状态。在平面图形中，AutoCAD 2009的十字光标由两条相互垂直的十字线组成，十字线的交点就是当前光标的位置；在等轴测平面中，AutoCAD 2009的十字光标由两条相交成60°角的十字线组成，十字线的交点就是当前光标的位置；在三维图形中，AutoCAD 2009的十字光标由三条相互垂直的直线组成，直线的交点就是当前光标的位置。十字光标在各种图形中的显示效果如图1-14所示。

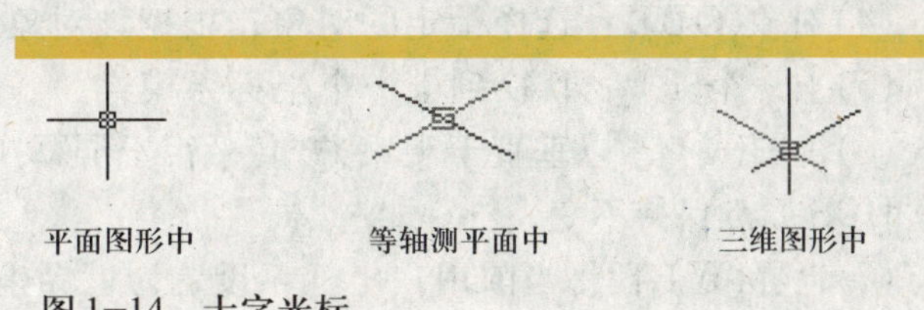

图1-14 十字光标

用户还可以自定义十字光标的大小。选择“工具”→“选项”命令，打开“选项”对话框，如图1-15所示，在“显示”选项卡中的“十字光标大小”选项区中设置十字光标的大小。

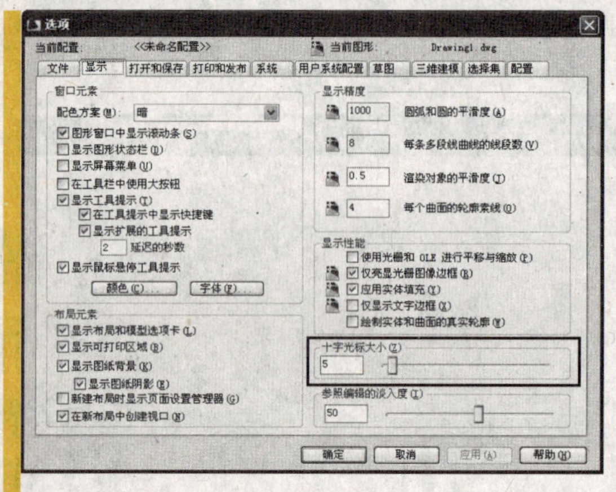

图1-15 “选项”对话框

6. 坐标系

在绘制图形的过程中如何确定图形的方向呢？呵呵，这就得依靠坐标系了。在AutoCAD 2009中有两种坐标系：一种被称为世界坐标系(WCS)，另一种被称为用户坐标系(UCS)。默认状态下这两种坐标系重合在一起，没有任何区别。世界坐标系是系统默认的坐标系，而用户坐标系则需要由用户自己定义。

在平面图形中，世界坐标系的X轴水平，Y轴垂直，X轴与Y轴的交点(0，0)即为坐标系的原点；在三维图形中，世界坐标系的X轴、Y轴和Z轴相互垂直，根据用户选择视图的不同，其方向也有所不同，但三条轴始终垂直，三条轴的交点即为坐标系的原点。

定义用户坐标系的具体操作方法如下。

命令：ucs(输入坐标系命令)

当前 UCS 名称：*世界*(系统提示)

指定 UCS 的原点或 [面(F)/ 命名(NA)/ 对象(OB)/ 上一个(P)/ 视图(V)/ 世界(W)/X/Y/Z/Z轴(ZA)] <世界>:(选择自定义坐标系的方式)

各选项含义如下。

(1)指定UCS的原点：在绘图窗口中指定新坐标系的原点、X轴的方向和Y轴的方向来确定新坐标系的模式。

(2)面(F)：选择指定的面，并确定X轴和Y轴的方向来确定新坐标系的模式。

(3)命名(NA)：保存、恢复或删除用户坐标系。

(4)对象(OB)：选择指定的对象，根据该对象的位置确定新坐标系。

(5)上一个(P)：切换到上一个坐标系模式。

(6)视图(V)：以垂直于观察方向(平行于屏幕)的平面为XY平面，建立新的坐标系，UCS原点保持不变。

(7)世界(W)：将当前用户坐标系设置为世界坐标系。

(8)X/Y/Z：绕X轴、Y轴或Z轴旋转当前坐标系。

(9)Z轴(ZA)：通过重新指定Z轴正方向的位置确定新的坐标系。

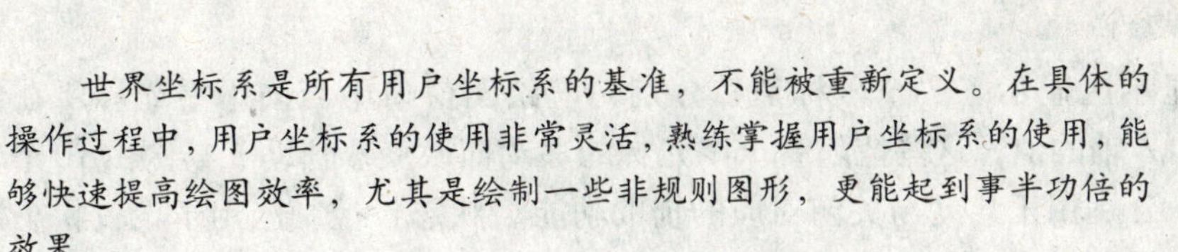

世界坐标系是所有用户坐标系的基准，不能被重新定义。在具体的操作过程中，用户坐标系的使用非常灵活，熟练掌握用户坐标系的使用，能够快速提高绘图效率，尤其是绘制一些非规则图形，更能起到事半功倍的效果。

7. 命令栏

命令栏是AutoCAD 2009区别于其他软件的一个重要功能。在AutoCAD 2009中每执行一个命令，命令栏中都会显示相应的提示信息，提示用户当前的操作是什么，以及下一步该如何操作等，这对于AutoCAD 2009的初学者而言，是一个非常友好的人机交互界面。

例如要绘制一个长为100，宽为80的矩形，执行矩形命令后，命令栏中提示信息如下：

命令：_rectang

指定第一个角点或 [倒角(C)/标高(E)/圆角(F)/厚度(T)/宽度(W)]：

指定另一个角点或 [面积(A)/尺寸(D)/旋转(R)]：d

指定矩形的长度 <10.0000>：100

指定矩形的宽度 <10.0000>：80

指定另一个角点或 [面积(A)/尺寸(D)/旋转(R)]：

其中灰色字体表示命令栏提示信息，其他为用户输入信息。

默认状态下，命令栏悬停在绘图窗口的下边，其显示区域受到很大的限制，如果要查看更多的命令提示，可以按F2功能键，或选择“视图”→“显示”→“文本窗口”命令，打开“文本窗口”对话框，显示更多的提示信息，如图1-16所示。

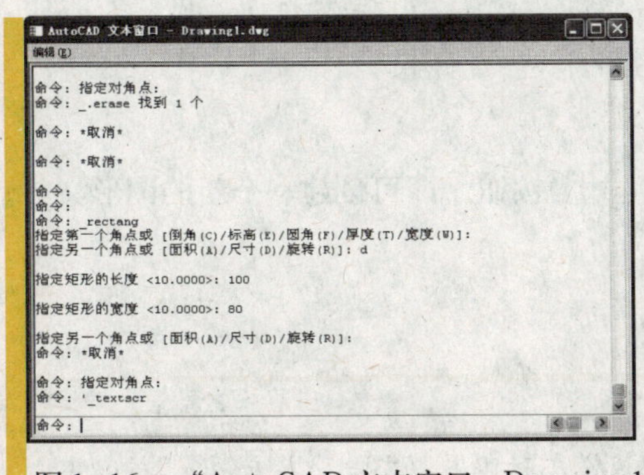

图1-16　“AutoCAD文本窗口-Drawing1.dwg”对话框

8. 状态栏

状态栏由三部分组成：左边部分用于显示当前十字光标的位置，称为坐标显示区；中间部分是一组辅助工具栏，称为辅助工具区；右边部分用于设置工具栏的显示状态，称为状态栏控制区，如图1－17所示。

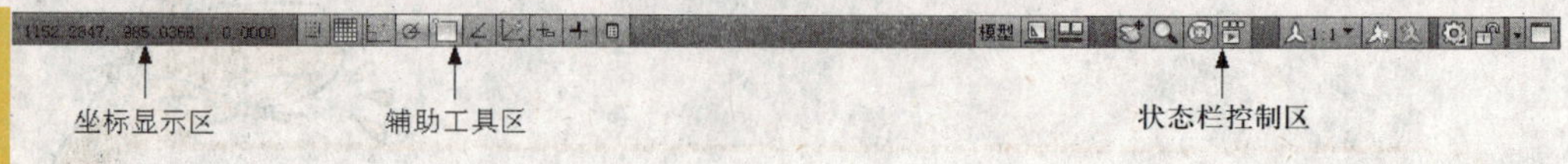

图1－17　状态栏

坐标显示区显示了3个坐标值，分别对应绘图窗口中当前十字光标所在位置的X轴、Y轴和Z轴的值，这些值随着十字光标的移动而改变。辅助工具区由10个辅助工具按钮组成，分别用于启动与关闭对应的辅助功能。状态栏控制区用于设置状态栏的显示状态，单击状态栏右下角的倒三角按钮，打开状态栏菜单，通过状态栏菜单可以设置状态栏的显示状态。

1.2.2　图形文件管理

图形文件管理是新建、打开、保存与关闭图形文件的总称。AutoCAD 2009图形文件管理的方式与其他软件非常类似，但又有所不同，以下详细进行介绍。

1．新建图形文件

AutoCAD 2009采用多文档界面，即在一个主界面下可以打开多个文档，这与Excel相同。启动AutoCAD 2009后，系统会自动创建一个空白的图形文件，用户根据需要还可以新建多个图形文件，具体操作如下。

01 选择“文件”→“新建”命令，或单击“标准”工具栏中的“新建”按钮，打开“选择样板”对话框，如图1－18所示。

图1－18　“选择样板”对话框

02 在样板列表选择一个图形文件样板，单击打开(O)按钮，即可创建一个新的图形文件。

在新建图形文件时，还可以采用无样板模式新建图形文件。单击打开(O)按钮右边的倒三角按钮，在弹出的快捷菜单中选择“无样板打开－英制(I)”或“无样板打开－公制(M)”命令，就可以创建无样板的图形文件。

2. 打开图形文件

如果AutoCAD 2009图形文件已经存在，想对其进行浏览或编辑，那么就需要打开图形文件，具体操作如下。

01 选择“文件”→“打开”命令，或单击“标准”工具栏中的“打开”按钮，打开“选择文件”对话框，如图1-19所示。

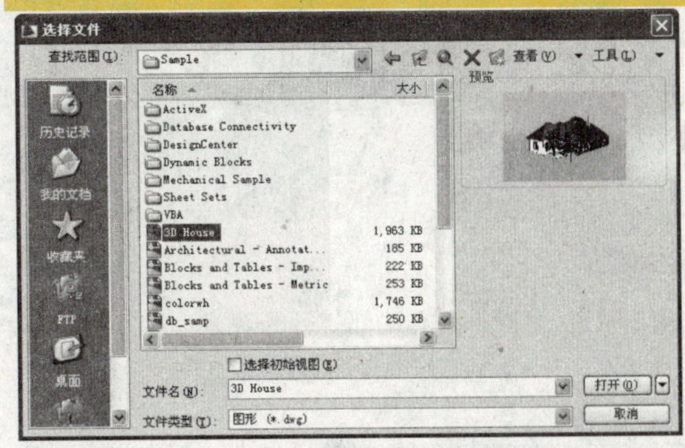

图1-19 “选择文件”对话框

02 在文件列表中选中要打开的图形文件，单击打开(O)按钮，或直接双击要打开的图形文件，即可打开选定的图形文件。

如果一个图形文件很大，采用以上的方法打开时会非常慢，而且在浏览或编辑图形文件时，也会占用非常多的计算机内存，使工作效率很难得到提高。在AutoCAD 2009中，为了提高工作效率，用户可以指定打开一个图形文件中的一部分内容，这样在打开、浏览和编辑图形文件时，就不会因计算机反应太慢而影响工作效率。

要打开部分图形文件，具体操作如下。

01 打开“选择文件”对话框，选中要打开的图形文件，单击打开(O)按钮右边的倒三角按钮，在弹出的菜单中选中“局部打开”命令，打开“局部打开”对话框，如图1-20所示。

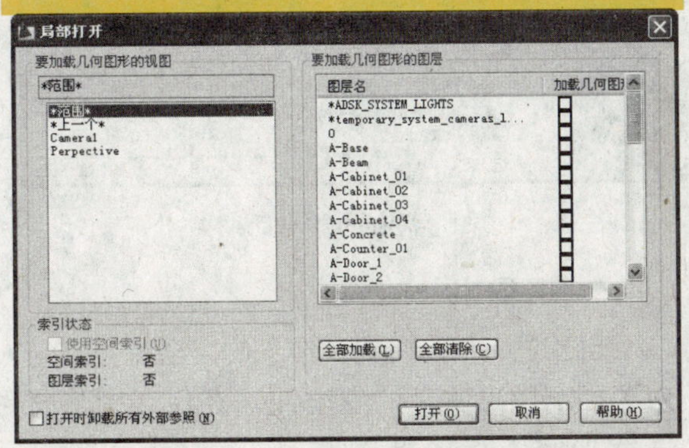

图1-20 “局部打开”对话框

02 在“要加载几何图形的图层”列表中勾选要打开的图层，单击[打开(O)]按钮，就可以打开指定图层上的所有对象，其他图层上的对象则不会在打开的图形中显示。图1-21所示为全图打开与局部打开时的不同效果。

全图打开

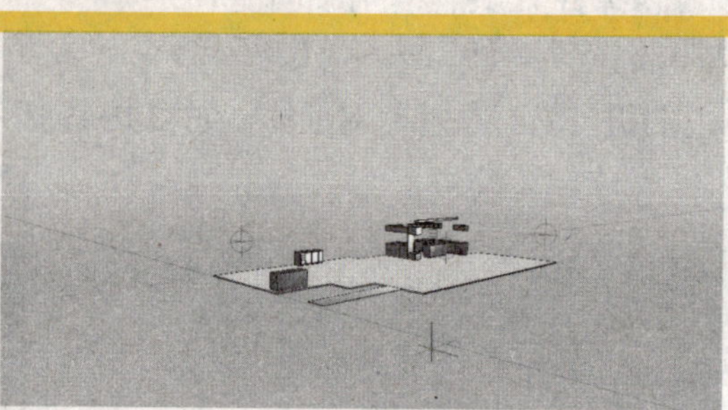

局部打开

图1-21　全图打开与局部打开的效果

3．保存图形文件

在绘制图形中，为避免因意外丢失数据，用户需要注意随时保存已经绘制的图形。在AutoCAD 2009中，执行保存命令的方法有以下几种。

(1)选中“文件”→“保存”或“另存为”命令。

(2)单击“标准”工具栏中的“保存”按钮。

(3)按Ctrl+S组合键。

(4)在命令行中输入命令：qsave。

如果图形文件没有保存过，执行保存命令后，会打开“图形另存为”对话框，如图1-22所示，在“文件名”文本框中输入要保存文件的名称，单击[保存(S)]按钮即可。如果图形文件已经保存过，执行除“另存为”命令以外的其他保存命令，系统将在原文件所在位置保存文件。如果执行“另存为”命令，无论图形文件是否保存过，均会打开“图形另存为”对话框，此时用户需要指定保存路径以及文件名。

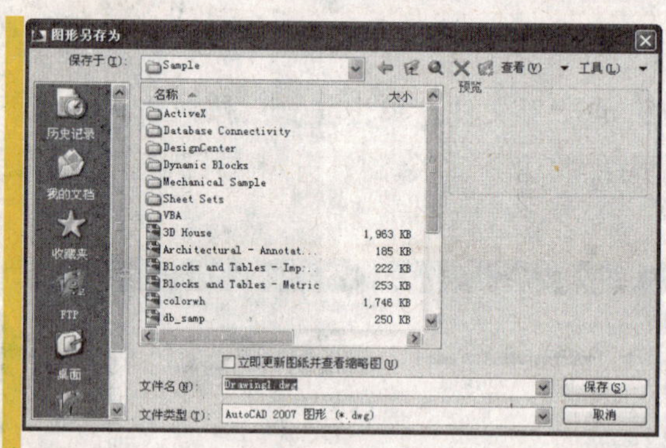

图1-22　“图形另存为”对话框

4．加密图形文件

自从进入信息时代，信息的安全就一直是人们非常关心的一个问题。AutoCAD 2009为了提高图形文件的安全性，在保存图形文件时，可以使用文件加密功能对图形文件进行加密。具体操作如下。

01 打开“图形另存为”对话框，单击[工具(L)]按钮，在打开的菜单中选择“安全选项”命令，打开“安全选项”对话框，如图1－23 所示。

02 在“用于打开此图形的密码或短语”文本框中输入密码，单击 确定 按钮进入“确认密码”对话框，如图1－24 所示。再次输入设置的密码，单击 确定 按钮后即可完成对图形文件的加密。

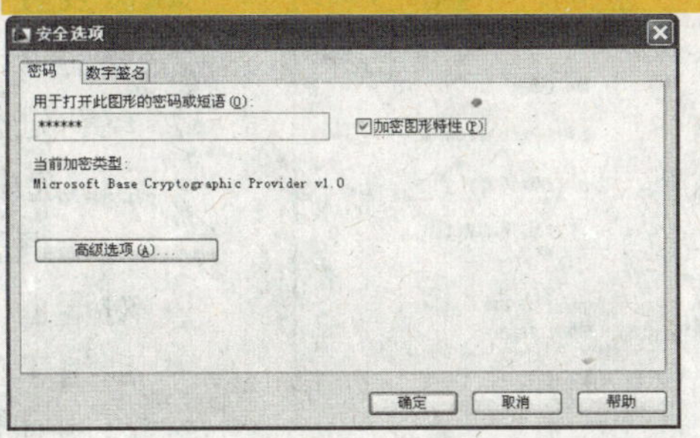

图1－23 “安全选项”对话框

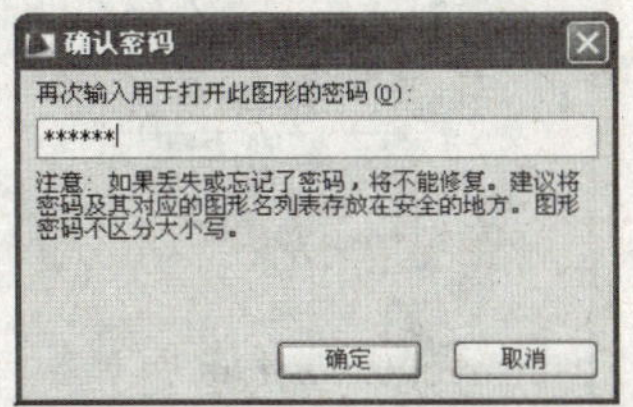

图1－24 “确认密码”对话框

加密后的图形文件打开时会弹出“密码”提示框，如图1－25 所示。用户需要提供正确的密码才能打开该图形。

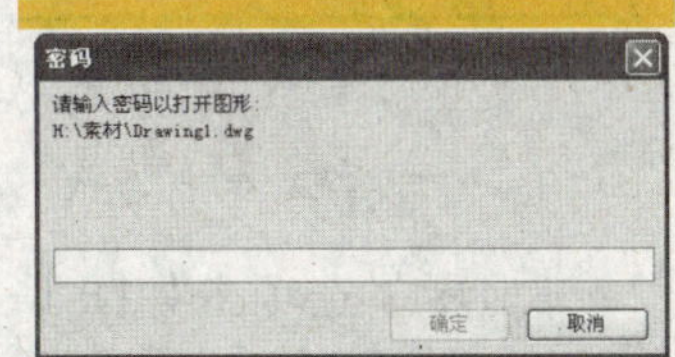

图1－25 “密码”提示框

5．关闭图形文件

图形绘制结束后，需要保存文件并退出程序。前面已经说过，AutoCAD 2009 属于多文档操作界面，在关闭时需要注意是关闭文件还是关闭程序。

(1) 如果要关闭图形文件，可以通过以下几种方式。

①选择“文件”→“关闭”命令。

②单击菜单栏右边的“关闭”按钮 。

③直接按 Ctrl+F4 组合键。

④在命令行中输入命令 close。

(2) 如果要关闭 AutoCAD 2009 程序，可以通过以下几种方式。

①选择“文件”→“退出”命令。

②单击标题栏右边的“关闭”按钮 。

③直接按 Alt+F4 组合键。

④在命令行中输入命令：quit。

在执行关闭命令时，如果没有保存图形文件，则会弹出如图1－26 所示的提示框，询问用户是否需要保存图形文件。

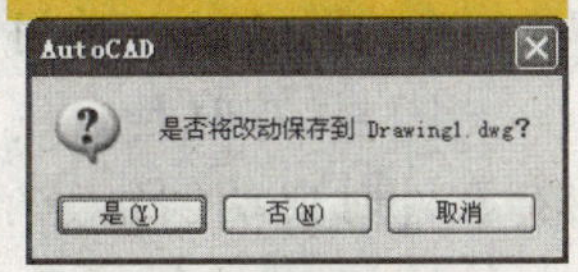

图1－26 提示框

1.2.3 中文版AutoCAD 2009环境配置

AutoCAD 2009 的默认环境配置可以满足大多数用户的需求，但有时为了提高绘图效率、满足个人绘图习惯以及使用一些专业设备，需要对 AutoCAD 2009 的环境重新进行配置。选择“工具”→“选项”命令，打开“选项”对话框，如图 1−27 所示。该对话框中有 10 个选项卡，分别用于配置 AutoCAD 2009 绘图环境的各项参数。在这 10 个选项卡中，“文件”、“系统”和“三维建模”三项一般不需用户改动。

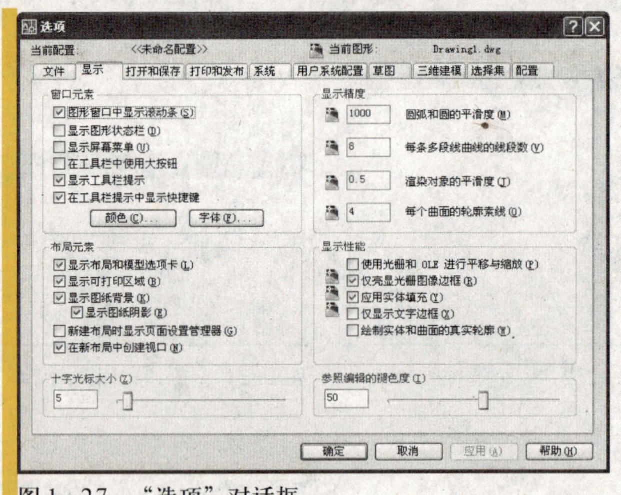

图 1−27 “选项”对话框

1. “显示”选项卡

“显示”选项卡如图 1−28 所示，该选项卡用于设置窗口元素以及图形对象的显示效果。其中常用的功能包括以下设置。

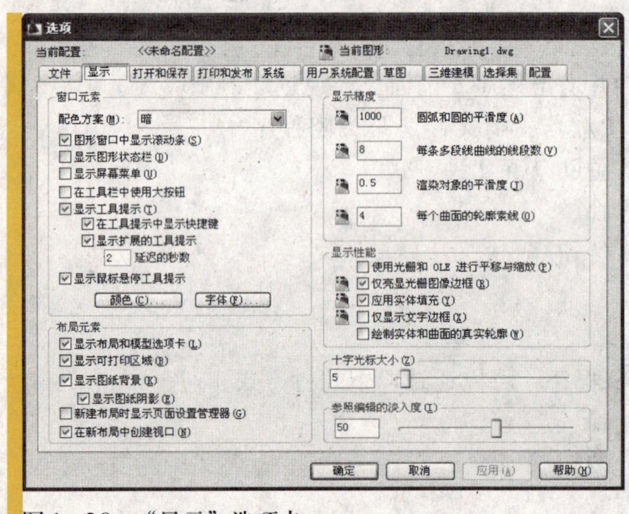

图 1−28 “显示”选项卡

(1)绘图窗口背景色：单击 颜色(C)... 按钮，在弹出的对话框中重新指定颜色。

(2)十字光标大小：拖动十字光标滑块，改变十字光标的大小。

(3)显示精度：在对应文本框中重新输入参数值，即可改变圆弧和圆的平滑度、每条多段线曲线的线段数、渲染对象的平滑度和每个曲面的轮廓素线等。

2. “打开和保存”选项卡

“打开和保存”选项卡如图 1−29 所示。该选项卡用于设置打开和保存文件的相关选项，其中常用的功能包括以下设置。

(1)自动保存时间：在文本框中输入自动保存文件的时间间隔，以分钟为单位。

(2)保存时是否创建副本：勾选“每次保存时均创建备份副本”复选框，则在保存文件时自动创建一个副本文件。

(3)文件加密：单击 安全选项(O)... 按钮，在打开的对话框中设置打开文件的密码。

如果设置了密码，以后打开文件时均需要密码。

（4）文件路径显示：勾选“在标题中显示完整路径”复选框，则会在打开文件的标题栏中显示该文件的完整路径。

3．“打印和发布”选项卡

“打印和发布”选项卡如图1-30所示，该选项卡用于控制与打印和发布相关的选项。其中常用的功能包括以下设置。

（1）默认输出设备：在“用作默认输出设备”下拉列表中选择一个输出设备即可。

（2）添加或配置绘图仪：单击 添加或配置绘图仪(P)... 按钮，在打开的窗口中选择要添加或配置的绘图仪即可。

（3）打印戳记设置：单击 打印戳记设置(T)... 按钮，在打开的对话框中选择要打印的戳记。

（4）打印样式表设置：单击 打印样式表设置(S)... 按钮，在打开的对话框中选择合适的样式表设置文件。

4．“用户系统配置”选项卡

“用户系统配置”选项卡如图1-31所示，该选项卡用于控制和优化工作方式。其中常用的功能包括以下设置。

（1）插入比例：控制在图形中插入块和图形时使用的默认比例，系统默认为毫米，如果用户有特殊的需要，可以设置为其他单位。

（2）显示字段的背景：勾选此选项系统使用浅灰色背景显示字段，打印时该背景色不会被打印。

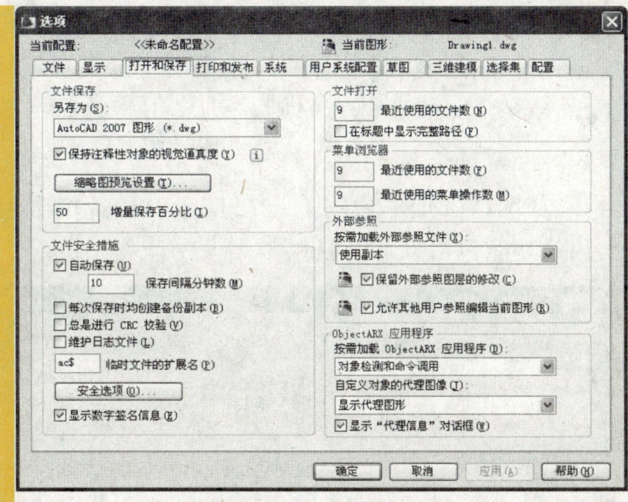

图1-29　“打开和保存”选项卡

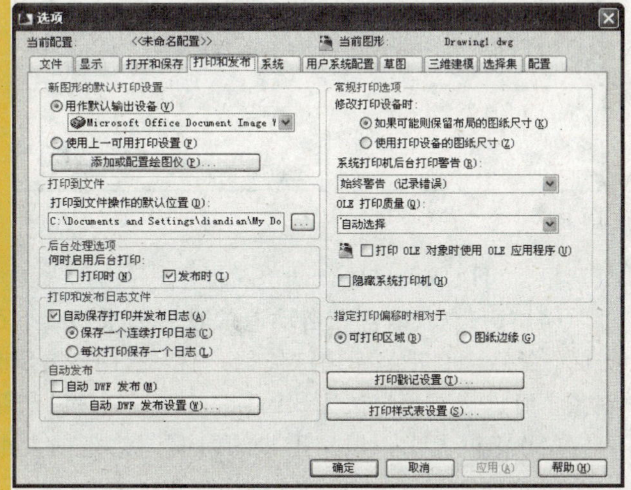

图1-30　“打印和发布”选项卡

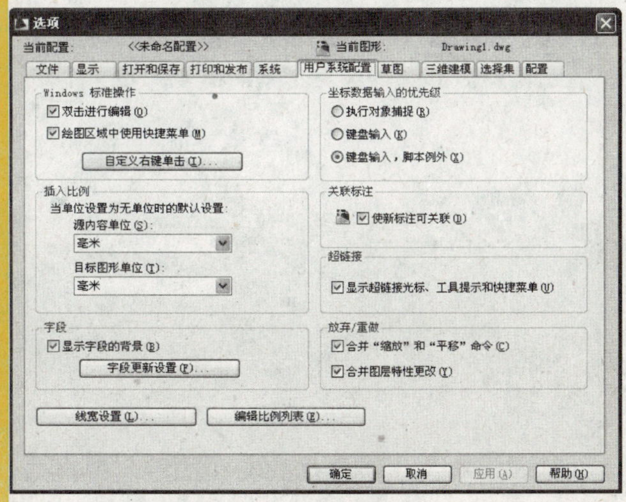

图1-31　“用户系统配置”选项卡

(3)坐标输入的优先级：在 AutoCAD 2009 中，系统接受的坐标输入方式可以是键盘输入和直接捕捉对象两种，此选项可以设置系统优先接受哪种坐标输入方式。以提高绘图精确度和效率为原则，建议用户选择“键盘输入，脚本例外”选项。

5．“草图”选项卡

“草图”选项卡如图 1－32 所示，该选项卡用于设置多个编辑功能的选项。其中常用的功能包括以下设置。

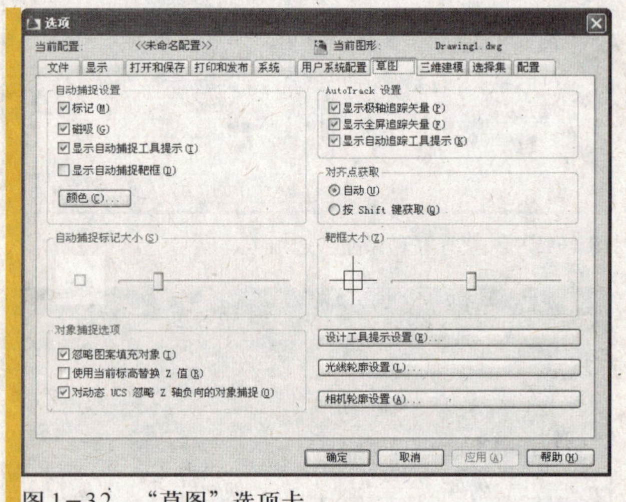

图 1－32 “草图”选项卡

(1)自动捕捉设置：用户可以通过勾选或取消勾选相应选项前面的复选框，设置自动捕捉时的显示效果。通常标记是需要选择的。

(2)自动捕捉标记大小：通过拖动滑块可以重新设置自动捕捉标记的大小。

(3)自动追踪 AutoTrack 设置：在自动追踪时系统会显示极轴追踪矢量、全屏追踪矢量和自动追踪工具提示这些信息，通过取消勾选相应选项前面的复选框，可以取消这些自动追踪提示。

(4)对齐点获取：在自动追踪时，如果系统追踪到了一个对象，当光标移动到对象上时，系统会自动显示追踪矢量；如果选择“按 Shift 键获取”单选按钮，当光标移动到对象上时，需要用户按住 Shift 键才能显示追踪矢量。

(5)靶框大小：根据用户的习惯调整靶框大小，拖动滑块即可。

6．“选择集”选项卡

“选择集”选项卡如图 1－33 所示。该选项卡用于设置选择对象的选项，其中常用的功能包括以下设置。

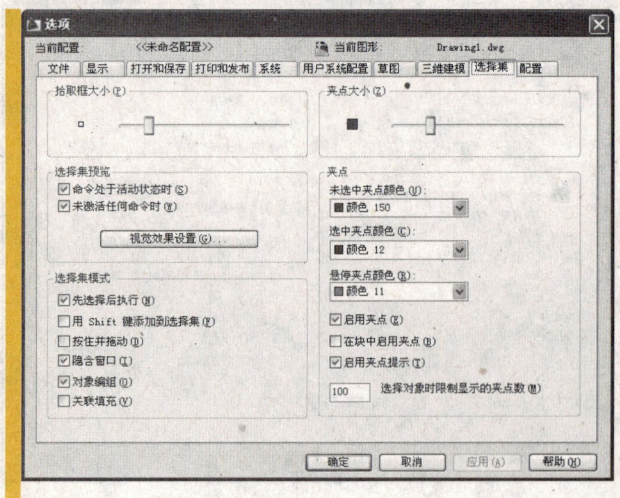

图 1－33 “选项集”选项卡

(1)拾取框大小：在执行操作的过程中，经常需要选择对象，此时的光标就会显示为拾取框，拾取框太小或太大都不利于对象的选择，所以用户必须根据自己的需要进行设置。

(2)夹点大小：关于夹点将在第 4 章中进行详细介绍。我们可以发现，当选中一个对象时，对象上会出现一些蓝色的小方块，这些小方块就是夹点。使用夹点也可以编辑图形对象，所以夹点的大小要适中，太大了就会遮挡其他对象，太小了在激活夹点时就不容易捕捉。

（3）夹点其他参数设置：在该选项卡中还可以设置夹点处于不同状态下的颜色，以及是否启用夹点及夹点提示等。

7．“配置”选项卡

“配置”选项卡如图1－34所示。该选项卡用于用户自定义配置的使用，用户所有的环境配置都可以保存到当前可用配置列表中，当需要更改环境配置时只需要选中配置名称，然后单击该选项卡右边的 置为当前(C) 按钮即可。

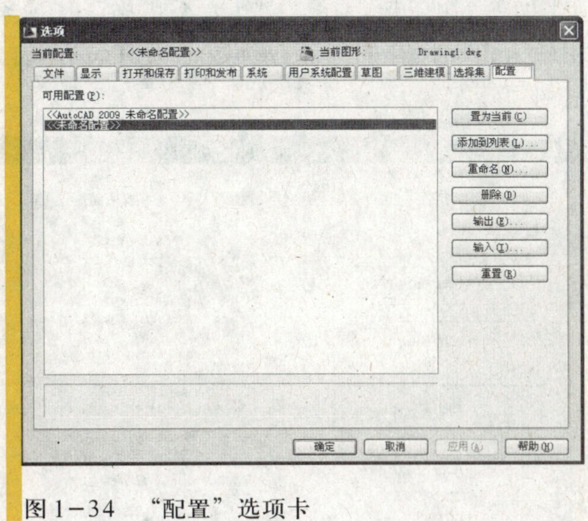

图1－34 “配置”选项卡

1.3 基 础 应 用

呵呵，至此我们已经对AutoCAD 2009经典界面的组成元素、图形文件管理的方法和环境配置有了基本的了解，下面就来看一看在实际的绘图过程中如何应用吧。

1.3.1 规划绘图界面

绘图窗口是绘图界面中最大的区域，同时也直接影响图形的显示效果。除专业模式外，影响绘图窗口大小的直接因素是工具栏的数量和位置。通常情况下，为提高绘图效率，只将经常使用的工具栏悬停在绘图窗口的四周，其他工具栏全部隐藏。在悬停工具栏时，可以将“绘图”和“修改”工具栏垂直悬停在绘图窗口的两侧，其他工具栏平行悬停于绘图窗口的顶部，而不采用对齐悬停方式，这样也可以节省绘图空间，如图1－35所示。

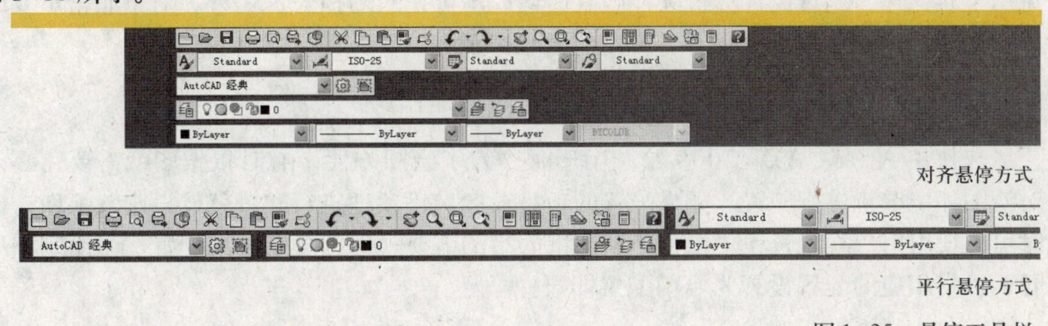

对齐悬停方式

平行悬停方式

图1－35 悬停工具栏

1.3.2 文件安全提示

在绘图过程中，文件的安全是最重要的，为防止因意外而导致数据丢失，用户应该养成随时手动保存文件的习惯，按Ctrl+S组合键即可保存。

为了提高绘图效率，专心工作，用户还可以设置自动保存文件。选择“工具”→

“选项”命令，打开“选项”对话框，选中该对话框中的“打开和保存”选项卡，如图1-36所示，在“文件安全措施”选项组中的“保存间隔分钟数”前的文本框中输入自动保存的间隔分钟数，同时勾选“自动保存”复选框，系统就会自动保存文件了。

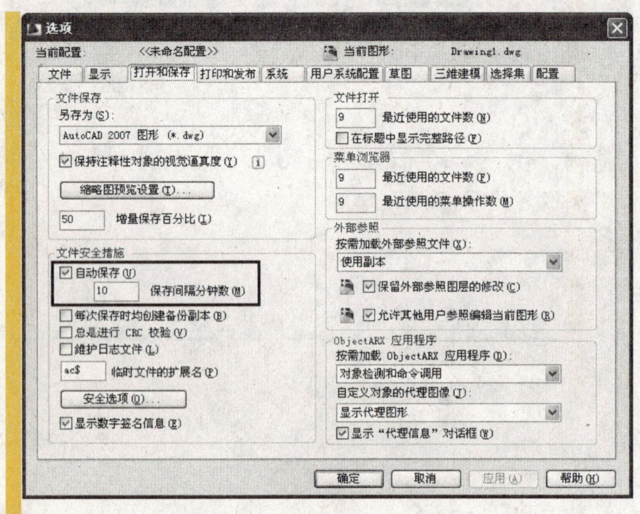

图1-36 “打开和保存”选项卡

自动保存功能只针对曾经保存过的图形，所以建议用户在绘制图形前先保存图形文件。另外，自动保存的时间间隔不要设置得太短，以免影响绘图速度，一般几分钟保存一次即可。

在日常的工作中，对于比较重要的图形文件，应该在不同的地方备份两三份，以免由于误操作、病毒或计算机硬件因素而造成不可挽回的损失。另外，对于非常重要的图形文件，应该采用加密保存，以免重要信息泄露。

1.3.3 用户配置管理

在使用AutoCAD 2009绘制图形时，为了绘图方便，有时根据图纸需要，必须对绘图环境重新进行配置。如果配置的项目很多，逐项地进行配置就显得比较烦琐，此时可以使用用户配置管理，根据不同图纸的绘图需要，保存多个环境配置，当绘制图形时，再将相应的配置设置为当前配置即可。

对于初学者而言，环境配置并不是学习AutoCAD 2009的重点，因为这些配置信息大部分都是一些后续的配置工作，如加载自定义线型、调整图形的显示精度、调整选择对象的方式以提高绘图效率等。

1.4 案例表现

根据本章所讲内容，以下详细介绍图形加密与打开和自定义配置的操作过程，帮助读者巩固对本章知识点的掌握和应用。

1.4.1 案例1：图形加密与打开

制作分析：

有时为了保证图形文件的安全性，我们有必要对比较重要的图形文件加以保护，对图形文件加密就是一个很好的方法，以下针对图形文件的加密与打开做一个练习。

操作步骤：

01 打开文件。打开 AutoCAD 2009 系统自带的图形文件，其路径为："C：\Program Files\AutoCAD 2009 \Sample\Blocks and Tables–Imperial.dwg"，打开的图形如图 1–37 所示。

02 另存文件设置密码。选中"文件"→"另存为"命令，打开"图形另存为"对话框，如图1–38所示，改变文件保存路径。

单击该对话框右上角的 工具(L) 按钮，在弹出的下拉菜单中选择"安全选项"命令，打开"安全选项"对话框，如图 1–39 所示。

加密后的文件如果没有密码则无法打开，所以对文件加密后要妥善保存密码，以防造成不必要的损失。

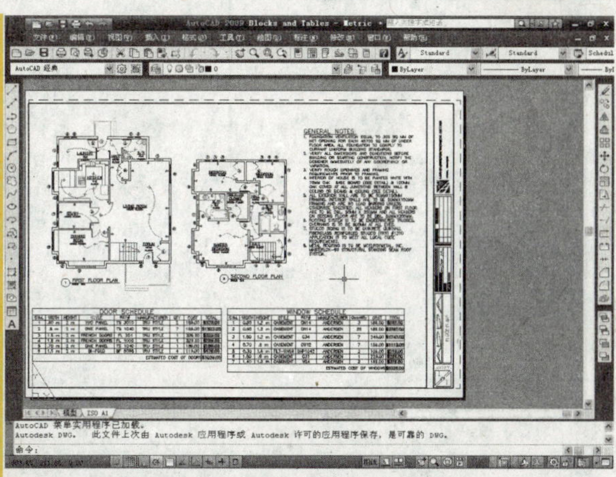

图 1–37 打开图形

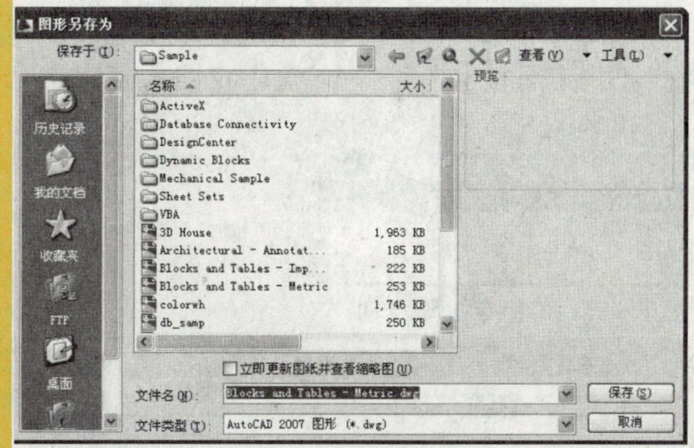

图 1–38 "图形另存为"对话框

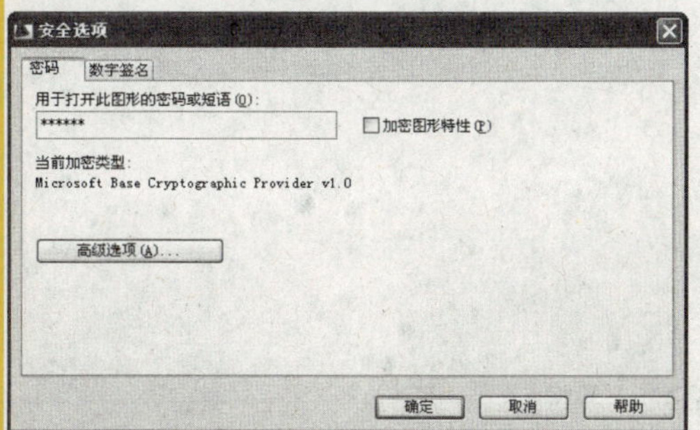

图 1–39 "安全选项"对话框

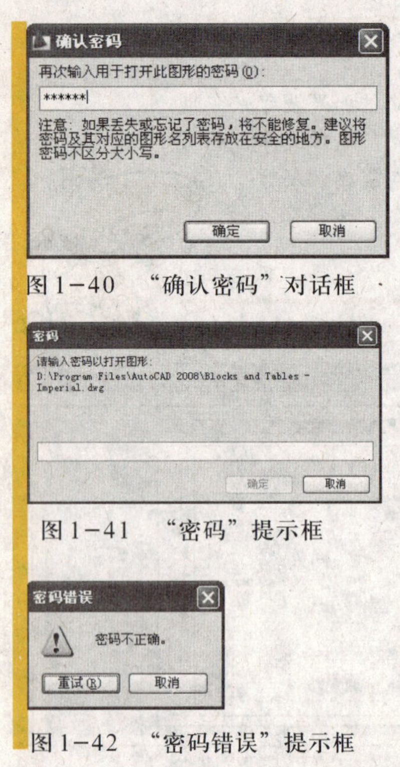

图 1-40 “确认密码”对话框

图 1-41 “密码”提示框

图 1-42 “密码错误”提示框

在该对话框中的“用于打开此图形的密码或短语(O)：”文本框中输入密码 CAD123，然后勾选“加密图形特性”复选框。

设置密码后，单击确定按钮，出现“确认密码”对话框，如图 1-40 所示。在该对话框中的“再次输入用于打开此图形的密码”文本框中再次输入密码 CAD123，单击确定按钮返回到“图形另存为”对话框，单击该对话框中的保存(S)按钮即以加密的形式保存该图形文件。

03 打开加密文件。加密的图形文件在打开时需要输入密码，双击上面加密后的图形文件，弹出“密码”提示框，如图 1-41 所示。

在该提示框的文本框中输入密码 CAD123，然后单击“确定”按钮即可打开图形文件。如果密码输入有误，则会弹出“密码错误”提示框，如图 1-42 所示。对于加密的图形文件，其密码一定要妥善保管，否则将无法打开文件。

1.4.2 案例 2：自定义工作空间

制定一个适合自己的工作空间，在绘制图形时用到哪个工具就可以信手拈来，避免找不到工具的尴尬。下面就让我们来制定一个属于自己的工作空间吧。

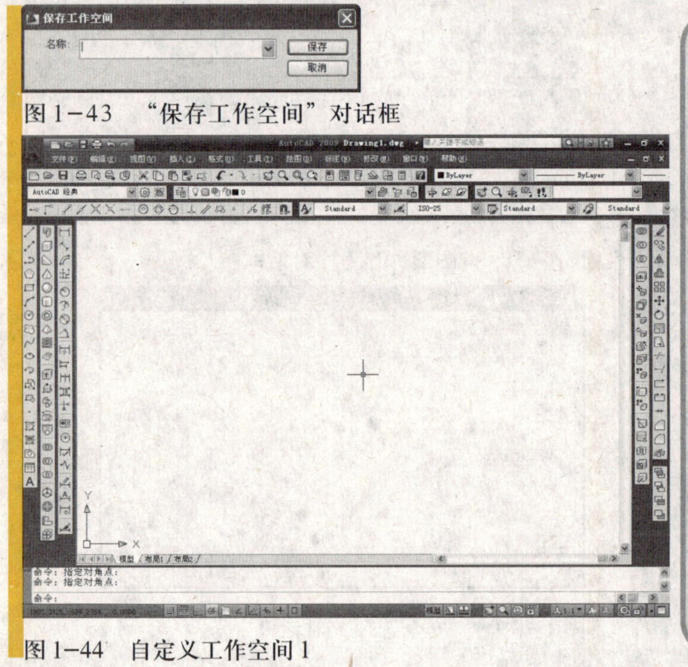

图 1-43 “保存工作空间”对话框

图 1-44 自定义工作空间 1

操作步骤：

01 界面和环境设置。用户根据自己的需要，规划绘图界面元素，包括工具栏的数目及位置、绘图窗口的背景颜色、十字光标的大小等。

02 保存工作空间。选择“工具”→“工作空间”→“将当前工作空间另存为”命令，打开“保存工作空间”对话框，如图 1-43 所示。在该对话框中的“名称”文本框中输入要保存的工作空间的名称，单击

保存 按钮即可，如图1-44和图1-45所示为用户创建的工作空间。

03 载入工作空间。当需要更换工作空间时，可以选择“工具”→“工作空间”命令的子命令，如图1-46所示，选择相应的工作空间。另外，还可以在“工作空间”工具栏的下拉列表中选择相应的工作空间，如图1-47所示。

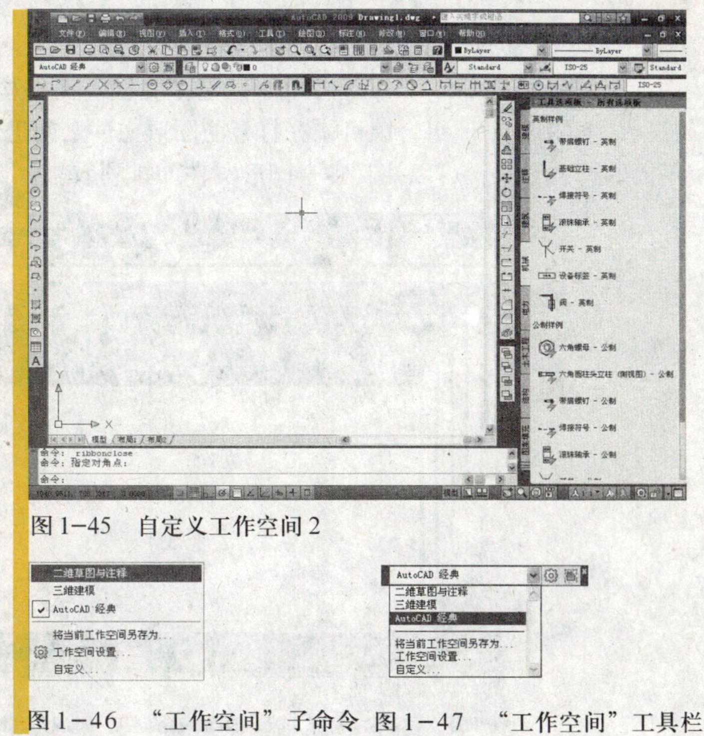

图1-45 自定义工作空间2

图1-46 “工作空间”子命令 图1-47 “工作空间”工具栏

1.5 疑难及常见问题

本章的知识点看起来非常简单，但在实际操作中，用户还会遇到一些难以解决的问题。下面对一些初学者遇到的本章疑难及常见问题进行解答。

1．为什么我的界面上没有“标注”工具栏

答：呵呵，AutoCAD 2009默认情况下隐藏了很多工具栏，在AutoCAD经典模式下，AutoCAD 2009系统默认只打开“标准”、“绘图”、“修改”等部分工具栏。要想打开隐藏的工具栏，可以在已经打开的工具栏上单击鼠标右键，在弹出的快捷菜单中选择“标注”命令，这样就可以显示“标注”工具栏了。

2．如何显示三维图形

答：三维图形需要在三维视图下才能显示其效果，AutoCAD 2009系统提供了西南、东南、东北和西北轴测4种三维视图显示模式。打开“视图”→“三维视图”命令，如图1-48所示，在其子命令中选择一种三维视图模式，即可改变图形的显示模式。另外，还可以打开“视图”工具栏，如图1-49所示，单击该工具栏中的相应按钮，快速改变视图模式。

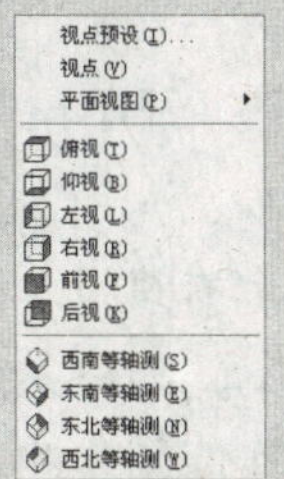

图1-48 “三维视图”子命令

图1-49 “视图”工具栏

3．AutoCAD 2009能同时打开多个文件吗

答：呵呵，AutoCAD 2009采用多文档界面结构，用户可以同时打开多个图形文件，按Ctrl+Tab组合键可以在打开的图形文件之间进行切换。在“窗口”菜单中选择不同的排列方式，可以控制多个图形文件的排列效果，如图1–50所示。

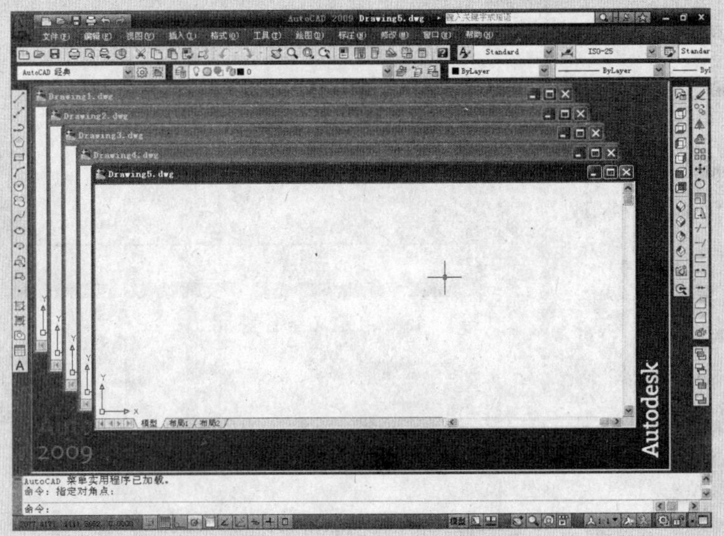

图1–50　排列打开的图形文件

4．如何取消选中的图形对象

答：选中某个图形对象后，如果要取消选中该对象，可以按Esc键直接取消，也可以用鼠标在绘图窗口的空白区域的不同点单击两次。如果使用后一种方法，必须将系统的PICKADD参数设置为0，该参数决定下次选中的对象是否与当前选中的对象设为一组。具体操作如下：

命令：pickadd

输入 PICKADD 的新值 <1>：0

修改该参数的另一个方法是单击“标准”工具栏中的“特性”按钮，打开“特性”面板，如图1–51所示，单击该面板中的按钮即可。

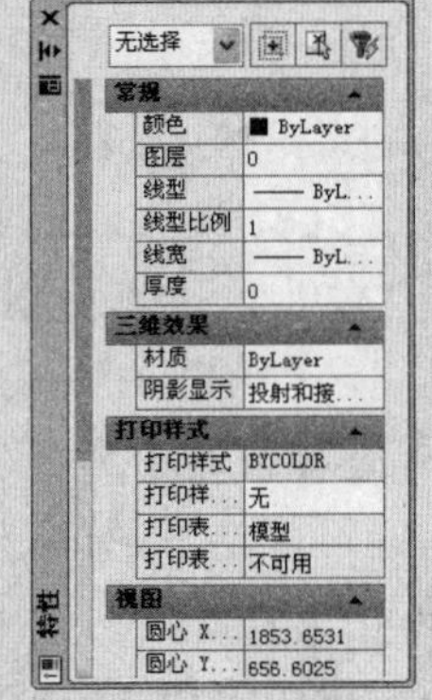

图1–51　“特性”面板

5．如何打开不同版本的图形文件

答：呵呵，AutoCAD经过很多次升级，有很多个版本，不同版本的AutoCAD软件创建的图形文件具有不同的格式。总的来说，高版本软件能打开低版本软件创建的文件，反之却不行。要用低版本软件打开高版本软件中创建的文件，则需要转换文件格式。转换的过程非常简单，首先用高版本软件打开图形文件，然后将其另存为一个图形文件，在保存的同时设置文件类型为低版本即可，如图1–52所示。

图1-52　转换文件

6．如何使用用户坐标系提高绘图效率

答：用户坐标系由用户自己定义坐标系的方向，主要表现在倾斜面上的对象绘制。例如我们要在如图1-53所示斜体的倾斜面a中绘制一个圆，可以新建一个垂直于面a的用户坐标系，并将用户坐标系的原点设置到倾斜面上，然后执行绘制圆命令，就可以在倾斜面a上绘制圆了。相对于一般的做法，使用用户坐标系省去了旋转圆的操作，自然也就提高了绘图效率。

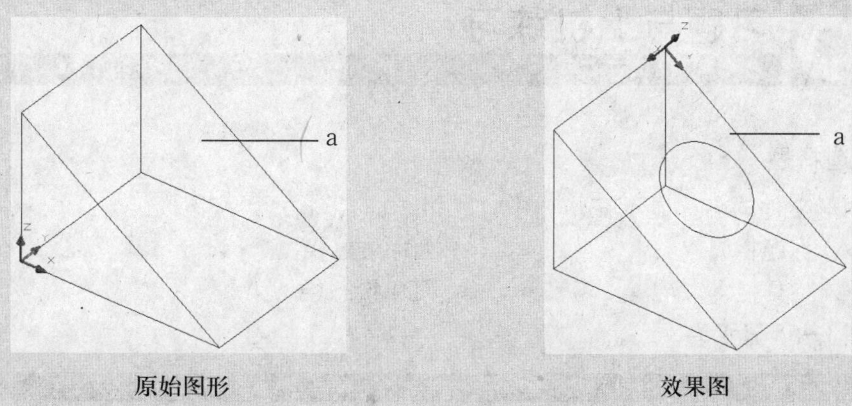

原始图形　　效果图

图1-53　使用用户坐标系绘制倾斜圆

7．如果文件丢失或损坏，如何利用自动备份进行恢复

答：为防止文件丢失或损坏，AutoCAD 2009提供了一项自动创建副本的功能。选择“工具”→“选项”命令，打开“选项”对话框，在该对话框中选中“打开和保存”选项卡，如图1-54所示。勾选“每次保存时均创建备份副本”选项后，当保存文件时系统会自动创建一个副本文件，该副本文件以*.bak为后缀名。当原文件损坏无法打开时，找到备份文件并修改其后缀名为*.dwg，即可恢复该文件。

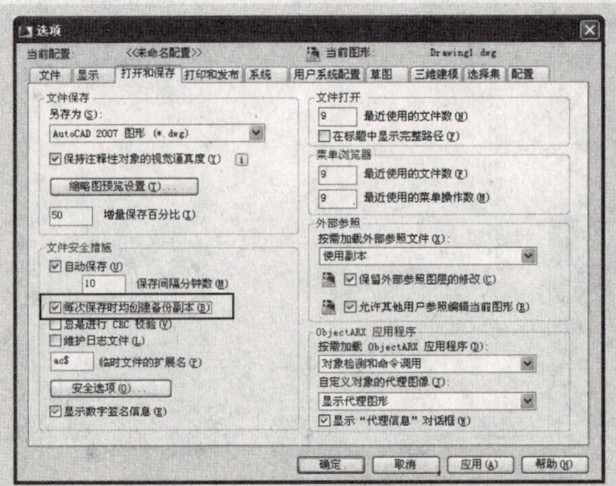

图 1–54　“打开和保存”选项卡

如果勾选了自动保存，则原文件损坏后找到软件自动保存的文件，将其后缀名修改为*.dwg，也可恢复文件。自动保存的路径在“选项”对话框的“文件”选项卡中“自动保存文件”处可以查到。

1.6 习题与上机练习

1．选择题

(1)图形文件的名称显示在(　　)中。

(A) 标题栏　　　　(B) 菜单栏

(C) 工具栏　　　　(D) 状态栏

(2)图 1–55 显示为(　　)。

文件(F)　编辑(E)　视图(V)　插入(I)　格式(O)　工具(T)　绘图(D)　标注(N)　修改(M)　窗口(W)　帮助(H)

图 1–55

(A) 标题栏　　　　(B) 菜单栏

(C) 工具栏　　　　(D) 状态栏

(3)图 1–56 为(　　)工具栏。

图 1–56

(A) 绘图　　　　(B) 修改

(C) 标注　　　　(D) 视图

(4)直接按(　　)功能键可以直接打开“文本窗口”对话框。

(A) F1　　(B) F2

(C) F3　　(D) F4

(5)以下(　)工作空间不是系统提供的工作空间。

(A) AutoCAD 经典　　(B) 二维草图与注释

(C) 三维建模　　(D) 我的工作空间

(6)在(　)选项卡中可以设置十字光标的大小。

(A) 文件　　(B) 显示

(C) 系统　　(D) 草图

(7)按(　)组合键可以快速保存图形文件。

(A) Ctrl+S　　(B) Ctrl+F4

(C) Alt+S　　(D) Alt+F4

(8)(　)可以动态显示当前光标所在位置。

(A) 标题栏　　(B) 菜单栏

(C) 工具栏　　(D) 状态栏

2．问答题

(1) 中文版 AutoCAD 2009 经典界面由哪些元素组成?

(2) 如何对重要的图形文件加密?

(3) 如何设置自动保存文件?

3．上机练习题

(1) 新建一个图形文件，熟悉 AutoCAD 2009 的界面组成，尝试使用绘图工具绘制几个基本图形，并以加密的方式保存文件。

(2) 为绘制平面图形和三维图形分别创建一个工作空间。

考虑在绘制平面图形与三维图形时有可能会用到哪些工具，然后将这些工具栏显示在界面上。

(3) 使用 ucs 命令新建用户坐标系，改变系统默认坐标系的原点位置，并深刻理解该命令中各选项的含义。

第二章

绘制二维图形

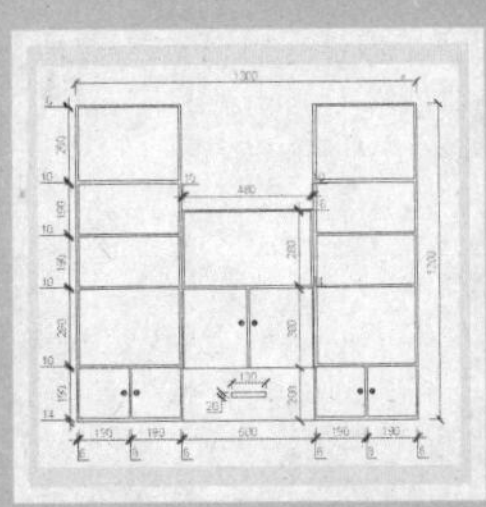

本章内容

- 实例引入——绘制双开门
- 基本术语
- 知识讲解
- 基础应用
- 案例表现
- 疑难及常见问题

本章导读

从本章开始，我们开始学习如何使用AutoCAD 2009绘制图形。绘制二维图形是AutoCAD 2009应用的一个重点，不论是建筑制图还是机械制图，在绘图的过程中，都会经常用到AutoCAD 2009提供的各种基本图形绘制工具。这些工具包括点、直线、射线、多线、多段线、矩形、正多边形、样条曲线、修订云线、圆、圆弧、椭圆、椭圆弧和圆环等。下面就让我们从绘制一个双开门的图例开始学习这些工具的使用方法吧。

2.1 实例引入——绘制双开门

双开门是一个非常简单的图例，在很多的建筑图形中都可以见到，如图2-1所示。下面就让我们来看一下在AutoCAD 2009中如何绘制这个图形吧。

2.1.1 制作分析

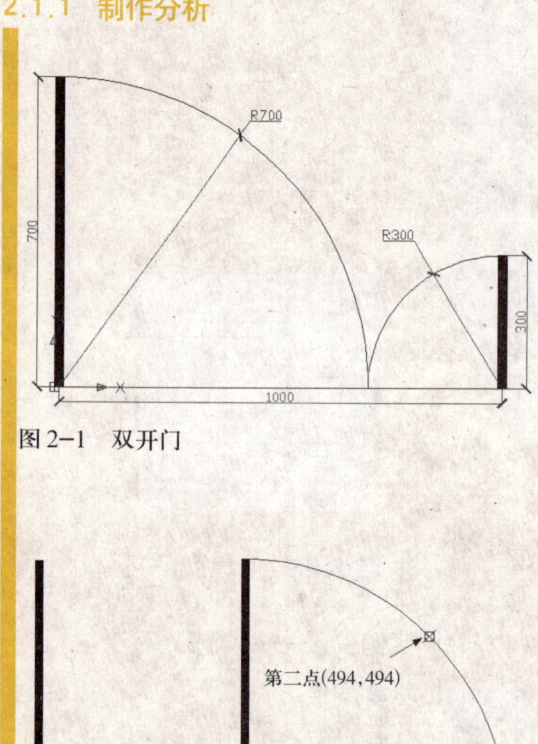

图2-1 双开门

图2-2 绘制垂直多段线

图2-3 绘制第一条圆弧

呵呵，先来看一下这个图形的组成，它由门棱与门路径组成，门棱可以是直线、矩形或多段线，门路径由圆弧组成。本例中的双开门门棱由多段线组成，绘制门棱时要设置多段线的宽度。另外，在使用圆弧绘制门路径时，为了提高绘图效率，需要选择最佳的绘制方法。

方法1：使用多段线和圆弧两种基本图形绘制双开门，在绘制圆弧时采用“圆心、起点、角度(E)”法进行绘制，使用此方法绘制双开门的详细过程将在本例的完成步骤中介绍。

方法2：仅使用多段线命令绘制双开门，在绘制左边的门棱时设置多段线的起点宽度和终点宽度均为20，以坐标原点(0,0)为起点，采用“直线”方式绘制一条长为700的垂直多段线，如图2-2所示。

选择“圆弧(A)”命令选项，设置多段线的起点宽度和终点宽度均为0，依次指定圆弧的“第二点”和“端点”坐标，完成第一条圆弧的绘制，如图2-3所示。

紧接着再次指定圆弧的“第二点”和“端点”坐标，完成第二条圆弧的绘制，如图 2–4 所示。

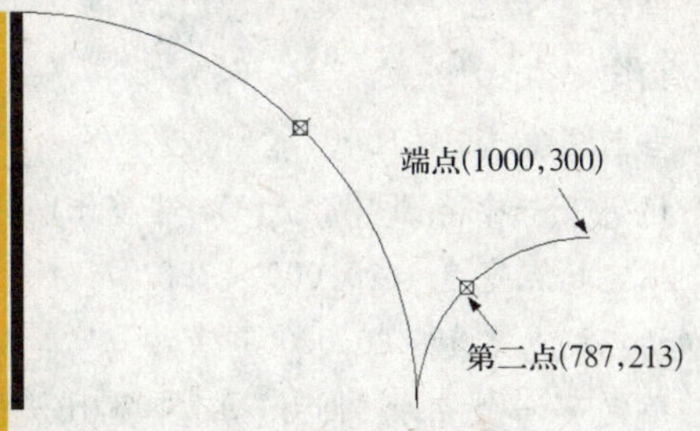

图 2–4　绘制第二条圆弧

选择“直线(L)”命令选项，设置多段线的起点宽度和终点宽度均为 20，绘制一条垂直的多段线。最后设置多段线的起点宽度和终点宽度均为 0，闭合绘制的多段线，效果如图 2–5 所示。

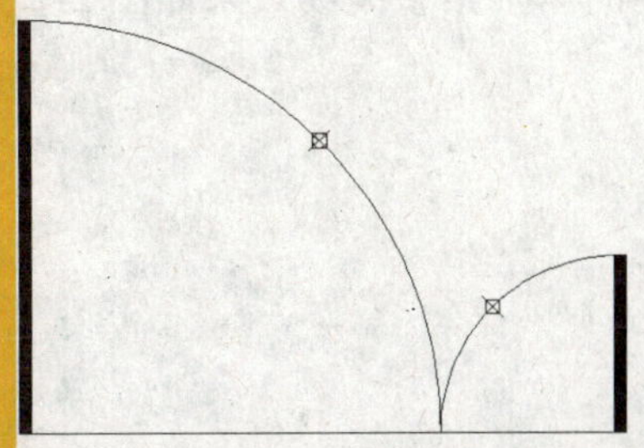
图 2–5　绘制垂直多段线并闭合多段线

2.1.2　制作步骤

01 新建文件。启动 AutoCAD 2009，系统默认创建一个空白的图形文件，选中“文件”→“保存”命令，保存并命名为“双开门”。

02 设置对象捕捉。选择“工具”→“草图设置”命令，打开“草图设置”对话框，在该对话框中单击“对象捕捉”选项卡，确保勾选了“端点”和“圆心”两个复选框，然后勾选“启用对象捕捉”复选框，启动对象捕捉功能，如图 2–6 所示。

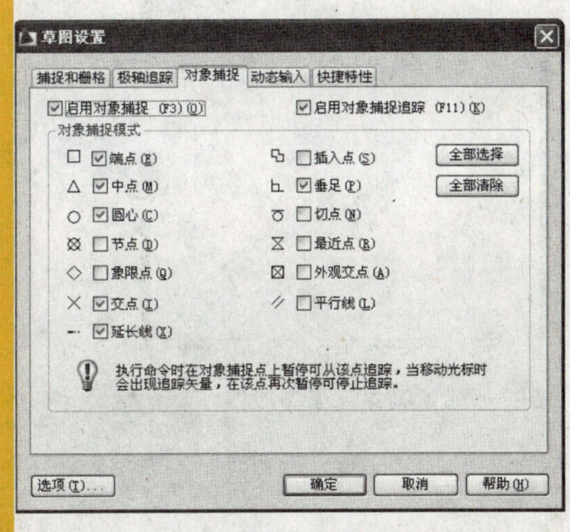

图 2–6　“草图设置”对话框

图 2–7　绘制直线

03 绘制直线。单击“绘图”工具栏中的“直线”按钮，命令行提示如下。

```
命令: _line
指定第一点:0,0
指定下一点或 [放弃(U)]: 1000,0
指定下一点或 [放弃(U)]:
```

绘制的直线效果如图 2–7 所示。

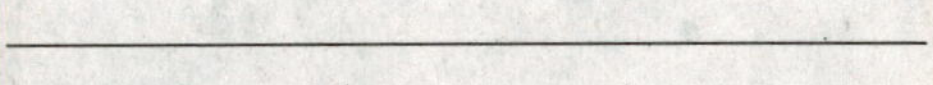

04 绘制多段线。单击“绘图”工具栏中的“多段线”按钮，命令行提示如下。

命令：_pline

指定起点:0,0

当前线宽为 10.000

指定下一个点或 [圆弧(A)/ 半宽(H)/ 长度(L)/ 放弃(U)/ 宽度(W)]：w

指定起点宽度 <10.000>：20

指定端点宽度 <20.000>：

指定下一个点或 [圆弧(A)/ 半宽(H)/ 长度(L)/ 放弃(U)/ 宽度(W)]：@0,700

指定下一点或 [圆弧(A)/ 闭合(C)/ 半宽(H)/ 长度(L)/ 放弃(U)/ 宽度(W)]：

绘制的第一条多段线效果如图 2-8 所示。

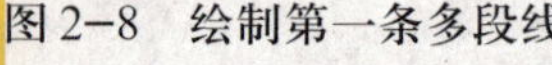

图 2-8　绘制第一条多段线

再绘制一条多段线。单击“绘图”工具栏中的“多段线”按钮，命令行提示如下。

命令：_pline

指定起点：1000,0

当前线宽为 20.000

指定下一个点或 [圆弧(A)/ 半宽(H)/ 长度(L)/ 放弃(U)/ 宽度(W)]：@0,300

指定下一点或 [圆弧(A)/ 闭合(C)/ 半宽(H)/ 长度(L)/ 放弃(U)/ 宽度(W)]：

绘制的第二条多段线效果如图 2-9 所示。

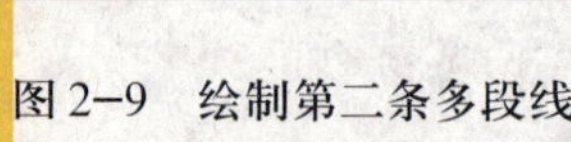

图 2-9　绘制第二条多段线

(5)绘制圆弧。选择“绘图”→“圆弧”→“圆心、起点、角度(E)”命令，命令行提示如下。

命令：_arc 指定圆弧的起点或 [圆心(C)]：_c 指定圆弧的圆心:0,0

指定圆弧的起点:0,700

指定圆弧的端点或 [角度(A)/ 弦长(L)]：_a 指定包含角：-90

绘制的第一条圆弧效果如图 2-10 所示。

图 2-10　绘制第一条圆弧

以同样方法绘制第二条圆弧，命令行提示如下。

命令：_arc 指定圆弧的起点或 [圆心(C)]：_c 指定圆弧的圆心:1000, 0

指定圆弧的起点:@0,300

指定圆弧的端点或 [角度(A)/弦长(L)]：_a 指定包含角：90

绘制的第二条圆弧效果如图 2-1 所示，至此，双开门就绘制完成了。

2.2 基 本 术 语

通过以上案例，可以看出其实 AutoCAD 2009 的使用并不是很难，只要掌握了各种工具的使用方法，就能够根据我们的需要绘制出各种图形。

AutoCAD 2009 为用户提供了很多种基本绘制图形工具。在以上案例中，我们接触到直线、圆弧、多段线等术语，下面对其他与绘制基本图形有关的术语进行简单介绍。

2.2.1 "绘图"工具栏

此工具栏是系统默认打开的工具栏之一，如图 2–11 所示。如果在 AutoCAD 2009 的界面中没有看到该工具栏，还可以在任意工具上单击鼠标右键，在弹出的快捷菜单中选择"绘图"命令，打开该工具栏。

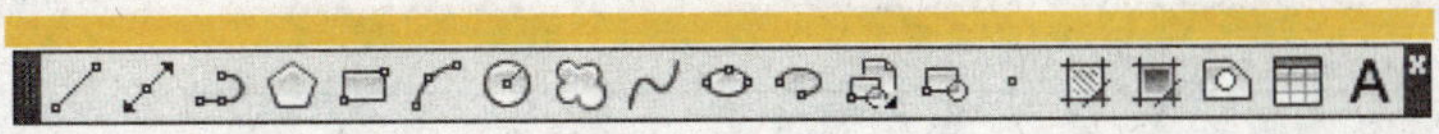

图 2–11 "绘图"工具栏

2.2.2 绝对坐标

绝对坐标是指以当前坐标系原点为(0,0)点，其他坐标均以该点为基点来衡量。如图 2–12 所示，矩形 ABCD 的第一个角点 A 的坐标为(0,0)，其他各角点坐标分别为 B(100,0)，C(100,80)，D(0,80)。

图 2–12 绝对坐标

2.2.3 相对坐标

相对坐标是指以指定点为(0,0)点，其他点的设置与该点相关联，相对坐标在书写上需要加一个"@"符号，如(@100，80)。如图 2–13 所示，三角形 ABC 的第一个角点 A 的坐标为(0,0)，第二个角点相对于第一个角点的坐标为 B(@100,0)，第三个角点相对于第一个角点的坐标为 C(@75,40)，第三个角点相对于第二个角点的坐标为 D(@–25,40)。

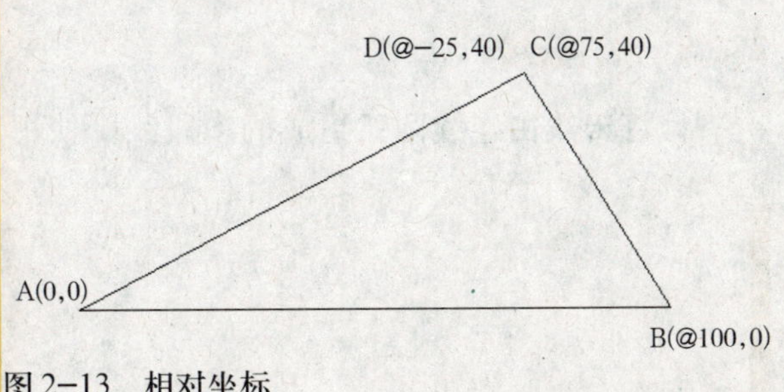

图 2–13 相对坐标

2.2.4 重复的命令行提示

命令行的提示性语句有助于帮助用户进行正确的操作，但有时这些提示会重复出现，如在绘制点时命令行会重复提示“指定点:”，此时用户可以继续执行绘制点操作，直到按回车键结束命令。

2.2.5 指定下一点

在AutoCAD 2009中，指定点的方式有两种：一种是单击鼠标左键，另一种是在命令行中输入点坐标。当输入点坐标时，可以采用绝对坐标，也可以采用相对坐标。

2.2.6 多线

多线是由多条平行线组成的独立对象。在AutoCAD 2009中，使用最多的是由两条平行线组成的对象，如图2-14所示。

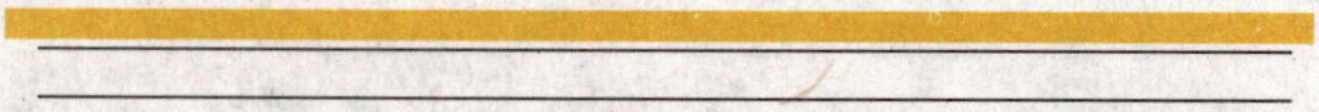

图2-14　绘制多线

2.2.7 多段线

多段线是由多条线段或弧线连接而成的对象。根据需要，用户还可以设置多段线的直线段或弧线段的线宽，如图2-15所示。

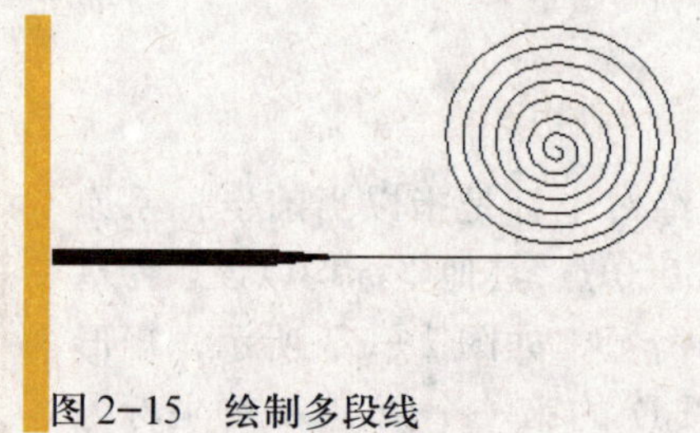

图2-15　绘制多段线

2.2.8 样条曲线

样条曲线是由一系列指定点控制的平滑曲线。使用样条曲线绘制的图形如图2-16所示。

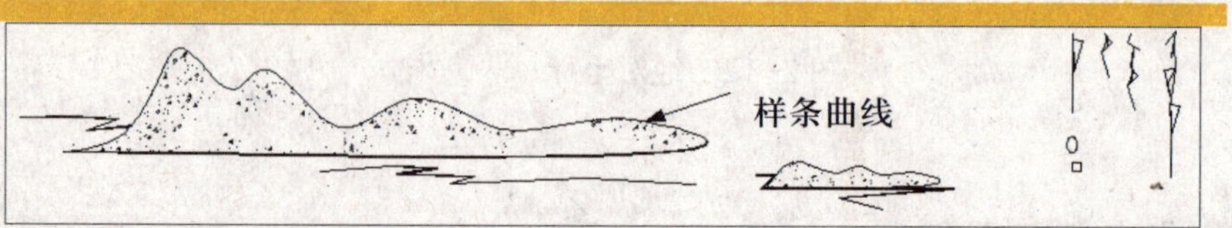

图2-16　使用样条曲线绘制图形

2.2.9 修订云线

修订云线由连续圆弧组成的多段线，使用修订云线绘制的图形如图2-17所示。

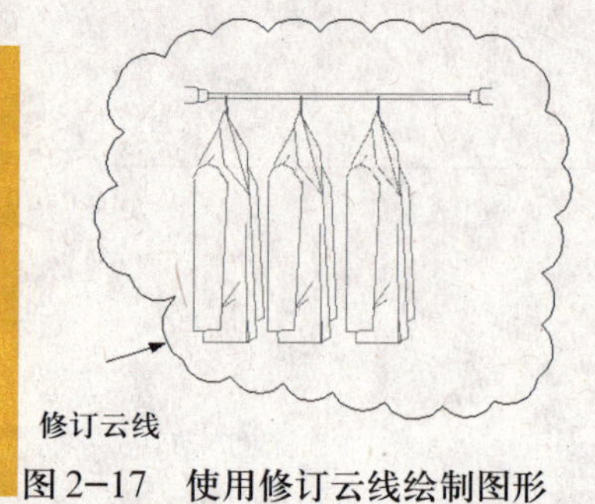

图2-17　使用修订云线绘制图形

2.3 知 识 讲 解

AutoCAD 2009 提供了非常多的基本二维图形绘制工具，熟练掌握这些工具的使用，就能够绘制各种复杂的二维图形，所以现在就让我们开始学习这些工具的使用方法吧。

2.3.1 绘制点

1. 创建方式

（1）单击“绘图”工具栏中的“点”按钮 。

（2）选择“绘图”→“点”命令的子命令，如图 2-18 所示。

（3）在命令行中输入命令：point。

单点(S)
多点(P)
定数等分(D)
定距等分(M)

图 2-18　“点”命令的子命令

2. 操作格式

（1）“单点(S)”和“多点(P)”。

“单点”与“多点”命令没有太大区别，执行“单点”命令，创建一个点对象后即结束命令，而执行“多点”命令后可以连续创建多个点对象，直到用户按回车键终止创建点命令。

命令：_point

当前点模式：PDMODE=0　PDSIZE=0.0000

指定点：

系统默认的点对象在绘图窗口中不容易观察，可以通过设置点对象样式改变点的显示方式，选择“格式”→“点样式”命令，打开“点样式”对话框，如图2-19所示，在该对话框中重新设置点的显示方式和大小。

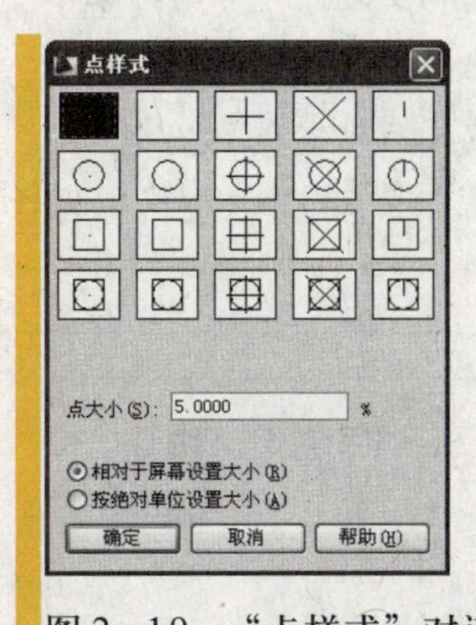

图 2-19　“点样式”对话框

（2）“定数等分(D)”。

使用“定数等分”命令创建点，可以将指定对象按指定的数目进行等分，并在等分处插入点对象或块。

命令：_divide

选择要定数等分的对象：

选择等分的对象

输入线段数目或 [块(B)]:

块是 AutoCAD 2009 中为提高绘图效率而自定义的一种图形，其详细介绍见第 8 章。

定数等分直线的效果如图 2-20 所示。

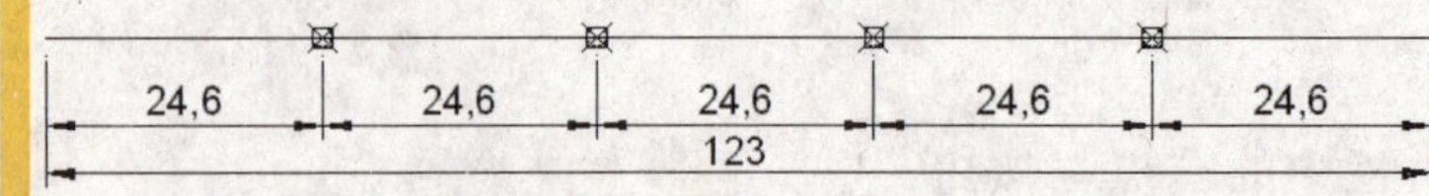

图 2-20　定数等分直线

(3)“定距等分(M)”。

使用“定距等分”命令创建点，可以按指定长度等分指定的对象，并在等分处插入点对象或块。

由于等分距离已确定，等分对象也已确定，所以最后一段等分线段的长度不一定与等分距离相同。

命令：_measure

选择要定距等分的对象：

选择要等分的对象

指定线段长度或 [块(B)]:

定距等分直线的效果如图 2-21 所示。

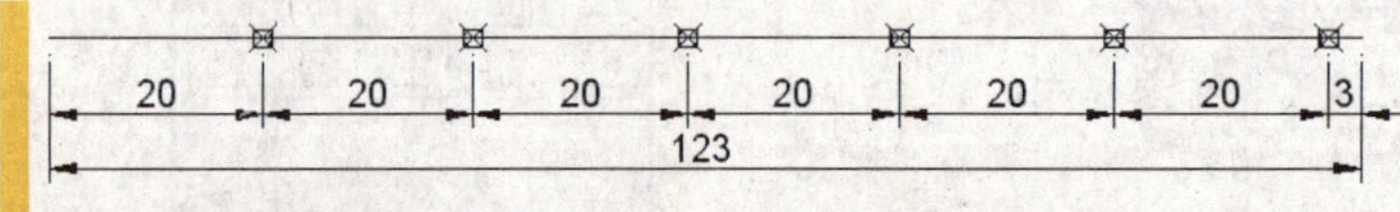

图 2-21　定距等分直线

2.3.2 绘制直线

1. 创建方式

(1)单击“绘图”工具栏中的“直线”按钮。

(2)选择“绘图”→“直线”命令。

(3)在命令行中输入命令：line。

2. 操作格式

命令：_line

指定第一点：

指定下一点或 [放弃(U)]:

指定下一点或 [放弃(U)]:

指定下一点或 [闭合(C)/ 放弃(U)]:

使用直线绘制的菱形如图 2-22 所示。

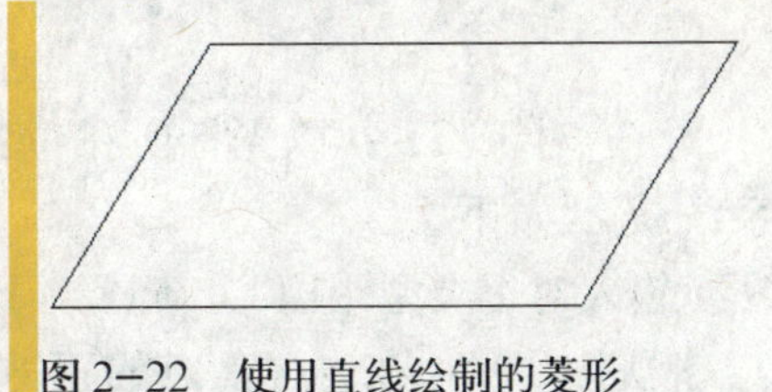

图 2-22　使用直线绘制的菱形

3. 选项含义

(1)放弃(U) ：取消上一步操作。

(2)指定下一点或[放弃(U)] ：指定下一点位置。在创建水平或垂直线时，如果按下 F8 键启用正交模式后，可以不按坐标方式输入而直接输入距离值。

(3)闭合(C) ：自动闭合形成封闭图形。当连续绘制两条以上直线时该选项才可用。

2.3.3　绘制射线

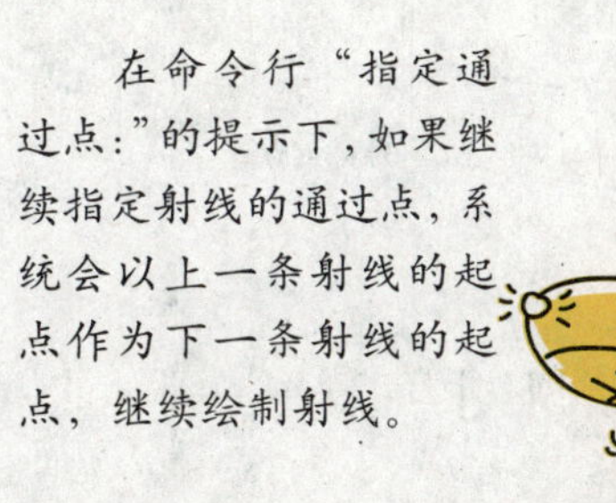

1. 创建方式

(1)选择“绘图”→“射线”命令。

(2)在命令行中输入命令：ray。

2. 操作格式

命令：_ray

指定起点：

指定通过点：

指定通过点：

使用射线绘制通过平行四边形角点 A、B 的辅助线如图 2-23 所示。

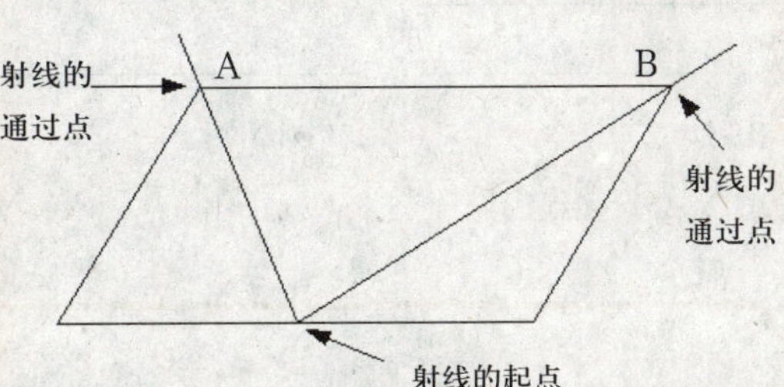

图 2-23　使用射线绘制辅助线

2.3.4　绘制多线

1．创建方式

(1)选择“绘图”→“多线”命令。

(2)在命令行中输入命令：mline。

2．操作格式

命令：_mline

当前设置：对正 = 上，比例 =20.00，样式 =STANDARD

指定起点或 [对正(J)/ 比例(S)/ 样式(ST)]:

指定下一点：

指定下一点或 [放弃(U)]:

使用多线绘制的墙体结构如图2-24 所示。

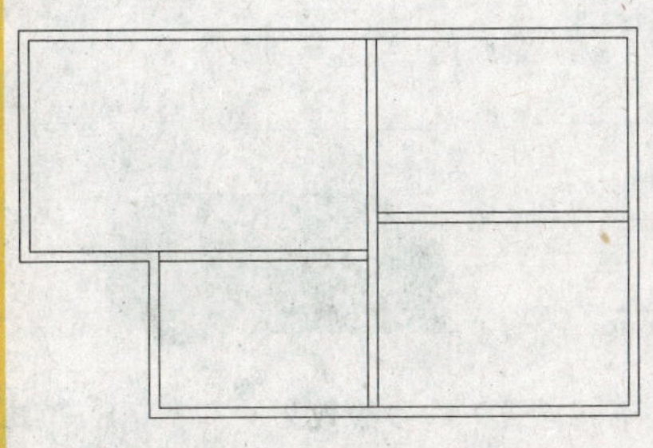

图 2-24　使用多线绘制墙体结构

3. 选项含义

(1) 对正(J)：以光标所在位置为基点设置多线的对正方式。选择该命令选项后，系统提示如下。

输入对正类型 [上(T)/无(Z)/下(B)] <上>:(选择多线的对正方式)

①上(T)：在光标焦点的正方向绘制多线。例如，如果从左到右绘制多线，绘制的多线将在光标焦点的下边。

②无(Z)：将光标所在位置作为基点绘制多线。

③下(B)：在光标焦点的负方向绘制多线。例如，如果从左到右绘制多线，绘制的多线将在光标焦点的上边。

多线的对正方式如图 2-25 所示。

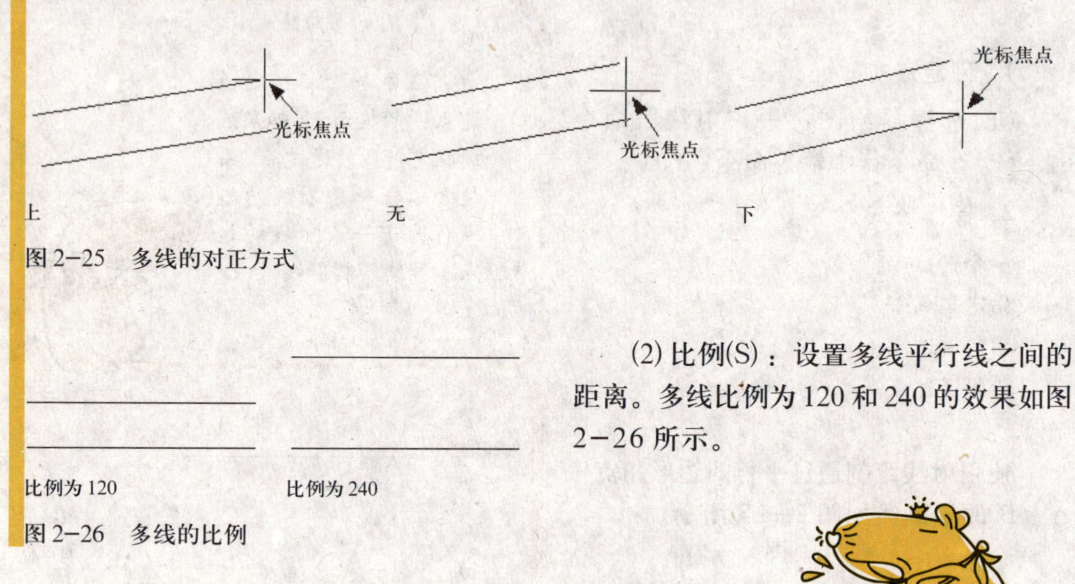

图 2-25　多线的对正方式

图 2-26　多线的比例

(2) 比例(S)：设置多线平行线之间的距离。多线比例为 120 和 240 的效果如图 2-26 所示。

多线样式的偏移量也将影响多线平行线之间的真实距离，具体表现为：W = O × S (W 表示多线真实距离；O 表示样式设置中线条间的距离；S 表示设置的多线比例)。

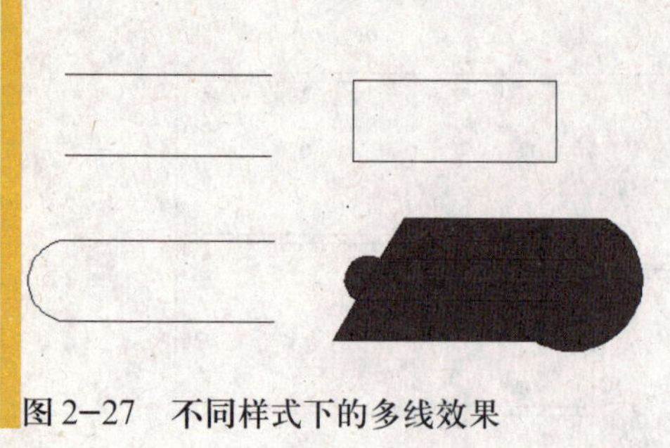

图 2-27　不同样式下的多线效果

(3)样式(ST)：选择多线的应用样式。通过选择“格式”→“多线样式”命令，或在命令行中输入命令 mlstyle，打开“多线样式”对话框，单击该对话框中的“新建”或“修改”按钮，即可创建新的多线样式或编辑当前选中的多线样式，包括设置多线起点与端点的闭合方式、多线间的填充颜色、组成多线的平行线的数目、各平行线的偏移量，以及是否显示连接等属性。如图 2-27 所示为不同样式下绘制的多线。

2.3.5 绘制多段线

1．创建方式

(1)单击“绘图”工具栏中的“多段线”按钮。

(2)选择“绘图”→“多段线”命令。

(3)在命令行中输入命令：pline。

2．操作格式

命令：_pline

指定起点：

当前线宽为 0.0000

指定下一个点或［圆弧(A)/ 半宽(H)/ 长度(L)/ 放弃(U)/ 宽度(W)]:(0,100)

指定下一点或［圆弧(A)/ 闭合(C)/ 半宽(H)/ 长度(L)/ 放弃(U)/ 宽度(W)]:

3．选项含义

(1)圆弧(A)：将圆弧添加到多段线中。选择该命令选项，命令行提示如下。

指定圆弧的端点或[角度(A)/ 圆心(CE)/ 方向(D)/ 半宽(H)/ 直线(L)/ 半径(R)/ 第二个点(S)/ 放弃(U)/ 宽度(W)]:

①角度(A)：设置圆弧的包含角度。

②圆心(CE)：设置圆弧的圆心。

③方向(D)：设置圆弧的起点切线方向。

④半宽(H)：设置圆弧宽度一半值。

⑤直线(L)：以直线方式绘制圆弧。

⑥半径(R)：设置圆弧的半径。

⑦第二个点(S)：指定圆弧上的第二点。

⑧宽度(W)：设置圆弧的宽度。

(2)闭合(C)：连接多段线的起点与端点，形成闭合多段线。

(3)半宽(H)：指定宽多段线的一半宽度。

(4)长度(L)：指定多段线直线段的长度。

(5)放弃(U)：取消上一步的操作。

(6)宽度(W)：通过指定多段线的起点宽度与终点宽度来设置多段线的宽度。起点宽度与终点宽度相同或不同的多段线效果如图 2-28 所示。

起点宽度与终点宽度均为 0　　起点宽度与终点宽度均为 20　　起点宽度为 0，终点宽度为 20

图 2-28　设置多段线的宽度

使用多段线绘制的图形如图 2-29 所示。

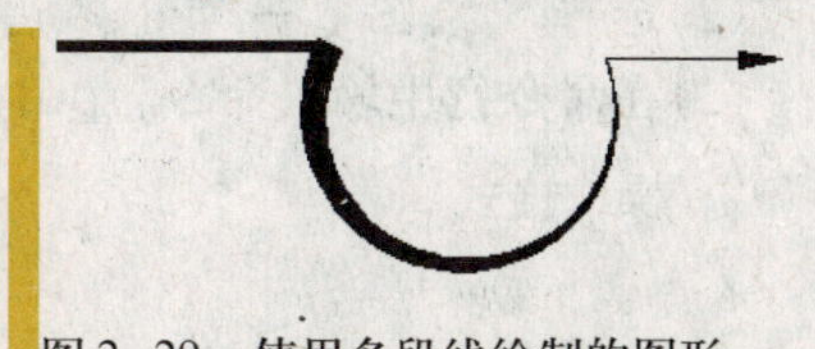

图 2-29　使用多段线绘制的图形

2.3.6 绘制矩形

1. 创建方式

(1)单击“绘图”工具栏中的“矩形”按钮▭。

(2)选择“绘图”→“矩形”命令。

(3)在命令行中输入命令：rectang。

2. 操作格式

命令：_rectang

指定第一个角点或［倒角(C)/ 标高(E)/ 圆角(F)/ 厚度(T)/ 宽度(W)]:(单击鼠标左键确定第一个角点的方位)

指定另一个角点或［面积(A)/ 尺寸(D)/ 旋转(R)]:

3. 选项含义

(1)倒角(C)：指定矩形角点的倒角距离，效果如图 2-30 所示(“倒角”将在第 3 章中介绍)。

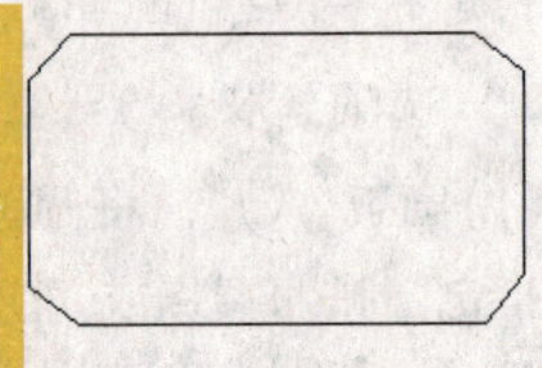

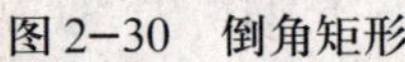

图 2-30　倒角矩形

(2)标高(E)：指定矩形的标高。

标高是指对象相对于基面的高度，只有在三维图形中才能看到效果。

(3)圆角(F)：指定矩形角点的圆角半径，效果如图 2-31 所示(“圆角”将在第 3 章介绍)。

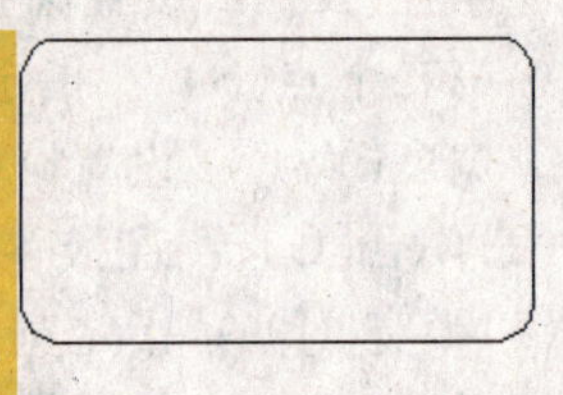

图 2-31　圆角矩形

(4)厚度(T)：指定矩形边的厚度，在三维图形中可以看到效果。

(5)宽度(W)：指定矩形边的宽度。

(6)面积(A)：按矩形的面积绘制矩形。

(7)尺寸(D)：按矩形的长和宽绘制矩形。

(8)旋转(R)：指定矩形的旋转角度。

2.3.7 绘制正多边形

1. 创建方式

(1)单击“绘图”工具栏中的“正多边形”按钮⬠。

(2)选择“绘图”→“正多边形”命令。

(3)在命令行中输入命令：polygon。

2. 操作格式

命令：_polygon

输入边的数目 <4>:

指定正多边形的中心点或 [边(E)]:

输入选项 [内接于圆(I)/外切于圆(C)] <I>:

指定圆的半径:

3. 选项含义

(1) 边(E)：依次指定正多边形一条边的起点与端点绘制正多边形。

(2) 内接于圆(I)：指定绘制的正多边形内接于圆，此圆是一个虚构的圆。

(3) 外切于圆(C)：指定绘制的正多边形外切于圆，此圆是一个虚构的圆。

内接于圆与外切于圆绘制正多边形的效果如图 2-32 所示。

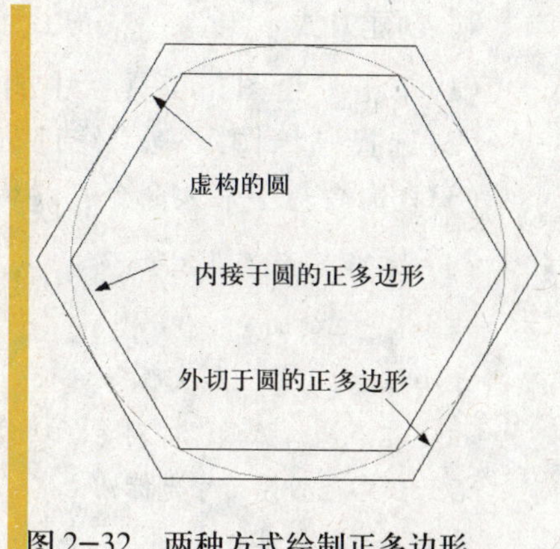

图 2-32　两种方式绘制正多边形

2.3.8　绘制样条曲线

1. 创建方式

(1)单击“绘图”工具栏中的“样条曲线”按钮～。

(2)选择“绘图”→“样条曲线”命令。

(3) 在命令行中输入命令：spline。

在命令行“指定下一点或 [闭合(C)/拟合公差(F)] <起点切向>:”的提示下，可以继续指定样条曲线的经过点，直到按回车键结束。

2. 操作格式

命令：_spline

指定第一个点或 [对象(O)]:

指定下一点:

指定下一点或 [闭合(C)/拟合公差(F)]<起点切向>:

指定起点切向:

指定端点切向:

3. 选项含义

(1)对象(O)：将指定的对象转换为样条曲线。

只有通过样条曲线拟合的多段线才能进行转换。

(2)闭合(C)：连接样条曲线的起点和端点，绘制封闭的样条曲线。

(3)拟合公差(F)：修改样条曲线的拟合公差值。

修改拟合公差前后选中样条曲线的效果如图 2-33 所示。

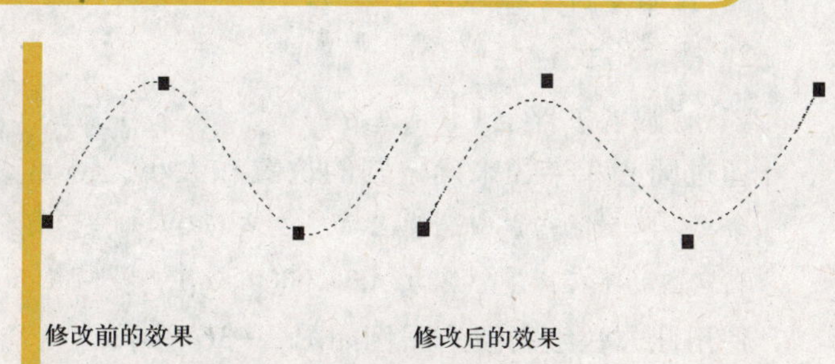

图 2-33　修改样条曲线的拟合公差

2.3.9 绘制修订云线

1. 创建方式

(1)单击“绘图”工具栏中的“修订云线”按钮。

(2)选择“绘图”→“修订云线”命令。

(3)在命令行中输入命令：revcloud。

2. 操作格式

命令：_revcloud

最小弧长：15　最大弧长：15　样式：普通

指定起点或 [弧长(A)/对象(O)/样式(S)] <对象>:

沿云线路径引导十字光标...

修订云线完成。

修订云线的路径可以是闭合的，也可以是不闭合的。如果修订云线的起点与终点是同一个点，则系统自动闭合绘制的修订云线，同时结束命令，否则需要按回车键结束命令。

3. 选项含义

(1)弧长(A)：设置修订云线弧线段的长度，最大弧长不能大于最小弧长的三倍。

(2)对象(O)：将指定对象转换成修订云线。

(3)样式(S)：更改修订云线的样式。系统提供了“普通”和“手绘”两种样式。不同样式下绘制的修订云线效果如图 2-34 所示。

图 2-34　不同样式下绘制的修订云线

2.3.10 绘制圆

1. 创建方式

(1)单击“绘图”工具栏中的“圆”按钮。

(2)选择“绘图”→“圆”命令的子命令，如图 2-35 所示。

(3)在命令行中输入命令：circle。

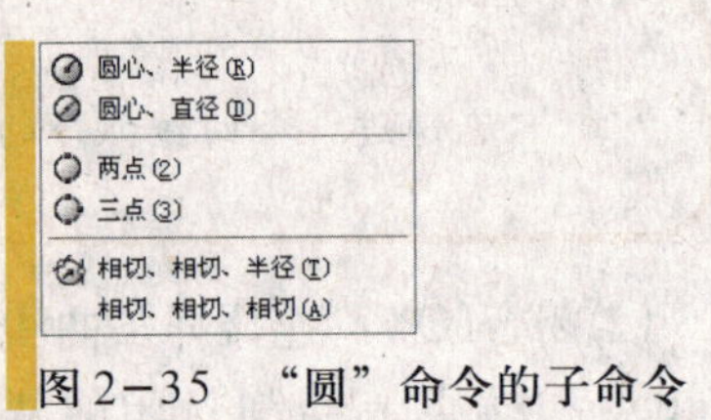

图 2-35　“圆”命令的子命令

2. 操作格式

(1)“圆心、半径(R)”。

通过圆心和半径来确定圆的位置和大小。

命令：_circle 指定圆的圆心或 [三点(3P)/两点(2P)/相切、相切、半径(T)]:

指定圆的半径或 [直径(D)] <60.0000>:

使用此方法绘制圆的图例如图 2-36 所示。

(2)“圆心、直径(D)”。

通过圆心和直径来确定圆的位置和大小。

命令：_circle 指定圆的圆心或 [三点(3P)/ 两点(2P)/ 相切、相切、半径(T)]:

指定圆的半径或 [直径(D)] <33.1190>：_d

指定圆的直径 <66.2380>:

使用此方法绘制圆的图例如图 2-37 所示。

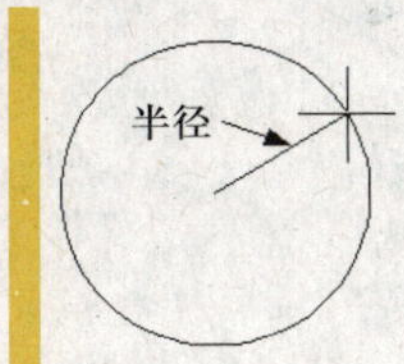

图 2-36　“圆心、半径(R)”绘制圆

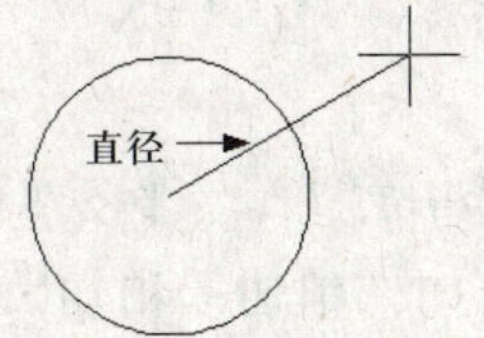

图 2-37　“圆心、直径(D)”绘制圆

(3)“两点(2)”。

通过指定圆上一条直径的两个端点来确定圆的位置和大小。

命令：_circle 指定圆的圆心或 [三点(3P)/ 两点(2P)/ 相切、相切、半径(T)]：_2p

指定圆直径的第一个端点：

指定圆直径的第二个端点：

使用此方法绘制圆的图例如图 2-38 所示。

(4)“三点(3)”。

通过指定圆周上的三个点来确定圆的位置和大小。

命令：_circle 指定圆的圆心或 [三点(3P)/ 两点(2P)/ 相切、相切、半径(T)]：_3p

指定圆上的第一个点：

指定圆上的第二个点：

指定圆上的第三个点：

使用此方法绘制圆的图例如图 2-39 所示。

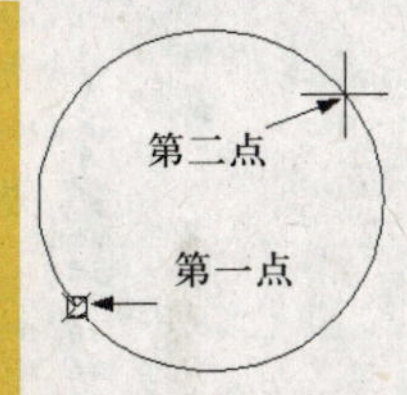

图 2-38　“两点(2)”绘制圆

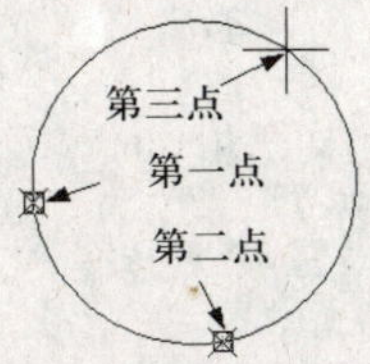

图 2-39　“三点(3)”绘制圆

(5)“相切、相切、半径(T)”。

通过指定与对象的两个切点和圆的半径来确定圆的位置和大小。

命令：_circle 指定圆的圆心或 [三点(3P)/ 两点(2P)/ 相切、相切、半径(T)]：_ttr

指定对象与圆的第一个切点：

指定对象与圆的第二个切点：

指定圆的半径 <57.8192>:

使用此方法绘制圆时，拾取切点的位置将决定圆的位置，如图 2-40 所示。

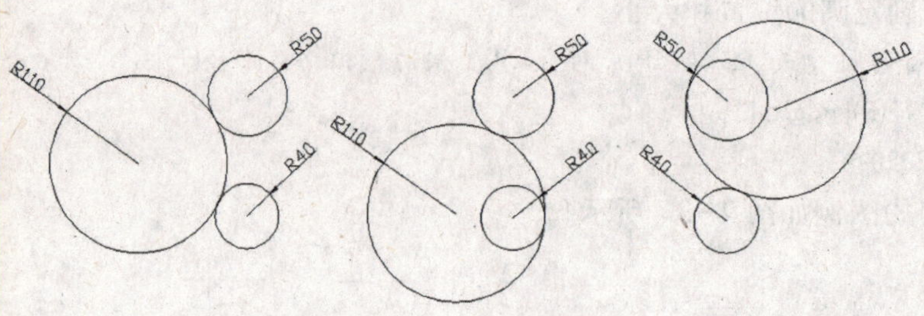

图 2-40　“相切、相切、半径(T)”绘制圆

(6)“相切、相切、相切(A)”。

通过指定与对象的三个切点来确定圆的位置和大小。

命令：_circle 指定圆的圆心或 [三点(3P)/ 两点(2P)/ 相切、相切、半径(T)]：_3p

指定圆上的第一个点：_tan 到

指定圆上的第二个点：_tan 到

指定圆上的第三个点：_tan 到

使用此方法绘制圆时，拾取切点的位置将决定圆的位置和大小，如图 2-41 所示。

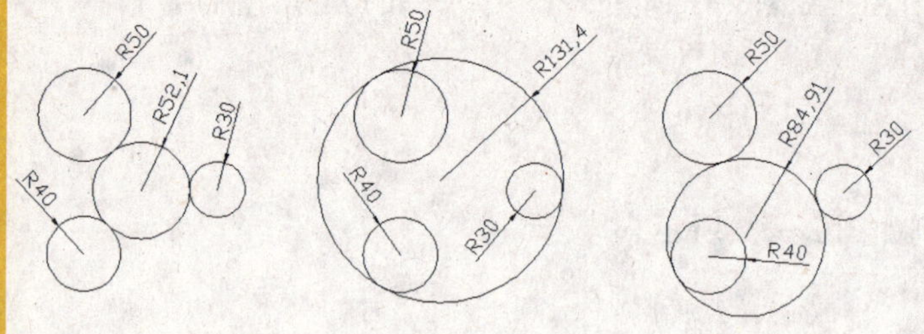

图 2-41　“相切、相切、相切(A)”绘制圆

2.3.11　绘制圆弧

1. 创建方式

(1)单击“绘图”工具栏中的“圆弧”按钮。

(2)选择“绘图”→“圆弧”命令的子命令，如图 2-42 所示。

(3)在命令行中输入命令：arc。

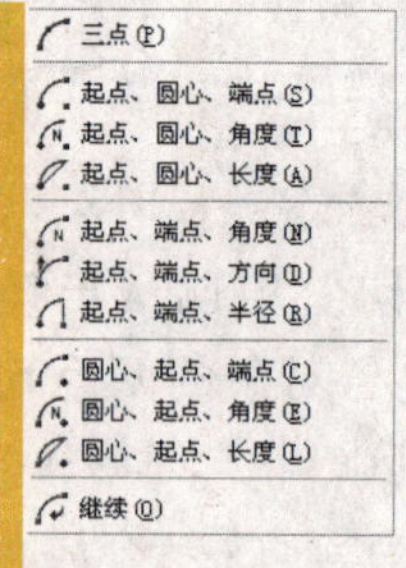

图 2-42　“圆弧”命令的子命令

2. 操作格式

(1)“三点(P)”。

通过指定圆弧的起点、圆弧上的点和圆弧的端点来绘制圆弧。

命令：_arc 指定圆弧的起点或 [圆心(C)]：

指定圆弧的第二个点或 [圆心(C)/ 端点(E)]：

指定圆弧的端点：

使用此方法绘制圆弧的图例如图 2-43 所示。

(2)“起点、圆心、端点(S)”。

通过指定圆弧的起点、圆心和端点来绘制圆弧。

命令：_arc 指定圆弧的起点或 [圆心(C)]:

指定圆弧的第二个点或 [圆心(C)/端点(E)]: _c 指定圆弧的圆心:

指定圆弧的端点或 [角度(A)/弦长(L)]:

使用此方法绘制圆弧的图例如图 2-44 所示。

图 2-43　“三点（P）”绘制圆弧　图 2-44　“起点、圆心、端点(S)”绘制圆弧

(3)“起点、圆心、角度(T)”。

通过指定圆弧的起点、圆心和圆弧包含的角度来绘制圆弧。

命令：_arc 指定圆弧的起点或 [圆心(C)]:

指定圆弧的第二个点或 [圆心(C)/端点(E)]: _c 指定圆弧的圆心:

指定圆弧的端点或 [角度(A)/弦长(L)]: _a 指定包含角:

使用此方法绘制圆弧的图例如图 2-45 所示。

(4)“起点、圆心、长度(A)”。

通过指定圆弧的起点、圆心和弦长来绘制圆弧。

命令：_arc 指定圆弧的起点或 [圆心(C)]:

指定圆弧的第二个点或 [圆心(C)/端点(E)]: _c 指定圆弧的圆心:

指定圆弧的端点或 [角度(A)/弦长(L)]: _l 指定弦长:

使用此方法绘制圆弧的图例如图 2-46 所示。

图 2-45“起点、圆心、角度(T)”绘制圆弧　图 2-46“起点、圆心、长度(A)”绘制圆弧

(5)“起点、端点、角度(N)”。

通过指定圆弧的起点、端点和圆弧包含的角度来绘制圆弧。

命令：_arc 指定圆弧的起点或 [圆心(C)]:

指定圆弧的第二个点或 [圆心(C)/端点(E)]: _e 指定圆弧的端点:

指定圆弧的圆心或 [角度(A)/方向(D)/半径(R)]: _a 指定包含角:

使用此方法绘制圆弧的图例如图 2–47 所示。

（6）“起点、端点、方向（D）”。

通过指定圆弧的起点、端点和过圆弧起点的虚构直线与圆弧的切线方向来绘制圆弧。

命令：_arc 指定圆弧的起点或 [圆心(C)]：

指定圆弧的第二个点或 [圆心(C)/ 端点(E)]：_e指定圆弧的端点：

指定圆弧的圆心或 [角度(A)/ 方向(D)/ 半径(R)]：_d 指定圆弧的起点切向：

使用此方法绘制圆弧的图例如图 2–48 所示。

图 2–47　“起点、端点、角度（N）”绘制圆弧　图 2–48　“起点、端点、方向（D）”绘制圆弧

（7）“起点、端点、半径（R）”。

通过指定圆弧的起点、端点和圆弧的半径来绘制圆弧。

命令：_arc 指定圆弧的起点或 [圆心(C)]：

指定圆弧的第二个点或 [圆心(C)/ 端点(E)]：_e指定圆弧的端点：

指定圆弧的圆心或 [角度(A)/ 方向(D)/ 半径(R)]：_r 指定圆弧的半径：

使用此方法绘制圆弧的图例如图 2–49 所示。

（8）“圆心、起点、端点（C）”。

通过指定圆弧的圆心、起点和端点来绘制圆弧。

命令：_arc 指定圆弧的起点或 [圆心(C)]：_c 指定圆弧的圆心：

指定圆弧的起点：

指定圆弧的端点或 [角度(A)/ 弦长(L)]：

使用此方法绘制圆弧的图例如图 2–50 所示。

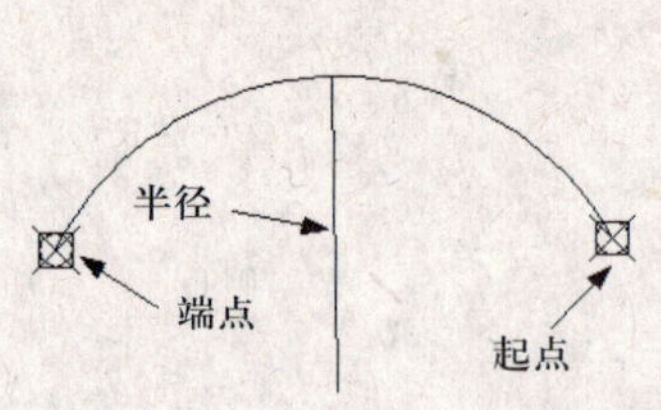

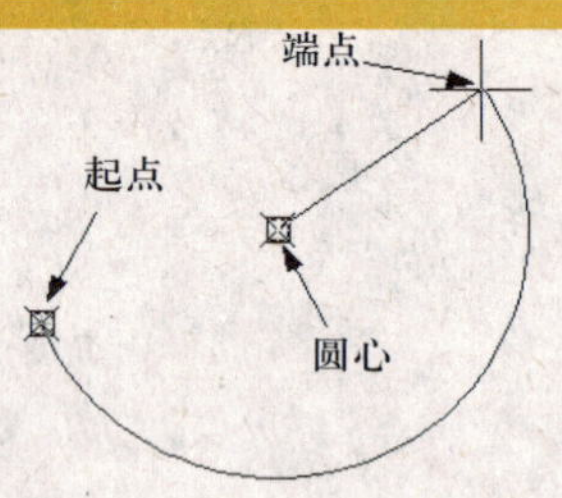

图 2–49　“起点、端点、半径（R）”绘制圆弧　图 2–50　“圆心、起点、端点（C）”绘制圆弧

（9）“圆心、起点、角度（E）”。

通过指定圆弧的圆心、起点和圆弧包含的角度来绘制圆弧。

命令：_arc 指定圆弧的起点或 [圆心(C)]：_c 指定圆弧的圆心：

指定圆弧的起点：

指定圆弧的端点或 [角度(A)/弦长(L)]：_a 指定包含角：

使用此方法绘制圆弧的图例如图 2−51 所示。

(10)“圆心、起点、长度(L)”。

通过指定圆弧的圆心、起点和弦长来绘制圆弧。

命令：_arc 指定圆弧的起点或 [圆心(C)]：_c 指定圆弧的圆心：

指定圆弧的起点：

指定圆弧的端点或 [角度(A)/弦长(L)]：_l 指定弦长：

使用此方法绘制圆弧的图例如图 2−52 所示。

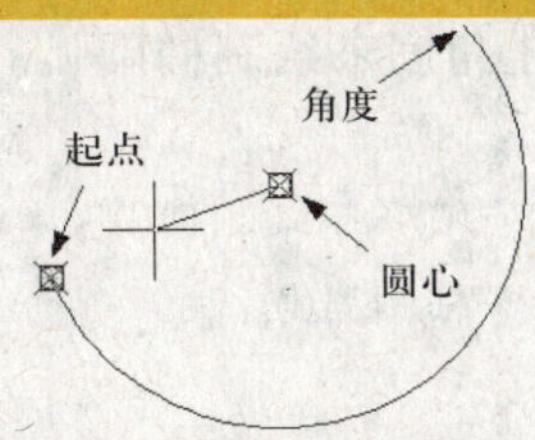

图 2−51 “圆心、起点、角度(E)”绘制圆弧

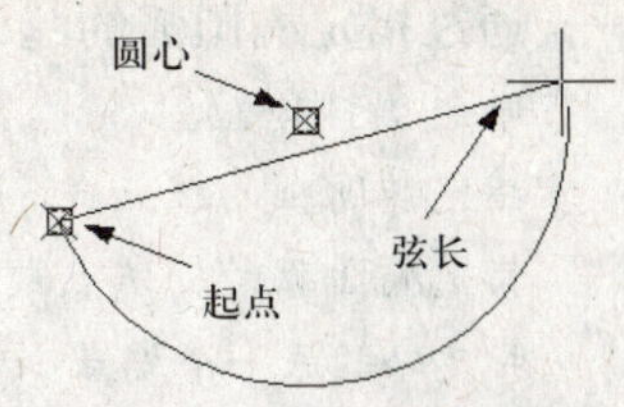

图 2−52 “圆心、起点、长度(L)”绘制圆弧

(11)“继续(O)”。

以上一步绘制图形的终点为起点绘制圆弧。

命令：_arc 指定圆弧的起点或 [圆心(C)]：

指定圆弧的端点：

使用此方法绘制圆弧的图例如图 2−53 所示。

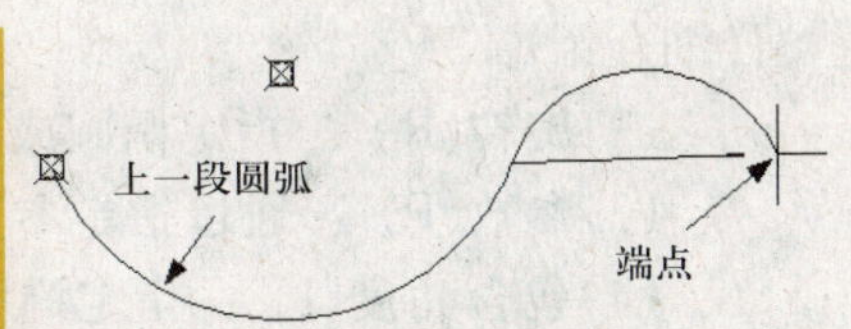

图 2−53 “继续(O)”绘制圆弧

2.3.12 绘制椭圆

1. 创建方式

(1)单击“绘图”工具栏中的“椭圆”按钮。

(2)选择“绘图”→“椭圆”命令的子命令，如图 2−54 所示。

(3)在命令行中输入命令：ellipse。

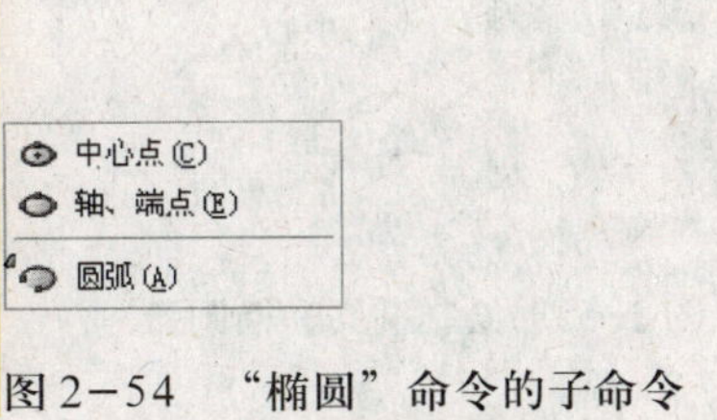

图 2−54 “椭圆”命令的子命令

2. 操作格式

(1)“中心点(C)”。

通过指定椭圆的中心点和两条半轴长度来绘制椭圆。

命令：_ellipse

指定椭圆轴的端点或 [圆弧(A)/中心点(C)/等轴测圆(I)]：_c 指定椭圆的中心点：

指定轴的端点：

指定另一条半轴长度或 [旋转(R)]：

(2)“轴、端点(E)”。

通过指定椭圆一条轴的长度和另一条半轴的长度来绘制椭圆。

命令：_ellipse

指定椭圆轴的端点或 [圆弧(A)/ 中心点(C)/ 等轴测圆(I)]：

指定轴的另一个端点：

指定另一条半轴长度或 [旋转(R)]：

(3)“圆弧(A)”。

通过指定椭圆弧的起始角度与终止角度来绘制椭圆弧。

命令：_ellipse

指定椭圆轴的端点或 [圆弧(A)/ 中心点(C)/ 等轴测圆(I)]：_a

指定椭圆弧的轴端点或 [中心点(C)/ 等轴测圆(I)]：

指定轴的另一个端点：

指定另一条半轴长度或 [旋转(R)]：

指定起始角度或 [参数(P)]：

指定终止角度或 [参数(P)/ 包含角度(I)]：

3. 选项含义

(1)等轴测圆(I)：在当前等轴测平面上绘制等轴测圆(有关等轴测绘图将在第 4 章详细介绍)。

(2)旋转(R)：指定椭圆或椭圆弧的旋转角度。

(3)参数(P)：通过指定参数绘制椭圆。

(4)包含角度(I)：指定椭圆弧起点、端点和中心点连线所包含的角度。

椭圆和椭圆弧的图例如图 2−55 所示。

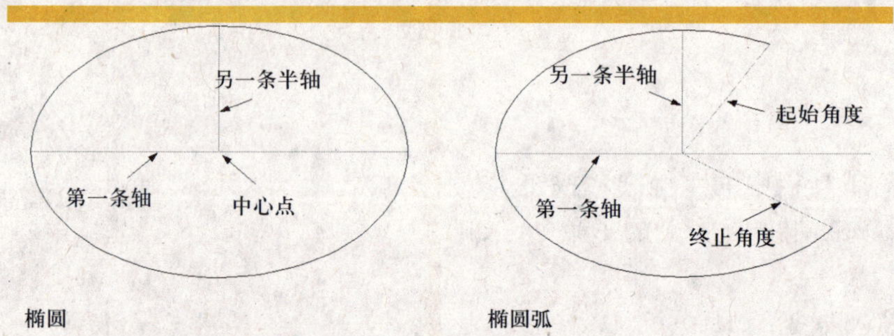

图 2−55　绘制椭圆和椭圆弧

2.3.13　绘制圆环

1. 创建方式

(1)选择“绘图”→“圆环”命令。

(2)在命令行中输入命令：donut。

2. 操作格式

命令：_donut

指定圆环的内径 <0.5000>:
指定圆环的外径 <1.0000>:
指定圆环的中心点或 <退出>:
指定圆环的中心点或 <退出>:

(1)在命令行“指定圆环的中心点或 <退出>:”的提示下，如果继续指定圆环的中心点，会继续绘制圆环，直到按回车键结束命令。

(2)可以使用fill命令控制圆环的填充性，效果如图 2-56 所示。

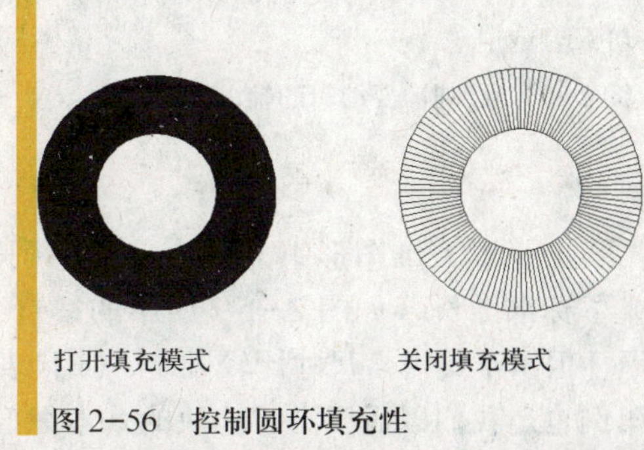

图 2-56　控制圆环填充性

2.4 基础应用

任何一个复杂的二维图形都是由多个基本二维图形组成的，熟练掌握了基本二维图形的绘制方法，就有可能绘制出复杂的二维图形。当然，复杂的二维图形并不是一堆基本二维图形的简单堆积，而是要有一定的设计思路，且各图形之间要保持着某种特殊的关系，比如图形的尺寸要保持精确等。

基本二维图形的应用非常广泛，下面就基本二维图形的应用做一个简单介绍。

2.4.1 使用基本二维图形绘制辅助图形

基本二维图形的一个重要应用就是绘制辅助图形，例如使用直线绘制辅助线，然后沿着绘制的辅助线绘制墙线，如图 2-57 所示。

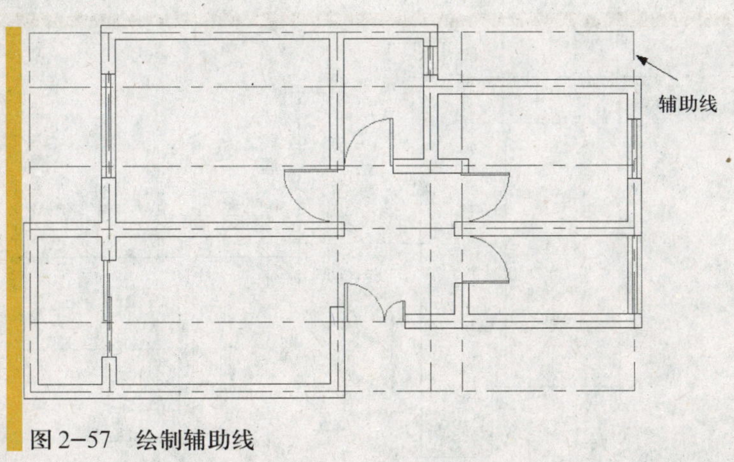

图 2-57　绘制辅助线

另外，还可以使用圆、矩形等基本二维图形绘制辅助图形，然后根据需要对这些基本二维图形进行编辑，进而绘制出符合要求的图形，如图2-58所示。

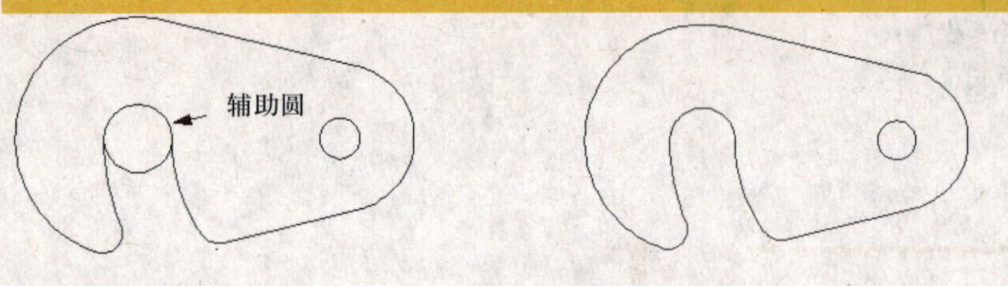

图2-58　绘制需要编辑的辅助图形

2.4.2　绘制简单图形、部分标准图例

由基本二维图形组成的一些简单图形可以被视为图例，有些图例应用得非常多，成了标准图例，如图2-59所示的螺钉、灯具和座便器等。这些图形绘制起来并不麻烦，但由于其规格尺寸比较固定，或代表的对象比较抽象，所以可以被重复利用。这些图例也是我们以后要学习的块的基本图形。

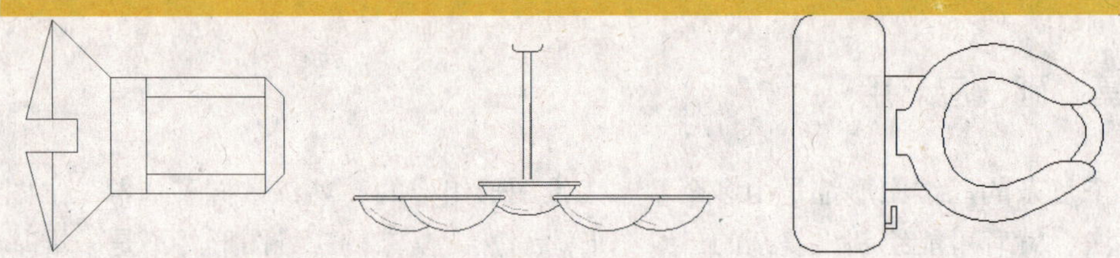

图2-59　螺钉、灯具和座便器

2.4.3　绘制工程图纸

单一地绘制基本二维图形并没有什么意义，但如果给这些基本二维图形附上某些特殊的含义，如用直线表示墙面，用折线表示断面，用几个基本图形的简单组合表示某一个具体的对象，这样组成的图形就具有了特殊的意义。图2-60所示的图形就是由一些直线、圆、圆弧、多段线等基本二维图形构成的给水机械安装局部剖面图。

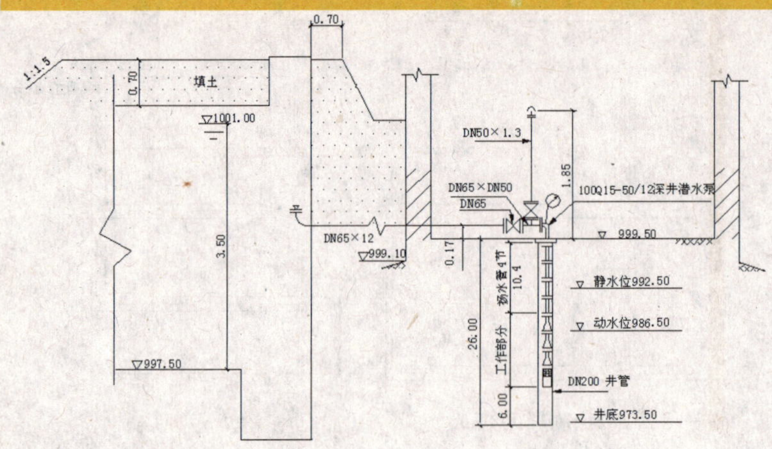

图2-60　给水机械安装局部剖面图

2.5 案例表现

呵呵，不要以为基本二维图形的绘制非常简单，就放松了练习这些绘图工具的使用，要切记熟能生巧，只有不断地练习才能在真正的绘图过程中做到信手拈来。为巩固读者对基本二维图形的操作，下面详细介绍弹簧门的绘制过程。

案例：弹簧门

弹簧门的效果如图 2-61 所示。

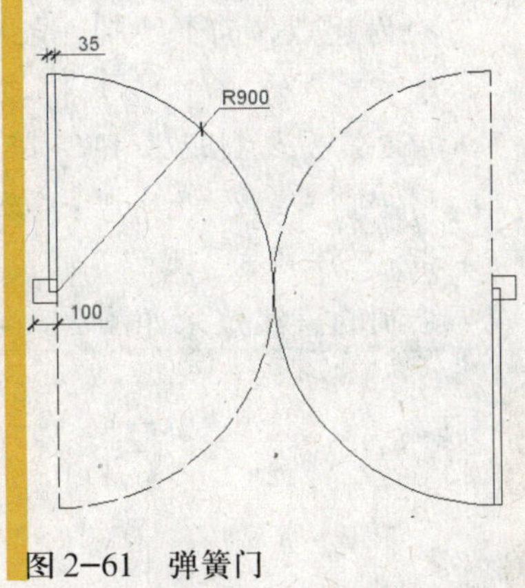

图 2-61　弹簧门

制作分析：

本例绘制的弹簧门主要由直线、矩形和圆弧三个基本二维图形组成，通过对这些简单基本二维图形的有序组合，就完成了弹簧门的绘制。

操作步骤：

01 新建文件。新建一个图形文件，执行“保存”命令将其保存并命名为“弹簧门”。

02 绘制矩形。单击“绘图”工具栏中的“矩形”按钮▭，执行“矩形”命令，在绘图窗口中绘制一个长和宽均为 100 的矩形，命令行提示如下。

命令：_rectang

指定第一个角点或［倒角(C)/ 标高(E)/ 圆角(F)/ 厚度(T)/ 宽度(W)]：

指定另一个角点或［面积(A)/ 尺寸(D)/ 旋转(R)]：d

指定矩形的长度 <10>：100

指定矩形的宽度 <10>：100

指定另一个角点或［面积(A)/ 尺寸(D)/ 旋转(R)]：(单击鼠标左键确定另一个角点的方位)

再次执行“矩形”命令，以上一步绘制的矩形的右边长中点为起点，向上绘制一个长为 35，宽为 900 的矩形，如图 2-62 所示。

03 绘制圆弧。选择“绘图”→“圆弧”→“圆心、起点、角度(E)”命令，绘制圆弧，命令行提示如下。

命令：_arc 指定圆弧的起点或［圆心(C)]：_c

指定圆弧的圆心：(捕捉上一步绘制矩形的右下角点)

指定圆弧的起点：(捕捉上一步绘制矩形的右上角点)

指定圆弧的端点或［角度(A)/弦长(L)]：_a 指定包含角：-90

绘制的圆弧效果如图 2-63 所示。

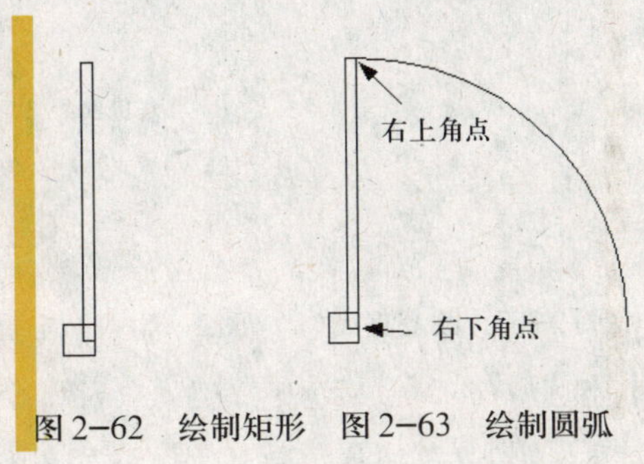

图 2-62　绘制矩形　图 2-63　绘制圆弧

04 绘制直线。单击“绘图”工具栏中的“直线”按钮，以第二个矩形的右下角点为起点，向下绘制一条长为900的垂直直线，命令行提示如下。

命令：_line

指定第一点：(捕捉如图2-63所示的右下角点)

指定下一点或［放弃(U)]：@0,-900

指定下一点或［放弃(U)]：

绘制的直线效果如图2-64所示。

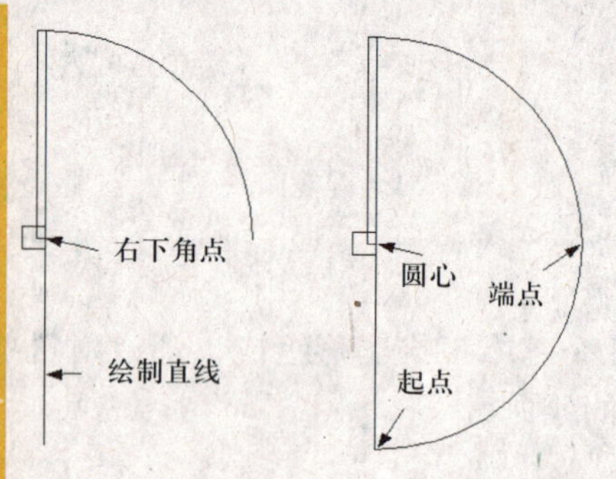

图2-64　绘制直线　图2-65　绘制圆弧

05 绘制圆弧。选择“绘图”→“圆弧”→“圆心、起点、端点(C)”命令，绘制圆弧，命令行提示如下。

命令：_arc 指定圆弧的起点或［圆心(C)]：

_c 指定圆弧的圆心：(捕捉如图2-62所示的右下角点)

指定圆弧的起点：(捕捉直线的端点)

指定圆弧的端点或［角度(A)/弦长(L)]：(捕捉上一段圆弧的端点)

绘制的圆弧效果如图2-65所示。

06 设置线型。选中步骤(4)和(5)绘制的直线和圆弧，单击“特性”工具栏中的“线型”下拉按钮 ByLayer ，在弹出的下拉列表框中选择“其他”命令选项，打开“线型管理器”对话框，如图2-66所示。点击该对话框中的 加载(L)... 按钮，打开“加载或重载线型”对话框。在该对话框中的可用线型列表中选择“ACAD_IS002W100”线型，单击 确定 按钮后返回“线型管理器”对话框，在该对话框中选中刚加载的线型，单击“显示细节”按钮，在该对话框的下方设置“全局比例因子”，然后单击 确定 按钮改变直线和圆弧的线型，效果如图2-67所示。

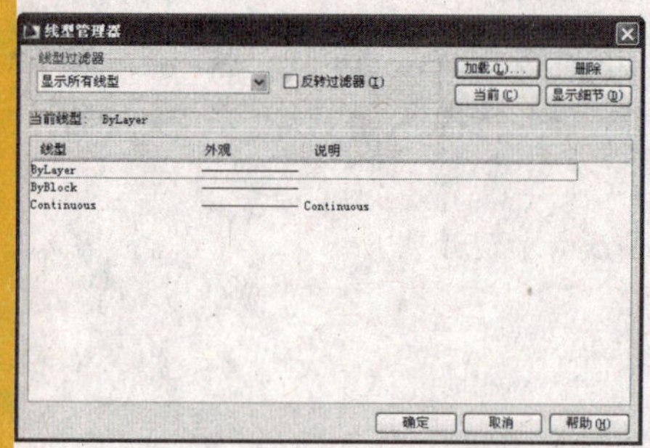

图2-66　“线型管理器”对话框

07 绘制直线。执行“直线”命令，按下F8键启动正交模式，以圆弧的端点为起点，向下绘制一条长为500的垂直直线，效果如图2-68所示。

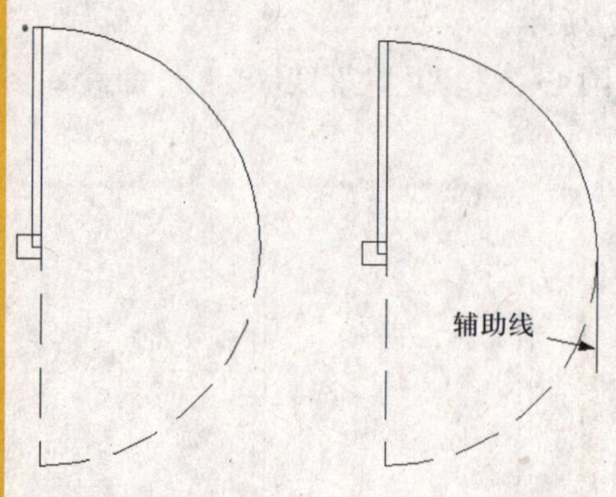

图2-67　改变直线和圆弧的线型　图2-68　绘制直线

08 镜像图形。选中“修改”→“镜像”命令，以绘制的辅助线为镜像线，水平镜像绘制图形，命令行提示如下。

命令：_mirror

选择对象：指定对角点：找到 5 个(拖动鼠标框选绘制的图形)

选择对象：(按回车键结束对象选择)

指定镜像线的第一点：(单击辅助线的起点)

指定镜像线的第二点：(单击辅助线的端点)

要删除源对象吗？[是(Y)/否(N)] <N>：(直接按回车键结束命令)

镜像后的效果如图 2-69 所示。

有关"镜像"命令的详细应用在第 3 章中介绍，这里只作引用，案例 2 中相同。

09 删除辅助直线。单击鼠标选中辅助直线，按 Delete 键将其删除。

10 再次镜像对象。选中"修改"→"镜像"命令，以如图 2-70 所示图形中的 A（35 × 900 矩形左下角定点）、B 两点作为镜像线端点，垂直镜像绘制图形，命令行提示如下。

命令：MI MIRROR

选择对象：指定对角点：找到 2 个(拖动鼠标框选上方圆弧和矩形)

选择对象：指定对角点：找到 2 个，总计 4 个(继续框选下方圆弧和直线并回车确定)

选择对象： 指定镜像线的第一点(鼠标单击A点)：指定镜像线的第二点(鼠标单击B点)：

是否删除源对象？[是(Y)/否(N)] <N>：Y (输入Y回车删除源对象)

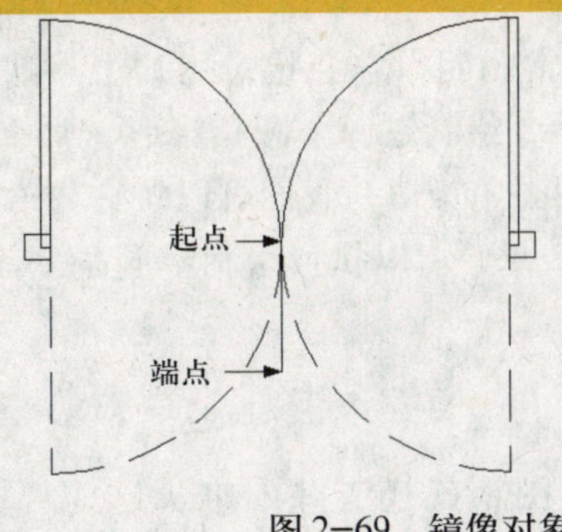

图 2-69 镜像对象

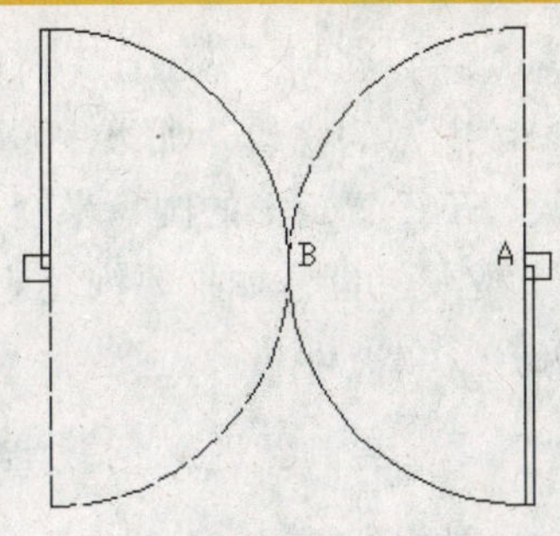

图 2-70 垂直镜像

2.6 疑难及常见问题

基本二维图形的绘制看起来很简单，但在实际的操作中，由于种种原因时常会出现一些难以解决的问题。以下针对初学者提出的一些与本章知识点相关的疑难及常见问题进行解答。

1．为什么看不见绘制的点

答：对于初学者而言，这样的问题会经常遇到，系统默认的点样式是一个小点，如果当前绘图区域比较大，当绘制一个点时是很难观察到的，所以，可以选择“格式”→“点样式”命令，打开“点样式”对话框，在该对话框中重新设置显示模式和大小，这样就可以观察到绘制的点了。

2．如何结束绘图命令

答：命令行的提示信息对用户的正确操作非常重要，根据命令行的提示进行操作，可以省去很多烦恼。通常情况下，当用户完整执行一个命令后，该命令会自动结束，如绘制圆。但是，AutoCAD 2009 中的部分命令允许用户连续进行操作，这样就使某些用户无所适从了。呵呵，不要着急，在命令执行中，用户可以按 Esc 键退出当前命令或者按回车键结束命令。

3．使用多线只能绘制两条平行线吗

答：多线的本来意思就是多条平行线，所以使用多线不只是绘制两条平行线。可以在多线样式中设置多线间平行线的数目，选择“格式”→“多线样式”命令，打开“多线样式”对话框，如图 2-71 所示，用户可以新建或修改当前选中的多线样式，打开“新建多线样式”对话框，单击该对话框中的“添加”按钮添加多线间的平行线。

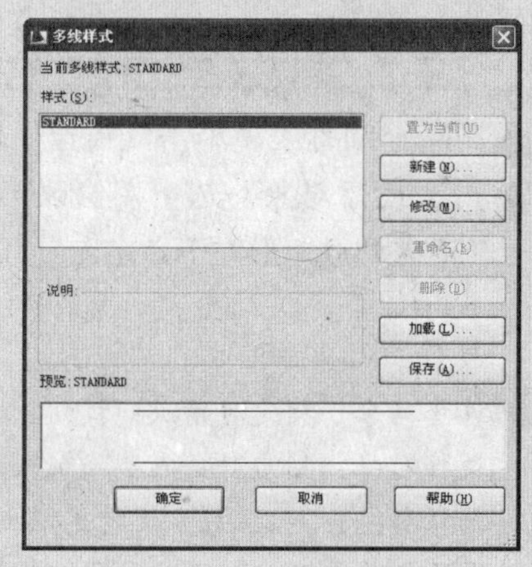

图 2-71 “多线样式”对话框

4．为什么绘制的矩形是圆角的

答：呵呵，AutoCAD 2009 非常聪明，它会记录用户上一次执行命令时对系统参数所做的修改，如果用户使用矩形命令绘制过一个圆角矩形，那么再次绘制矩形的时候，不设置矩形的圆角半径也可以绘制圆角矩形，我们可以将它称为 AutoCAD 2009 的“记忆”功能。如果要恢复矩形的直角效果，可以执行绘制矩形命令，然后设置矩形的圆角半径为 0 即可。

5．绘制圆时如何找准圆心

答：对于初学者而言，要做到绘图精确还有些困难，这需要更多的经验，掌握更多的绘图技巧。针对寻找圆心这个问题，如果圆心的位置确定，而且有特定的对象存在，可以直接使用对象捕捉获取圆心位置，否则需要使用辅助线或其他方法确定圆心。如果圆心位于两个点之间的中点位置，可以在命令行“指定圆的圆心或［三点(3P)/ 两点(2P)/ 相切、相切、半径(T)］:”的提示下，单击鼠标右键，在弹出的快捷菜单中选择“两点之间的中点(T)”命令，然后依次捕捉两点即可确定圆心位置。

6．如何快速绘制墙线

答：通常情况下，先绘制辅助线，然后根据辅助线绘制墙线，这样绘制的墙线比较清晰。然而，有时候为了提高绘图效率，在已经掌握草图的情况下，可以不需要绘制辅助线，而是直接绘制墙线，对多线的编辑也采用多线编辑与分解修剪相结合，这样可以有效地提高绘图效率。

7．为何选择的点划线线型在图中显示呈实线

答：这是因为所有线型都是以普通打印图纸尺寸为基准准备的，所以当在模型空间绘制的物件远大于打印图纸尺寸的时候，点划线、虚线等线型由于间距太小就显示为呈实线了。有两种方法调整这种情况，第一种方法是进入线型管理器选中该线型，在详细信息选项组增大该线型的“全局比例因子”；第二种方法是在图中选中需要调整的线条，单击“标准”工具栏中的“特性”按钮，打开“特性”选项板，在该选项板中“常规”选项中增大线型比例。

2.7 习题与上机练习

1．选择题

(1) 以下(　)方法可用来将一条长为100的直线均等为10份。

(A) 单点　　(B) 多点
(C) 定距等分　　(D) 定数等分

(2) 在建筑绘图中经常使用(　)绘制墙体线。

(A) 直线　　(B) 多线
(C) 射线　　(D) 多段线

(3)要绘制一个五角星，最简单的方法是使用(　)工具。

(A) 直线　　(B) 直线和矩形
(C) 直线和正多边形　　(D) 正多边形和圆

(4) AutoCAD 2009总共有(　)种绘制圆的方法。

(A) 4　　(B) 5
(C) 6　　(D) 7

(5) 经过矩形的两个对角点绘制一条半径为50的圆弧，可以使用(　)方法。

(A) 三点　　(B) 起点、圆心、端点
(C) 起点、端点、半径　　(D) 圆心、起点、端点

(6) 要想绘制出类似流水的效果，可以使用(　)工具。

(A) 直线　　(B) 样条曲线
(C) 圆弧　　(D) 椭圆

(7) 使用(　)工具可以直接在平面图中绘制一个实心圆充当抽屉的拉手。

(A) 圆　　(B) 椭圆

(C) 圆弧　　　　　　　　　　　　(D) 圆环

(8) 要绘制一个楼梯台阶，可以使用(　　)工具。

(A) 直线　　　　　　　　　　　　(B) 矩形

(C) 多段线　　　　　　　　　　　(D) 正多边形

2. 问答题

(1) 如何更改点样式？用户能否设置点的大小？如果可以，如何设置？

(2) 多段线与直线有什么区别？

(3) 在 AutoCAD 2009 中，用户可以通过多少种方式绘制圆弧？

3. 上机练习题

(1) 绘制如图 2-72 所示的浴霸。

(2) 绘制如图 2-73 所示的椅子。

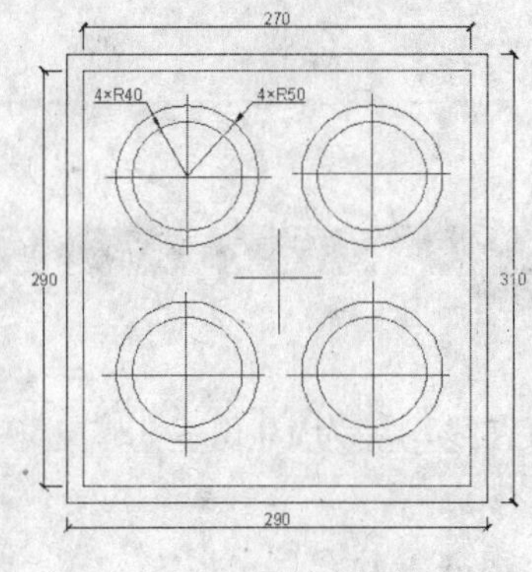

图 2-72　浴霸

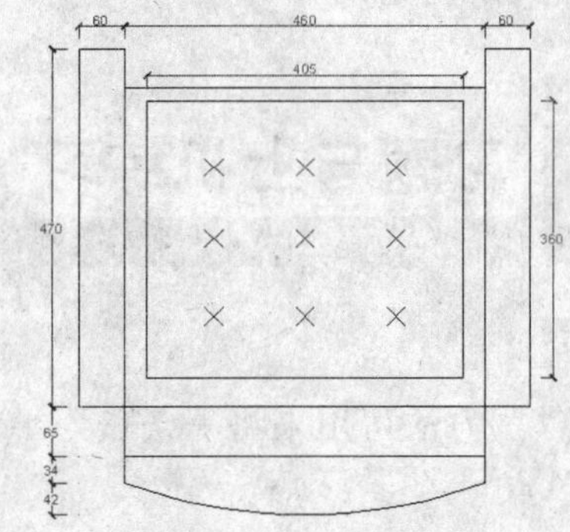

图 2-73　椅子

(3) 绘制如图 2-74 所示的集成电路。

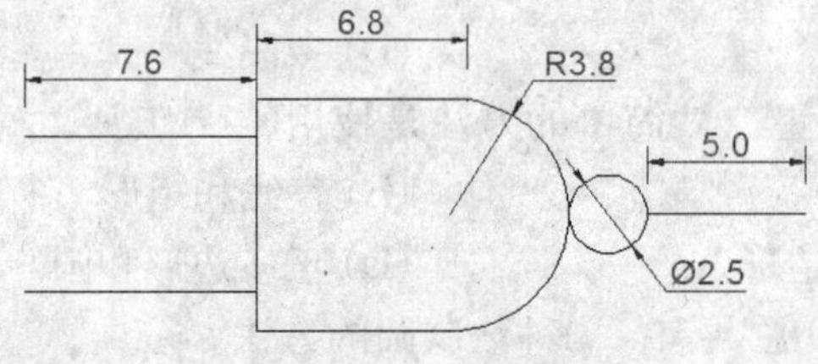

图 2-74　集成电路

第三章 编辑二维图形

3

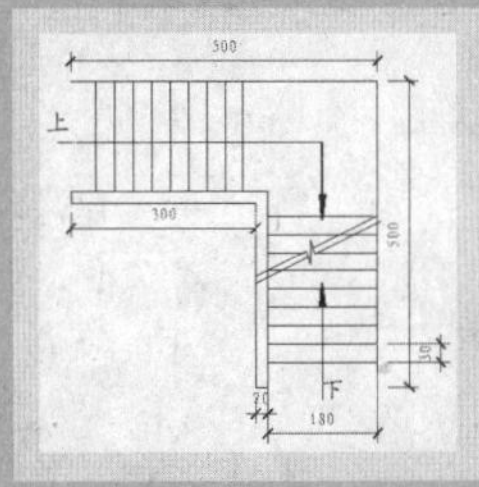

本章内容

实例引入——间歇轮

基本术语

知识讲解

基础应用

案例表现

疑难及常见问题

本章导读

如果说绘制基本二维图形是生产原材料，那么编辑二维图形就是对原材料进行加工，以便生产出各种产品。AutoCAD 2009为用户提供了丰富的图形编辑命令，包括复制、偏移、镜像、阵列、旋转、拉伸、拉长、缩放、修剪、延伸、打断、倒角和倒圆角等，图形绘制命令与图形编辑命令相结合，就能“生产”出各种图纸。

本章主要介绍如何编辑二维图形，为了让大家对编辑命令有一个感性的认识，下面先来绘制一个“间歇轮”，看一看AutoCAD 2009是如何“生产”产品的。

3.1 实例引入——间歇轮

间歇轮的效果如图3−1所示，

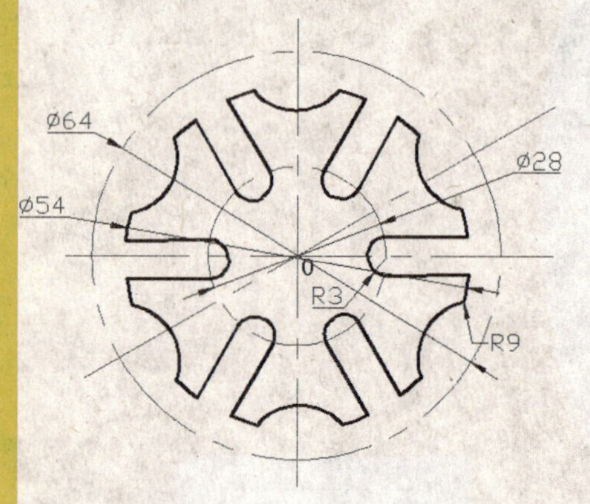

图3−1　间歇轮

3.1.1　制作分析

从图3−1所示的间歇轮效果图不难看出，该图形是一个中心对称图形，也就是说，如果能将该图形分解成基本单元，那么绘制该图形就变得非常简单。以图3−1所示图形的中心点为中心，将该图形6等分就可以得到基本图形，如图3−2所示。

但该图形仍不是我们需要的基本图形，再将该图形从中间等分成两份，这才是我们需要的基本图形，如图3−3所示。

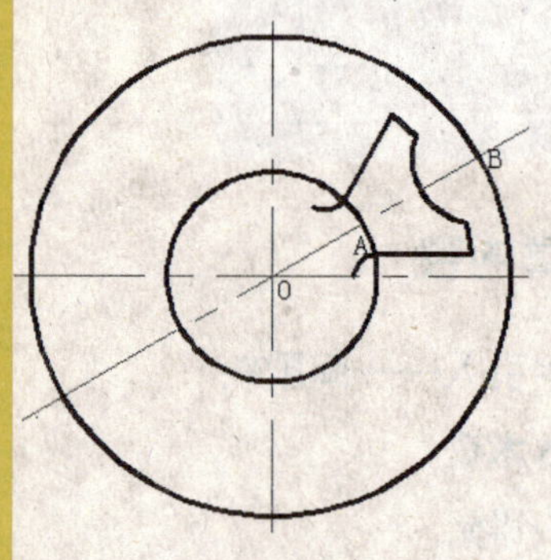

图3−2　分解图1

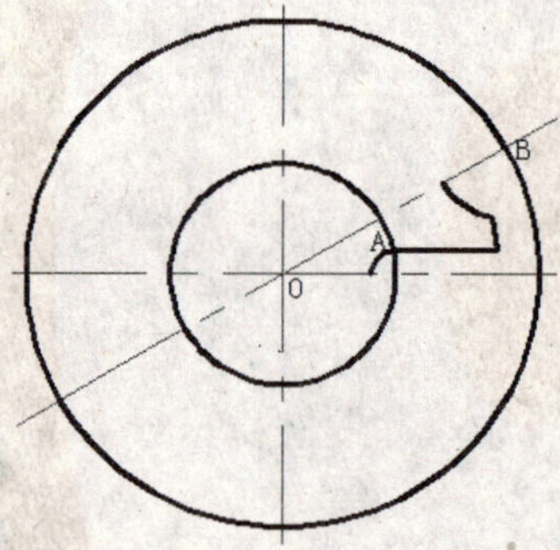

图3−3　分解图2

本图形的绘制就是分析的反过程，先用图形绘制命令与编辑命令绘制最基本图形图3−3，然后用镜像命令镜像绘制图形得到图3−2，最后对图3−2进行环形阵列，完成间歇轮的绘制。

3.1.2 制作步骤

01 新建图层。单击“图层”工具栏中的“图层特性管理器”按钮，打开“图层特性管理器”对话框，在该对话框中新建两个图层，名称分别为“中心线”和“轮廓线”，参数设置如图 3－4 所示，设置中心线层为当前图层。

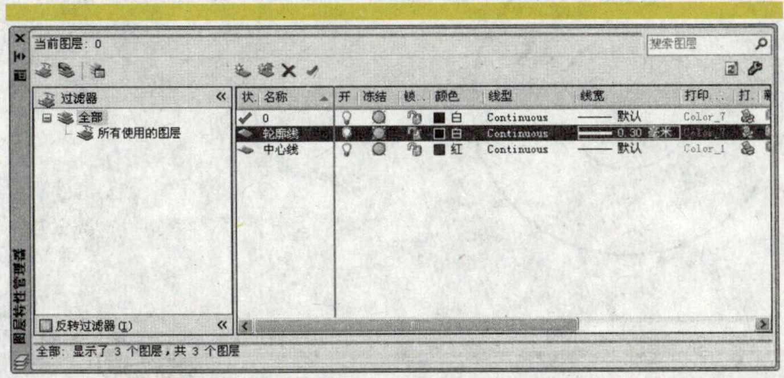

图 3－4　“图层特性管理器”对话框

02 绘制辅助线。单击“绘图”工具栏中的“直线”按钮，在绘图窗口中绘制两条相互垂直的辅助线，如图 3–5 所示。

03 旋转辅助线。单击“编辑”工具栏中的“旋转”按钮，以辅助线交点为旋转基点，旋转水平辅助线 30°，效果如图 3–6 所示。

04 绘制圆。单击“绘图”工具栏中的“圆”按钮，以辅助线的交点为圆心，绘制半径为 14 的圆。用同样的方法绘制其他几个辅助圆，如图 3–7 所示。

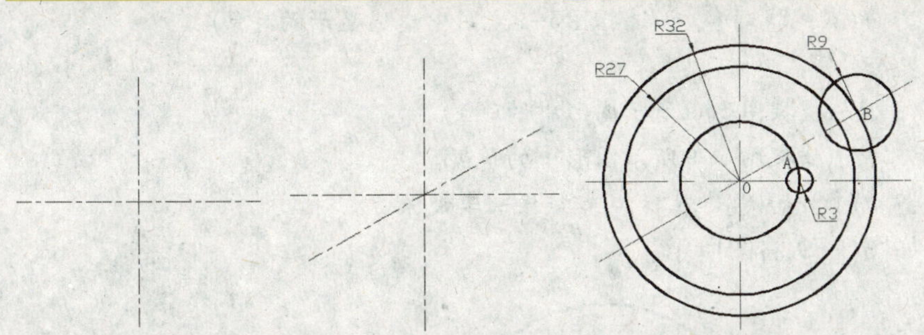

图 3–5　绘制辅助线　　图 3–6　旋转辅助线　　图 3–7　绘制圆

05 修剪图形。执行绘制直线命令，以如图 3–7 所示图形中的 A 点为起点，向右绘制一条水平直线 AC。单击“修改”工具栏中的“修剪”按钮，修剪绘制的图形，具体操作如下。

命令：_trim

当前设置:投影 =UCS，边 = 无

选择剪切边...

选择对象或 <全部选择>:(按回车键选择所有对象互为剪切边)

选择要修剪的对象，或按住 Shift 键选择要延伸的对象，或[栏选(F)/ 窗交(C)/ 投影(P)/ 边(E)/ 删除(R)/ 放弃(U)]:(参照图 3–8 右边图的效果，选择图 3–8 左边图中细线表示的圆弧，将其修剪)

选择要修剪的对象，或按住 Shift 键选择要延伸的对象，或[栏选(F)/ 窗交(C)/ 投影(P)/ 边(E)/ 删除(R)/ 放弃(U)]:

修剪后的效果如图 3-8 右图所示。

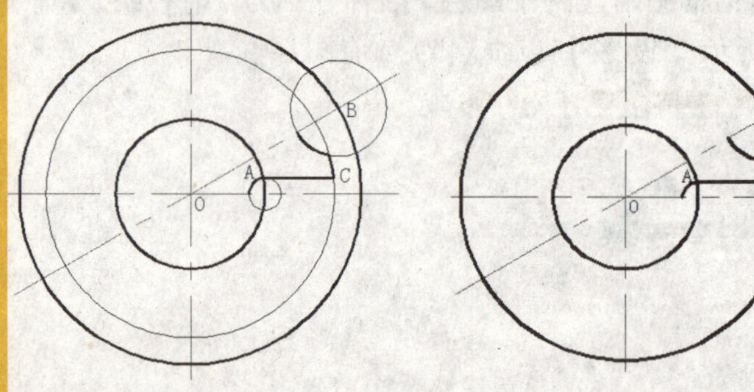

图 3-8　修剪图形

> 在选择剪切边时可以单独选择某一个对象，也可以选择所有对象互为剪切边。呵呵，在绘图的过程中，读者可以根据具体情况选择一个或多个对象作为剪切边。

06 镜像图形。单击“修改”工具栏中的“镜像”按钮，以直线 O B 为镜像线，对修剪后的图形进行镜像操作，具体操作步骤如下。

命令：_mirror

选择对象：指定对角点：找到 4 个(选择图3-9左图中虚线显示的对象)

选择对象：

指定镜像线的第一点:(捕捉图 3-9 所示图形中的O点)

指定镜像线的第二点:(捕捉图 3-9 所示图形中的B点)

要删除源对象吗？[是(Y)/否(N)] <N>：(直接按回车键保留源对象)

镜像后的效果如图 3-9 右图所示。

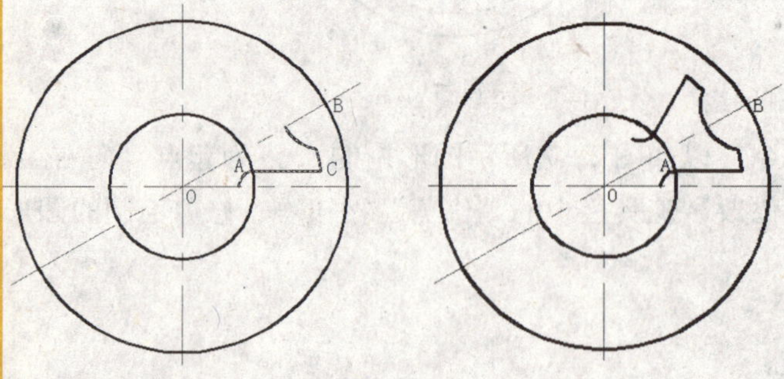

图 3-9　镜像操作

07 环形阵列图形。单击“编辑”工具栏中的“阵列”按钮，打开“阵列”对话框，如图 3-10 左图所示，选中该对话框中的“环形阵列”单选按钮，单击该“拾取中心点”按钮，在绘图窗口中捕捉 O 点，单击“选择对象”按钮，选择图步骤(6)镜像的源对象与镜像后的对象，其他参数设置如图 3-10 所示，阵列后的效果如图 3−10 右图所示。

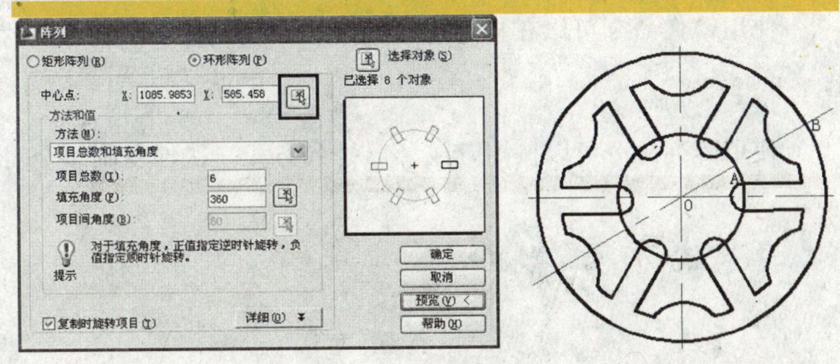

图 3−10　环形阵列齿轮

通常情况下，环形阵列时注意要选中“复制时旋转项目”复选框，否则将无法得到预期的阵列效果，该选项的具体含义将在后面详细介绍。

08 修剪图形。执行修剪命令，修剪环形阵列后的图形，最终效果如图 3−1 所示。

3.2 基 本 术 语

AutoCAD 2009 提供了非常丰富的图形编辑命令，这就好比车间为工人师傅们提供了各种榔头、刀具等工具，有了这些工具，我们就能对基本图形进行各种编辑，以满足设计的需要。呵呵，先来认识一下这些命令吧！

3.2.1 复制

使用复制命令可以创建对象的副本，即通常意义上的拷贝。

3.2.2 移动

使用移动命令可以将对象从一个位置移动到另一个位置。

3.2.3 偏移

在指定的方向与距离上创建源对象的同心对象或并行对象。如果源对象是闭合图形，则使用偏移命令创建其同心对象；如果源对象是非闭合对象，则使用偏移命令创建其平行线或并行曲线。使用偏移命令编辑对象的效果如图 3−11 所示。

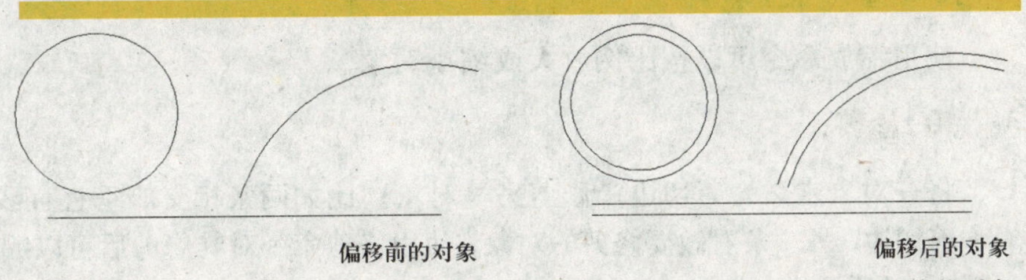

图 3−11　偏移对象

3.2.4 镜像

使用镜像命令可以在指定的镜像线另一侧创建与源对象对称的副本。

3.2.5 阵列

使用阵列命令可以按矩阵或环形排列方式一次性复制多个对象，如图 3−12 所示。

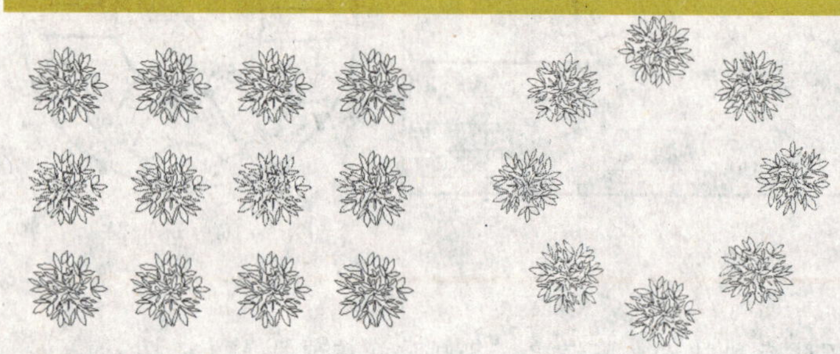

图 3−12 阵列对象

3.2.6 旋转

使用旋转命令可以改变对象的放置方向。

3.2.7 拉伸

使用拉伸命令可以移动对象或改变对象的形状和大小。被拉伸的对象就好比一个橡皮筋，当固定橡皮筋的一端拉动时，就会改变橡皮筋的形状和大小；当橡皮筋没有固定点时，拉动就成为移动橡皮筋，拉伸对象的效果如图 3−13 所示。

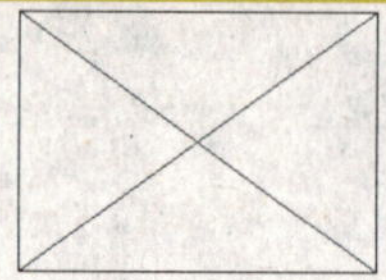

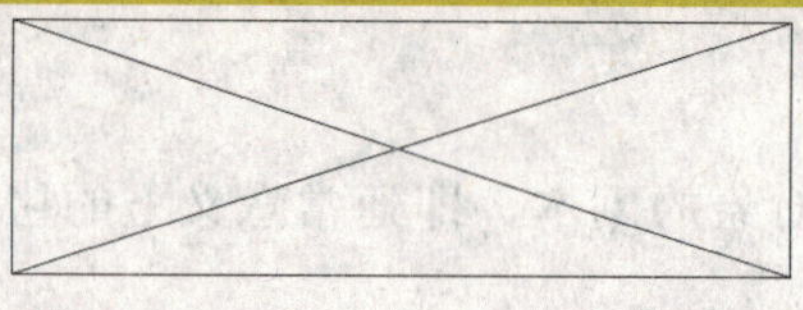

图 3−13 拉伸对象效果

3.2.8 拉长

使用拉长命令可以延长或缩短线条长度，适用于直线、圆弧、多段线等的长度改变。

3.2.9 缩放

使用缩放命令可以按比例放大或缩小对象。

3.2.10 修剪

将一对象定义为剪切边，修剪另一对象。比如两条相交的垂直直线，将其中一条看作剪切边，另一条看做要修剪的对象，使用修剪命令对其修剪后可以编辑出丁字图形，如图 3−14 所示。

图 3–14　修剪对象

3.2.11　延伸

将对象延伸到与另一对象的交叉点。比如两条没有相交的非平行直线，使用延伸命令可以让其相交于某一点。

3.2.12　打断

在两点之间截取并删除选定对象的一部分，将选定的对象分为两个对象。这就好比一根竹竿，我们使用打断命令将竹竿中间的一部分砍掉并抛弃，这样就剩下两根竹竿。

3.2.13　倒角

使用一条能与两条线段形成夹角的直线连接线段。例如我们用剪刀剪掉作业本中一页的一个角，被剪掉的部分就不再是直角，而是一条直线，如图 3–15 所示。

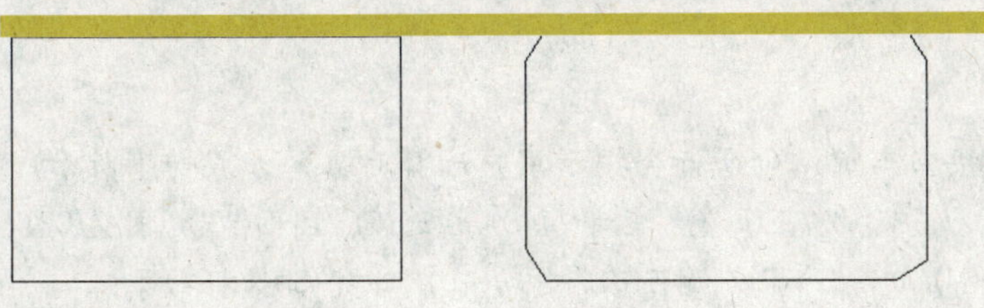

图 3–15　对矩形倒角

3.2.14　倒圆角

使用圆弧连接两条线段。例如日常生活中有些东西有棱角，为了不让这些棱角伤到人，我们可以将这些棱角打磨成平滑的圆角，倒圆角命令就起到了打磨的作用，如图 3–16 所示。

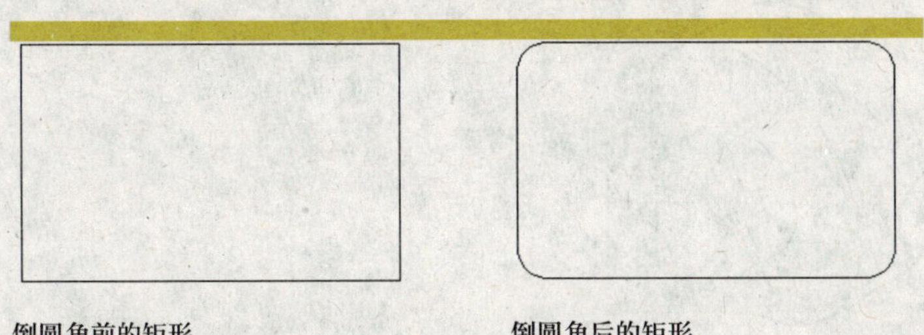

图 3–16　对矩形倒圆角

3.3 知 识 讲 解

呵呵，生产资料我们有了，生产工具我们也有了，下面就让我们看一看如何使用这些工具对生产资料进行加工制造，从而生产出符合我们设计要求的产品吧。

3.3.1 选择与取消选择对象

1. 选择与取消选择对象的方法

选择对象的方法：

(1)用鼠标单击要选择的对象。

(2)用鼠标在要选择的对象周围画一个矩形框(类似于指定矩形的两个对角点)。

(3)在绘图窗口中单击鼠标右键，在弹出的快捷菜单中选择“快速选择”命令，打开“快速选择”对话框，如图3-17所示，在该对话框中设置选择对象的范围、类型和特性等参数，根据设置的参数选择对象。

取消选择的对象时只需按“Esc”键即可。

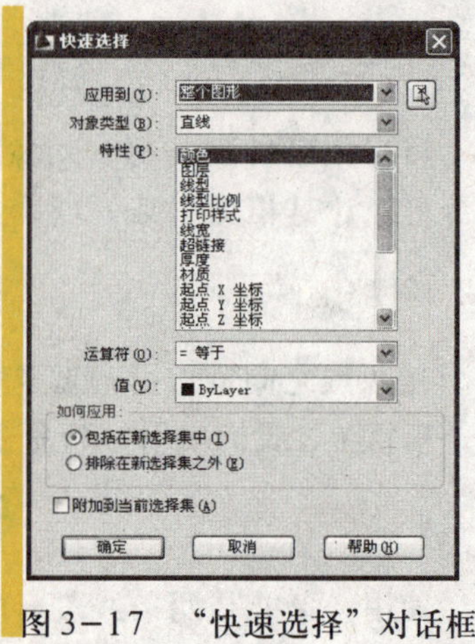

图3-17 “快速选择”对话框

2. 操作格式

在执行编辑命令时，命令行会提示用户选择要编辑的对象，提示如下。

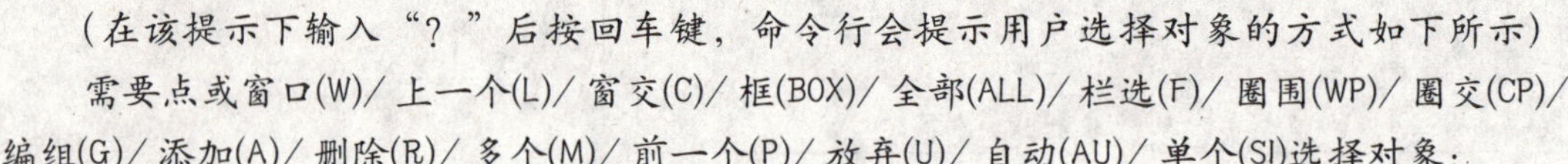

选择对象:

(在该提示下输入“？”后按回车键，命令行会提示用户选择对象的方式如下所示)

需要点或窗口(W)/上一个(L)/窗交(C)/框(BOX)/全部(ALL)/栏选(F)/圈围(WP)/圈交(CP)/编组(G)/添加(A)/删除(R)/多个(M)/前一个(P)/放弃(U)/自动(AU)/单个(SI)选择对象:

3. 选项含义

(1)窗口(W)：选择矩形框(由两点定义)内的所有对象。窗口选择的矩形框边框为实线，只有在该实线内的对象才会被选中，如图3-18所示。

(2)上一个(L)：选择最近一次创建的可见对象。

(3)窗交(C)：选择矩形框(由两点定义)内部和与之相交的所有对象。窗交选择的矩形框边框为虚线，所有被虚线包围或与虚线相交的对象都会被选中，如图3-19所示。

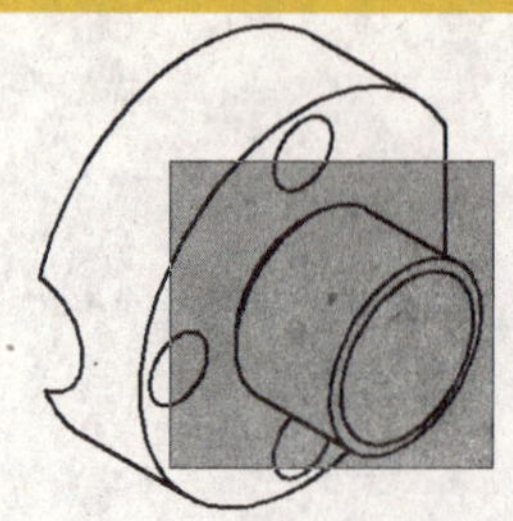

图3-18 “窗口”选择对象

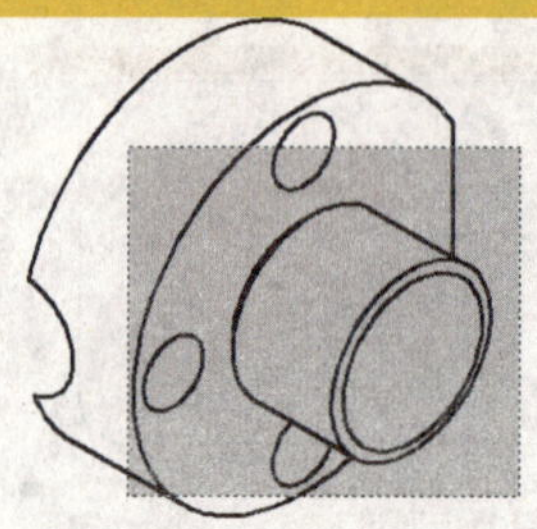

图3-19 “窗交”选择对象

(4)框(BOX)：可以交替使用窗口(W)和窗口(C)的方式选择对象。如果矩形框是从左到右指定角点创建的，则创建“窗口”选择，反之则创建“窗交”选择。

(5)全部(ALL)：选择解冻的图层上的所有对象。

(6)栏选(F)：选择与选择栏相交的所有图形对象。选择栏类似于一条虚线构成的多段线，但不闭合，可以自身相交，如图3−20所示。

(7)圈围(WP)：选择圈围栏中的所有对象。圈围栏由用户定义的实线多边形组成，该多边形不能与自身相交或相切，如图3−21所示。

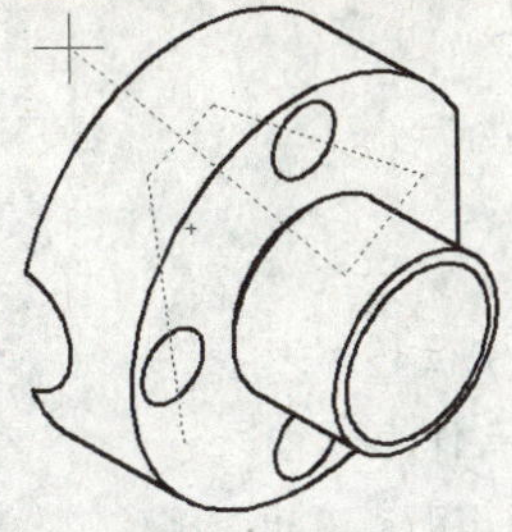

图3−20 “栏选”选择对象

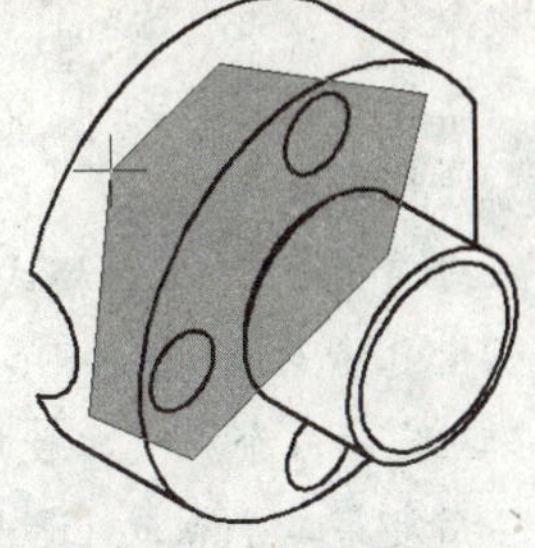

图3−21 “圈围”选择对象

(8)圈交(CP)：选择圈交栏中和与之相交的的所有对象。圈交栏由用户定义的虚线多边形组成，该多边形不能与自身相交或相切，如图3−22所示。

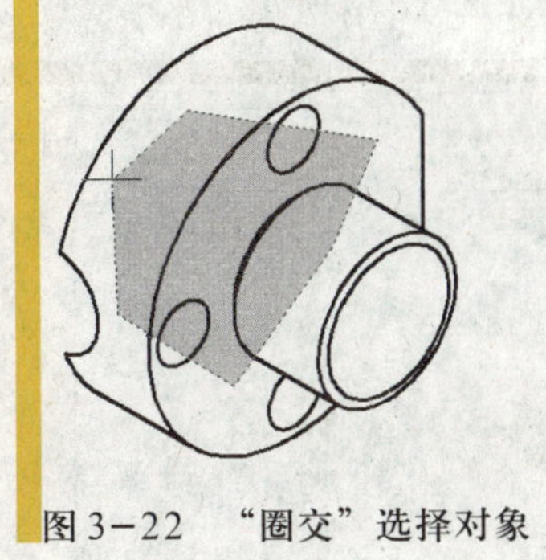

图3−22 “圈交”选择对象

(9)编组(G)：选择指定组中的全部对象。

(10)添加(A)：切换到“添加”模式，向当前选择集中添加选定的对象。

(11)删除(R)：切换到“删除”模式，删除当前选择集中的指定对象。

(12)多个(M)：指定多次选择而不高亮显示的对象，从而加快对复杂对象的选择过程。如果两次指定相交对象的交点，“多个”也将选中这两个相交对象。

(13)前一个(P)：选择最近创建的选择集。

(14)放弃(U)：放弃选择最近加到选择集中的对象。

(15)自动(AU)：切换到“自动”模式，指向一个对象即可选择该对象。

(16)单个(SI)：切换到“单个”模式，选择指定的第一个或第一组对象。

以上介绍的各种选择对象的方法中，当用实线框来选择对象时，只有被实线框全部包围的对象才会被选中；当用虚线或虚线框来选择对象时，一旦对象与虚线或虚线框相交，或被虚线框包围，这些对象都会被选中。

3.3.2 复制对象

1. 执行方式

(1)单击“修改”工具栏中的“复制”按钮。

(2)选择“修改”→“复制”命令。

(3)在命令行中输入命令：copy。

2. 操作格式

命令：_copy

选择对象：找到 1 个

选择对象：↙

当前设置：复制模式 = 多个

指定基点或 [位移(D)/模式(O)] <位移>:

指定第二个点或 <使用第一个点作为位移>:

指定第二个点或 [退出(E)/放弃(U)] <退出>:

复制命令主要用于在一幅图形中快速拷贝对象，使用复制命令复制床头柜和拖鞋，如图 3-23 所示。

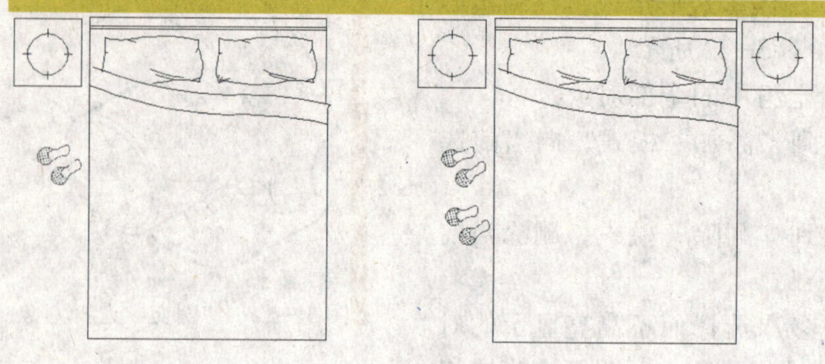

复制前的效果　　复制后的效果

图 3-23　复制对象

3. 选项含义

(1)位移(D)：使用坐标指定副本对象基点的相对距离和方向。

(2)模式(O)：控制是否自动重复该命令。如果选择“单个(S)”，则只复制一次；如果选择“多个(M)”，则在指定第一个副本基点后，还可以继续指定下一个副本的基点，重复进行复制。

在绘图过程中，我们还可以使用第 4 章介绍的夹点编辑方式，在移动对象的同时再复制一个对象。另外，使用夹点编辑还可以快速执行拉伸、旋转、比例缩放和镜像操作，这样可以有效地提高绘图效率和灵活度。

3.3.3 移动对象

1. 执行方式

(1)单击“修改”工具栏中的“移动”按钮。

(2)选择“修改”→“移动”命令。

(3)在命令行中输入命令：move。

2. 操作格式

命令：_move

选择对象：找到 1 个

选择对象：↙

指定基点或 [位移(D)] <位移>:

指定第二个点或 <使用第一个点作为位移>:

移动命令旨在改变对象的位置，效果如图 3-24 所示。

图 3-24　移动对象

3.3.4 偏移对象

1. 执行方式

(1)单击“修改”工具栏中的“偏移”按钮。

(2)选择“修改”→“偏移”命令。

(3)在命令行中输入命令：offset。

2. 操作格式

命令：_offset

当前设置：删除源＝否　图层＝源　OFFSETGAPTYPE=0

指定偏移距离或 [通过(T)/删除(E)/图层(L)] <50.0000>:10↙

选择要偏移的对象，或 [退出(E)/放弃(U)] <退出>:

指定要偏移的那一侧上的点，或 [退出(E)/多个(M)/放弃(U)] <退出>:

选择要偏移的对象，或 [退出(E)/放弃(U)] <退出>:

偏移命令是绘制图形的过程中经常会用到的一个编辑命令，主要用于创建多个平行对象，效果如图 3-25 所示。

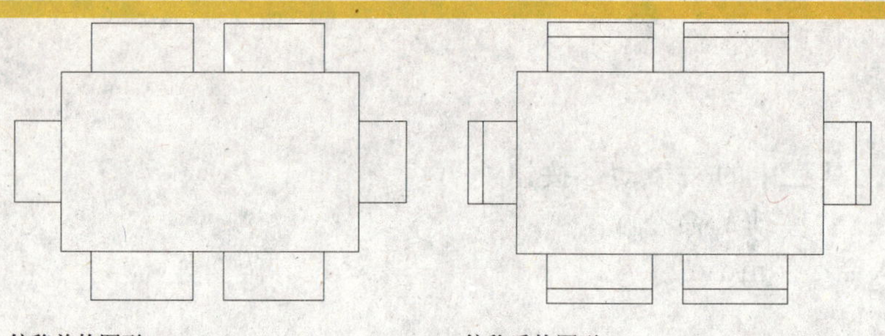

图 3-25　偏移对象

3．选项含义

(1)通过(T)：指定偏移后对象通过的点来创建对象，如图 3-26 所示。

图 3-26　通过指定点偏移对象

(2)删除(E)：偏移源对象后将其删除。

(3)图层(L)：确定在当前图层或源对象所在图层上创建偏移对象。

在一次偏移命令中，指定一个偏移距离，可以连续偏移多个对象。

3.3.5　镜像对象

1．执行方式

(1)单击“修改”工具栏中的“镜像”按钮。

(2)选择“修改”→“镜像”命令。

(3)在命令行中输入命令：mirror。

2．操作格式

命令：_mirror

选择对象：找到 1 个

选择对象：↙

指定镜像线的第一点：

指定镜像线的第二点：

要删除源对象吗？[是(Y)/否(N)] <N>：

镜像命令在创建对称性图形时非常方便，如图 3－27 所示。

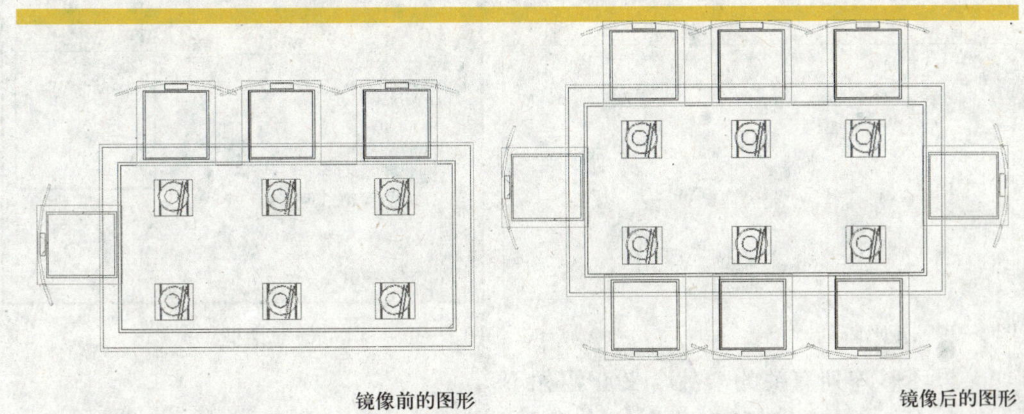

图 3－27　镜像对象

3.3.6 阵列对象

1. 执行方式

(1)单击“修改”工具栏中的“阵列”按钮。

(2)选择“修改”→“阵列”命令。

(3)在命令行中输入命令：array。

2. 操作格式

执行阵列命令后，打开“阵列”对话框，如图 3–28 所示。

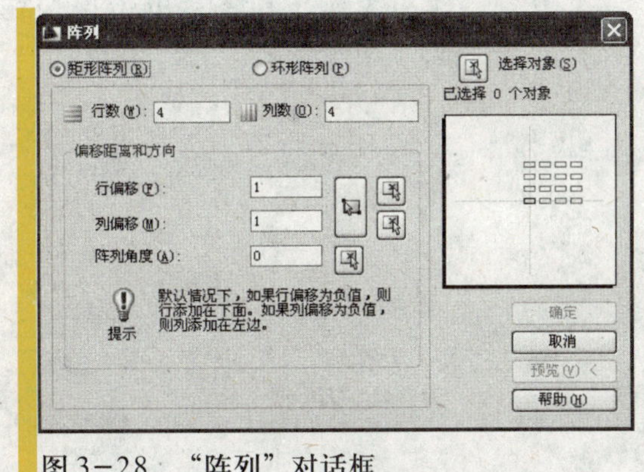

图 3－28　“阵列”对话框

(1)矩形阵列：在“阵列”对话框中选中“矩形阵列”单选按钮则执行矩形阵列，如图 3–28 所示。与矩形阵列有关的参数含义介绍如下。

①行数：指定矩形阵列的行数。

②列数：指定矩形阵列的列数。

③行偏移：矩形阵列时相邻两行之间的距离。

④列偏移：矩形阵列时相邻两列之间的距离。

⑤阵列角度：矩形阵列时阵列对象的偏移角度。

⑥“选择对象”按钮：单击该按钮选择阵列的源对象。

使用矩形阵列命令在餐厅中安排餐桌椅，要求有 3 排，5 列，效果如图 3–29 所示。

(2)环形阵列：在“阵列”对话框中选中“环形阵列”单选按钮则执行环形阵列，如图 3–30 所示。

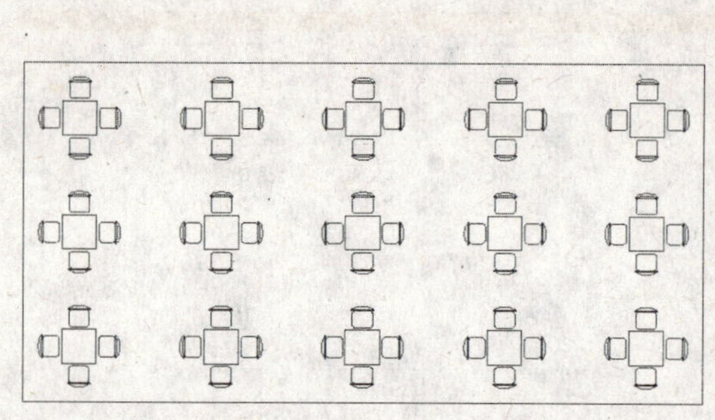

图 3–29　矩形阵列

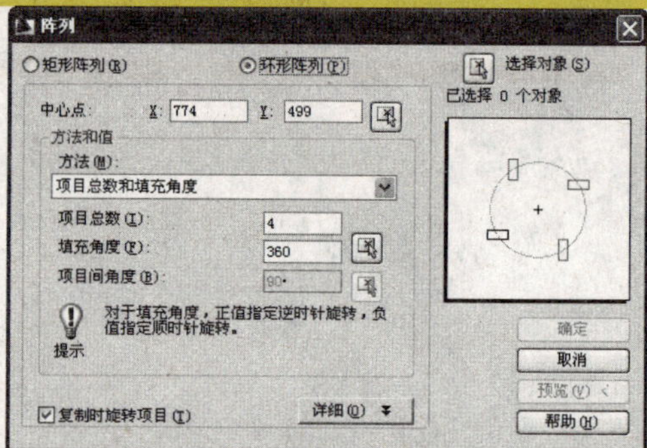

图 3–30　“阵列”对话框

与环形阵列有关的参数含义介绍如下。

①中心点：设置环形阵列的中心点坐标。

②方法：用于设置环形阵列参数的模式，其中包括“项目总数和填充角度”、“项目总数和项目间的角度”和“填充角度和项目间的角度”3 种。

③项目总数：环形阵列后创建的对象总体数目。

④填充角度：环形阵列的角度，即阵列后第一个对象、最后一个对象与中心点所组成的角度。

⑤项目间角度：环形阵列后相邻两个对象之间的夹角。

⑥“复制时旋转项目”复选框：设置是否在阵列对象的同时旋转其方向。旋转与不旋转的阵列对象的效果如图 3–31 所示。

⑦“选择对象”按钮：单击该按钮选择阵列的源对象。

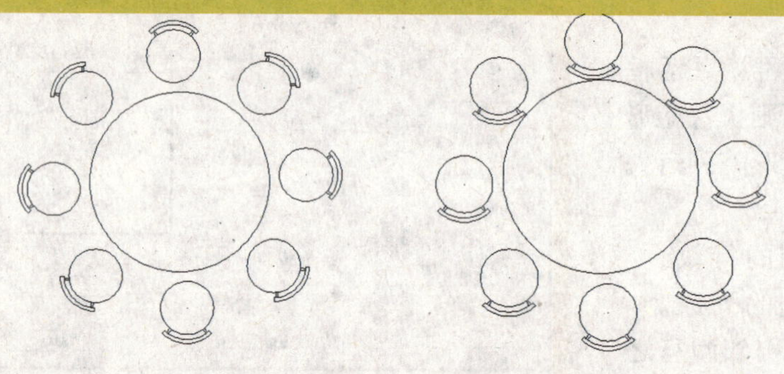

旋转对象　　　　.不旋转对象

图 3–31　环形阵列

在执行环形阵列时，通常情况下我们需要选中“复制时旋转项目”复选框，否则环形阵列后的图形看上去没有明显的规则。

3.3.7 旋转对象

1. 执行方式

（1）单击“修改”工具栏中的“旋转”按钮 。

（2）选择“修改”→“旋转”命令。

（3）在命令行中输入命令：rotate。

2. 操作格式

命令：_rotate

UCS 当前的正角方向：　ANGDIR=逆时针　ANGBASE=0

选择对象：找到 1 个

选择对象：↙

指定基点：

指定旋转角度，或 [复制(C)/ 参照(R)] <0>：60

使用旋转命令旋转图形的效果如图 3-32 所示。

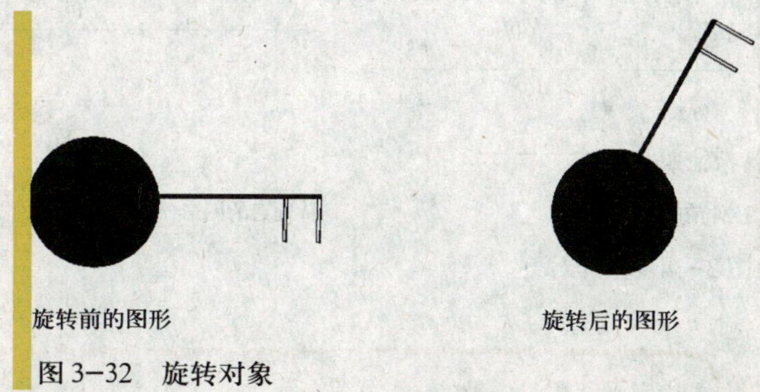

图 3-32　旋转对象

3. 选项含义

(1)复制(C)：在旋转对象的同时创建副本，效果如图 3-33 所示。

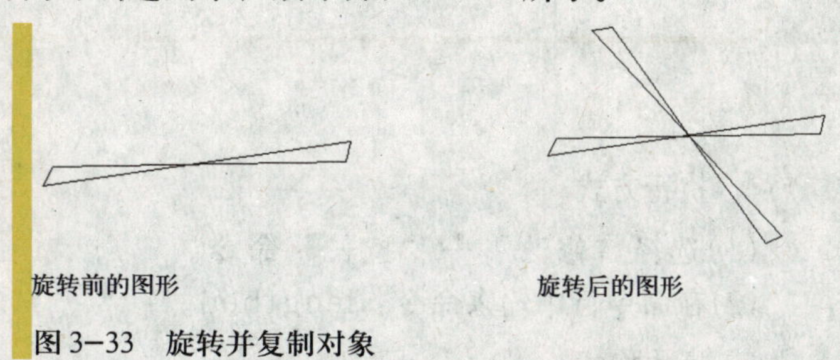

图 3-33　旋转并复制对象

(2)参照(R)：将对象按照新角度减去参照角度得到的值旋转。

指定旋转角度时，如果旋转角度为正数，则按逆时针方向旋转；如果旋转角度为负数，则按顺时针方向旋转。

3.3.8 拉伸对象

1．执行方式

(1)单击“修改”工具栏中的“拉伸”按钮。

(2)选择“修改”→“拉伸”命令。

(3)在命令行中输入命令：stretch。

2．操作格式

命令：_stretch

以交叉窗口或交叉多边形选择要拉伸的对象...

选择对象：

指定对角点：找到 1 个

选择对象：↙

指定基点或 [位移(D)] <位移>：

指定第二个点或 <使用第一个点作为位移>：

使用拉伸命令拉伸图形的效果如图 3-34 所示。

拉伸前的图形　　拉伸后的图形

图 3-34　拉伸对象

执行拉伸命令后，必须使用窗交或圈交方式选择对象的一部分，否则将不能拉伸对象。

3.3.9 拉长对象

1. 执行方式

(1)选择“修改”→“拉长”命令。

(2)在命令行中输入命令：lengthen。

2. 操作格式

命令：_lengthen

选择对象或 [增量(DE)/ 百分数(P)/ 全部(T)/ 动态(DY)]：

当前长度：356.5041

选择对象或 [增量(DE)/ 百分数(P)/ 全部(T)/ 动态(DY)]：de

输入长度增量或 [角度(A)] <100.0000>：50

选择要修改的对象或 [放弃(U)]：

选择要修改的对象或 [放弃(U)]：

使用拉长命令修改转角楼梯的扶手，效果如图 3-35 所示。

拉长前的图形　　拉长后的图形

图 3-35　拉长对象

3. 选项含义

(1)增量(DE)：以指定的增量扩展或修剪选中的对象，命令行提示如下。

输入长度增量或 [角度(A)] <0.0000>:

①长度增量：指定一个长度值，用于扩展或修剪对象。

②角度(A)：指定一个角度值，用于扩展或修剪对象。

指定的增量值总是从距离选择点最近的端点开始测量，正值为扩展对象，负值为修剪对象。

(2)百分数(P)：以对象总长度的百分数扩展或修剪对象。

(3)全部(T)：指定一个长度值或角度值，以该值为标准重新绘制对象。

(4)动态(DY)：通过拖动鼠标重新指定对象的长度和角度。

> 拉长对象时，根据选择点的不同，会从不同方向开始进行拉长。

3.3.10 缩放对象

1. 执行方式

(1)单击“修改”工具栏中的“缩放”按钮。

(2)选择“修改”→“缩放”命令。

(3)在命令行中输入命令：scale。

2. 操作格式

命令：_scale

选择对象：找到 1 个

选择对象：↙

指定基点：

指定比例因子或 [复制(C)/参照(R)] <1.0000>:

使用缩放命令编辑图形的效果如图 3-36 所示。

缩放前的图形

缩放后的图形

图 3-36　缩放对象

3. 选项含义

(1)比例因子：以指定的比例放大或缩小对象。比例因子大于 1 则放大对象，比例因子介于 0 到 1 之间则缩小对象。

(2)复制(C)：在放大或缩小对象的同时保留源对象，同时创建缩放后的对象。

(3)参照(R)：指定一个参照长度，再指定一个新的长度，对象缩放的比例因子就是新长度/参照长度，系统会按照该比例因子缩放对象。

3.3.11　修剪对象

1. 执行方式

(1)单击“修改”工具栏中的“修剪”按钮。

(2)选择“修改”→“修剪”命令。

(3)在命令行中输入命令：trim。

2. 操作格式

命令：_trim　(按回车键即可选择要剪切的对象)

当前设置:投影 =UCS，边 = 无

选择剪切边...

选择对象或 <全部选择>：　找到 1 个

选择对象：↙

选择要修剪的对象，或按住 Shift 键选择要延伸的对象，或[栏选(F)/窗交(C)/投影(P)/边(E)/删除(R)/放弃(U)]：

选择要修剪的对象，或按住 Shift 键选择要延伸的对象，或[栏选(F)/窗交(C)/投影(P)/边(E)/删除(R)/放弃(U)]：

使用修剪命令编辑图形的效果如图 3-37 所示。

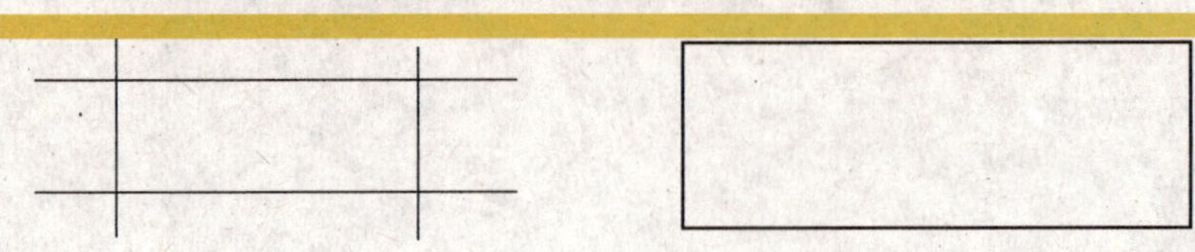

修剪前的图形　　修剪后的图形

图 3-37　修剪对象

3. 选项含义

(1)按住 Shift 键选择要延伸的对象：在修剪对象时，按住Shift键不执行修剪命令，而执行延伸命令。

(2)栏选(F)：以栏选的方式选择要修剪的对象。

(3)窗交(C)：以窗交的方式选择要修剪的对象。

(4)投影(P)：指定修剪对象时使用的投影模式，命令行提示如下。

输入投影选项 [无(N)/UCS(U)/视图(V)] <UCS>:

①无(N)：无投影模式。该命令只修剪与三维空间中的剪切边相交的对象。

② UCS(U)：选择当前用户坐标系XY平面上的投影。该命令将修剪不与三维空间中的剪切边相交的对象。

③视图(V)：选择沿当前视图方向的投影。该命令将修剪与当前视图中的边界相交的对象。

(5)边(E)：确定对象是在另一对象的延长边处进行修剪，还是仅在三维空间中与该对象相交的对象处进行修剪。

(6)删除(R)：在修剪对象的过程中删除选定的对象。

(7)放弃(U)：取消最近一次所做的修剪操作。

在选择剪切边时，可以根据修剪对象位置的不同选择一个或多个剪切边，也可以按回车键选择所有对象互为剪切边。

3.3.12 延伸对象

1. 执行方式

(1)单击“修改”工具栏中的“延伸”按钮。

(2)选择“修改”→“延伸”命令。

(3)在命令行中输入命令：extend。

2. 操作格式

命令：_extend

当前设置：投影 =UCS，边 = 无

选择边界的边...

选择对象或 <全部选择>：找到1个

选择对象：↙

选择要延伸的对象，或按住Shift键选择要修剪的对象，或[栏选(F)/ 窗交(C)/ 投影(P)/ 边(E)/ 放弃(U)]:

选择要延伸的对象，或按住Shift键选择要修剪的对象，或[栏选(F)/ 窗交(C)/ 投影(P)/ 边(E)/ 放弃(U)]:

使用延伸命令延伸图形中的圆弧，效果如图 3-38 所示。

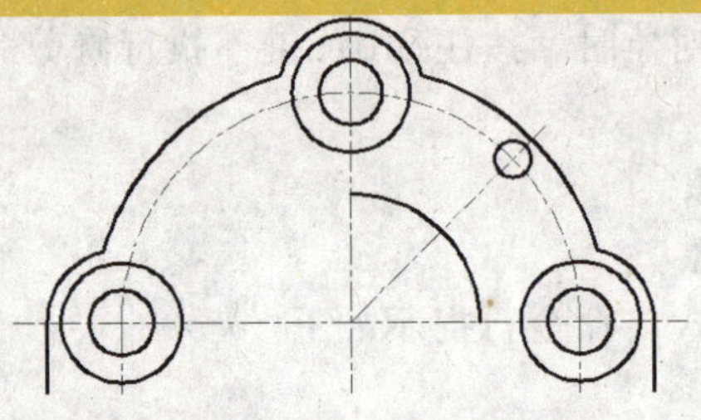

延伸前的图形

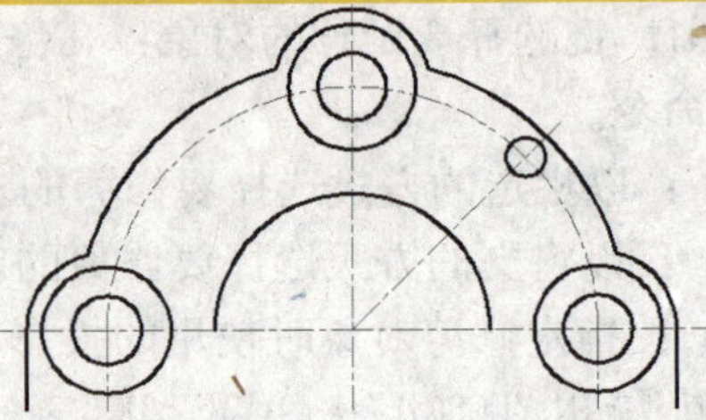

延伸后的图形

图 3-38　延伸对象

3．选项含义

(1)按住 Shift 键选择要修剪的对象：在延伸对象时，按住 Shift 键不执行延伸命令，而执行修剪命令。

(2)栏选(F)：以栏选的方式选择要延伸的对象。

(3)窗交(C)：以窗交的方式选择要延伸的对象。

(4)投影(P)：选择延伸对象时使用的投影模式。

(5)边(E)：将对象延伸到另一个对象的隐含边，或仅延伸到三维空间中与其实际相交的对象。

(6)放弃(U)：取消最近一次所做的延伸操作。

选择延伸的边界时，如果直接按回车键则会选择所有对象互为延伸边界，此时被延伸的对象会延伸至离它最近的一个对象上。所以建议在使用延伸命令时，指定明确的延伸边界，这样不仅可以提高绘图效率，而且不容易出错。

3.3.13　打断对象

1．执行方式

(1)单击“修改”工具栏中的“打断”按钮。

(2)选择“修改”→“打断”命令。

(3)在命令行中输入命令：break。

2．操作格式

命令：_break

选择对象：

指定第二个打断点或[第一点(F)]:

使用打断命令编辑图形的效果如图 3-39 所示。

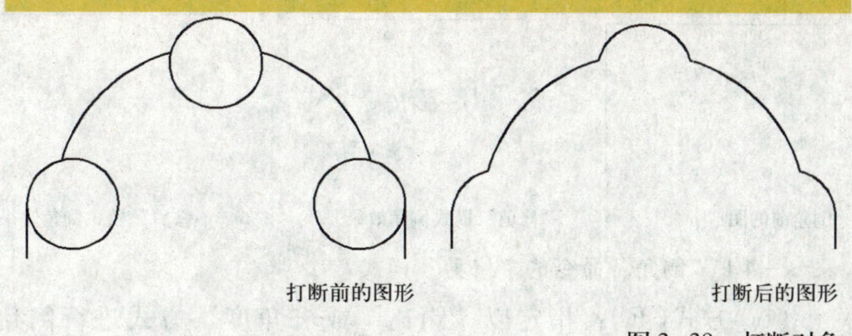

图 3-39 打断对象

3. 选项含义

(1)指定第二个打断点：系统默认选择对象时的拾取点为打断的第一个点，指定第二点后，两点之间的部分即为打断的部分。

(2)第一点(F)：重新指定第一个打断点。

3.3.14 给对象倒角

1. 执行方式

(1)单击“修改”工具栏中的“倒角”按钮。

(2)选择“修改”→“倒角”命令。

(3)在命令行中输入命令：chamfer。

2. 操作格式

命令：_chamfer

(“修剪”模式) 当前倒角距离 1 = 0.0000，距离 2 = 0.0000

选择第一条直线或 [放弃(U)/ 多段线(P)/ 距离(D)/ 角度(A)/ 修剪(T)/ 方式(E)/ 多个(M)]:

选择第二条直线，或按住 Shift 键选择要应用角点的直线：

使用倒角命令编辑图形的效果如图 3-40 所示。

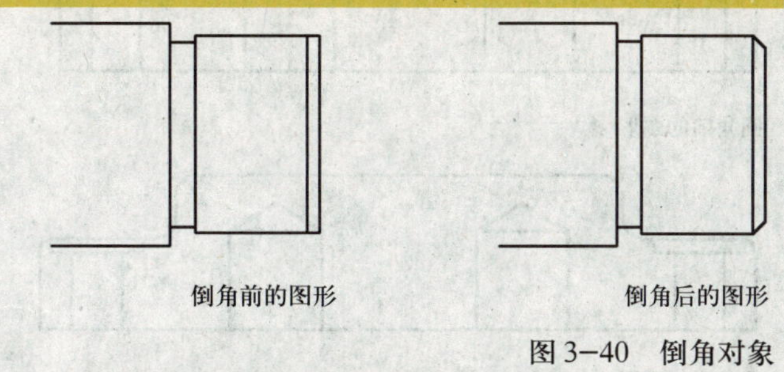

图 3-40 倒角对象

3. 选项含义

(1)放弃(U)：取消上一步操作。

(2)多段线(P)：对整条二维多段线进行倒角。

(3)距离(D)：指定倒角的第一个距离和第二个距离。

(4)角度(A)：指定第一条线的倒角距离和第二条线的角度来设置倒角参数。

(5)修剪(T)：指定在倒角的同时是否保留源对象，效果如图 3-41 所示。

倒角前的图形　　"修剪"模式倒角效果　　"不修剪"模式倒角效果

图 3－41 "倒角"命令的"修剪"模式

(6) 方式(E)：指定以"距离"或"角度"方式进行倒角。

(7) 多个(M)：依次对多个对象进行倒角。

3.3.15 给对象圆角

1. 执行方式

(1) 单击"修改"工具栏中的"圆角"按钮。

(2) 选择"修改"→"圆角"命令。

(3) 在命令行中输入命令：fillet。

2. 操作格式

命令：_fillet

当前设置：模式 = 修剪，半径 = 80.0000

选择第一个对象或 [放弃(U)/ 多段线(P)/ 半径(R)/ 修剪(T)/ 多个(M)]：r

指定圆角半径 <80.0000>：

选择第一个对象或 [放弃(U)/ 多段线(P)/ 半径(R)/ 修剪(T)/ 多个(M)]：

选择第二个对象，或按住 Shift 键选择要应用角点的对象：

使用圆角命令编辑图形的效果如图 3-42 所示。

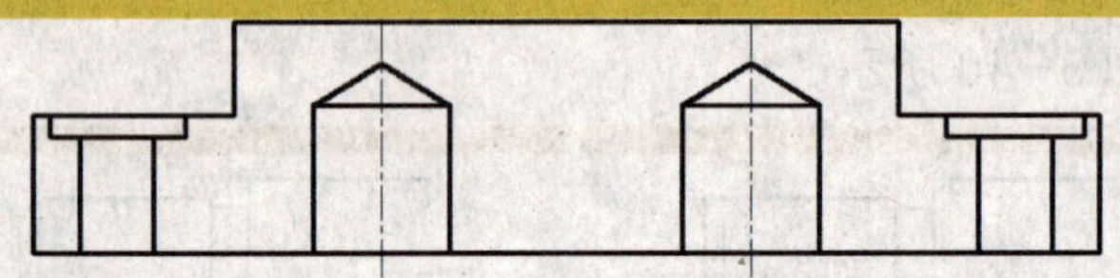

圆角前的图形

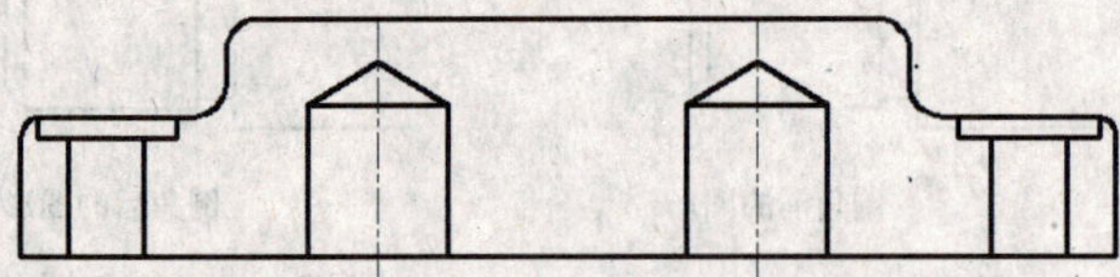

圆角后的图形

图 3-42　圆角对象

3. 选项含义

(1) 放弃(U)：取消上一步操作。

(2) 多段线(P)：对整条二维多段线进行圆角。

(3) 半径(R)：指定圆角的半径。

(4)修剪(T)：指定在圆角的同时是否保留源对象。

(5)多个(M)：依次对多个对象进行圆角。

3.3.16　合并对象

使用圆角命令还可以快速延伸两条非平行直线使其相交于一点，用户只需要设置圆角半径为0，然后对非平行直线进行圆角即可。

1. 执行方式

(1)单击“修改”工具栏中的“合并”按钮 。

(2)选择“修改”→“合并”命令。

(3)在命令行中输入命令：join。

2. 操作格式

命令：_join

选择源对象：

选择要合并到源的对象：找到 1 个

选择要合并到源的对象：

1 条线段已添加到多段线

使用合并命令合并两条多段线的效果如图 3-43 所示。

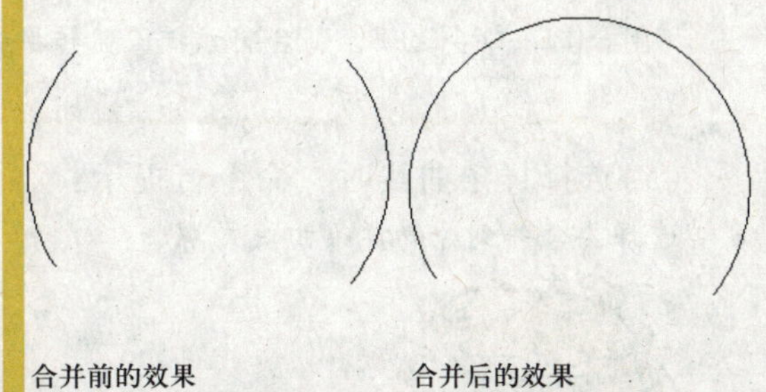

图 3-43　合并对象

3. 选项含义

合并对象时，根据选择源对象的不同，系统提示也有所不同，具体表现如下。

(1)选择直线时，命令行提示：

选择要合并到源的直线：

要合并的多条直线必须共线，否则将会合并失败。

(2)选择多段线时，命令行提示：

选择要合并到源的对象：

要合并的多个对象可以是直线、多段线或圆弧，这些对象之间必须首尾相连，且位于同一平面上，否则将会合并失败。

(3)选择圆弧时，命令行提示：

选择圆弧，以合并到源或进行 [闭合(L)]：

要合并的多个圆弧必须位于同一个假象的圆上，否则将合并失败。如果选择“闭合(L)”命令选项，则会将该圆弧转换成完整的圆。

(4)选择椭圆弧时，命令行提示：

选择椭圆弧，以合并到源或进行 [闭合(L)]:

要合并的多个椭圆弧必须位于同一个假象的椭圆上，否则将合并失败。如果选择“闭合(L)”命令选项，则会将该椭圆弧转换成完整的椭圆。

(5)选择样条曲线时，命令行提示：

选择要合并到源的样条曲线或螺旋:

要合并的多条样条曲线或螺旋必须首尾相连，否则将合并失败。

3.3.17 分解对象

1. 执行方式

(1)单击“修改”工具栏中的“分解”按钮。

(2)选择“修改”→“分解”命令。

(3)在命令行中输入命令：explode。

2. 操作格式

命令：_explode↙

选择对象：找到 1 个

选择对象：

AutoCAD 2009 中的直线、射线、圆、圆弧、椭圆、椭圆弧和样条曲线等不能被分解，然而同样属于基本图形对象的多段线、正多边形、矩形、修订云线等对象还可以被进一步分解成直线或曲线。分解后图形对象的属性将发生变化，例如分解矩形后，它不再是一个矩形对象，而是由4个直线对象组成的矩形框，如图 3-44 所示。

使用分解命令分解矩形的效果如图 3-44 所示。

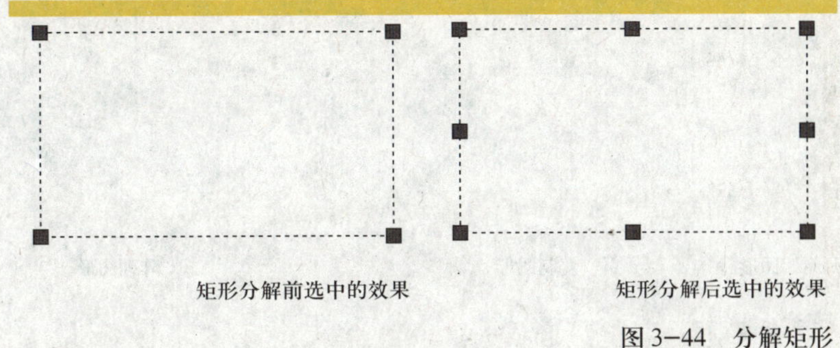

矩形分解前选中的效果　　矩形分解后选中的效果

图 3-44　分解矩形

3.3.18　删除对象

1. 执行方式

(1)单击“修改”工具栏中的“删除”按钮。

(2)选择“修改”→“删除”命令。

(3)在命令行中输入命令：erase。

2. 操作格式

命令：_erase

选择对象：找到 1 个

选择对象：

可以先执行删除命令，后选择要删除的对象；也可以先选择要删除的对象，后执行删除。另外，选择要删除的对象后，单击键盘上的 Delete 键，也可以删除对象。

3.4　基 础 应 用

呵呵，说到图形编辑命令的应用，那可就贯穿了整个图形绘制的过程，因为单一地使用图形绘制工具只能完成一些简单图形的绘制，其应用范围非常有限，而图形编辑命令可以有效地弥补这方面的缺陷，使我们的绘图工作更加灵活。为了让大家更好地理解编辑命令的使用，以下将从三个方面介绍编辑命令的基础应用。

3.4.1　使用编辑命令创建新的图形对象

在 AutoCAD 2009 的编辑命令中，有这样一些编辑命令，它们操作的结果可以创建出新的对象，这个对象与原对象的形状相同或对称，如复制、阵列、偏移、镜像等，效果如图 3-45 所示。

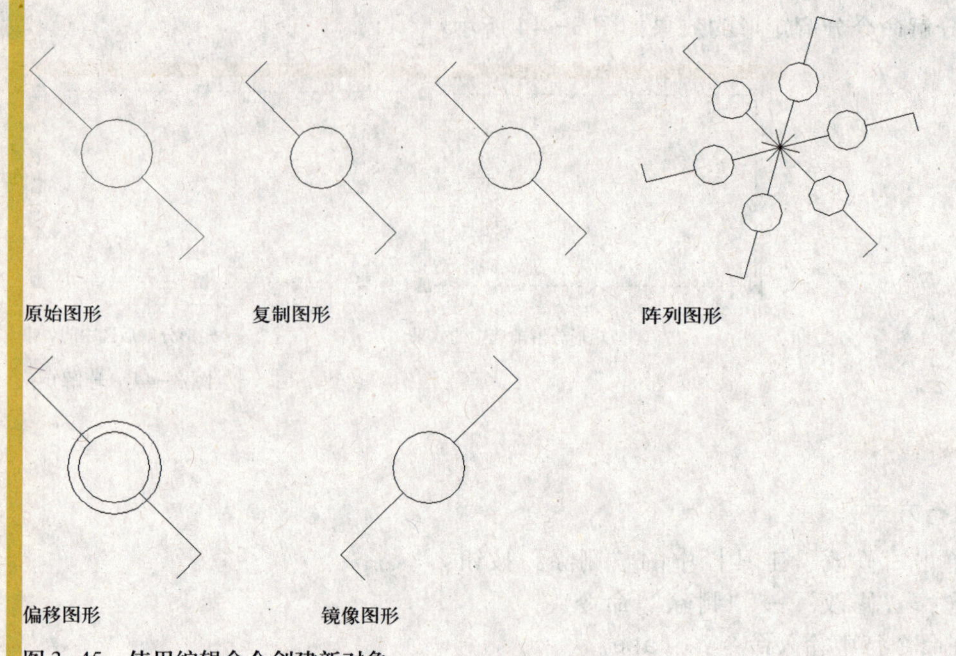

图 3-45　使用编辑命令创建新对象

另外，分解命令是这类编辑命令中比较特殊的一个，它在分解对象的同时，也改变了对象的属性，同时还创建了新的对象。如分解一条线宽为0.3的多段线后，多段线就变成了一条直线，如图 3-46 所示。

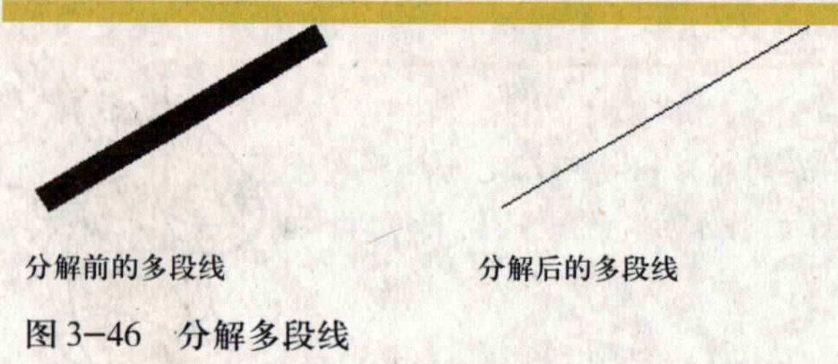

图 3-46　分解多段线

3.4.2　修改基本图形对象的形状

编辑命令的第二个应用就是改变对象的形状，使用缩放、拉伸、修剪、延伸、倒角和圆角等命令编辑后的对象都会改变原有对象的形状，如图 3-47 所示。

图 3-47　使用编辑命令修改对象的形状

3.4.3 使用二维编辑命令编辑三维图形

很多二维编辑命令不仅可以编辑二维图形，还可以编辑三维图形，如删除、复制、阵列、移动、旋转、缩放、倒角、圆角和分解等，如图3-48就是用圆角命令编辑后的三维图形效果。

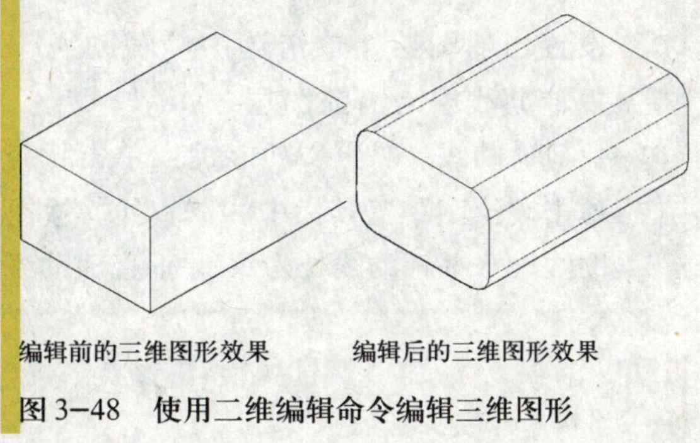

编辑前的三维图形效果　　编辑后的三维图形效果

图 3-48　使用二维编辑命令编辑三维图形

3.5 案例表现

说归说，练归练，多练才能有进步。下面就让我们来看一看机械零件的详细绘制过程，读者从中也可以体会到一些绘图的方法与技巧。

案例：机械零件

机械零件的效果如图 3-49 所示。

操作步骤：

01 新建文件。新建一个图形文件，将其保存并命名为“机械零件”。

02 创建图层。单击“图层”工具栏中的“图层特性管理器”按钮，打开“图层特性管理器”对话框，单击该对话框中的“新建图层”按钮，新建两个图层，分别命名为“辅助线”和“轮廓线”。单击“辅助线”层的颜色图标按钮□白，将其设置为红色；单击“轮廓线”层的线宽图标——默认，将其线宽设置为0.30毫米，如图3-50所示。

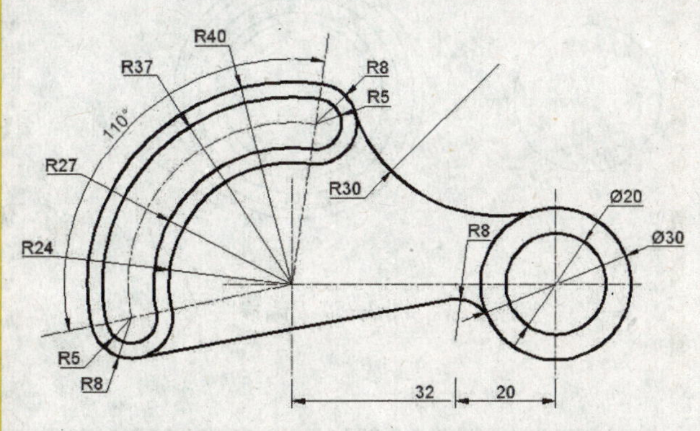

图 3-49　机械零件

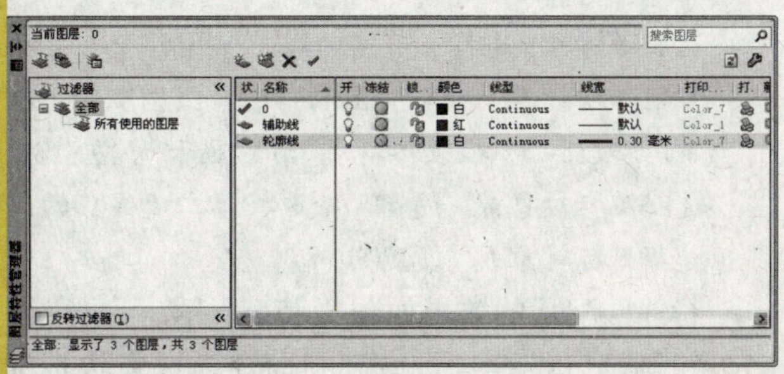

图 3-50　创建图层

03 设置当前图层。单击选中“辅助线”层，然后单击“置为当前”按钮，设置辅助线层为当前图层。

04 绘制辅助线。按F8功能键或单击状态栏中的“正交”按钮，开启正交功能。单击“绘图”工具栏中的“直线”按钮，在绘图窗口中绘制两条相互垂直的辅助线，水平辅助线长为52，垂直辅助线长为100，效果如图3-51所示。

图3-51 绘制辅助线 图3-52 偏移辅助线

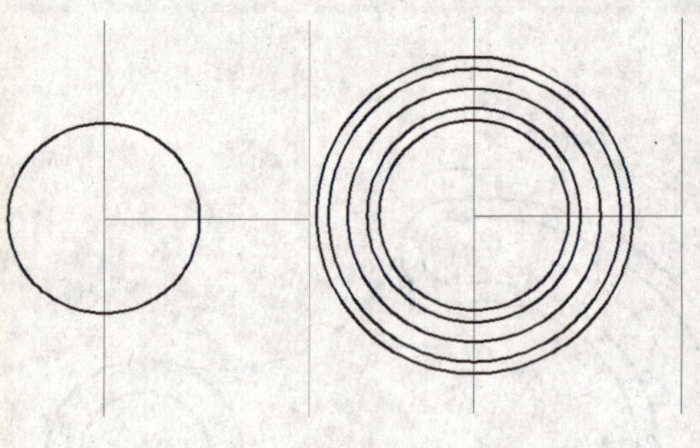

图3-53 绘制圆 图3-54 偏移圆

05 偏移辅助线。单击“修改”工具栏中的“偏移”按钮，设置偏移距离为52，将垂直辅助线向右偏移，偏移后的效果如图3-52所示。

06 显示线宽。单击“图层”工具栏中的倒三角按钮，在弹出的下拉列表中选择“轮廓线”层，设置轮廓线层为当前图层，单击状态栏中的“线宽”按钮，打开线宽显示。

07 绘制圆。单击“绘图”工具栏中的“圆”按钮，以左边辅助线的交点为圆心，绘制一个半径为24的圆，效果如图3-53所示。

08 偏移圆。单击“修改”工具栏中的“偏移”按钮，将绘制的圆依次向外偏移，偏移距离分别为3、5、5和3，效果如图3-54所示。

09 对象特性匹配。单击“标准”工具栏中的“特性匹配”按钮，将第二次偏移的圆匹配到辅助线层，命令行提示如下。

命令：'_matchprop

选择源对象:(选择一条辅助线)

当前活动设置： 颜色 图层 线型 线型比例 线宽 厚度 打印样式 标注 文字 填充图案 多段线 视口 表格材质 阴影显示 多重引线

选择目标对象或 [设置(S)]:(选择第二次偏移的圆)

选择目标对象或 [设置(S)]:

特性匹配后的效果如图3-55所示。

10 绘制圆。继续执行绘制圆命令，以右边辅助线的交点为圆心，绘制一个半径为10的圆，然后使用偏移将其向外偏移，偏移距离为5，效果如图3-56所示。

11 旋转辅助线。单击“修改”工具栏中的“旋转”按钮，以左边垂直辅助线的中点为基点旋转并复制辅助线，旋转角度分别为-8° 和102°，效果如图3-57所示。

12 修剪辅助线。单击“修改”工具栏中的“修剪”按钮，以旋转后的辅助线为修剪边，对绘制的圆进行修剪，效果如图3-58所示。

13 绘制同心圆。继续执行绘制圆命令，分别以辅助线上的圆弧与旋转后直线的交点为圆心，绘制两组半径分别为5和8的同心圆，效果如图3-59所示。

14 修剪图形。执行修剪命令，对绘制的圆和圆弧进行修剪，修剪后的效果如图3-60所示。

15 绘制圆。选择“绘图”→“圆”→“相切、相切、半径（T）”命令，依次捕捉如图3-60所示图形中的A点和B点为切点，绘制一个半径为30的圆，效果如图3-61所示。

16 修剪图形。执行修剪命令，对绘制圆进行修剪，效果如图3-62所示。

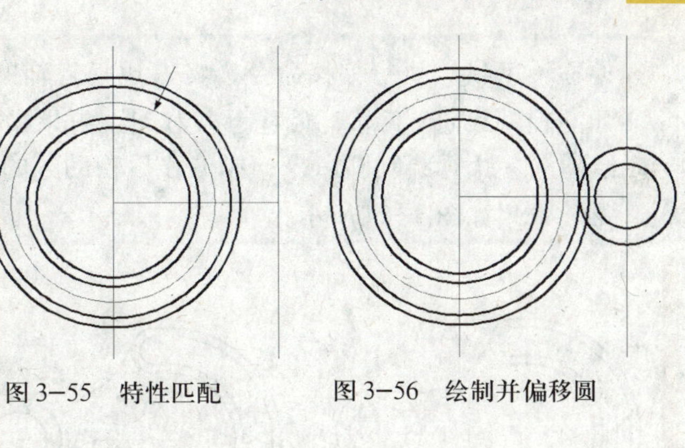

图3-55 特性匹配　　图3-56 绘制并偏移圆

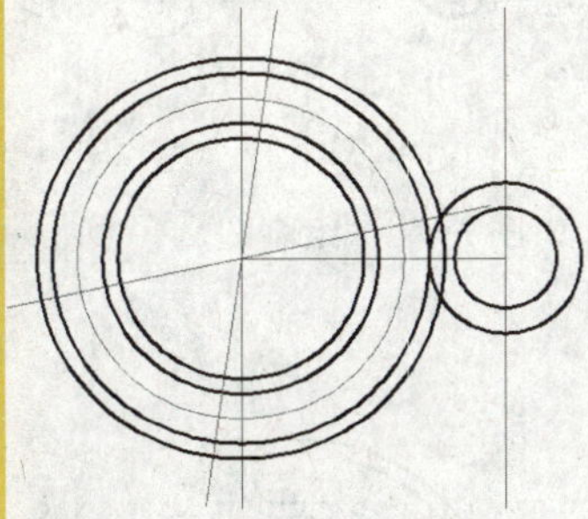

图3-57 旋转辅助线 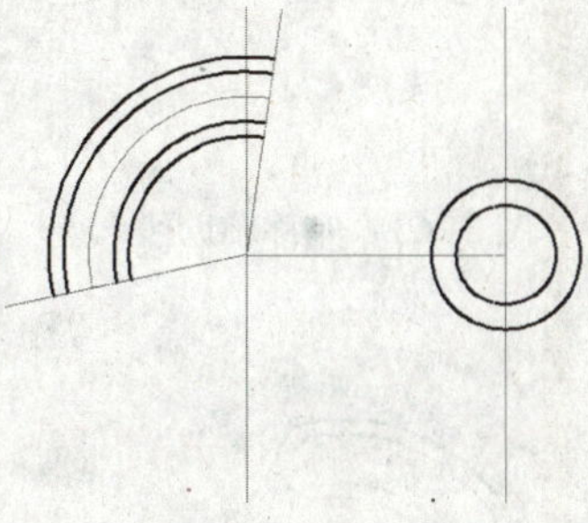　　图3-58 修剪圆

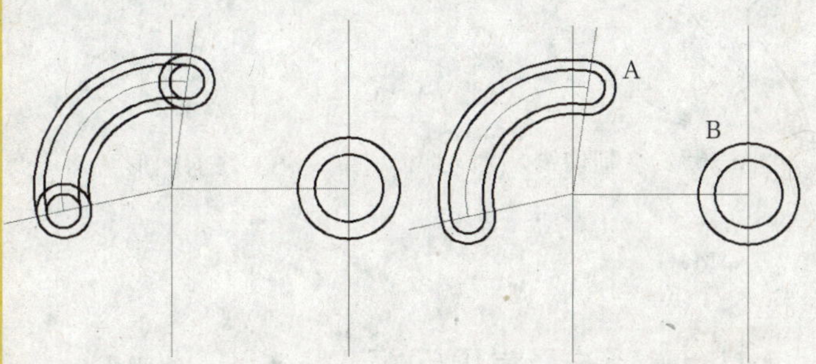

图3-59 绘制同心圆　　图3-60 修剪图形

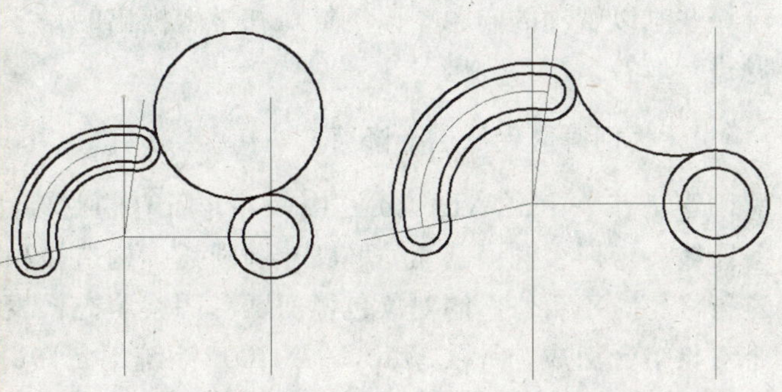

图3-61 绘制圆　　图3-62 修剪圆

17 偏移辅助线。执行偏移命令，将右边垂直辅助线向左偏移，偏移距离为20，将水平辅助线向下偏移，偏移距离为11，效果如图3-63所示。

18 绘制圆。执行绘制圆命令，以偏移后辅助线的交点为圆心，绘制一个半径为8的圆，效果如图3-64所示。

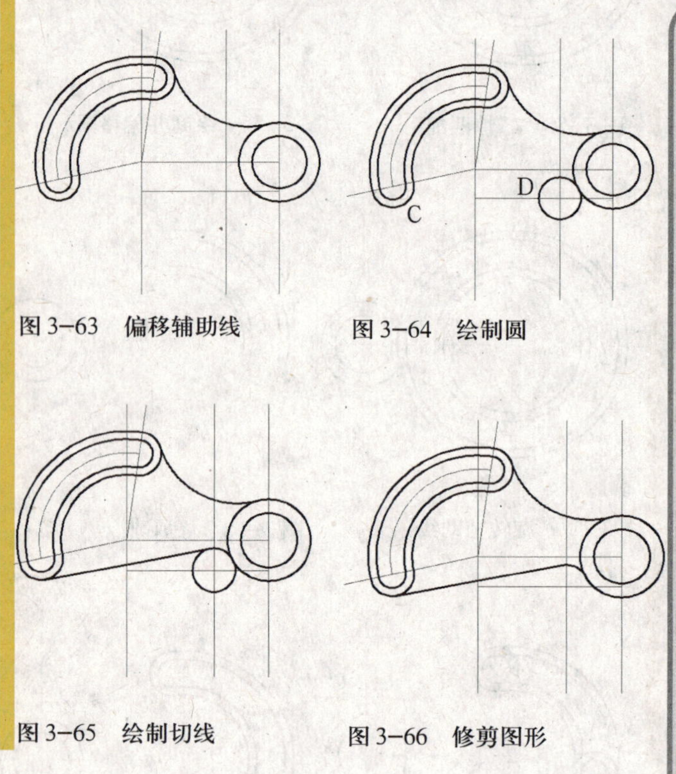

图3-63　偏移辅助线

图3-64　绘制圆

图3-65　绘制切线

图3-66　修剪图形

19 绘制切线。执行绘制直线命令，在绘图窗口中按住Shift键单击鼠标右键，在弹出的快捷菜单中选择"切点"命令，分别捕捉如图3-64所示图形中的C点和D点绘制切线，效果如图3-65所示。

20 修剪图形。执行修剪命令，对绘制的圆进行修剪，修剪后的效果如图3-66所示。

21 关闭辅助线层。单击"图层"工具栏中的下三角按钮，在弹出的下拉列表中单击"辅助线"层前面的图标，关闭"辅助线"层，最终效果如图3-49所示。

3.6 疑难及常见问题

基本二维图形的绘制看起来很简单，但在实际的操作中，由于种种原因时常会出现一些难以解决的问题。以下针对初学者提出的一些与本章知识点相关的疑难及常见问题进行解答。

1．为何有时无法进行修剪

答：在AutoCAD 2009中，并非所有的对象都能修剪，可修剪的对象包括直线、多段线、矩形、圆、圆弧、椭圆、椭圆弧、构造线和样条曲线等，甚至三维对象也可以进行修剪。不可修剪的对象包括面域、图案填充、表格和图块等。由于这些对象均由多个对象组合而成，所以AutoCAD 2009系统不允许用户对其直接进行修剪，而必须使用分解命令将其分解后再修剪。但是分解后的对象将不再具有原对象的一些重要属性，例如面域对象的面积、图案填充对象的关联性、表格的单元格和块对象的整体性等。

2. 如何快速选择同一类对象

答：AutoCAD 2009 提供了快速选择命令，可用于选择同一类对象。在绘图窗口中单击鼠标右键，在弹出的快捷菜单中选择“快速选择”命令，打开“快速选择”对话框。在该对话框中设置各项参数，就可以根据用户需要快速选择需要的同一类对象。例如，我们要选择一幅图形中所有颜色为“蓝色”的对象，这些对象在图形中比较分散，此时就可以使用快速选择方式来选择这些对象。具体操作如下：

(1)打开“快速选择”对话框。

(2)在该对话框中的“应用到”下拉列表中设置此次快速选择应用于整个图形。

(3)在“对象类型”下拉列表中设置所选对象类型为“所有图元”。

(4)在“特性”列表中设置所选对象特性为“颜色”。

(5)在“运算符”下拉列表中选择“＝等于”选项。

(6)在“值”下拉列表中选择颜色为“蓝色”。

最后单击 确定 按钮即可选中当前图形中所有颜色为蓝色的图形对象。如果在选择这些对象之前还选择了其他对象(如颜色为红色的所有对象)，并且不希望取消这些已经选中的对象，那么可以勾选“附加到当前选中集”复选框，这样就会选中所有颜色为红色和蓝色的对象。

3. 为何有时选择“快速选择”命令时无法选择所有同类对象

答：同类对象是指基本图形元素、块等对象。如果当前图形中有两个圆，其中一个圆被创建成块对象，那么选择圆时就只能选中没有创建成块的那个圆，另一个圆则被视为块对象，不能被选中。如果必须将创建成块的圆添加到选择集中，那么可以在选中圆后按住 Shift 键，再选择块对象，这样就可以选中这两个对象了。

另外，对于已经创建成组的对象，只要选中组对象中的一个对象，就会选中该组中的所有对象。

4. 如何快速安排大型会议室内的桌椅

答：大型会议室内的桌椅放置具有一定的规律性，此时可以使用阵列命令进行安排。如果桌椅成横竖线性放置，则使用矩形阵列；如果长弧形放置，则使用环形阵列。如图 3-67 所示为两种模式下放置大型会议室内桌椅的效果。

线性放置　　弧形放置

图 3-67　安排大型会议桌椅

5. 如何镜像文字对象

答：文字对象的镜像比较特殊，当系统变量mirrtext的值为0时，镜像中文字的相对位置不会发生改变；当系统变量mirrtext的值为1时，镜像中文字的方向和位置都会发生改变。镜像文字的效果如图3－68所示。

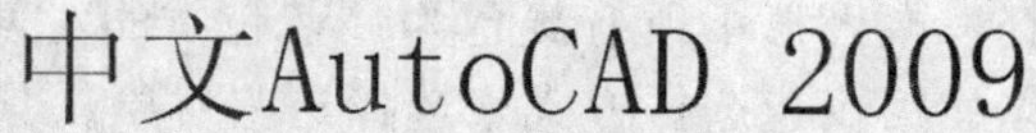

中文AutoCAD 2009

原始图形

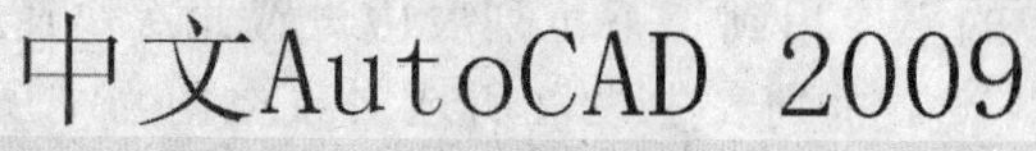

中文AutoCAD 2009

Mirrtext=0的效果

中文AutoCAD 2009

mirrtext=1的效果

图3－68　镜像文字

6. 能否改变环形阵列时对象的方向

答：可以。打开“阵列”对话框，选中“环形阵列”单选按钮，选中该对话框中的“复制时旋转项目”复选框，在环形阵列的同时也会改变对象的方向。

7. 拉伸对象和移动对象一样吗

答：拉伸和移动是不一样的。当同样用窗交或圈交方式选中对象的一部分，如果执行拉伸命令，则会改变对象的形状和大小，而不改变对象的位置；如果执行移动命令，则会改变对象的位置，而不会改变对象的形状和大小。另外，如果要拉伸对象，则必须使用窗交或圈交选中对象，否则将不能执行拉伸操作，而是执行移动操作；如果要移动对象，则可以使用任何一种选择方式选择对象。

8. 如何使用参照缩放对象

答：使用参照缩放对象时，“参照长度”视作缩放前原始长度，“新的长度”视作缩放后实际长度，这两个值决定了缩放的比例值＝新的长度／参照长度。例如，缩放一个半径为200的圆时，指定的参照长度为100，指定的新长度为200，则缩放效果相当于将圆放大2倍，命令行操作如下。

```
命令：_scale
选择对象：找到 1 个
选择对象：
指定基点：
指定比例因子或 [复制(C)/参照(R)] <1.0000>：r
指定参照长度 <1.0000>：100
指定新的长度或 [点(P)] <1.0000>：200
```

参照缩放主要用在知道物体或参照物体原始长度和实际需要长度的情况下的缩放。

3.7 习题与上机练习

1．选择题

(1)要创建一个对象的副本，可以使用(　)工具。

(A)　　(B)

(C)　　(D)

(2)使用偏移命令时，“通过”选项是指(　)。

(A)指定偏移对象上的点　　(B)指定偏移后对象通过的点

(C)指定偏移对象外一点　　(D)随便指定一点

(3)使用镜像命令创建对象时，需要所绘制的图形具有(　)。

(A)完整性　　(B)对称性

(C)一致性　　(D)对等性

(4)缩放对象时，如果指定比例因子为1，则缩放后的效果(　)。

(A)比原对象大一倍　　(B)保持原大小不变

(C)比原对象小一倍　　(D)出现不可预测的结果

(5)如图3-69所示，使用修剪命令由左边的图形得到右边的图形，在选择修剪边时，最快的方法是选择(　)。

图3-69　修剪图形

(A)上边　　(B)下边

(C)左边　　(D)全部

(6)在布置会场桌椅时，最好选择(　)工具。

(A)复制　　(B)阵列

(C)移动　　(D)偏移

(7)拉长对象时应使用(　)方法选择对象。

(A)窗交　　(B)窗口

(C)圈围　　(D)全部

(8)有一个边长为10的正方形，使用倒角命令对其倒角时，(　)长度将会使倒角失败。

(A)8　　(B)9

(C)10　　(D)11

2．问答题

(1)如何快速选择同一类对象？

(2)在不知道偏移距离，只知道偏移经过点的情况下，能否使用偏移命令偏移对象？如果可以，该如何操作？

(3)有一条不知道长度的直线，能否使用编辑命令将其编辑成为300的直线？如果可以，该如何操作？

(4) 修剪与延伸命令有什么不同？能否相互转换？如果可以，如何转换？

(5) 如何快速对一条多段线进行倒圆角？

(6) 是否所有对象都可以进行合并？如果不可以，合并的条件是什么？

3．上机练习题

(1)绘制如图3−70所示的建筑结构图。

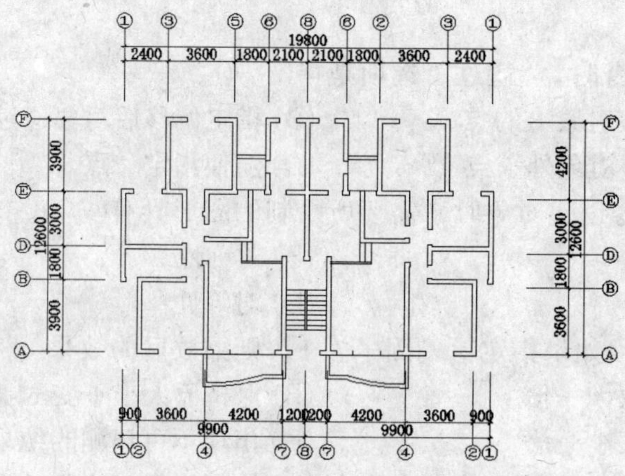

图3−70　建筑结构图

(2)绘制如图3−71所示的零件截面。

(3)绘制如图3−72所示的桥墩立面图。

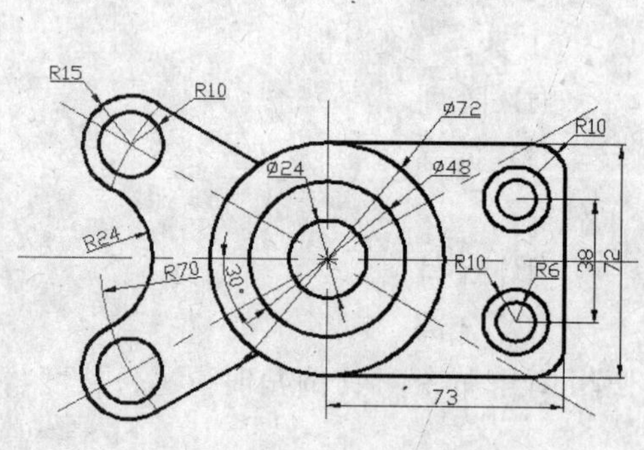

图3−71　零件截面

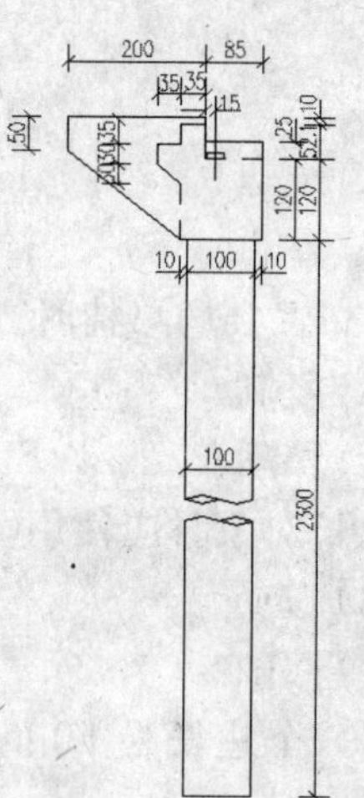

图3−72　桥墩立面图

第四章
辅助绘图工具

4

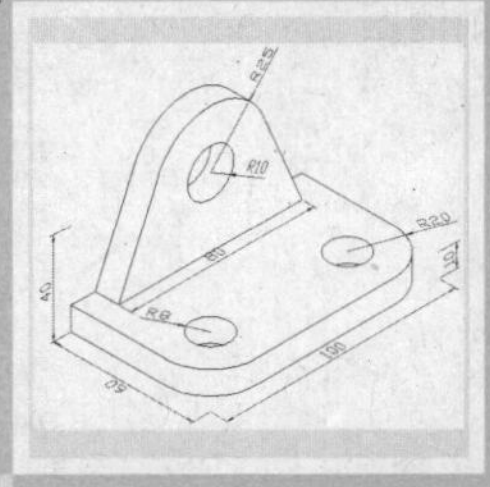

本章内容

实例引入——等轴测图
基本术语
知识讲解
基础应用
疑难及常见问题

本章导读

掌握了基本二维图形的绘制与编辑后，再经过大量的绘图练习，便可以有效地提高绘图效率。但是如果想进一步在确保精确度下提高绘图效率，就需要各种辅助绘图工具的帮助了。

AutoCAD 2009为用户提供了许多辅助绘图工具，如正交功能、捕捉对象、栅格捕捉、追踪对象、动态输入、等轴测绘图以及夹点编辑等，这些工具可以帮助用户快速完成精细的绘制工作，从而有效地提高绘图效率。下面就让我们从一个简单的等轴测图开始辅助绘图工具的学习吧。

4.1 实例引入——等轴测图

等轴测图是一种比较特殊的图形，它可以通过二维平面图形来展现三维实体的平面效果，我们要绘制的等轴测图效果如图4-1所示。

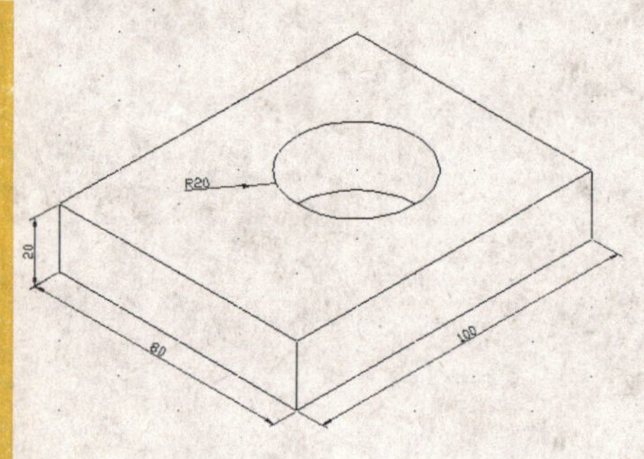

图4-1　等轴测图

4.1.1　制作分析

1．绘制平行斜线

在等轴测图中，可以使用正交功能来控制直线的方向，保证绘制的两条直线具有平行的特性，如图4-2所示。

图4-2　使用正交功能绘制平行线

2．消除隐藏边

在等轴测图中，我们只能从一个方向观察三维实体的效果，看到的只是当前的效果，而背面相对于我们是隐藏的。如图4-3所示的虚线就是隐藏的边，这些边在最终效果图中都不允许显现。

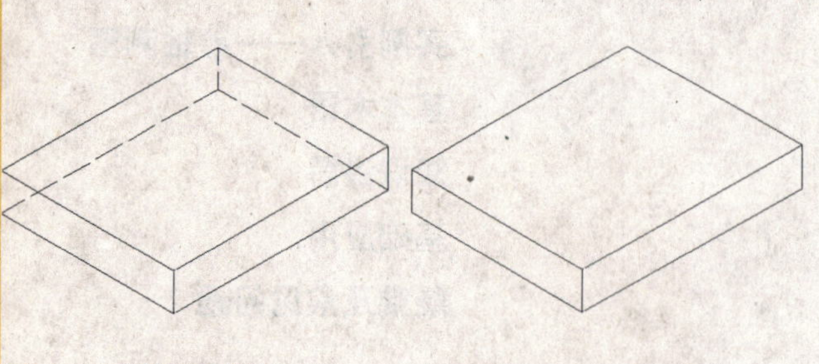

图4-3　消除隐藏边

3. 使用栅格控制单位长度

在使用栅格捕捉时，光标只能停留在栅格点上，相邻两个栅格点之间的距离是相等的，因此可以快速确定要绘制的距离，大大提高了软件工具的可操作性，如图 4-4 所示是间距为 50mm 的栅格。

50
Y
X

图 4-4　栅格

4.1.2 制作步骤

01 设置捕捉和栅格。选择“工具”→“草图设置”命令，打开“草图设置”对话框，在该对话框中选择“捕捉和栅格”选项卡，如图 4-5 所示，在该选项卡中的“捕捉类型”选项组中选中“等轴测捕捉”，然后在“捕捉间距”和“栅格间距”选项组设置各项参数如图 4-5 所示，最后勾选“启用捕捉”和“启用栅格”复选框。

02 设置对象捕捉。选中“草图设置”对话框中的“对象捕捉”选项卡，在该选项卡中勾选对象捕捉模式如图 4-6 所示，最后单击 确定 按钮关闭“草图设置”对话框。

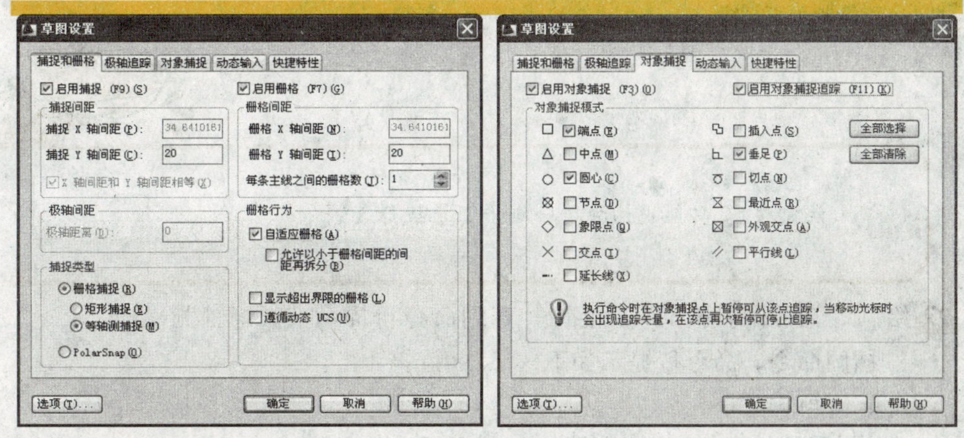

图 4-5　“捕捉和栅格”选项卡　　图 4-6　“对象捕捉”选项卡

03 启用正交功能。单击状态栏中的“正交”按钮，启用正交功能。按 F5 功能键直到命令行提示“<等轴测平面 上>”。

04 利用栅格绘制直线。将光标停留在栅格中，光标会自动捕捉一个栅格点。执行绘制直线命令，命令行提示如下。

命令：_line

指定第一点：(指定任意点为直线的起点)

指定下一点或 [放弃(U)]：(鼠标向右上方移动，指定第一点右上方第五个栅格点为直线的端点)

指定下一点或 [放弃(U)]：(鼠标向右下方移动，指定上一点右下方第四个栅格点为直线的端点)

指定下一点或 [闭合(C)/ 放弃(U)]：(鼠标向左下方移动，指定上一点左下方第五个栅格点为直线的端点)

指定下一点或 [闭合(C)/ 放弃(U)]: c(闭合绘制的直线)

绘制的直线效果如图 4-7 所示。

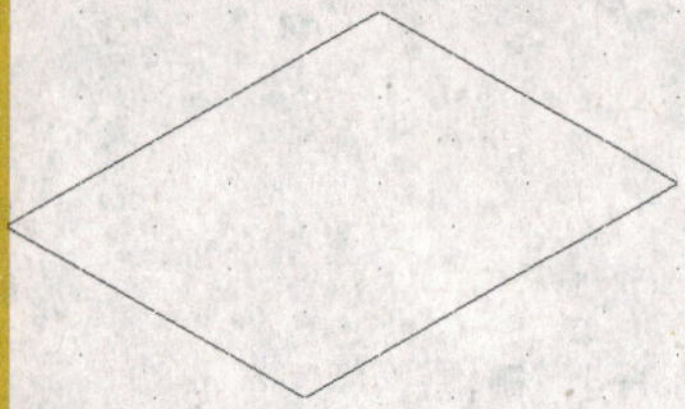

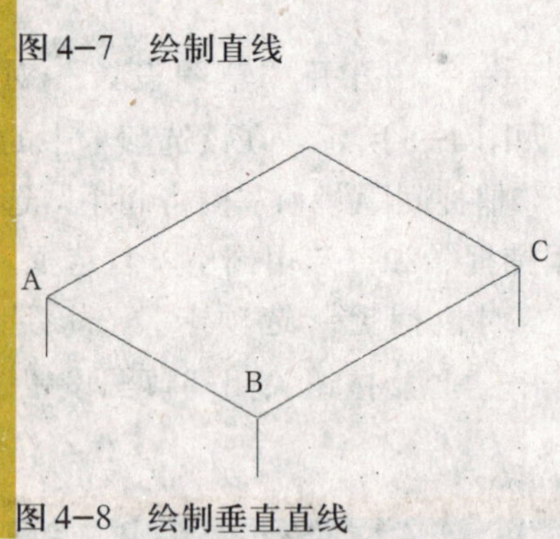
图 4-7　绘制直线

05 绘制直线。按 F5 功能键直到命令行提示"<等轴测平面　右>"，执行绘制直线命令，分别以 A 点、B 点和 C 点为起点，向下绘制垂直直线，直线的长度为一个栅格距离，效果如图 4-8 所示。

06 复制直线。执行复制命令，以 B 点为基点，D 点为目标点，向下复制直线 AB 和 BC，效果如图 4-9 所示。

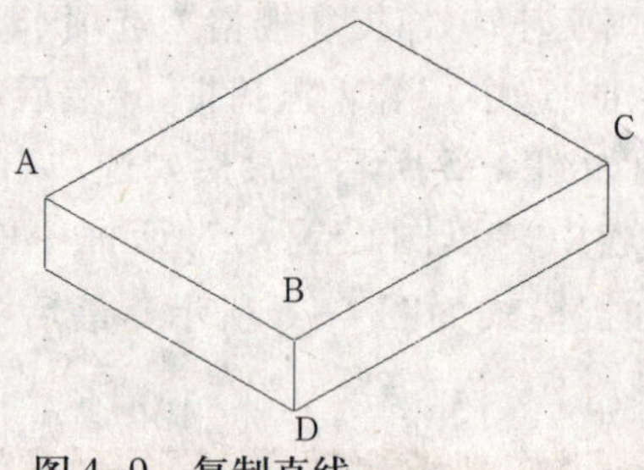

图 4-8　绘制垂直直线

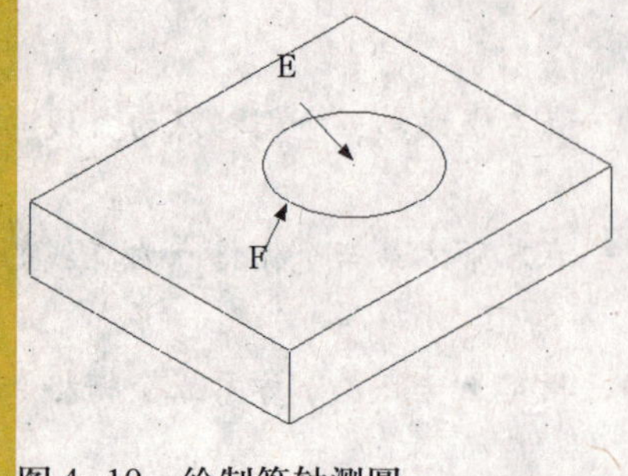

图 4-9　复制直线

注意按 F5 功能键切换等轴测平面来执行复制命令。

07 绘制等轴测圆。按 F5 功能键，直到命令行提示"<等轴测平面　上>"，执行绘制椭圆命令，命令行提示如下。

命令: _ellipse

指定椭圆轴的端点或 [圆弧(A)/ 中心点(C)/ 等轴测圆(I)]: i

指定等轴测圆的圆心:(捕捉栅格点 E 为等轴测圆的圆心)

指定等轴测圆的半径或 [直径(D)]:(捕捉栅格点 F 为等轴测圆半径的端点)

绘制的等轴测圆效果如图 4-10 所示。

08 复制等轴测圆。按 F5 功能键，直到命令行提示"<等轴测平面　右>"，使用复制命令将绘制的等轴测圆向下复制一个栅格距离，效果如图 4-11 所示。

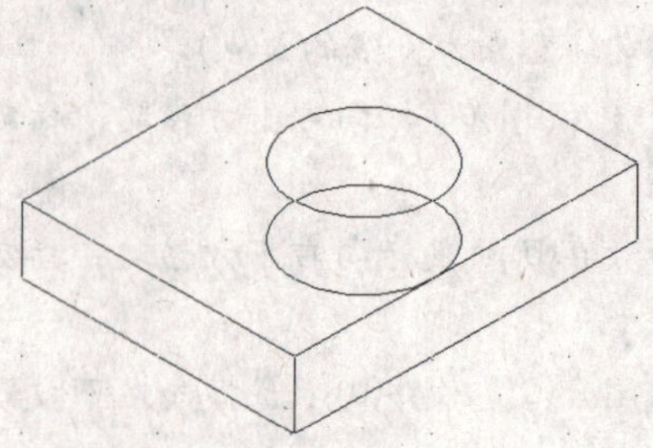

图 4-10　绘制等轴测圆

图 4-11　复制等轴测圆

09 修剪等轴测图。执行修剪命令，修剪复制的等轴测圆，完成等轴测图的绘制，最终效果如图 4-1 所示。

4.2 基本术语

在上面的案例中我们使用到对象捕捉、栅格捕捉、等轴测捕捉、正交功能等辅助绘图工具，实际上辅助绘图工具还包括对象追踪、动态输入、夹点编辑等。下面对这些术语作个简单介绍。

4.2.1 正交功能

启用后，用户只能在垂直或水平方向上绘制图形。

4.2.2 对象捕捉

通过捕捉对象上或对象之间的特定点实现快速定位。这些点包括端点、中点、圆心、节点、象限点、交点、延伸交点、插入点、垂足、切点、最近点、外观交点和平行等。当启用对象捕捉功能后，光标移动到图形中相应位置上时，系统会提示该点的名称，此时单击鼠标左键即可定位创建对象。如图 4-12 所示为定位部分特殊对象时的系统提示。

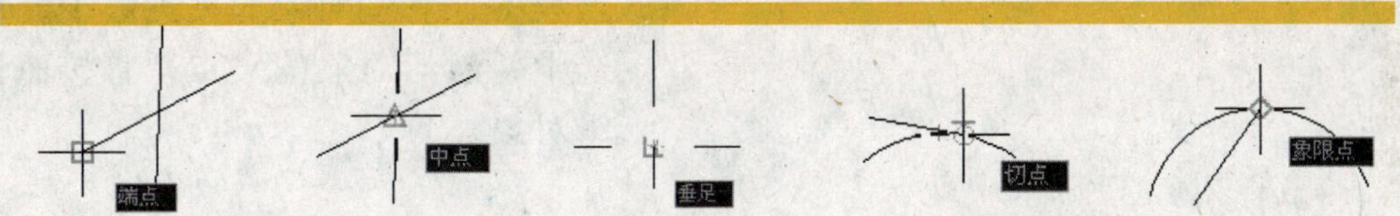

图 4-12　部分特殊对象的系统提示

4.2.3 栅格捕捉

栅格好比棋盘，由很多的格子组成，相邻格子间的距离可以由用户设置，每个格子的一个角点称为一个栅格点。当启用栅格捕捉后，光标只会停留在栅格点上，移动光标时，光标会从一个栅格点移动到另一个栅格点。

4.2.4 极轴追踪

极轴追踪是指根据预先设置好的极轴角进行追踪，当移动光标时，系统会以虚线的方式自动提示光标附近极轴角的位置，并在一定范围内锁定极轴角，此时如果定位某个对象，则该对象必定位在极轴角所在方向上。如图 4-13 所示为启用极轴追踪时的系统提示。

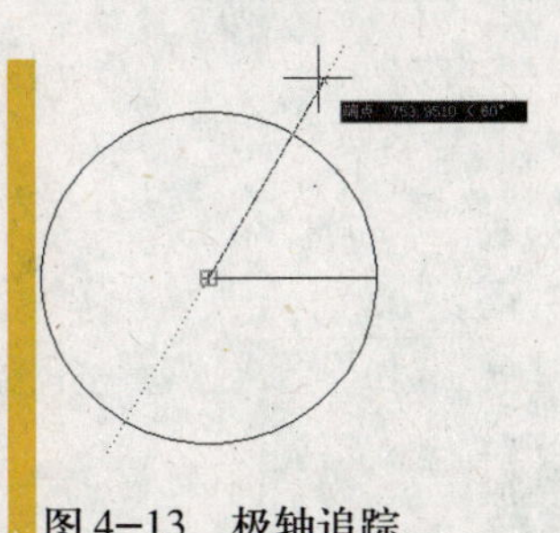

图 4-13　极轴追踪

4.2.5 动态输入

动态输入是指在光标附近出现一个命令界面，用于提示用户的输入信息。这样使原本在命令行中显示的提示信息出现在光标附近，可以帮助用户专注于绘图区域中的工作，而不必理睬命令栏的状况，如图 4-14 所示。

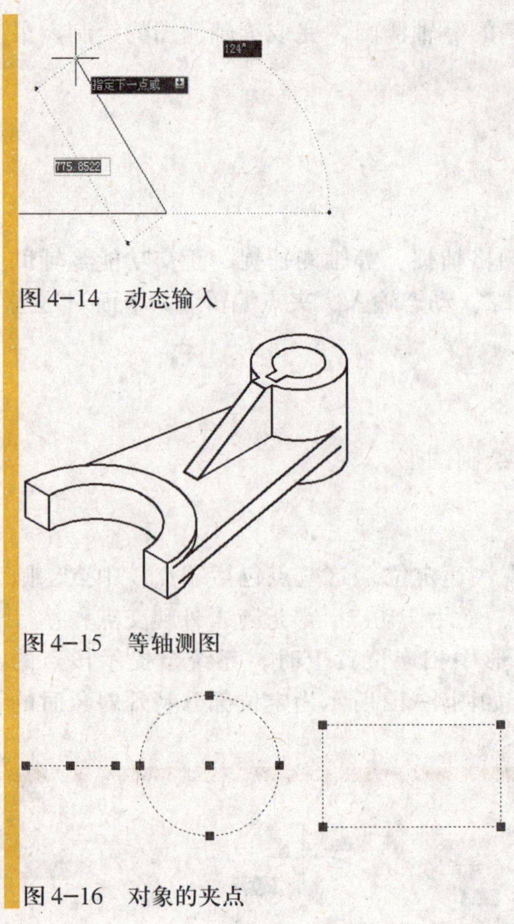

图 4–14　动态输入

图 4–15　等轴测图

图 4–16　对象的夹点

同时根据当前正在执行的命令，动态输入还提供了部分辅助信息，如图 4–14 所示的“124°”，这些信息将随着光标的移动而动态更新。

4.2.6　等轴测捕捉

等轴测捕捉提供了一种在二维平面绘制三维图形效果的方法。绘制的图形仍然是平面图形，但却能呈现出立体效果，图 4–15 为使用等轴测捕捉绘制的等轴测图。

4.2.7　夹点编辑

夹点是指对象上的关键点，具体表现为一个小方块，如图 4–16 所示。AutoCAD 2009 中的每个对象都有夹点，有些对象的夹点数多，有些对象的夹点数少。用户可以选中并激活对象的夹点，直接而快速地编辑对象。

4.3　知 识 讲 解

了解了以上的基本术语后，下面我们对这些辅助绘图工具进行详细的介绍。

4.3.1　对象捕捉

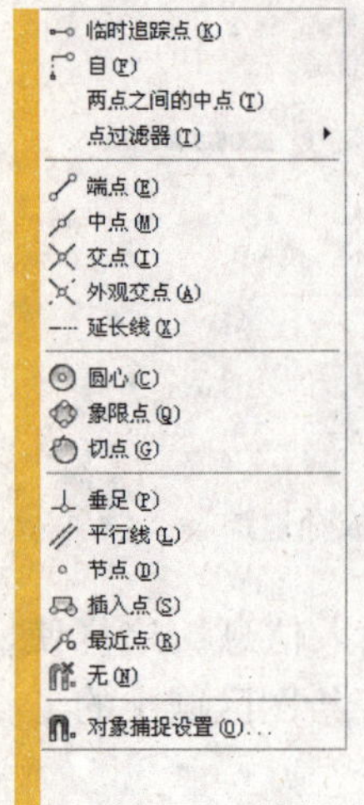

图 4–17　可捕捉对象的类型

1．认识对象捕捉

对象捕捉是为方便获得一些特殊对象而设置的功能，这些对象包括端点、中点、交点和圆心等。在绘图窗口中按住 Shift 键单击鼠标右键，在弹出的快捷菜单中显示可捕捉对象的类型，如图 4–17 所示。

这些对象具有特殊的含义，以下分别进行介绍。

（1）端点：捕捉到圆弧、椭圆弧、直线、多线、多段线、样条曲线、面域或射线最近的端点，或捕捉宽线、实体或三维面域的最近角点，如图 4－18 所示。

（2）中点：捕捉到圆弧、椭圆、椭圆弧、直线、多线、多段线、面域、实体、样条曲线或参照线的中点，如图 4–19 所示。

(3)圆心：捕捉到圆弧、圆、椭圆或椭圆弧的圆心，如图 4－20 所示。

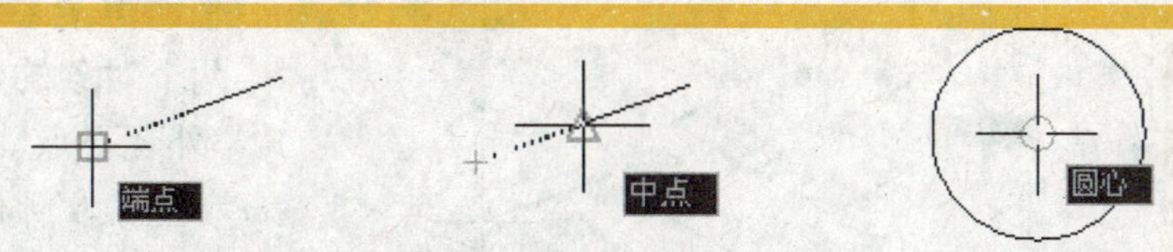

图 4－18　捕捉端点　　图 4－19　捕捉中点　　图 4－20　捕捉圆心

(4)节点：捕捉到点对象、标注定义点或标注文字起点，如图 4－21 所示。

(5)象限点：捕捉到圆弧、圆、椭圆或椭圆弧的象限点，如图 4－22 所示。

(6)交点：捕捉到圆弧、圆、椭圆、椭圆弧、直线、多线、多段线、射线、面域、样条曲线或参照线的交点，如图 4－23 所示。“延伸交点”不能用作执行对象捕捉模式。

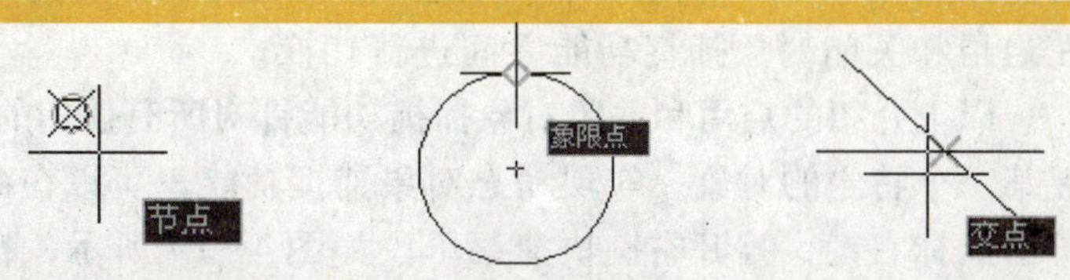

图 4－21　捕捉节点　　图 4－22　捕捉象限点　　图 4－23　捕捉交点

(7)延长线：当光标经过对象的端点时，以虚线显示临时延长线或圆弧，以便用户在延长线或圆弧上指定点，如图 4－24 所示。

(8)插入点：捕捉到属性、块、形或文字的插入点，如图 4－25 所示。

图 4－24　捕捉延长线　　图 4－25　捕捉插入点

(9)垂足：捕捉到圆弧、圆、椭圆、椭圆弧、直线、多线、多段线、射线、面域、实体、样条曲线或参照线的垂足，如图 4－26 所示。当正在绘制的对象需要捕捉多个垂足时，将自动打开“递延垂足”捕捉模式。

(10)切点：捕捉到圆弧、圆、椭圆、椭圆弧或样条曲线的切点，如图 4－27 所示。当正在绘制的对象需要捕捉多个垂足时，将自动打开“递延切点”捕捉模式。

(11)最近点：捕捉到圆弧、圆、椭圆、椭圆弧、直线、多线、点、多段线、射线、样条曲线或参照线的最近点，如图 4－28 所示。

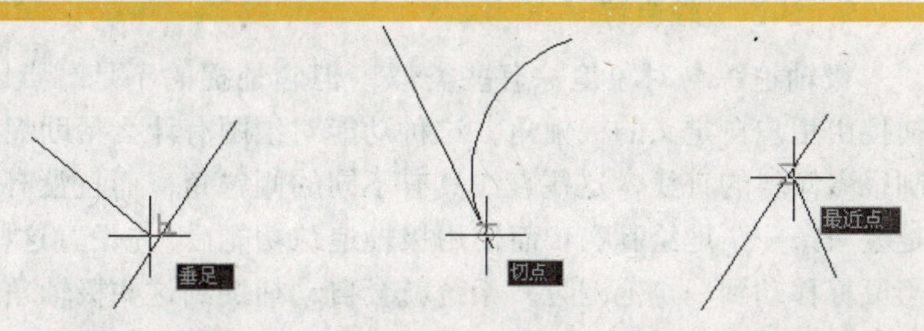

图 4－26　捕捉垂足　　图 4－27　捕捉切点　　图 4－28　捕捉最近点

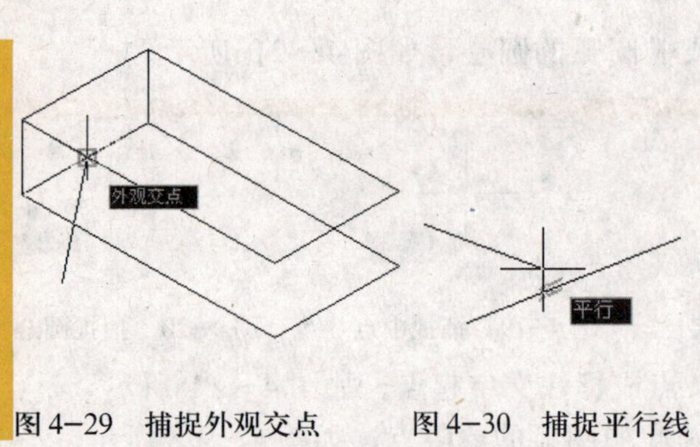

图 4-29　捕捉外观交点　　　　图 4-30　捕捉平行线

(12)外观交点：捕捉到不在同一平面但是看起来在当前视图中相交的两个对象的外观交点，如图4-29所示。“外观交点”和“延伸外观交点”不能和三维实体的边或角点一起使用。

(13)平行线：将直线段、多段线、射线或构造线限制为与其他线性对象平行，如图 4-30 所示。

2. 对象捕捉的启用和关闭

对象捕捉的启用和关闭非常简单，看见状态栏中的“对象捕捉”按钮▢了吗？单击该按钮即可在启用和关闭对象捕捉功能之间进行切换。另外，通过 F3 功能键也可以在启用和关闭对象捕捉功能之间进行切换。

以上介绍的启用和关闭对象捕捉功能针对所有使用的对象捕捉类型，如果只需要捕捉某一个特定的对象，实现动态对象捕捉功能，可以在命令执行过程中按住 Shift 键，单击鼠标右键，打开右键快捷菜单，如图 4-17 所示，在该菜单中选择要捕捉的对象。此方法执行的对象捕捉功能只对当前命令有效，而且只捕捉指定的一个对象。

3. 对象捕捉设置

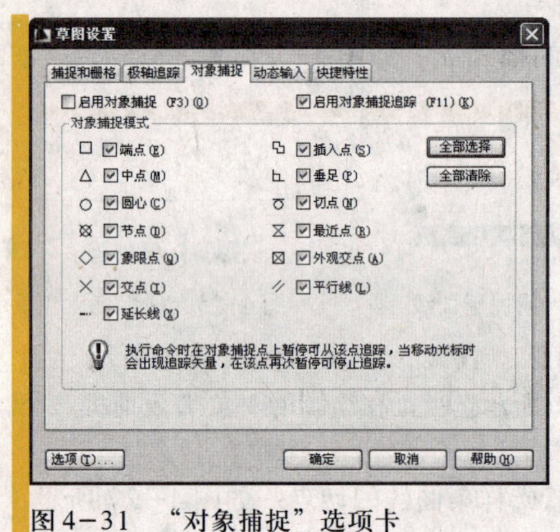

图 4-31　“对象捕捉”选项卡

在使用对象捕捉功能之前，需要首先设置对象捕捉类型，也就是对象捕捉模式。选择“工具”→“草图设置”命令，打开“草图设置”对话框，在该对话框中选中“对象捕捉”选项卡，如图 4-31 所示。该选项卡中列举了所有对象捕捉模式，勾选相应的对象捕捉模式，即可将其设置为需要捕捉的对象，然后启用对象捕捉功能就可以捕捉到该类型的对象。

另外，在状态栏中的“对象捕捉”按钮▢上单击鼠标右键，在弹出的快捷菜单中选择“设置”命令，也可以打开“草图设置”对话框中的“对象捕捉”选项卡。

4.3.2 极轴追踪

1. 认识极轴追踪

极轴追踪与对象追踪有些类似，但它捕捉的不是端点、切点等一些特殊点，而是捕捉由用户自定义的极轴角。这种功能对绘图有什么帮助呢？试想一下，如果要频繁绘制很多倾斜的直线，这些直线具有不同的倾斜角，而且没有规律的排列顺序，那么是不是要一条一条地绘制啊！而使用极轴追踪功能后，先设置这些倾斜角为要追踪的极轴角，当鼠标移动到一定范围时，系统就会自动捕捉到这些极轴角的方向，这样就可以帮助我们快速确定倾斜角的大小了。呵呵，是不是很方便啊！

2．极轴追踪的启用和关闭

极轴追踪的启用和关闭方式与对象捕捉的启用和关闭方式非常类似，单击状态栏中的“极轴追踪”按钮，单击该按钮即可在启用和关闭极轴追踪功能之间进行切换。当该按钮弹起时为关闭状态，按下时为启用状态。另外，通过F10功能键也可以在启用和关闭极轴追踪功能之间进行切换。

3．极轴追踪设置

极轴追踪设置主要是设置极轴角，可以按照以下步骤进行操作：

01 选择“工具”→“草图设置”命令，打开“草图设置”对话框，在该对话框中选中“极轴追踪”选项卡，如图4–32所示。

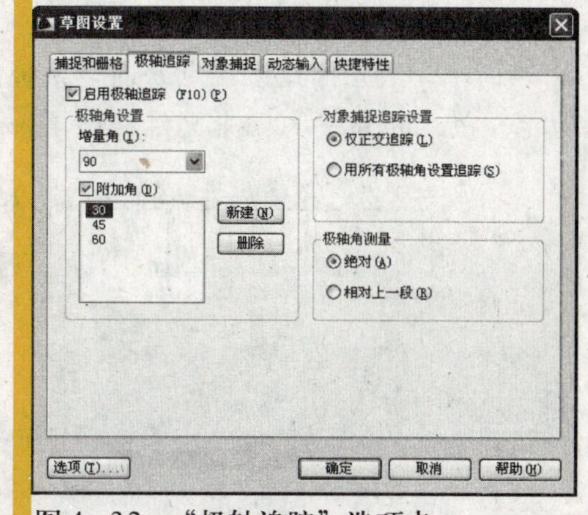

图4–32　“极轴追踪”选项卡

02 AutoCAD 2009系统为用户预设了很多增量角可供选择，单击该选项卡中的“增量角”下拉按钮，即可预设增量角。

增量角也就是我们前面提到的极轴角，跟后面我们将要提到的“附加角”是同一个概念，都是指自动追踪时将要捕捉的角度。

03 如果系统预设的增量角不能满足我们的需求，还可以自定义极轴角进行捕捉，勾选“附加角”复选框，单击新建(N)按钮，新建多个附加角，这样在启用极轴追踪功能后即可自动追踪设定好的角度。

04 在追踪极轴角时，系统默认以绝对角度进行测量。也就是说，我们所有捕捉的角度都是以同一个0°角为起始边。如果要使用相对角进行测量，即前一个捕捉的极轴角的终止边为后一个捕捉的极轴角的起始边。此功能可以通过“极轴追踪”选项卡中的“极轴角测量”选项进行设置。

如果设置了多个极轴角进行追踪，那么如何确定追踪的对象呢？呵呵，不要急，先看看图4–33所示的极轴追踪效果。怎么样，看出来了吧，在追踪到对象时，AutoCAD 2009系统会提醒我们当前追踪的是哪个极轴角，这样就可以在多个追踪对象之间进行选择了。

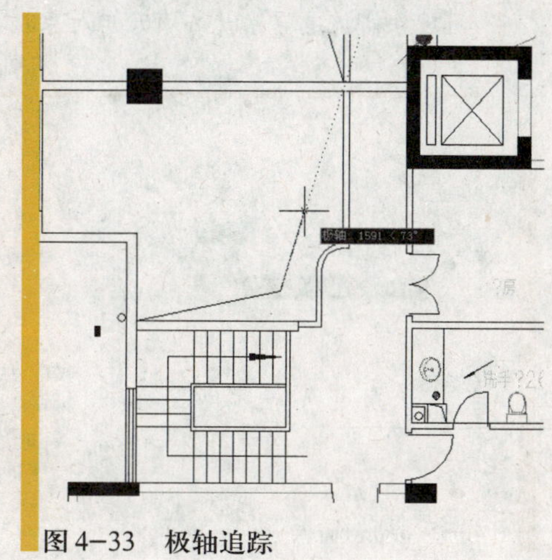

图4–33　极轴追踪

4.3.3 对象捕捉追踪

1. 认识对象捕捉追踪

呵呵，知道了什么是对象捕捉，以及极轴追踪是怎么一回事后，要了解对象捕捉追踪就非常容易了。简单地说就是以捕捉的对象为追踪点进行极轴追踪，每捕获一个追踪点后，该追踪点就会显示为一个十字，并通过该追踪点延伸出一个极轴追踪角，如图4-34所示，当光标经过端点A时，系统会提示用户捕捉端点，由于启用了对象捕捉追踪功能，在A点水平方向上又延伸出了一个180°的极轴角。

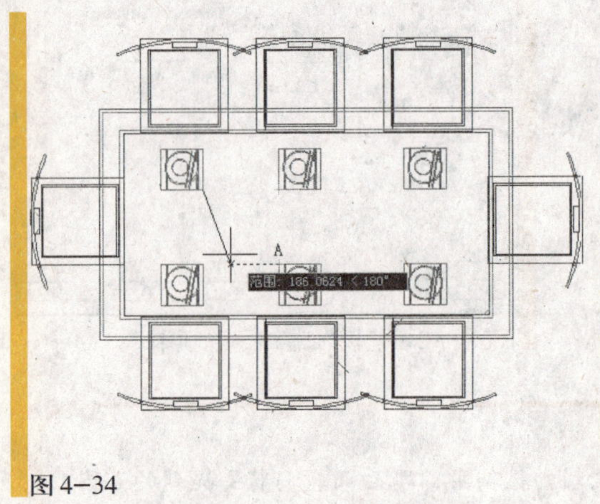

图4-34

对象捕捉追踪又好比是对象捕捉和极轴追踪的加强版，例如，对象捕捉只能捕捉对象，极轴追踪只能追踪相对于当前位置的极轴角，而对象捕捉追踪不但可以记录多个捕捉对象，而且还可以追踪到相对于任意一个捕捉对象的极轴角。

2. 对象捕捉追踪的启用和关闭

对象捕捉追踪的启用和关闭方式与对象捕捉的启用和关闭方式非常类似，单击状态栏中的“对象捕捉追踪”按钮，单击该按钮即可在启用和关闭对象捕捉追踪功能之间进行切换。当该按钮弹起时为关闭状态，按下时为启用状态。

对象捕捉追踪不能单独使用，它必须与对象捕捉和极轴追踪配合使用，要使用对象捕捉追踪，就必须开启对象捕捉和极轴追踪功能。

4.3.4 动态输入

1. 认识动态输入

提到输入我们一定会想到命令栏，而动态输入也提供了一个接收和输入命令的场所。这个场所与命令栏不同，它可以根据用户当前操作的位置进行动态移动，光标移动到哪里，这个场所就移动到哪里，如图4-35所示。

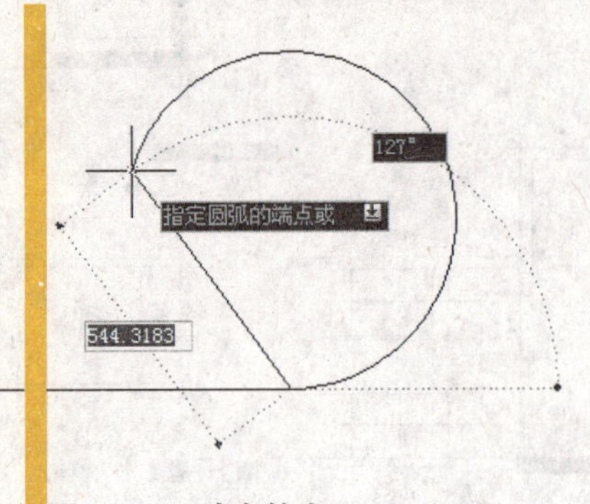

图4-35 动态输入

2．动态输入的启用和关闭

动态输入的启用和关闭方式与对象捕捉的启用和关闭方式类似，单击状态栏中的“动态输入”按钮，即可在启用和关闭动态输入功能之间进行切换。

3．动态输入设置

选择“工具”→“草图设置”命令，打开“草图设置”对话框，在该对话框中选中“动态输入”选项卡，与动态输入有关的所有设置都在该选项卡中完成，如图4-36所示。

动态输入设置主要包括“指针输入”设置、“标注输入”设置和“动态提示”设置3个选项组，以下分别进行介绍。

(1)指针输入：用于在光标附近显示当前十字光标位置的坐标值，当命令提示输入点时，可以根据光标附近的工具栏提示输入坐标值，而不用在命令行中输入。单击 设置(S)... 按钮打开“指针输入设置”对话框，如图4-37所示。在该对话框中可以对指针输入的格式和可见性进行设置。

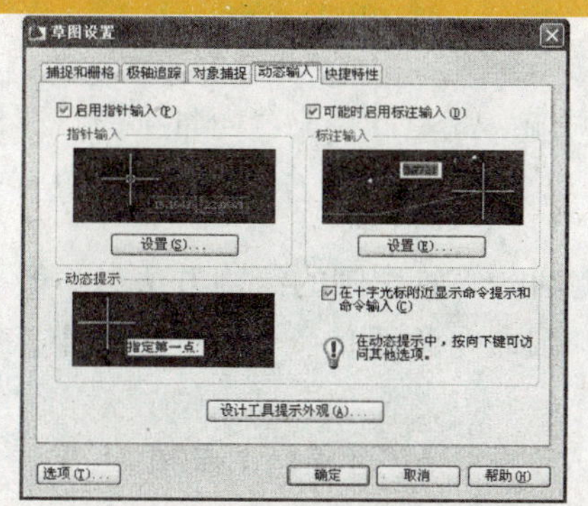

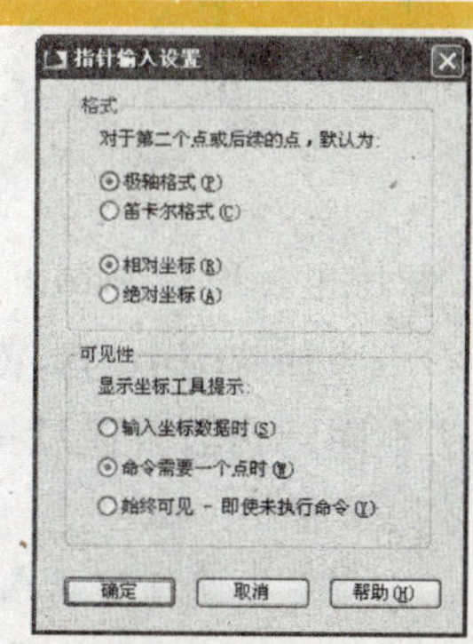

图4-36　“动态输入”选项卡　图4-37　“指针输入设置”对话框

(2)标注输入：显示标注和距离值与角度值的工具栏提示，用于输入第二个点或距离，而不用在命令行中输入。单击 设置(E)... 按钮打开“标注输入的设置”对话框，如图4-38所示。在该对话框中可以设置标注输入的可见性。

(3)动态提示：用于在光标附近显示命令执行时的提示信息，使用户专注于绘图，而不必注意命令栏中的提示。单击 设计工具栏提示外观(A)... 按钮打开“工具栏提示外观”对话框，如图4-39所示。在该对话框中可以设置动态提示的颜色、大小、透明度以及应用范围。

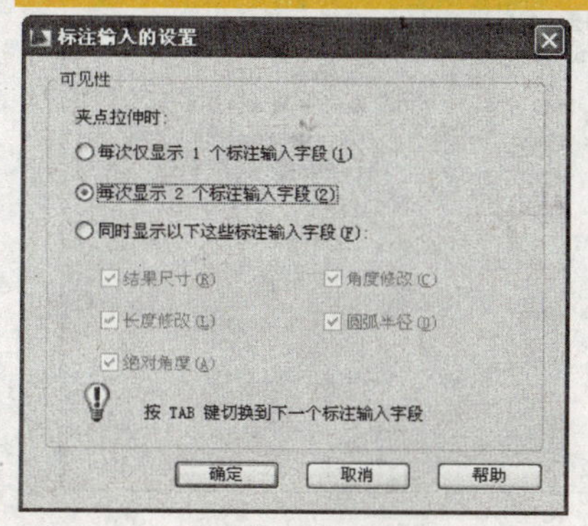

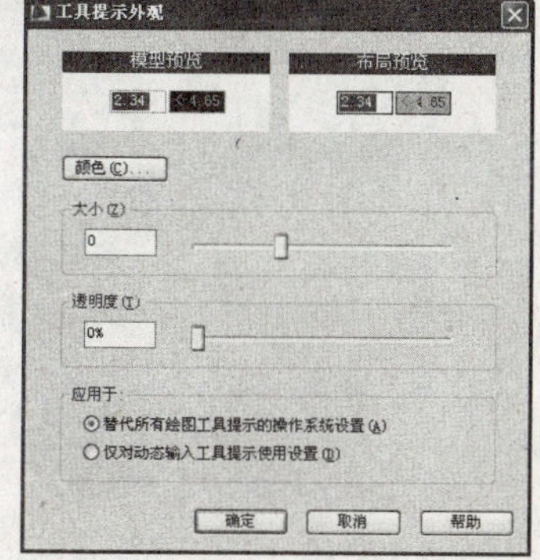

图4-38　“标注输入的设置”对话框　图4-39　“工具栏提示外观”对话框

4.3.5 等轴测绘图

1．认识等轴测图

等轴测图实质是一幅二维图形，但给人的视觉效果却是一幅三维图形。呵呵，这么说是不是觉得有些神奇呢！等轴测图就是这样，如图 4-40 所示。

在绘制等轴测图时，可以通过按 F5 功能键在等轴测平面间进行切换。AutoCAD 2009 系统提供了 3 种等轴测平面，分别为“等轴测平面　上”、“等轴测平面　左”和“等轴测平面　右”，这 3 种等轴测平面效果分别对应三维图形中的俯视图、左视图和右视图，如图 4-41 所示。

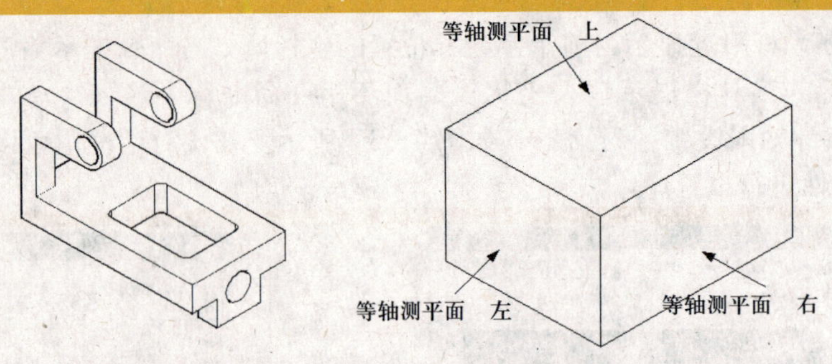

图 4-40　认识等轴测图　　　图 4-41　等轴测平面

等轴测图中的圆称为等轴测圆，等轴测圆的绘制方法与一般二维平面中绘制圆的方法不同，它需要通过执行绘制椭圆命令激活，命令行提示如下。

命令：_ellipse

指定椭圆轴的端点或 [圆弧(A)/ 中心点(C)/ 等轴测圆(I)]：i

指定等轴测圆的圆心：

指定等轴测圆的半径或 [直径(D)]：

在不同等轴测平面上绘制的等轴测圆效果如图 4-42 所示。

2．设置等轴测模式

绘制等轴测图与绘制一般的图形不同，在绘图之前必须设置捕捉类型，选择“工具”→“草图设置”命令，在对话框中选中“捕捉和栅格”选项卡，然后在该选项卡中的捕捉类型选项组中选中“等轴测捕捉”单选按钮，如图 4-43 所示。

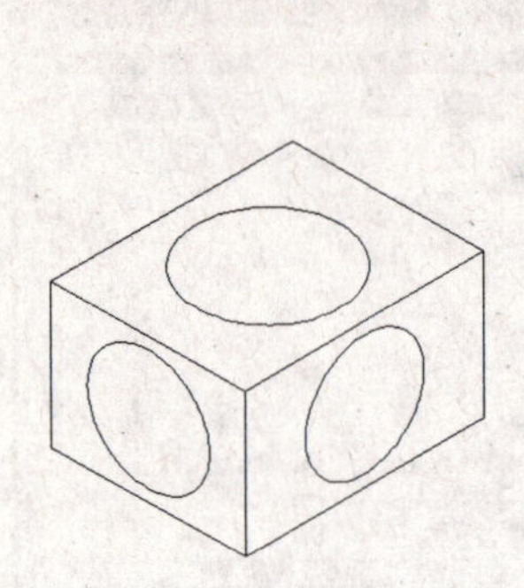

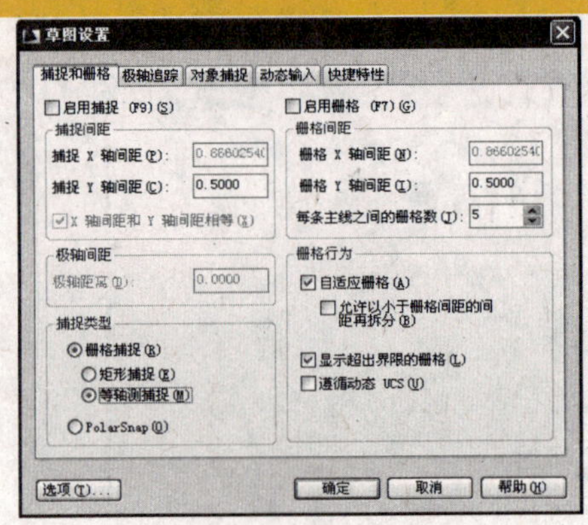

图 4-42　绘制等轴测圆　　　图 4-43　“捕捉和栅格”选项卡

设置等轴测模式后，就可以在等轴测平面上绘制等轴测图了。

4.3.6 夹点编辑

1. 认识夹点

夹点就是对象上的一些特殊点，AutoCAD 2009 中的每个对象都有夹点，但根据对象的不同，其显示的夹点数也有所不同。在绘图窗口中选中一个或多个对象后，对象上的夹点会以小方框的方式显示，如图 4-44 所示。

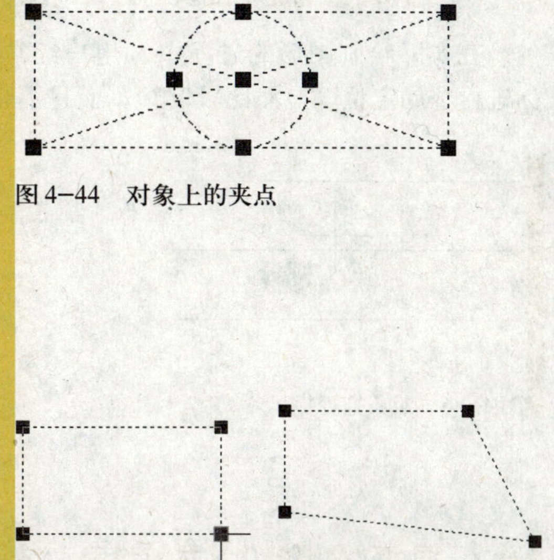

图 4-44　对象上的夹点

原始图形　　拉伸后的效果

图 4-45　通过夹点拉伸对象

2. 夹点编辑的优点

使用夹点可以方便而快捷地对夹点所属对象执行拉伸、移动、旋转、比例缩放和镜像 5 种操作，详细介绍如下。

(1)拉伸：通过重新指定激活夹点的位置拉伸对象，效果如图 4-45 所示。

(2)移动：以激活夹点为基点，对夹点所属对象执行移动命令。

(3)旋转：以激活夹点为基点，对夹点所属对象执行旋转命令。

(4)比例缩放：以激活夹点为基点，对夹点所属对象执行缩放命令。

(5)镜像：以激活夹点为镜像线的第一端点，然后指定镜像线的第二个端点，对夹点所属对象执行镜像命令。

3. 夹点编辑操作

AutoCAD 2009 中所有对象上的夹点都具有相同的功能，当用鼠标单击某个夹点时，即可激活该夹点，激活的夹点显示为红色。按回车键或空格键可以在夹点的各功能之间进行切换，命令行提示如下。

```
** 拉伸 **
指定拉伸点或 [基点(B)/ 复制(C)/ 放弃(U)/ 退出(X)]:
** 移动 **
指定移动点或 [基点(B)/ 复制(C)/ 放弃(U)/ 退出(X)]:
** 旋转 **
指定旋转角度或 [基点(B)/ 复制(C)/ 放弃(U)/ 参照(R)/ 退出(X)]:
** 比例缩放 **
指定比例因子或 [基点(B)/ 复制(C)/ 放弃(U)/ 参照(R)/ 退出(X)]:
** 镜像 **
指定第二点或 [基点(B)/ 复制(C)/ 放弃(U)/ 退出(X)]:
```

4.4 基础应用

4.4.1 使用对象捕捉功能快速定位对象

在实际绘制图形的过程中，用户经常需要确定一些关键对象的位置，如果使用坐标进行全局定位，显然比较麻烦，而且不容易控制。对象捕捉功能为用户提供了一种快速定位对象的方法，设置对象捕捉模式后，当用户将光标移动到相应对象位置附近时，系统会根据用户的设置进行提示，提示用户当前光标附近都有哪些对象可以捕捉，如图4-46所示，此时用户只需单击鼠标左键即可精确定位对象。使用对象捕捉功能定位对象既方便，又精确无误，极大地提高了绘图速度和精确度。

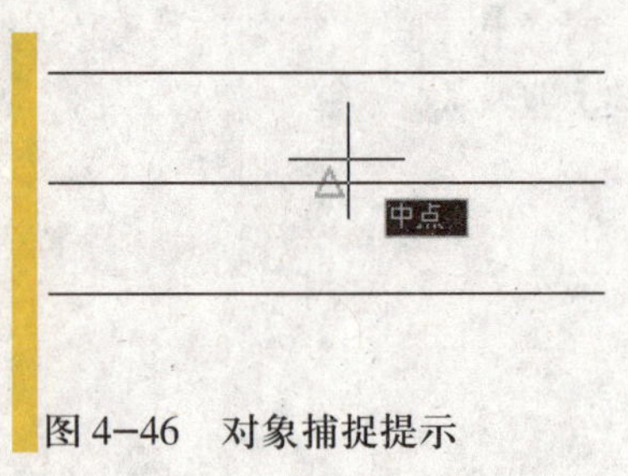

图4-46 对象捕捉提示

4.4.2 使用对象追踪功能定位方向

使用对象追踪功能可以在预先设置好的方向上指定一系列点，这些点均位于同一个方向的一条直线上。如果预先设置了多个追踪方向，还可以在多个方向上指定不同的点，这样用户在绘制图形的过程中就不会为确定对象的角度所累，继而可以专心进行设计。

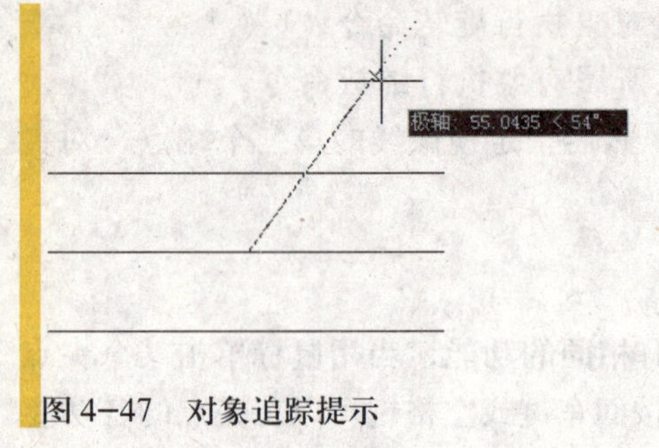

图4-47 对象追踪提示

设置追踪角度后，当用户将光标移动到追踪角附近时，系统会自动以虚线射线的方式提示用户，并临时将光标锁定在追踪角附近一定范围内。在该范围内单击鼠标左键，均可定位到该追踪角上，如图4-47所示。

4.4.3 使用夹点编辑功能快速编辑对象

对象上的夹点除了是对象上的关键点外，还可用于快速拉伸、移动、旋转、比例缩放和镜像对象。选中对象后，对象上便显示夹点，此时夹点默认显示为蓝色的小方块或三角。再次单击选中的夹点，即可激活夹点，被激活的夹点默认显示为红色的小方块或三角，如图4-48所示，此时可以通过按回车键在拉伸、移动、旋转、比例缩放和镜像命令之间进行快速切换，进而编辑选中的对象。

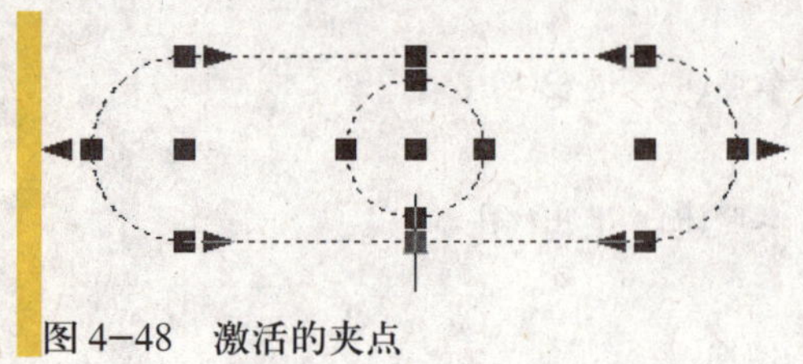
图4-48 激活的夹点

4.5 疑难及常见问题

辅助绘图工具用起来非常方便，但必须讲究一定的应用技巧，这样才能真正达到事半功倍的效果。以下针对初学者在实际操作过程中遇到的与本章知识点相关的疑难及常见问题进行解答。

1. 如何捕捉两个圆心的中间点

答：呵呵，有时我们在绘制图形时，很难一次就准确地确定对象的位置，此时可以通过添加辅助线来帮我们简化问题，例如在这个问题中，我们可以在两个圆心中间绘制一条直线，然后使用对象捕捉功能的“中点”捕捉直线的中点，最后删除绘制的直线，这样就解决问题了，如图 4-49 所示。

还有一种更简单的方法，就是按住 Shift 键单击鼠标右键，在弹出的快捷菜单中选择“两点之间的中点”命令，按照命令行的提示依次捕捉两个圆心，这样也可以捕捉到两个圆心的中间点，而且还不用做辅助线。

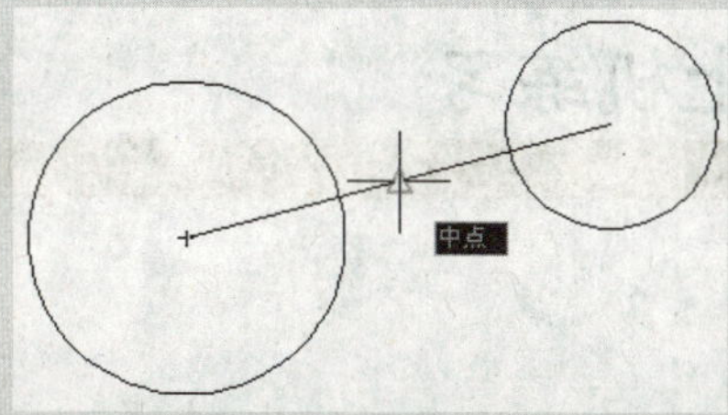

图 4-49　使用辅助线捕捉中点

2. 使用动态输入绘制直线时如何在长度和角度之间进行切换

答：使用动态输入功能时，在光标附近会出现三个选项框，如图 4-50 所示。位于虚线显示的直线中间的选项框用于指定长度，位于虚线显示的曲线中间的选项框用于指定角度，而剩下的另一个选项框用于选择当前命令的其他选项。其中长度框和角度框可以通过 Tab 键进行切换，而命令选项框则需要通过键盘上的上下方向键进行选择。

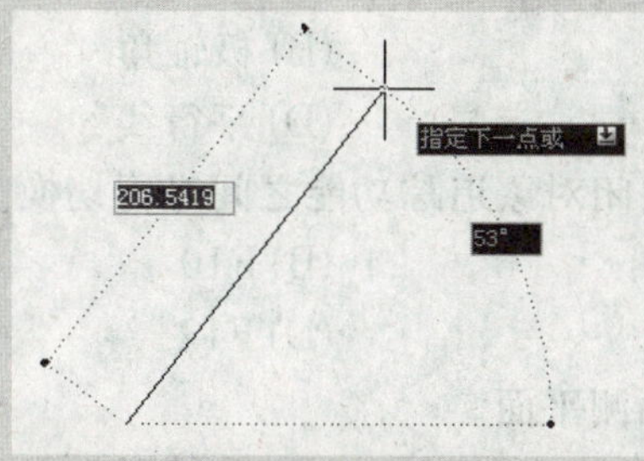

图 4-50　动态输入选项框

3. 如何同时对多个夹点进行编辑

答：在 AutoCAD 2009 中，系统当前只允许激活一个夹点，所以要对多个夹点进行编辑，只需要对当前激活的夹点进行编辑即可。这里需要注意的是，当选中多个夹点时，拉伸命令只对当前激活夹点有效，而移动、旋转、比例缩放和镜像命令则对所有选中的夹点有效。

4．辅助绘图工具能给绘图带来什么帮助

答：辅助绘图工具使利用AutoCAD 2009进行计算机绘图的用户如鱼得水。不难想象，在没有对象捕捉的帮助下，用户要精确定位一个对象，除了坐标定位外，其他的手段都是徒劳的，因为不能保证用鼠标拾取的定位点一定是准确无误的。对象追踪和夹点编辑为用户提供了一种快速提高工作效率的方式，使用这些辅助绘图工具后，用户再也不用为确定一个角度或频繁执行各种编辑命令而浪费时间和精力了，这样就可以专心地进行设计，进而提高工作效率。

5．知道偏移距离如何在创建中实现快速定位

答：最简单的方式是利用"自from"命令进行捕捉定位。执行创建图行命令，当命令提示指定点的时候，在命令行输入"from"回车，然后单击已知点作为基点并根据命令行提示输入已知的偏移距离，再次回车后就自动找到需要的定位点。

4.6 习题与上机练习

1．选择题

(1) 以下(　)不属于对象捕捉的模式。

(A) 端点　　(B) 圆心

(C) 切点　　(D) 角点

(2) 状态栏中的(　)按钮用于控制对象捕捉的启用和关闭。

(A) ▢　　(B) ▢

(C) ▢　　(D) ▢

(3) 对象追踪的对象是(　)。

(A) 端点　　(B) 极轴角

(C) 直线　　(D) 平行线

(4) (　)用于在开启和关闭对象追踪功能之间进行切换。

(A) F9　　(B) F10

(C) F11　　(D) F12

(5) 以下(　)不属于等轴测平面。

(A) 等轴测平面 上　　(B) 等轴测平面 下

(C) 等轴测平面 左　　(D) 等轴测平面 右

(6) 在绘制图形时，需要通过(　)命令启用绘制等轴测圆命令。

(A) 圆　　(B) 椭圆

(C) 矩形　　(D) 正多边形

(7) 使用夹点不能对图形进行(　)编辑。

(A) 拉伸　　　　　　(B) 缩放

(C) 移动　　　　　　(D) 阵列

(8) 要绘制一条以圆心为起点，以另一圆弧的切点为终点的直线，应考虑用(　　)辅助绘图工具。

(A) 对象捕捉　　　　(B) 对象追踪

(C) 动态输入　　　　(D) 夹点编辑

2. 问答题

(1) 如何设置对象捕捉模式？启用对象捕捉功能有哪些方法？

(2) 指定一个点为直线的起点，分别绘制与水平方向成10°，30°，45°，60°和75°的直线，第一条直线长为100，以后每条直线比前一条直线长20，绘制该图形时应使用辅助绘图工具中的什么功能，如何进行操作？

(3) 如图4-51所示图形，要在直线的每个端点和中点处绘制相同半径的圆，如何进行操作效率最高？

(4) 有两条相互垂直的直线，如图4-52所示，现要从水平直线的中点处向下绘制一条直线，设置捕捉模式为所有对象，使用对象捕捉功能后，系统提示捕捉到了端点，而没有捕捉到中点，如何解决？

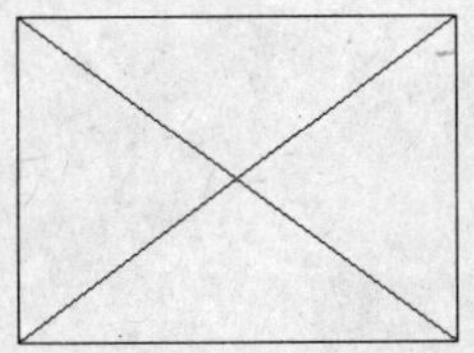

图4-51　辅助图形

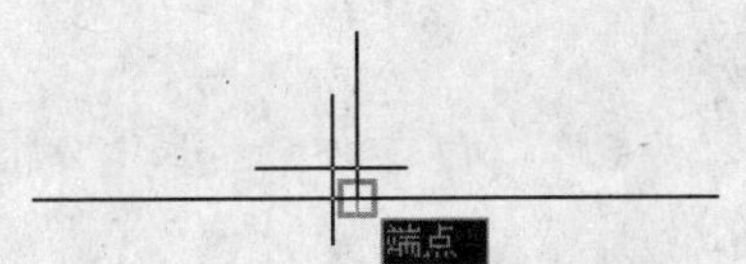

图4-52　垂直直线

3. 上机练习题

(1) 绘制如图4-53所示的沙发平面图。

(2) 绘制如图4-54所示等轴测图。

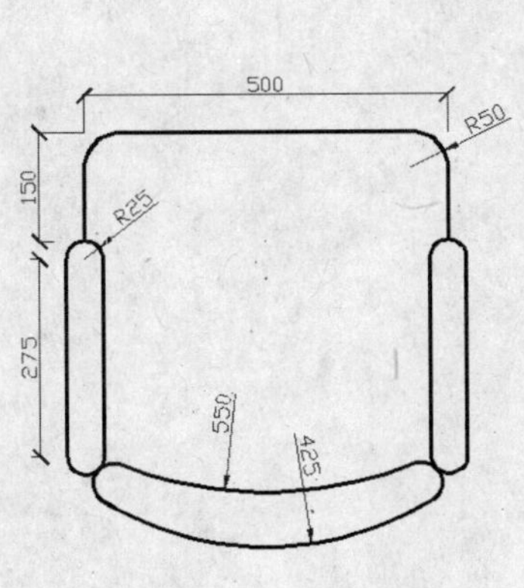

图4-53　沙发平面图

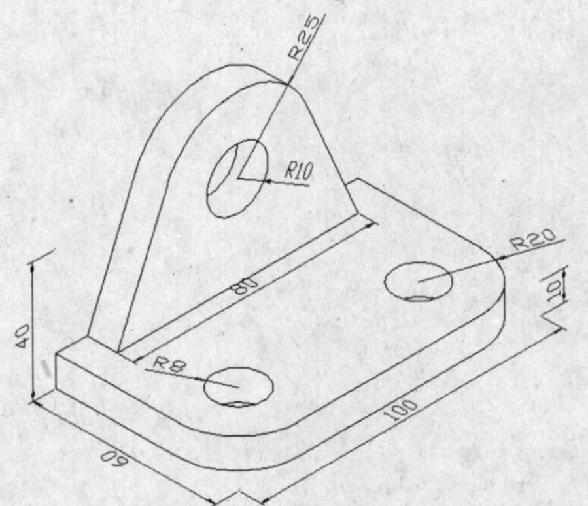

图4-54　等轴测图

(3) 绘制如图 4−55 所示的风扇。

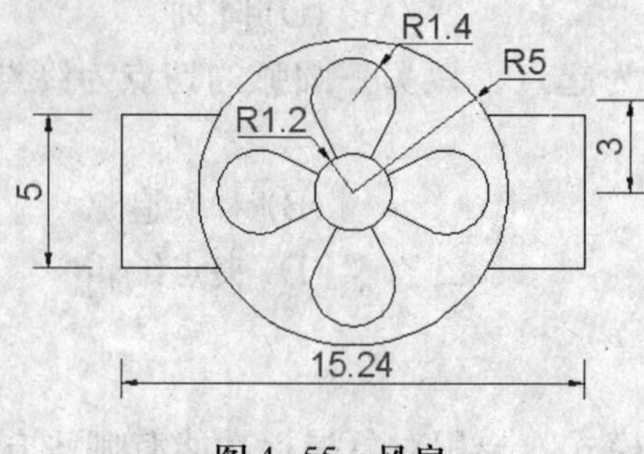

图 4−55　风扇

第五章
图层控制

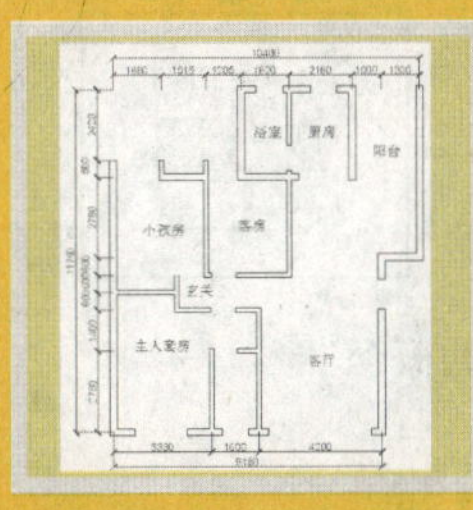

本章内容

- 基本术语
- 知识讲解
- 基础应用
- 案例表现
- 疑难及常见问题

本章导读

在 AutoCAD 2009 中，每一个图形对象都隶属于一个特定的图层，这样可以方便地控制对象的显示和编辑，从而提高绘制复杂图形的效率和准确性。

本章将从图层的创建、设置图层属性、设置图层状态、图层过滤、图层的保存与恢复功能等几个方面详细介绍图层控制的方法，并帮助初学者解决在使用图层的过程中经常遇到的一些问题。

5.1 基本术语

5.1.1 图层

图层好比一张透明的图纸，不同的图形对象绘制在不同的图层上，然后将所有图层叠加到一起就形成了一张完整的图形，如图 5-1 所示。

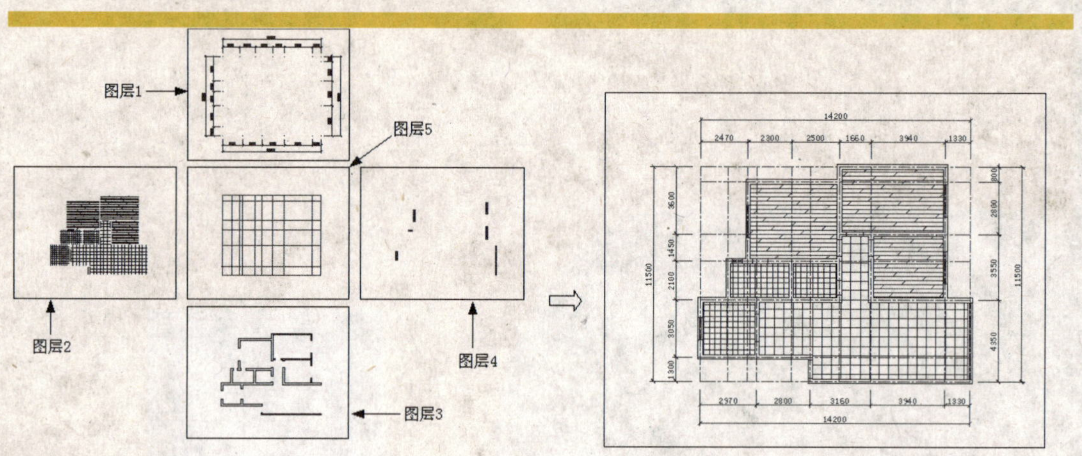

图 5-1 图层的概念

5.1.2 图层的属性

图层的属性是指图层上所有对象的颜色、线型和线宽。通过设置图层的属性可以直接改变图层上所有对象的这些属性。

5.1.3 图层的状态

图层的状态是指图层的打开与关闭、冻结与解冻、锁定与解锁。合理使用图层的状态，对于绘制图形、编辑图形、打印图形都有很大的帮助。

5.1.4 图层过滤器

图层过滤器用于显示图层的特性。用户可以根据图层的特性创建一个或多个过滤器，并根据该过滤器的设置显示图层。

5.2 知 识 讲 解

了解了以上几个与图层控制相关的基本术语后，下面我们开始对控制图层的各种方法进行详细介绍。

5.2.1　创建图层

图层的创建需要在“图层特性管理器”中完成。打开“图层特性管理器”的方法有以下 3 种。

(1) 单击“图层”工具栏中的“图层特性管理器”按钮。

(2) 选择“格式”→“图层”命令。

(3) 在命令行中输入命令：layer。

打开“图层特性管理器”对话框后，在该对话框中有一个名为“0”的图层，是系统默认的图层。单击该对话框中的“新建图层”按钮，即可创建一个新的图层，如图 5−2 所示，用户可以为新建的图层设置名称属性和状态。

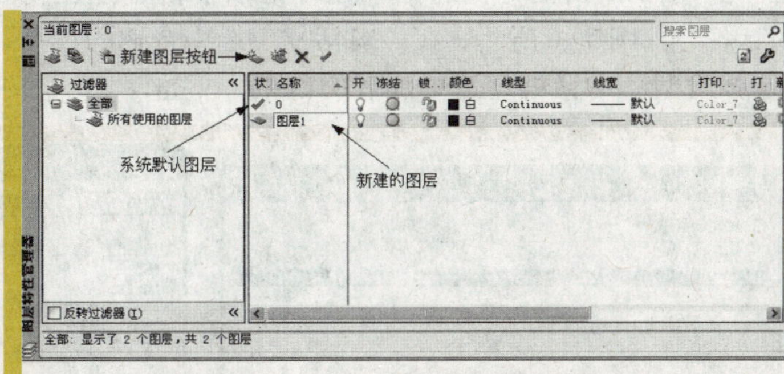

图 5−2　创建图层

AutoCAD 2009 允许用户创建无限多个不同名的图层，所以在绘制图形的过程中，应尽量为每一类图形对象创建一个图层，这样会为日后编辑或查看图形提供很大的便利。

5.2.2　设置图层属性

图层的颜色、线型和线宽等属性如图 5−3 所示。

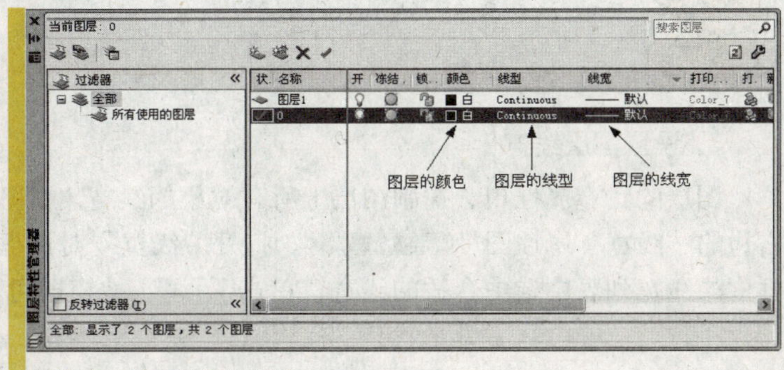

图 5−3　设置图层属性

下面就让我们来看一看这些属性是如何进行设置的。

1．设置图层颜色

图 5-4 “选择颜色”对话框

图层的颜色属性用于控制该图层上所有对象的颜色。新建一个图层后，单击该图层名称右边的“颜色”属性图标 白 ，打开“选择颜色”对话框，如图 5-4 所示，在该对话框中为图层选择一种颜色，最后单击 确定 按钮完成图层颜色的设置。

2．设置图层线型

图层的线型属性用于控制图层上所有对象的线型。新建一个图层后，单击该图层名称右边的“线型”属性图标 Continuous ，打开“选择线型”对话框，如图 5-5 所示，默认该对话框中只有一种线型可供选择，此时可以单击 加载(L)... 按钮，打开“加载或重载线型”对话框，如图 5-6 所示，在该对话框中选中合适的线型，然后单击 确定 按钮返回到“选择线型”对话框，选中加载的线型，单击 确定 按钮即可设置图层的线型。

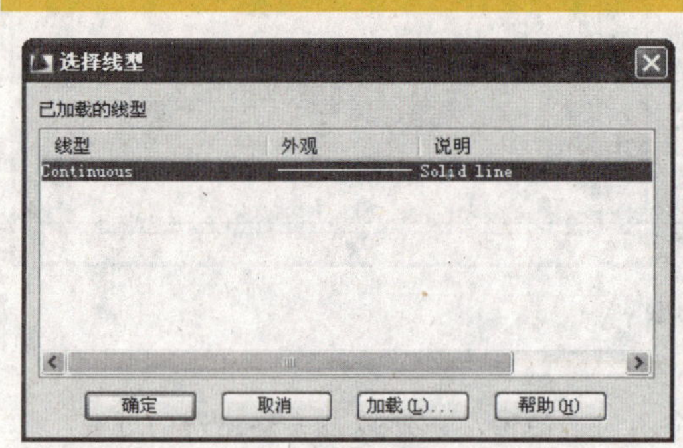

图 5-5 “选择线型”对话框

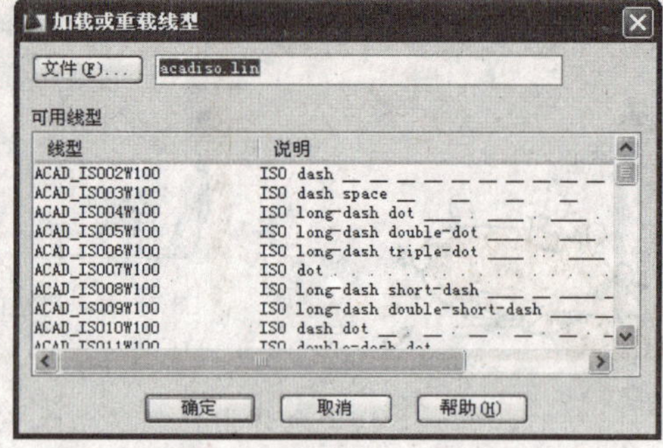

图 5-6 “加载或重载线型”对话框

在设置线型时，如果用户有自定义的线型，可以通过单击“加载或重载线型”对话框中的 文件(F)... 按钮，添加后缀名为“lin”的文件，这样就可以加载自定义的线型了。

3．设置图层线宽

图层的线宽属性用于控制图层上所有对象的线宽。新建一个图层，单击该图层名称右边的“线宽”属性图标 默认 ，打开“线宽”对话框，如图 5-7 所示，在该对话框中的线宽列表中选中合适的线宽，单击 确定 按钮即可设置图层的线宽。

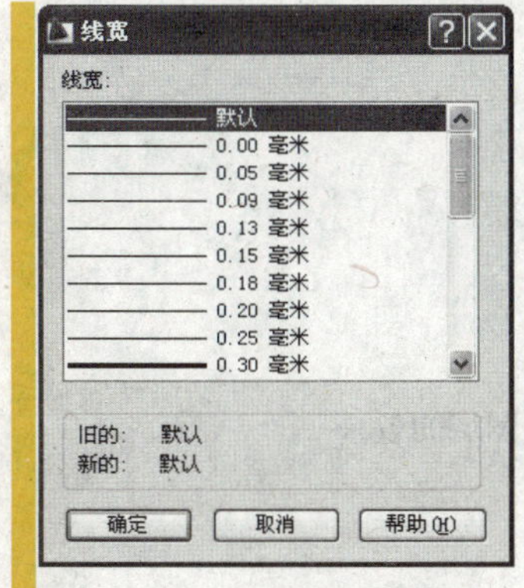

图5-7 “线宽”对话框

设置图层的线宽属性后，该图层上的所有对象都将具有统一的线宽，如果要显示线宽效果，必须单击状态栏中的“显示线宽”按钮。

5.2.3 设置图层状态

图层的属性控制着图层的颜色、线型和线宽，而图层的状态则控制着图层的打开与关闭、冻结与解冻、锁定与解锁，通过控制图层的状态可以控制图层的显示、编辑以及是否打印等功能，如图5-8所示。

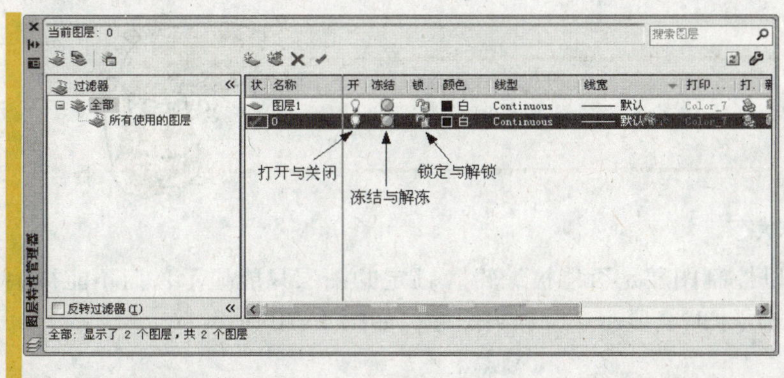

图5-8 设置图层状态

呵呵，下面就让我们来逐一认识这些状态的设置方法吧。

1. 设置打开与关闭状态

打开与关闭状态用于控制图层上对象的显示与隐藏，当图层打开时，图层上的对象为显示状态，当图层关闭时，图层上的对象为隐藏状态。设置图层打开与关闭状态的方法非常简单，只需要单击如图5-8所示图形中的“打开与关闭”图标即可。当图标显示为时，表示该图层已经打开；当图标显示为时，表示该图层已经关闭。

在绘制或编辑图形时，如果图形中的对象非常多，就会影响我们的视线，此时可以将部分图层关闭，这样就“清净”多了，如图5-9所示。

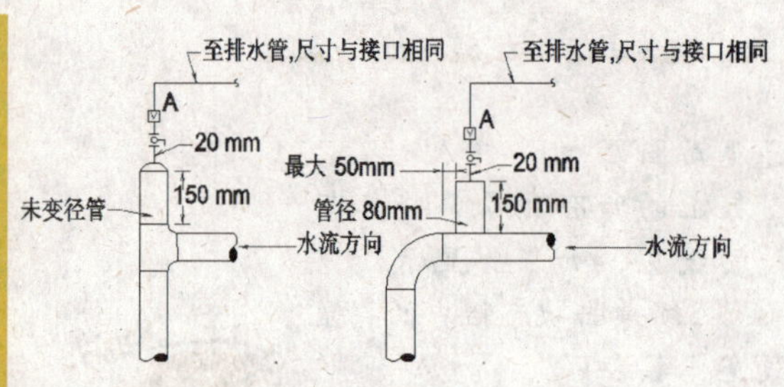

打开所有图层的效果

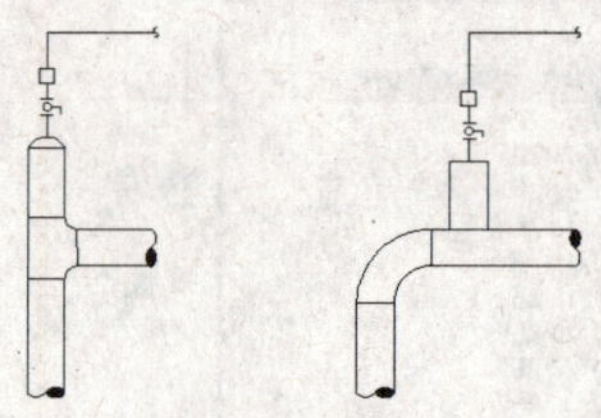

关闭部分图层的效果

图 5-9　打开与关闭图层效果

2. 设置冻结与解冻状态

冻结与解冻状态用于控制图层的显示、重生成和能否打印等功能。单击如图 5-8 所示图形中的“冻结与解冻”图标就可以在冻结和解冻状态之间进行切换。当图标显示为时，表示该图层处于解冻状态，此时该图层上的对象可以显示重生成和打印；当图标显示为时，表示该图层处于冻结状态，此时该图层上的对象不能显示、不能重生成和打印。

AutoCAD 2009 系统不允许冻结当前图层。

3. 设置锁定与解锁状态

锁定与解锁状态可以控制图层是否能被编辑。锁定的图层只能显示，而不能被编辑，此时当鼠标停留在图层上时会显示一个锁头图标，如图 5-10 所示。

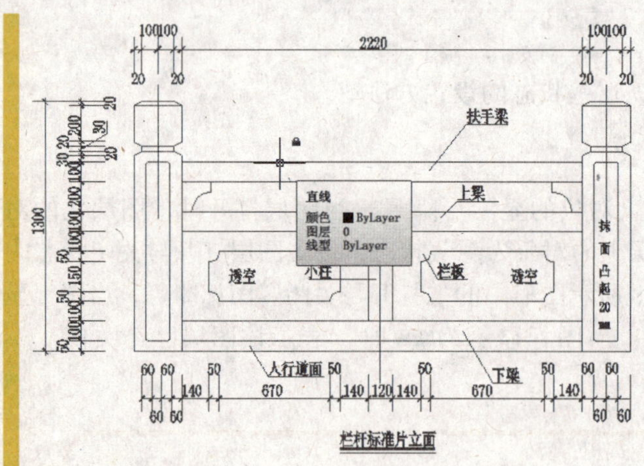

图 5-10　锁定的图层

单击如图 5-8 所示图形中的“锁定与解锁”图标就可以在锁定和解锁状态之间进行切换。当图标显示为时，表示该图层处于解锁状态；当图标显示为时，表示该图层处于锁定状态。

5.2.4　图层过滤器

图层过滤器用于对图层进行过滤，实现图层分类管理。图层过滤器可分为“特性过滤器”和“组过滤器”，这两种过滤器可以通过单击“图层特性管理器”对话框中的相应按钮来创建，如图5-11所示。

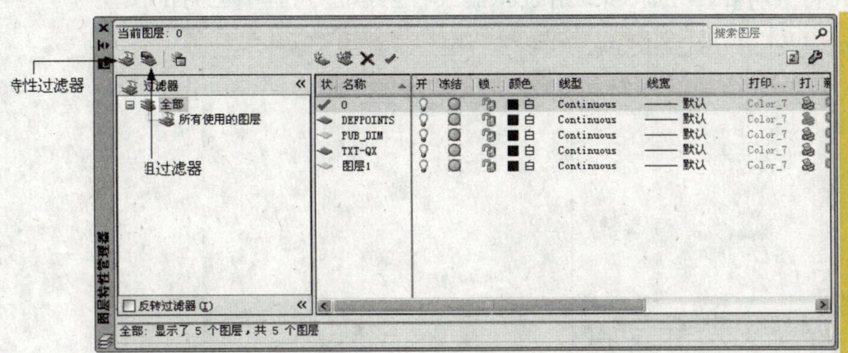

图5-11　图层过滤器

1．特性过滤器

单击“图层特性管理器”对话框中的“特性过滤器”按钮，打开“图层过滤器特性”对话框，如图5-12所示。在该对话框中的“过滤器名称”文本框中输入过滤器的名称，然后根据图层的属性与状态在“过滤器定义”表格中设置过滤条件，被过滤的图层将显示在“过滤器预览”列表中。设置过滤条件后，单击 确定 按钮完成特性过滤器的创建。在“图层特性管理器”对话框中的过滤器列表中可以查看当前所有的过滤器，如图5-13所示。单击该过滤器，即可在右边的图层列表中显示经过滤后的图层。

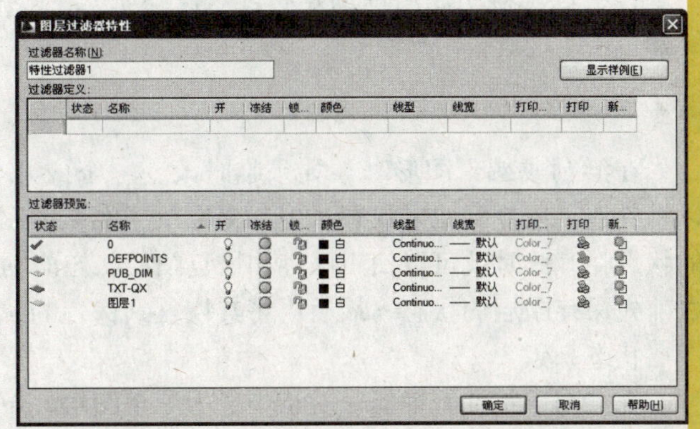

图5-12　“图层过滤器特性”对话框

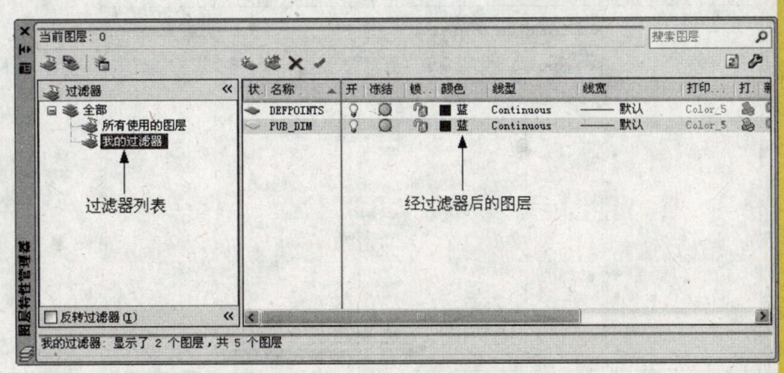

图5-13　过滤图层

2. 组过滤器

单击“图层特性管理器”对话框中的“组过滤器”按钮，即可在图层过滤器列表中创建一个组过滤器。在组过滤器上单击鼠标右键，在弹出的快捷菜单中选择“选择图层”→“添加”或“替换”命令，如图5-14所示，即可在绘图窗口中选择图形对象，并将其所在图层添加到组过滤器或替换组过滤器中已有的图层。

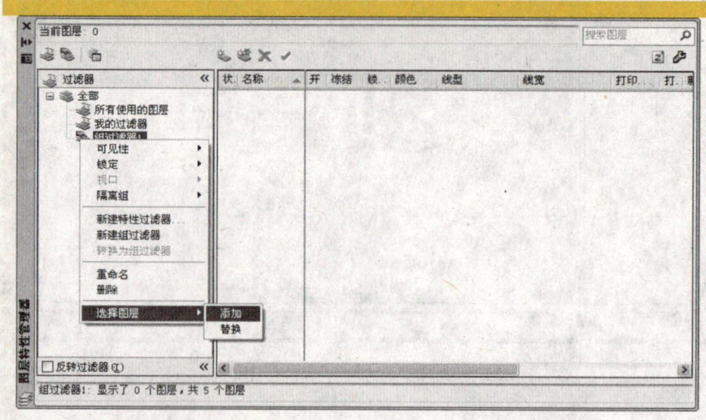

图5-14　组过滤器

在组过滤器中还可以创建特性过滤器，进一步根据图层的一个或多个特性创建过滤器。

5.2.5　保存与恢复图层状态

在绘制或编辑图形时，如果临时改变一个或几个图层的状态，当操作完成后还可以将其逐一恢复到原来状态。但如果修改了很多个图层的状态，那么如何正确恢复图层的状态呢？此时就可以使用保存和恢复图层状态的功能来进行管理，在绘制或编辑图形之前先保存图层的状态，最后再将其恢复到保存的状态，这样就能保证编辑前与编辑后图层状态一致。

在“图层特性管理器”对话中选中一个图层，单击鼠标右键，在弹出的快捷菜单中选择“保存图层状态”或“恢复图层状态”命令，即可执行相应的操作，如图5-15所示。

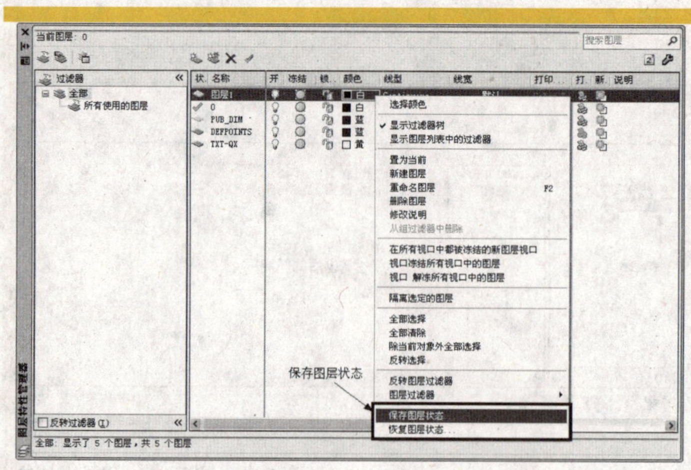

图5-15　保存与恢复图层状态

1．保存图层状态

在“图层特性管理器”对话框中的图层列表框中单击鼠标右键，在弹出的快捷菜单中选择“保存图层状态”命令，打开“要保存的新图层状态”对话框，如图5–16所示，在该对话框中的“新图层状态名”文本框中输入图层状态名，然后单击[确定]按钮即可保存图层状态。

2．恢复图层状态

在“图层特性管理器”对话框中的图层列表框中单击鼠标右键，在弹出的快捷菜单中选择“恢复图层状态”命令，打开“图层状态管理器”对话框，如图5–17所示。在该对话框中选中要恢复的图层状态，然后单击[恢复(R)]按钮即可恢复保存的图层状态。

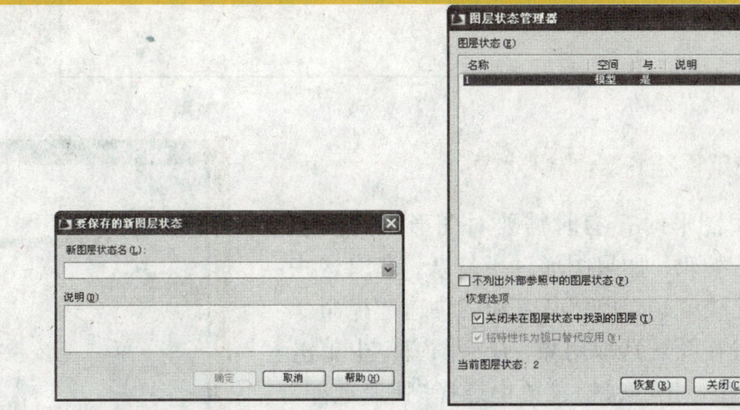

图5–16 “要保存的新图层状态”对话框　　图5–17 “图层状态管理器”对话框

5.3 基础应用

图层控制也可以算作辅助绘图的一种，它可以直接控制图层上对象的属性和状态，这给管理与编辑图形带来了极大的方便。下面我们就来说说图层控制在绘制图形中的各种应用。

5.3.1 使用图层控制绘制与管理图形

在绘制复杂图形的过程中，有必要为图形中的不同对象创建相应的图层，当绘制某个对象时，就将相应的图层设置为当前图层。如图5–18所示，在绘制图形之前，我们为不同的对象创建不同的图层，并为其设置不同的颜色加以区别，这样当绘制某一个对象时，就将相应的图层设置为当前图层，如果要隐藏某些对象，就可以关闭这些对象所在的图层。

使用图层控制还可以有效地管理图形。当查看图形时，有时只需要查看图形中的部分对象，此时可以使用局部打开功能，根据对象所在图层局部打开图形进行查看，还可以使用图层的打开与关闭状态控制对象的显示与隐藏。另外，图层的冻结和解冻状态还可用于控制是否打印指定图层上的对象。

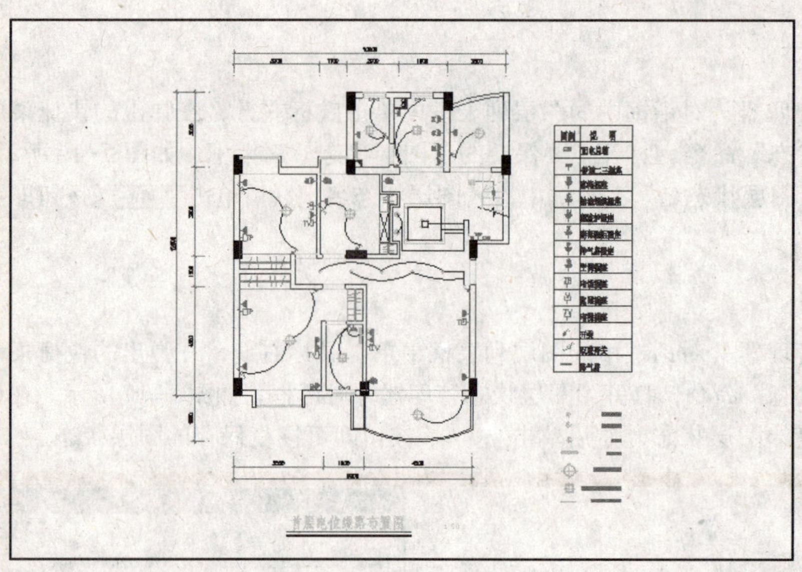

图 5-18　综合布线图

5.3.2　使用图层控制选择对象

在编辑图形时，有时需要对图形中的同一类对象进行编辑，如果图形过于复杂，选取这些对象时就比较麻烦，此时可以利用快速选择命令根据对象所在图层选取对象。在绘图窗口中单击鼠标右键，在弹出的快捷菜单中选择“快速选择”命令，打开“快速选择”对话框，如图 5-19 所示，设置特性为图层 。例如，选择图层 a 上的所有对象，就可以设置“对象类型”为“所有图元”，设置“特性”为“图层”，然后设置“运算符”为“= 等于”，单击 确定 按钮后就可以选中所有在图层 a 上的对象。

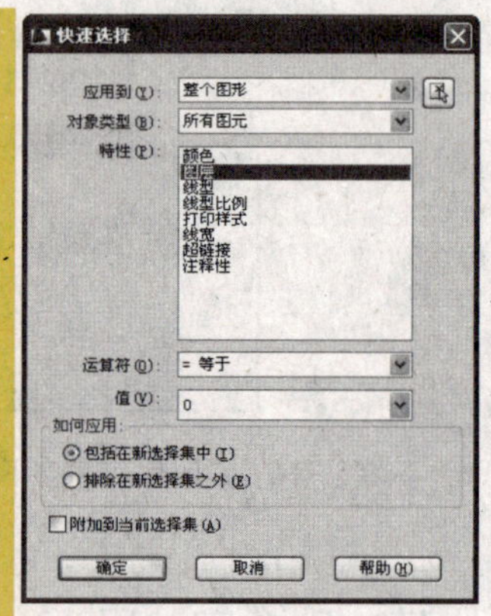

图 5-19　“快速选择”对话框

5.4　案例表现

掌握了图层控制的各种方法后，下面我们来绘制一副建筑平面结构图，看看在绘制图形的过程中如何使用图层控制功能。

案例：绘制建筑平面结构图

建筑平面结构图的效果如图 5-20 所示。

操作步骤：

01 新建图层。新建一个图形文件，保存并命名为“建筑平面结构图”。单击“图层”工

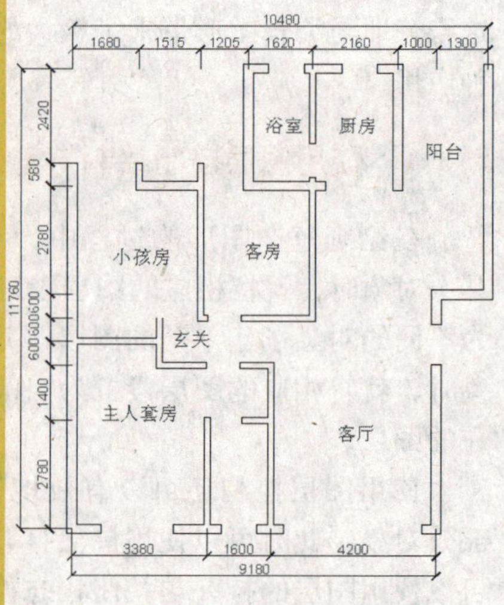

图 5-20　建筑平面结构图

具栏中的“图层特性管理器”按钮，打开“图层特性管理器”对话框。

02 新建图层并设置图层名称和颜色。单击该对话框中的“新建图层”按钮，新建一个图层，命名为“轴线层”。单击该图层的颜色图标■白，打开“选择颜色”对话框，如图5-21所示，在该对话框中设置“轴线层”的颜色为红色。

03 设置图层线型。单击“轴线层”的线型名称Continuous，打开“选择线型”对话框，如图5-22所示，单击该对话框中的加载(L)...按钮，打开“加载或重载线型”对话框，在该对话框中选择名为“ACAD_ISO02W100”的线型，单击确定按钮将其加载到“选择线型”对话框的线型列表中，选中加载的线型，单击确定按钮，设置“轴线层”的线型为“ACAD_ISO02W100”。

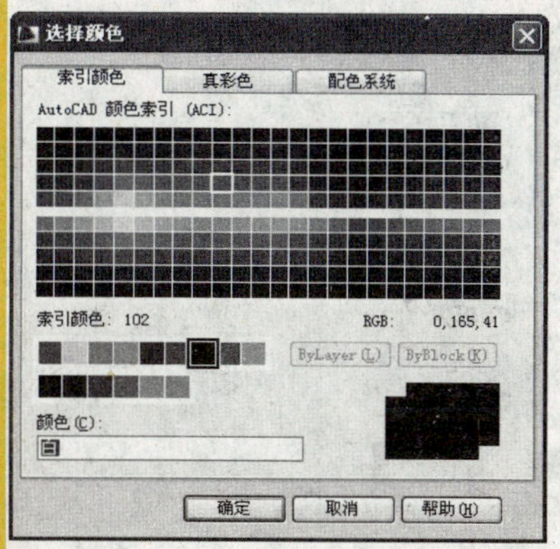

图5-21　“选择颜色”对话框

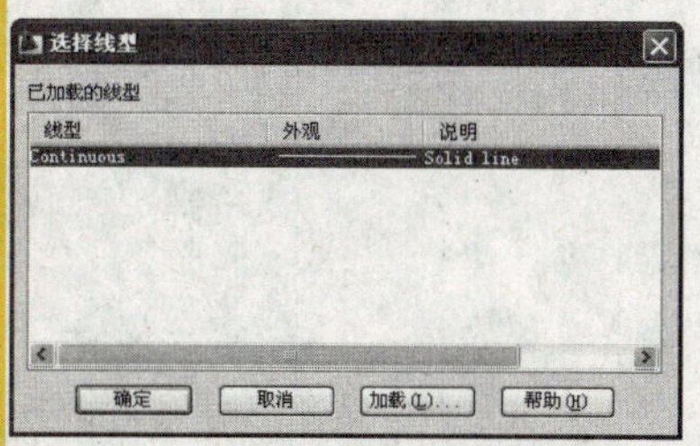

图5-22　“选择线型”对话框

04 创建其他图层。根据以上操作，继续新建“墙线层”、“文字标注层”和“尺寸标注层”三个图层，分别设置各图层的属性如图5-23所示，最后选中“轴线层”，然后单击“图层特性管理器”对话框中的“置为当前”按钮，将“轴线层”设置为当前图层，单击确定按钮完成图层的创建。

05 绘制直线。单击状态栏中的“正交”按钮，打开正交功能。单击“绘图”工具栏中的“直线”按钮，在绘图窗口中绘制两条相互垂直的直线，水平直线长为10480，垂直直线长为11760。最后在命令行中输入Z按回车键，然后选择“全部”命令显示绘制的直线，效果如图5-24所示。

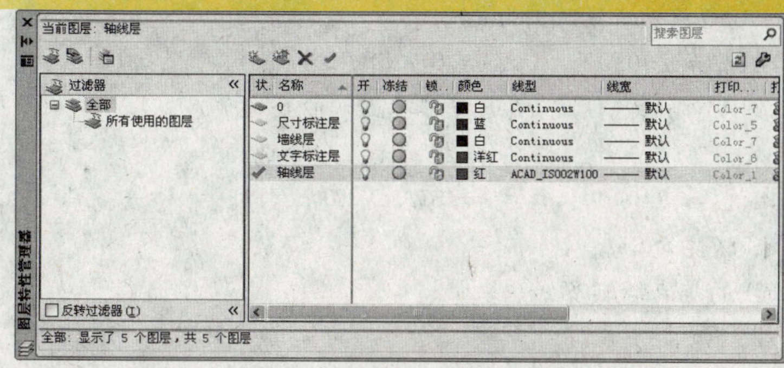

图5-23　新建图层

图5-24　绘制直线

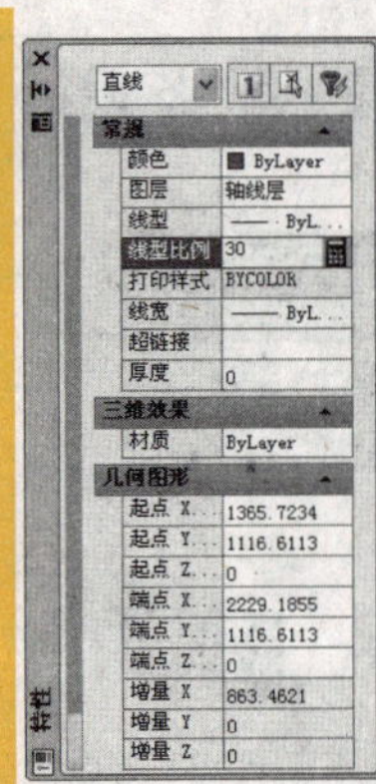

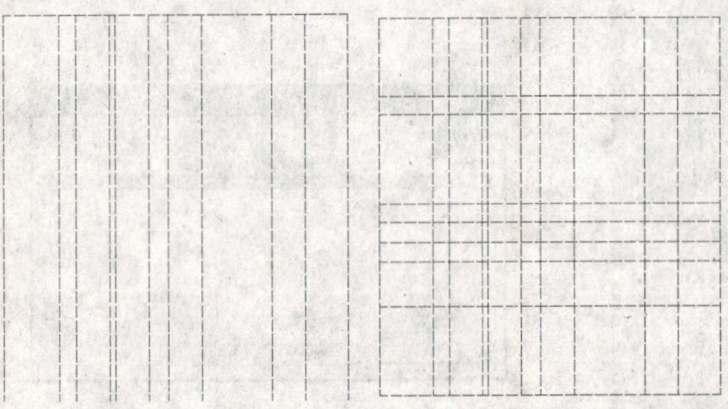

图 5-25 “特性”面板 图 5-26 改变轴线的显示比例

图 5-27 偏移垂直轴线 图 5-28 再次偏移垂直轴线

06 设置轴线线型比例。选中绘制的轴线，单击“标准”工具栏中的“对象特性”按钮，打开“特性”面板，如图 5-25 所示，在该面板的“常规”选项组中修改“线型比例”为30，改变轴线的显示比例，效果如 5-26 所示。

07 偏移轴线。单击“修改”工具栏中的“偏移”按钮，将垂直直线依次向右偏移，偏移距离分别为1680、500、1015、185、1020、580、1040、2160、1000和1300，偏移后的效果如图 5-27 所示。

08 继续偏移轴线。继续执行偏移命令，将水平直线依次向下偏移，偏移距离分别为2420、580、2780、600、600、600、1400和2780，偏移后的效果如图 5-28 所示。

09 设置当前图层。单击“图层”工具栏中图层下拉列表框右边的按钮，在弹出的下拉列表中选择“墙线层”，设置“墙线层”为当前图层。

10 绘制多线。选择“绘图”→“多线”命令，命令行提示如下。

命令：_mline

当前设置：对正 = 上，比例 = 20.00，样式 = STANDARD

指定起点或 [对正(J)/比例(S)/样式(ST)]:s（选择“比例”命令选项）

输入多线比例 <20.00>:240（设置多线比例为 240）

当前设置：对正 = 上，比例 = 240.00，样式 = STANDARD

指定起点或 [对正(J)/比例(S)/样式(ST)]:j（选择“对正”命令选项）

输入对正类型 [上(T)/无(Z)/下(B)] <上>:z（选择“无”命令选项）

当前设置：对正 = 无，比例 = 240.00，样式 = STANDARD

指定起点或 [对正(J)/比例(S)/样式(ST)]:

指定下一点:（依次捕捉轴线的端点绘制多线）

绘制的多线效果如图 5-29 所示。

11 绘制多线并关闭轴线层。继续执行绘制多线命令，设置多线的比例为150，完成其他多线的绘制。单击“图层”工具栏中图层下拉列表框右边的按钮，在弹出的下拉列表中单击“轴线层”旁边的图标，关闭轴线层显示，效果如图5−30所示。

12 编辑多线。选择“修改”→“对象”→“多线”命令，打开“多线编辑工具”对话框，如图5−31所示，在该对话框中选择“十字打开”、“角点结合”和“T形打开”工具，对绘制的多线进行编辑，效果如图5−32所示。

13 分解多线并偏移直线。单击“修改”工具栏中的“分解”按钮，选中绘制的多线，按回车键将其分解。单击“修改”工具栏中的“偏移”按钮，依次将右下角的内墙线向左偏移，偏移距离分别为250和3500，然后用移动命令将偏移后的墙线垂直向下移动，移动距离为240，效果如图5−33所示。

14 修剪图层。单击“修改”工具栏中的“修剪”按钮，使用修剪命令修剪墙线和绘制的辅助线，完成阳台洞的绘制，效果如图5−34所示。

15 绘制其他门窗洞。执行分解、偏移和修剪命令，按照步骤13、14的操作。参照图5−35中的尺寸，绘制其他门窗洞。

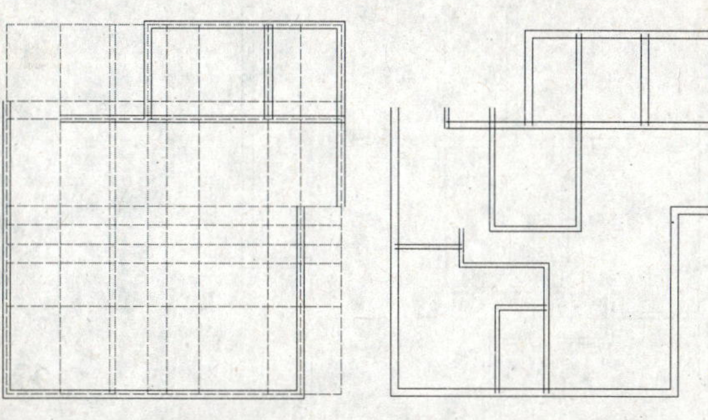

图5−29　绘制多线　　图5−30　绘制其他多线

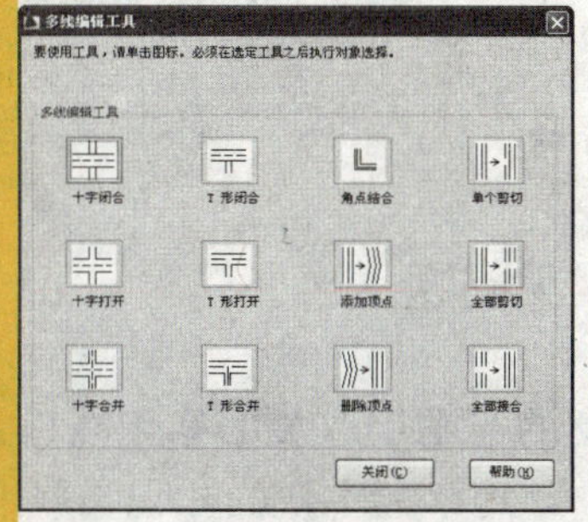

图5−31　“多线编辑工具”对话框

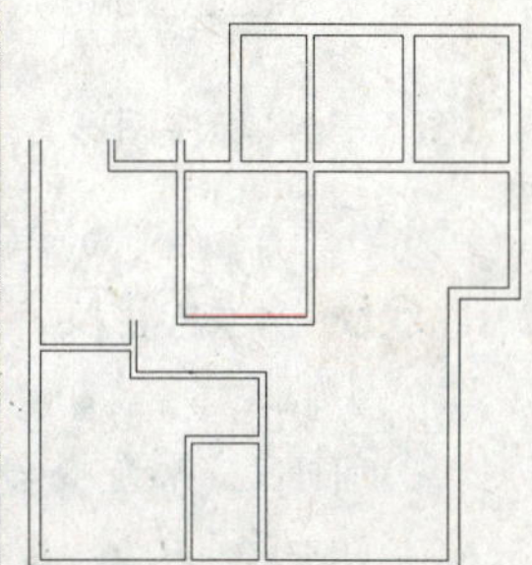

图5−32　多线编辑效果

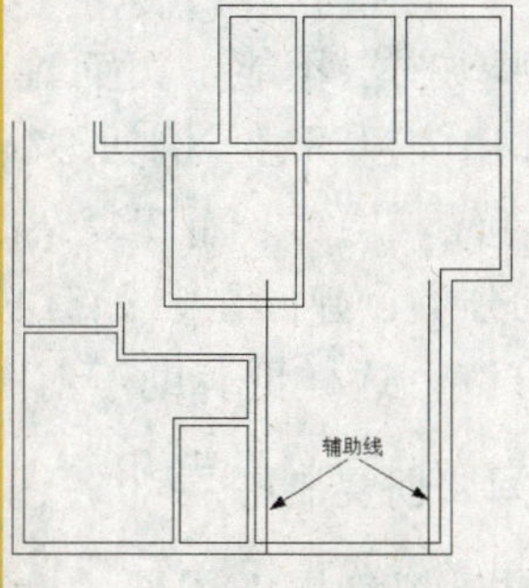

图5−33　绘制辅助线

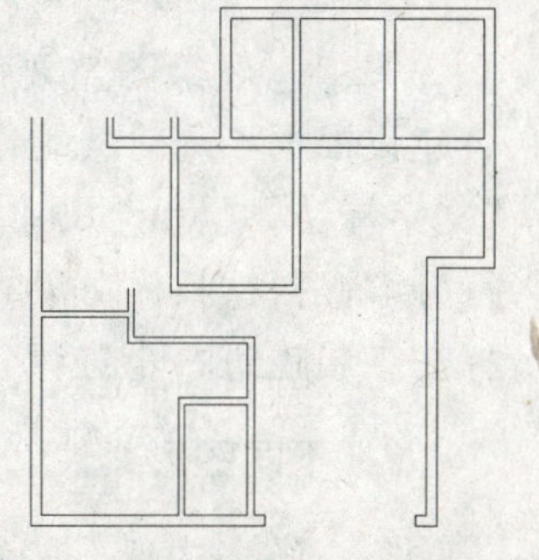

图5−34　修剪墙线和辅助线

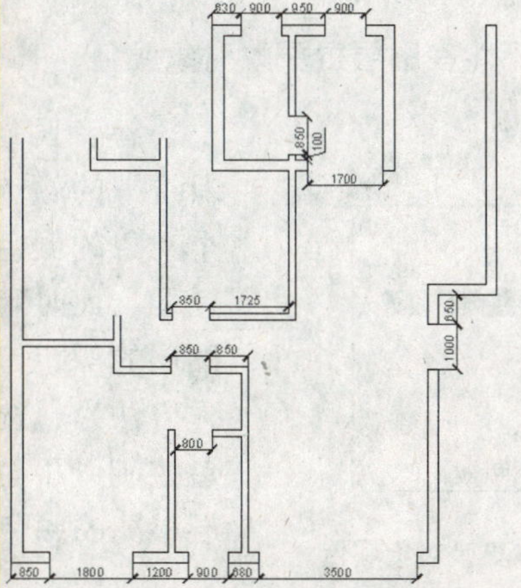

图5−35　绘制其他的门洞、窗洞和阳台洞

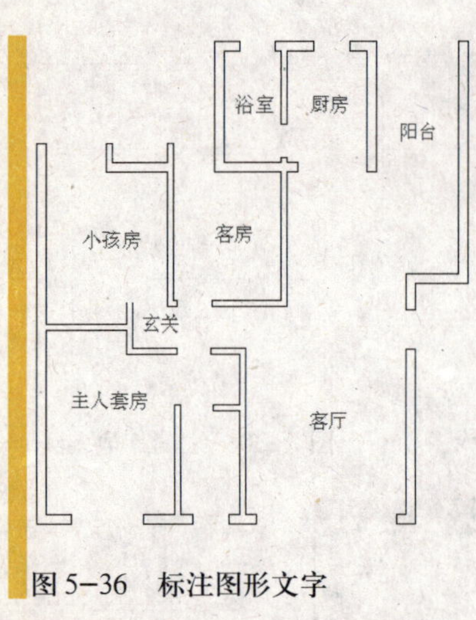

图 5–36　标注图形文字

16 切换图层并添加文字。执行绘制直线命令，用直线连接墙线端口使其闭合。设置“文字标注层”为当前图层，为绘制的结构图添加文字标注（文字标注将在第6章详细介绍），效果如图 5–36 所示。

17 打开和关闭轴线层。打开“轴线层”显示，设置“尺寸标注层”为当前图层，为绘制的结构图标注图形尺寸（尺寸标注将在第 7 章详细介绍），然后关闭“轴线层”，最终效果如图 5–20 所示。

5.5 疑难及常见问题

呵呵，本章介绍的与图层有关的知识在以后的绘图过程中将起到非常大的作用，对于初学者而言，熟练地掌握本章的知识，将有助于提高绘图的规范性。这里列举一些与本章知识相关的疑难问题，并作解答，希望对初学者有所帮助。

1．一般绘图要设置哪些图层才更方便或者更容易控制

答：一般绘图需要哪些图层不能一概而论，这需要根据具体的实际情况而定。笔者建议根据不同对象的作用创建图层。例如，简单的图形中，可以只创建“轮廓线”层、“文字标注”层和“尺寸标注”层等。而在复杂的图形中，需要对“轮廓线”层进一步进行分解，根据具体对象的分类创建图层，如有必要，还需要对“文字标注”层和“尺寸标注”层也进一步进行分解，这样更有助于对图形的控制。

2．不同图形文件之间如何复制图层

答：图形中所有的对象都隶属于图层，我们可以使用复制、粘贴的方法将图形文件 a 中的一个对象复制到图形文件 b 中，这样也就将该对象所在的图层复制过来了。

3．为什么不能在图层中更改对象颜色

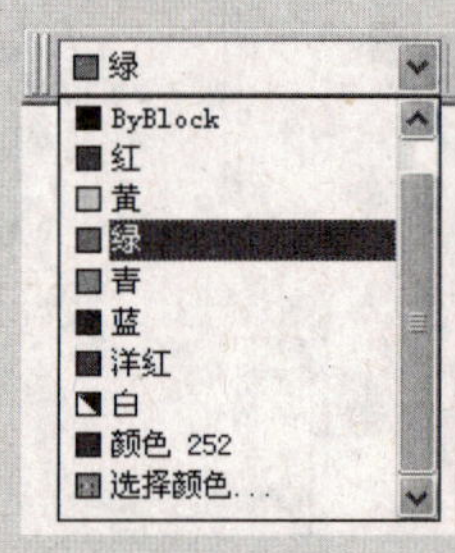

图 5–37　更改对象颜色

答：图层可以控制该图层上所有对象，使其具有统一的颜色。但如果使用对象的颜色特性改变了某个对象的颜色，此时就不能使用图层来控制对象的颜色了。此时可以使用对象的颜色特性将其颜色改变为图层的颜色，就可以使用图层更改其颜色了。具体操作方法为：选中对象，单击“特性”工具栏中的“颜色控制”下拉按钮，在弹出的下拉列表中选择与图层相同的颜色，如图 5–37 所示。

4. 如何显示某一图层上对象的线宽

答：设置图层上对象的线宽特性后，需要开启线宽显示功能才可以显示对象的线宽，具体操作为单击状态栏中的“线宽”按钮。

5. 为什么某些图层上的对象不能打印

答：图层的冻结与解冻状态控制着图层上对象能否打印，解冻不能打印对象所在图层，即可打印该对象。

5.6 习题与上机练习

1. 选择题

(1) (　　)不属于图层的属性。

(A) 颜色　(B) 线宽
(C) 线型　(D) 冻结

(2) (　　)是系统默认的图层线型。

(A) Continuous　(B) ACAD_ISO02W100
(C) ACAD_ISO03W100　(D) ACAD_ISO04W100

(3) (　　)是 AutoCAD 2009 可供加载的线型文件。

(A) line.dwg　(B) line.bak
(C) line.lin　(D) line.doc

(4) (　　)状态下不显示图层上的对象。

(A) 打开　(B) 锁定
(C) 冻结　(D) 解锁

(5) 打印图纸时，如果不想打印辅助线层，可以将辅助线层(　　)。

(A) 冻结　(B) 解冻
(C) 锁定　(D) 解锁

(6) 图层过滤器用于显示图层的(　　)。

(A) 颜色　(B) 线型
(C) 线宽　(D) 特性

2. 问答题

(1) 图层具有哪些属性？如何设置这些属性？
(2) 图层具有哪些状态？不同状态下对绘制图形有什么影响？
(3) 使用图层过滤器有什么好处？如何创建图层过滤器？

3. 上机练习题

(1) 新建一个图形文件，参照以下数据创建图层。

名称	颜色	线型	线宽(毫米)
轴线层	红色	ACAD_ISO02W100	默认
墙线层	黑色	Continuous	默认
门窗层	黄色	Continuous	默认
家具层	绿色	Continuous	默认
洁具层	绿色	Continuous	默认
图案填充层	青色	Continuous	默认
文字标注层	洋红	Continuous	默认
尺寸标注层	蓝色	Continuous	默认

(2) 绘制如图 5-38 所示的排污管基础平面结构图。

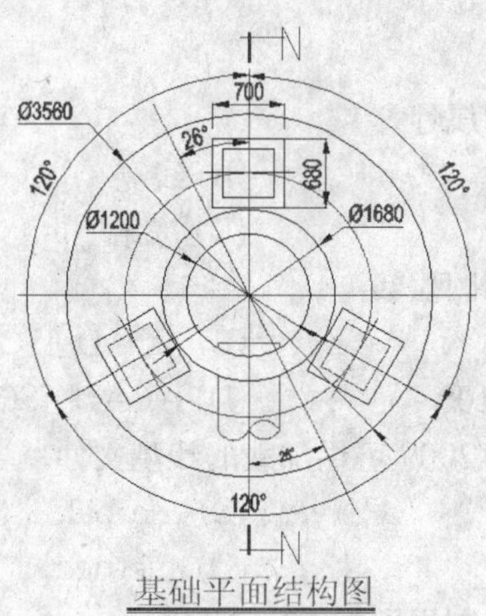

图 5-38　排污管基础平面结构图

第六章
文字标注与表格

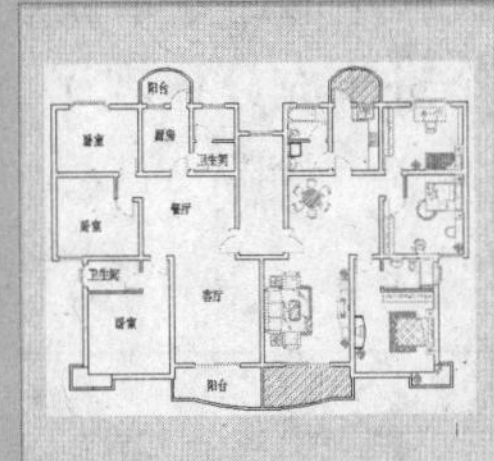

本章内容

实例引入——图表
基本术语
知识讲解
基础应用
案例表现
疑难及常见问题

本章导读

一幅完整的图形可不能少了文字和表格，这两个内容是用户表达图形信息的重要途径。文字用于说明绘制图形的名称、属性等信息，而表格则用于有效地组织图形信息。本章将着眼于这两个方面，介绍文字标注与表格的使用。

6.1 实例引入——图表

中国××××工程设计院					
总工程师	×××	负责人	×××	×××住宅施工图	
审定	×××	校对	×××		
审核	×××	设计	×××		
比例	×:××××	绘图	×××		
设计日期	××××年××月××日			图号	××××-××
施工日期	××××年××月××日			第×页	共×页

图 6-1　图表

一般来说，有表格就一定会有文字，所以我们先从一个图表来认识我们要学习的内容。创建的图表效果如图 6-1 所示。

6.1.1 制作分析

图表就是一个最常用的表格，其中重要的信息由文字标出。在以前的版本中，人们习惯用直线和矩形命令来完成表格的创建，而现在我们可以直接用表格命令完成表格的创建，这个进步充分体现了 AutoCAD 2009 友好的特点。

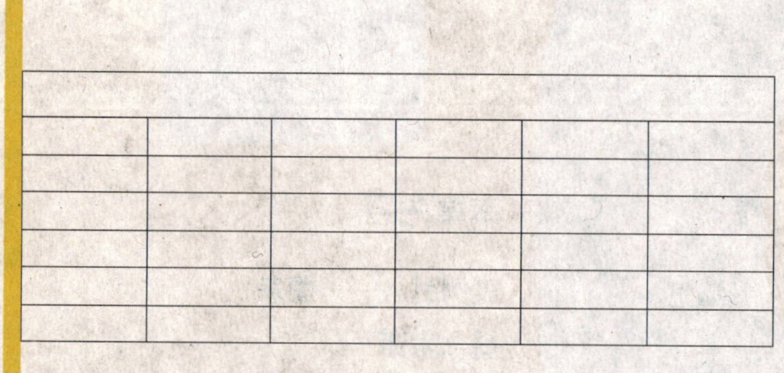

图 6-2　直接由表格命令创建的表格

我们将要创建的图表并不是由表格命令直接创建获得的，这是因为由表格命令创建的表格具有一定的规律性，如图 6-2 所示。如果要创建如图 6-1 所示的表格，还需要使用一些表格的编辑方法对创建的表格单元进行编辑，这样才能创建出符合要求的图表。

另一方面，表格中的文字并不需要用文字标注命令输入，而是直接由表格激活文字输入功能，这样创建的文字可以对其格式进行编辑，从而使图表更加整洁。

6.1.2　制作步骤

01 创建文件。启动AutoCAD 2009，系统默认创建一个空白的图形文件，选中“文件”→“保存”命令，保存并命名为“图表”。

02 新建图层。单击“图层”工具栏中的“图层特性管理器”按钮，打开“图层特性管理器”对话框，在该对话框中新建“表格层”，并设置“表格层”为当前图层。

03 设置表格参数。选择“绘图”→“表格”命令，打开“插入表格”对话框，参照如图6-3所示的数据设置各项参数。

04 插入表格。设置好参数后，单击 确定 按钮在绘图窗口中指定一点插入绘制的表格，效果如图6-4所示。

05 编辑表格。按住Shift键，选中表格中右边的多个单元格，如图6-5所示，在选中的单元格上单击鼠标右键，在弹出的快捷菜单中选择“合并”→“全部”命令，合并选中的单元格，效果如图6-6所示。

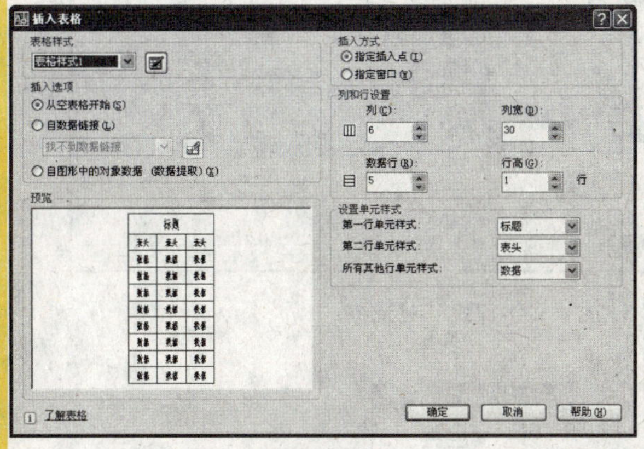

图6-3　“插入表格”对话框

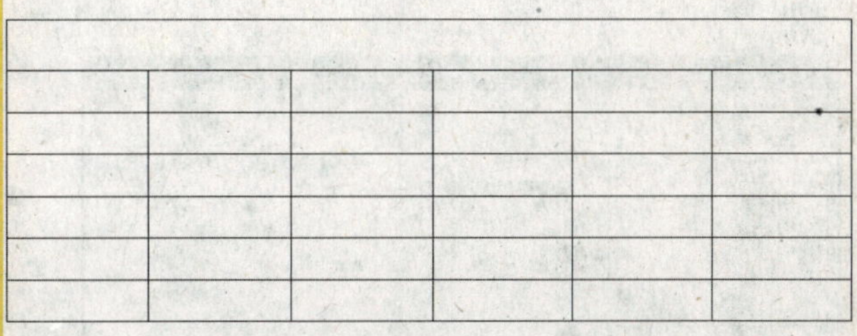

图6-4　插入表格

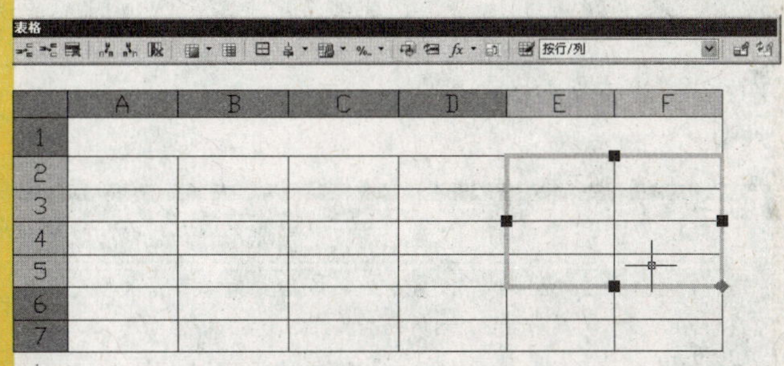

图6-5　选中多个单元格

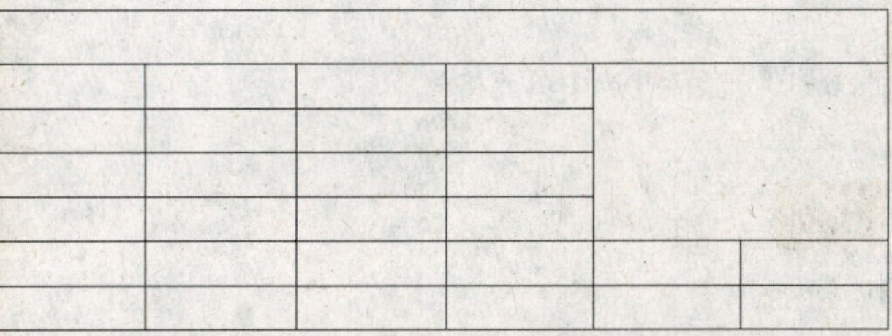

图6-6　合并单元格

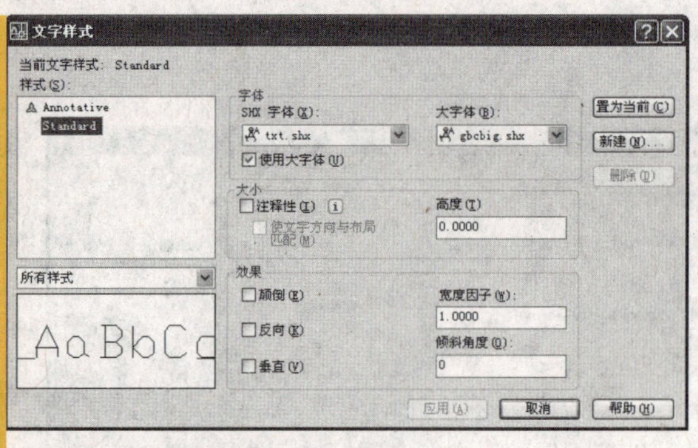
图 6–7 “文字样式”对话框

06 设置文字样式。选择“格式”→“文字样式”命令，打开“文字样式”对话框，如图6–7所示。

图 6–8 “新建文字样式”对话框

07 新建文字样式。单击该对话框中的 新建(N)... 按钮，打开“新建文字样式”对话框，在该对话框中的“样式名”文本框中输入新建文字样式的名称，如图6–8所示。

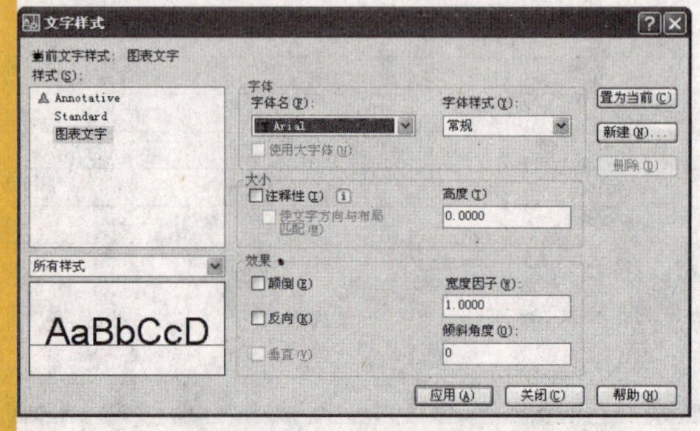
图 6–9 设置文字样式

08 设置文字样式参数。单击 确定 按钮返回到“文字样式”对话框，在该对话框中的字体选项组中取消选中“使用大字体”复选框，并在“字体名”下拉列表中选择“Arial”字体，其他参数保持不变，如图6–9所示，最后单击 应用(A) 按钮应用该字体，单击 关闭(C) 按钮关闭该对话框。

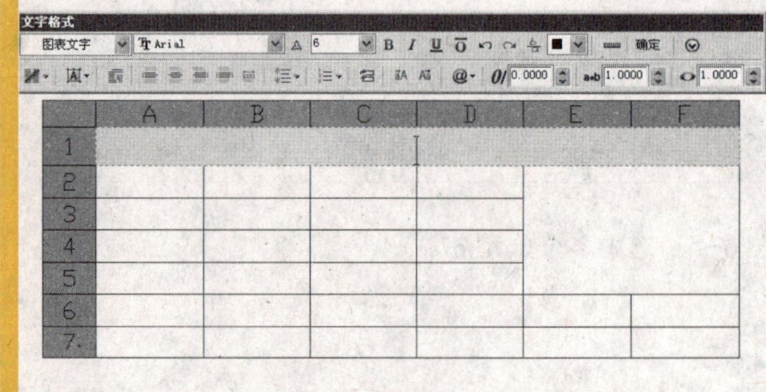
图 6–10 激活并选中单元格

09 在表格中输入文字。用鼠标双击单元格，激活选中的单元格，打开“文字格式”编辑器，在其中的文字样式下拉列表中选择刚才新建的文字样式“图表文字”，如图6–10所示。最后参照如图6–1所示图形向单元格中输入各项数据。

6.2 基本术语

在使用文字标注和表格时，我们经常会遇到很多没有见过的术语，呵呵，不要着急，下面我们对术语进行介绍。

6.2.1　文字样式

文字样式用于控制文字的属性，如文字的字体、大小、是否颠倒、方向与垂直，以及文字的宽度因子和倾斜角度等。

6.2.2　单行文字

单行文字是指创建的所有文字只能显示为一行，系统不会自动换行。单行文字多用于标注图纸标题、注释等，如图 6-11 所示。

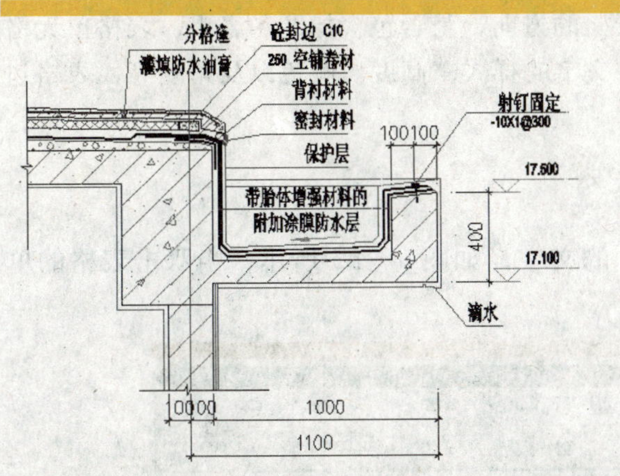

图 6-11　单行文字标注

6.2.3　多行文字

多行文字是指创建的所有文字在指定的宽度内可以显示为多行，系统自动换行。多行文字多用于标注图形说明等内容，如图 6-12 所示。

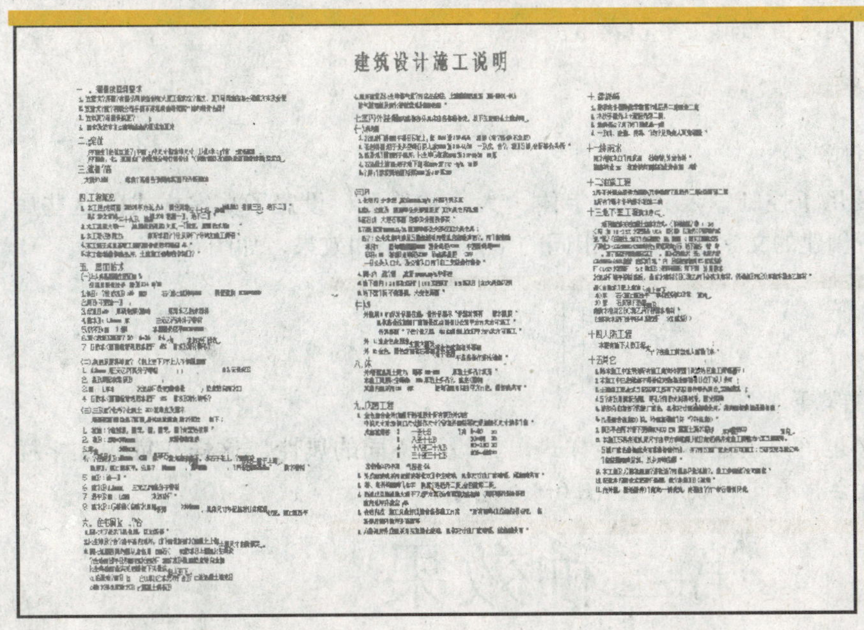

图 6-12　多行文字标注

6.2.4 特殊文字

特殊文字是指不能直接通过键盘输入的一些符号，如角度符号(°)、直径符号(Φ)等。

6.2.5 大字体

AutoCAD 2009 系统自带的一种字体文件。

6.2.6 表格样式

表格样式用于控制表格的属性，如表格的方向，是否包含标题和表头，表格单元格的填充颜色、对齐方式和页边距等，表格文字的样式、高度、颜色以及角度等，表格边框的线宽、线型和颜色等。

6.2.7 “文字格式”编辑器

“文字格式”编辑器用于编辑表格中的文字，如图6－13所示，当双击表格的单元格时即可打开。

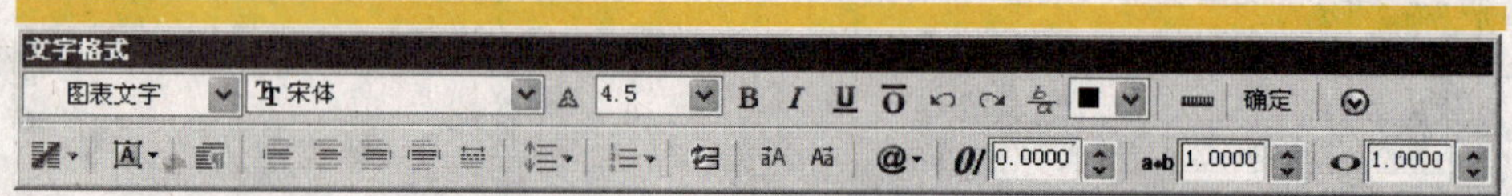

图6－13 “文字格式”编辑器

6.3 知 识 讲 解

通过以上的介绍，相信大家对文字标注和表格已经有了一个基本的认识，下面我们就来看一看如何创建与编辑文字和表格。

6.3.1 创建文字样式

1. 文字样式的含义

文字样式主要用于控制输入文字的字体、大小和效果，设置了文字样式的这些属性后，在该样式下创建的文字都会具有相同的字体、大小和效果，如图6－14所示。

第一种效果　　第二种效果

图6－14 相同文字样式下创建的文字效果

呵呵，当然你也可以创建多个文字样式，并设置不同的属性，这样在每种文字样式下创建的文字就会有不同的效果，如图6－15所示。

第一种效果　　第二种效果

图6－15 不同文字样式下创建的文字效果

与文字样式有关的各项参数都显示在“文字样式”对话框中，通过选择“格式”→“文字样式”命令，或单击“样式”工具栏中的“文字样式”按钮，或在命令行中输入命令style，都可以打开“文字样式”对话框，如图6-16所示。

下面就让我们详细了解一下文字样式的各种属性的含义。

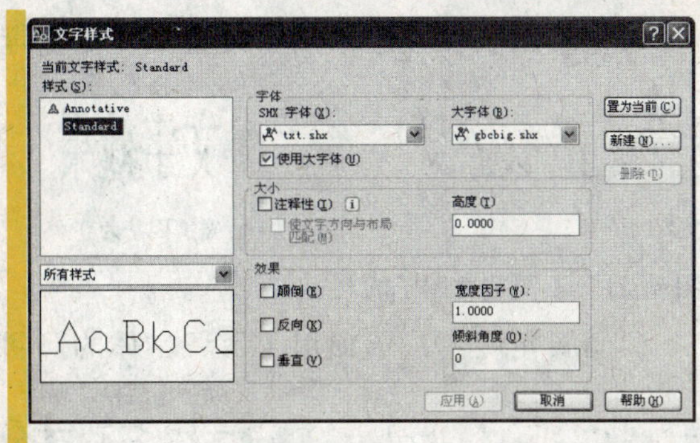

图6-16　“文字样式”对话框

(1)“字体”选项区：该选项区如图6-17所示，用于更改文字样式的字体。如果选中了“使用大字体”复选框，则使用大字体文件设置文字样式的字体，否则使用“字体名”下拉列表中的字体设置文字样式的字体。

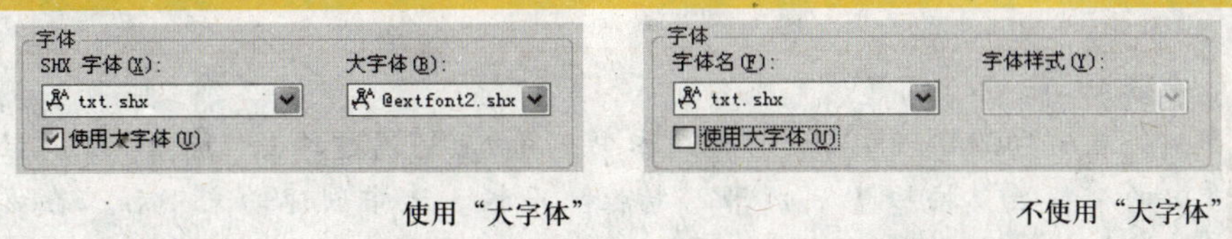

使用“大字体”　　不使用“大字体”

图6-17　“字体”选项区

(2)“大小”选项区：用于设置文字样式的文字高度，以及是否创建注释性文字样式。

(3)“效果”选项区：用于设置文字样式的各种文字效果。

①颠倒：选中该复选框，使用该样式创建的文字显示为颠倒效果，如图6-18所示。

②反向：选中该复选框，使用该样式创建的文字显示为反向效果，如图6-19所示。

③垂直：选中该复选框，使用该样式创建的文字显示为垂直效果，如图6-20所示。创建垂直文字时，由于选择字体上的差异，部分字体不支持该效果。

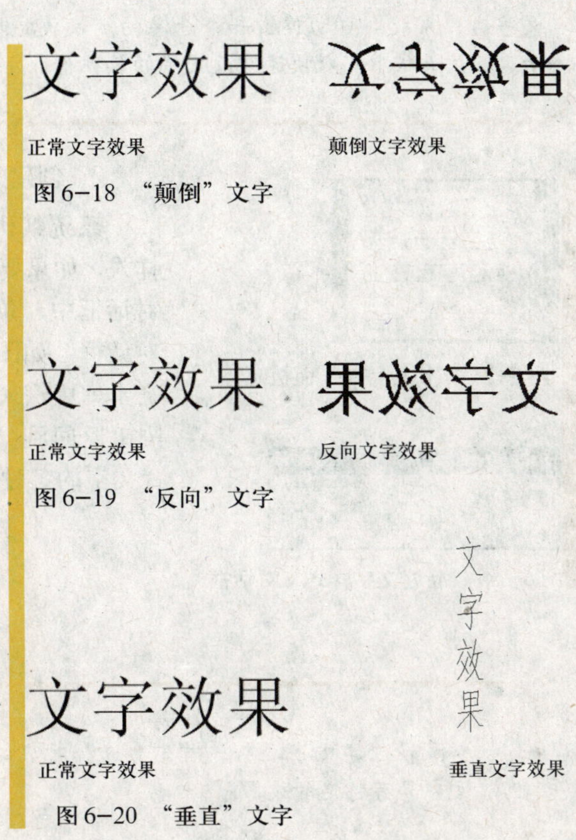

正常文字效果　颠倒文字效果

图6-18　“颠倒”文字

正常文字效果　反向文字效果

图6-19　“反向”文字

正常文字效果　垂直文字效果

图6-20　“垂直”文字

④宽度因子：该选项用于设置字体的宽度比例，效果如图 6－21 所示。

文字效果　　　　文字效果

宽度因子为1　　　　宽度因子为0.5

图6–21　不同宽度因子的文字

⑤倾斜角度：该选项用于设置字体的倾斜角度，效果如图 6－22 所示。

文字效果　　　　*文字效果*

倾斜角度为0　　　　倾斜角度为30

图6–22　不同倾斜角度的文字

（4）“置为当前”按钮：在“样式”列表框中选中一个文字样式，单击该按钮即可将其设置为当前文字样式。

在AutoCAD 2009之前的版本中，用户可以通过单击“标准”工具栏中的“特性”按钮，打开“特性”面板，选中创建的文字后，在该面板中修改文字的各种属性。而在AutoCAD 2009中，系统为用户提供了更加方便的操作，单击状态栏中的“快捷特性”按钮，启用该功能，选中创建的文字后，系统会自动弹出一个悬浮的“快捷特性”面板，如图 6－23 所示。在该面板中可以快速修改文字的各种属性。

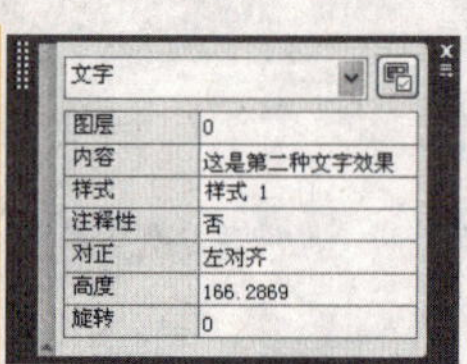

图6–23　“快捷特性”面板

图6–24　“新建文字样式”对话框

2．创建文字样式

系统默认创建了一个名为“Standard”的文字样式，如果要创建新的文字样式，可以在“文字样式”对话框中，单击新建(N)...按钮，打开“新建文字样式”对话框，如图6–24所示。在该对话框中的“样式名”文本框中输入新建文字样式的名称，然后单击确定按钮返回到“文字样式”对话框，在该对话框中设置文字的各种属性。

在创建文字之前，首先要选择对应的文字样式，这样才能保证创建的文字具有特定的效果。

6.3.2 创建单行文字

1. 创建方式

(1)选择“绘图”→“文字”→“单行文字”命令。

(2)单击“文字”工具栏中的“单行文字”按钮。

(3)在命令行中输入命令：dtext。

2. 创建过程

命令：_dtext

当前文字样式： “样式 1” 文字高度： 22.6756 注释性：否

指定文字的起点或 [对正(J)/ 样式(S)]：

指定高度 <22.6756>：

指定文字的旋转角度 <0>：

输入单行文字内容后按回车键完成单行文字的创建。使用单行文字创建的文字效果如图6-25所示。

这是单行文字效果

图6-25 单行文字效果

3. 选项含义

(1)对正(J)：设置文字的对正方式，命令行提示如下。

输入选项 [对齐(A)/ 调整(F)/ 中心(C)/ 中间(M)/ 右(R)/ 左上(TL)/ 中上(TC)/ 右上(TR)/ 左中(ML)/ 正中(MC)/ 右中(MR)/ 左下(BL)/ 中下(BC)/ 右下(BR)]：

其中共包含14种文字的对正方式，分别用于设置文字的对正方式。

(2)样式(S)：设置当前文字标注使用的文字样式。“？”表示列举当前图形中的所有文字样式，命令行提示如下。

输入样式名或 [?] <样式 1>：

6.3.3 创建多行文字

1. 创建方式

(1)选择“绘图”→“文字”→“多行文字”命令。

(2)单击“文字”工具栏中的“多行文字”按钮。

(3)在命令行中输入命令：mtext。

2. 创建过程

命令：_mtext

当前文字样式： "Standard" 文字高度： 2.5 注释性： 否

指定第一角点：

指定对角点或 [高度(H)/ 对正(J)/ 行距(L)/ 旋转(R)/ 样式(S)/ 宽度(W)/ 栏(C)]：

指定的两个对角确定多行文字的宽度范围，此时打开“文字格式”编辑器和文字输入框，如图6-26所示。

在文字输入框中输入多行文字内容，单击“文字格式”编辑器中的 确定 按钮完成多行文字的创建。使用多行文字创建的文字效果如图6-27所示。

图6-26 “文字格式”编辑器和文字输入框

这是多行文字的效果，系统可以自动换行。

图6-27 多行文字效果

3．选项含义

(1)高度(H)：指定用于多行文字字符的文字高度。

(2)对正(J)：根据文字边界，确定新文字或选定文字的文字对齐和文字走向。

(3)行距(L)：指定多行文字对象间的行距。

(4)旋转(R)：指定多行文字的旋转角度。

(5)样式(S)：指定用于多行文字的文字样式。

(6)宽度(W)：指定多行文字边界的宽度。

(7)栏(C)：指定多行文字对象的栏选项。

6.3.4 创建特殊字符

1．创建方式

特殊字符需要控制符才能显示，而控制符是由两个百分号和一个字母组成，所以特殊文字的创建方式为：%%字母。例如，要输入一个直径符号Ø，只需输入“%%C”即可。

2．特殊文字与控制符

不同的控制符代表着不同的特殊字符，在AutoCAD 2009中常用的控制符列表如表6.1所示。

表6.1 AutoCAD 2009中常用的控制符

控制符	字符
%%C	直径符号(Φ)
%%P	公差符号(±)
%%D	角度符号(°)
%%U	文字的下划线
%%O	文字的上划线

所有的特殊字符在输入法软键盘提供的各种符号中可以找到，因此可以直接利用软键盘输入特殊字符。

6.3.5　编辑文字

1．执行方法

(1)选择“修改”→“对象”→“文字”→“编辑”命令。

(2)单击“文字”工具栏中的“编辑”按钮 。

(3)用鼠标双击要编辑的文字对象。

(4)在命令行中输入命令：ddedit 或 ed。

2．编辑文字对象

(1)编辑单行文字：执行以上任何一种操作后，选中要编辑的单行文字，激活单行文字的编辑状态，如图 6–28 所示。重新输入单行文字的内容，按回车键即可完成编辑操作。

(2)编辑多行文字：执行以上任何一种操作后，选中要编辑的多行文字，打开“文字格式”编辑器和文字输入框，如图 6–29 所示。重新输入多行文字的内容，单击“文字格式”编辑器中的 确定 按钮即可完成编辑操作。

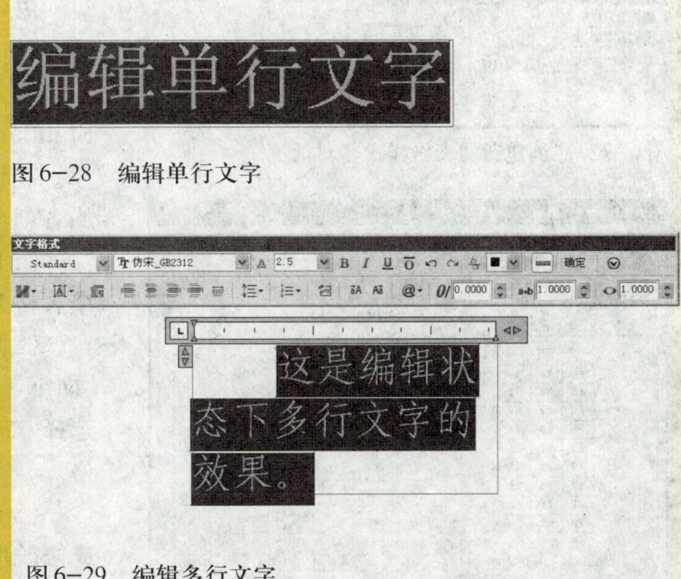

图 6–28　编辑单行文字

图 6–29　编辑多行文字

6.3.6　创建与修改表格样式

1．表格样式的含义

与文字样式相似，表格样式用于控制表格的边框、颜色、表格文字样式等各种属性。不同表格样式下创建的表格具有不同的效果，如图 6–30 所示。

标题			
表头	表头	表头	表头
内容	内容	内容	内容
内容	内容	内容	内容
内容	内容	内容	内容

第一种效果

标题			
表头	表头	表头	表头
内容	内容	内容	内容
内容	内容	内容	内容
内容	内容	内容	内容

第二种效果

图 6–30　不同表格样式下创建的表格效果

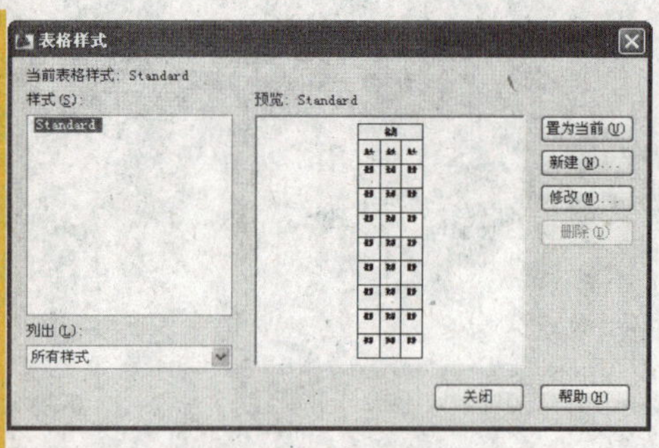

图 6–31 “表格样式”对话框

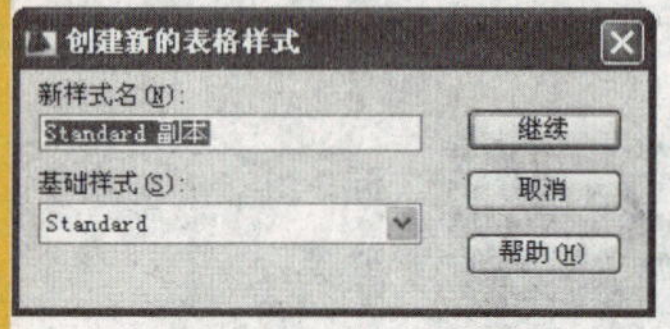

图 6–32 “创建新的表格样式”对话框

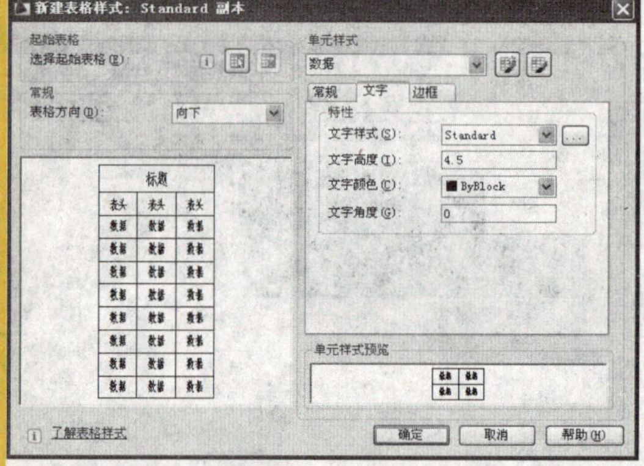

图 6–33 “新建表格样式：Standard 副本”对话框

2. 创建表格样式

选择“格式”→“表格样式”命令，或单击“格式”工具栏中的“表格样式”按钮，或在命令行中输入命令 tablestyle，均可打开“表格样式”对话框，如图 6–31 所示。

单击该对话框中的新建(N)...按钮，打开“创建新的表格样式”对话框，如图 6–32 所示。

在该对话框中的“新样式名”文本框中输入新建的表格样式名，单击继续按钮，打开“新建表格样式：Standard 副本”对话框，如图 6–33 所示。在该对话框中可以对新建表格样式的各项参数进行详细的设置。

（1）起始表格：以当前图形中的一个表格为样例设置新表格样式的参数。

（2）常规：更改表格的方向。选择“向下”，则创建由上往下读取的表格；选择“向上”，则创建由下往上读取的表格。

（3）单元样式：定义新的单元样式或修改现有单元样式，系统默认已经创建“标题”、“表头”和“数据”三种单元样式。

（4）“常规”选项卡：该选项卡如图 6–34 所示，用于设置数据单元的各项参数，包括填充颜色、对齐方式、格式、类型和页边距等。

（5）“文字”选项卡：该选项卡如图 6–35 所示，用于设置文字单元的各项参数，包括文字样式、文字高度、文字颜色和文字角度等。

（6）“边框”选项卡：该选项卡如图 6–36 所示，用于设置表格边框的各项参数，包括边框的线宽、线型、颜色和间距等。

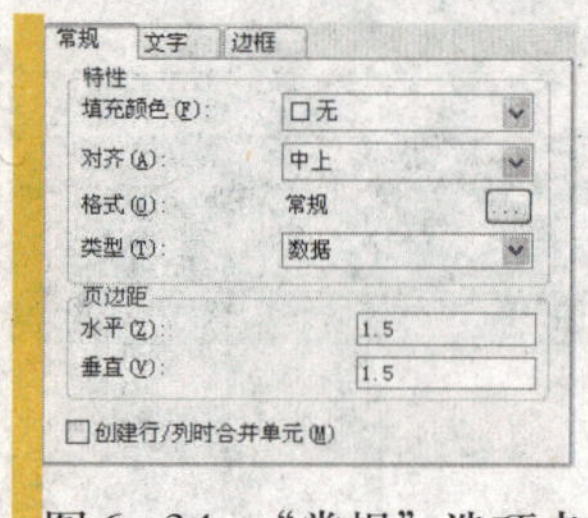

图 6–34 “常规”选项卡

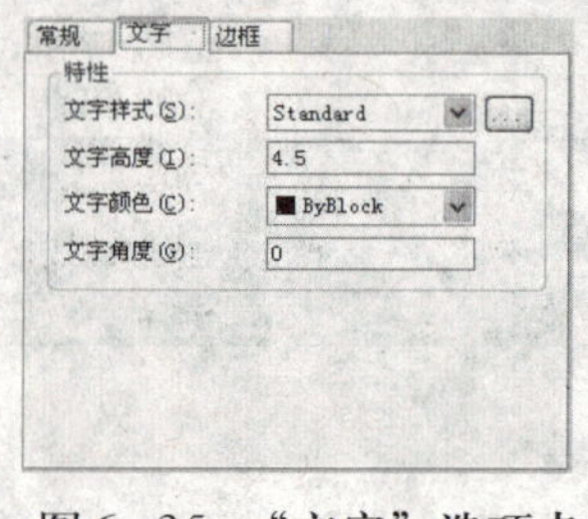

图 6–35 “文字”选项卡

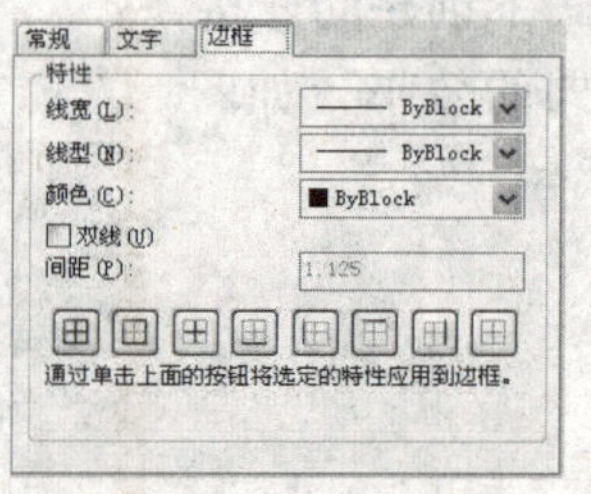

图 6–36 “边框”选项卡

3．修改表格样式

掌握了创建表格样式的方法，修改表格样式就变得非常简单了。打开“表格样式”对话框，单击该对话框中的修改(M)...按钮，打开“修改表格样式”对话框，该对话框中的各项参数与“新建表格样式”对话框中的各项参数完全相同，现在要做的就是将参数更改为你需要设置的参数即可。

6.3.7 创建表格

1．执行方式

(1)选择“绘图”→“表格”命令。

(2)单击“绘图”工具栏中的“表格”按钮。

(3)在命令行中输入命令：table。

2．创建过程

执行以上任何一种操作后，打开“插入表格”对话框，如图6-37所示。该对话框中有很多选项，分别用于设置所创建表格的行数、列数、行高、列宽等参数，这些参数具体含义如下。

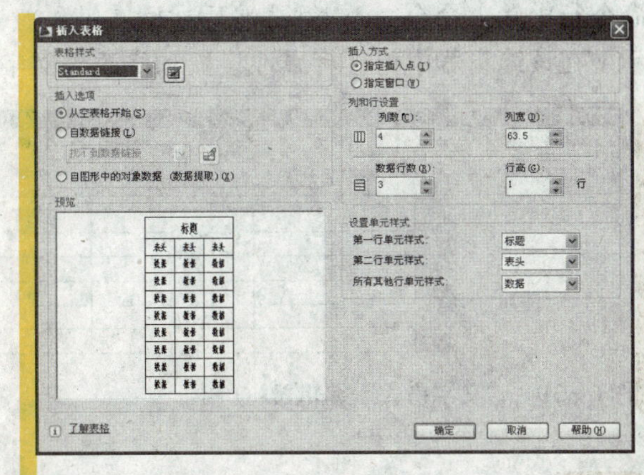

图6-37 “插入表格”对话框

(1)表格样式：指定创建表格使用的表格样式。

(2)插入选项：指定插入表格的方式。如果选中“从空表格开始”单选按钮，则创建空的表格，需要用户手动输入表格数据；如果选中“自数据链接”单选按钮，则从外部电子表格的数据创建表格；如果选中“自图形中的对象数据”单选按钮，则启动“数据提取”向导，根据向导完成表格的创建。

(3)插入方式：指定表格位置。如果选择“指定插入点”单选按钮，则指定表格左上角的位置为插入点插入表格；如果选择“指定窗口”单选按钮，则指定表格左上角和右下角位置插入表格。

(4)列和行设置：设置表格列和行的数目和大小。其中数据行的数目并不包含标题和表头。

(5)设置单元样式：指定表格单元行的数据类型。系统默认第一行为标题，第二行为表头，其他行为数据，用户也可以根据需要自行进行设置。

设置完各项参数后，单击确定按钮将创建的表格插入到绘图窗口中即可。

6.3.8 编辑表格

前面说过了，要创建出符合要求的表格，还需要对表格进行编辑。一是编辑表格的单元，二是编辑表格中的数据。

1. 编辑表格单元

编辑表格单元是要对表格的单元进行插入、删除、合并等操作，用鼠标单击要编辑的表格单元，打开"表格"编辑器，如图6-38所示，在"表格"编辑器中有各种编辑工具，此时可以对表格单元进行插入、删除、合并、对齐、匹配和边框设置等多项编辑。

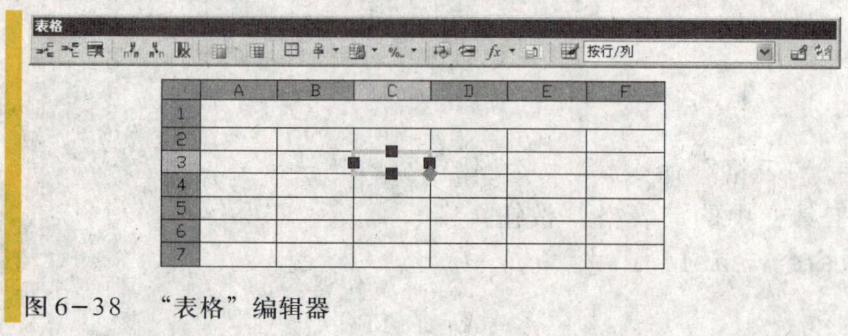

图6-38 "表格"编辑器

2. 编辑表格数据

编辑表格数据是对表格中的文字进行修改，用鼠标双击要编辑的表格数据，或在命令行中输入命令tabledit然后按回车键，打开"文字格式"编辑器，如图6-39所示。在该编辑器中可进行属性设置和修改、文字输入与修改等操作。

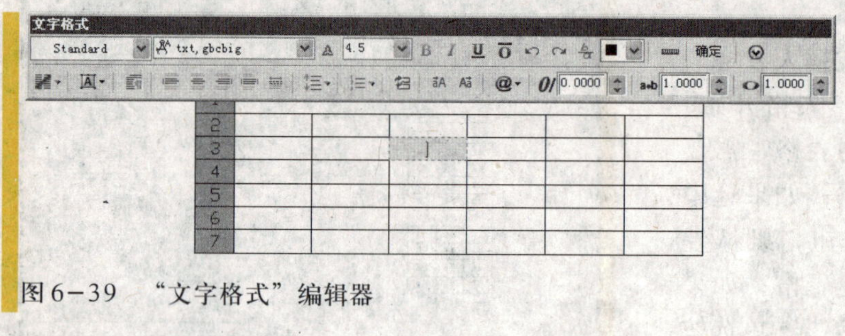

图6-39 "文字格式"编辑器

6.4 基础应用

文字标注与表格在绘制图形的过程中必不可少，下面就让我们来看一看单行文字、多行文字和表格在绘制图形的过程中都会有哪些基础应用。

6.4.1 使用单行文字标注图形注释

标注图形注释是绘制图形中必不可少的一项工作。图形注释是对图形对象简单的解释和说明，有助于提高图纸的可读性。如图6-40中的文字就是用单行文字标注的图形注释。

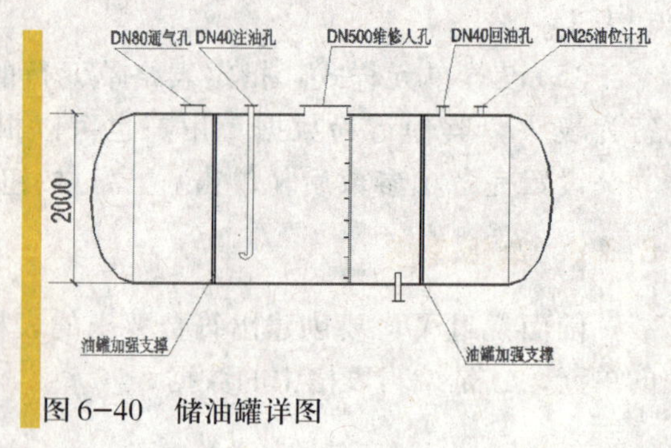

图6-40 储油罐详图

6.4.2　使用多行文字创建图形说明

图形说明是图纸的总体设计要求。说明文字一般比较长，复杂的图形中有时还需要大段的文字进行阐述，所以使用多行文字比较方便。如图6–41所示图形中的说明文字就是使用多行文字命令创建的。

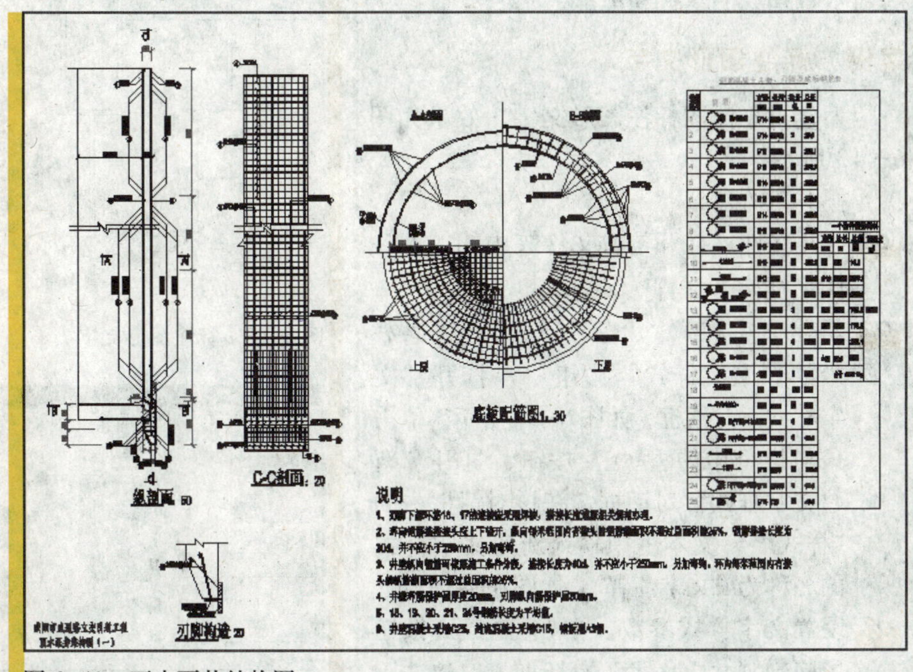

图6–41　雨水泵井结构图

6.4.3　使用表格创建图表

图表是组织图形数据的一种有效方式，使用图表可以将图形中凌乱的数据组织在一起，有效地提高图纸的可读性，对于图纸以后的维护和管理也有很好的作用。如图6–42所示就是用表格创建的一个图表。

呵呵，多行文字不只是用来标注图形说明等大段的文字，它也可以用来标注一些简短的文字，这要根据个人的使用习惯而定。但是对于大段的说明性文字，最好还是使用多行文字进行标注，因为单行文字具有不能换行的局限性。

	图 纸 目 录	专业	建筑
		阶段	施工图
		第　页 共19页	
业主名称		工程名称	*********
项目名称		设计号	

图号	图纸名称	图幅	
19--01	总平面图	A2	
19--02	建筑设计说明 门窗统计表 室内装修表	A2+3/4	
19--03	地下室平面图	A2+3/4	
19--04	一层平面图	A2+3/4	
19--05	二层平面图	A2+3/4	
19--06	标准层平面图	A2+3/4	
19--07	屋架布置图	A2+3/4	
19--08	屋顶平面图	A2+3/4	
19--09	1-1剖面图	A1	
19--10	门市门联窗加工大样 屋架局部剖面图	A2+3/4	
19--11	大样图	A2+3/4	
19--12	沿楼梯东南立面图 门市外装饰尺寸图 檐口大样图	A2+3/4	
19--13	沿街侧西南立面图 东北侧立面图 屋架大样图	A2+3/4	
19--14	侧面门市室外装饰尺寸 转角部位装饰尺寸 背街立面图	A2+3/4	
19--15	A B C D B E户型	A2+3/4	
19--16	H I J K 户型	A2+3/4	
19--17	楼梯壬 楼梯丁 F　G户型	A2+3/4	
19--18	楼梯丙 楼梯辛 楼梯己 楼梯庚 大样图	A2+3/4	
19--19	甲楼梯大样图 乙楼梯大样图	A2+3/4	

工程负责人 ________　设计人 ________　______年__月__日

图6–42　图表

6.5 案例表现

掌握了文字标注与表格的使用方法后，下面我们来练习标注图形文字，借此巩固读者对本章知识的掌握和理解。

案例：标注图形文字

为建筑平面图标注图形文字，效果如图6-43所示。

操作步骤：

01 打开文件。打开素材文件夹中的“标注图形文字”文件。

02 新建文字样式。单击“格式”工具栏中的“文字样式”按钮，打开“文字样式”对话框，如图6-44所示。单击该对话框中的 新建(N)... 按钮，打开“新建文字样式”对话框，在该对话框中的“样式名”文本框中输入新建文字样式的名称为“文字注释”，如图6-45所示。

03 设置文字样式参数。单击 确定 按钮返回到“文字样式”对话框，取消选中“字体”选项组中的“使用大字体”复选框，设置文字样式的字体为“Arial”，其他参数保持不变，单击 置为当前(C) 按钮将其设置为当前文字样式，关闭该对话框。

04 标注文字。选择“绘图”→“文字”→“单行文字”命令，命令行提示如下。

命令：_dtext

当前文字样式：“文字注释” 文字高度：2.5000 注释性：否

指定文字的起点或 [对正(J)/样式(S)]:(在建筑平面图左下角的卧室中指定一点)

指定高度 <2.5000>：500(输入单行文字的高度)

指定文字的旋转角度 <0>:

在文本输入框中输入文字“卧室”，按回车键结束命令。创建的文字标注效果如图6-46所示。

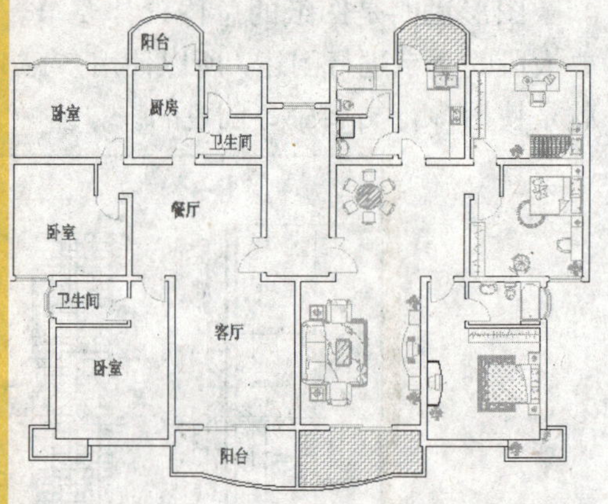

图6-43 标注图形文字

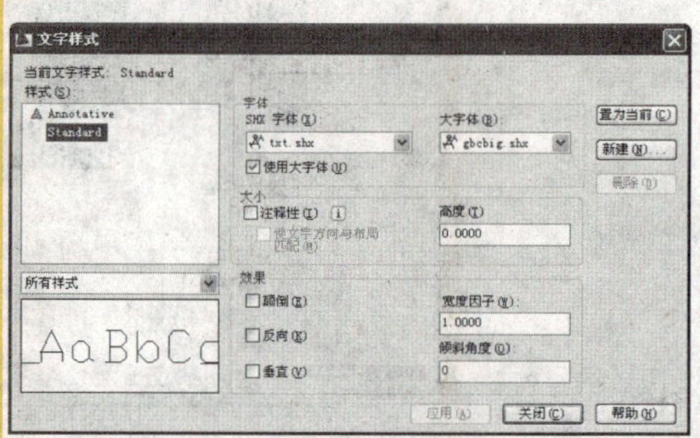

图6-44 “文字样式”对话框

图6-45 “新建文字样式”对话框

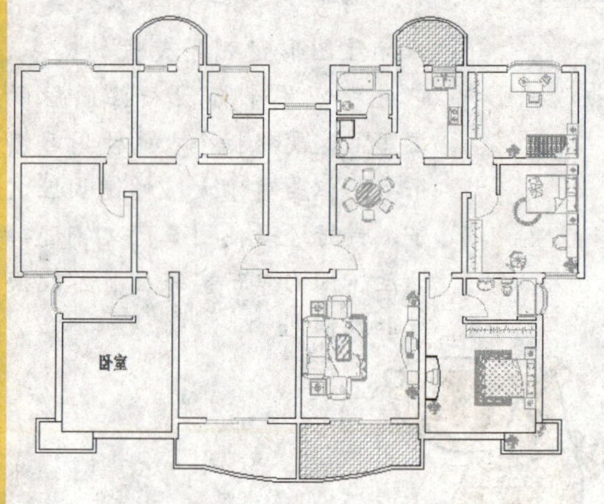

图6-46 创建文字标注

05 移动并复制文字。使用夹点编辑命令移动并复制创建的文字标注，效果如图 6-47 所示。

06 编辑文字标注。双击复制后的文字标注，修改文字标注的内容，完成建筑平面图文字标注操作，最终效果如图 6-43 所示。

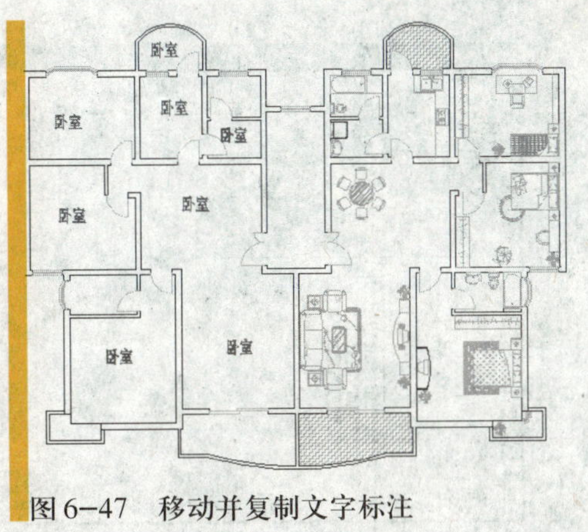

图 6-47　移动并复制文字标注

6.6 疑难及常见问题

在一幅完整的图形中，文字标注与表格是必不可少的两项工作，但在实际的操作中还会遇到各种各样的问题，以下针对初学者提出的一些与本章知识点相关的疑难及常见问题进行解答。

1．为什么文字显示为乱码或者为“？”

答：在计算机中显示的文字都需要一定的编码规则，AutoCAD 2009 系统提供了一套字体文字文件，其中有些字体的编码规则与用户计算机的编辑规则不同，所以才显示为乱码，用户可以尝试用另一种字体替代乱码的字体，即可正常显示文字。

如果用户计算机缺少 CAD 文件中使用的字体，则打开这些文件时，文字显示为“？”号。这时用户进入文字样式编辑重新定义字体即可。

2．如何创建分数文字

答：使用多行文字中的“堆叠”效果可以创建分数。例如，执行创建多行文字命令后，在文本框中输入文字“3/4”，然后选中这些文字，单击“文字格式”编辑器中的“堆叠”按钮。另外，还可以输入文字“3＃4”创建分数，这两种方法创建的分数效果如图 6-48 所示。

$\frac{3}{4}$　　　　$^{3}/_{4}$

“3/4”的效果　　　　“3＃4”的效果

图 6-48　创建分数

3．如何将 Excel 表中的数据添加到表格

答：单击“绘图”工具栏中的“表格”按钮，打开“插入表格”对话框，在该对话框中的“插入选项”选项区中选中“自数据链接”单选按钮，如图 6-49 所示。然后单击该单选按钮后边的按钮，打开“选择数据链接”对话框，如图 6-50 所示。

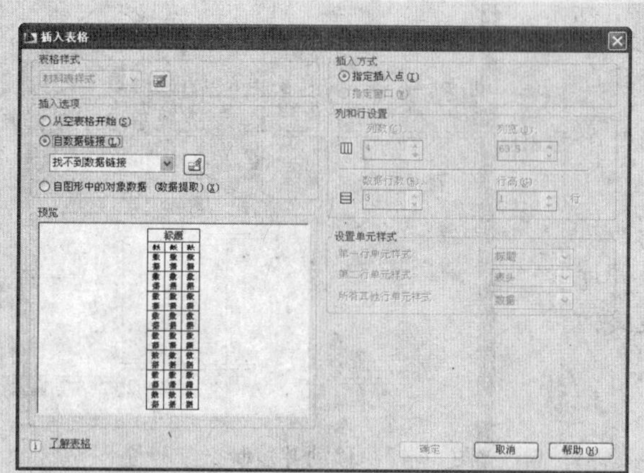

图 6-49 “插入表格”对话框

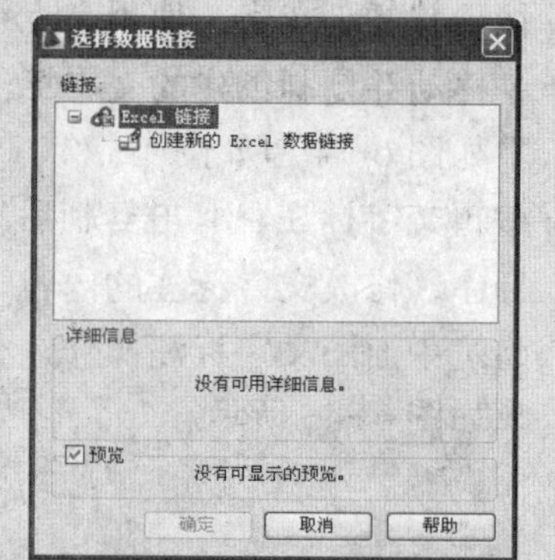

图 6-50 “选择数据链接”对话框

单击该对话框中的“创建新的Excel数据链接”选项，打开“输入数据链接名称”对话框，如图6-51所示，在该对话框中的文本框中输入一个名称，单击 确定 按钮打开“新建Excel数据链接:aaa”对话框，如图6-52所示。

图 6-51 “输入数据链接名称”对话框

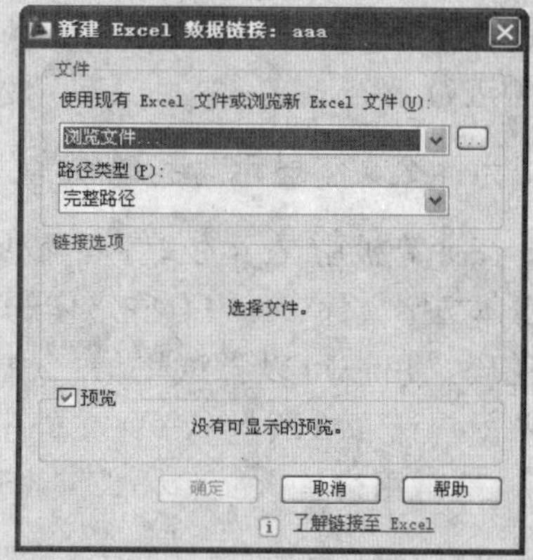

图 6-52 “新建Excel数据链接”对话框

在该对话框中的“浏览文件”地址栏中选择要链接的Excel文件，然后单击按钮，即可将Excel文件中的数据以表格的形式插入到AutoCAD 2009文件中。

4．为什么有时候创建的文字颠倒了90°呢？一般需要创建几类文字样式

答：文字颠倒了90°，呵呵，可能是文字样式中的设置有问题。取消选中文字样式中的颠倒设置，可以解决此问题。如果文字样式中没有设置颠倒选项，那么就要看你选的字体本身是否就是颠倒的效果，换一种字体试一试。在表格、图形中文字标注以及说明性文字中创建不同的文字样式，根据具体需要，还可以细分。

5．“文字高度为0”是否就是文字没有高度了

答：不是。文字高度为0表示文字采用Auto CAD 2009默认的高度2.5mm进行输入。这个高度对很多图的尺寸来说都太小了，输入后根本看不清文字。因此，我们在定义文字样式和标注样式的时候，需要根据图的比例确定适宜的文字高度。

在所有字体列表中，字体名称前面带@的字体都是颠倒的效果。

6.7 习题与上机练习

1．选择题

(1) 文字样式用于控制文字的(　　)。

(A) 字体　　(B) 大小

(C) 效果　　(D) 编码

(2) 系统默认的文字样式为(　)。

(A) Property　　(B) Common

(C) Standard　　(D) Special

(3) (　)是创建单行文字的按钮。

(A) A|　　(B) A

(C) A　　(D) A

(4) 控制符%%c表示将输出(　)字符。

(A) 直径　　(B) 角度

(C) 下划线　　(D) 上划线

(5) 在创建表格样式时，可以在(　)选项卡中设置表格的背景颜色。

(A) 基本　　(B) 文字

(C) 边框　　(D) 选项

(6) 创建表格时，用户可以指定表格的(　　)。

(A) 行数　　(B) 列数

(C) 行宽　　(D) 列高

(7) 编辑表格单元时，用户可以对表格单元进行(　　)等操作。

(A) 删除　　(B) 插入

(C) 合并　　(D) 对齐

(8) 表格中的文字应该属于(　　)。

(A) 单行文字　　(B) 多行文字

(C) 表格数据　　(D) 表格单元

2．问答题

(1) 文字样式控制着文字的哪些属性？如何创建文字样式？

(2) AutoCAD 2009 中常用的特殊符号有哪些？如何输入这些符号？

(3) 能否将 Excel 文件中的数据插入到 AutoCAD 2009 文件中？如果可以，应如何操作？

3. 上机练习题

(1) 标注如图 6-53 所示图形文字。

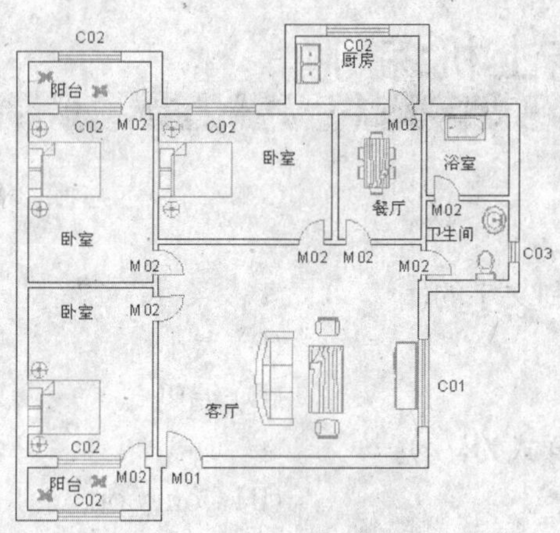

图 6-53　标注图形文字

(2) 创建如图 6-54 所示的图表。

院　长 PRESIDENT	月 日					
总工程师 CHIEF ENGINEER	月 日	专业负责人 IN CHARGE OF SPECIALITY	月 日			
项目主任工程师 PROJECT ENGINEER	月 日	校　对 CHECKED	月 日			
审　定 APPROVED	月 日	设　计 DESIGNED	月 日			
审　核 EXAMINED	月 日	绘　图 DRAWN	月 日			
专　业 SPECIALITY	比例 SCALE	设计阶段 DESIGN STAGE	日　期 DATE			
结构		施工	年 月 日			
				第　张 SHEET 共　张 TOTAL	图号 DRAWING NO.	

图 6-54　创建图表

第七章
标注图形尺寸

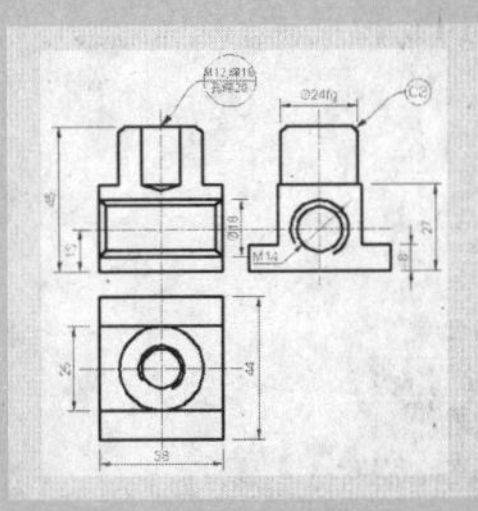

本章内容

- 实例引入——标注图形尺寸
- 基本术语
- 知识讲解
- 基础应用
- 案例表现
- 疑难及常见问题

本章导读

尺寸标注是图纸的一个重要表现形式，没有正确的尺寸标注，就没有规范的图纸。在绘制图形过程中，不但要通过尺寸表现图形对象的大小和位置等，而且还要规范尺寸标注，这样才能提高图纸的可读性。下面我们通过一个简单的案例来了解一下尺寸标注的实际应用。

7.1 实例引入——标注图形尺寸

尺寸标注后图形的效果如图 7−1 所示。

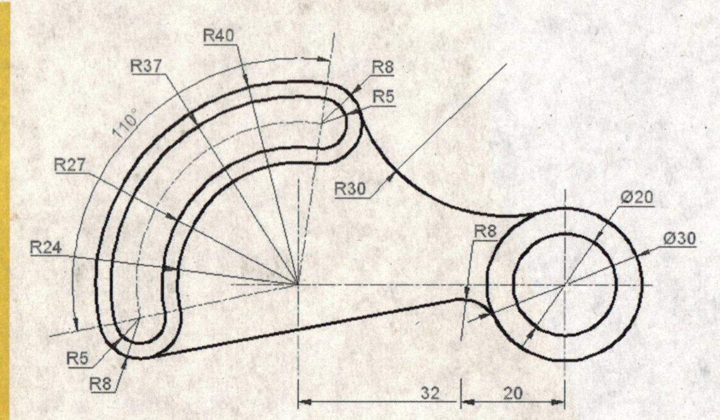

图 7−1　标注图形尺寸

7.1.1　制作分析

尺寸标注在绘制图形的过程中起着非常重要的作用，本例为第 3 章中绘制的机械零件标注尺寸。在创建尺寸标注的过程中，要注意以下几个要点：

1．调整标注文字、箭头和图形的比例

在创建标注样式时，用户可以指定标注文字和箭头的大小，但具体是多大呢？这里向大家介绍一种确定文字和箭头大小的方法。首先在默认的标注样式下，创建一个尺寸标注。然后选中该尺寸标注，单击“标准”工具栏中的“特性”按钮，打开“特性”面板，如图 7−2 所示。在该面板中修改尺寸标注的标注文字大小、箭头大小等各项参数，使修改后的尺寸标注与绘制的图形比例协调，由此获取标注样式的各项参数，这样在创建标注样式时就有了参考。

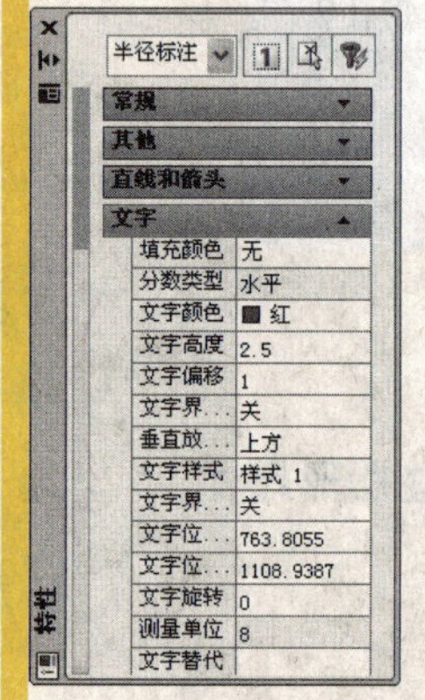

图 7−2　“对象特性”面板

2. 创建尽量清晰的尺寸标注

在创建尺寸标注时应尽量创建清晰的尺寸标注，不要让多个尺寸标注相互重叠或相交，那样会给读图造成一定的困难。如图 7–3 所示的图形就是一幅不清晰的尺寸标注效果。

对于多个标注相对集中的尺寸标注，应尽量使其平行排列，如图 7–4 所示，这样就不会显得凌乱了。

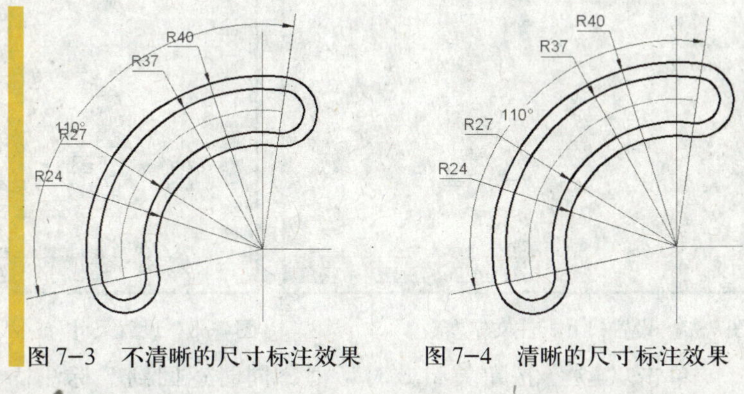

图 7–3　不清晰的尺寸标注效果　　　图 7–4　清晰的尺寸标注效果

7.1.2　制作步骤

01 打开图形。打开素材文件夹中的“3–49　机械零件”文件，并将其另存为“标注图形尺寸”。

02 新建标注样式。选择“格式”→“标注样式”命令，打开“标注样式管理器”对话框，如图 7–5 所示，单击该对话框中的 新建(N)... 按钮，打开“创建新标注样式”对话框，如图 7–6 所示。在该对话框中的“新样式名”文本框中输入尺寸标注样式的名称“机械零件尺寸样式”。

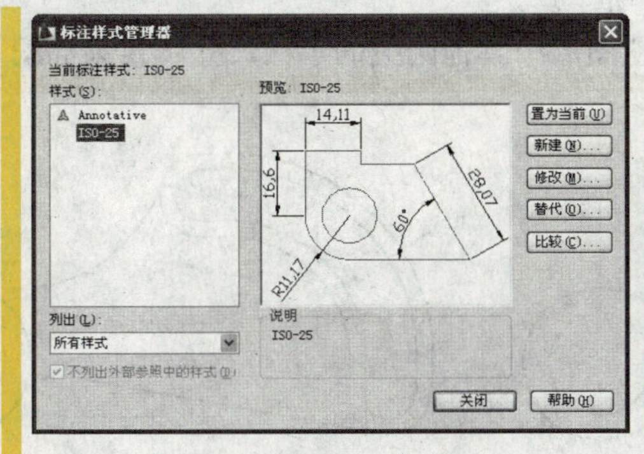

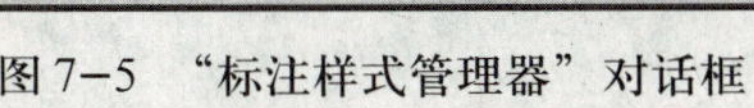

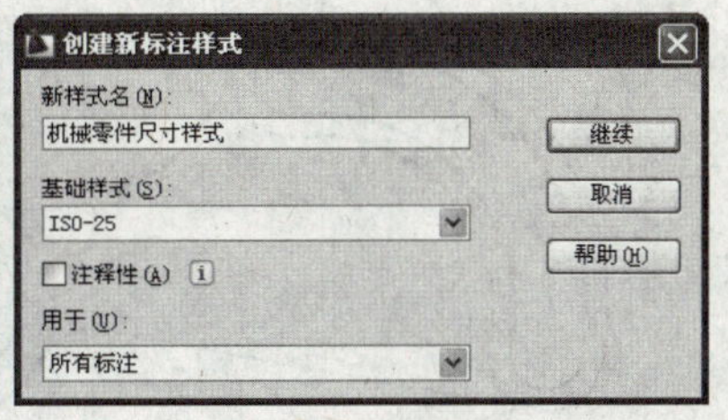

图 7–5　“标注样式管理器”对话框　　　图 7–6　“创建新标注样式”对话框

单击 继续 按钮，打开“新建标注样式：机械零件尺寸样式”对话框，选中该对话框中的“文字”选项卡，在“文字外观”选项组中单击“文字样式”下拉列表后边的 按钮，打开“文字样式”对话框，新建一个字体为“Arial”的字体，然后设置该字体为新建尺寸标注样式的字体。在“文字高度”微调框中设置尺寸标注样式文字的高度为2.5，“文字颜色”设置为红色。在“文字位置”选项组中“从尺寸线偏移”设置文字偏移距离为1。选中“文字对齐”选项区中的“水平”单选按钮，其他参数保持不变，效果如图 7–7 所示。

选中“线”选项卡，在该选项卡中的“尺寸线”选项组中设置尺寸线的颜色为“蓝”，在“延伸线”选项组中设置“延伸线”的颜色也为“蓝”，“超出尺寸线”的值为3，“起点偏移量”的值为2，其他参数保持不变，效果如图7-8所示。

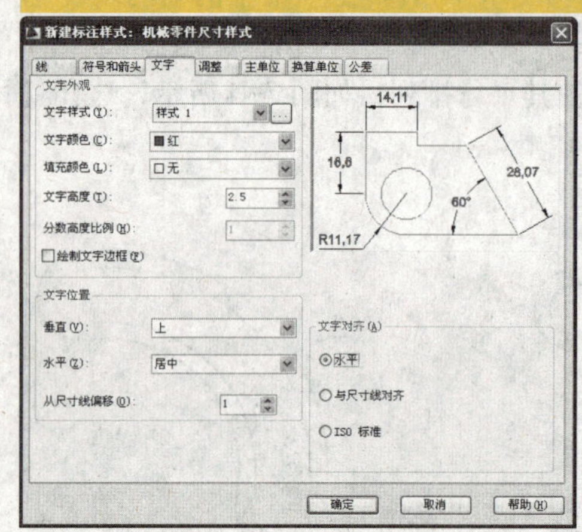

图7-7　设置尺寸标注文字参数

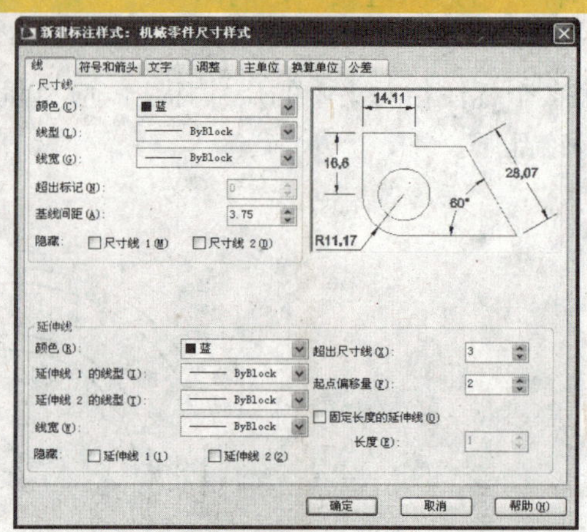

图7-8　设置尺寸标注线参数

单击 确定 按钮关闭该对话框，同时返回到“标注样式管理器”对话框，在该对话框中的样式列表中选中新建的标注样式，单击 置为当前(U) 按钮将其设置为当前标注样式，最后单击 关闭 按钮关闭“标注样式管理器”对话框。

03 标注半径尺寸。单击“标注”工具栏中的“半径”按钮，命令行提示如下。

命令：_dimradius

选择圆弧或圆：（选中要标注的圆弧）

标注文字 = 24↙

指定尺寸线位置或 [多行文字(M)/ 文字(T)/ 角度(A)]：（拖动鼠标确定尺寸线的位置）

半径标注后的效果如图7-9所示。

继续执行半径标注命令，标注图形中其他圆弧的半径尺寸，效果如图7-10所示。

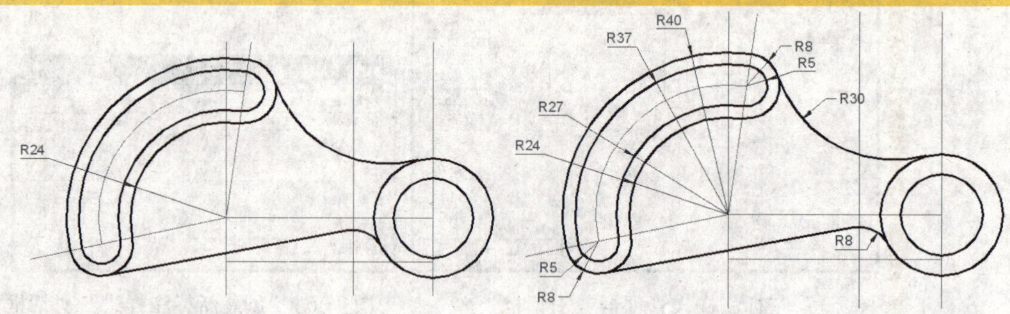

图7-9　标注半径　　图7-10　标注其他半径

04 标注直径尺寸。单击“标注”工具栏中的“直径”按钮，命令行提示如下。

命令：_dimdiameter

选择圆弧或圆：(选中图形中的圆)

标注文字 = 20↙

指定尺寸线位置或 [多行文字(M)/文字(T)/角度(A)]:(拖动鼠标确定尺寸线的位置)

直径标注后的效果如图 7-11 所示。

继续执行直径标注命令，标注图形中另一个直径的尺寸，效果如图 7-12 所示。

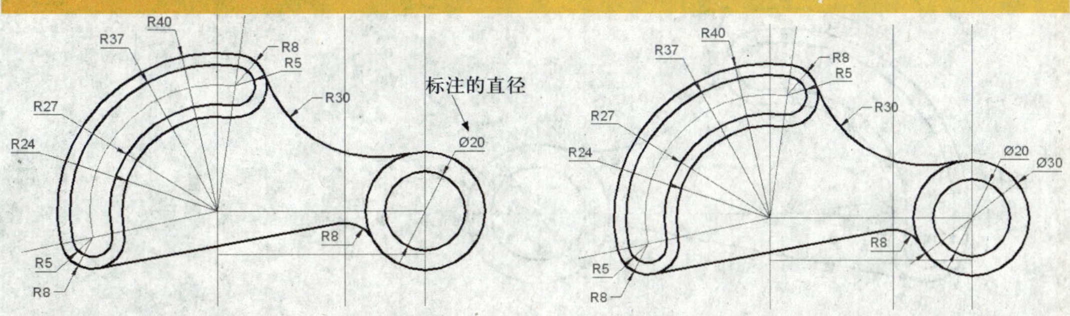

图 7-11　标注直径尺寸　　　　图 7-12　标注另一个直径尺寸

05 标注线性尺寸。单击“标注”工具栏中的“线性”按钮，命令行提示如下。

命令：_dimlinear

指定第一条尺寸界线原点或 <选择对象>:(捕捉如图 7-13 所示图形中的 A 点)

指定第二条尺寸界线原点:(捕捉如图 7-13 所示图形中的 B 点)

指定尺寸线位置或[多行文字(M)/ 文字(T)/ 角度(A)/ 水平(H)/ 垂直(V)/ 旋转(R)]:(拖动鼠标确定尺寸线的位置)

标注文字 = 20

单击“标准”工具栏中的“特性”按钮，打开“特性”面板，选中标注的线性尺寸，在面板中修改“延伸线偏移”参数为 32，标注的效果如图 7-13 所示。以同样方式标注紧接着的另一尺寸。

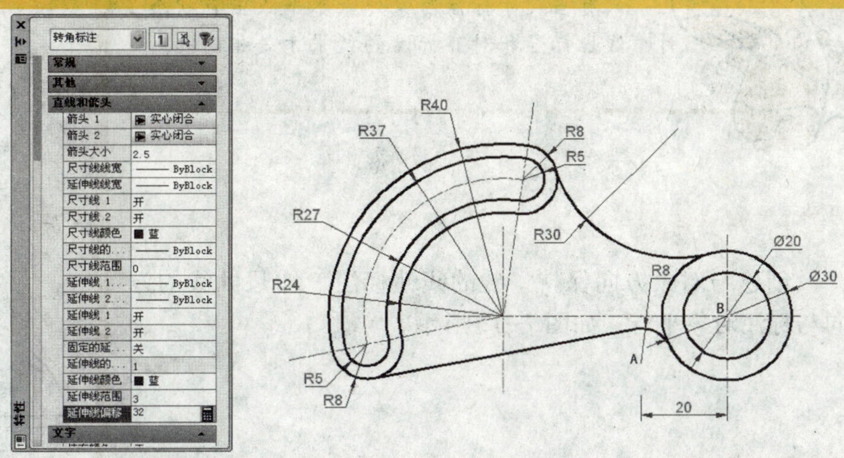

图 7-13　标注线性尺寸

06 标注角度尺寸。单击“标注”工具栏中的“角度”按钮，命令行提示如下。

命令：_dimangular

选择圆弧、圆、直线或 <指定顶点>:(选择图形中的圆弧)

指定标注弧线位置或 [多行文字(M)/文字(T)/角度(A)/象限点(Q)]:(拖动鼠标确定尺寸线的位置)

标注文字 = 110

角度标注后的效果如图 7-14 所示。

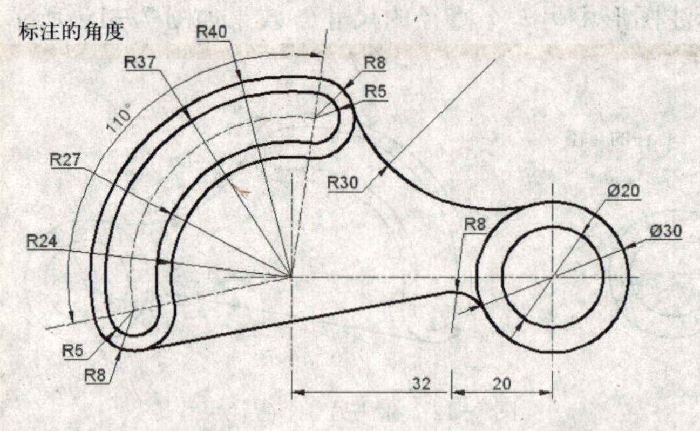

图 7-14　标注角度

7.2　基 本 术 语

在“标注”工具栏中可以看到有很多的标注工具。上面的案例中我们只使用了部分尺寸标注命令，对于这些尺寸标注命令的含义，下面我们简单地做一下介绍。

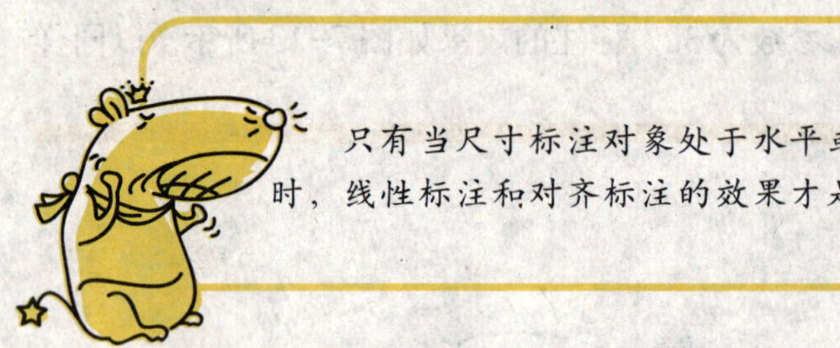

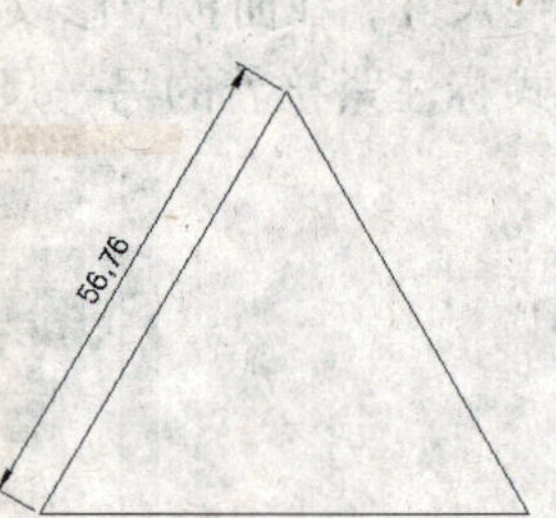

图 7-15　对齐标注

7.2.1　对齐标注

创建与对象方向保持一致的线性标注，即尺寸线的方向与标注对象平行，如图 7-15 所示。

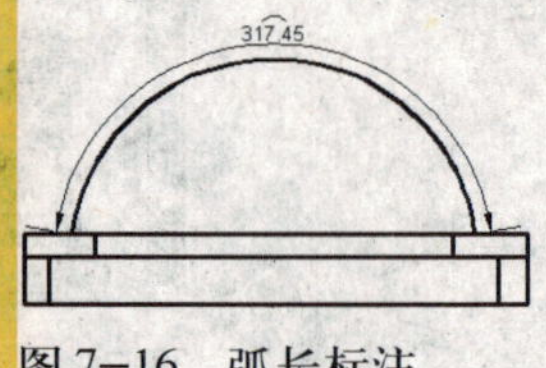

图 7-16　弧长标注

7.2.2　弧长标注

创建圆弧对象的圆弧长度标注，如图 7-16 所示。

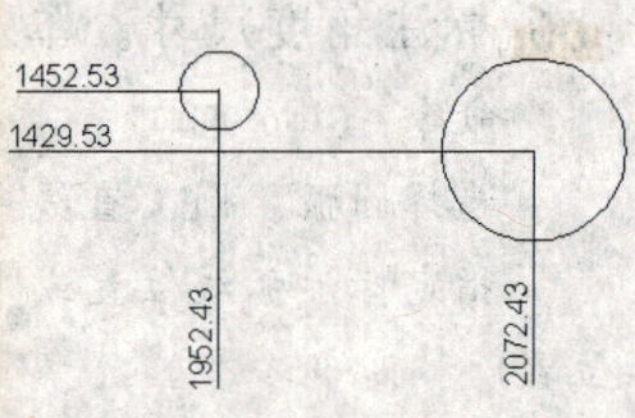

图 7-17　坐标标注

7.2.3　坐标标注

创建指定点的坐标点标注，如图 7-17 所示。

7.2.4 折弯标注

创建折弯半径标注，即当被标注对象的值很大时，可以通过折弯半径标注尺寸线的方法显示半径标注的效果，如图 7-18 所示。

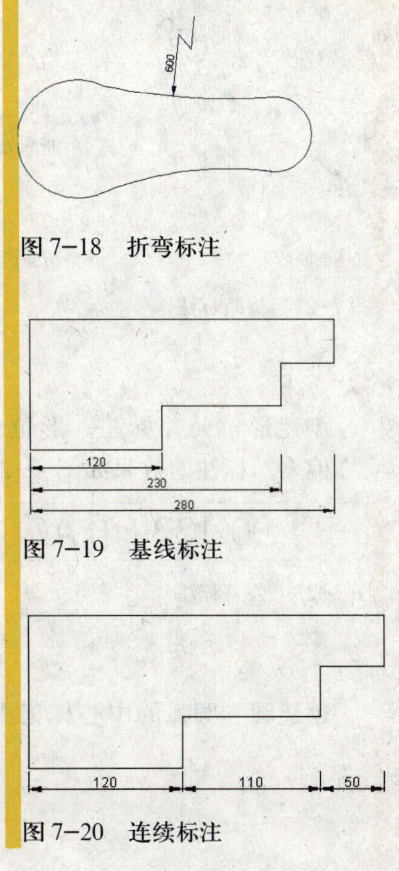

图 7-18 折弯标注

图 7-19 基线标注

图 7-20 连续标注

7.2.5 基线标注

从一个选定的标注处创建一系列标注，这些标注的起点相同，结束点不同。要创建基线标注，首先要创建一个线性标注、角度标注或坐标标注，效果如图 7-19 所示。

7.2.6 连续标注

从一个选定的标注处创建一系列标注，前一个标注的终点同时也是下一个标注的起点。与基线标注一样，在创建连续标注之前，首先要创建一个线性标注、角度标注或坐标标注，效果如图 7-20 所示。

7.2.7 标注间距

使用相同的值调整平行线性标注和角度标注之间的间距，可以使用默认值或指定间距，如图 7-21 所示。

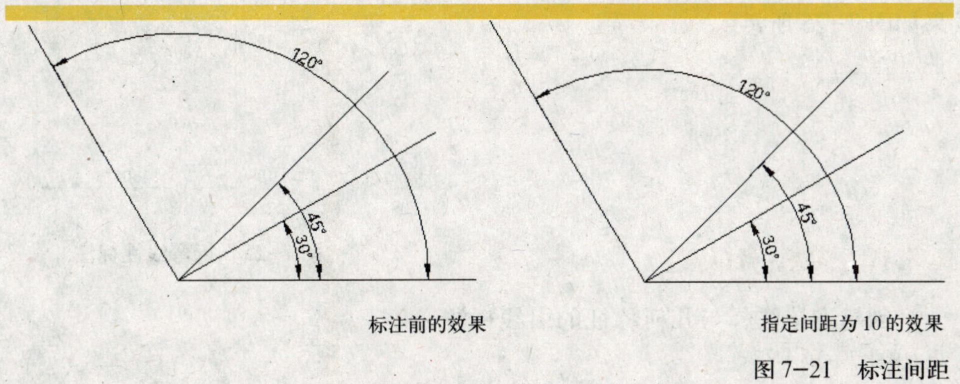

图 7-21 标注间距

7.2.8 折断标注

当尺寸标注与图形对象相交时，可以使用该命令在交点处折断尺寸标注，如图 7-22 所示。

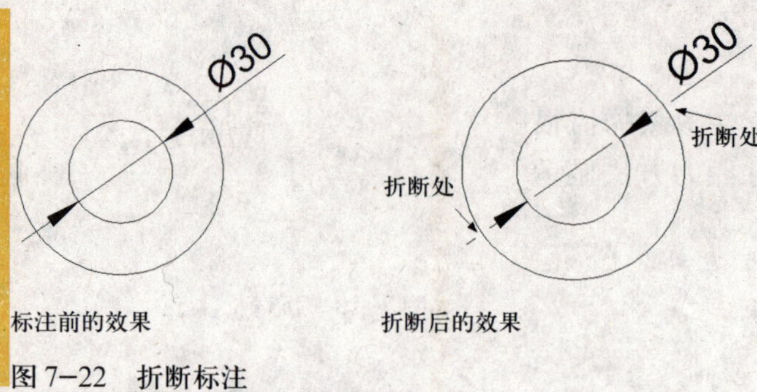

图 7-22　折断标注

7.2.9　公差标注

创建形位公差标注。形位公差是表示特征的形状、轮廓、方向、位置和跳动的允许偏差，标注的效果如图 7-23 所示。

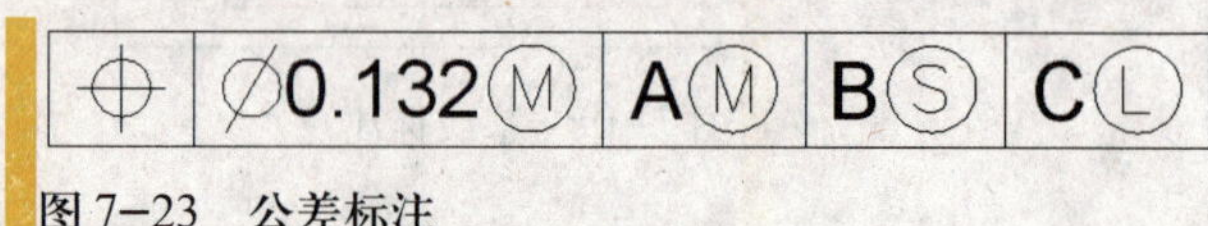

图 7-23　公差标注

7.2.10　圆心标记

创建圆和圆弧的中心标记或中心线，效果如图 7-24 所示。

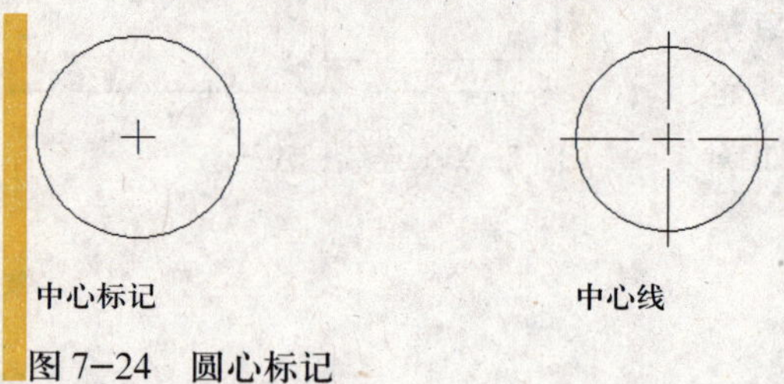

图 7-24　圆心标记

7.2.11　折弯线性标注

在线性标注或对齐标注中添加折弯线，效果如图 7-25 所示。

7.2.12　多重引线标注

创建连接注释与几何特征的引线标注，效果如图 7-26 所示。

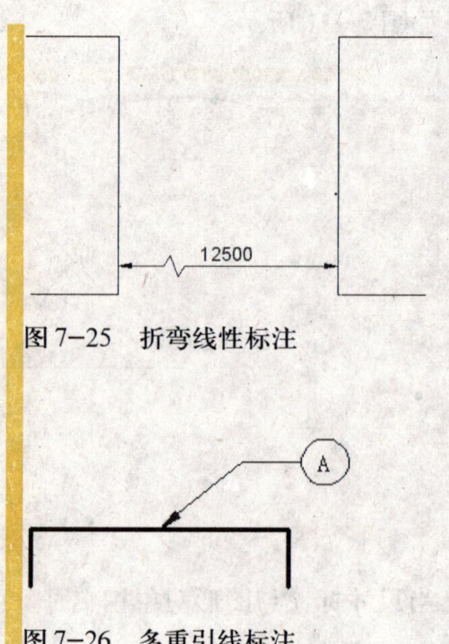

图 7-25　折弯线性标注

图 7-26　多重引线标注

7.3 知 识 讲 解

呵呵，看到了吧，尺寸标注其实也很简单，只要掌握了尺寸标注的方法，就能够为各种图形标注尺寸。尺寸标注的方法有很多，下面我们就来做一下详细介绍。

7.3.1 尺寸标注的组成

尺寸标注由尺寸线、尺寸界线、箭头和标注文字组成，如图 7-27 所示。一个尺寸标注只有具备了这 4 个元素才算是完整的。

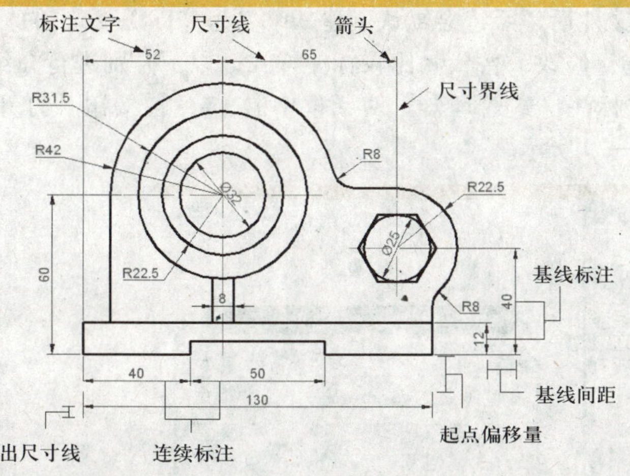

图 7-27 尺寸标注的组成

呵呵，上边的这个图中不仅显示了尺寸标注组成的基本元素，而且还显示了基线间距、起点偏移量以及超出尺寸线等与尺寸标注样式有关的概念。

在 AutoCAD 2009 中，尺寸标注的 4 个元素以块的形式保存在图形文件中，所以一个尺寸对象也被看成是一个图形对象。以下介绍尺寸标注元素的含义。

(1) 尺寸线：标识尺寸标注的范围。通常使用箭头指出尺寸线的起点和终点。

(2) 尺寸界线：标识尺寸线的开始位置和结束位置，从标注对象的两个端点处引出两条线段，表示尺寸标注范围的界线。

(3) 箭头：表示尺寸测量的开始位置和结束位置，还可以用其他符号替代箭头。

(4) 标注文字：表示尺寸标注实际的测量值，可以是 AutoCAD 2009 系统计算的值，也可以是用户指定的值。

标注文字最好使用实际的测量值，一般情况下不要指定标注文字的内容，除非要给标注文字加前缀或后缀。

7.3.2 尺寸标注样式

1. 创建方式

(1)单击“标注”工具栏中的“标注样式”按钮。

(2)选择“格式”→“标注样式”命令。

(3)在命令行中输入命令：dimstyle。

2. 操作格式

执行以上任何一种创建方式后，即可打开“标注样式管理器”对话框，如图7–28所示。

创建一个AutoCAD 2009文件后，系统会默认创建一个名为“ISO–25”的标注样式，用户可以通过该对话框创建、修改、替代和比较标注样式，以下分别进行介绍。

(1)创建标注样式：单击“标注样式管理器”对话框中的新建(N)...按钮，打开“创建新标注样式”对话框，如图7–29所示。

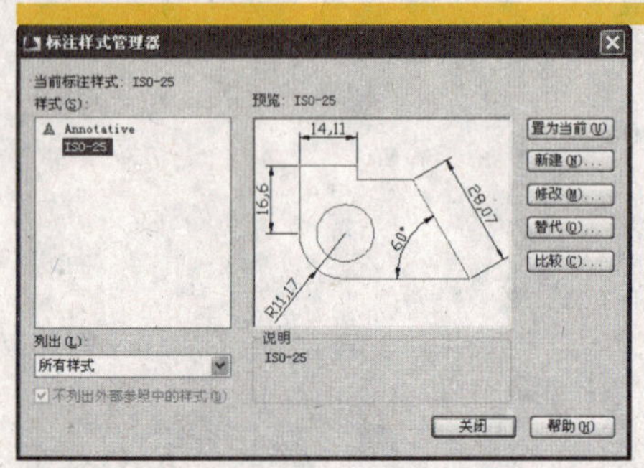

图7–28 “标注样式管理器”对话框

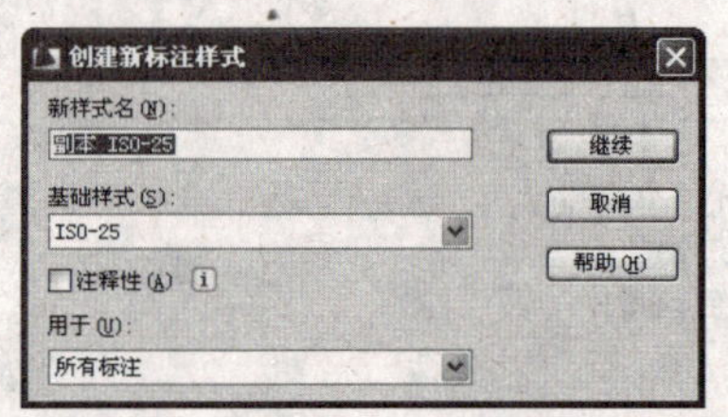

图7–29 “创建新标注样式”对话框

在该对话框中的“新样式名”文本框中输入新建标注样式的名称，单击继续按钮打开“新建标注样式：副本 ISO–25”对话框，如图7–30所示。

该对话框中有7个选项卡，其功能分别介绍如下。

①“线”选项卡：设置尺寸线和延伸线的格式和特性，如图7–31所示。

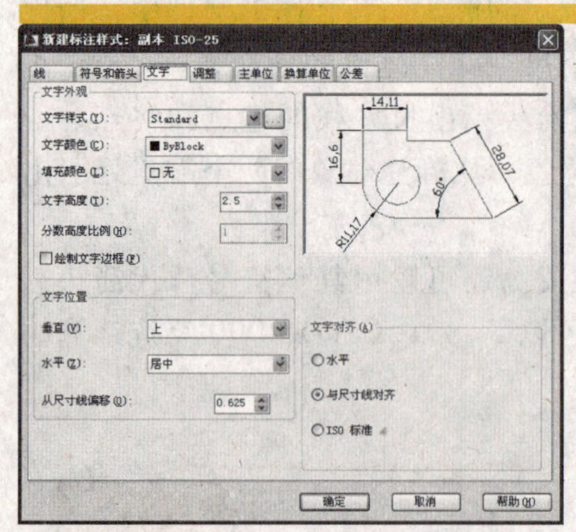

图7–30 “新建标注样式：副本 ISO–25”对话框

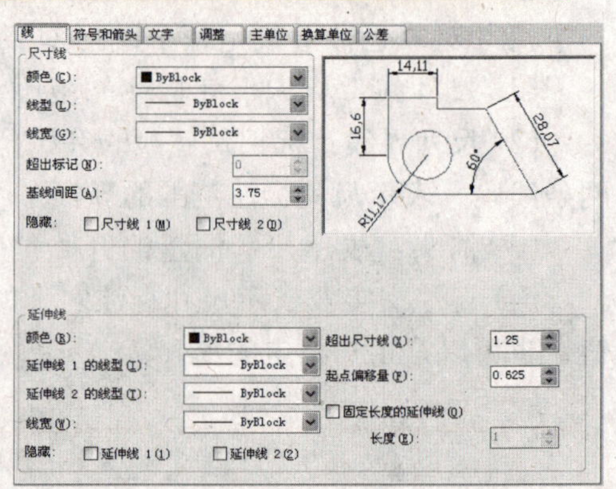

图7–31 “线”选项卡

②“符号和箭头”选项卡：设置箭头、圆心标记、折断标注、弧长符号、半径折弯标注和线性折弯标注的格式和位置，如图7–32所示。

③“文字”选项卡：设置标注文字的外观、位置和对齐方式，如图 7－33 所示。

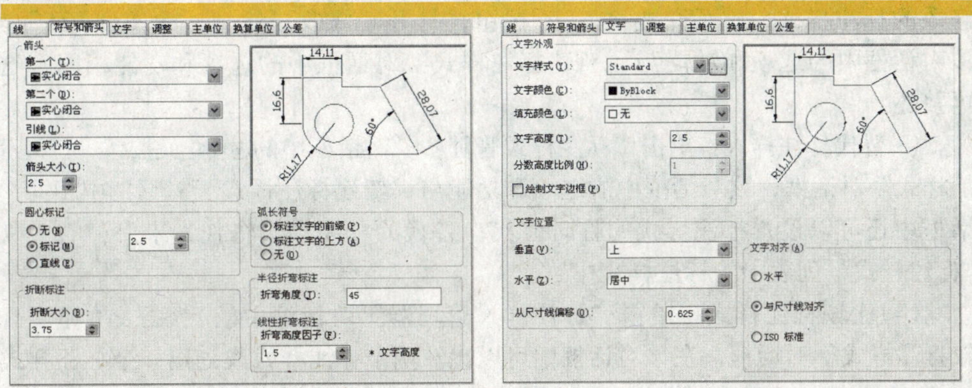

图 7－32　“符号和箭头”选项卡　　　图 7－33　“文字”选项卡

④“调整”选项卡：控制标注文字、箭头、引线和尺寸线的位置等，如图 7－34 所示。

⑤“主单位”选项卡：设置主标注单位的格式和精度，并设置标注文字的前缀和后缀，如图 7－35 所示。

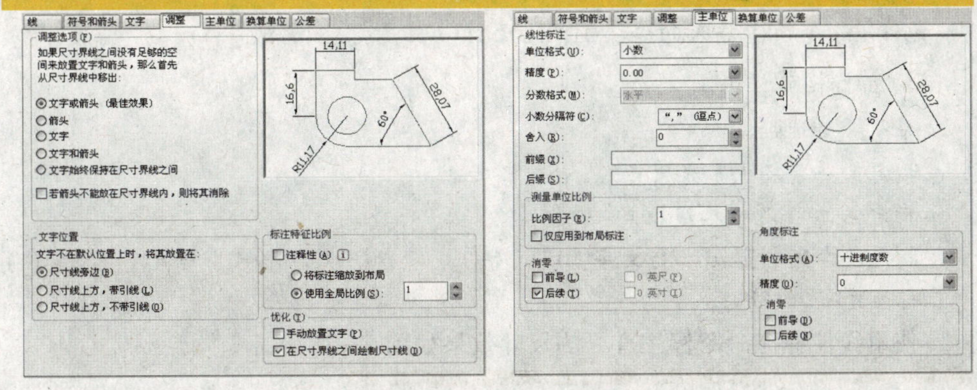

图 7－34　“调整”选项卡　　　图 7－35　“主单位”选项卡

⑥“换算单位”选项卡：指定标注测量值中换算单位的显示并设置其格式和精度等，如图 7－36 所示。

⑦“公差”选项卡：控制标注文字中公差的格式及显示等，如图 7－37 所示。

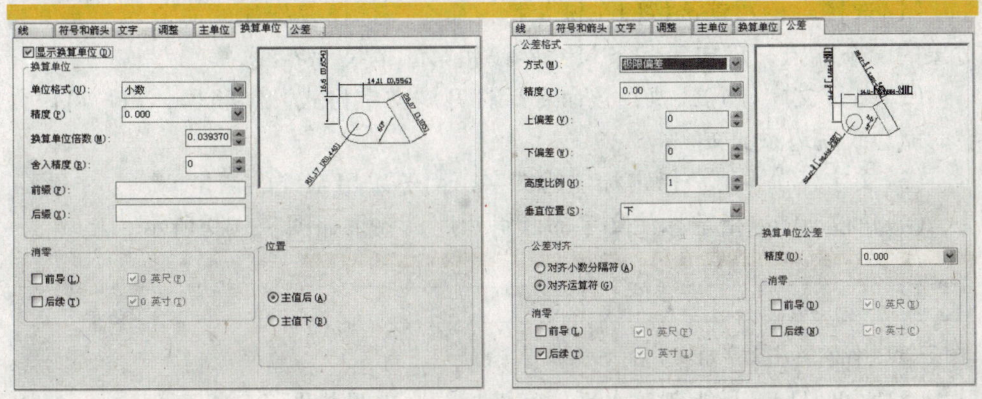

图 7－36　“换算单位”选项卡　　　图 7－37　“公差”选项卡

(2)修改标注样式：在“标注样式管理器”对话框中的“样式”列表中选择要修改的标注样式，然后单击修改(M)...按钮，打开“修改标注样式：ISO-25”对话框，该对话框中的选项和功能与“新建标注样式”对话框中的选项和功能相同，这里就不再赘述。

(3)替代标注样式：单击“标注样式管理器”对话框中的替代(O)...按钮，打开“替代当前样式”对话框，该对话框中的选项和功能与“新建标注样式”对话框中相同，在该对话框中还可以设置标注样式的临时替代，替代的标注样式将作为未保存的更改显示在“标注样式”列表中的标注样式中。

(4)比较标注样式：单击“标注样式管理器”对话框中的比较(C)...按钮，打开“比较标注样式”对话框，在该对话框中可以比较两个标注样式或列出一个标注样式的所有特性。

7.3.3 线性标注

1. 创建方式

(1)单击“标注”工具栏中的“线性”按钮。

(2)选择“标注”→“线性”命令。

(3)在命令行中输入命令：dimlinear。

2. 操作格式

命令：_dimlinear

指定第一条尺寸界线原点或 <选择对象>：

指定第二条尺寸界线原点：

指定尺寸线位置或[多行文字(M)/ 文字(T)/ 角度(A)/ 水平(H)/ 垂直(V)/ 旋转(R)]：

标注文字 = 280

使用线性标注命令标注直线的尺寸效果如图 7-38 所示。

图 7-38　线性标注

3. 选项含义

(1)选择对象：直接按回车键执行该命令。选择要标注的对象后，系统自动捕捉对象的两个端点，确定第一条尺寸界线和第二条尺寸界线。

(2)多行文字(M)：执行该命令后打开“文字格式”编辑器，用户可以在标注文字的前边或后边添加文字。

(3)文字(T)：用户指定标注的文字，而不采用系统的测量值。

(4)角度(A)：指定标注文字的倾斜角度，效果如图 7-39 所示。

图 7-39　倾斜标注文字角度

(5)水平(H)：只能创建水平的线性标注，效果如图 7-40 所示。

(6)垂直(V)：只能创建垂直的线性标注，效果如图 7-41 所示。

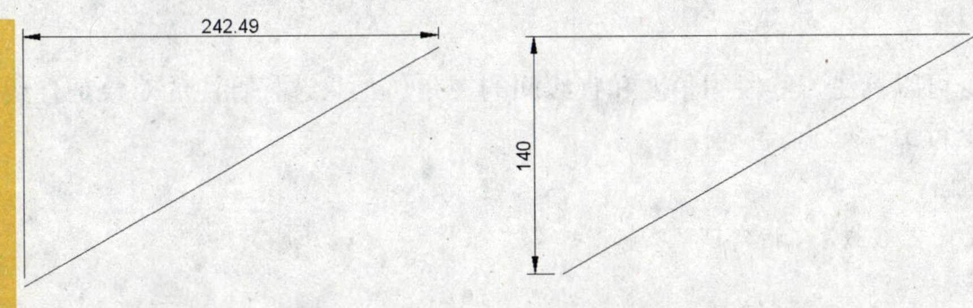

图 7-40　创建水平尺寸标注　　图 7-41　创建垂直尺寸标注

(7)旋转(R)：创建指定旋转角度的线性标注，效果如图 7-42 所示。

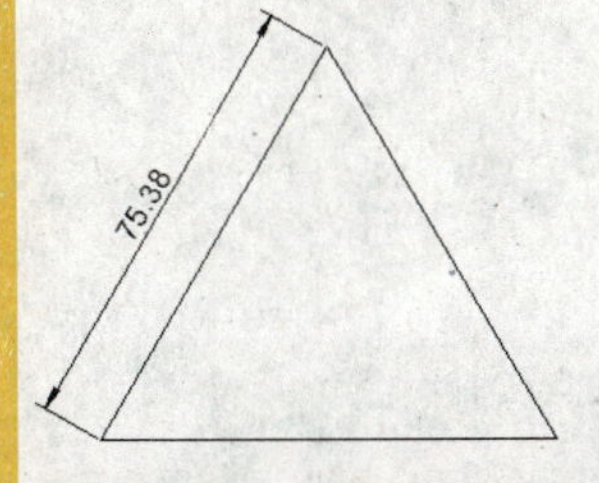

图 7-42　创建旋转的尺寸标注

线性标注的旋转功能其实就是用线性标注实现对齐标注的功能。

7.3.4　对齐标注

1. 创建方式

(1)单击“标注”工具栏中的“对齐”按钮。

(2)选择“标注”→“对齐”命令。

(3)在命令行中输入命令：dimaligned。

2. 操作格式

命令：_dimaligned

指定第一条尺寸界线原点或 <选择对象>：

指定第二条尺寸界线原点：

指定尺寸线位置或[多行文字(M)/文字(T)/角度(A)]：

标注文字 = 280

使用对齐标注标命令注倾斜直线的尺寸效果如图 7-43 所示。

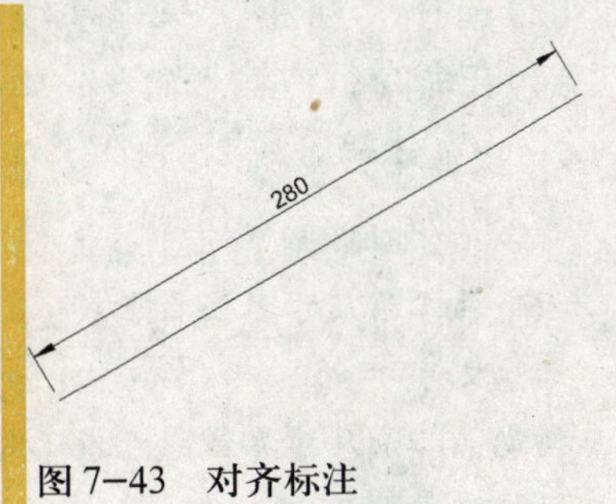

图 7-43　对齐标注

3. 选项含义

对齐标注中各选项的含义与线性标注中各选项含义相同，这里就不再赘述。

7.3.5　角度标注

1. 创建方式

(1)单击“标注”工具栏中的“角度”按钮。

(2)选择“标注”→“角度”命令。

(3)在命令行中输入命令：dimangular。

2. 操作格式

角度标注命令可以标注弧线段的角度和直线间的夹角。如果选择标注的对象是直线间的夹角，则命令行提示如下。

命令：_dimangular

选择圆弧、圆、直线或 <指定顶点>：

选择第二条直线：

指定标注弧线位置或 [多行文字(M)/ 文字(T)/ 角度(A)/ 象限点(Q)]：

标注文字 = 60

使用角度标注命令标注直线间的角度效果如图 7-44 所示。

如果选择标注的对象是弧线段，则命令行提示如下。

命令：_dimangular

选择圆弧、圆、直线或 <指定顶点>：

指定标注弧线位置或 [多行文字(M)/ 文字(T)/ 角度(A)/ 象限点(Q)]：

标注文字 = 121

使用角度标注命令标注圆弧的角度的效果如图 7-45 所示。

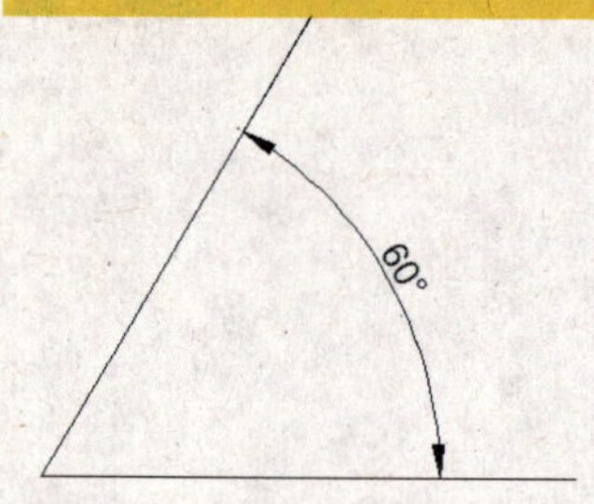

图 7-44　标注直线间的角度

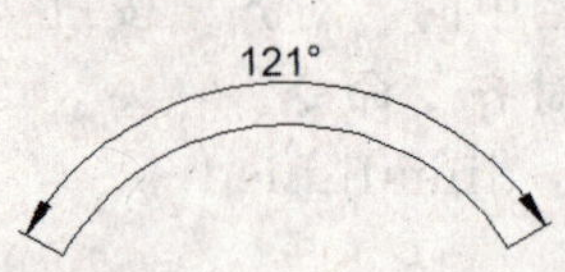

图 7-45　标注圆弧的角度

7.3.6　基线标注

1. 创建方式

(1)单击“标注”工具栏中的“基线”按钮。

(2)选择“标注”→“基线”命令。

(3)在命令行中输入命令：dimbaseline。

2. 操作格式

命令：_dimbaseline

指定第二条尺寸界线原点或 [放弃(U)/选择(S)] <选择>：

标注文字 = 80

指定第二条尺寸界线原点或 [放弃(U)/选择(S)] <选择>：

标注文字 = 105

指定第二条尺寸界线原点或 [放弃(U)/选择(S)] <选择>：

选择基准标注：

使用基线标注命令标注连续多个尺寸的效果如图 7-46 所示。

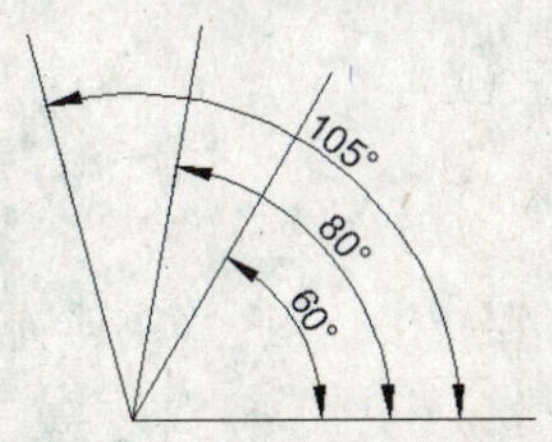

图 7-46　基线标注

使用基线标注之前，首先要确定一个线性标注、对齐标注、角度标注等。

7.3.7　连续标注

1．创建方式

(1)单击“标注”工具栏中的“连续”按钮。

(2)选择“标注”→“连续”命令。

(3)在命令行中输入命令：dimcontinue。

2．操作格式

命令：_dimcontinue

指定第二条尺寸界线原点或 [放弃(U)/选择(S)] <选择>:

标注文字 ＝ 20

指定第二条尺寸界线原点或 [放弃(U)/选择(S)] <选择>:

标注文字 ＝ 25

指定第二条尺寸界线原点或 [放弃(U)/选择(S)] <选择>:

选择连续标注：

使用连续标注命令标注多个角度尺寸的效果如图 7-47 所示。

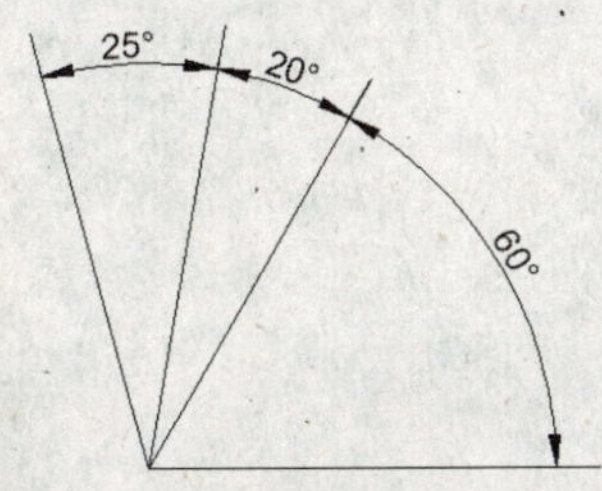

图 7-47　连续标注

连续标注与基线标注一样，在使用之前都要先确定线性标注、对齐标注、角度标注等。

7.3.8　半径标注

1．创建方式

(1)单击“标注”工具栏中的“半径”按钮。

(2)选择“标注”→“半径”命令。

(3)在命令行中输入命令：dimradius。

2．操作格式

命令：_dimradius

选择圆弧或圆：

标注文字 = 69.73

指定尺寸线位置或 [多行文字(M)/文字(T)/角度(A)]:

使用半径标注命令标注圆弧半径的效果如图 7-48 所示。

使用半径、直径标注时，系统会自动在标注结果上带一个半径或直径符号。如果要使用文字替代测量值，千万不要忘记加上半径或直径符号。

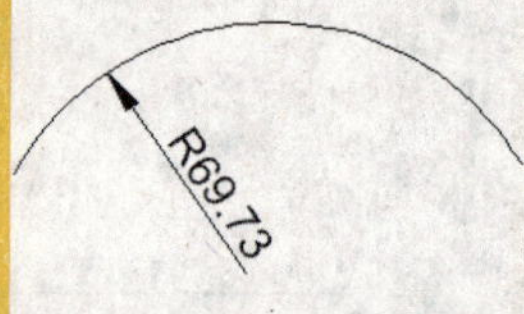

图 7-48 半径标注

7.3.9 直径标注

1. 创建方式

(1)单击“标注”工具栏中的“直径”按钮。

(2)选择“标注”→“直径”命令。

(3)在命令行中输入命令：dimdiameter。

2. 操作格式

命令：_dimdiameter

选择圆弧或圆：

标注文字 = 70

指定尺寸线位置或 [多行文字(M)/文字(T)/角度(A)]:

使用直径标注命令标注圆的直径效果如图 7-49 所示。

Ø70

图 7-49 直径标注

7.3.10 快速标注

1. 创建方式

(1)单击“标注”工具栏中的“快速标注”按钮。

(2)选择“标注”→“快速标注”命令。

(3)在命令行中输入命令：qdim。

2. 操作格式

命令：_qdim

关联标注优先级 = 端点

选择要标注的几何图形：找到 1 个

选择要标注的几何图形：找到 1 个，总计 2 个

选择要标注的几何图形：

指定尺寸线位置或 [连续(C)/并列(S)/基线(B)/坐标(O)/半径(R)/直径(D)/基准点(P)/编辑(E)/设置(T)] <连续>:

使用快速标注命令标注两条直线的尺寸效果如图 7-50 所示。

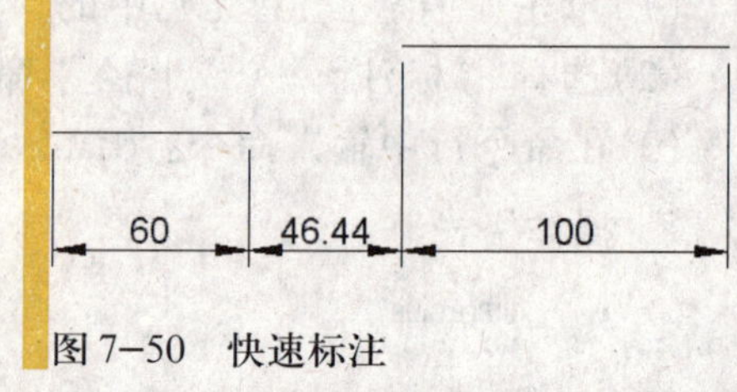

图 7-50 快速标注

3. 选项含义

(1)连续(C)/ 并列(S)/ 基线(B)/ 坐标(O)/ 半径(R)/ 直径(D)：创建的标注方式。

(2)基准点(P)：重新指定基线标注和坐标标注的基准点。

(3)编辑(E)：编辑一系列标注。

(4)设置(T)：设置关联标注优先级的方式，可以是端点或交点。

7.3.11 坐标标注

1. 创建方式

(1)单击“标注”工具栏中的“坐标”按钮。

(2)选择“标注”→“坐标”命令。

(3)在命令行中输入命令：dimordinate。

2. 操作格式

命令：_dimordinate

指定点坐标：

指定引线端点或 [X 基准(X)/Y 基准(Y)/多行文字(M)/文字(T)/角度(A)]：

标注文字 = 1956.65

使用坐标标注命令标注的圆心坐标效果如图 7-51 所示。

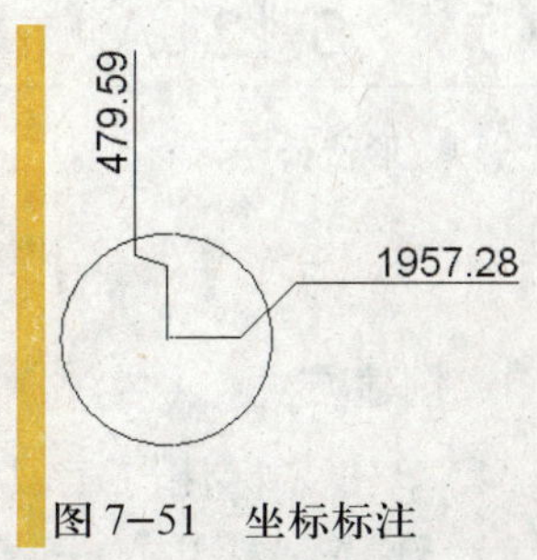

图 7-51　坐标标注

3. 选项含义

(1)X 基准(X)：测量 X 坐标并确定引线和标注文字的方向。

(2)Y 基准(Y)：测量 Y 坐标并确定引线和标注文字的方向。

7.3.12 圆心标记

1. 创建方式

(1)单击“标注”工具栏中的“圆心标记”按钮。

(2)选择“标注”→“圆心标记”命令。

(3)在命令行中输入命令：dimcenter。

2. 操作格式

命令：_dimcenter

选择圆弧或圆：

使用圆心标记命令标记圆的圆心效果如图 7-52 所示。

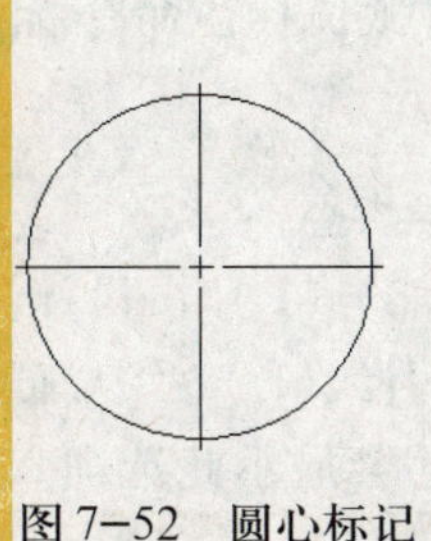
图 7-52　圆心标记

7.3.13 形位公差标注

1. 创建方式

(1)单击“标注”工具栏中的“公差”按钮。

(2)选择“标注”→“公差”命令。

(3)在命令行中输入命令：tolerance。

2. 操作格式

执行以上任何一种创建方式后，打开“形位公差”对话框，如图 7-53 所示，在该对话框中可以设置公差的各项参数。

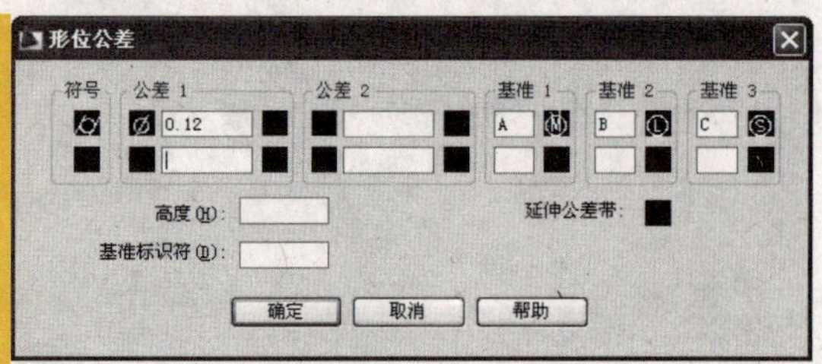

图 7-53 “形位公差”对话框

创建的形位公差标注效果如图 7-54 所示。

图 7-54 形位公差

7.3.14 弧长标注

1. 创建方式

(1)单击“标注”工具栏中的“弧长”按钮。

(2)选择“标注”→“弧长”命令。

(3)在命令行中输入命令：dimarc。

2. 操作格式

命令：_dimarc

选择弧线段或多段线弧线段：

指定弧长标注位置或［多行文字(M)/文字(T)/角度(A)/部分(P)/引线(L)]:

标注文字 = 156.29

使用弧长标注命令标注圆弧的弧长效果如图 7-55 所示。

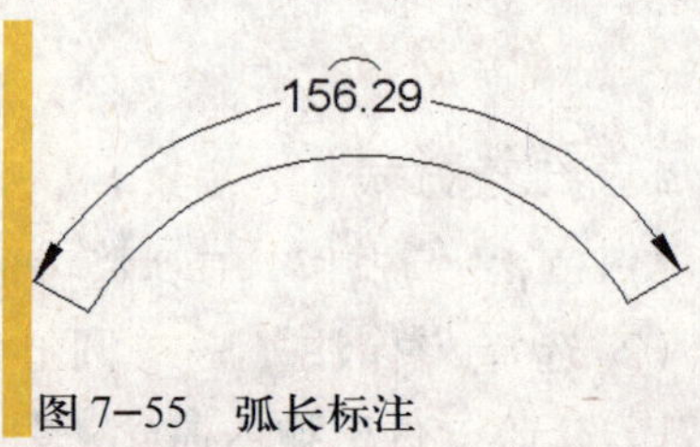

图 7-55 弧长标注

3. 选项含义

(1)部分(P)：只标注部分弧长的长度，效果如图 7-56 所示。

(2)引线(L)：从弧长标注的中点向圆心添加一条引线。只有当圆弧的角度大于 90° 时才会显示此选项，效果如图 7-57 所示。

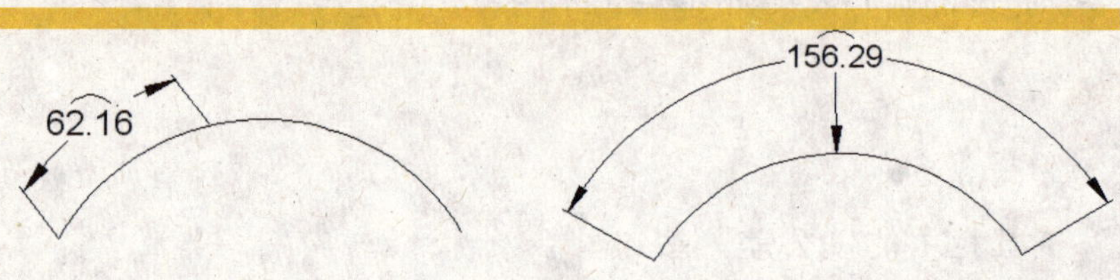

图 7-56 标注部分弧长　　图 7-57 给弧长标注添加引线

7.3.15　折弯标注

1. 创建方式

(1)单击“标注”工具栏中的“折弯”按钮。

(2)选择“标注”→“折弯”命令。

(3)在命令行中输入命令：dimjogged。

2. 操作格式

命令：_dimjogged

选择圆弧或圆：

指定图示中心位置：

标注文字 = 177.18

指定尺寸线位置或［多行文字(M)/ 文字(T)/ 角度(A)]：

指定折弯位置：

使用折弯标注命令标注圆弧段的半径效果如图7–58所示。

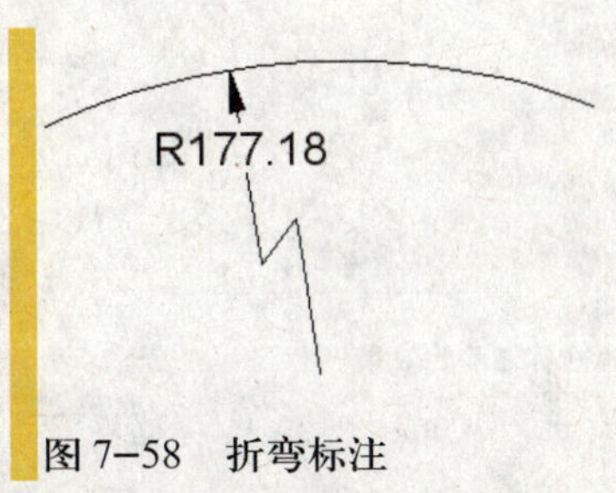

图 7–58　折弯标注

7.3.16　标注间距

1. 创建方式

(1)单击“标注”工具栏中的“标注间距”按钮。

(2)选择“标注”→“标注间距”命令。

(3)在命令行中输入命令：dimspace。

2. 操作格式

命令：_dimspace

选择基准标注：

选择要产生间距的标注：找到 1 个

选择要产生间距的标注：

输入值或［自动(A)］<自动>：

使用标注间距命令调整相邻尺寸标注的效果如图 7–59 所示。

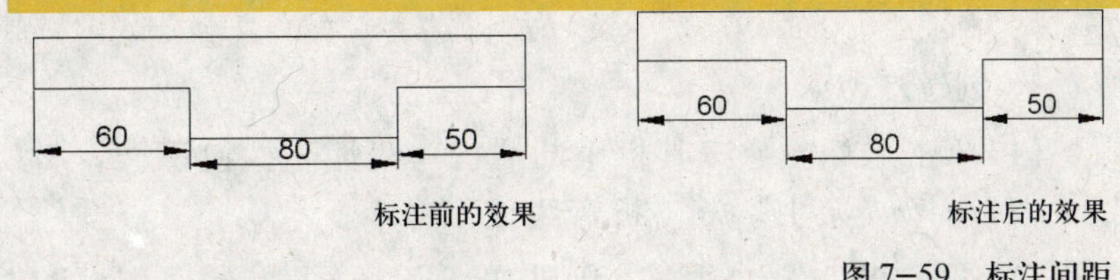

图 7–59　标注间距

7.3.17　折断标注

1. 创建方式

(1)单击“标注”工具栏中的“折断标注”按钮。

(2)选择“标注”→“折断标注”命令。

(3)在命令行中输入命令：dimbreak。

2. 操作格式

命令：_dimbreak

选择标注或［多个(M)］:

选择要打断标注的对象或［自动(A)/恢复(R)/手动(M)］<自动>:

使用折断标注命令折断尺寸标注的效果如图 7-60 所示。

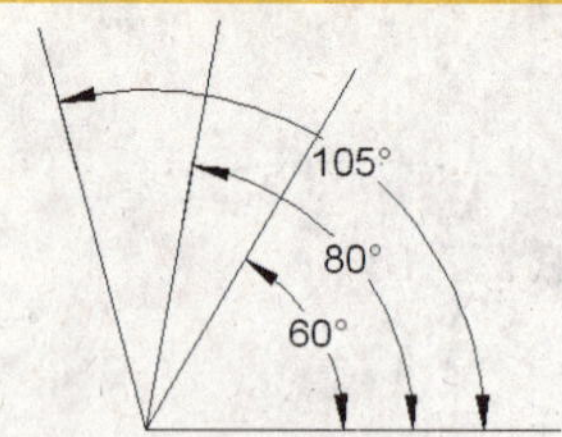

折断标注前的效果

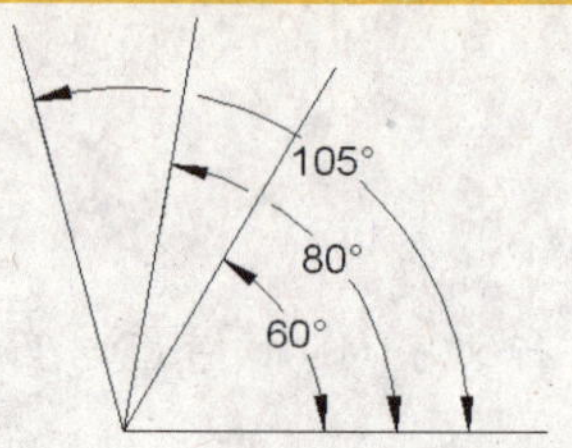

折断标注后的效果

图 7-60　折断标注

3. 选项含义

(1)多个(M)：同时选中多个尺寸标注进行折断操作。

(2)自动(A)：当改变尺寸标注与对象的交点时，系统自动对其改变后的交点进行折断。

(3)恢复(R)：从选定的标注中删除所有折断标注。

(4)手动(M)：当改变尺寸标注与对象的交点时，系统不会自动对其改变后的交点进行折断。

在标注图形对象尺寸时，应合理布置尺寸标注文字和尺寸标注线的位置，尽量做到不使用标注折断命令。

7.3.18　折弯线性标注

1. 创建方式

(1)单击“标注”工具栏中的“折弯线性”按钮。

(2)选择“标注”→“折弯线性”命令。

(3)在命令行中输入命令：dimjogline。

2. 操作格式

命令：_dimjogline

选择要添加折弯的标注或［删除(R)］:

指定折弯位置（或按 ENTER 键）:

使用折弯线性标注对线性标注进行折弯的效果如图 7-61 所示。

图 7-61 折弯线性标注

7.3.19 多重引线标注

1. 多重引线样式

多重引线样式控制着多重引线的显示方式，创建多重引线样式的方法如下：

(1)单击“多重引线”工具栏中的“多重引线样式”按钮。

(2)选择“格式”→“多重引线样式”命令。

(3)在命令行中输入命令：mleaderstyle。

执行以上任何一种创建方式后，打开“多重引线样式管理器”对话框，如图 7-62 所示。

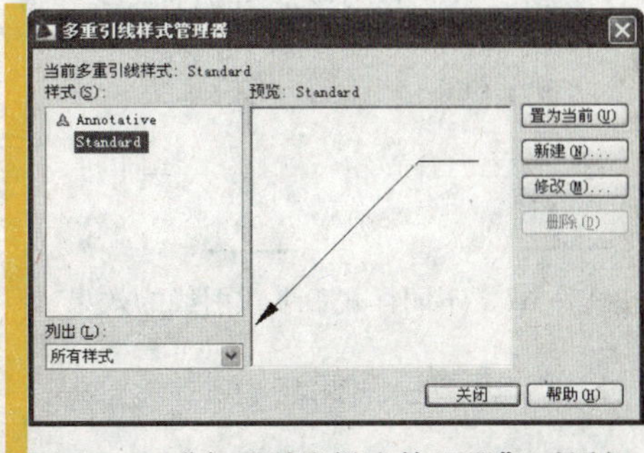

图 7-62 “多重引线样式管理器”对话框

单击该对话框中的 新建(N)... 按钮，打开“创建新多重引线样式”对话框，如图 7-63 所示，在该对话框中的“新样式名”文本框中输入新建多重引线样式的名称，单击 继续(O) 按钮，打开“修改多重引线样式：副本 Standard”对话框，如图 7-64 所示。

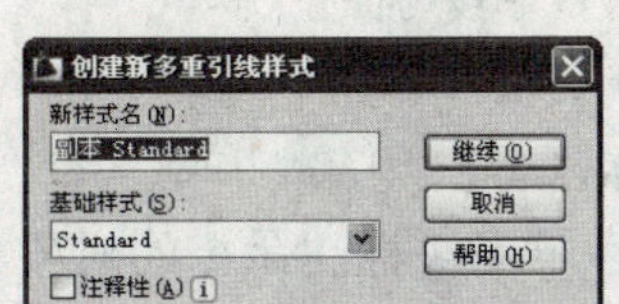

图 7-63 “创建新多重引线样式”对话框

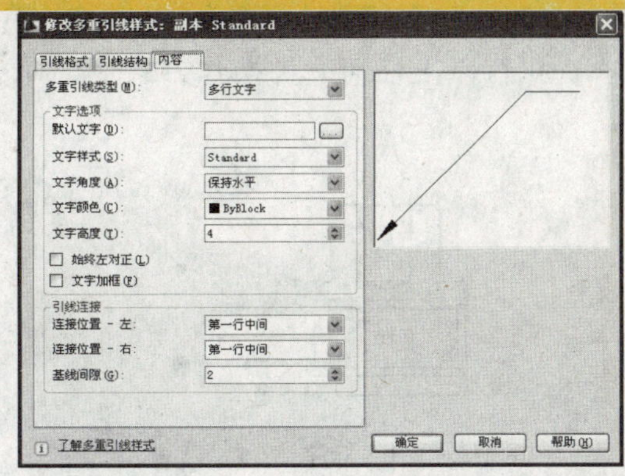

图 7-64 “修改多重引线样式：副本 Standard”对话框

该对话框中有三个选项卡，如图 7-64 所示为“内容”选项卡，在该选项卡中可以设置多重引线类型、文字选项等。多重引线类型有多行文字、块、无三种。

如图 7-65 所示为“引线结构”选项卡，在该选项卡中可以设置多重引线的折点数以及各条引线的角度等参数。

如图 7-66 所示为“引线格式”选项卡，在该选项卡中可以设置引线的类型、颜色、线型、线宽、箭头符号和大小，以及引线打断的大小等参数。

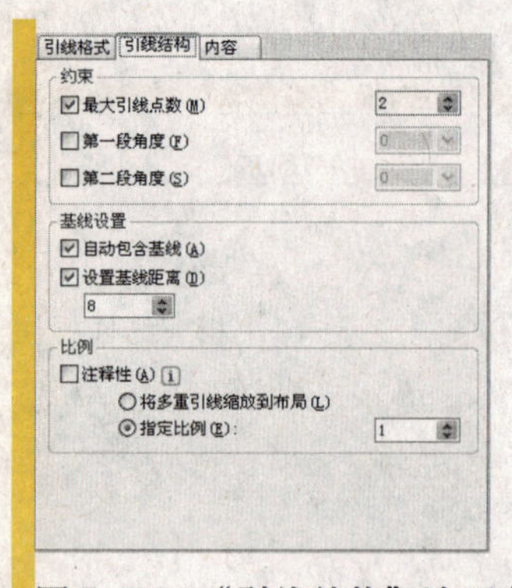

图 7-65 “引线结构”选项卡

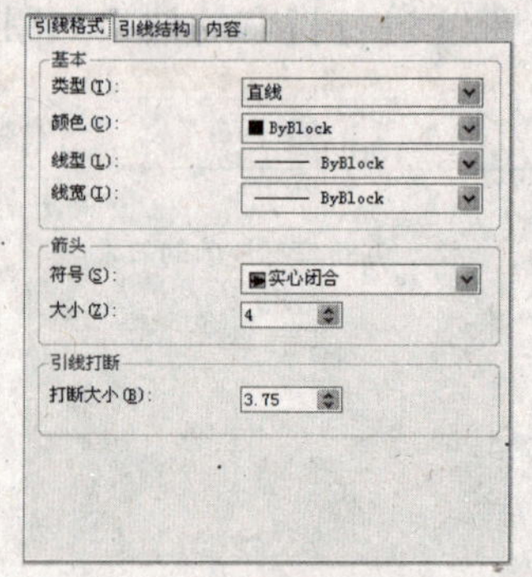

图 7-66 “引线格式”选项卡

图 7-67 所示为不同样式下多重引线的显示效果。

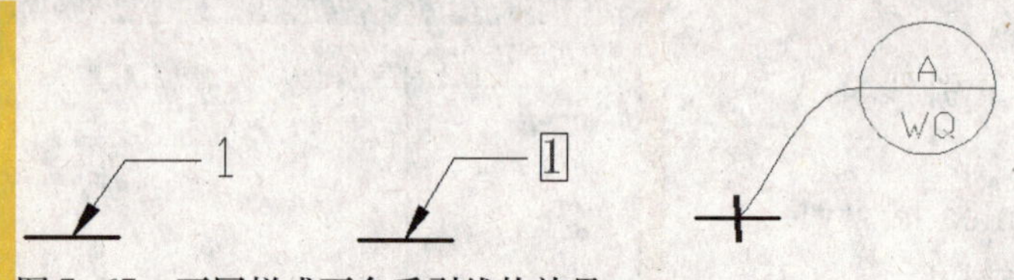

图 7-67 不同样式下多重引线的效果

2. 多重引线标注

创建多重引线样式后，即可使用多重引线命令进行标注，执行多重引线标注的方式有以下几种：

(1)单击“多重引线”工具栏中的“多重引线”按钮。

(2)选择“标注”→“多重引线”命令。

(3)在命令行中输入命令：mleader。

执行以上任何一种操作方式后，命令行提示如下。

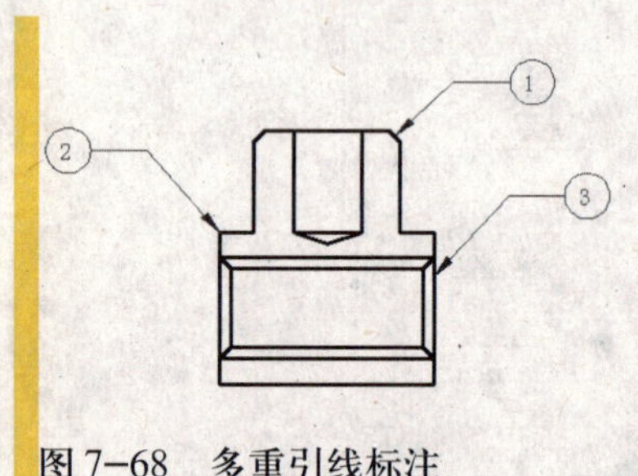

图 7-68 多重引线标注

命令：_mleader

指定引线箭头的位置或 [引线基线优先(L)/内容优先(C)/选项(O)] <选项>:

指定引线基线的位置：

输入属性值

输入标记编号 <TAGNUMBER>：1

使用多重引线标注命令的对象效果如图 7-68 所示。

3. 选项含义

(1)引线基线优先(L)：设置创建多重引线时先指定多重引线基线的位置。

(2)内容优先(C)：设置创建多重引线时先指定多重引线内容的位置。

(3)选项(O)：设置创建多重引线时的详细参数，命令行提示如下。

输入选项 [引线类型(L)/引线基线(A)/内容类型(C)/最大节点数(M)/第一个角度(F)/第二个角度(S)/退出选项(X)] <退出选项>:

7.4 基 础 应 用

至此，我们已经介绍了所有的尺寸标注方法，在标注图形尺寸时，应根据实际需要选择合适的尺寸标注方法进行尺寸标注。根据尺寸标注的应用方式，大致可将其分为两类，一类是基本尺寸标注，另一类是特殊尺寸标注。以下对这两种应用分别进行介绍。

7.4.1 基本尺寸标注

基本尺寸标注是指使用各种尺寸标注命令直接标注图形对象，其测量值就是尺寸标注的标注文字，用户不需要对标注结果做任何的修改。表7.1介绍了各种基本尺寸标注命令的使用情况。

表7.1　尺寸标注及其应用

尺寸标注命令	应　用
线性标注	可以创建尺寸线水平、垂直或对齐的线性标注
对齐标注	可以创建与指定位置或对象平行标注
角度标注	用于测量两条直线或三个点之间的角度
基线标注	从一条基线处测量的多个标注
连续标注	首尾相连的多个标注
半径标注	测量圆弧或圆的半径
直径标注	测量圆弧或圆的直径
快速标注	从选定的对象快速创建一系列标注
坐标标注	测量原点到特征的垂直距离
圆心标记	创建圆弧和圆的圆心标记或中心线
形位公差标注	表示特征的形状、轮廓、方向、位置和跳动的允许偏差
弧长标注	用于测量圆弧或多段线弧线段上的距离
折弯标注	在线性标注中添加折弯线
标注间距	自动调整图形中所有的平行线性和角度标注，以使其间距相等或在尺寸线处相互对齐
折断标注	在标注和延伸线与其他对象的相交处打断或恢复标注和延伸线
折弯线性标注	在线性标注或对齐标注中添加或删除折弯线
多重引线标注	创建引线标注

7.4.2 带前缀或后缀的尺寸标注

有时候，在一幅图纸中具有相同尺寸的图形对象会出现多次，这时候只需要标注一个图形对象，然后在标注文字后面加上后缀“×出现的次数”即可，另外还可以根据实际需要在尺寸标注前面加上前缀，这样可以提高图纸的可读性，如图7–69所示。

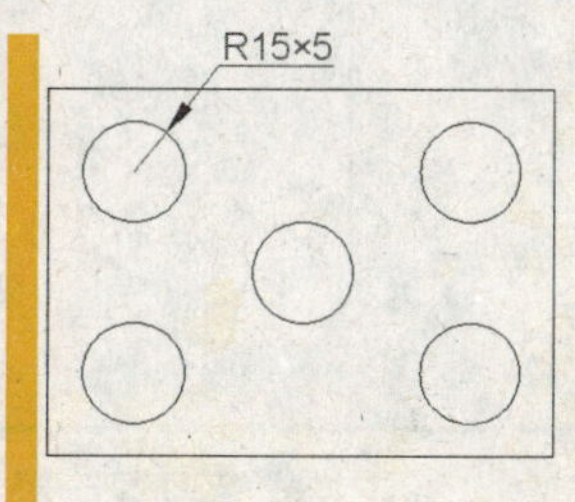

图 7–69　带前缀或后缀的尺寸标注

7.4.3 用多重引线标注图形特征

呵呵，标注图形尺寸时，不单单只显示标注图形的尺寸，有时还需要用文字、箭头和引线进行说明，这时就需要用到多重引线标注了。多重引线的箭头指向被标注的对象，文字用于说明该对象的特征或需要注意的地方，如图 7–70 所示。

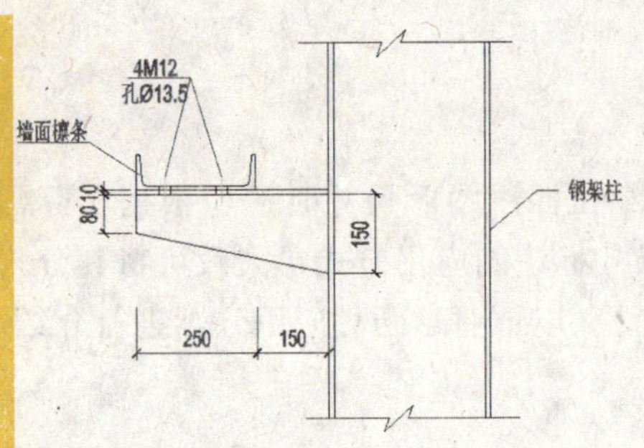

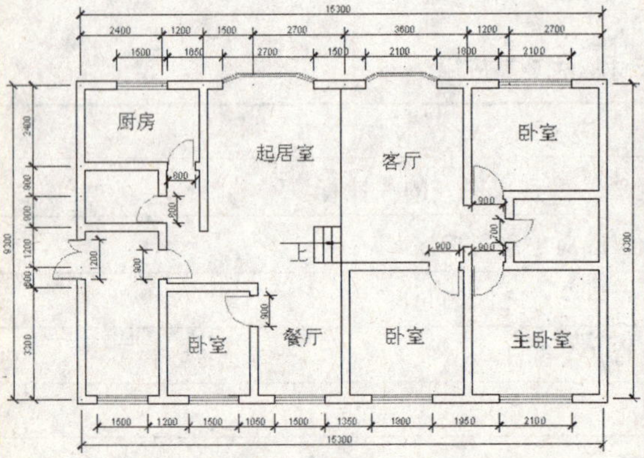

图 7–70　多重引线标注

7.5 案例表现

好了，该是我们实践的时候了。这里详细介绍建筑平面结构图和吊钩平面图的尺寸标注过程，帮助读者理解和掌握尺寸标注的用法和技巧。

7.5.1 案例 1：标注建筑平面结构图

标注建筑平面图后的效果如图 7–71 所示。

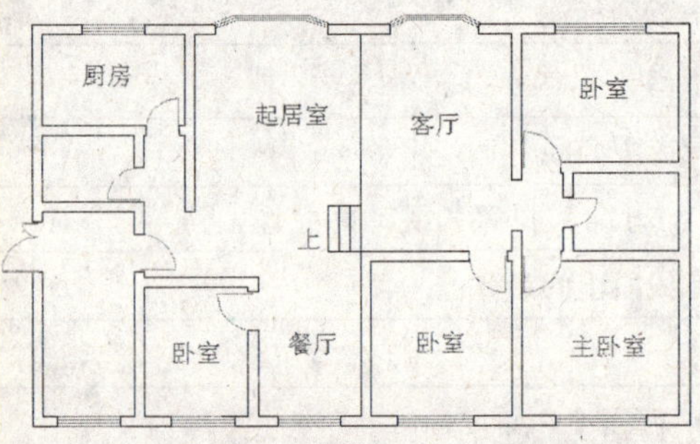

图 7–71　标注建筑平面结构图

操作步骤：

01 打开图形。打开“素材”文件夹中的“标注建筑平面结构图”文件，设置“尺寸标注”层为当前图层，效果如图 7–72 所示。

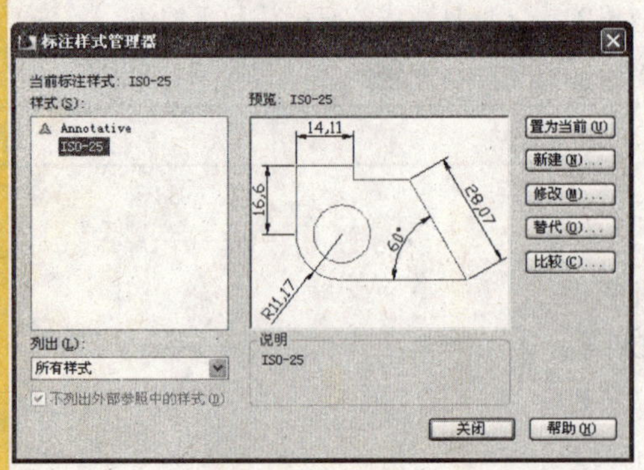

图 7–72　建筑平面结构图

02 执行标注样式命令。选择“格式”→“标注样式”命令，打开“标注样式管理器”对话框，如图 7–73 所示。

图 7–73　“标注样式管理器”对话框

03 新建标注样式。单击该对话框中的 新建(N)... 按钮，打开“创建新标注样式”对话框，如图 7–74 所示。

04 设置标注样式名。在该对话框中的“新样式名”文本框中输入新建尺寸标注样式的名称“建筑平面图标注样式”，单击 继续 按钮打开“新建标注样式：建筑平面图标注样式”对话框，如图 7–75 所示。

05 新建文字样式。在该对话框中选中“文字”选项卡，如图 7–75 所示，单击该选项卡的“文字外观”选项组中的“文字样式”下拉列表后边的按钮 ...，打开“文字样式”对话框，在该对话框中新建一个字体为“Arial”的字体，如图 7–76 所示。然后，在“文字”选项卡中设置新建的文字样式为标注样式的文字样式。

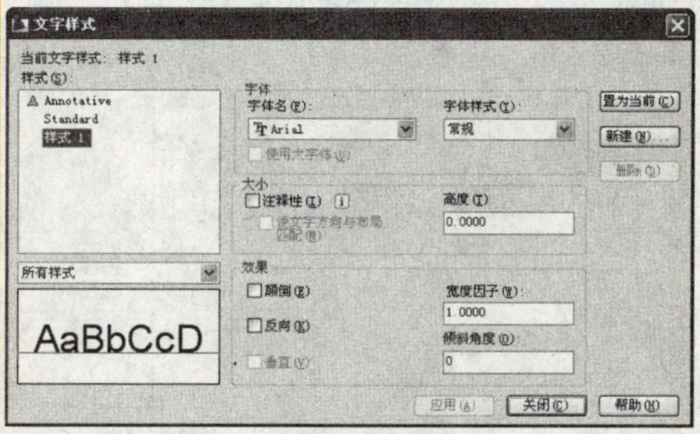

06 设置标注样式文字。单击“文字”选项卡中的“文字颜色”下拉按钮，设置标注样式的“文字颜色”为“红色”，然后设置“文字高度”为 200，“从尺寸线偏移”量为 50，其他参数保持不变。

07 设置标注样式尺寸线和尺寸界线。选中“线”选项卡，在该选项卡中设置标注样式的尺寸界线和尺寸线的颜色为“蓝”，“超出尺寸线”为 200，“起点偏移量”为 300，效果如图 7–77 所示。

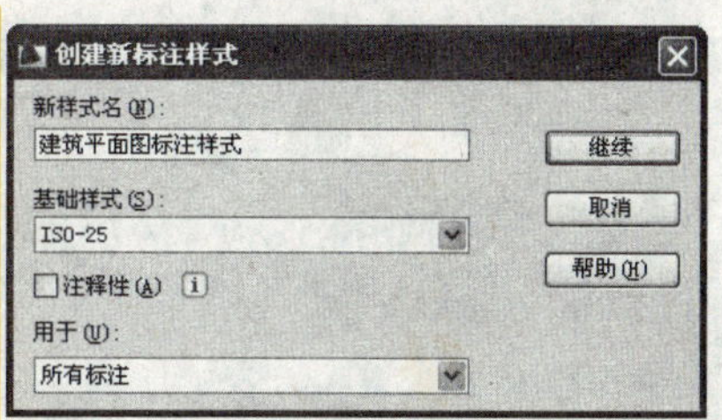

图 7–74　“创建新标注样式”对话框

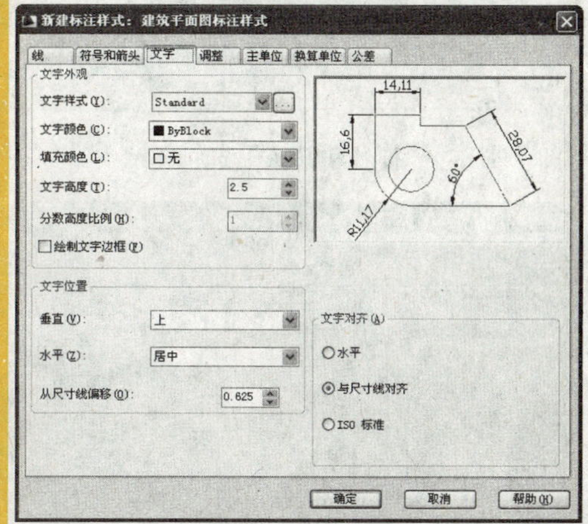

图 7–75　“新建标注样式：建筑平面图标注样式”对话框

图 7–76　“文字样式”对话框

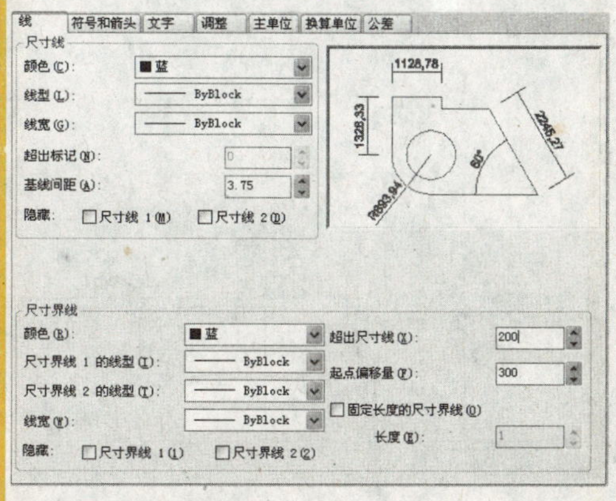

图 7–77　“线”选项卡

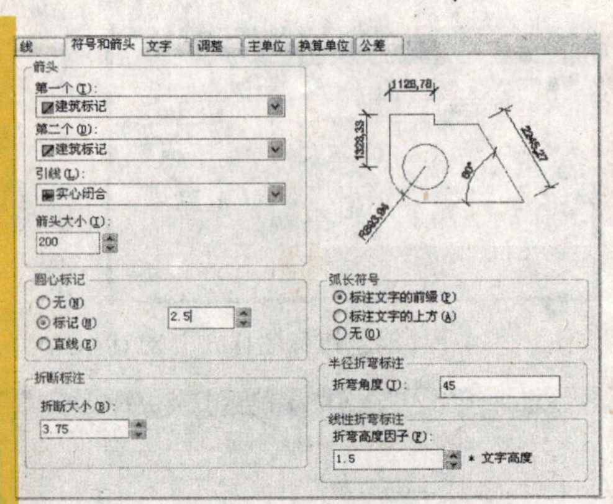

图 7–78 “符号和箭头”选项卡

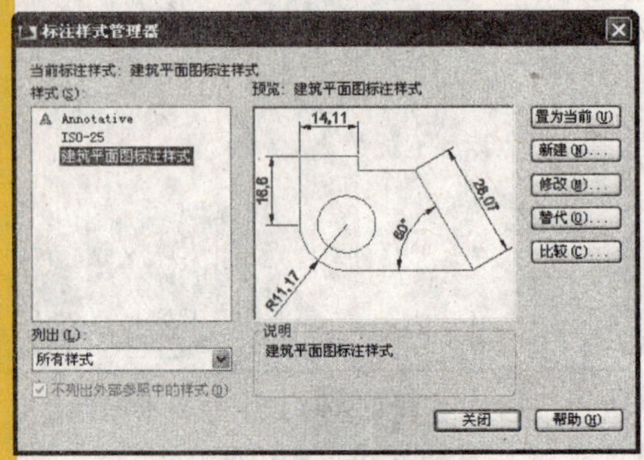

图 7–79 “标注样式管理器”对话框

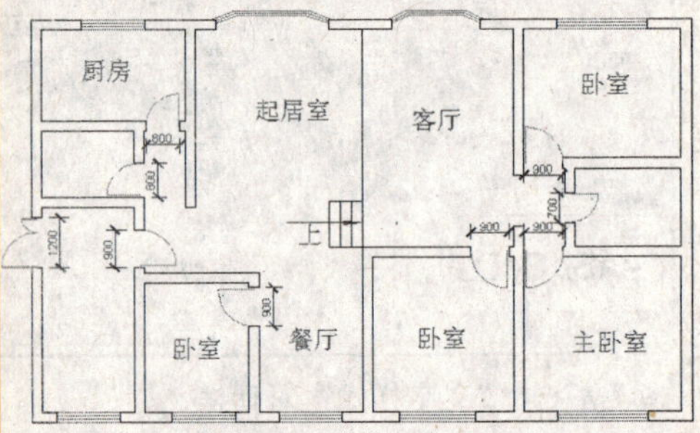

图 7–80 标注门尺寸

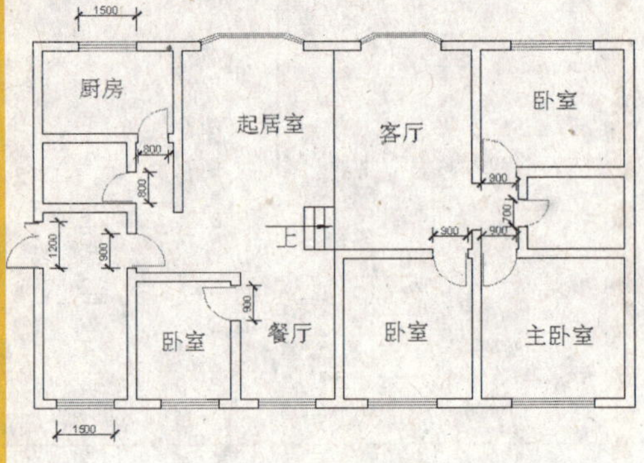

图 7–81 标注窗的尺寸

08 设置符号和箭头。选中“符号和箭头”选项卡，在该选项卡中设置第一个和第二个箭头的模式为“建筑标记”，“箭头大小”为200，如图7–78所示。

09 设置当前标注样式。单击 确定 按钮返回到“标注样式管理器”对话框，如图 7–79 所示。在该对话框中的样式列表中选中新建的“建筑平面图标注样式”标注样式，单击 置为当前(U) 按钮将其设置为当前标注样式，最后关闭该对话框。

10 线性标注。单击“标注”工具栏中的“线性”按钮，标注图形中门的尺寸，效果如图 7–80 所示。

11 继续线性标注。继续执行线性标注命令，标注图形中左边上下两个窗的尺寸，效果如图 7–81 所示。

12 连续标注。单击“标注”工具栏中的“连续”按钮，标注其他窗的尺寸，效果如图 7-82 所示。

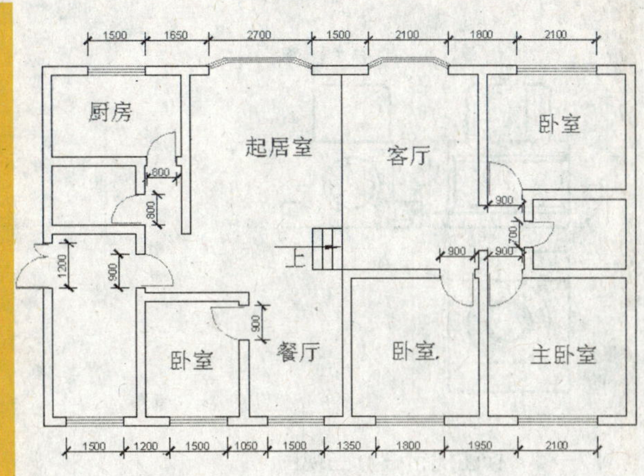

图 7-82　标注其他窗的尺寸

13 线性标注。打开显示轴线层，执行线性标注命令，在水平和垂直方向分别标注两条相邻轴线的尺寸，效果如图 7-83 所示。

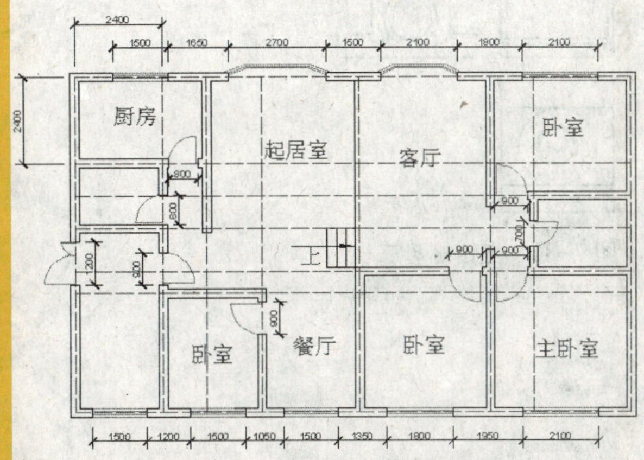

图 7-83　标注相邻轴线尺寸

14 连续标注。执行连续标注命令，依次标注其他相邻轴线间的尺寸，效果如图 7-84 所示。

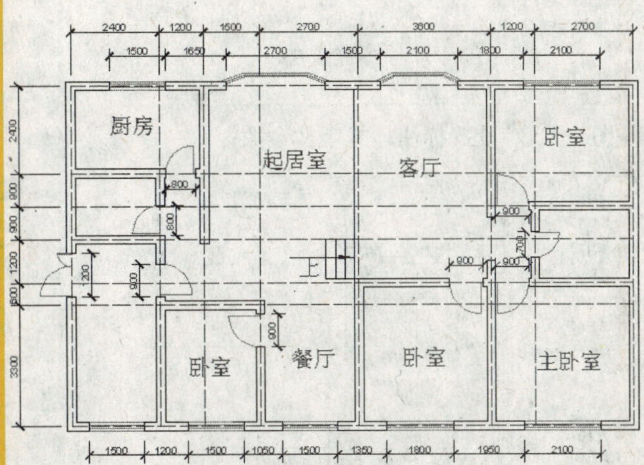

图 7-84　标注其他相邻轴线尺寸

15 标注轴线长度。执行线性标注命令，标注图形中水平轴线和垂直轴线的长度，最后关闭轴线层显示，完成尺寸标注操作，效果如图 7-71 所示。

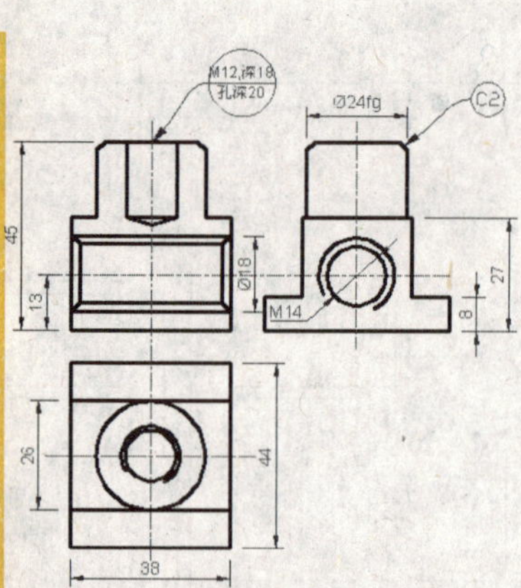

图 7-85　标注虎钳螺母三视图

图 7-86　虎钳螺母三视图

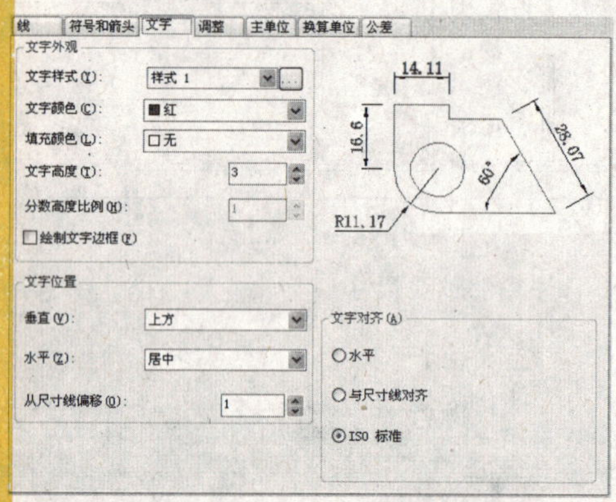

图 7-87　设置标注样式字体参数

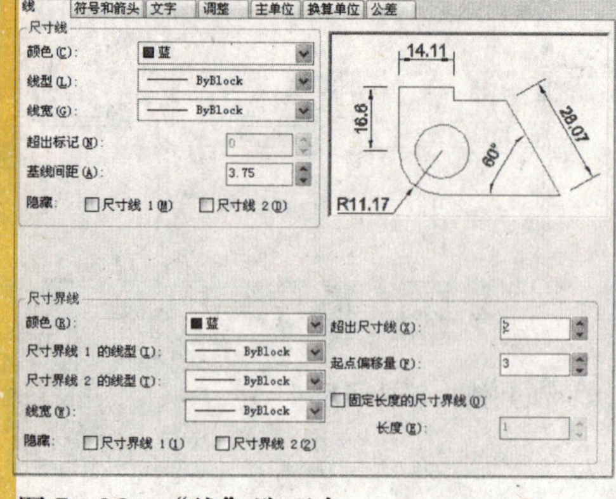

图 7-88　“线”选项卡

7.5.2　案例 2：标注虎钳螺母三视图

标注虎钳螺母三视图的效果如图 7-85 所示。

操作步骤：

01 打开素材。打开“素材”文件夹中的“虎钳螺母三视图”文件，设置“尺寸标注”层为当前图层，效果如图 7-86 所示。

02 新建文字样式。选择“格式”→“文字样式”命令，新建一个字体为“Arial”的文字样式。

03 设置标注样式文字。选择“格式”→“标注样式”命令，新建标注样式，设置标注样式的文字样式为刚才新建的文字样式，文字颜色为红色，文字高度为 3，文字从尺寸线偏移量为 1，文字对齐方式为“ISO 标准”，如图 7-87 所示。

04 设置标注样式符号和箭头。在“符号和箭头”选项卡中设置“箭头大小”为 3，在“线”选项卡中设置尺寸线和尺寸界线的颜色为“蓝色”，超出尺寸线的距离为 2，起点偏移量为 3，效果如图 7-88 所示。

05 线性标注。单击“标注”工具栏中的“线性”按钮，标注虎钳螺母三视图中的线性尺寸，效果如图 7－89 所示。

06 替代标注文字。单击“标准”工具栏中的“特性”按钮，打开“特性”面板，选中标注文字为24的尺寸标注，然后在“特性”面板中“文字选项”中的“文字替代”文本框中输入“%%C24fg”，如图7－90所示，替代标注的文字。然后选中标注文字为18尺寸标注，使用“%%C18”替代该标注文字，替代后的尺寸标注效果如图 7－91 所示。

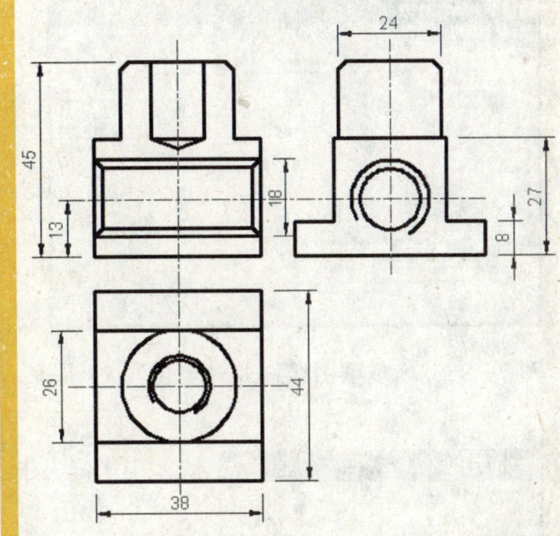

图 7－89　标注线性尺寸

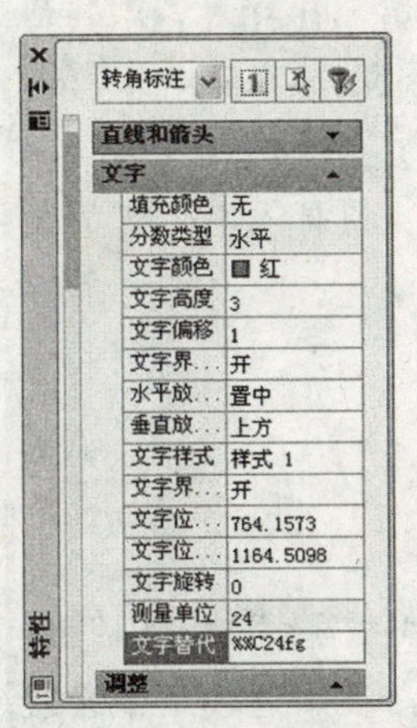

图 7－90　“特性”选项板

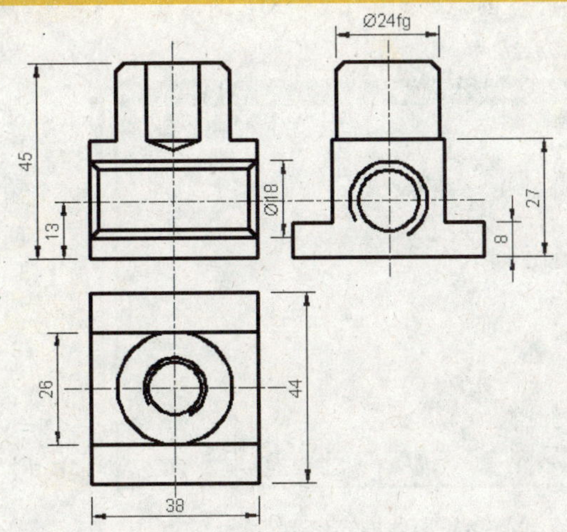

图 7－91　替代文字后的尺寸标注

07 直径标注。单击“标注”工具栏中的“直径”按钮，标注左视图中的圆，然后使用“M”替代标注文字前的直径符号，效果如图 7－92 所示。

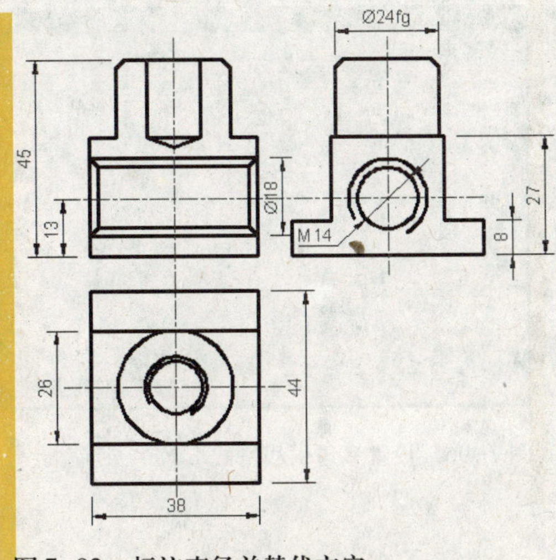

图 7－92　标注直径并替代文字

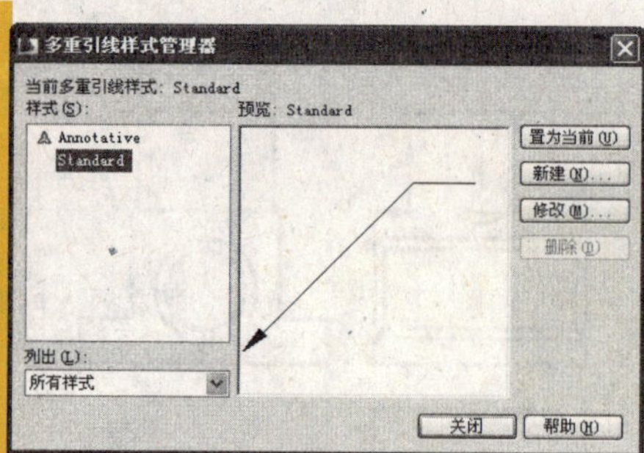

图 7-93　“多重引线样式管理器”对话框

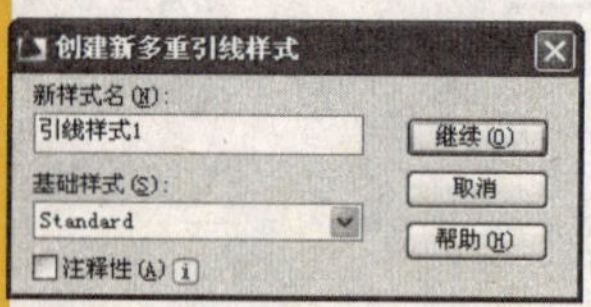

图 7-94　“创建新多重引线样式”对话框

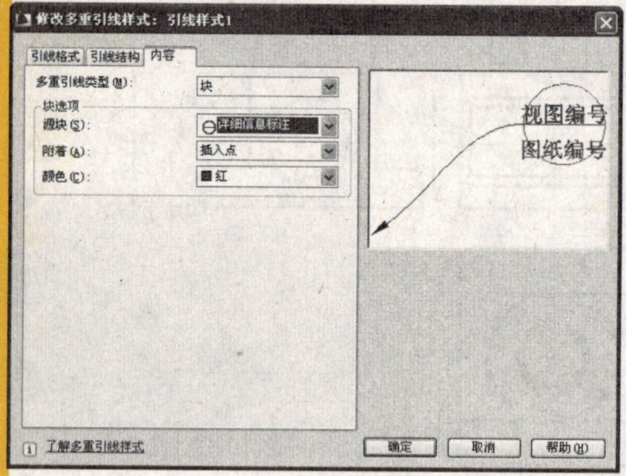

图 7-95　设置多重引线内容参数

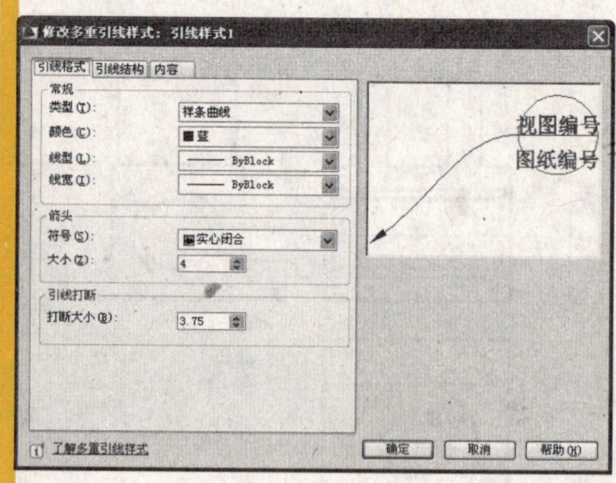

图 7-96　设置多重引线格式参数

08 新建多重引线。单击“多重引线”工具栏中的“多重引线样式”按钮，打开“多重引线样式管理器”对话框，如图7-93所示。单击该对话框中的新建(N)...按钮，打开“创建新多重引线样式”对话框，在该对话框中的“新样式名”文本框中输入“引线样式1”，如图7-94所示。

09 设置多重引线内容参数。单击继续(O)按钮打开“修改多重引线样式：引线样式1”对话框，如图7-95所示，在该对话框中的“内容”选项卡中设置“多重引线类型”为块，其他参数设置如图所示。

10 设置多重引线格式参数。选中“引线格式”选项卡，在“常规”选项组中设置引线的类型为“样条曲线”，引线的颜色为蓝色，其他参数如图7-96所示。

11 设置当前多重引线。单击确定按钮返回到“多重引线样式管理器”对话框，在该对话框中的样式列表中选中新建的多重引线样式，单击置为当前(U)按钮将其设置为当前多重引线样式。

12 多重引线标注。单击“多重引线”工具栏中的“多重引线”按钮，命令行提示如下。

命令：_mleader

指定引线箭头的位置或 [引线基线优先(L)/内容优先(C)/选项(O)] <选项>:

指定引线基线的位置:

输入属性值

输入视图编号 <视图编号>：M12，深18

输入图纸编号 <图纸编号>：孔深20

多重引线标注后的效果如图 7-97 所示。

13 创建多重引线样式。再新建一个多重引线标注样式，这次设置引线的内容参数如图 7-98 所示，并设置该样式为当前样式。

14 多重引线标注。再次执行多重引线标注命令，命令行提示如下。

命令：_mleader

指定引线箭头的位置或 [引线基线优先(L)/内容优先(C)/选项(O)] <选项>:

指定引线基线的位置:

输入属性值

输入标记编号 <TAGNUMBER>：C2

多重引线标注后的效果如图 7-85 所示。

至此，虎钳螺母三视图就全部标注完成了。

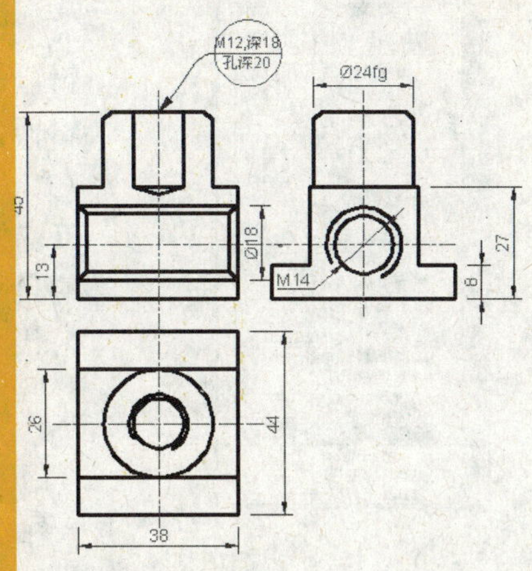

图 7-97　多重引线标注

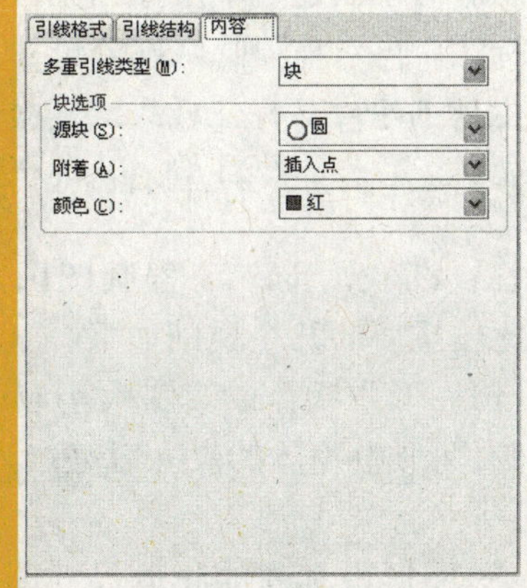

图 7-98　设置多重引线样式的内容参数

7.6 疑难及常见问题

尺寸标注是绘制图形过程中非常重要的一项工作，对于初学者而言，在实际工作中经常会遇到各种各样的问题，以下针对初学者提出的一些与本章知识点相关的疑难及常见问题进行解答。

1. 如何使用基线和连续标注

答：基线标注和连续标注有一个共同的特点，那就是在执行基线或连续标注之前，首先要确定一个基准尺寸标注，这个标注可以是线性标注、角度标注或对齐标注，选中基准标注后，再选择其他对象即可执行基线或连续标注。

2. 如何更改标注文字

答：一般情况下不建议更改标注文字，如果特殊情况下必须更改标注文字，可以采用以下几种方法。

(1)在创建尺寸标注时，选择“文字(T)”命令选项，根据命令行提示输入要更改的文字。

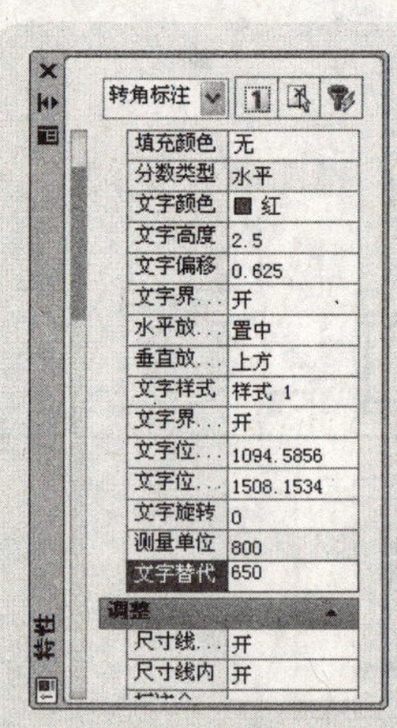

图 7-99 “特性”选项板

（2）执行“修改”→“对象”→“文字”→“编辑”命令，选择要更改的尺寸标注，打开“文字格式”编辑器，在文本框中重新输入文字即可。

（3）单击“标准”工具栏中的“特性”按钮，打开“特性”选项板，如图 7-99 所示，然后选中要更改文字的尺寸标注，在“特性”选项板中“文字”选项的“文字替代”文本框中输入文字即可。

3．一般需要创建几类尺寸标注样式

答：一幅图中需要创建几类尺寸标注样式应该根据图形中对象的功能而定，不能一概而论。如果图形比较复杂，可以考虑将各种图形对象根据标注显示进行分类，例如对一般图形对象创建一个尺寸标注，对标注时需要带有前缀和后缀的图形对象再创建一个尺寸标注，再对需要隐藏部分尺寸界线的图形对象创建一种尺寸标注等。另外，图形的尺寸也是创建尺寸标注样式的一个依据。

4．标注时有没有什么规则，如何实现这些规则

答：在我国的“工程制图国家标准”中，对尺寸标注的规则作出了一些规定，其中比较重要的几个规则如下。

(1)图形中物体的真实大小应以标注测量值为依据，与图形的大小的精度无关。

(2)图形中物体的尺寸以毫米为单位，如要采用其他单位，则需注明单位的代号或名称。

(3)图形中标注的物体尺寸即是物体的实际尺寸，如果是中间尺寸，则需注明。

(4)图形中一个物体只标注一次，且应标注在最能清晰反映该结构的视图中。

习题与上机练习

1．选择题

(1) 标注文字的颜色受(　　)控制。

(A) 绘图窗口背景颜色　　(B) 标注图层颜色

(C) 标注样式　　(D) 文字样式

(2) 线性标注对象时，用户可以调整(　　)。

(A) 标注文字的位置　　(B) 标注文字的旋转角度

(C) 标注文字的内容　　(D) 标注文字的大小

(3) 想知道一个圆弧的半径，最好使用(　　)。

(A) 线性标注　　(B) 角度标注

(C) 弧长标注　　(D) 半径标注

(4) 单击以下(　　)按钮可以执行折弯标注。

(A)　　　　(B)

(C)　　　　(D)

(5) 在执行(　　)标注之前都要先确定一个线性或对齐标注。

(A) 半径标注　　(B) 基线标注

(C) 折断标注　　(D) 连续标注

(6) 多重引线的显示方式受(　　)控制。

(A) 引线结构　　(B) 引线内容

(C) 引线格式　　(D) 多重引线样式

(7) 尺寸标注由(　　)组成。

(A) 尺寸线　　(B) 尺寸界线

(C) 箭头　　(D) 标注文字

2. 问答题

(1) 尺寸标注由哪几部分组成？各部分分别表示什么？

(2) 在AutoCAD 2009中如何创建尺寸标注样式？简述操作过程。

(3) 使用AutoCAD 2009可以标注图形中的哪些尺寸？

3. 上机练习题

(1) 绘制如图7-100所示图形，并标注图形尺寸。

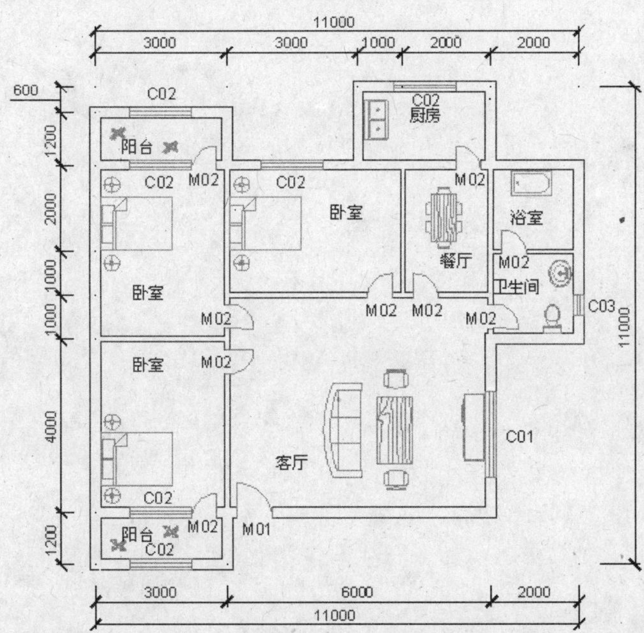

图7-100　标注建筑平面图尺寸

(2) 绘制如图 7-101 所示图形，并标注图形尺寸。

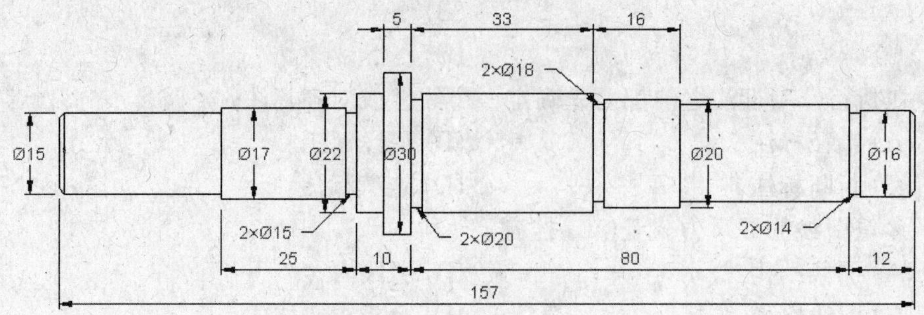

图 7-101　标注轴平面图尺寸

第八章 块与外部参照

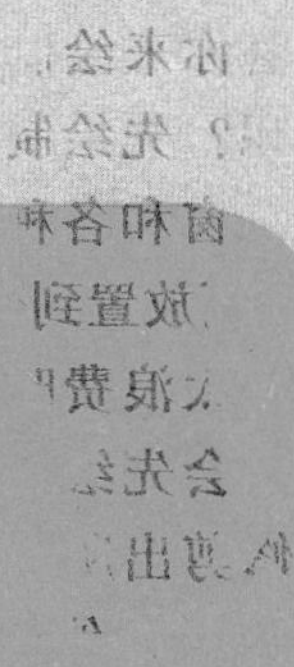

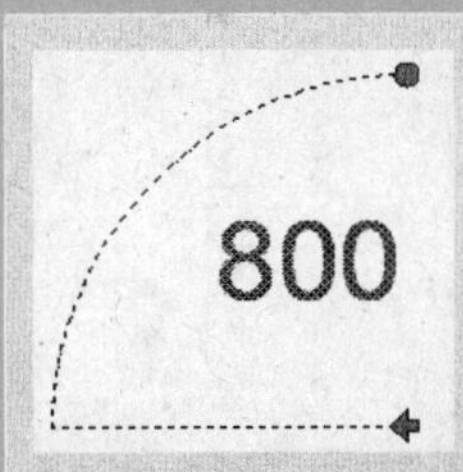

本章内容

- 实例引入——绘制建筑平面布局图
- 基本术语
- 知识讲解
- 基础应用
- 案例表现
- 疑难及常见问题

本章导读

通过前面几章的学习，我们已经能够绘制出一幅基本符合要求的完整图纸了，很有成就感吧！不要骄傲，要提高绘图效率和质量，我们经常还会用到块与外部参照。

使用块可以在图形中按照不同的比例和旋转角度快速绘制出多个形状相同的对象，这些对象可以是一条直线、一个圆或者一组对象。而使用外部参照不仅可以帮助我们重复利用以往的图形，提高工作效率，而且还可以降低图形文件的容量，这对图形文件的阅览和修改都起到非常重要的作用。

在还没有完全建立块与外部参照的概念之前，我们先来看一看高手是如何快速绘制一幅建筑平面布局图的。

8.1 实例引入——绘制建筑平面布局图

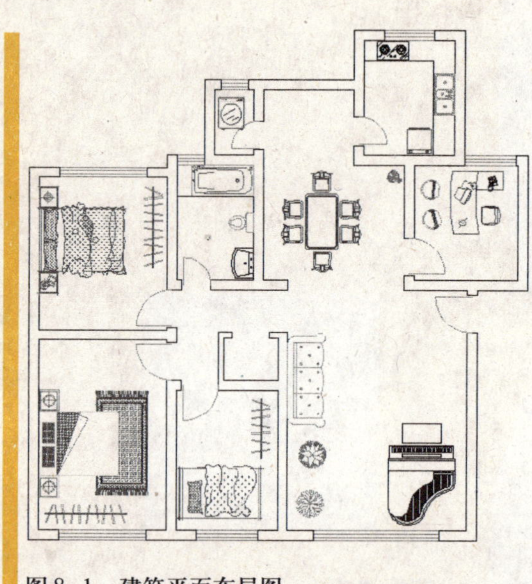

图 8-1　建筑平面布局图

图 8-1 是我们要绘制的图形。设计这幅图形也许花费了设计师很长的时间，但我们利用 AutoCAD 2009 来绘制这幅图形，就不会再浪费时间了，因为我们有秘密武器——图块。

8.1.1　制作分析

如果要你来绘制这幅图形，你会怎么入手呢？先绘制墙体轮廓线，然后绘制门、窗和各种室内设施，再逐一把这些东西放置到合适的位置？不不不，这样做太浪费时间了，通常情况下，绘图员会先绘制墙体线，然后在墙体线上修剪出所有门洞和窗洞，如图 8-2 所示。至于门、窗和各种室内设施，除非有特殊要求，他们才不会把时间浪费在绘制这些图形上，而是直接在图块库中挑选需要的图块，然后把这些图块按比例和旋转角度插入到布局图中。直接使用图块就能把时间节省下来去思考更多的问题了。

8.1.2　制作步骤

01 新建图层。单击“图层”工具栏中的“图层特性管理器”按钮，打开“图层特性管理器”对话框，在该对话框中新建“轴线”、“墙体线”、“门窗线”、“文字标注”、“尺寸标注”和“图块”6个图层，各图层参数设置如图 8–3 所示。

02 绘制轴线。设置“轴线”层为当前图层，单击“绘图”工具栏中的“直线”按钮，在绘图窗口中绘制两条相互垂直的轴线，垂直轴线长为12000，水平轴线长为11700，效果如图 8–4 所示。

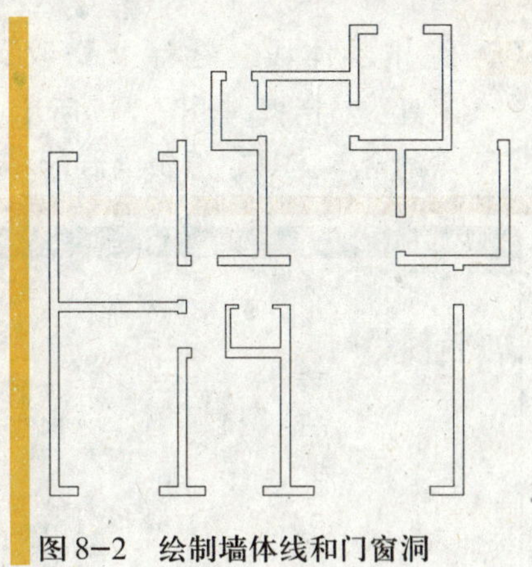

图 8–2　绘制墙体线和门窗洞

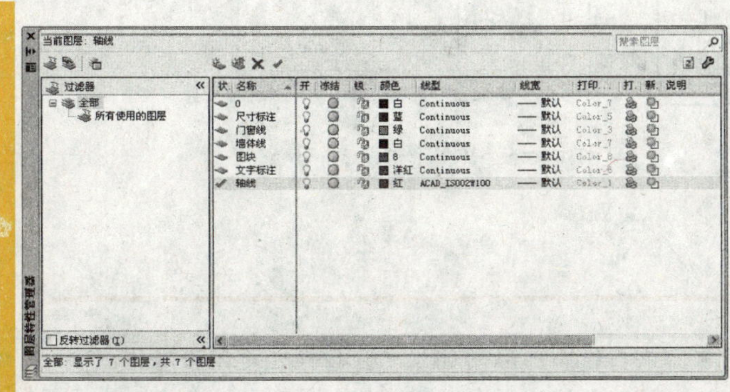

图 8–3　新建图层

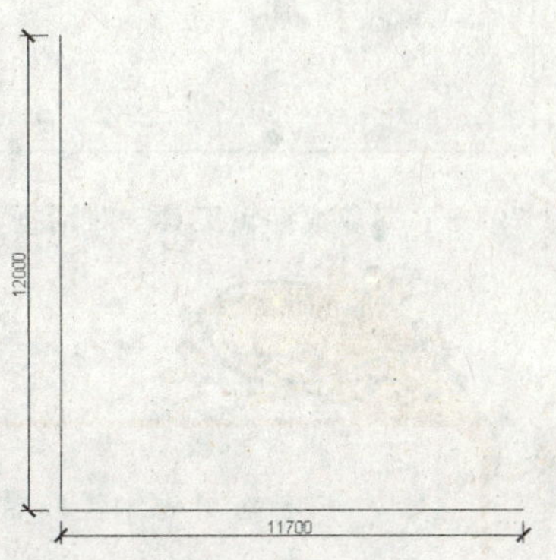

图 8–4　绘制轴线

03 偏移轴线。单击“修改”工具栏中的“偏移”按钮，偏移绘制的轴线，尺寸如图 8–5 所示。细心点哦，如果出错了，后边的操作就得返工啦！

04 绘制墙体线。设置“墙体线”为当前图层，选择“绘图”→“多线”命令，分别设置多线的比例为240 和120，多线的对正方式为“无”，沿着绘制的轴线绘制墙体线和内墙线，最后关闭轴线层，效果如图 8–6 所示。

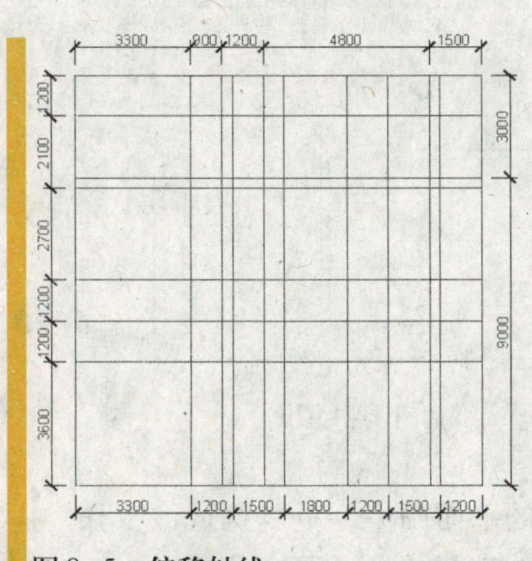

图 8–5　偏移轴线

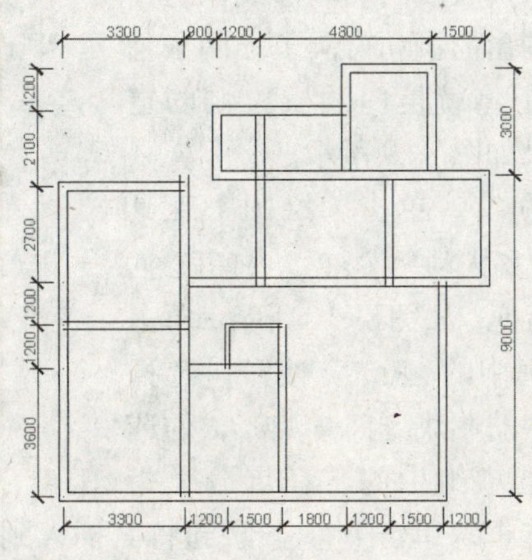

图 8–6　绘制墙体线

05 编辑墙体线。选择“修改”→“对象”→“多线”命令，打开“多线编辑工具”对话框，如图8-7所示。在该对话框中选择“T形打开”、“十字打开”和“角点结合”工具，编辑绘制的多线，效果如图8-8所示。

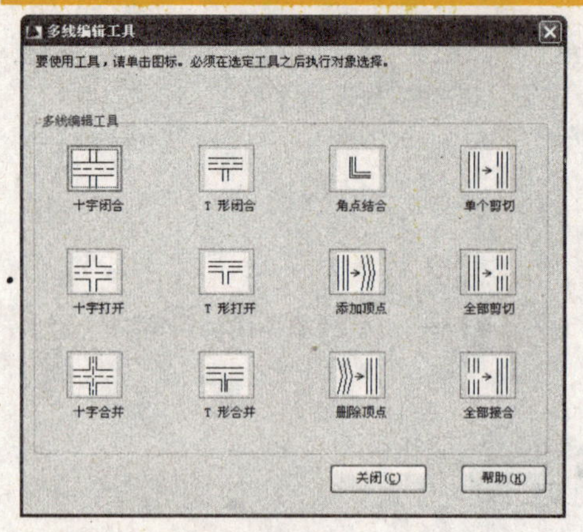

图8-7 “多线编辑工具”对话框

图8-8 编辑多线

其实绘制墙体线非常简单，但在绘制图形的过程中，往往就是因为墙体线中的某一个位置出错，造成下面工作反复地返工，所以在绘制图形的过程中一定要专心！

06 绘制门洞和窗洞。还记得修剪命令吗？我们使用直线在墙体线上绘制两条与墙线垂直的直线，再用修剪命令修剪掉直线间的墙体线，这样就能绘制出门洞和窗洞了。两条垂线间的距离就是门洞或窗洞的宽度，效果如图8-9所示。

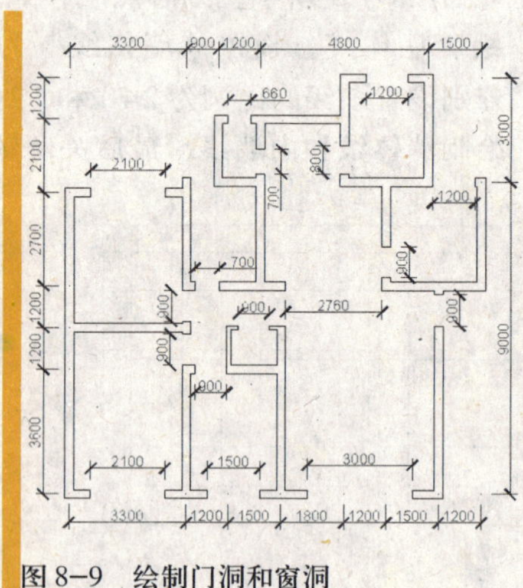

图8-9 绘制门洞和窗洞

07 布置门和窗。单击“绘图”工具栏中的“插入块”按钮，打开“插入”对话框，如图8-10所示。单击该对话框中的 浏览(B)... 按钮，选择图块库中的图块“门-700”，勾选插入点选项组中的“在屏幕上指定”复选框，单击 确定 按钮将其插入到绘制的平面图中。重复执行该步骤，插入所有的门和窗，效果如图8-11所示。怎么样？这样快多了吧！

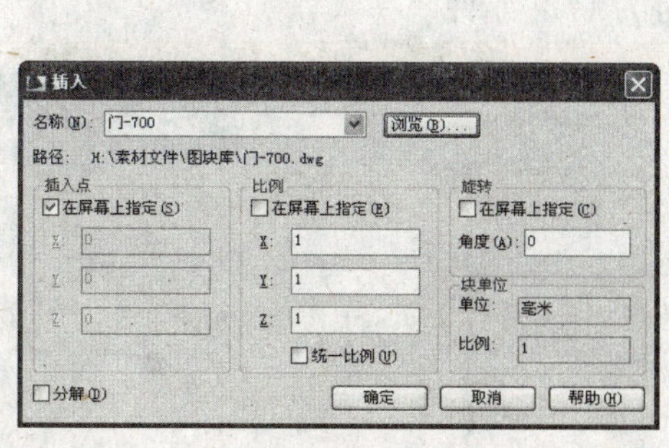

图 8–10　“插入”对话框

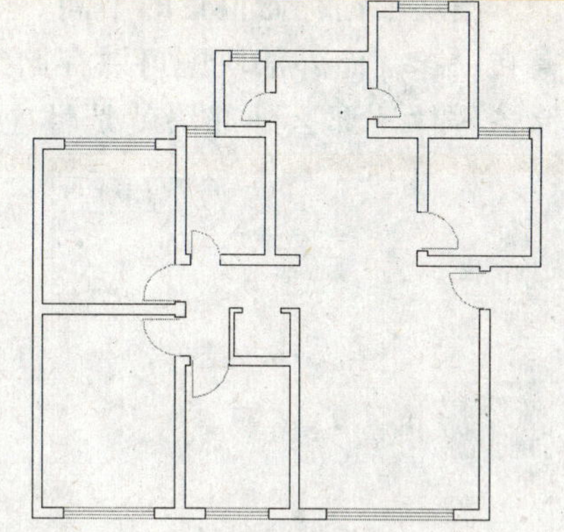

图 8–11　插入门和窗

08 布置餐桌。继续执行插入块命令，在图块库中选择图块“餐桌”，并在“插入”对话框中设置各项参数，如图 8–12 所示。单击 确定 按钮后把餐桌布置到餐厅中，效果如图 8–13 所示。

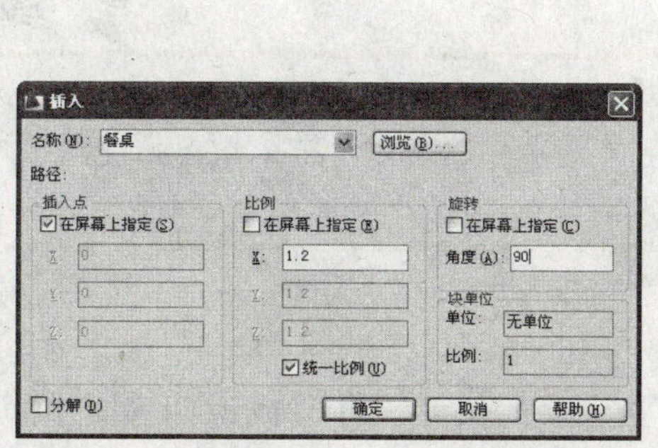

图 8–12　“插入”对话框

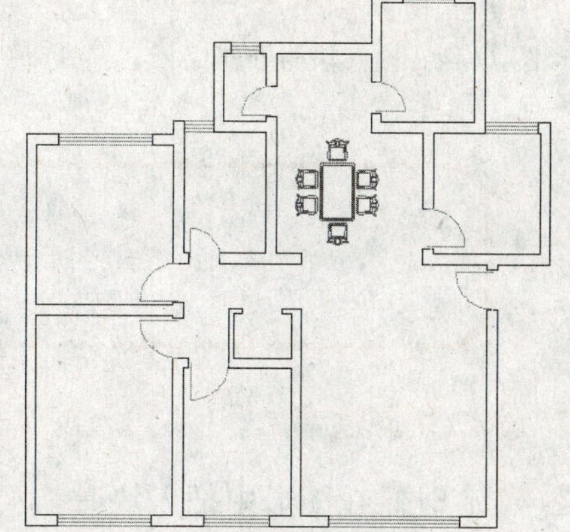

图 8–13　布置餐桌

09 布置其他设施。图块库中提供了很多室内设施的图块，下面就开始独立尝试一下布置平面图吧！在布置平面图的过程中，还可以尝试在“插入”对话框中调整插入图块的比例和旋转角度。不要怕出错，后面我们还会详细进行介绍。这里提供的建筑平面布局图 8–1 仅供参考。

8.2　基 本 术 语

在上面的案例中，我们使用块完成了建筑平面图的布局工作，大大提高了绘图效率。知道吗？在绘图的过程中，我们还会用到带属性的块、动态块和外部参照，这也能帮助我们提高绘图效率。来吧，先让我们了解一下这些术语是干什么的。

8.2.1　图块

块是由一个或多个图形对象组成的作为一个整体对象使用的实体。这些图形对象可以是基本图形对象，也可以是经过编辑的图形对象。

图块根据存储位置的不同，可以分为内部块和外部块。内部块与当前图形文件保存在一起，而外部块则可以存储到硬盘等存储设备中。如果将内部块看成是工厂里的储备零件，那么外部块就是供应商的储备零件。

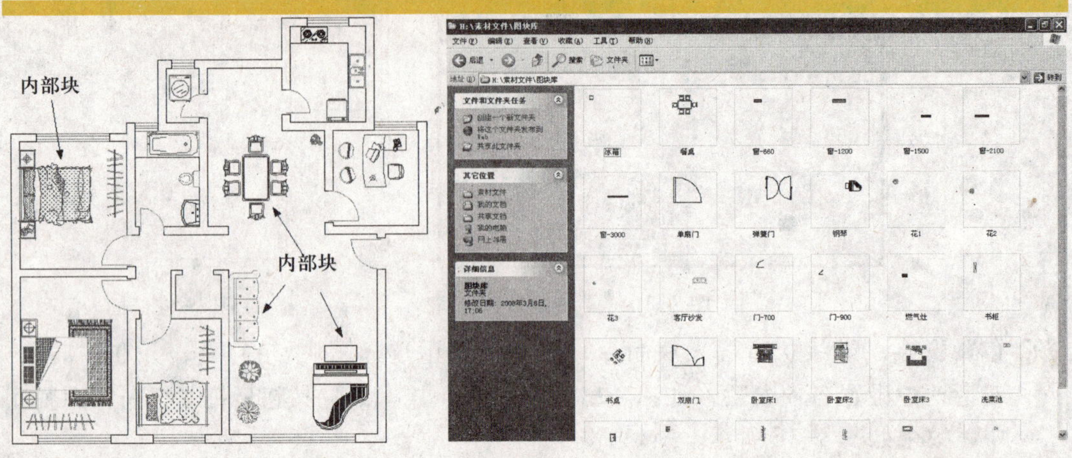

图 8-14　内部块与外部块

内部块只能被当前图形使用，而外部块可以被不同图形使用。

8.2.2 块属性

有时候在图形中插入块时需要指定块的尺寸、注释或说明等文本属性，此时就该块属性大显身手了。通过为块附加文本属性，每次在插入块时就能指定块的各种属性，如图 8-15 所示。

700

不带属性的块　　带属性的块

图 8-15　块属性

在 AutoCAD 2009 中，块属性也被看成是一个对象，需要单独创建，并与组成块的对象一起成为块的一部分，这样在插入块的时候才能使用块属性。

8.2.3　动态块

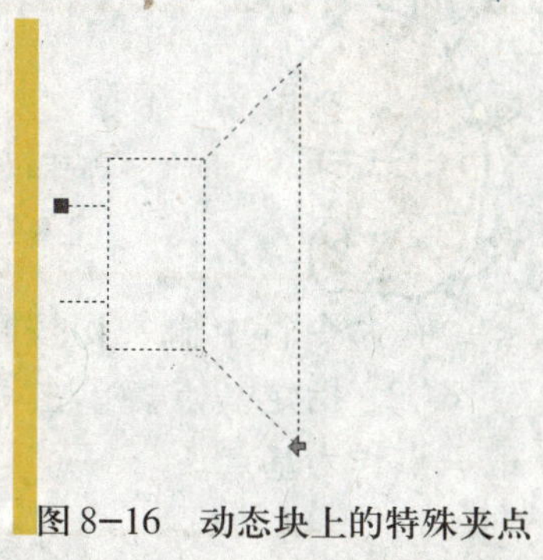
图 8-16　动态块上的特殊夹点

提高工作效率最有效的方法是把工作变得更简单，这样操作起来就会更快。在插入块的时候，根据具体的要求还要对插入的块进行移动、缩放和旋转等操作，如果能将这些操作变得简单，就能达到事半功倍的效果。呵呵，动态块就具有这样的功能。选中动态块后，单击动态块上相应的特殊夹点可以完成指定的操作，如图 8-16 所示，让你真正感受到“一键到位”。

8.2.4　外部参照

外部参照是指引用当前图形以外可用做参照的图形。想必大家对图层已经有了很深的认识，我们可以将参照图形看做是一个单独图层上的图形，这个图层并不是我们自己创建的，只要引用外部参照，就会自动生成这个图层。这个图层位于当前图形中所有图层的最下边，我们所有的其他操作都是在这个图层之上完成的，所以被引用的参照图形不能在当前图形中被修改。如果原参照图形被修改，在当前图形中的参照图形也会相应地被更新。

引用参照图形只是链接了参照图形的存储路径，这样可以有效地降低图形容量，但如果参照图形的路径发生了改变，引用参照就会失败。

8.3　知 识 讲 解

介绍到这里，你对图块、块属性和外部参照这些术语有没有一定的了解呢？呵呵，是不是有些晕，不要紧，在下面的讲解中，你会对这些术语有更深刻的认识。

8.3.1　创建块

在绘图的过程中，虽然我们可以直接在图块库中选择自己需要的图块，但图块库中可供我们选择的图块毕竟不是为我们量身定制的，所以在必要的时候，还得根据自己的需要创建一些图块。

1. 创建内部块

来吧，先让我们看看内部块是如何创建的。

(1) 执行命令。单击“绘图”工具栏中的“创建块”按钮，执行创建内部块命令，打开“块定义”对话框，如图 8-17 所示。

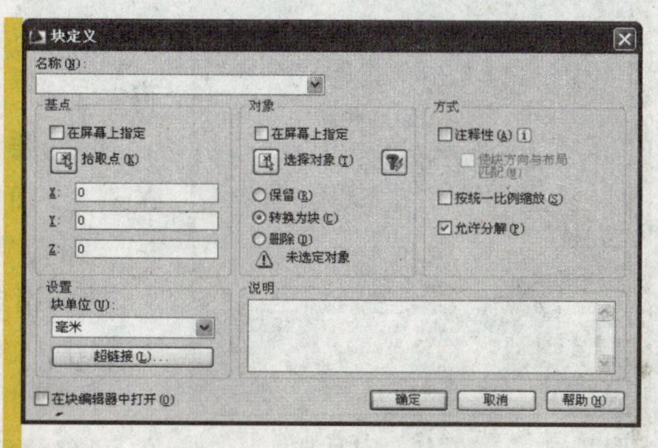

图 8-17　“块定义”对话框

选择“绘图”→“块”→“创建”命令，或在命令行中输入命令“block”都可以执行创建内部块命令。

在命令行中输入b按回车键，可以快速执行创建内部块命令。

（2）指定基点。单击“基点”选项组中的“拾取点”按钮，在绘图窗口中拾取一点作为基点。

除了拾取基点外，还可以通过勾选“在屏幕上指定”复选框，指定块的基点，或直接在“拾取点”按钮下面的文本框中依次输入基点坐标的X轴、Y轴和Z轴的坐标来确定基点的位置。

（3）选择对象。单击“对象”选项组中的“选择对象”按钮，在绘图窗口中选择组成块的对象。

通过勾选“在屏幕上指定”复选框还可以直接在平面上选择组成块的对象。

(4)指定对象状态。确定选择对象的状态，如果要保留对象的原状态不变，可以选择“保留”单选按钮；如果要将其转换成块，可以选择“转换成块”单选按钮；如果要将其删除，可以选择“删除”单选按钮。

（5）指定插入单位。在“设置”选项组中的“块单位”下拉列表中选择创建块的单位。

（6）补充说明。如果要对创建的图块做进一步的说明，可以在“说明”文本框中添加说明文字，最后单击 确定 按钮完成内部块的创建。

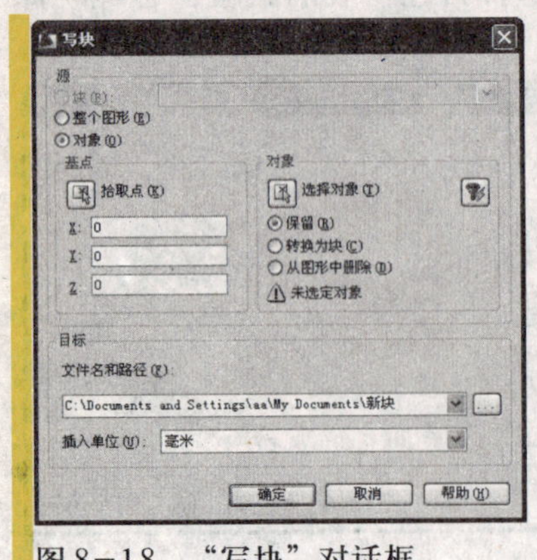

图8-18 “写块”对话框

2. 创建外部块

(1) 执行命令。在命令行中输入命令wblock，打开“写块”对话框，如图8-18所示。

(2)指定对象。在“源”选项区中指定组成外部块的对象，可以是当前图形中的图块、整个图形对象或指定的一组对象，我们以指定的一组对象为例进行介绍。

(3)指定块的基点与对象。确定基点和对象的方法与创建内部块相同。呵呵，偷个懒，这里就不再赘述了。

(4) 指定保存位置。在目标选项区中指定外部块的保存位置，单击按钮选择路径。

(5) 指定插入单位。指定外部块的插入单位，最后单击 确定 按钮完成外部块的创建。

8.3.2 插入块

呵呵，插入块可是块操作中的重点，熟练掌握了插入块的操作，对于提高绘图效率将会起到很大的作用，下面我们就来看一看块是如何插入到图形中的。

(1) 执行命令。单击“绘图”工具栏中的“插入”按钮，执行插入块命令，打开“插入”对话框，如图 8-19 所示。

在命令行中输入 i 按回车键，可以快速执行插入块命令。

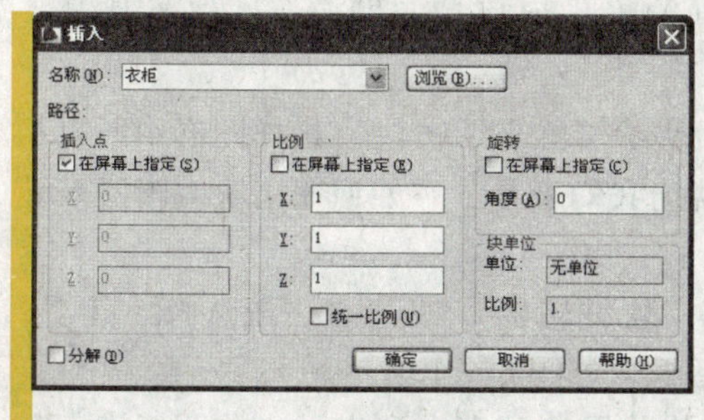

图 8-19 “插入”对话框

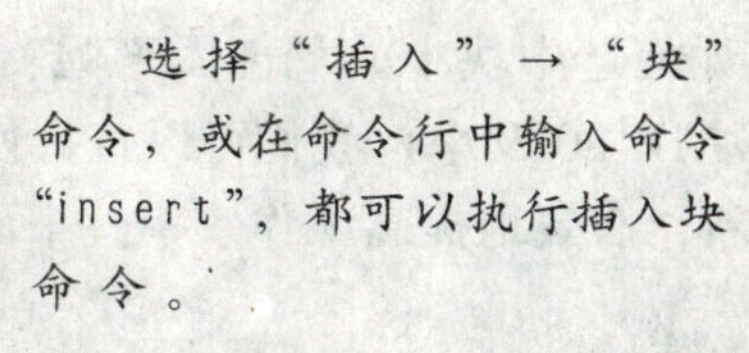

(2) 选择内部块。呵呵，你知道当前图形中有多少个内部块吗？单击“名称”下拉列表看一下吧，这里列出了当前图形中所有的内部块名称。选中需要的内部块，在右边的预览框中可以查看预览效果。

(3) 选择外部块。如果要插入外部块，则需要单击 浏览(B)... 按钮，选中存储设备中保存的外部块。

(4) 指定插入点。在“插入点”选项区中勾选“在屏幕上指定”复选框指定插入点的确定方式。当然还可以通过设置插入点在 X 轴、Y 轴和 Z 轴的坐标确定插入点。

(5) 指定插入比例。在“比例”选项区中通过勾选“在屏幕上指定”复选框可以通过拖动鼠标来确定插入块的比例，也可以在该选项区中设置插入块在 X 方向、Y 方向和 Z 方向的缩放比例。如果选中“统一比例”复选框，则插入的块在三个方向上按相同比例进行缩放。

(6) 指定插入时的旋转角度。在“旋转”选项区中勾选“在屏幕上指定”复选框就可以通过鼠标指定插入块的旋转角度，当然也可以在该选项区中的“角度”文本框中直接设置插入块的角度。

设置完以上各项参数后，单击 确定 按钮完成插入块操作。

在插入块时，通过设置旋转角度可以改变图块的放置方向，但有的图块无论怎么设置，都不可能达到预期的效果，如图 8-20 所示，这是因为预期的效果与现在图块的放置位置成对称性，所以无论怎么旋转，都不能旋转到位。此时可以先按旋转角度插入一个图块，然后使用镜像命令镜像一个图块的副本，这样就可以得到预期的效果了。

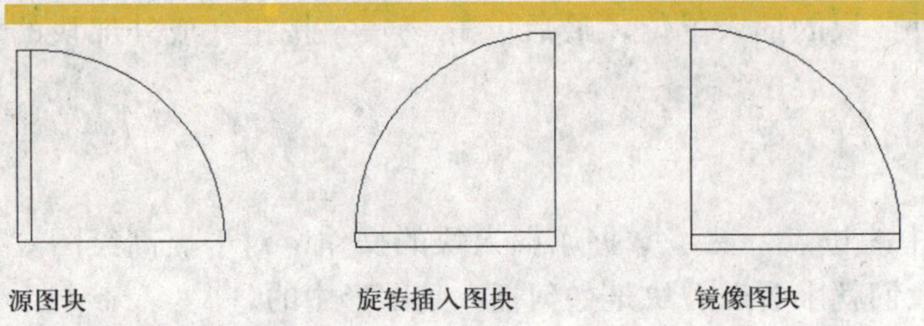

图 8–20　插入图块

8.3.3　编辑块

对于已经创建的块，还可以根据需要对其编辑。呵呵，问题来了，既然块是一个整体，那么如何选中块中的局部图形呢？

在 AutoCAD 2009 中，我们可以直接使用块编辑器来编辑块，这样图形中所有相同的块都会更新，有效地提高工作效率。下面就让我们来看一看如何使用块编辑器来编辑块吧。

(1)执行命令。单击“标准”工具栏中的“块编辑器”按钮，或选择“工具”→“块编辑器”命令，打开“编辑块定义”对话框，如图 8–21 所示。

(2)选择图块。在“编辑块定义”对话框左边的图块列表中列出了当前图形中所有的图块。当选中需要的图块后，在右边的预览框中可以直接预览。

(3)打开块编辑器窗口。选中要编辑的块后单击 确定 按钮即可打开块编辑器窗口，如图 8–22 所示。呵呵，是不是有一种似曾相识的感觉啊！不错，我们可以把块编辑器窗口看成是块内部的绘图窗口，在这个窗口中可以绘制和编辑图形。

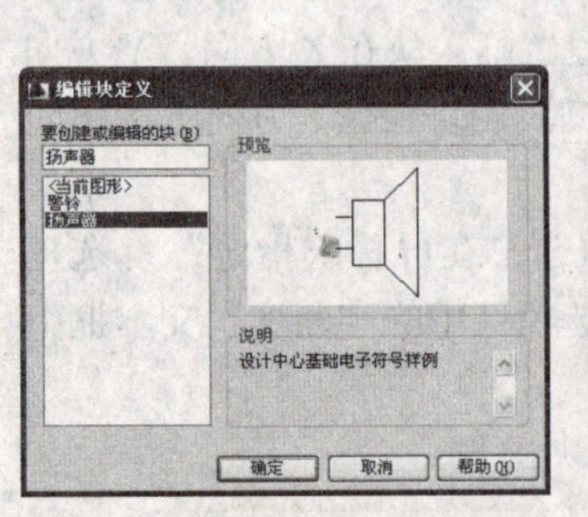

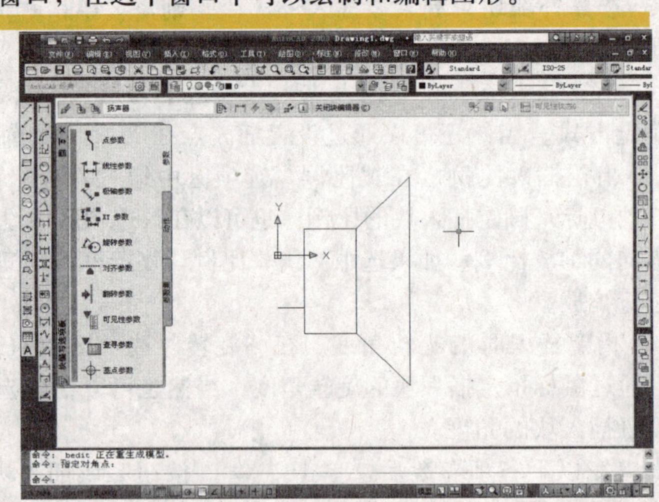

图 8–21　“编辑块定义”对话框　图 8–22　块编辑器窗口

块编辑器窗口中有一个选项板，该选项板用于创建动态块，后面将详细进行介绍。

(4)关闭块编辑器窗口。单击块编辑器窗口工具栏上的关闭块编辑器(C)按钮可以关闭块编辑器窗口，并切换到绘图窗口，这样就完成了对块的编辑。与此同时，其他相同的块也会动态更新。

8.3.4 创建动态块

在 AutoCAD 2009 中，块可以分为静态块和动态块两种，以上介绍的都是对静态块的操作。动态块需要在块编辑器中创建，组成动态块的对象可以是使用块编辑器打开的静态块，也可以是直接在块编辑器中绘制的对象，下面以静态块为例介绍如何在块编辑器中创建动态块。

(1)打开块。使用块编辑器打开一个静态块，如图 8–23 所示。

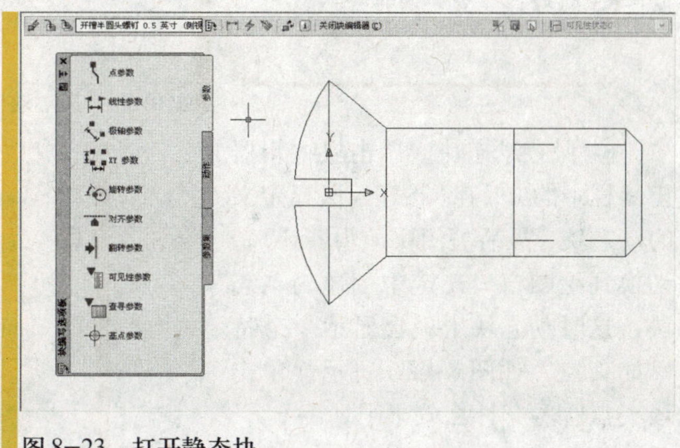

图 8–23 打开静态块

(2)添加参数。单击“块编写选项板”中的“参数”选项卡，单击该选项卡中的“翻转参数”按钮，依次指定翻转投影线的基点与端点，效果如图 8–24 所示。

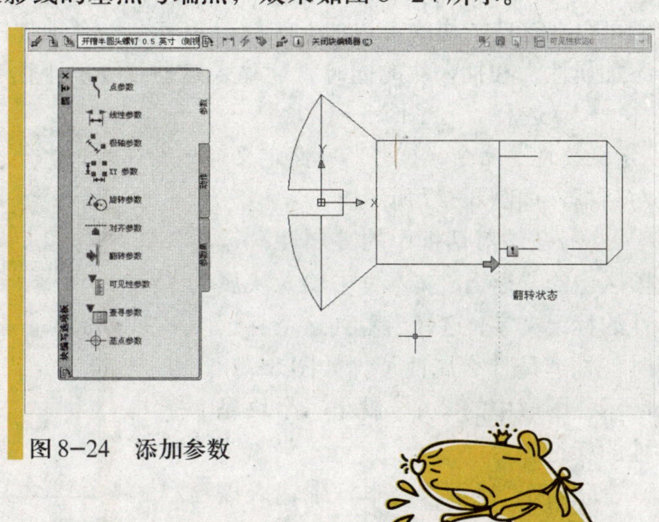

图 8–24 添加参数

根据实际需要，还可以添加点参数、线性参数、极轴参数、XY 参数、旋转参数、对齐参数、可见性参数、查寻参数和基点参数等。

(3) 添加动作。选中“动作”选项卡，单击该选项卡中的“翻转动作”按钮，捕捉添加的翻转参数，最后选择整个图形对象为其添加动作，效果如图 8-25 所示。

与参数一样，根据实际需要还可以添加移动动作、缩放动作、拉伸动作、极轴拉伸动作、旋转动作、阵列动作和查寻动作等。

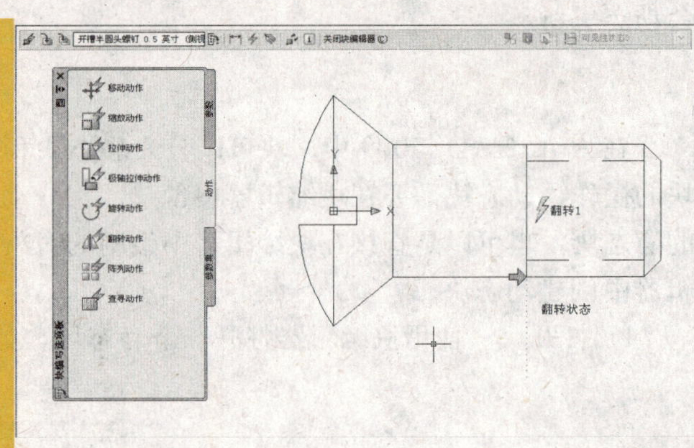

图 8-25　添加动作

(4)保存动态块。单击块编辑器工具栏中的“保存”按钮保存定义的动态块，最后关闭块编辑器窗口，切换到绘图窗口，选中创建的动态块，这时动态块上就会显示一个特殊的夹点，如图 8-26 所示。单击该夹点看看有什么效果吧。

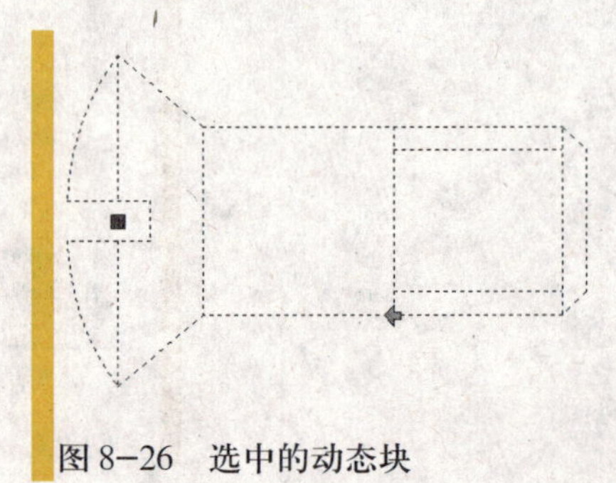
图 8-26　选中的动态块

8.3.5　创建块属性

在一幅图形中有时需要插入多个比例不等的图块，为了对这些图块加以区别，我们可以在这些图块的旁边加上注释，但一个一个地加注释太麻烦了，这时可以考虑给块添加属性，在插入块的同时就能输入这些注释。下面来看一下如何给块添加属性。

(1) 选择“绘图”→“块”→“定义属性”命令，打开“属性定义”对话框，如图 8-27 所示。

(2)在该对话框中的“属性”选项区中的“标记”文本框中输入块属性的标记文字，这样当看到这个标记时就知道是什么属性了。如图 8-28 所示，图形中的“A”就是一个块属性的标记。

(3)在“提示”文本框中输入提示信息，当插入带有属性的块时，命令行就会显示这些提示信息。

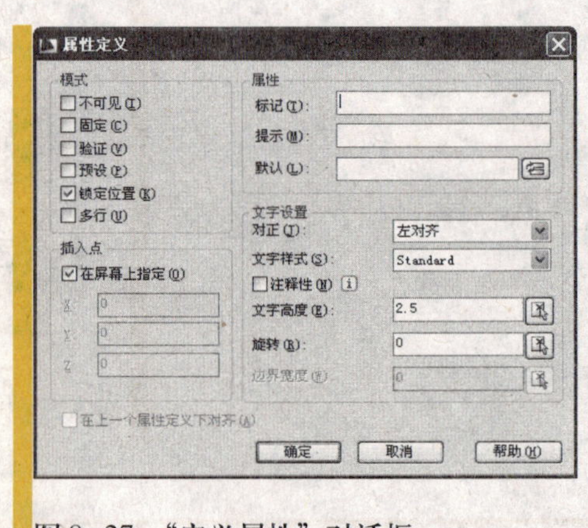

图 8-27　“定义属性”对话框

(4)在“默认”文本框中输入属性的默认值，如果在插入块时不指定新的块属性值，就会显示这个默认值，如图 8-29 所示为默认值为 560 的效果。

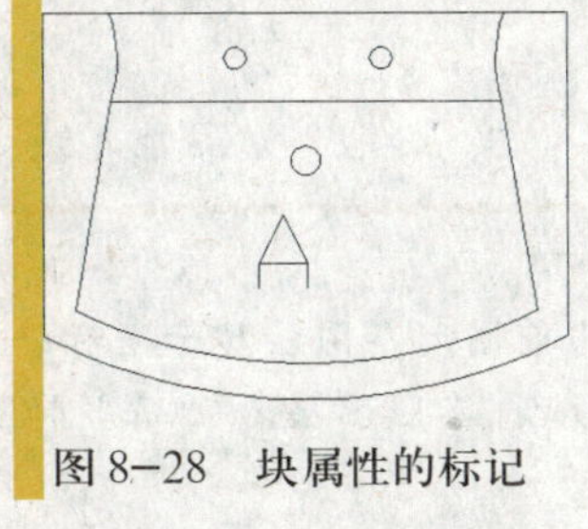

图 8-28　块属性的标记

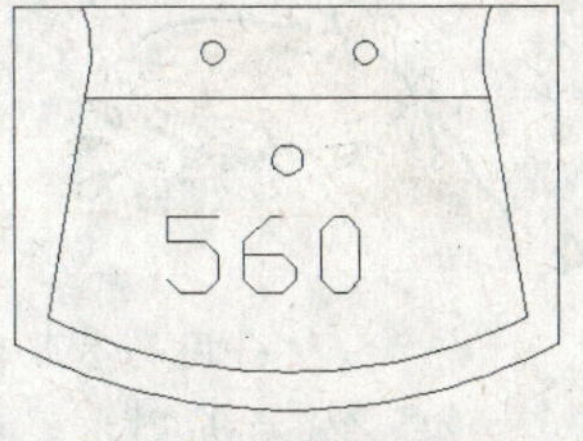

图 8-29　显示默认属性

标记是属性单独存在时的显示符号，而默认属性是将属性添加到块后的默认显示值。以上三个参数是属性中最主要的三个参数，根据实际的需要，还可以设置属性的文字样式和大小等其他参数。

(5)设置以上参数后，单击确定按钮就可以创建一个属性，但此时这个属性是单独存在的，只有将属性和其他对象一起创建成块时，创建的块才具有该块属性。

8.3.6 引用外部参照

外部参照与块类似，但又有区别，块的所有信息存储在当前图形中，而外部参照只与当前图形建立关联，即只引用参照图形的路径，而参照图形的所有信息都保留在原来的图形中。另外当参照图形的内容更新时，引用外部参照的图形也会使用最新的参照信息。下面我们来看一下如何在一幅图形中引用外部参照。

(1)选择“插入”→“DWG 参照”命令，打开“选择参照文件”对话框，如图 8-30 所示。

(2)在该对话框中选择一个要参照的底图，单击打开(O)按钮，打开“外部参照”对话框，如图 8-31 所示。

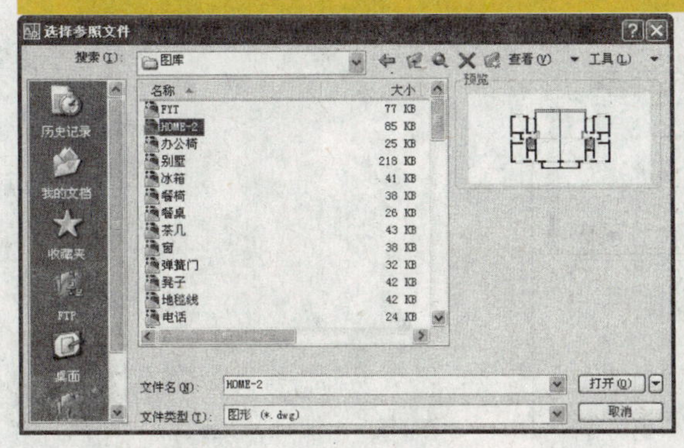
图 8-30　“选择参照文件”对话框

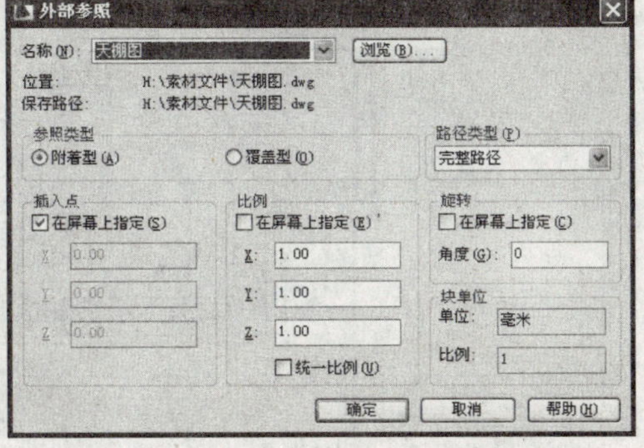
图 8-31　“外部参照”对话框

(3)与插入图块类似，在该对话框中设置外部参照的插入点、插入比例和旋转角度，最后单击确定按钮在当前图形中应用外部参照。

被引用的参照图形与当前图形在图层显示上有一个明显的区别，参照图形的图层名显示规则为“参照图形名|参照图层名”，而当前图形中的图层直接显示图层名，如图 8-32 所示。

HOME-2|AXIS
HOME-2|balcony
HOME-2|FUTURE
HOME-2|PUB_DIM
HOME-2|STAIR ◀— 参照图形的图层
HOME-2|WALL
HOME-2|WINDOW
HOME-2|WINDOW_TEXT
J
JJ
LAYER4
LAYER5 ◀— 当前图形的图层
LAYER6

图 8-32　参照图形与当前图形图层的区别

8.4 基础应用

其实图块的主要作用是将一组对象整合成一个对象进行重复操作，其应用非常广泛，例如布局建筑平面图、标注标高和轴号等。

8.4.1 使用图块布局建筑平面图

在建筑制图中，大多都使用图块来布局建筑平面图。这些图块可以自己创建，也可以申请或购买，如图 8-33 所示就是使用图块布局的建筑平面图。

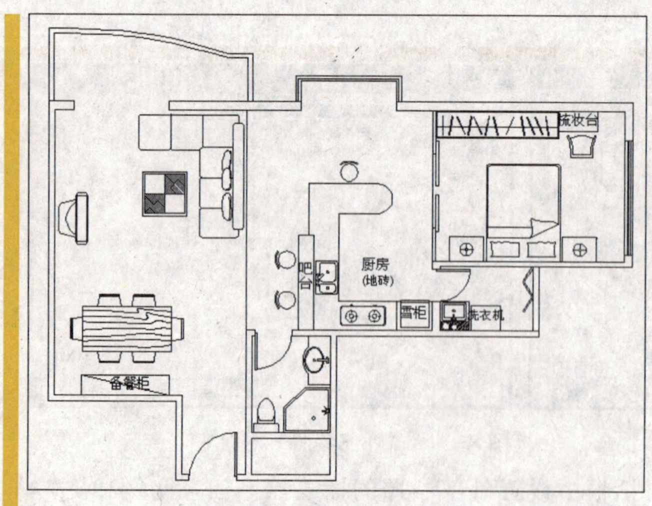

图 8-33　使用图块布局建筑平面图

8.4.2　使用图块标注标高

标高用于显示距离基准面的高度，可以将标高符号创建成带属性的块，这样在插入标高的同时就可以指定标高值，如图 8-34 所示。

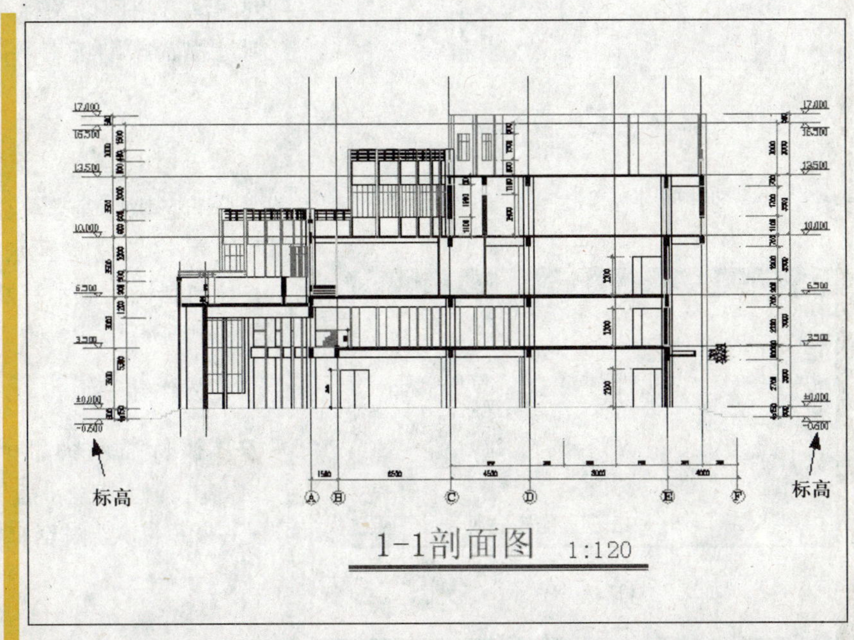

图 8-34　使用图块标注标高

8.4.3　使用图块标注轴号

轴号就是给轴线的编号，一条轴线只有一个编号，而且在轴线的两端分别有一个轴号，这样有利于图形的可操作性，如图 8-35 所示。

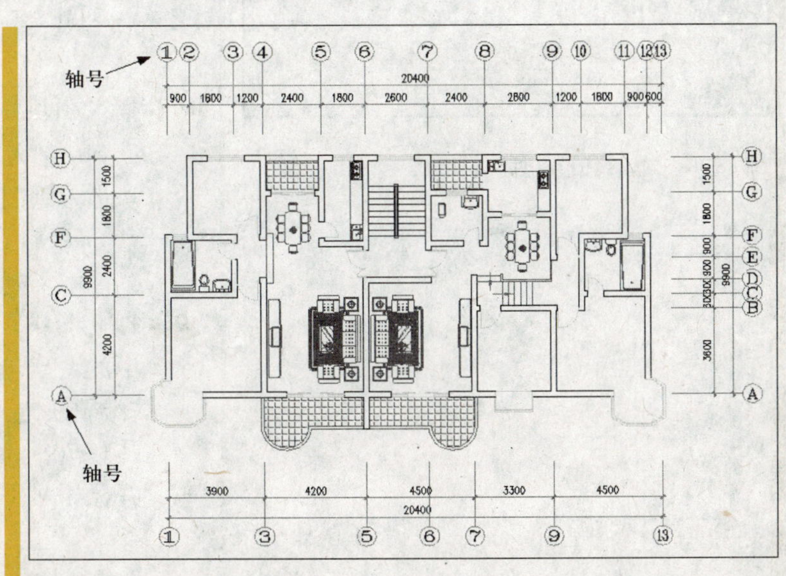

图 8-35　使用图块标注轴号

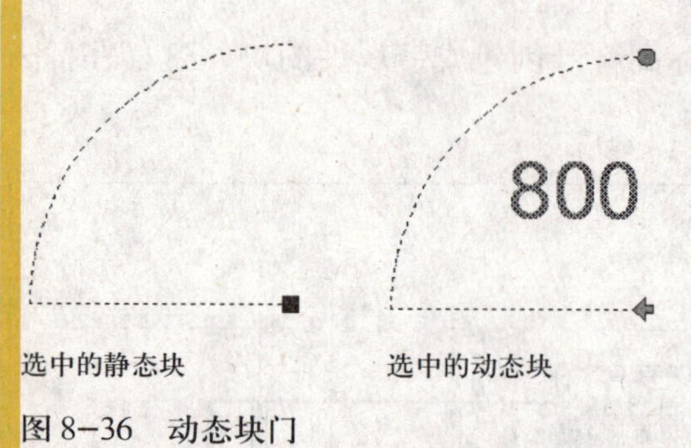

图 8−36　动态块门

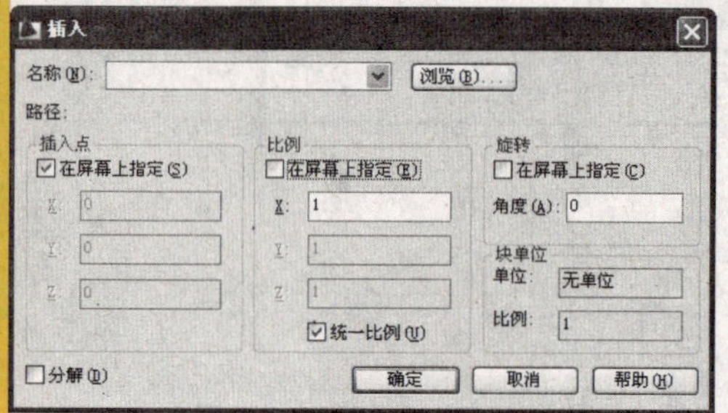

图 8−37　“插入”对话框

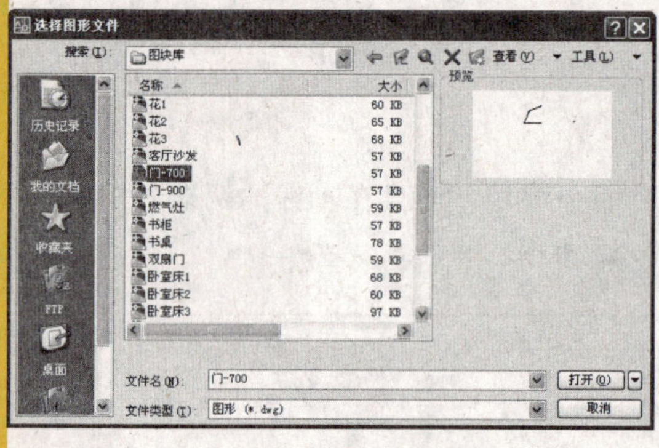

图 8−38　“选择图形文件”对话框

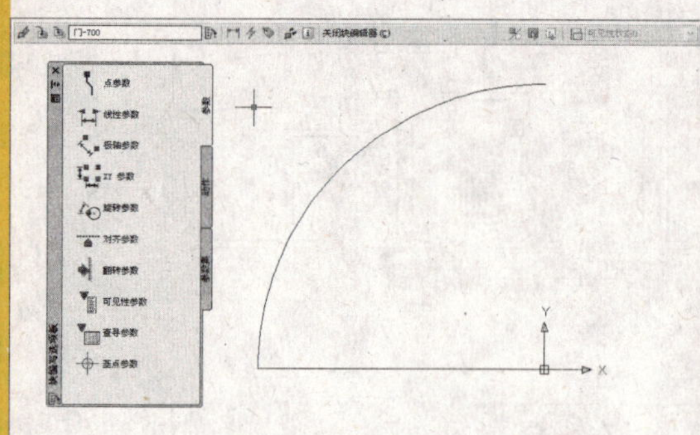

图 8−39　在块编辑器窗口中打开块

8.5　案例表现

根据图块的基础应用，详细介绍创建动态块门以及标注标高和轴号的绘制过程，帮助读者巩固对图块的操作。

8.5.1　案例 1：创建动态块门

动态块与静态块在没有选中的状态下显示效果没有区别，而在选中状态下，动态块上显示特殊的夹点，效果如图 8−36 所示。

操作步骤：

01 执行插入块命令。单击“绘图”工具栏中的“插入块”按钮，打开“插入”对话框，如图8−37所示。

02 选择图块。单击该对话框中的 浏览(B)... 按钮，打开“选择图形文件”对话框，在“图块库”文件夹中选中“门−700”，如图 8−38 所示。

03 插入图块。打开选中的图块，返回到“插入”对话框，将选中的图块插入到图形中。

04 打开图块。单击“标准”工具栏中的“块编辑器”按钮，打开“编辑块定义”对话框，选中图块“门−700”，并在块编辑器窗口中打开，如图 8−39 所示。

05 设置块属性。单击块编辑器窗口工具栏中的“定义属性”按钮，打开“属性定义”对话框，并在该对话框中设置各项参数如图8-40所示。

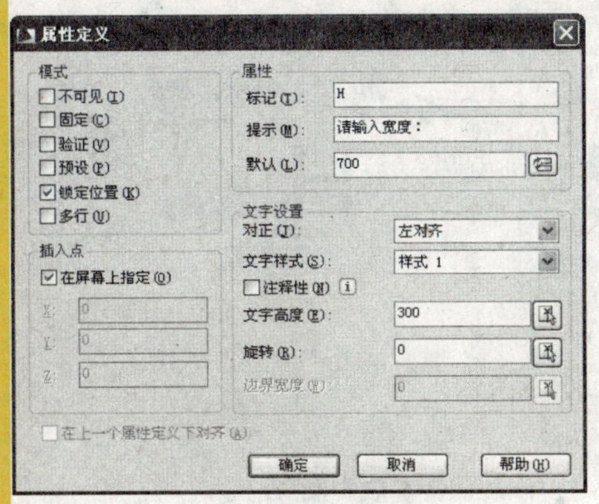

图8-40　“属性定义”对话框

06 插入属性。单击 确定 按钮将创建的属性插入到图块中，效果如图8-41所示。

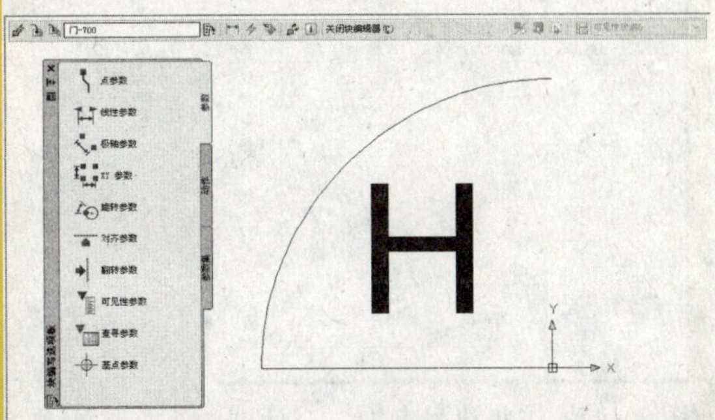

图8-41　添加属性

07 添加旋转参数。选中“块编写选项板”中的“参数”选项卡，单击该选项卡中的“旋转参数”按钮，命令行提示如下。

命令：_BParameter 旋转

指定基点或［名称(N)/标签(L)/链(C)/说明(D)/选项板(P)/值集(V)]：

指定参数半径：

指定默认旋转角度或［基准角度(B)] <0>：90

指定标签位置：

为块添加旋转参数后的效果如图8-42所示。

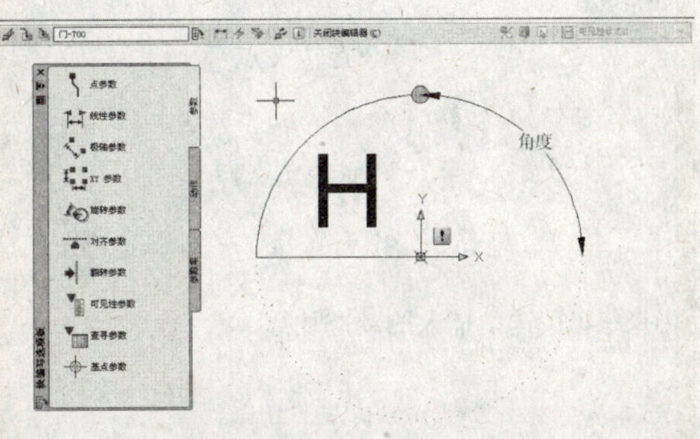

图8-42　添加旋转参数

08 添加旋转动作。选中“动作”选项卡，单击该选项卡中的“旋转动作”按钮，命令行提示如下。

命令：_BActionTool 旋转

选择参数：

指定动作的选择集

选择对象：指定对角点：找到 3 个

选择对象：

指定动作位置或［基点类型(B)]：

为块添加旋转动作后的效果如图8-43所示。

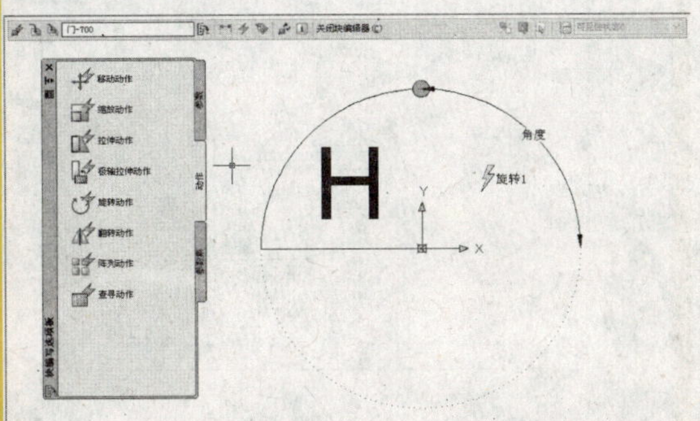

图8-43　添加旋转动作

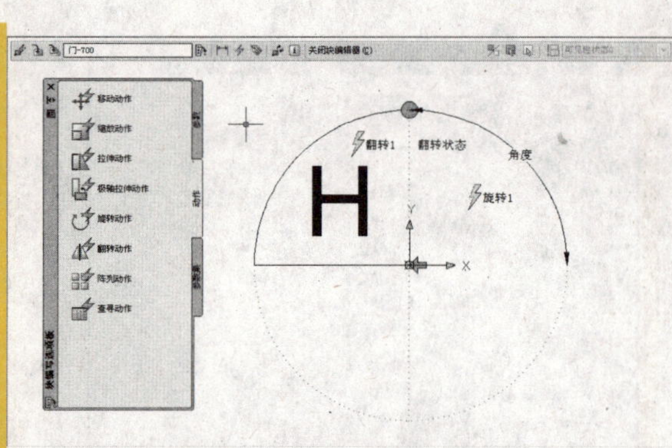

图 8-44　添加翻转参数和动作

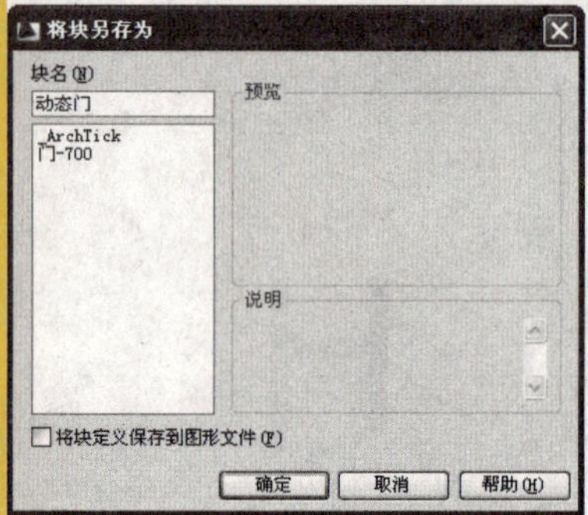

图 8-45　“将块另存为”对话框

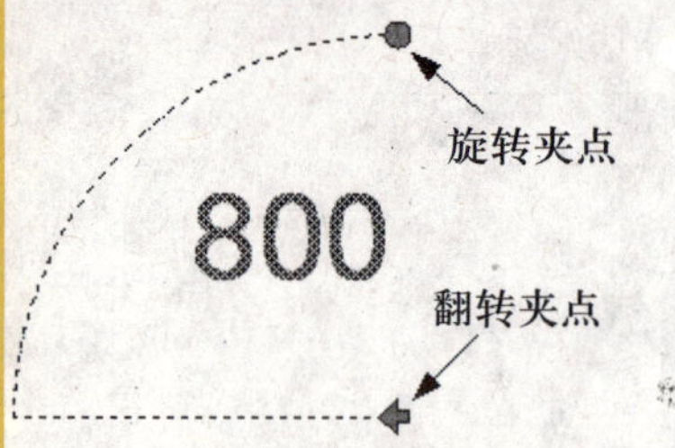

图 8-46　选中插入的动态块

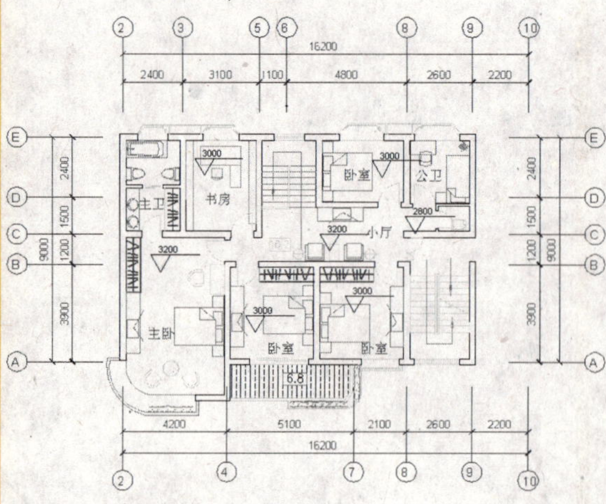

图 8-47　使用标高和轴号

09 添加其他参数和动作。重复步骤7和步骤8，再为块添加翻转参数和动作，效果如图 8-44 所示。

10 保存动态块。单击块编辑器窗口工具栏中的“将块另存为”按钮，打开“将块另存为”对话框，如图 8-45 所示。在该对话框中的“块名”文本框中输入“动态门”，单击 确定 按钮保存。

11 插入图块。单击块编辑器窗口工具栏中的 关闭块编辑器(C) 按钮，返回到绘图窗口。单击“绘图”工具栏中的“插入块”按钮，在绘图窗口中插入创建的动态块，并设置动态块的属性为800，命令行提示如下。

命令：_insert

指定插入点或［基点(B)/比例(S)/旋转(R)]：

输入属性值

请输入宽度：<700>：800

选中插入的动态块，效果如图8-46所示，现在单击旋转夹点和翻转夹点，看看会出现什么状况吧。

8.5.2　案例 2：标注标高和轴号

在图形中使用标高和轴号的效果如图 8-47 所示。

操作步骤：

01 打开图形。打开“素材”文件中的“标高和轴号”文件，如图8–48所示。

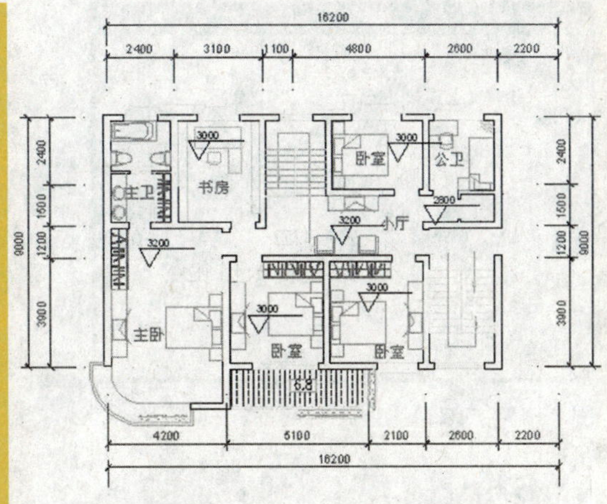

图 8–48　打开文件

02 绘制标高符号。使用多段线命令在绘图窗口的空白区域绘制一个标高符号，尺寸如图 8–49 所示。

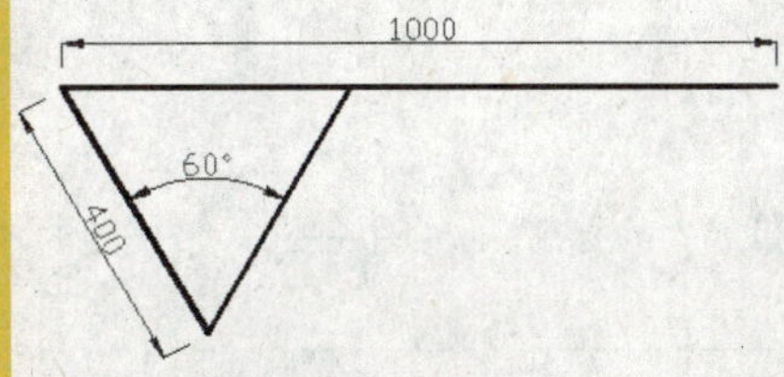

图 8–49　绘制标高符号

03 创建块属性。选择“绘图”→“块”→“块属性”命令，打开“属性定义”对话框，在该对话框中设置各项参数如图 8–50 所示。

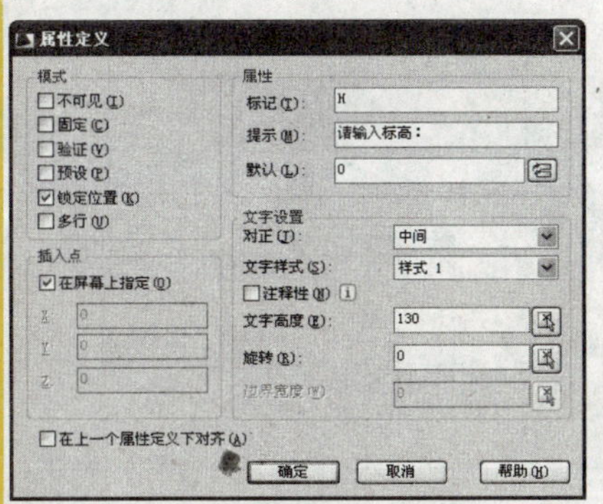

图 8–50　“属性定义”对话框

04 插入块属性。将创建的属性插入到标高的上方，效果如图8–51所示。

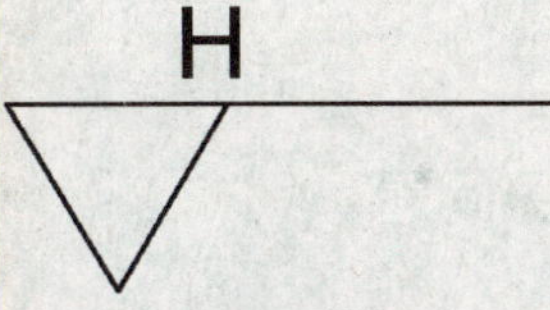

图 8–51　插入属性

05 创建属性块。单击“绘图”工具栏中的“创建块”按钮，打开“块定义”对话框，在“基点”选项组中单击“拾取点”按钮，在绘制的标高中指定一点作为基点，再单击“对象”选项组中的“选择对象”按钮，选中绘制的标高和插入的属性，最后选中“转换为块”单选按钮，如图8–52所示。

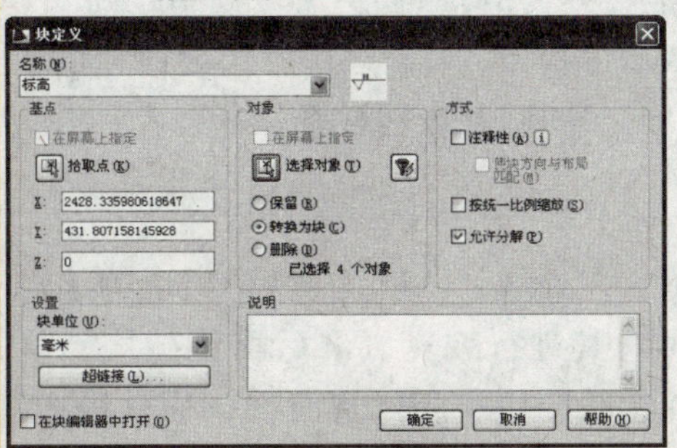

图 8–52　“块定义”对话框

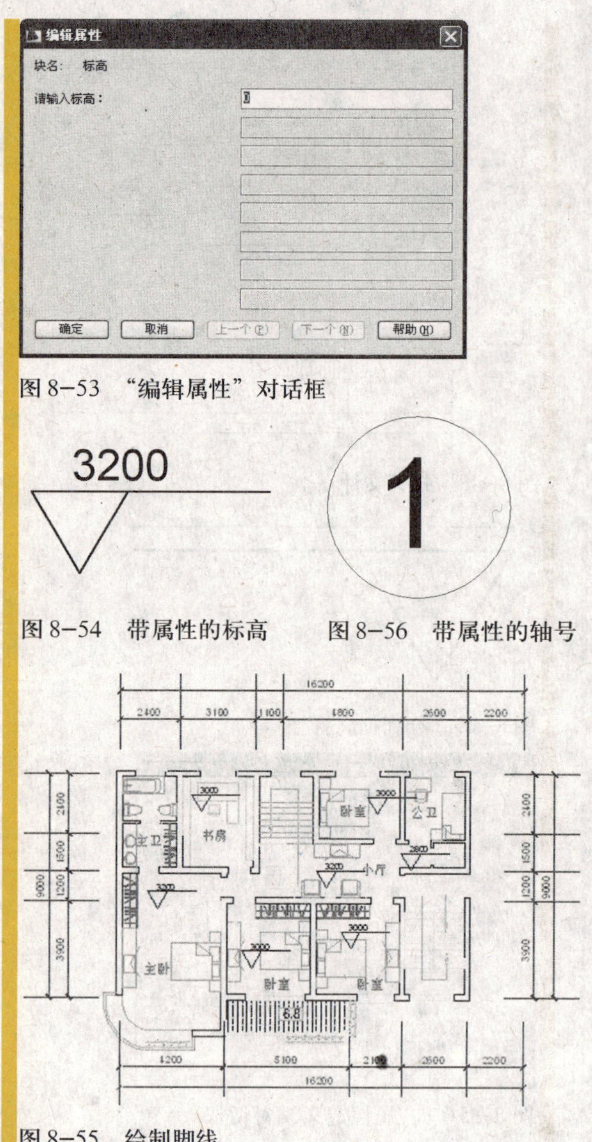

图 8-53　“编辑属性”对话框

图 8-54　带属性的标高　　　图 8-56　带属性的轴号

图 8-55　绘制脚线

06 设置属性值。单击 确定 按钮打开“编辑属性”对话框，如图 8-53 所示，在该对话框中可以设置标高的值。

07 完成属性块的创建。单击 确定 按钮完成带属性的标高块的创建，效果如图8-54所示。

08 绘制脚线。执行绘制直线命令，用直线绘制长为 3000 的脚线，效果如图 8-55 所示。

09 创建块。执行创建块命令，将绘制的轴号和创建的属性定义为块，效果如图 8-56 所示。

10 插入块。执行插入块命令，将创建的带属性的标高和轴号插入到打开的图形中，并在插入块的同时更改属性的值，最终效果如图 8-47 所示。

8.6　疑难及常见问题

图块与外部参照在绘图过程中起到了非常重要的作用，虽然它操作起来比较简单，但许多初学者在学习的过程中还会遇到很多问题，这里就初学者在学习过程中可能会经常遇到的一些问题进行解答。

1．如何对已创建的图块进行修改

答：在 AutoCAD　2009 中对块的编辑有两种方法，一种是先使用分解命令分解图块，再对其进行编辑，最后再创建成新块；另一种是使用块编辑器，在块编辑器中打开并编辑图块。相比较而言，后一种方法从始至终保持块的特性，而且可以同时更新所有定义相同的块，方便实用。

2. 如何使用其他图形中的图块

答：图块分为内部块和外部块两种，外部块可以插入到不同的图形中，但内部块只能插入到当前图形中，如果非得要使用其他图形中的内部块，这里提供两种方法可以帮助您达到目的。

(1) 在第一幅图形中选中需要的图块，按 Ctrl+C 组合键复制，然后在第二幅图形中按 Ctrl+V 粘贴。

(2) 单击“标准”工具栏中的“设计中心”按钮，打开“设计中心”窗口，如图8−57所示，在该窗口左边的“文件夹列表”中选中具有块的图形文件，并单击“块”选项，此时在右边的预览窗口中将显示该图形中所有的图块，用鼠标双击需要的图块或直接将其拖动到当前图形中，即可将其插入到当前图形。

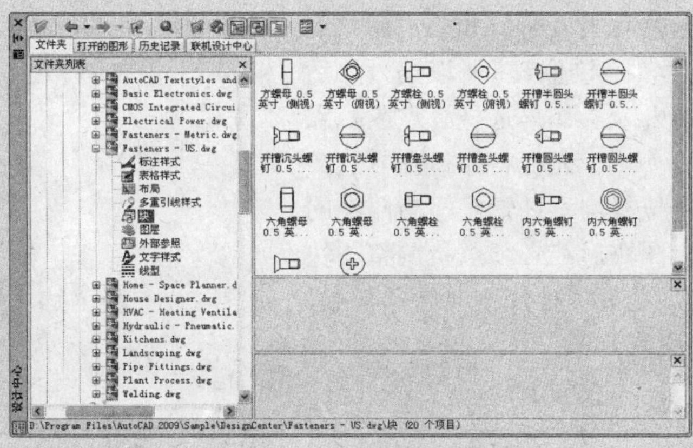

图 8−57　“设计中心”窗口

3. 为什么上次参照的图形没有了

答：呵呵，要解决这个问题，首先要理解图形参照的原理。引用参照图形时，被参照的图形并没有被拷贝到当前图形中，而是只引用了参照图形的存储路径，所以，如果参照图形的路径发生了改变，参照图形就会出错。解决的方法是找到参照的图形位置，重新引用。

4. 在绘图时常定义的块涉及哪些

答：在绘图过程中使用块是为了提高绘图效率，以便节省更多的时间去思考其他问题。这些块都是预先定义好的，如果不是特别需要，均可以申请或购买到，如茶几、衣柜、沙发、床等室内设施。但有些图块绘制起来非常简单，如标高符号、轴号符号等，如图 8−58 所示。我们经常会绘制类似的这些非常简单的图块。

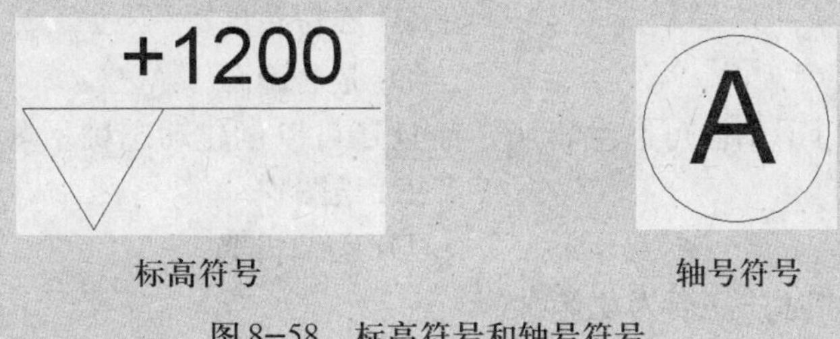

图 8−58　标高符号和轴号符号

5. 块中的文字是否受文字样式的控制

答：呵呵，图形中的每个文字都必须有与之对应的文字样式，图块中的文字也不例外。使用块编辑器打开图块，选中图块中的文字，在“样式”工具栏中的“文字样式”下拉列表中可以显示该文字的当前样式，更改该样式的参数设置即可修改块文字的显示效果。

6. 定义块中的指定基点对块的使用有何影响

答：在定义块时，合理地选择基点将有利于以后对块的使用，为什么这么说呢？这是因为定义块时指定的基点与插入块时光标的位置相对应，当执行插入块命令后，块的基点位置就是光标的所在位置。我们来看一下如图 8−59 所示的弹簧门，如果选择 A 点为基点，当插入块时光标将保持在 A 点位置，而该点正好是弹簧门与门框的连接位置，所以插入块后不需要再进行调整；相反，如果选择 B 点或 C 点为基点，执行插入命令后，光标将保持在 B 点或 C 点位置，但这两个位置均不是弹簧门与门框的连接位置，所以插入图块后都必须重新调整图块的位置。由此可见，定义块时合理地选择基点，将有助于提高插入块的效率。

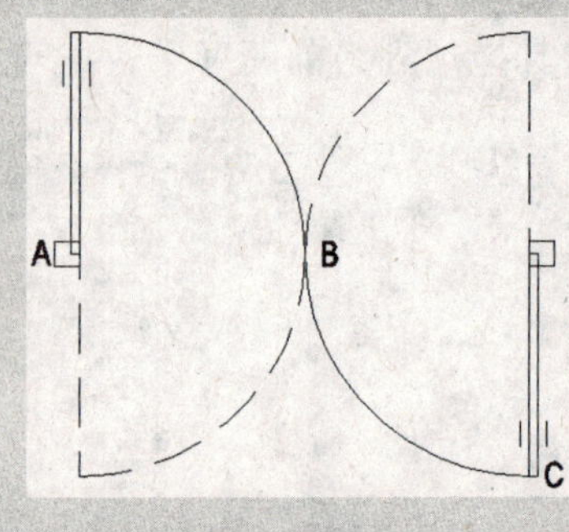

图 8−59　弹簧门

8.7 习题与上机练习

1. 选择题

(1) 图块根据存储位置的不同，可以分为(　　)。

(A) 内部块　　(B) 外部块

(C) 可见块　　(D) 磁盘块

(2) 单击“绘图”工具栏中的(　　)按钮，执行创建内容块命令。

(A)　　(B)

(C)　　(D)

(3) 插入块时可以指定块的(　　)。

(A) 位置　　(B) 旋转角度

(C) 比例　　(D) 是否隐藏

(4) 在(　　)窗口中不但可以编辑块，而且还可以创建动态块。

(A) 特性　　(B) 绘图

(C) 命令　　(D) 块编辑器

(5) 创建动态块时，需要为块添加(　　)。

(A) 参数　　(B) 颜色

(C) 动作　　　　(D) 比例设置

(6) 打开一幅图形后，发现该图形中部分图层名称显示为“home-2|axis”类型，由此可见该图层上的对象属于(　　)。

(A) 静态块　　　　(B) 动态块

(C) 内部块　　　　(D) 外部参照

2. 问答题

(1) 内部块与外部块有何区别？如何区分内部块与外部块？

(2) 定义一个含有属性的图块，应如何操作？

(3) 外部参照与块有什么相同点和区别？

3. 上机练习题

绘制如图 8-60 所示的螺母，并创建带属性的螺母块，然后将其插入到图 8-61 所示的位置。

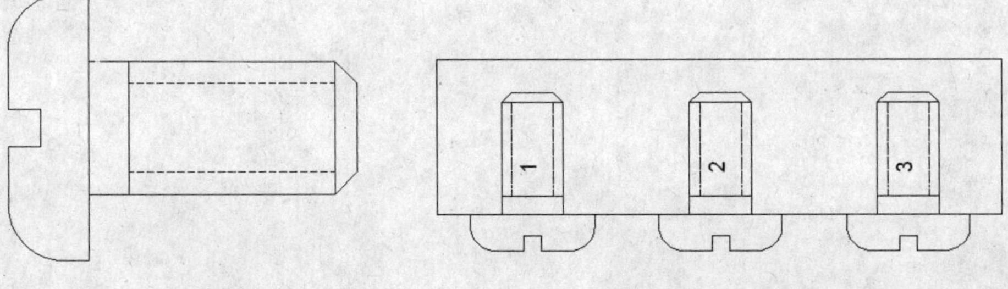

图 8-60　绘制螺母　　　　图 8-61　插入图块

第九章

AutoCAD 2009 设计中心

9

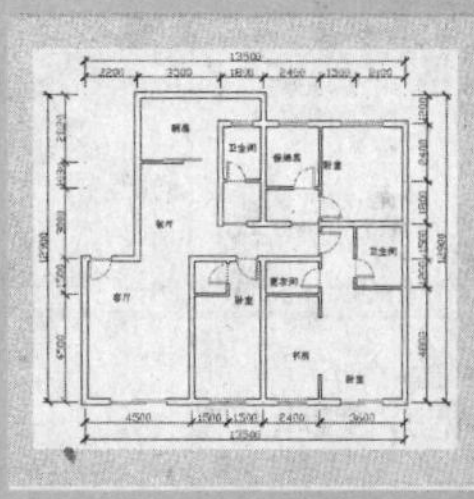

本章内容

实例引入——使用 AutoCAD 设计中心复制图层

知识讲解

基础应用、

案例表现

疑难及常见问题

本章继续介绍AutoCAD 2009一个非常有用的命令：设计中心。这个设计中心可不是那种可以“制造”创意的地方哦！它类似于Windows资源管理器，其作用不仅仅局限于查看和查找资源，还可以在不同的文件之间插入图块、附着外部参照，复制图层等。下面就让我们从复制图层开始吧！

9.1 实例引入——使用AutoCAD 2009设计中心复制图层

9.1.1 制作分析

在绘制图形之前必须做一些准备工作，创建图层是必不可少的。最原始的做法就是一个图层一个图层地创建，然后设置各个图层的属性。后来的做法是打开一个已经绘制的文件，设置需要的图层为当前图层，然后绘制一个对象，将这个对象复制到新建的文件中，该图层也就同时被复制过去了。呵呵，现在有了设计中心就更简单了，只需要在设计中心中浏览文件中的图层，然后将其复制到当前新建的文件中即可，如图9-1所示。

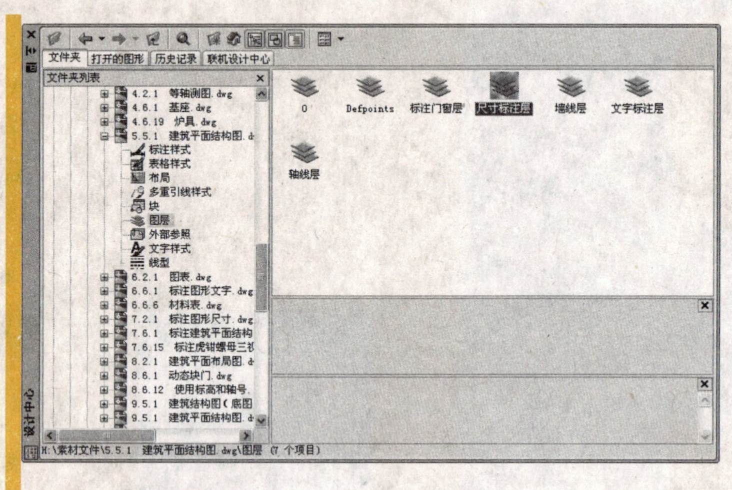

图9-1　浏览并复制图层

9.1.2 制作步骤

(1)启用设计中心。新建一个图形文件，然后启用设计中心。启用设计中心的方法有以下4种。

①单击“标准”工具栏中的“设计中心”按钮。

②选择“工具”→“选项板”→“设计中心”命令。

③在命令行中输入命令adcenter。

④按Ctrl+2组合键。

(2)浏览dwg文件。在设计中心的“文件夹”选项卡中，单击左边的树状图节点，浏览本地计算机磁盘上的文件，找到一个dwg格式文件，如图9-2所示。

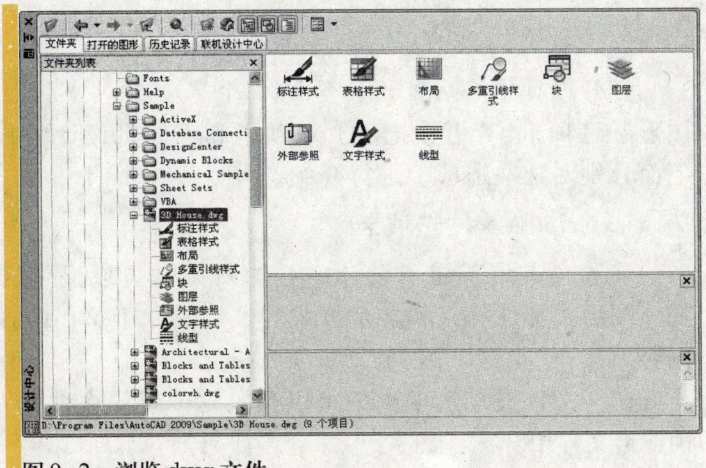

图 9-2　浏览 dwg 文件

(3)浏览图层。选中 dwg 格式文件下的“图层”图标，右边的浏览框中显示出该图形文件中的所有图层，如图 9-3 所示。

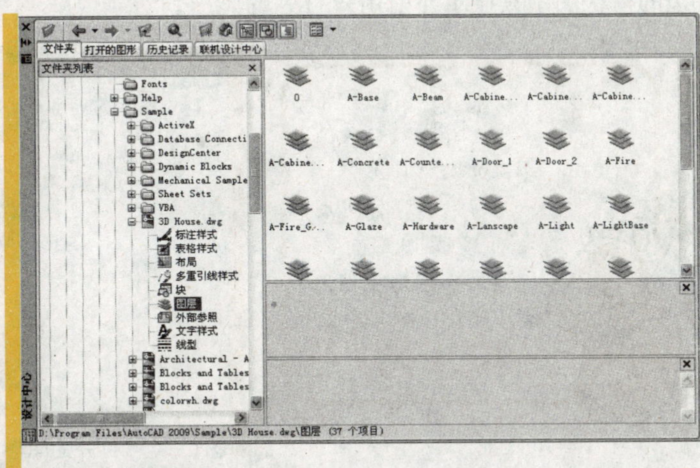

图 9-3　浏览图层

(4)复制图层。在图层列表中选中要复制的图层，直接将其拖放到当前图形文件中，或者直接双击要复制的图层，就可以将选中的图层复制到当前图形中。现在打开图层特性管理器查看一下吧，选中的图层已经在新建的图形中创建了。

使用设计中心可以从多个图形文件中筛选图层，并将其组织到一个图形文件中。

9.2　知 识 讲 解

设计中心的神奇魅力不仅仅表现在复制图层上，还可以用在插入图块、附着外部参照和查找图形上，下面就让我们来看一看设计中心是如何实现这些功能的。

9.2.1 设计中心简介

打开设计中心后，可以看到 4 个选项卡，分别为“文件夹”选项卡、“打开的图形”选项卡、“历史记录”选项卡和“联机设计中心”选项卡，如图 9－1 所示。下面分别对这些选项卡进行介绍。

1．“文件夹”选项卡

该选项卡用于显示设计中心的资源，可以显示的对象包括块、外部参照、布局、图层、标注样式和文字样式等，以及基于 Web 的内容和由第三方开发的自定义内容。

在“文件夹”选项卡中可以预览这些资源文件，并将其复制、插入或附着到当前图形文件中。

2．“打开的图形”选项卡

该选项卡如图 9－4 所示，该选项卡与“文件夹”选项卡的格局类似，但在其左边的树状图中只显示当前用户打开的图形。

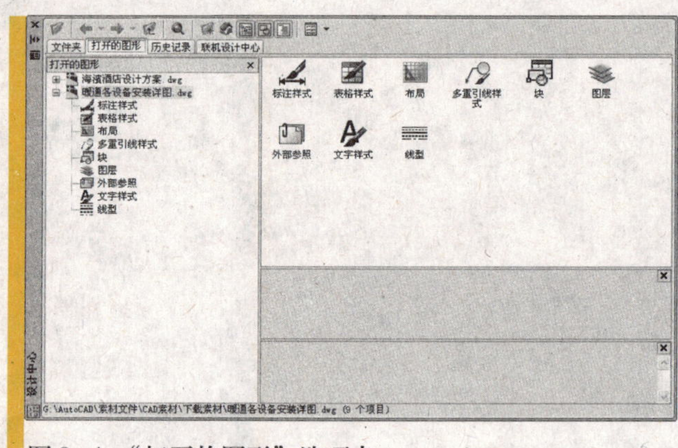

图 9–4 “打开的图形”选项卡

3．“历史记录”选项卡

该选项卡如图 9–5 所示，显示用户使用设计中心曾经浏览过的图形文件，双击该选项卡中的某一个图形文件，就会自动跳转到“文件夹”选项卡并显示该图形。

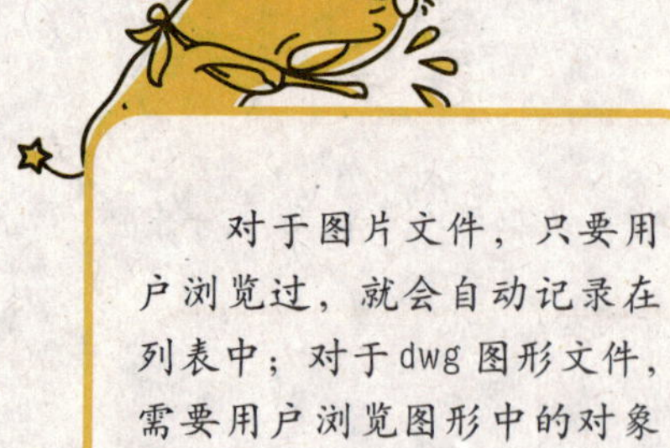

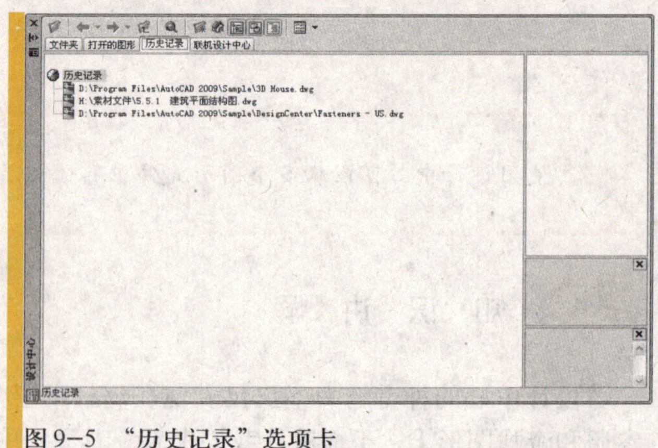

图 9–5 “历史记录”选项卡

4．“联机设计中心”选项卡

如图9−6所示，联机设计中心提供了一个更大的资源库，并且这些资源会定期更新，帮助AutoCAD 2009用户及时得到最新最有用的资源。

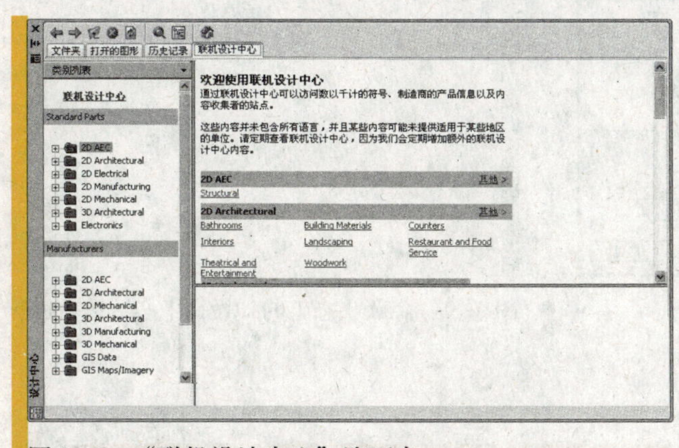

图9−6　“联机设计中心”选项卡

联机设计中心必须连接到Internet才可用，并且这些资源没有固定的单位，所以用户使用时要特别注意。

9.2.2　使用设计中心复制对象

在上一章中我们介绍了如何使用插入命令在当前图形中插入图库中的内部块和外部块，那么如何在当前图形中插入其他图形中的内部块呢？呵呵，使用设计中心就能轻松做到。下面就让我们来看一看如何使用设计中心插入图块吧！

(1)启用设计中心。新建一个图形文件，启动“设计中心”。

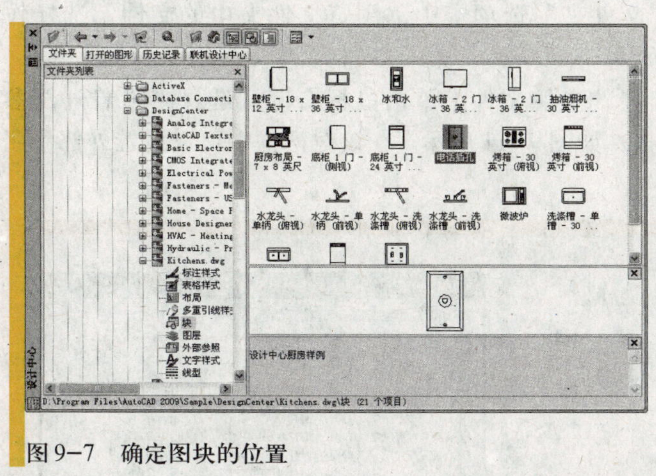

图9−7　确定图块的位置

(2)确定图块位置。在“文件夹”选项卡中，选择图块所在的图形文件，然后单击“块”图标，浏览图形文件中的图块，并选中需要插入的图块，如图9−7所示。

(3)插入图块。直接将选中的图块拖动到当前图形中，可以按1:1的比例插入图块。还可以通过双击图块，打开“插入”对话框，如图9−8所示，在该对话框中设置基点位置、插入比例和旋转角度。

(4)设计中心自动隐藏和显示。在“设计中心”选项板的标题栏上单击鼠标右键，选择“自动隐藏”命令，然后移动鼠标到绘图窗口中，设计中心就会自动隐藏为一个标题栏，如图9−9所示。再次移动鼠标到标题栏上时，又会显示“设计中心”选项板。实际操作一下吧，非常简单的！

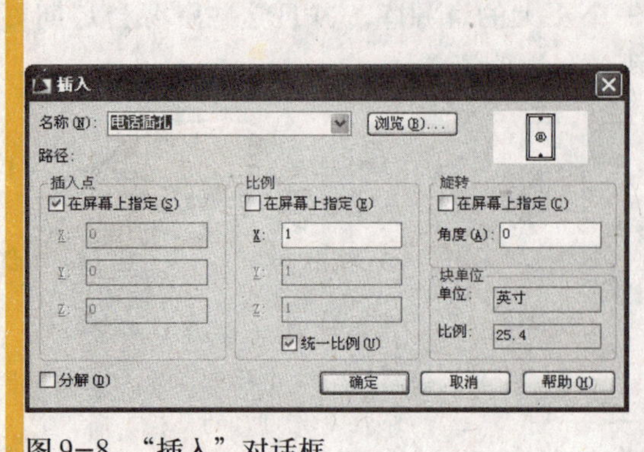

图 9–8 “插入”对话框

图 9–9 隐藏状态下的“设计中心”选项板

使用设计中心复制图层、标注样式和文字样式的方法与插入图块类似，只需要拖动选中的对象到绘图窗口或直接双击选中的对象即可。

9.2.3 使用设计中心附着外部参照

设计中心还可以用于附着外部参照图形，具体操作如下。

(1)启用设计中心。新建一个图形文件，打开“设计中心”选项板。

(2)确定参照图形位置。在“文件夹”选项卡中，浏览文件夹中的文件，选择作为外部参照的文件，如图 9–10 所示。

(3)执行附着参照命令。在选择的参照文件上单击鼠标右键，选择“附着外部参照”命令，打开“外部参照”对话框，如图 9–11 所示。在该对话框中可以设置外部参照的各项参数。

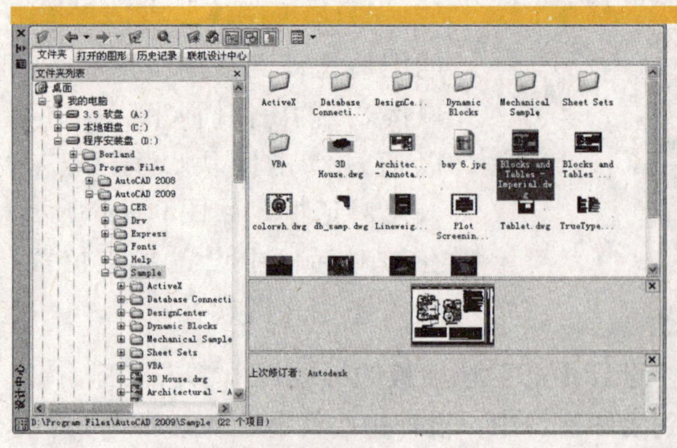

图 9–10 确定参照图形位置

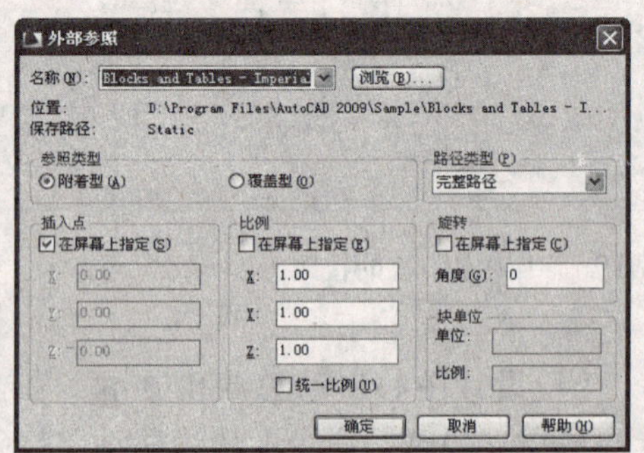

图 9–11 “外部参照”对话框

(4)设置好各项参数后，单击 确定 按钮将选中的文件作为外部参照插入到当前图形中，效果如图 9–12 所示。

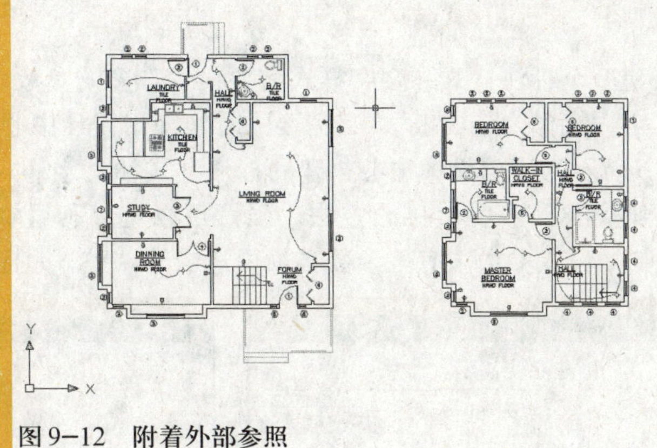

图 9−12　附着外部参照

9.2.4　使用设计中心进行搜索

与 Windows 资源管理器一样，设计中心也具有搜索功能，但其搜索的对象只是 AutoCAD 2009 图形对象，其中包括图层、图形、图形和块、块、填充图案、填充图案文件、外部参照、布局、文字样式、标注样式、线型和表格样式等。

单击设计中心选项板工具栏中的“搜索”按钮，打开“搜索”对话框，如图 9−13 所示。该对话框中的“搜索”下拉列表用于设置搜索的对象，“于”下拉列表用于设置搜索的范围。注意搜索条件会根据搜索对象的不同而有所变化。

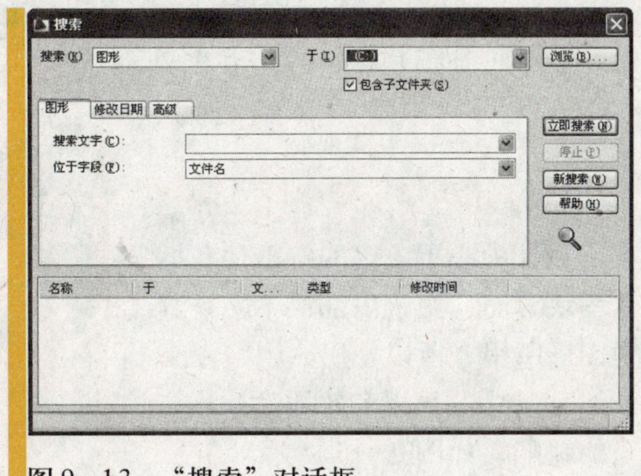

图 9−13　“搜索”对话框

9.3　基 础 应 用

在实际的绘图过程中，灵活运用设计中心可以重复利用已创建的图层、标注样式、文字样式、图块等，有效地提高了绘图效率。

9.3.1　使用设计中心创建图层

同类型的图纸中会有许多重复的图层，当再次绘制这类图形时可以借鉴一下，使用设计中心复制这些图层即可，如图 9−14 所示。呵呵，资源是宝贵的，一定要学会重复利用哦！

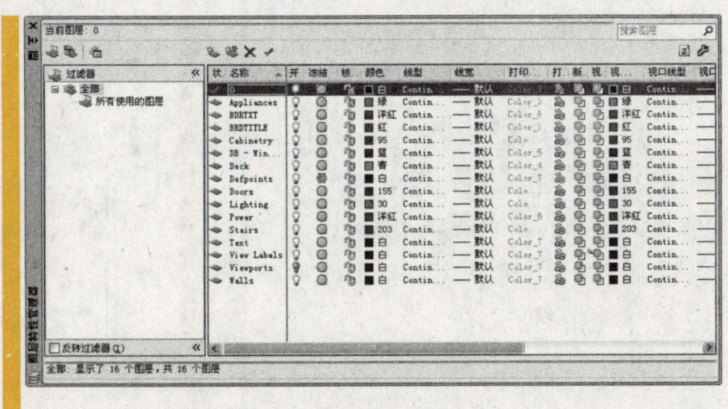

图 9−14　使用设计中心创建的图层

9.3.2 使用设计中心创建标注样式和文字样式

新建一个标注样式和文字样式需要设置许多的参数，因此可以提前创建一个标注样式或文字样式作为“模板”，当需要的时候使用设计中心再把它复制过来。如图9−15和图9−16所示为使用设计中心创建的标注样式和文字样式。

呵呵，这是一种投机的方法，虽然可以重复利用资源，但不同的图形显示比例不同，复制的样式参数中有些参数必须做适当的调整，如标注样式中箭头和文字的大小等。

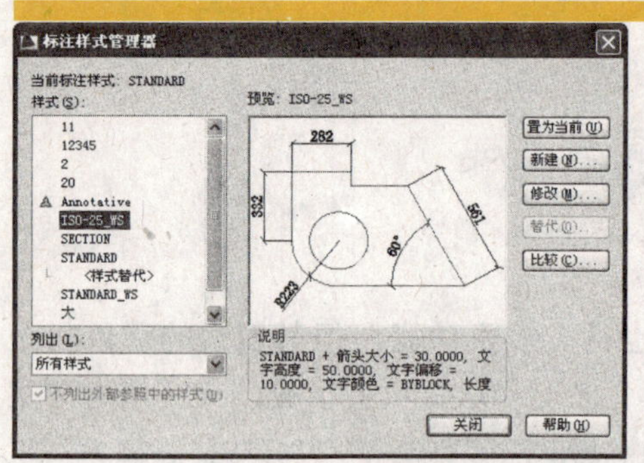

图9−15　使用设计中心创建的标注样式

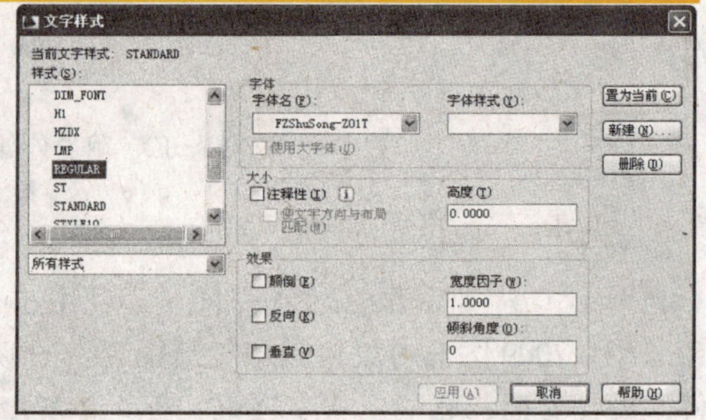

图9−16　使用设计中心创建的文字样式

9.3.3 使用设计中心插入图块

设计中心更重要的应用是在插入图块方面，由于内部块不能被其他图形所用，所以使用AutoCAD 2009设计中心可以有效地弥补这方面的缺陷，如图9−17所示。

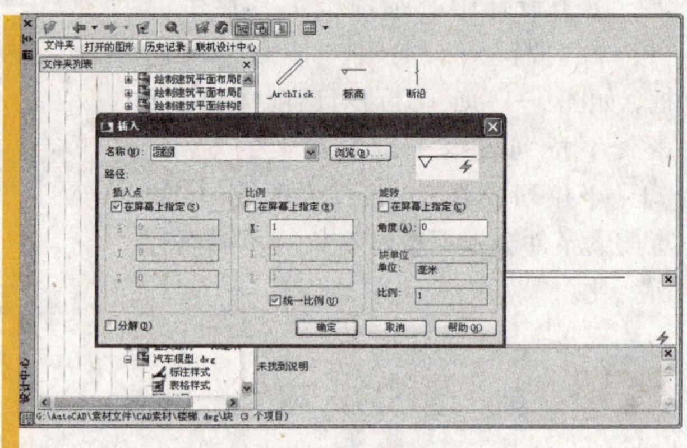

图9−17　使用设计中心插入图块

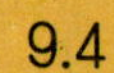

9.4 案例表现

案例：绘制建筑平面结构图

根据设计中心的基础应用要求，下面详细介绍如图9−18所示的建筑平面结构图的绘制过程，帮助读者巩固对AutoCAD 2009设计中心的使用。

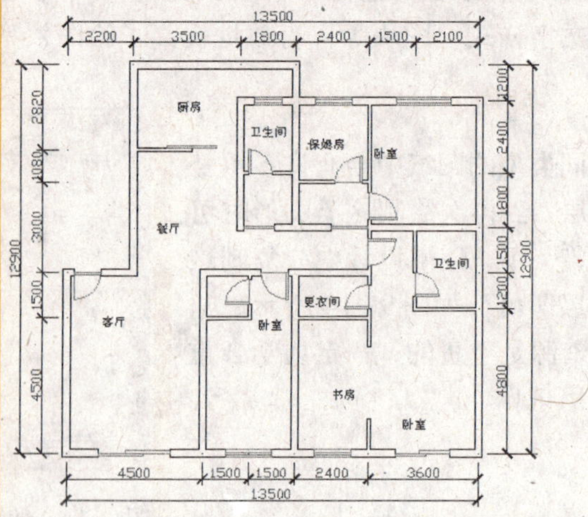

图9−18　建筑平面结构图

操作步骤：

01 新建图形文件。新建一个图形文件，启用设计中心功能，打开“设计中心”面板。

02 浏览图层。在“文件夹”选项卡中浏览素材文件夹中“建筑结构图(底图)”的图层，如图9–19所示。

03 复制图层。选中图层列表中的“轴线”、“墙线”、“门窗”、“家具”、“尺寸标注”和“文字标注”图层，并将这些图层拖动到新建的图形中。打开“图层特性管理器”对话框，可以看到这些图层已经被复制到当前图形中了，如图9–20所示。

04 复制标注样式。继续使用设计中心浏览该底图文件的标注样式，并将名为“副本 ISO–25”的标注样式复制到新建的图形中，打开“标注样式管理器”对话框，查看复制的标注样式，如图9–21所示。

05 复制文字样式。继续使用设计中心浏览底图文件中的文字样式，并将名为“文字标注”的文字样式复制到新建的图形中，打开“文字样式”对话框，查看复制的文字样式，如图9–22所示。

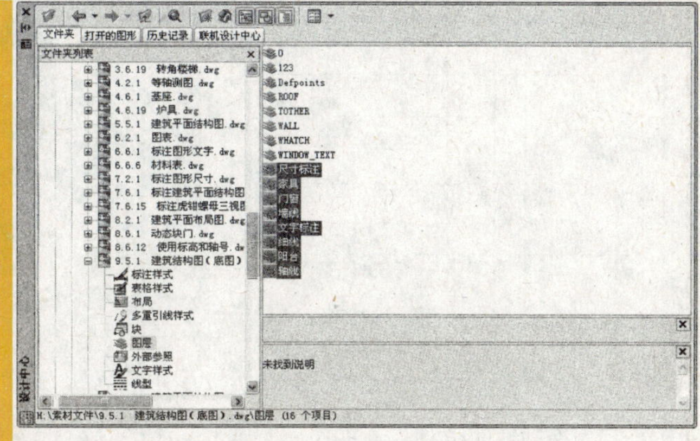

图9–19　浏览图层

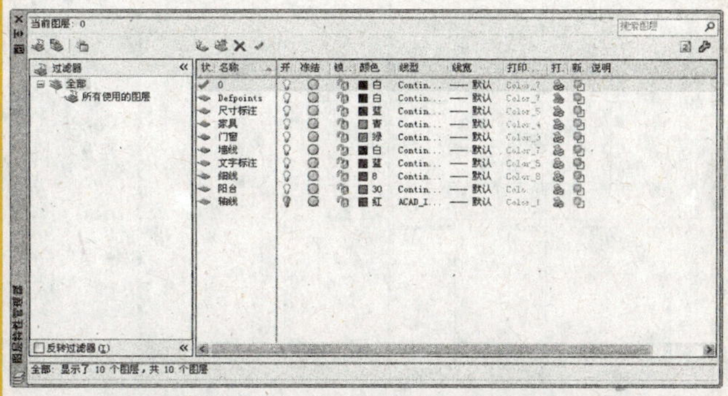

图9–20　复制图层

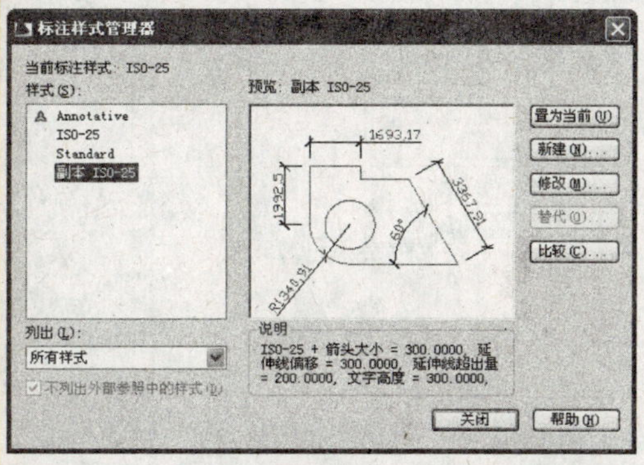

图9–21　查看复制标注样式

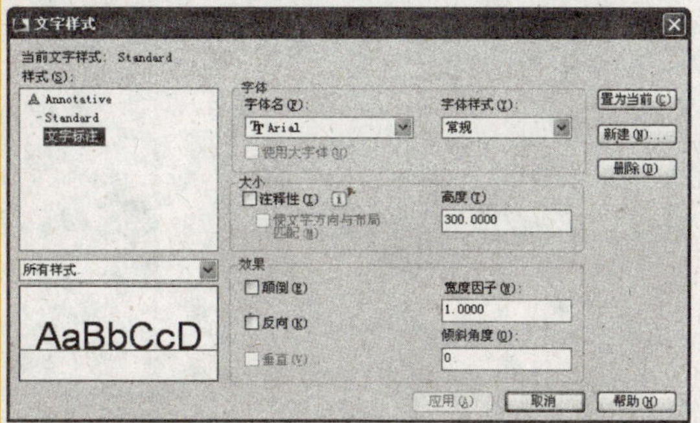

图9–22　查看复制文字样式

06 绘制辅助线。关闭“设计中心”面板，设置轴线层为当前图层，使用直线和偏移命令绘制辅助线，效果如图9–23所示。

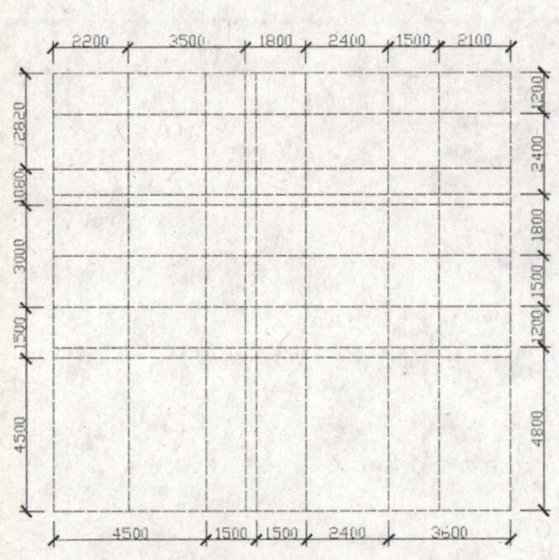

图9–23　绘制辅助线

07 绘制墙体线。设置墙线为当前图层，执行绘制多线命令，分别设置多线比例为240和120，对正方式为无，沿着绘制的辅助线绘制墙体线，效果如图9–24所示。

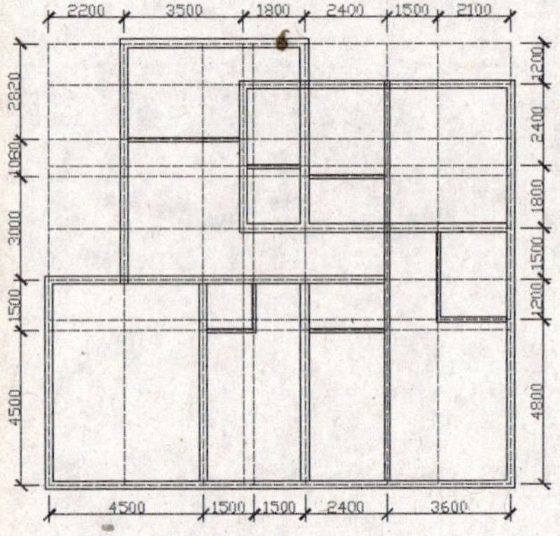

图9–24　绘制墙体线

08 编辑墙体线。关闭轴线层，使用多线编辑命令编辑绘制的墙体线，效果如图9–25所示。

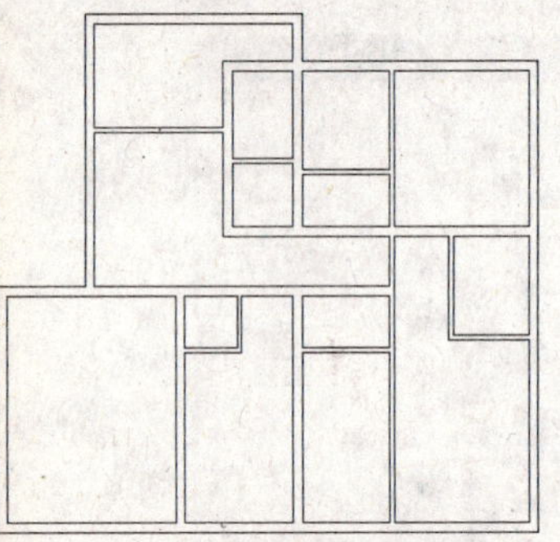

图9–25　编辑墙体线

09 绘制门窗洞。使用直线、偏移和修剪等命令绘制门窗洞，效果如图9–26所示。

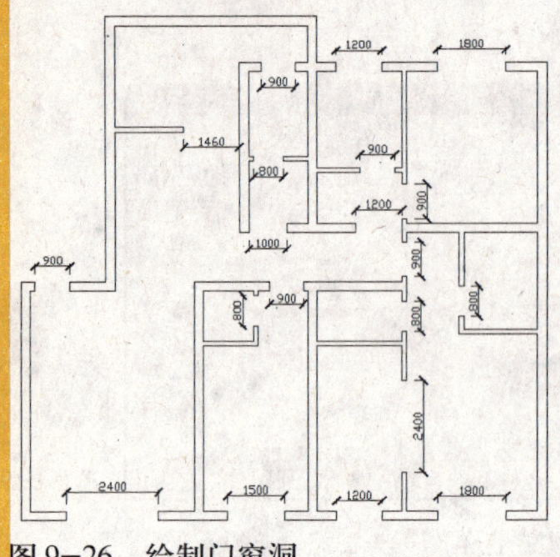

图9–26　绘制门窗洞

10 插入图块门和窗。设置“门窗”层为当前图层，打开“设计中心”面板，在“文件夹”选项卡中找到光盘图块库中的合适“门”、“窗”图块插入到门窗洞中，效果如图 9–27 所示。

11 标注图形文字。设置“文字标注”层为当前图层，标注图形中的文字，效果如图 9–28 所示。

12 标注图形尺寸。设置尺寸标注层为当前图层，打开轴线层，标注图形尺寸，最后关闭轴线层，完成建筑平面结构图的绘制，最终效果如图 9–18 所示。

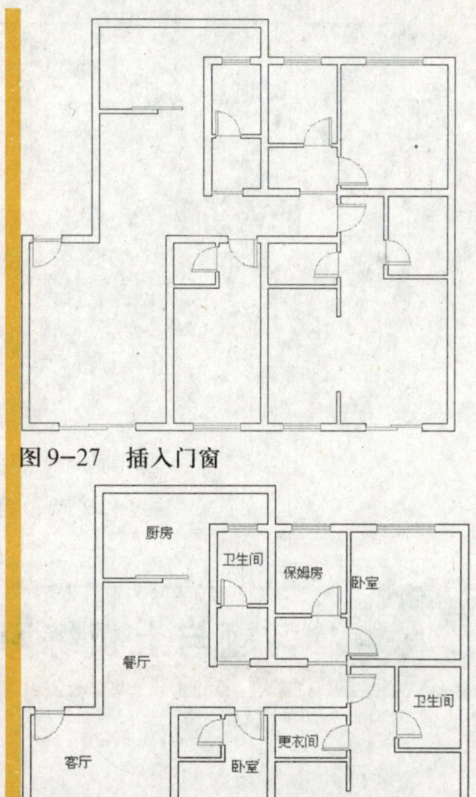

图 9–27　插入门窗

图 9–28　标注图形文字

9.5　疑难及常见问题

设计中心使用灵活，有些看似简单的操作还是会出现很多问题，这里就初学者在学习过程中可能会遇到的一些问题进行解答。

1. 如何使用设计中心快速创建模板文件

答：模板文件的特性是具有同一类图层、标注样式、文字样式和线型等。这些都可以通过设计中心进行筛选和组织。

新建一个图形文件，使用设计中心将经常会用到的图层、标注样式、文字样式和线型复制到这个图形文件中，这样就创建了自己的模板文件。

2. 打开设计中心后就占用了绘图窗口的显示区域，怎么办

答：设计中心以选项板的形式呈现给用户，当然会占用绘图窗口了。呵呵，不要着急，程序设计人员已经充分考虑到了这个问题。你可以在设计中心标题栏上单击右键，选择“自动隐藏”命令，这样当鼠标离开选项板区域后，设计中心就会自动隐藏，只显示一个标题栏；当鼠标再次进入选项板区域后，又重新显示设计中心内容，如图 9–29 所示。

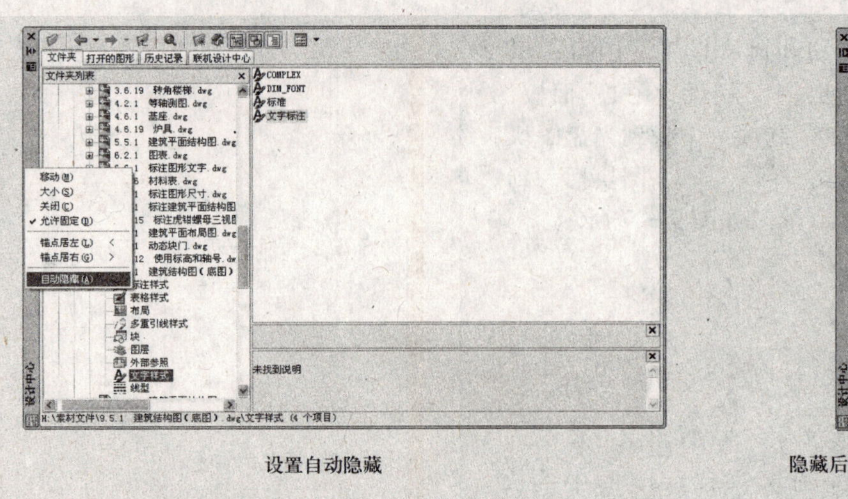

图 9–29　自动隐藏“设计中心”面板

9.6 习题与上机练习

1. 选择题

(1) 单击“标准”工具栏中的(　　)按钮打开设计中心窗口。

(A)　　　　(B)

(C)　　　　(D)

(2) 使用设计中心可以查看图形的(　　)。

(A) 标注样式　　(B) 图层

(C) 文字样式　　(D) 线型

(3) 使用设计中心可以(　　)。

(A) 插入图块　　(B) 浏览图形

(C) 复制图层　　(D) 改变文字大小

(4) 使用设计中心搜索时，可以搜索的条件有(　　)。

(A) 图形　　(B) 块

(C) 外部参照　　(D) 图层

2. 问答题

(1) 如何使用设计中心插入内部块？叙述操作步骤。

(2) 使用 AutoCAD 2009 设计中心除了可以在不同图形间复制图层，还可以复制哪些对象呢？

(3) 如何使用 AutoCAD 2009 设计中心查找名为“进户门”的图块？

3. 上机练习题

绘制一幅建筑平面图，尽量使用 AutoCAD 2009 设计中心创建图层、标注样式、文字样式和图块等对象。

第十章
面域与图案填充

本章内容

实例引入——计算阳台的面积
基本术语
知识讲解
基础应用
案例表现
疑难及常见问题

本章导读

在实际工程绘图中，经常需要计算某一个区域的面积，如果这个区域很规则，是一个矩形或圆，那么直接套用相应的面积计算公式即可。但如果是不规则图形呢？呵呵，试一试面域功能吧。使用面域不仅可以计算闭合区域的面积，而且还可以进行填充、着色，提取质心(指物质系统上被认为质量集中于此的一个假想点)等设计信息。

填充图案在绘图过程中经常用到，例如表示切面、断面以及不同材质等，这些图形使用基本绘图工具绘制比较麻烦，而使用填充图案就可以轻松做到。

10.1 实例引入——计算阳台的面积

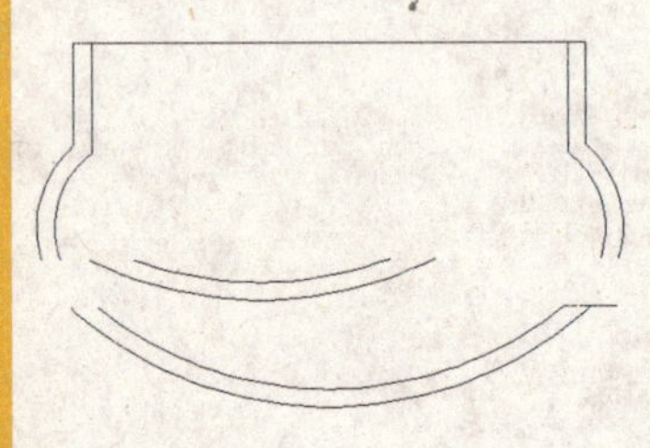

图 10-1　阳台

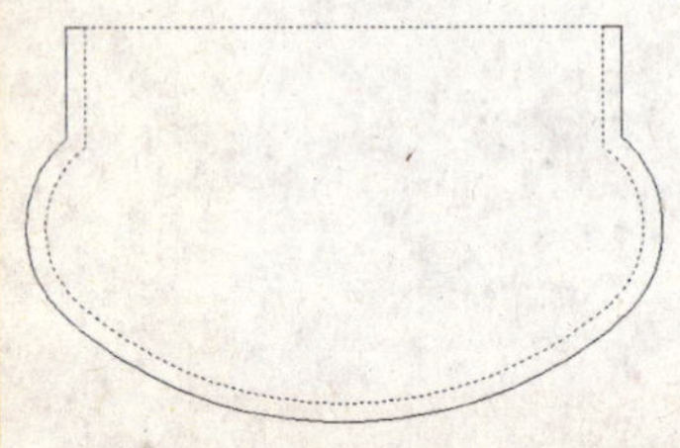

图 10-2　选择阳台内墙线

10.1.1　制作分析

我们要计算面积的阳台如图 10-1 所示，这可不是一个规则的图形，没有现成的面积公式可以套用，也不知道任何尺寸。将这个图形创建成面域对象，然后使用查询命令查询该面域的面积属性，这样就可以得到阳台的面积了。

10.1.2　制作步骤

01 执行面域命令。单击“绘图”工具栏中的“面域”按钮，或选择“绘图”→“面域”命令，执行创建面域命令。

02 选择阳台内墙线。选择如图 10-2 中虚线表示的阳台内墙线。

03 创建面域。选择内墙线后，按回车键即可创建一个面域对象。

面域对象与源对象在显示效果上没有区别，但源对象是一个或多个对象组成的封闭图形，而面域对象则是一个对象，其属性发生了质的改变。

04 计算面积。选中“工具”→“查询”→“面积”命令，命令行提示如下。

命令：_area

指定第一个角点或 [对象(O)/ 加(A)/ 减(S)]：O(选择“对象”命令选项)

选择对象:(选择创建的面域对象)

面积 = 5119683.6624，周长 = 8833.2818

这样不仅得到了阳台的面积，还得到了阳台的周长。

10.2 基本术语

在本章的后续介绍中，我们会用到布尔运算、图案填充和渐变色填充等术语，下面就来看一看这些术语的含义。

10.2.1 布尔运算

布尔运算是数学上的逻辑运算方法，分为并集运算、差集运算和交集运算三种。在 AutoCAD 2009 中可以利用布尔运算对面域图形进行编辑，从而得到需要的面域图形。

(1)并集运算：将多个面域对象合并为一个面域对象，如图 10−3 所示。

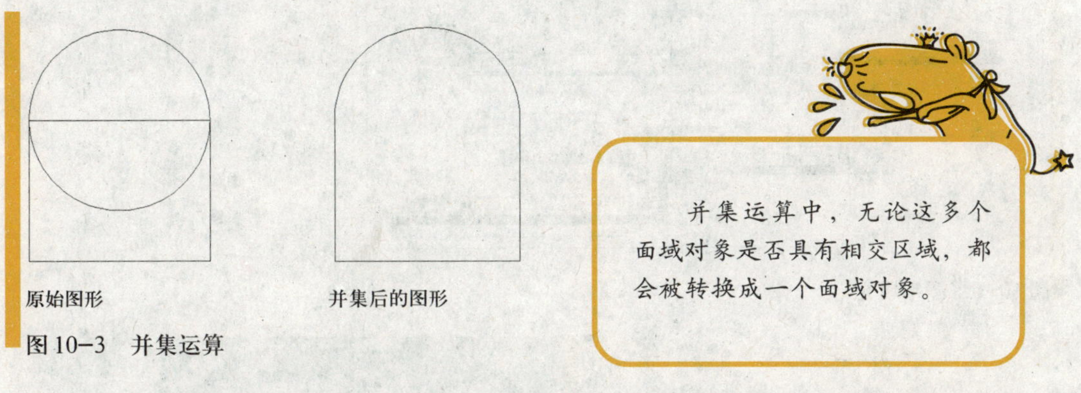

图 10−3　并集运算

(2)差集运算：用一个面域对象减去另一个面域对象，如图 10−4 所示。

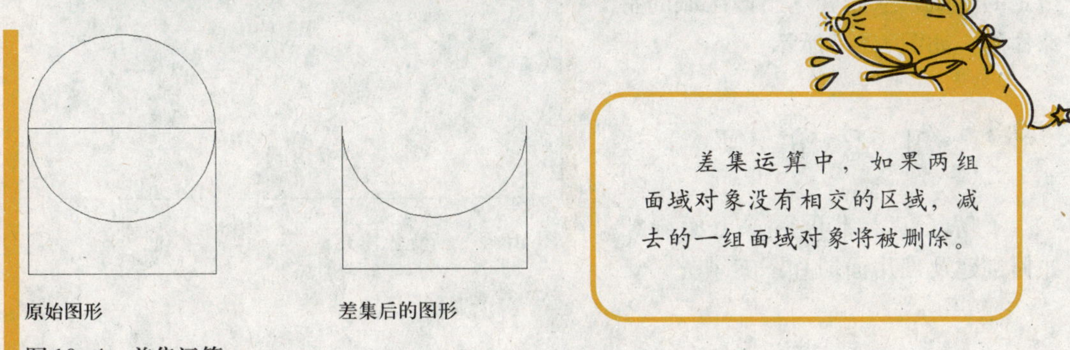

图 10−4　差集运算

(3) 交集运算：创建多个面域对象的相交部分，并将不相交部分删除，如图 10−5 所示。

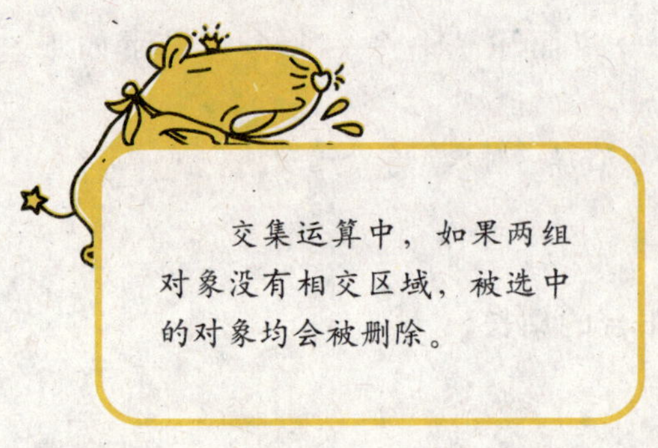

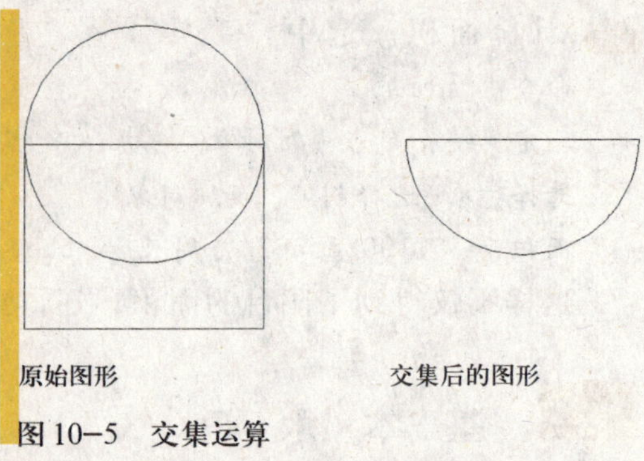

图 10-5　交集运算

10.2.2　图案填充

使用指定的图案填充图形中的特殊区域以便明确该区域的功能或作用，图 10-6 所示为建筑图形中的地板。

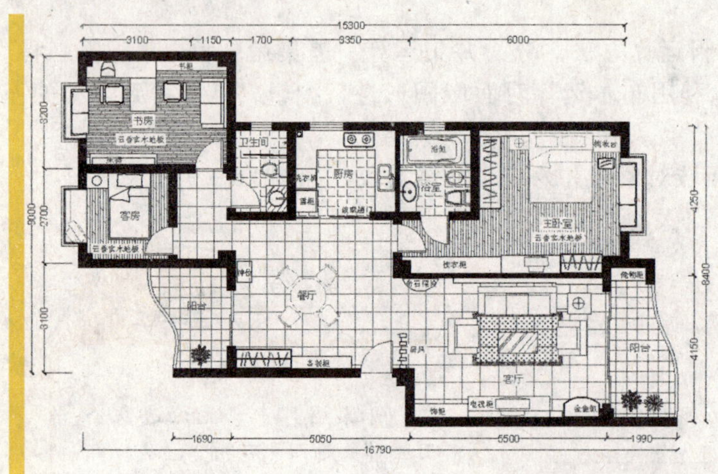

图 10-6　图案填充

10.2.3　渐变色填充

使用单色或双色的渐变效果填充指定的区域，从而表达出该区域的特殊作用，如图 10-7 所示。

图 10-7　渐变色填充

10.3　知 识 讲 解

了解了以上术语后，下面介绍如何创建及使用面域和图案填充。

10.3.1　创建面域

面域就像是一张纸，它没有厚度，可用于填充或着色。在 AutoCAD 2009 中，可以用二维图形创建面域，也可以用边界创建面域，下面详细介绍如何使用这两种方法创建面域。

1. 使用二维图形创建面域

面域是一个封闭的图形，可以使用如圆、椭圆、直线和多段线等基本二维图形组成一个闭合区域，然后将这个区域创建成面域对象。

(1) 创建方式。

①单击“绘图”工具栏中的“面域”按钮。

②选择“绘图”→“面域”命令。

③在命令行中输入命令：region。

(2) 操作格式。

命令：_region

选择对象：

选择对象：

已提取 1 个环。

已创建 1 个面域。

使用二维图形创建面域时，作为边界的二维图形必须是封闭的，而且相邻两个对象必须首尾连接，否则将无法创建面域，如图 10-8 所示。

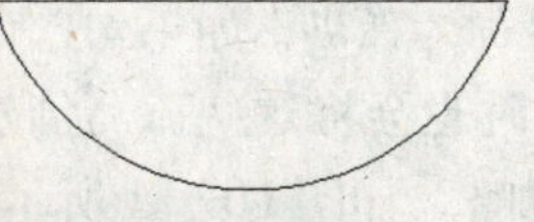

可以创建面域的图形　　不能创建面域的图形

图 10-8　使用二维图形创建面域

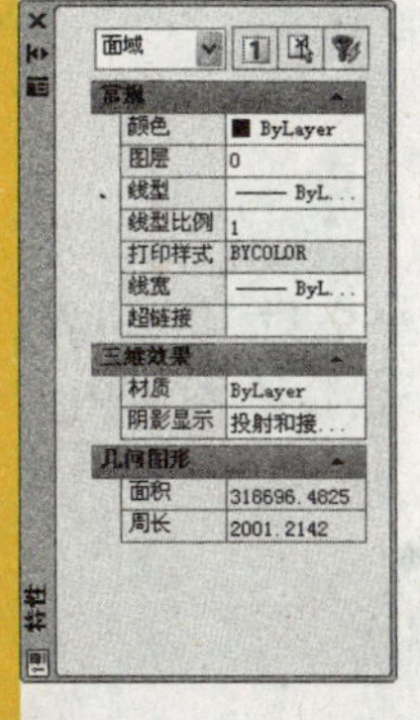

图 10-9　“特性”选项板

创建面域后，选中创建的面域，单击“标准”工具栏中的“对象特性”按钮，在“对象特性”选项板中可以查看面域对象的属性，如图 10-9 所示。

2. 使用边界创建面域

除了将图形中封闭的二维图形转换成面域图形外，还可以使用边界定义面域的方法创建面域，详细操作如下。

(1) 执行命令。选择“绘图”→“边界”命令，或在命令行中输入“boundary”，打开“边界创建”对话框，如图 10-10 所示。

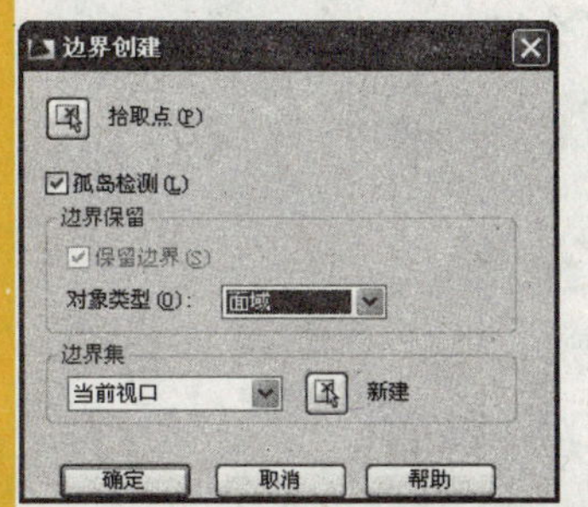

图 10-10　“边界创建”对话框

(2) 设置对象类型。该对话框有两个作用，一是将封闭的二维图形转换成多段线，另一个就是将其转换成面域对象。在“对象类型”下拉列表中选择“面域”，指定将创建面域对象。

(3)选择边界。单击“新建”按钮，在绘图窗口中选择封闭的二维图形，命令行提示“拾取内部点:”后，在封闭区域中单击指定一点完成面域的创建。

使用边界定义面域时，无论边界对象是否首尾相连，只要是封闭的，均可以创建成面域对象。

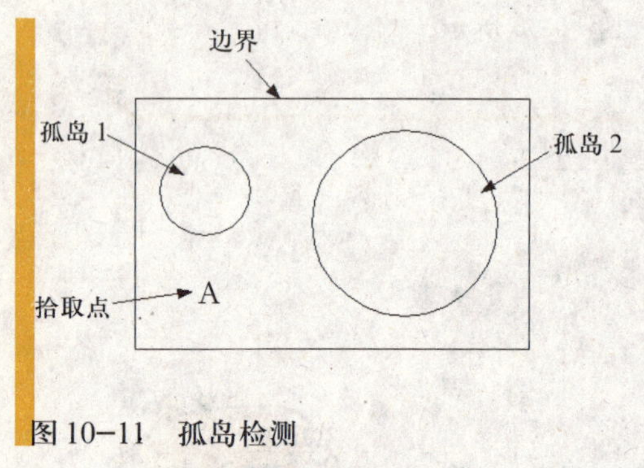

图 10-11 孤岛检测

在“边界创建”对话框中有一个“孤岛检测”选项，“孤岛检测”是指使用边界创建面域时检测选择边界内部的闭合边界。我们将这些内部闭合边界称为孤岛。如果勾选该复选框，则创建面域时也会将这些孤岛创建成面域，否则将其忽略。如图 10-11 所示，此矩形中还有两个圆，当启用“孤岛检测”选项时，将会创建一个矩形面域和两个圆形面域，否则只创建一个矩形面域。

10.3.2 面域的运算

以上介绍的是创建面域的基本方法，这些方法都要求面域对象具有一个封闭的边界，如果说这个边界非常复杂，难道还要一个一个地绘制吗？不，使用布尔运算命令可以对多个面域对象进行编辑，从而创建形状更为丰富的面域对象。

1. 并集运算

(1) 创建方式。

①单击“实体编辑”工具栏中的“并集”按钮。

②选择“修改”→“实体编辑”→“并集”命令。

③在命令行中输入命令：union。

(2) 操作格式。

```
命令：_union
选择对象：找到 1 个
选择对象：找到 1 个，总计 2 个
选择对象：
```

对面域图形进行并集运算后，多个面域对象合并成一个面域对象，如图 10-3 所示。

2. 差集运算

(1) 创建方式。

①单击“实体编辑”工具栏中的“差集”按钮。

②选择“修改”→“实体编辑”→“差集”命令。

③在命令行中输入命令：subtract。

(2) 操作格式。

```
命令：_subtract
选择要从中减去的实体或面域...
选择对象：找到 1 个
选择对象：
选择要从中减去的实体或面域...
选择对象：找到 1 个
选择对象：
```

面域对象进行差集运算后，从一个面域对象中减去了指定的面域对象，如图10-4所示。

3. 交集运算

(1) 创建方式。

①单击“实体编辑”工具栏中的“交集”按钮。

②选择“修改”→“实体编辑”→“交集”命令。

③在命令行中输入命令：intersect。

(2) 操作格式。

```
命令：_intersect
选择对象：找到 1 个
选择对象：找到 1 个，总计 2 个
选择对象：
```

面域进行交集运算后，从多个面域对象中提取出重叠部分，如图10-5所示。

10.3.3 图案填充

图案填充直观地讲就是在封闭的区域内绘制图案。呵呵，当然不是用鼠标直接绘制，而是使用AutoCAD 2009系统提供的图案自动绘制，下面就来看一下如何使用AutoCAD 2009自动绘制图案。

> 无论是图案填充还是渐变色填充，都必须选择封闭的区域，否则将弹出“边界定义错误”警告框，如图10-12所示。

(1)执行命令。任意打开或绘制一个图形后，单击“绘图”工具栏中的“图案填充”按钮，或选择“绘图”→“图案填充”命令，打开“图案填充和渐变色”对话框，选中该对话框中的“图案填充”选项卡，如图10-13所示。

(2)选择填充图案。单击“图案”下拉列表后边的按钮，打开“填充图案选项板”对话框，如图10-14所示，该对话框中提供了多种常用的填充图案，选择需要的图案后单击 确定 按钮返回到“图案填充”选项卡。

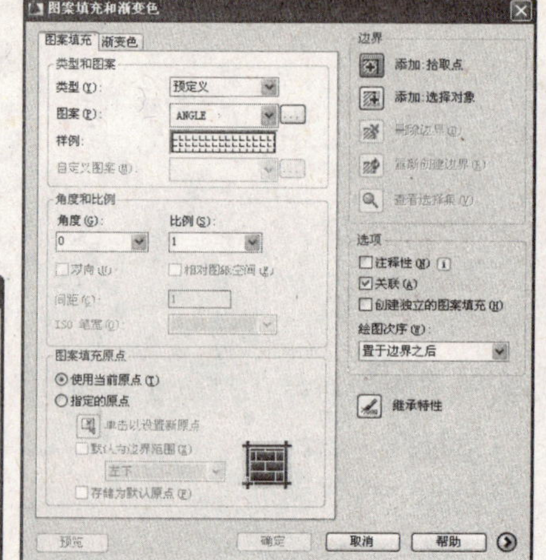

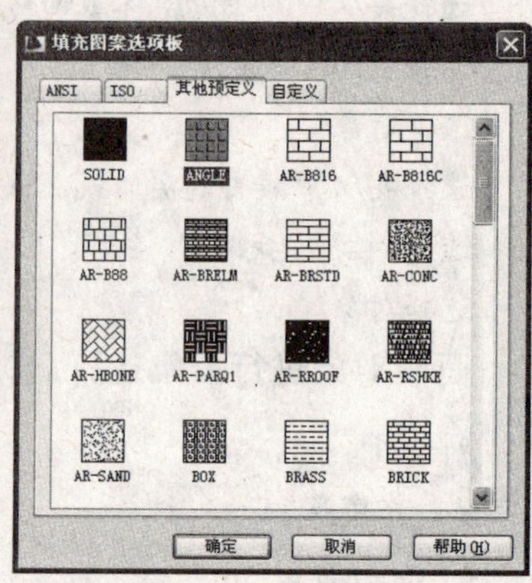

图10-12 “边界定义错误”警告框

图10-13 “图案填充和渐变色”对话框

图10-14 “填充图案选项板”对话框

(3)设置填充角度和比例。在“角度和比例”选项区中选择或输入填充角度和比例。

填充角度和比例可以根据预览情况做适当的调整，但在严格的建筑绘图中，填充角度和比例应该根据实际的设计要求指定参数值。

(4)指定填充边界。指定填充边界的方式有两种，一种是单击“图案填充和渐变色”对话框“边界”选项组中的“添加：拾取点”按钮，在闭合区域内单击拾取一点，系统自动分析并确定填充边界，如图10-15所示；另一种是单击“添加：选择对象”按钮，在绘图窗口中选择闭合区域的边界，如图10-16所示。

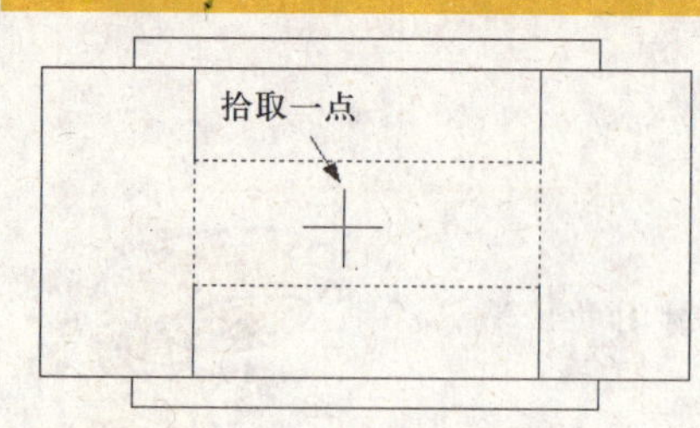

图10-15 拾取点指定填充边界

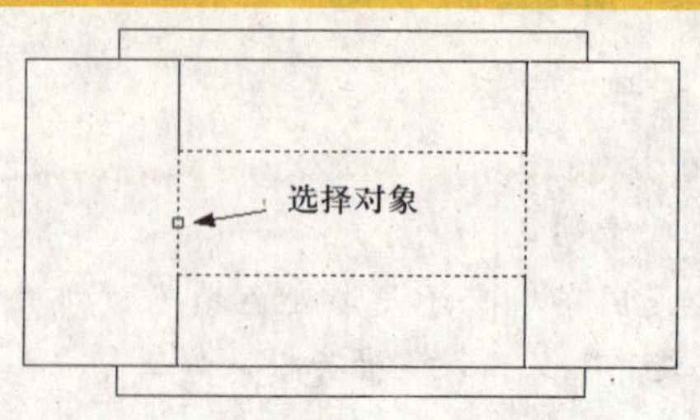

图10-16 选择对象指定填充边界

(5)预览填充效果。单击 预览 按钮查看填充效果，如果对填充的效果表示满意，则单击右键或按回车键表示接受，否则按Esc键返回重新设置参数，如图10-17所示为图案填充的效果。

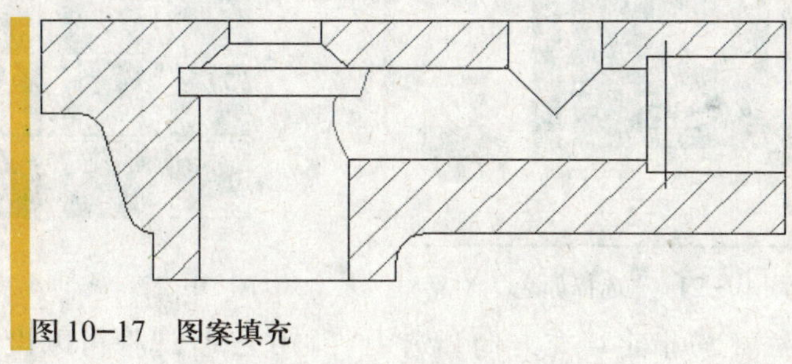

图10-17　图案填充

使用拾取点方法指定图案填充边界的优点是自动寻找封闭区域，缺点是图形中的对象越多，系统自动确定填充边界所用时间就越长。

10.3.4　渐变色填充

使用一种或两种颜色的渐变效果填充闭合区域，从而呈现出特殊的效果，具体操作步骤如下。

(1)执行命令。任意打开或绘制一个图形后单击"绘图"工具栏中的"渐变色"按钮，或选择"绘图"→"渐变色"命令，打开"图案填充和渐变色"对话框，选中该对话框中的"渐变色"选项卡，如图10-18所示。

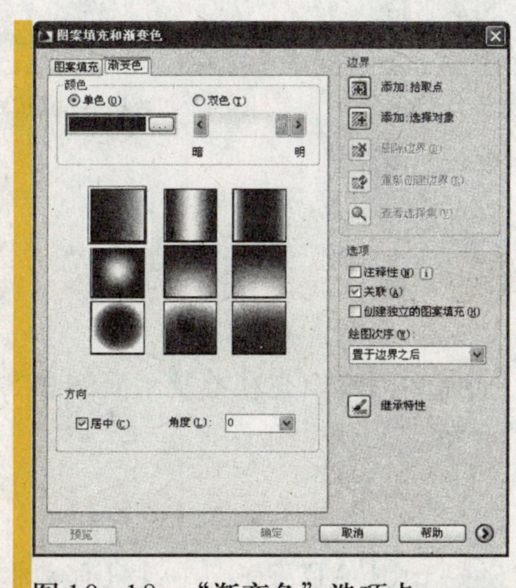

图10-18　"渐变色"选项卡

(2)选择单色或双色。填充颜色可以选择一种或两种，如果选择"单色"单选按钮，则指定一种颜色，如图10-19所示；如果选择"双色"单选按钮，则指定两种颜色，如图10-20所示。

图10-19　指定一种颜色

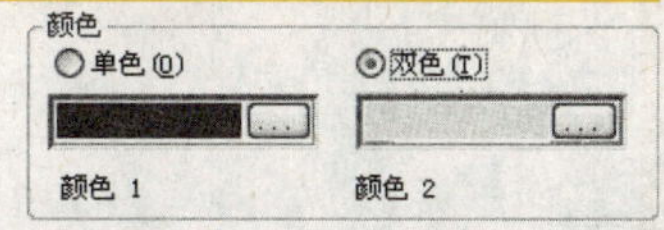

图10-20　指定两种颜色

(3)指定填充颜色。无论选择单色或是双色，都可以通过单击颜色条后面的 按钮打开"选择颜色"对话框，如图10-21所示，在该对话框中指定填充的颜色。

(4)指定填充效果。在"渐变色"选项卡中提供了多种渐变效果可供选择，如图10-22所示。如果选择单色填充，还可以通过拖动图10-19所示颜色滑块改变渐变色的深浅效果。

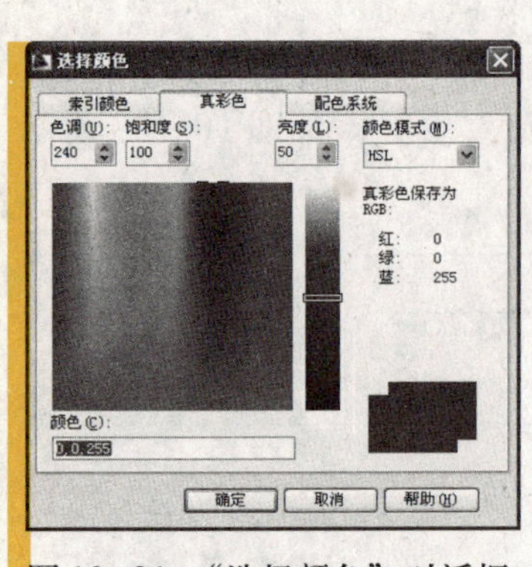

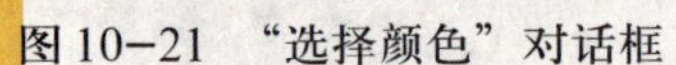
图 10-21 “选择颜色”对话框

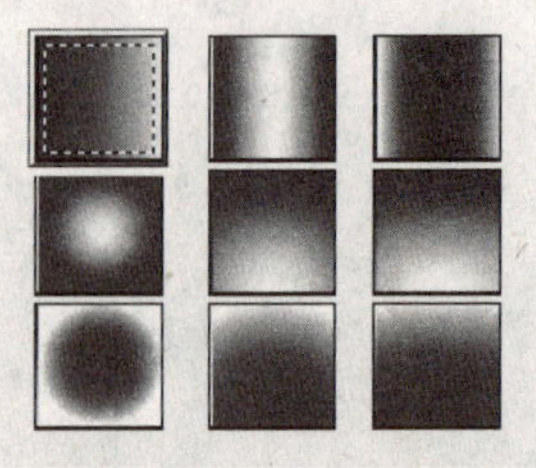
图 10-22 多种渐变效果

(5)指定填充方向。选中“居中”复选框可以设置以居中的方式填充区域，如图10-23 所示，还可以通过设置角度改变渐变色的方向。

(6)指定填充边界。渐变色填充指定填充边界的方法与图案填充指定填充边界的方法完全相同，呵呵，这里就不再赘述了。如图 10-24 所示为渐变色填充的效果。

以居中方式填充

以非居中方式填充

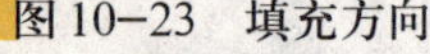
图 10-23 填充方向

图 10-24 渐变色填充

10.4 基 础 应 用

面域和图案填充在绘制平面图和实体建模中经常会用到，下面就其应用方向做一个简单介绍。

10.4.1 使用面域为实体着色提供载体

在 AutoCAD 2009 中，只有实体对象才可以着色，有时为了减少文件的容量，可以用面域对象替代三维模型，并对其进行着色，以显示模型效果，如图 10-25 所示。

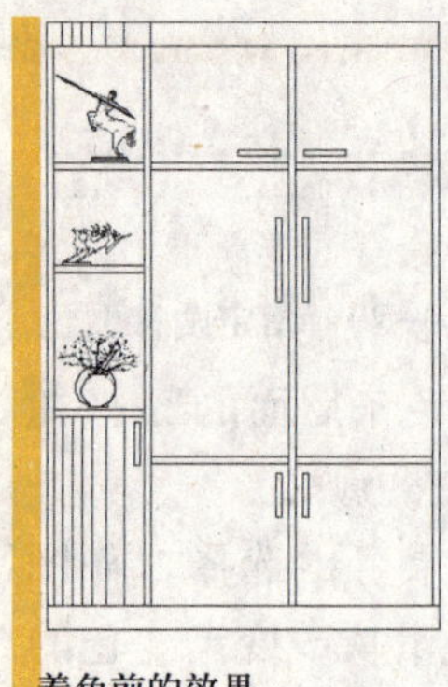
着色前的效果

着色后的效果

图 10-25 着色面域

10.4.2　使用图案填充表现材质

建筑绘图中经常会使用图案填充来表示地板、屋顶和墙面等对象的材质和图案效果，如图10–26和图10–27所示。

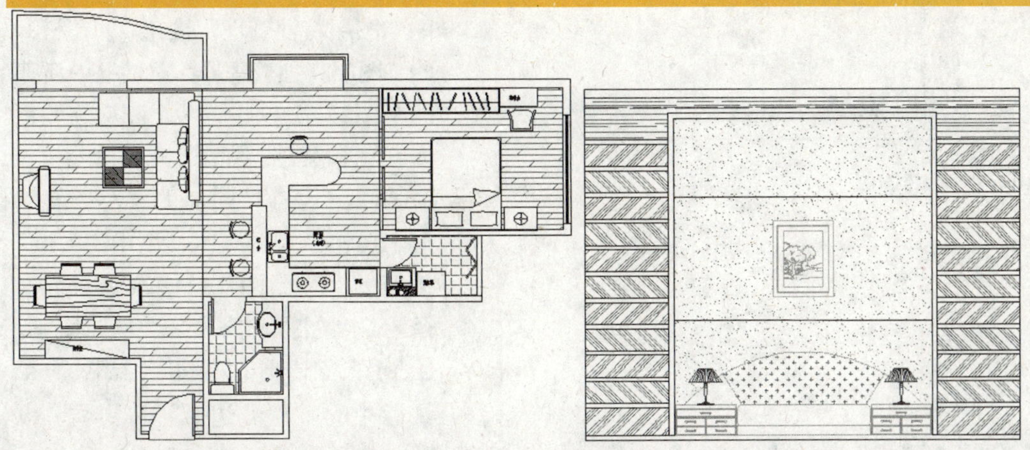

图10–26　室内地板

图10–27　墙面效果

10.4.3　使用图案填充表示剖面

在剖面图中，剖面的实体部分会用特殊的图形表示，AutoCAD 2009系统中提供了这些图形，用户只需使用图案填充剖面即可，如图10–28和图10–29所示。

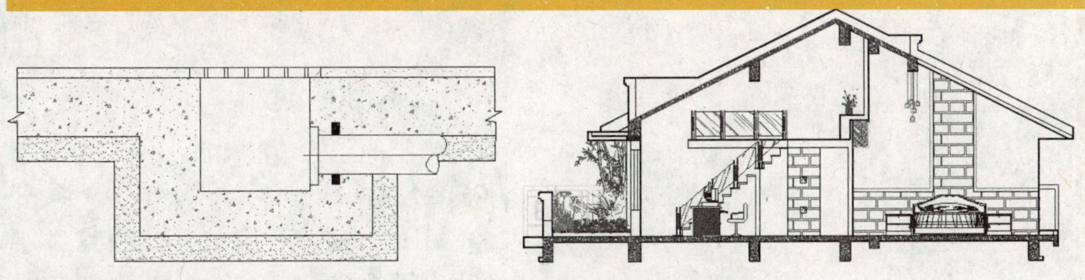

图10–28　管道剖面

图10–29　立面图剖面

10.5　案例表现

为便于读者进一步了解面域和图案填充的应用，下面详细介绍五角星和天棚图的绘制过程，帮助读者巩固对面域和图案填充的理解。

10.5.1　案例1：绘制五角星

本例将要绘制的五角星效果如图10–30所示。

图10–30　五角星

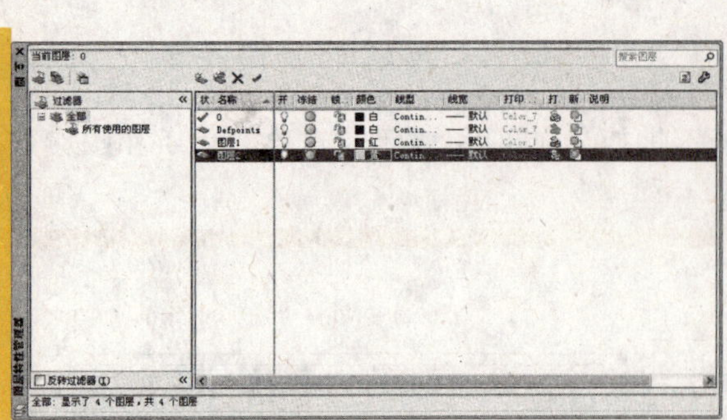

图 10-31　新建图层

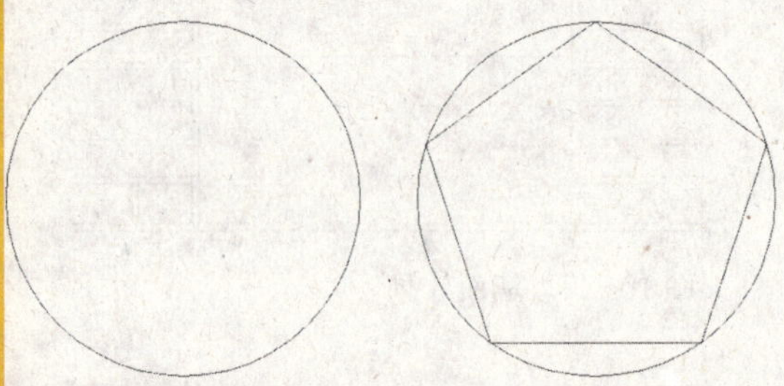

图 10-32　绘制圆　　图 10-33　绘制正 5 边形

图 10-34　绘制直线　　图 10-35　连接顶点

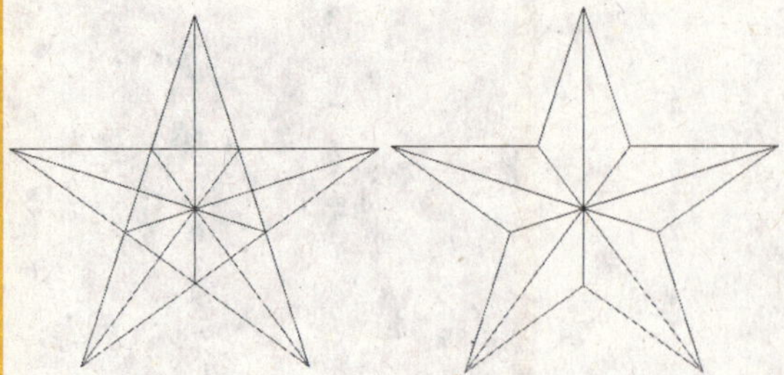

图 10-36　绘制直线　　图 10-37　修剪直线

操作步骤：

01 新建图形文件。新建一个图形文件，保存并命名为“五角星”。

02 创建图层。单击“图层”工具栏中的“图层特性管理”按钮，在打开的“图层特性管理器”对话框中新建两个图层，分别设置两个图层的颜色为红色和黄色，如图 10-31 所示。

03 绘制圆。设置“图层 1”为当前图层。单击“绘图”工具栏中的“圆”按钮，在绘图窗口中绘制一个半径为100的圆，效果如图10-32所示。

04 绘制正多边形。单击“绘图”工具栏中的“正多边形”按钮，以圆心为正多边形的中心点，绘制一个正5边形，这个正5边形内接于半径为 100 的圆，命令行提示如下。

命令：_polygon

输入边的数目 <4>：5

指定正多边形的中心点或 [边(E)]:

输入选项 [内接于圆(I)/外切于圆(C)] <I>:

指定圆的半径：100

绘制的正 5 边形如图 10-33 所示。

05 绘制直线。单击“绘图”工具栏中的“直线”按钮，用直线连接正 5 边形的各个顶点，效果如图 10-34 所示。

继续执行绘制直线命令，以圆的圆心为起点，连接正5边形的顶点，最后删除圆和正 5 边形，效果如图 10-35 所示。以圆的圆心为起点，连接五角星边线的交点，效果如图 10-36 所示。

06 修剪图形。单击“修改”工具栏中的“修剪”按钮，修剪五角星中多余的直线，效果如图10-37所示。

07 边界创建面域。选择"绘图"→"边界"命令，打开"边界创建"对话框，在该对话框中的"对象类型"下拉列表中选择"面域"选项，如图10–38所示。单击该对话框中的"拾取点"按钮，在绘图窗口中拾取如图10–39所示的1～5虚线区域作为面域的边界，按回车键后即可将这些区域创建成面域。

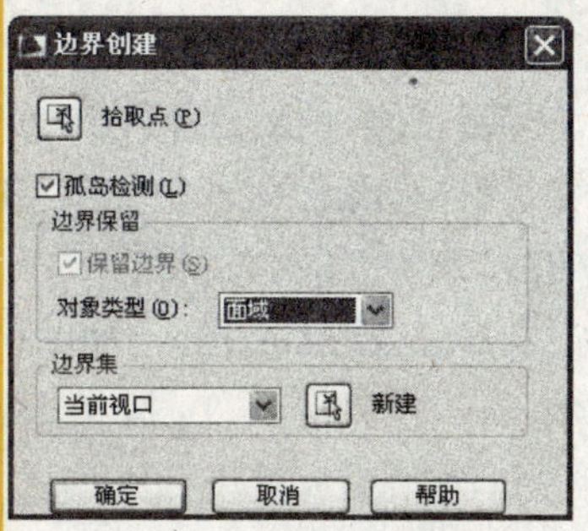

图10–38　"边界创建"对话框

08 创建面域。设置"图层2"为当前图层，重复步骤7，将五角星中的其他区域也创建成面域。

09 着色。在工具栏中单击鼠标右键，打开"视觉样式"工具栏，单击该工具栏中的"真实视觉样式"按钮，查看面域着色后的效果，如图10–40所示。

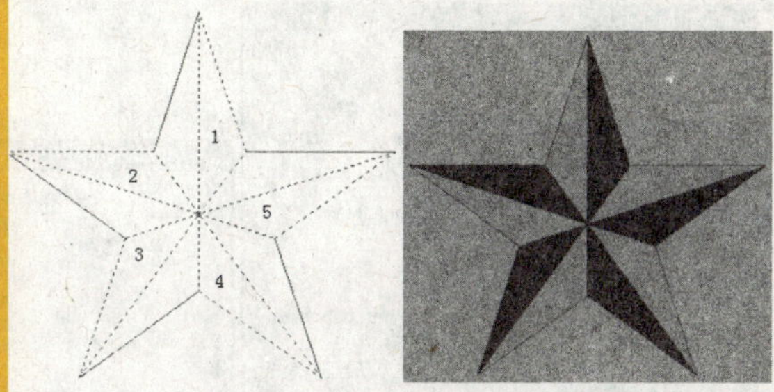

图10–39　拾取面域边界　图10–40　面域着色效果

10.5.2　案例2：填充天棚图图案

本例对天棚图填充图案后的效果如图10–41所示。

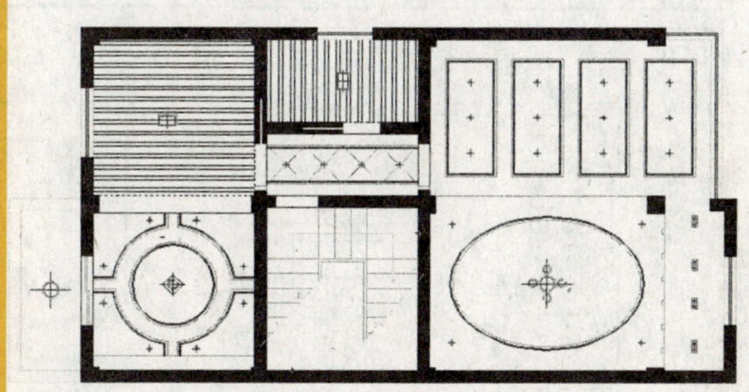

图10–41　天棚图

操作步骤：

01 打开图形。打开"素材"文件夹中的"天棚图"文件，如图10–42所示。

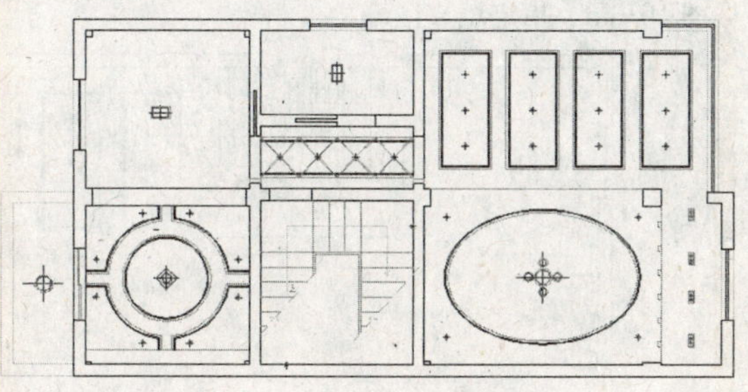

图10–42　图案填充前的天棚图效果

02 执行命令。单击“绘图”工具栏中的“图案填充”按钮，打开“图案填充和渐变色”对话框，在该对话框中选中“图案填充”选项卡，如图 10–43 所示。

03 选择填充图案。单击该选项卡中类型和图案选项组中的“图案”下拉列表后边的 按钮，打开“填充图案选项板”对话框，在该对话框中的“ANSI”选项卡中选中名为“ANSI32”的图案，如图 10–44 所示。

04 设置角度和比例。单击 确定 按钮返回到“图案填充”选项卡，在角度和比例选项组中的“角度”文本框中输入填充角度为“45”，在“比例”文本框中输入填充比例为 25，如图 10–45 所示。

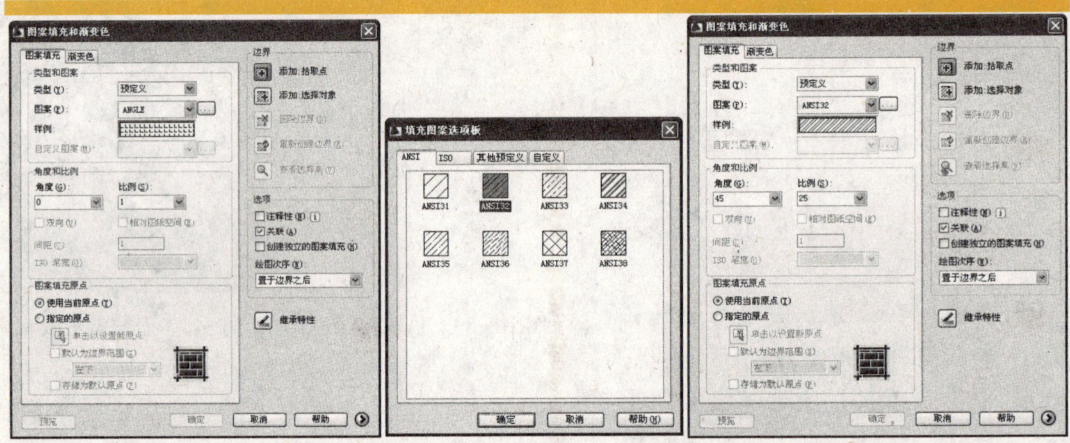

图 10–43 “图案填充”选项卡　　图 10–44 选择填充图案　　图 10–45 设置填充角度和比例

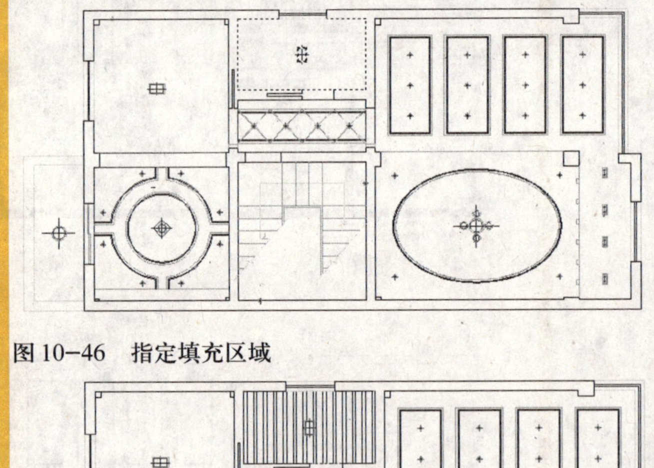

图 10–46 指定填充区域

05 选择填充区域。单击“添加：拾取点”按钮，在打开的图形中拾取如图 10–46 所示虚线框中一点。

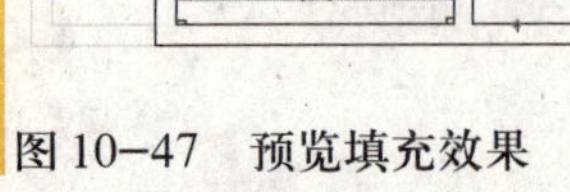

图 10–47 预览填充效果

06 预览填充效果。按回车键返回到“图案填充”选项卡，单击 预览 按钮预览填充效果，如图 10–47 所示。

07 确定填充效果。如果满意预览的填充效果，单击鼠标右键或按回车键结束图案填充命令，否则按Esc键返回到“图案填充”选项卡重新设置参数。

08 继续填充。再次执行图案填充命令，设置各项参数如图10-48所示。继续填充左边的空白区域，效果如图10-49所示。

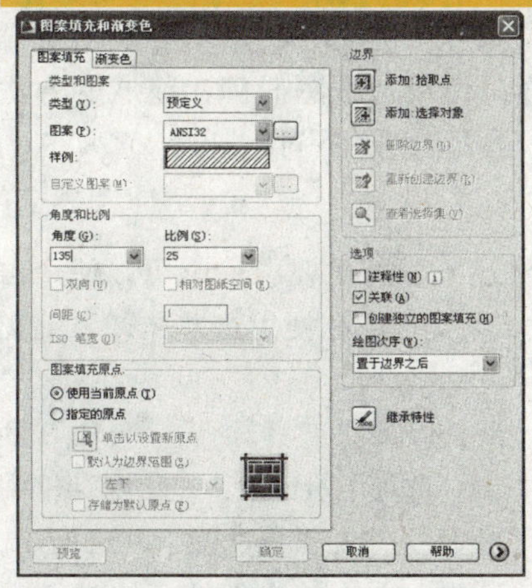

图10-48　设置参数

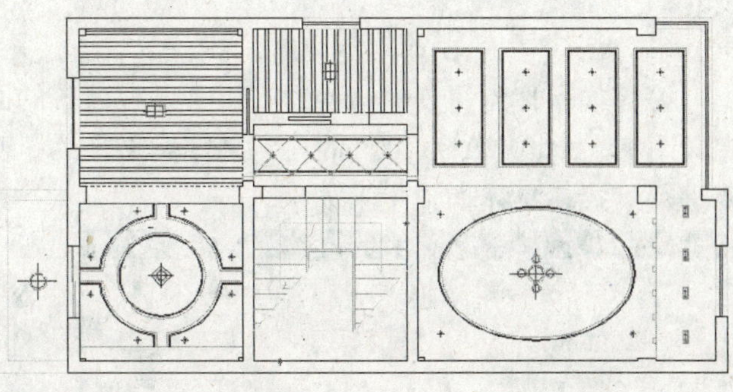

图10-49　图案填充效果

继续执行图案填充命令，设置各项参数如图10-50所示。填充天棚图中的墙体，最终效果如图10-51所示。

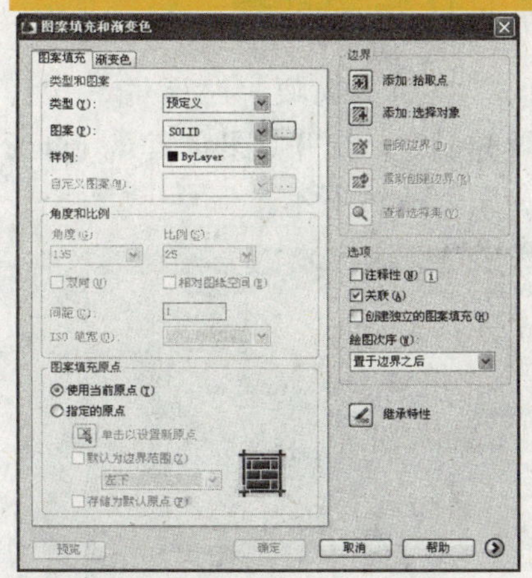

图10-50　设置参数

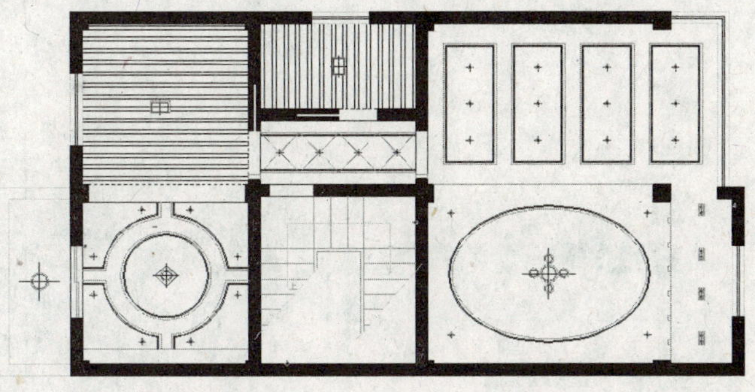

图10-51　填充墙体

10.6　疑难及常见问题

面域和填充图案的应用必须遵循一个规则，即所选对象必须闭合。在绘图过程中灵活运用这两个功能，可以有效地提高绘图效率。初学者在学习面域和填充图案时经常会遇到一些问题，以下就常见的几个问题进行解答。

1．为什么提示创建了0个面域

答：呵呵，这是一个典型的没有满足创建面域条件的问题。当创建面域失败后，就会提示创建了0个面域。

可用于创建面域的对象必须是闭合的，如基本图形对象圆、矩形等。如果边界对象之间出现间断，创建面域就会失败。解决办法只有一个，就是使间断的地方连接，这样才能成功创建面域。

有时候虽然边界对象是闭合的，但没有首尾相连，使用二维图形创建面域的方法创建面域也会失败，此时改用边界创建面域的方法就可以解决这个问题。

2．如何使用自定义图案

答：如果你觉得AutoCAD 2009系统自带的图案还不能满足要求，就可以使用自定义图案。AutoCAD 2009的自定义图案文件为“*.pat”文件，在使用这些文件之前需要进行设置，具体操作步骤如下。

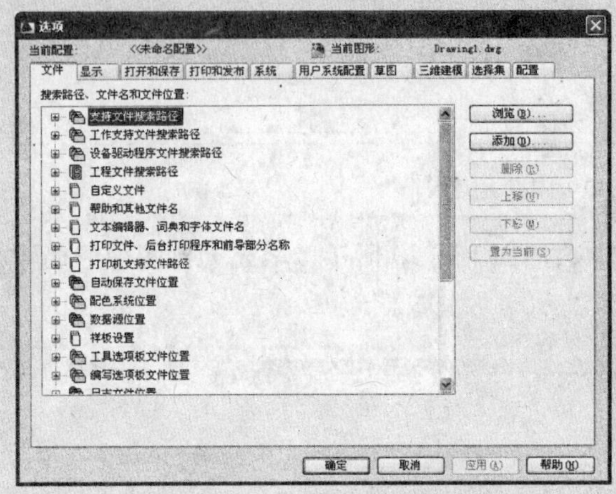

图10-52　“文件”选项卡

（1）选择“工具”→“选项”命令，打开“选项”对话框，在该对话框中选中“文件”选项卡，如图10-52所示。

（2）选中“支持文件搜索路径”选项，单击右边的浏览(B)...按钮，浏览自定义图案文件所在的文件夹，如本书光盘中的“素材”文件夹，如图10-53所示。单击确定按钮，将自定义文件添加到系统中。

（3）关闭“选项”对话框，执行图案填充命令，打开“图案填充”选项卡，如图10-54所示。

图10-53　浏览自定义图案文件

图10-54　“图案填充”选项卡

（4）在“类型”下拉列表中选择“自定义”选项，然后单击“自定义图案”右边的按钮，打开“填充图案选项板”对话框，如图10-55所示。在该对话框“自定义”选项卡中选择自定义图案进行填充，图 10−56 所示为自定义图案填充效果。

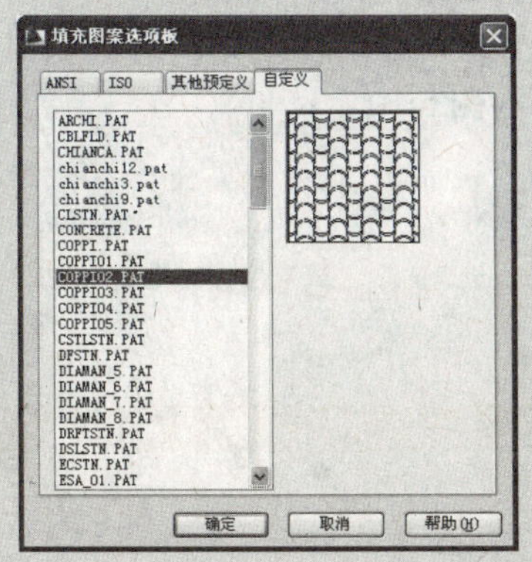

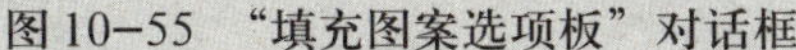
图 10−55 “填充图案选项板”对话框

图 10−56　自定义图案填充效果

3．填充图案后为什么没有显示出来

答：填充图案时可以设置图案的填充比例，如果比例太小图案就会显示成“一团”，显示不出图案的效果，如图 10−57 所示。相反，如果比例太大，会只显示图案的一部分，甚至在填充区域中看不见任何图案。

4．能否自定义图案填充的线条宽度

答：呵呵，仔细想想前面的知识，这是可以实现的。在第 5 章介绍图层的属性时，我们介绍了图层具有线宽属性，填充的图案也属于图形对象的一种，它势必会附属于某一个图层，这样就可以通过设置图层的线宽来控制图案填充的线条宽度了，如图 10−58 所示。

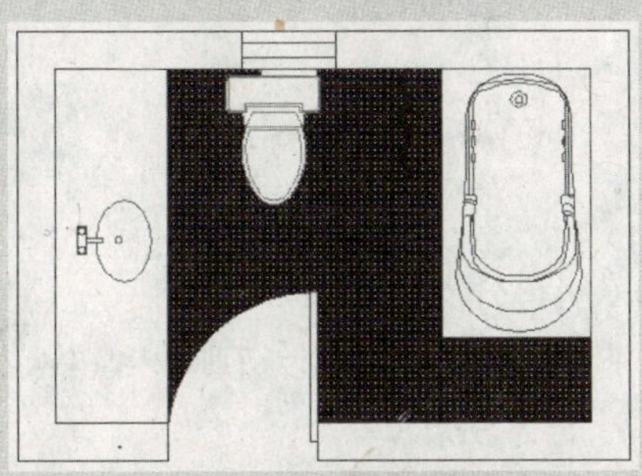
图 10−57　填充比例太小的效果

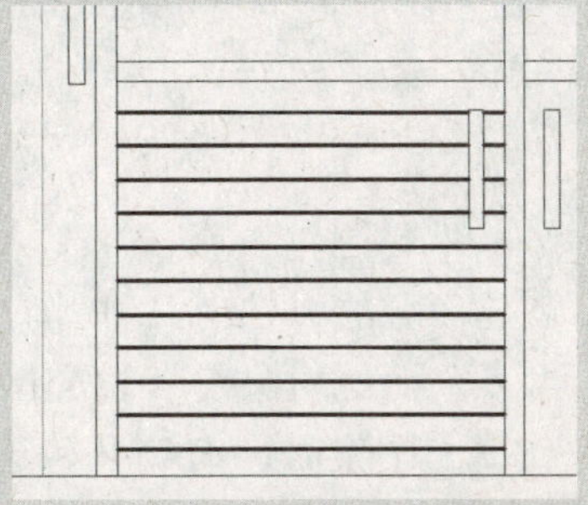
图 10−58　指定宽度的图案填充

设置线宽属性后，一定要单击状态栏中线宽按钮，打开显示线宽功能，这样才能显示对象的线宽。

5．如何设置填充图案的比例

答：呵呵，在填充图案时经常会遇到设置填充比例不合适，图案显示太密或者太疏。对于这个问题，笔者认为最好采用先调试预览，后确定的做法比较好些。也就是说，先随意设置一个填充比例，预览该比例下的填充效果，如果太密，就把比例调大，如果太疏，就把比例调小，这样反复预览几次，直到填充效果满意再确定填充。

如果知道材质的大小尺寸，为了准确表达填充效果，可以在填充区域内绘制一个与材质大小一致的矩形作为参考。当预览的填充图案个体与矩形相当时，表示比例设置合适。

10.7 习题与上机练习

1．选择题

(1) 单击“绘图”工具栏中的(　　)按钮执行创建面域命令。

(A)　　　　(B)

(C)　　　　(D)

(2) 面域的运算包括(　　)。

(A) 并集　　　　(B) 交集

(C) 差集　　　　(D) 干涉

(3) 创建图案填充时，用户可以指定(　　)等参数。

(A) 类型　　　　(B) 比例

(C) 图案　　　　(D) 角度

(4) 渐变色填充最多可以指定(　　)种填充色。

(A) 1　　　　(B) 2

(C) 3　　　　(D) 4

2．问答题

(1) 创建面域的方法有几种？它们之间的区别是什么？

(2) 当多个面域对象没有相交区域时，对其执行布尔运算会有哪些结果？

(3) 在填充图案时，有哪几种选择填充边界的方法？

(4) 如何设置渐变色填充的颜色？

3．上机练习题

(1) 创建如图 10-59 所示面域对象。

(2) 绘制如图 10-60 所示图形，填充剖面。

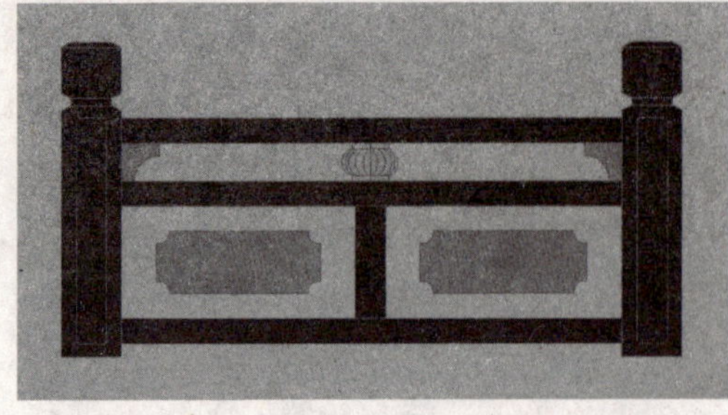

图 10-59　创建面域

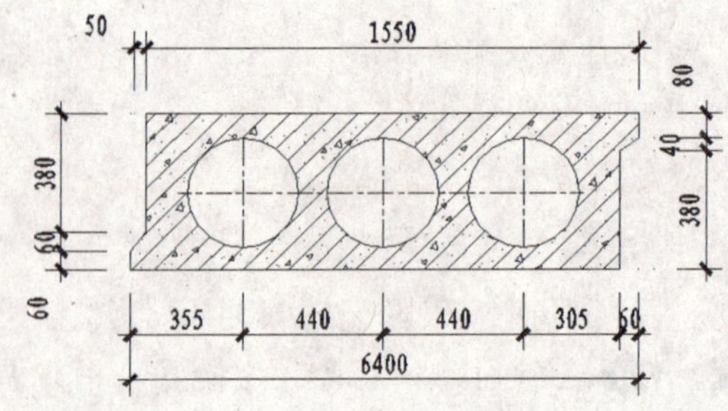

图 10-60　填充剖面

第十一章 创建三维模型

11

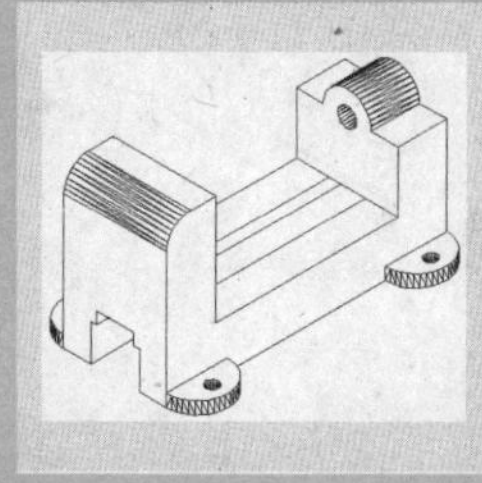

本章内容

实例引入——沙发

基本术语

知识讲解

基础应用

案例表现

疑难及常见问题

本章导读

AutoCAD 2009不仅可以用于创建平面图形，还可以创建各种实体模型。呵呵，考验你空间思维能力的时刻到了，接下来几章将主要介绍AutoCAD 2009在三维模型方面的应用。

与平面图形类似，三维模型也由一些基本图形对象构成，这些对象就是实体。AutoCAD 2009为用户提供了许多基本实体与创建特殊实体的方法，下面就从一个沙发模型开始我们空间思维的探索吧。

实例引入——沙发

11.1.1 制作分析

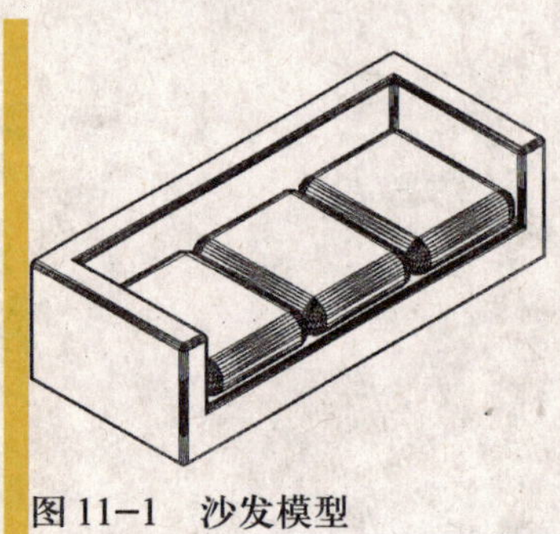

图11-1 沙发模型

我们要创建的沙发实体模型效果如图11-1所示。

沙发是日常生活中常见的一种实体模型。在本例的绘制过程中，主要使用长方体作为基本模型对象，通过多个不同尺寸的长方体的组合，摆放出沙发和坐垫的基本造型，如图11-2所示。

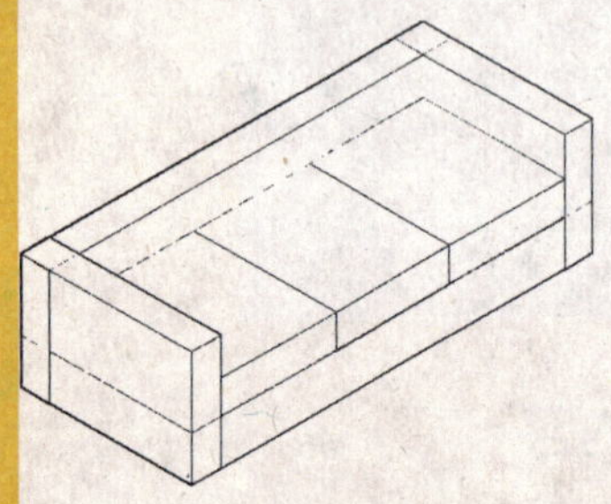

图11-2 基本沙发造型

因为日常生活中大家见到的沙发的棱角都是光滑的，所以接下来要做的就是编辑沙发和坐垫的棱角。我们前面说过，有很多的二维编辑命令都可以用来编辑三维实体，这里对棱角的编辑要用到圆角命令，编辑后的效果如图11-1所示。

11.1.2 制作步骤

01 新建图形文件。单击“标准”工具栏中的“新建”按钮，新建一个图形文件，保存并命名为“沙发模型”。

02 设置辅助功能。按F8功能键，打开“正交”功能。单击“视图”工具栏中的“西南等轴测”按钮，切换视图。

03 绘制沙发底座。单击“建模”工具栏中的“长方体”按钮，在绘图窗口中绘制一个长85.5，宽36，高9.5的长方体，效果如图11-3所示。

04 绘制沙发靠背。继续执行创建长方体命令，在绘制的长方体的后侧绘制一个长为85.5，宽为36，高为24.5的长方体，效果如图11-4所示。

05 绘制沙发扶手。继续执行创建长方体命令，在靠背的一侧绘制一个长36，宽6，高24.5的长方体，效果如图11-5所示。

06 复制沙发扶手。执行复制命令，在靠背的另一侧也复制一个扶手，效果如图11-6所示。

07 合并长方体。单击"建模"工具栏中的"并集"按钮，选择绘制的几个长方体，直接按回车键，将这几个长方体合并为一个实体，效果如图11-7所示。

08 绘制沙发坐垫。执行创建长方体命令，在沙发的底座上绘制一个长30、宽24.5、高7的长方体，再用复制命令复制两个，效果如图11-8所示。

09 圆角操作。单击"修改"工具栏中的"圆角"按钮，设置圆角半径为1，对沙发的棱角进行圆角操作，再设置圆角半径为3，对坐垫的棱角进行圆角操作，效果如图11-1所示。

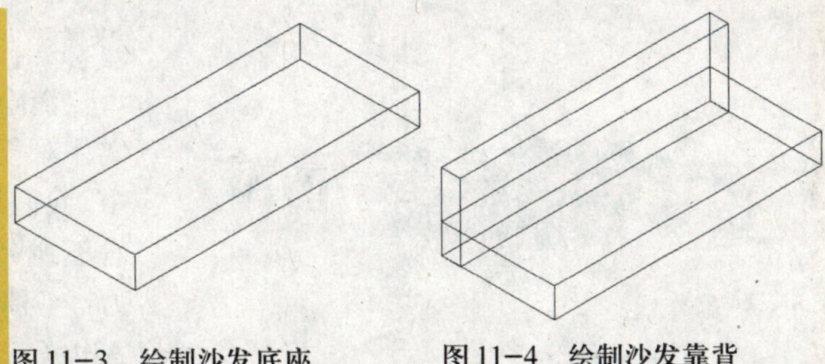

图11-3　绘制沙发底座　　图11-4　绘制沙发靠背

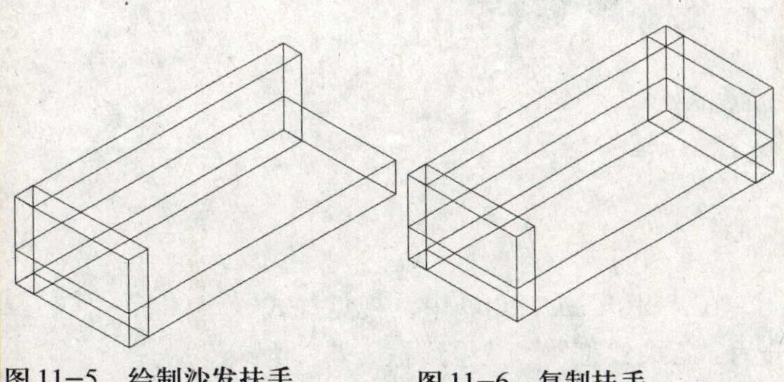

图11-5　绘制沙发扶手　　图11-6　复制扶手

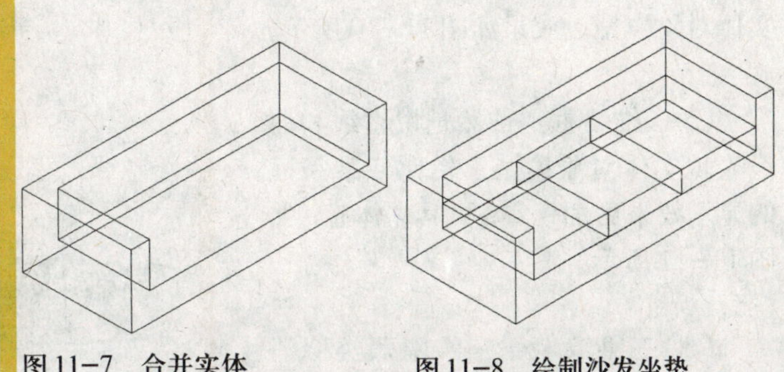

图11-7　合并实体　　图11-8　绘制沙发坐垫

11.2 基本术语

在学习创建三维模型之前，我们还需要了解很多与三维模型有关的基本术语，下面就来看一下这些术语到底是什么。

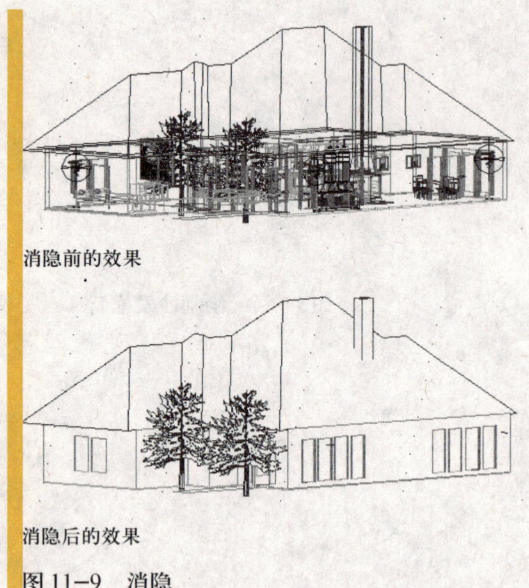

图 11–9　消隐

11.2.1　消隐

消隐命令提供了一种可以快速显示实体对象三维效果的方法。在日常生活中，我们只能看到房子面向我们的面，而看不到房子的背面，除非你有透视的能力，呵呵，当然这是不可能的。在 AutoCAD 2009 中，实体对象的线框模型类似透视眼看到的情况，利用消隐显示实体效果，如图11–9显示了房子消隐前和消隐后的效果。

11.2.2　视觉样式

在 AutoCAD 2009 中，视觉样式分为"二维线框"、"三维线框"、"三维隐藏"、"真实"和"概念"5 种方式。

(1)二维线框：用直线和曲线表现实体对象模型，效果如图 11–10 所示。

图 11–10　二维线框

(2)三维线框：依然是用直线和曲线表现实体对象模型，但比二维线框的显示效果更加真实，更具立体感，如图 11–11 所示。

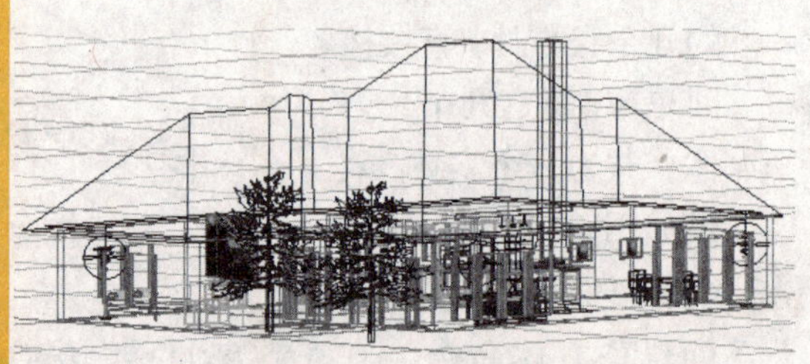
图 11–11　三维线框

(3)三维隐藏：三维隐藏类似消隐，但与消隐不同的是它用三维线框显示对象，并隐藏对象后面看不见的线，这样就能呈现出更好的立体感，如图 11–12 所示。

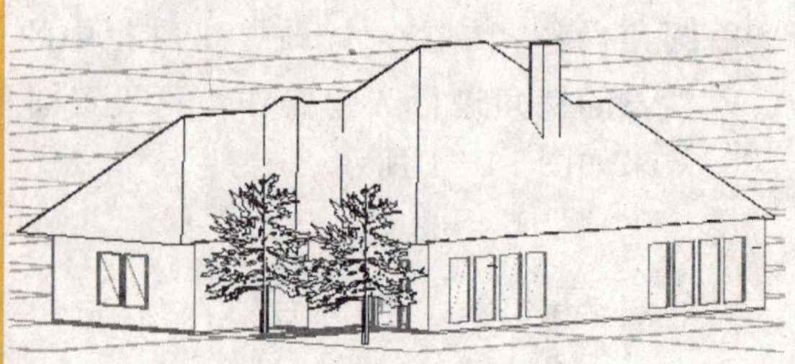
图 11–12　三维隐藏

(4)真实：可以显示实体对象的颜色，并平滑对象的边，还可以显示已经附着到对象上的材质，这样在渲染对象之前就可以事先预览渲染的基本效果了，如图 11–13 所示。

(5)概念：与真实效果类似，同样可以显示对象的颜色以及已经附着到对象上的材质，平滑对象的边，不同的是可以使用冷色调和暖色调过渡着色对象，这样就更方便查看模型的细节，如图 11-14 所示。

图 11-13　真实

图 11-14　概念

11.2.3　平面曲面

使用平面曲面命令可以通过指定矩形的两个对角点创建二维平面曲面图形。呵呵，这与我们前面讲到的矩形可是两个概念哦。矩形只有四条边，而平面曲面除了具有边的属性外，还具有面的属性，图11-15显示了矩形和平面曲面的区别。

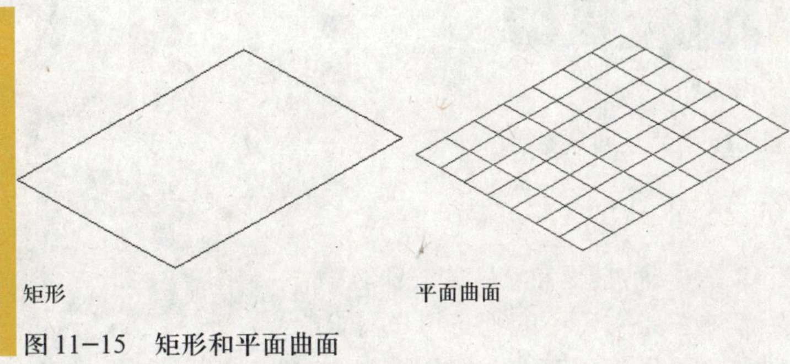

图 11-15　矩形和平面曲面

另外，平面曲面命令还可以将现有的封闭二维图形对象转换成平面曲面图形。例如将一个多边形对象转换成平面曲面对象，如图 11-16 所示。

AutoCAD 2009 中对于可以转换成平面曲面的对象没有做太多的要求，只要选中的对象是封闭的图形即可。无论该对象由多少个图形组成都可以转换成平面曲面，但是这些对象必须首尾相连。多个对象相交形成的闭合区域不能被转换成平面曲面，如图 11-17 所示。

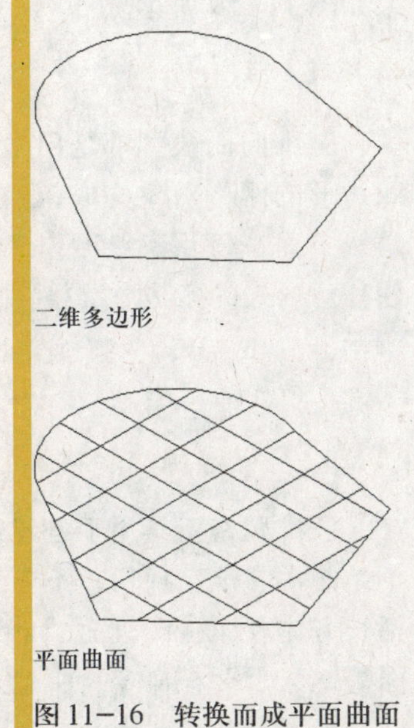

图 11-16　转换面成平面曲面

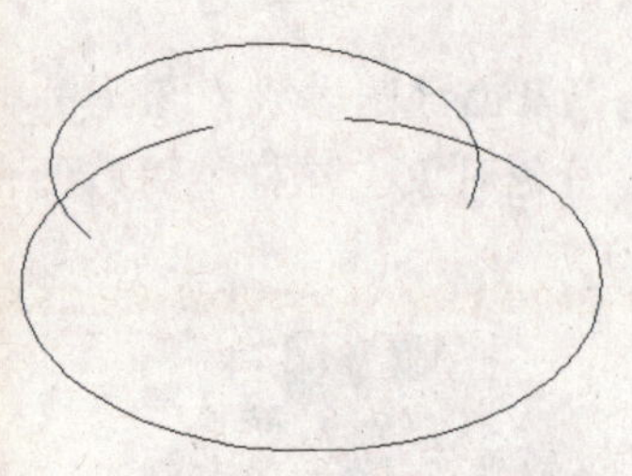
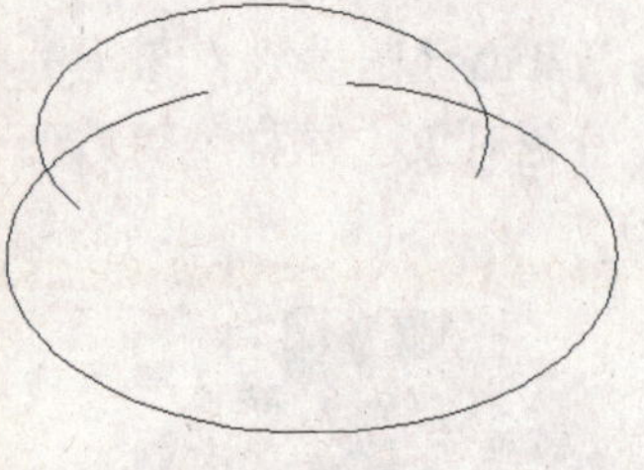

图 11–17　相交区域不能被转换成平面曲面

11.2.4　二维填充

二维填充命令用于创建实体填充的三角形和四边形。呵呵，是不是与平面曲面有点像呢？平面曲面用到了四边形，二维填充也用到了四边形，但两者的本质区别在于前者创建的是一个曲面，而后者创建的则是一个实体填充面，如图 11–18 所示。

二维填充

图 11–18　二维填充

创建二维填充对象时，根据指定点先后顺序的差异可以创建三角形和四边形填充对象。

11.2.5　三维面

三维面是没有厚度的三维实体。当基本三维对象不能满足用户需求的时候，可以使用三维面组合需要的对象。例如消隐状态下由四个面组成的图形，使用三维面为其添加侧面的效果如图 11–19 所示。

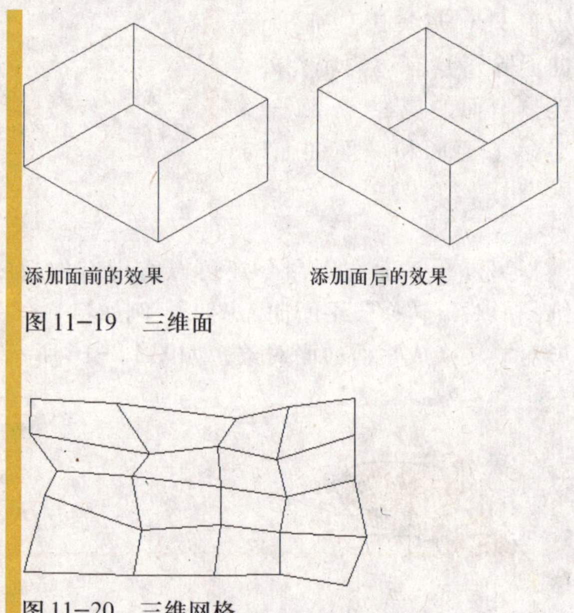

图 11–19　三维面

图 11–20　三维网格

11.2.6　三维网格

三维曲面模型都是由呈三边形或四边形的网格对象构成，一个网格就是一个面，使用三维网格工具可以创建任意形式的多边形网格，如图11–20 所示。

11.2.7　三维基本网格对象

三维网格工具用于创建任意形式的多边形网格，如果要创建一些规则的网格对象岂不是非常麻烦？呵呵，不要紧，AutoCAD 2009 系统提供了一套基本网格对象，其中包括长方体表面、圆锥面、下半球面、上半球面、网格、棱锥面、球面、圆环面和楔体表面等，只需要在命令行中输入 3D 命令，就可以显示这些基本网格的创建命令。

输入选项[长方体表面(B)/圆锥面(C)/下半球面(DI)/上半球面(DO)/网格(M)/棱锥面(P)/球面(S)/圆环面(T)/楔体表面(W)]:

如图 11-21 所示就是部分基本网格对象的效果。

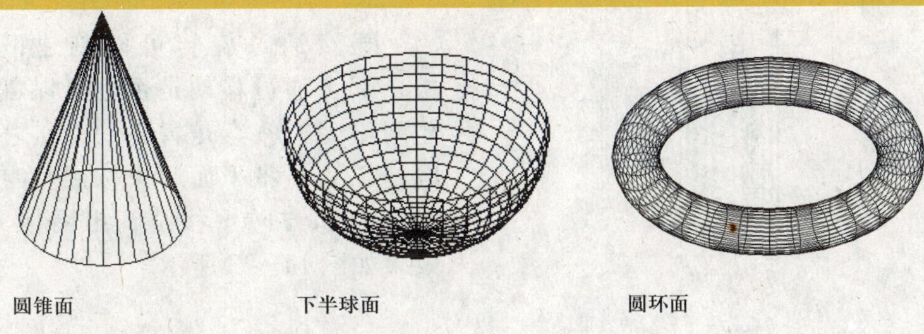

图 11-21　部分基本网格对象

11.2.8　旋转网格

AutoCAD2009 虽然提供了许多三维基本网格对象，但还不足以满足我们绘图的需要，此时就要用到旋转网格命令，通过将平面对象绕指定的轴进行旋转得到需要的网格对象，如图 11-22 所示。

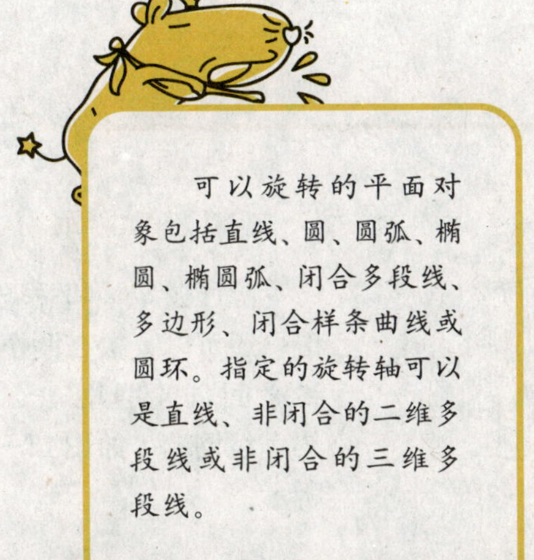

可以旋转的平面对象包括直线、圆、圆弧、椭圆、椭圆弧、闭合多段线、多边形、闭合样条曲线或圆环。指定的旋转轴可以是直线、非闭合的二维多段线或非闭合的三维多段线。

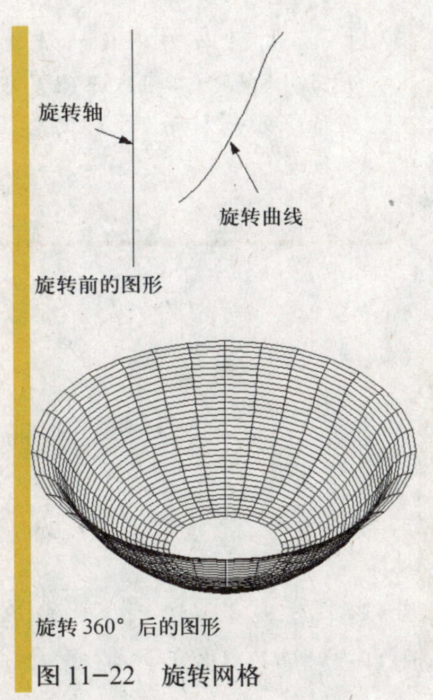

图 11-22　旋转网格

SURFTAB1 和 SURFTAB2 变量控制着网格的密度，值越大网格越密，这两个变量适合所有网格对象。如果你绘制的网格效果与上面的效果图相差很大，可不要怪我没有提醒你哦！

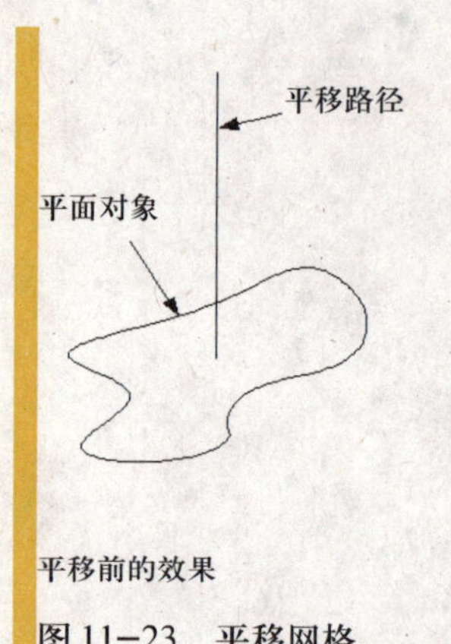

平移前的效果

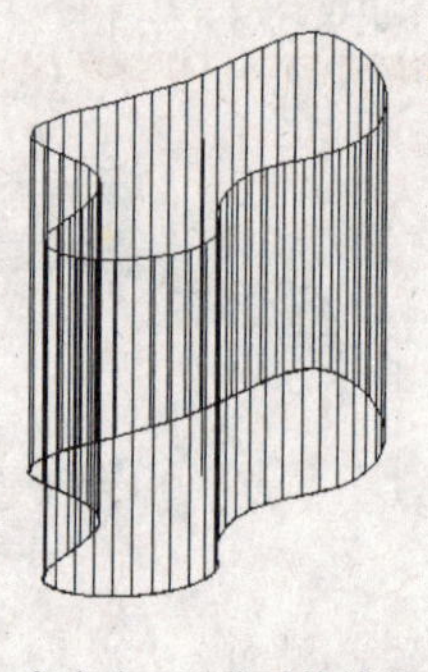

角度为 0 平移后的效果

图 11–23　平移网格

11.2.9 平移网格

既然通过旋转可以创建网格，那么通过移动是否也可以创建网格呢？答案是肯定的。平移网格工具是将平面对象按照指定的路径和方向平移绘制出网格，效果如图 11–23 所示。

可以作为平移的对象是有要求的，这些对象可以是直线、圆弧、圆、椭圆、二维或三维多段线等，而面域等图形对象不能用于创建平移网格。另一方面，平移的路径只能是直线、非闭合的二维多段线或非闭合三维多段线。

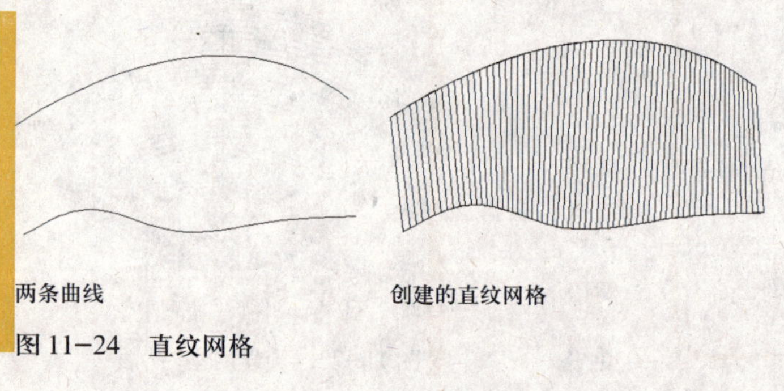

两条曲线　　创建的直纹网格

图 11–24　直纹网格

11.2.10 直纹网格

除了旋转和平移外，用户还可以直接在两个曲线之间创建网格，这就是直纹网格，如图 11–24 所示。

用于创建直纹曲面的曲线可以是点、直线、样条曲线、圆、圆弧或多段线，但如果其中一个对象是闭合的，则另外一个也必须是闭合的，反之亦然。

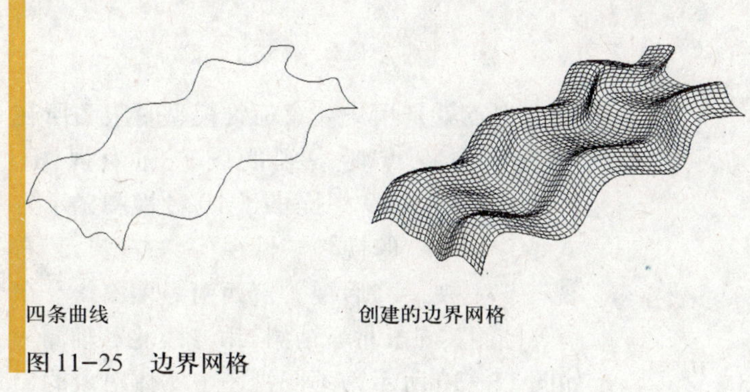

图 11–25　边界网格

11.2.11　边界网格

边界网格通过四条闭合的相邻边创建网格，这些邻边可以是直线、圆弧、样条曲线和非闭合的二维多段线或三维多段线，而且相邻两条边必须在端点处相交，如图 11–25 所示。

11.2.12　多段体

多段体是由多个等宽等高的实体组合成的复杂实体，如图 11–26 所示。

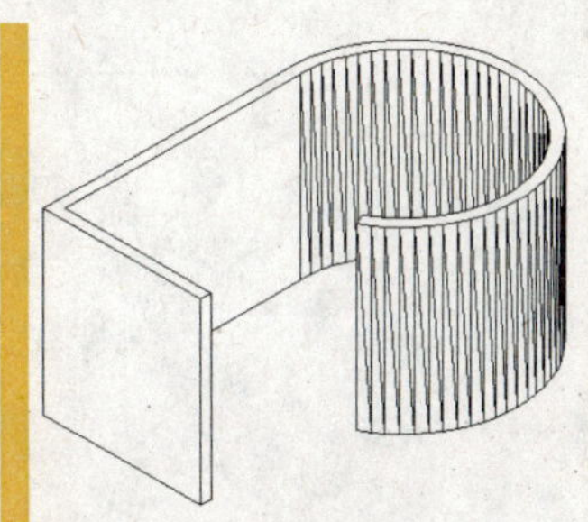
图 11–26　多段体

使用多段体命令可以将现有的直线、二维多段线、圆或圆弧转换成具有一定宽度和高度的实体，如图 11–27 所示就是将圆转换成多段体的效果。

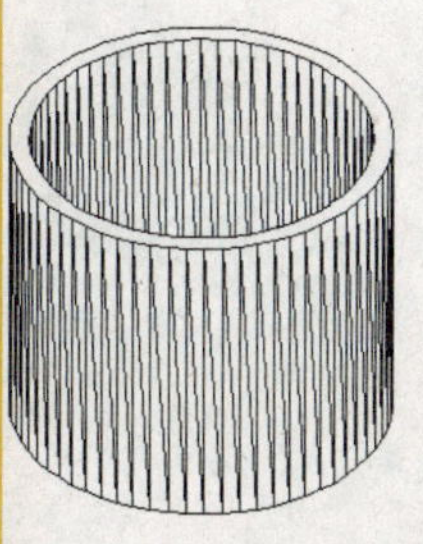
图 11–27　将圆转换成多段体

11.2.13　楔体

楔体是我们日常生活中经常可以见到的一种实体，将两个楔体反扣在一起就成为一个长方体。也就是说，楔体是长方体沿着一个面的对角线切开的一半，如图 11–28 所示。

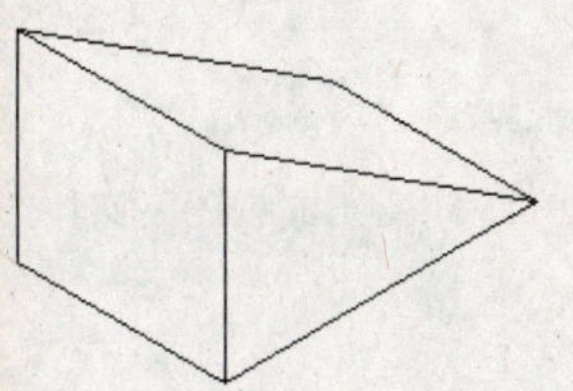
图 11–28　楔体

11.2.14　圆环体

圆环体也是AutoCAD 2009基本实体对象中的一种，它与圆环面不同，圆环面是网格，其内部是空的，而圆环体则是实体，其内部是实的，如图11–29所示。

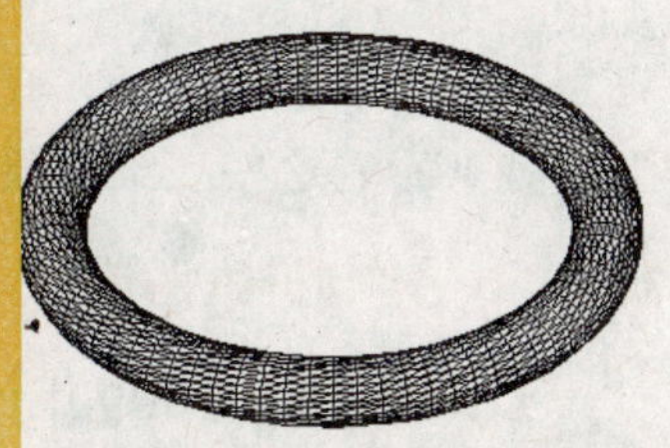
图 11–29　圆环体

11.2.15 视点

视点就是用户观察三维模型时眼睛所在地点，由视点观察到的图形称为视图。AutoCAD 2009 中提供了 10 种视图显示方式，分别为“俯视”、“仰视”、“左视”、“右视”、“主视”、“后视”、“西南等轴测”、“东南等轴测”、“东北等轴测”和“西北等轴测”，如图 11–30 所示为不同视图下实体对象的显示效果。

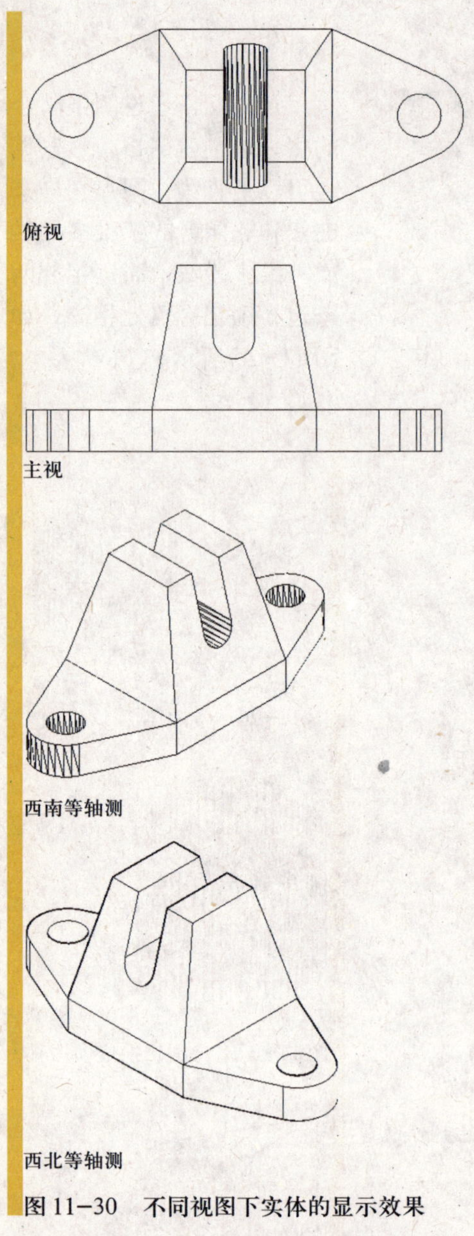

图 11–30　不同视图下实体的显示效果

选择“视图”→“三维视图”命令，在打开的菜单中可以看到这些视图，这些视图与“视图”工具栏中的按钮一一对应，如图 11–31 所示。

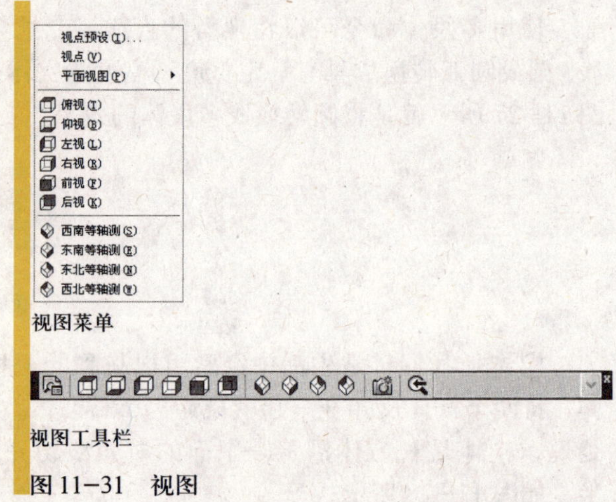

图 11–31　视图

11.3 知 识 讲 解

了解了以上术语后，我们对 AutoCAD 2009 中的三维对象就有了一个大概的了解，下面就来看看这些三维对象是如何创建的吧。

11.3.1 绘制三维曲面

AutoCAD 2009 中的三维曲面对象包括平面曲面、二维填充、三维面、三维网格、旋转网格、平移网格、直纹网格和边界网格等。这些曲面可以用来显示实体对象的表面效果，由于它们是由网格构成的，所以可以有效地降低AutoCAD 2009文件的大小，下面分别介绍这些对象的创建方法。

1. 平面曲面

(1) 创建方式。

①选择“绘图”→“建模”→“平面曲面”命令。

②单击“建模”工具栏中的“平面曲面”按钮。

③在命令行中输入命令：planesurf。

(2) 操作格式。

命令：_Planesurf

指定第一个角点或 [对象(O)] <对象>:

指定其他角点：

创建的平面曲面对象效果如图11-32所示。

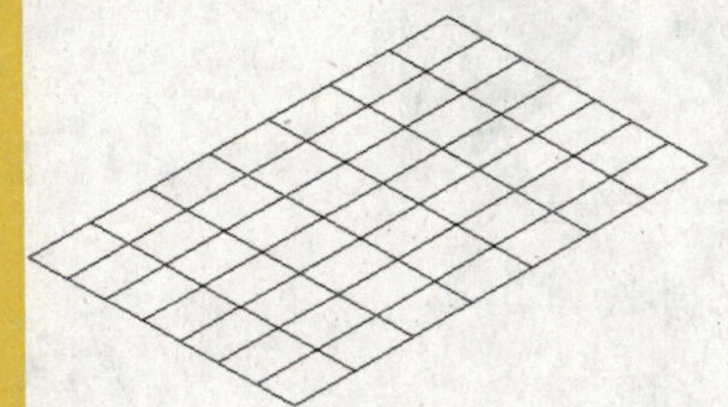

图11-32　平面曲面

指定“对象”选项可以将指定的二维封闭图形转换成平面曲面，如图11-33所示。

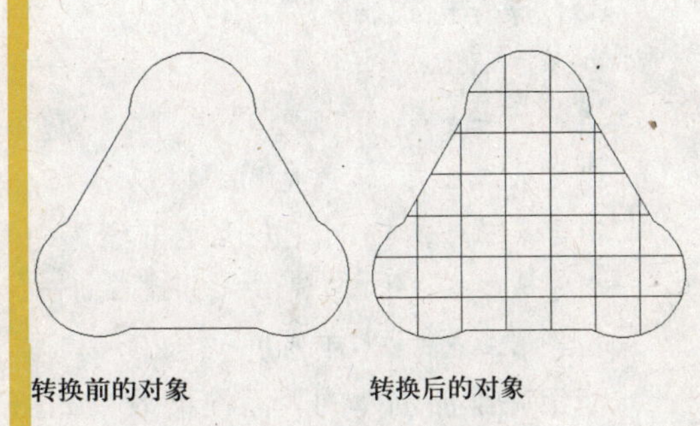

图11-33　将多边形转换成平面曲面

2. 二维填充

(1) 创建方式。

①选择“绘图”→“建模”→“网格”→“二维填充”命令。

②在命令行中输入命令：solid。

(2) 操作格式。

命令：_solid

指定第一点：

指定第二点：

指定第三点：

指定第四点或 <退出>:

指定第三点：

图 11-34　创建二维填充

在创建二维填充对象时，根据指定点先后顺序的不同，有可能创建三角形和四边形两种二维填充对象，例如，指定点的顺序依次为 1、2、3、4 时的效果如图 11-34 所示。

3. 三维面

(1) 创建方式。

①选择“绘图”→“建模”→“网格”→“三维面”命令。

②在命令行中输入命令：3dface。

(2) 操作格式。

命令：_3dface

指定第一点或 [不可见(I)]:

指定第二点或 [不可见(I)]:

指定第三点或 [不可见(I)] <退出>:

指定第四点或 [不可见(I)] <创建三侧面>:

指定第三点或 [不可见(I)] <退出>:

使用三维面创建的表面模型效果如图 11-35 所示。

图 11-35　三维面

系统默认指定四个点后确定一个面，当然可以指定三个点后直接按回车键确认一个面，如果继续指定点，系统会以第三个点和第四个点作为下一个面的第一个点和第二个点继续绘制平面。如果在指定点之前选择“不可见”选项，将创建虚幻的三维面，该面看不见但可以在图中遮挡形体，只有在渲染面或“真实视觉样式”下才可以看到该面。

4. 三维网格

(1) 创建方式。

①选择“绘图”→“建模”→“网格”→“三维网格”命令。

②在命令行中输入命令：3dmesh。

(2) 操作格式。

命令：_3dmesh

输入 M 方向上的网格数量：4

输入 N 方向上的网格数量：3

指定顶点 (0, 0) 的位置:(按命令行提示依次指定纵向和横向上的点)

创建的三维网格效果如图 11-36 所示。

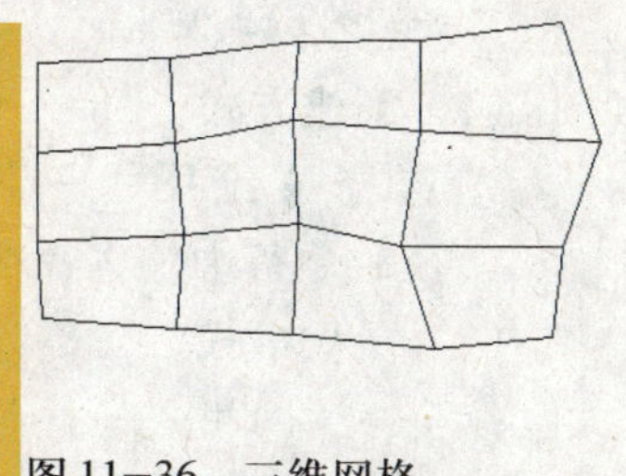

图 11-36　三维网格

使用此方法创建三维网格过于烦琐，一般不使用，但在 AutoCAD 2009 二次开发中会用到。

5. 旋转网格

(1) 创建方式。

①选择“绘图”→“建模”→“网格”→“旋转网格”命令。

②在命令行中输入命令：revsurf。

(2) 操作格式。

命令：_revsurf

当前线框密度：SURFTAB1=32　SURFTAB2=32

选择要旋转的对象：

选择定义旋转轴的对象：

指定起点角度 <0>:

指定包含角 (+=逆时针，-=顺时针) <360>:

使用旋转网格创建的三维网格模型效果如图 11-37 所示。

旋转轴就是旋转中心线，所以旋转对象到旋转轴的位置会影响旋转网格的效果。

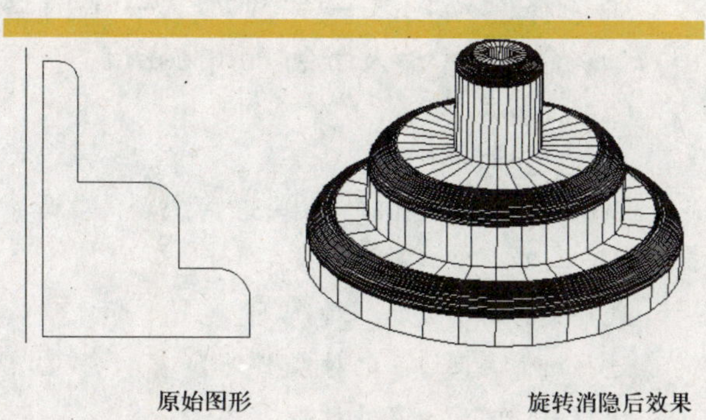

原始图形　　旋转消隐后效果

图 11-37　旋转网格

6. 平移网格

(1) 创建方式。

①选择“绘图”→“建模”→“网格”→“平移网格”命令。

②在命令行中输入命令：tabsurf。

(2) 操作格式。

命令：_tabsurf

当前线框密度：SURFTAB1=32

选择用作轮廓曲线的对象：

选择用作方向矢量的对象：

平移网格的效果如图 11-38 所示。

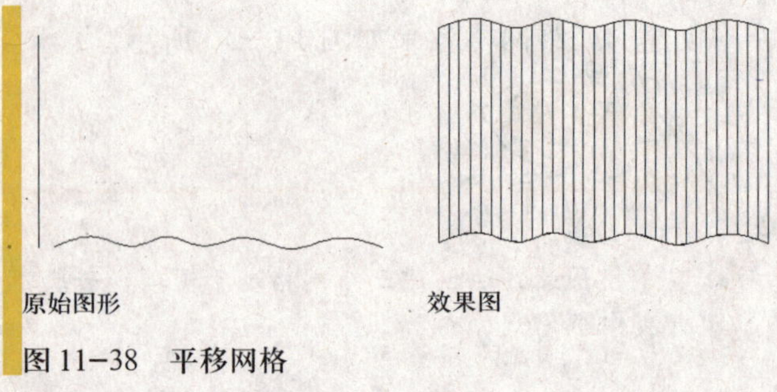

图 11-38　平移网格

7. 直纹网格

(1) 创建方式。

①选择“绘图”→“建模”→“网格”→“直纹网格”命令。

②在命令行中输入命令：rulesurf。

(2) 操作格式。

命令：_rulesurf

当前线框密度：SURFTAB1=32

选择第一条定义曲线：

选择第二条定义曲线：

直纹网格的效果如图11-39 所示。

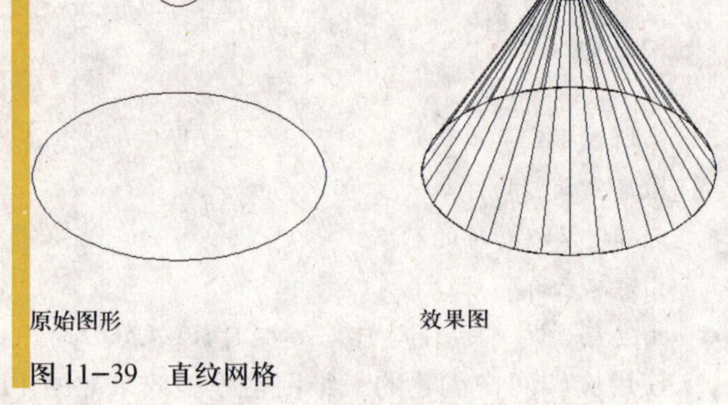

图 11-39　直纹网格

8. 边界网格

(1) 创建方式。

①选择“绘图”→“建模”→“网格”→“边界网格”命令。

②在命令行中输入命令：edgesurf。

(2) 操作格式。

命令：_edgesurf

当前线框密度：SURFTAB1=32 SURFTAB2=32

选择用作曲面边界的对象 1：

选择用作曲面边界的对象 2：

选择用作曲面边界的对象 3：

选择用作曲面边界的对象 4：

边界网格的效果如图 11-40 所示。

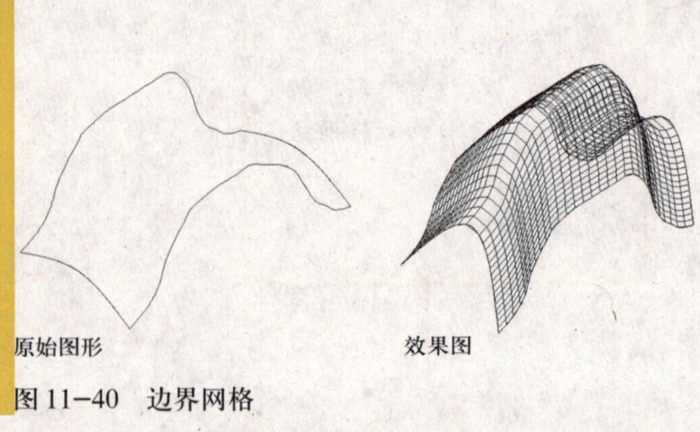

图 11-40　边界网格

11.3.2 绘制基本实体

三维曲面在表现实体对象的表面效果时非常有用，但在创建实体模型时，操作实体对象比操作三维曲面要方便得多。AutoCAD 2009 中提供了多段体、长方体、楔体、圆柱体、球体、圆锥体和圆环体等基本实体对象，以下介绍如何创建这些基本实体对象。

1. 多段体

(1) 创建方式。

①选择“绘图”→“建模”→“多段体”命令。

②单击“建模”工具栏中的“多段体”按钮。

③在命令行中输入命令：polysolid。

(2) 操作格式。

命令：_polysolid

高度 = 80.0000，宽度 = 5.0000，对正 = 居中

指定起点或 [对象(O)/高度(H)/宽度(W)/对正(J)] <对象>:

指定下一个点或 [圆弧(A)/放弃(U)]:

指定下一个点或 [圆弧(A)/放弃(U)]:

使用多段体创建的实体模型效果如图11-41所示。

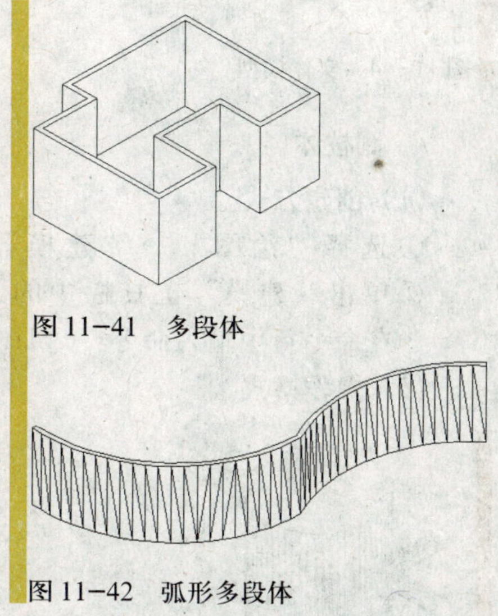

图 11-41 多段体

图 11-42 弧形多段体

(3) 选项含义。

①对象(O)：将直线、二维多线段、圆或圆弧转换成多段体对象。

②高度(H)：设置多段体的高度。

③宽度(W)：设置多段体的宽度。

④对正(J)：设置多段体高度和宽度的左对正、右对正或居中对正。

⑤圆弧(A)：创建弧形实体，如图 11-42 所示。

2. 长方体

(1) 创建方式。

①选择“绘图”→“建模”→“长方体”命令。

②单击“建模”工具栏中的“长方体”按钮。

③在命令行中输入命令：box。

(2) 操作格式。

命令：_box

指定第一个角点或 [中心(C)]:

指定其他角点或 [立方体(C)/长度(L)]:

指定高度或 [两点(2P)]:

使用长方体创建的楼梯踏步模型效果如图 11-43 所示。

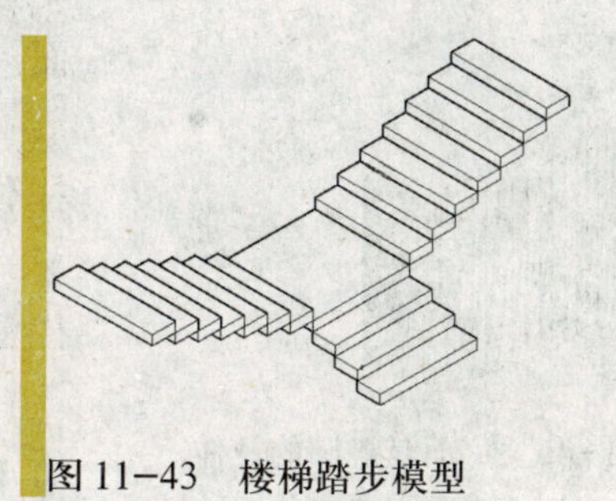

图 11-43 楼梯踏步模型

(3) 选项含义。

①中心(C)：通过指定长方体的中心点开始创建长方体。

②立方体(C)：通过指定立方体的边长即可直接创建立方体。

③长度(L)：通过依次指定长方体的长、宽和高创建长方体。

④两点(2P)：依次指定两个点，两点之间的长度即是长方体的高度。

3. 楔体

(1) 创建方式。

①选择“绘图”→“建模”→“楔体”命令。

②单击“建模”工具栏中的“楔体”按钮。

③在命令行中输入命令：wedge。

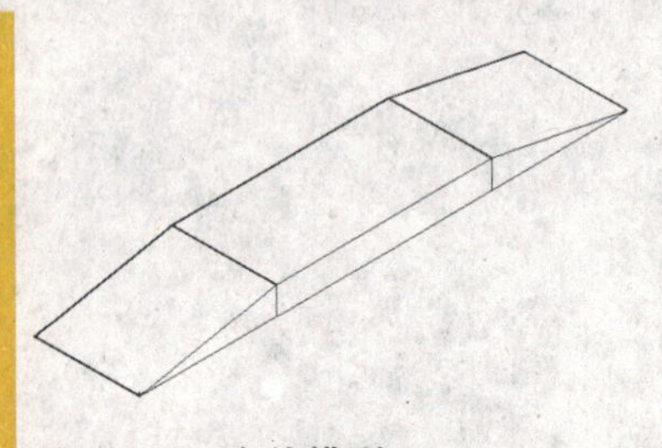

图 11-44 实体模型

(2) 操作格式。

命令：_wedge

指定第一个角点或 [中心(C)]:

指定其他角点或 [立方体(C)/长度(L)]:

指定高度或 [两点(2P)] <506.0266>:

使用楔体和长方体创建的实体模型效果如图 11-44 所示。

4. 圆柱体

(1) 创建方式。

①选择“绘图”→“建模”→“圆柱体”命令。

②单击“建模”工具栏中的“圆柱体”按钮。

③在命令行中输入命令：cylinder。

(2) 操作格式。

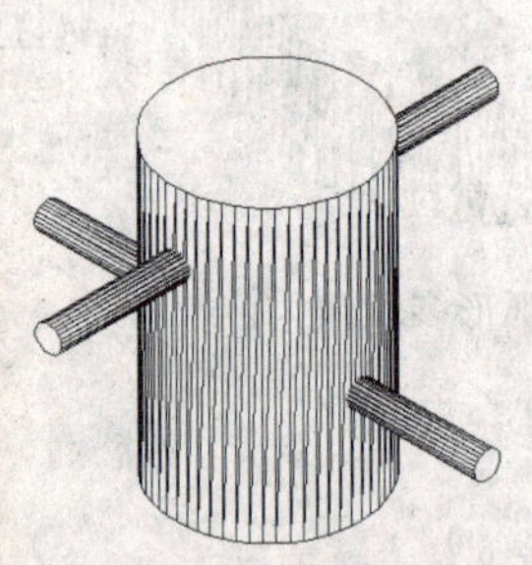

图 11-45 实体模型

命令：_cylinder

指定底面的中心点或 [三点(3P)/两点(2P)/相切、相切、半径(T)/椭圆(E)]:

指定底面半径或 [直径(D)]:

指定高度或 [两点(2P)/轴端点(A)] <532.0140>:

使用圆柱体创建的实体模型效果如图 11-45 所示。

(3) 选项含义。

①三点(3P)：通过指定三个点确定圆柱体的底面。

②两点(2P)：通过指定直径上的两个端点确定圆柱体的底面。

③相切、相切、半径(T)：通过相切、相切、半径法确定圆柱体的底面。

④椭圆(E)：绘制底面为椭圆的柱体，如图 11-46 所示。

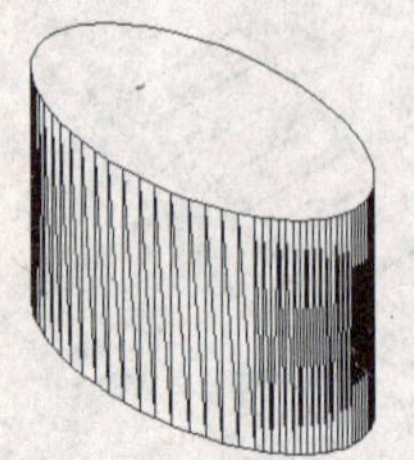

图 11-46 底面是椭圆的柱体

⑤直径(D)：通过输入直径长度确定圆柱体底面。

⑥两点(2P)：指定两个点，与前面两点不同的是此处两点之间的距离就是圆柱体的高度。

⑦轴端点(A)：通过指定轴端点确定圆柱体的高度。圆柱体顶面中心点就是轴端点。

5. 球体

(1) 创建方式。

①选择“绘图”→“建模”→“球体”命令。

②单击“建模”工具栏中的“球体”按钮 。

③在命令行中输入命令：sphere。

(2) 操作格式。

命令：_sphere

指定中心点或 [三点(3P)/ 两点(2P)/ 相切、相切、半径(T)]:

指定半径或 [直径(D)] <117.1189>:

使用圆柱体和球体创建的实体模型效果如图 11-47 所示。

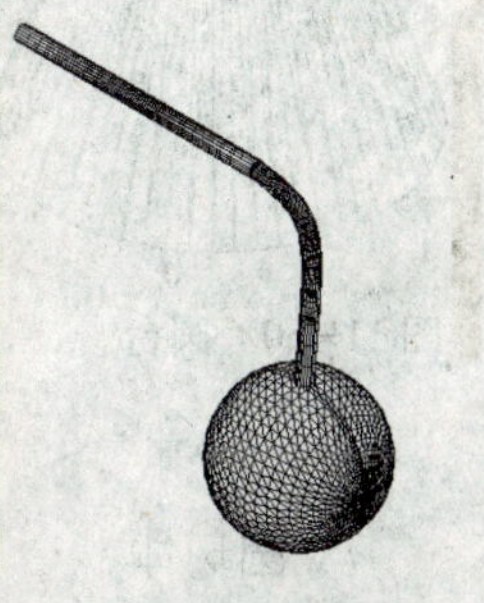

图 11-47　实体模型

(3)选项含义。

①三点(3P)：通过指定空间任意三个点确定球体。

②两点(2P)：通过指定空间任意两个点确定球体直径的长度。

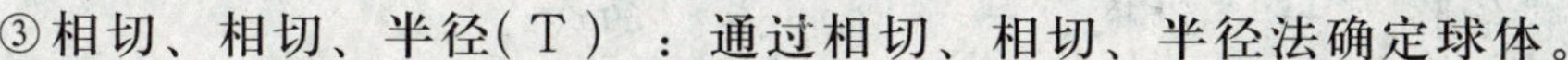

③相切、相切、半径(T)：通过相切、相切、半径法确定球体。

④直径(D)：通过指定直径的长度确定球体。

6. 圆锥体

(1) 创建方式。

①选择“绘图”→“建模”→“圆锥体”命令。

②单击“建模”工具栏中的“圆锥体”按钮 。

③在命令行中输入命令：cone。

(2) 操作格式。

命令：_cone

指定底面的中心点或 [三点(3P)/ 两点(2P)/ 相切、相切、半径(T)/ 椭圆(E)]:

指定底面半径或 [直径(D)] <1138.9163>:

指定高度或 [两点(2P)/ 轴端点(A)/ 顶面半径(T)] <-200.0854>:

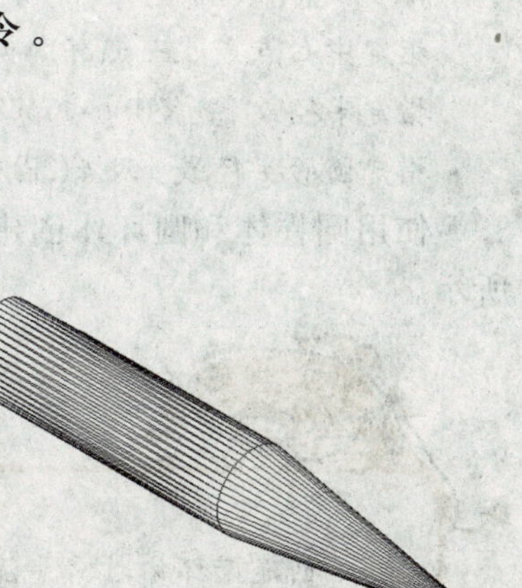

图 11-48　实体模型

使用圆柱体和圆锥体创建的实体模型效果如图 11-48 所示。

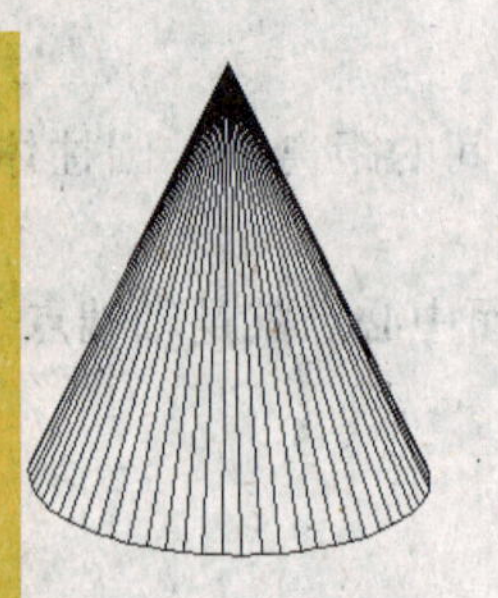

图 11-49　底面为椭圆的锥体

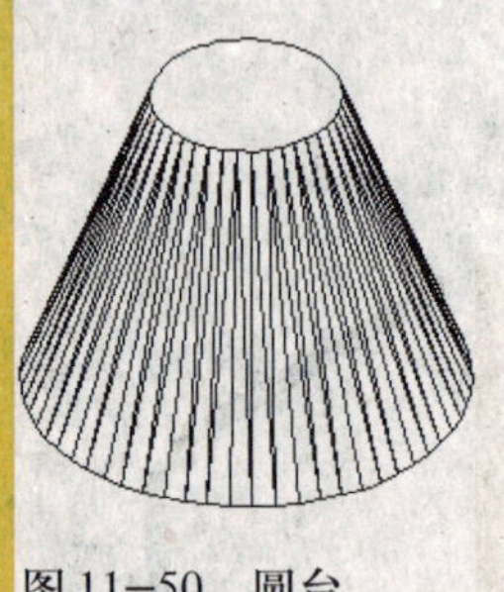

图 11-50　圆台

（3）选项含义。

①三点(3P)：通过指定三个点确定圆锥体底面。

②两点(2P)：通过指定直径上的两个端点确定圆锥体底面。

③相切、相切、半径(T)：通过相切、相切、半径法确定圆锥体底面。

④椭圆(E)：创建底面为椭圆的锥体，效果如图 11-49 所示。

⑤直径(D)：通过指定直径的长度确定圆锥体底面。

⑥两点(2P)：指定两个点，与前面不同的是此处的两点之间的距离就是圆锥体的高度。

⑦轴端点(A)：通过指定轴端点确定圆锥体的高度。圆锥体的轴端点就是圆锥体的顶点。

⑧顶面半径(T)：指定圆台顶面半径的长度，从而创建一个圆台，效果如图 11-50 所示。

7. 圆环体

（1）创建方式。

①选择“绘图”→“建模”→“圆环体”命令。

②单击“建模”工具栏中的“圆环体”按钮◎。

③在命令行中输入命令：torus。

（2）操作格式。

命令：_torus

指定中心点或 [三点(3P)/两点(2P)/相切、相切、半径(T)]:

指定半径或 [直径(D)] <3362.6708>:

指定圆管半径或 [两点(2P)/直径(D)]:

使用圆柱体和圆环体创建的实体模型效果如图 11-51 所示。

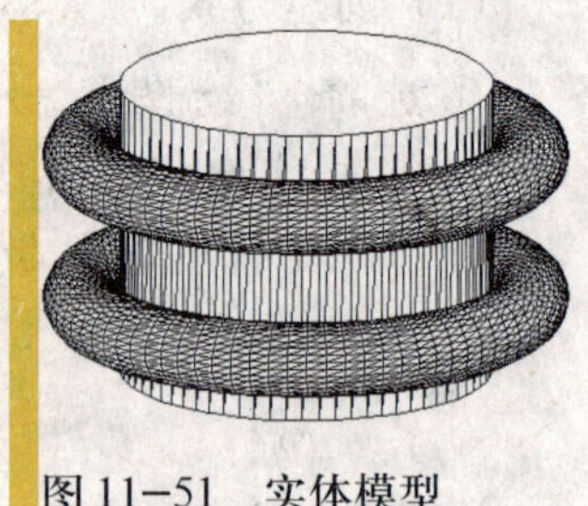

图 11-51　实体模型

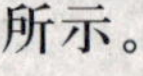

创建圆环体时需要注意两个值，一个是圆环体的半径 R，另一个是圆管的半径 r。圆环体半径可以小于 0，圆管半径必须大于 0。如果圆环体半径小于 0，此时圆管的半径必须大于圆环体半径的绝对值，如图 11-52 所示。

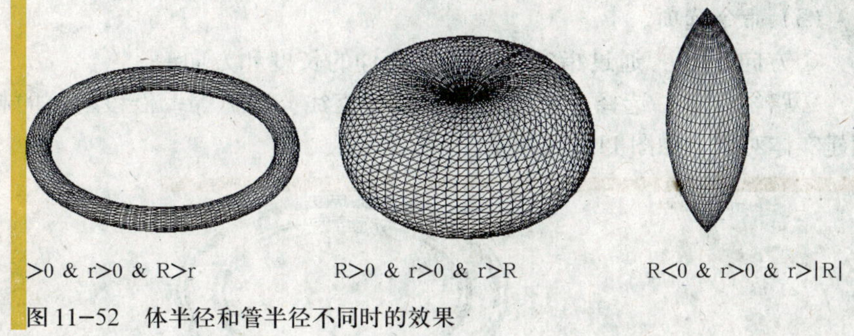

图 11-52　体半径和管半径不同时的效果

11.3.3　拉伸创建实体

基本实体对象的数量是有限的，在创建实体模型时，如果这些对象不能满足我们的需要，那该怎么办呢？不要紧，在 AutoCAD 2009 中，除了以上介绍的基本实体外，我们还可以通过拉伸二维对象来创建实体。

(1) 创建方式。

①选择“绘图”→“建模”→“拉伸”命令。

②单击“建模”工具栏中的“拉伸”按钮 。

③在命令行中输入命令：extrude。

(2) 操作格式。

命令：_extrude

当前线框密度：ISOLINES=4

选择要拉伸的对象：找到 1 个

选择要拉伸的对象：

指定拉伸的高度或 [方向(D)/路径(P)/倾斜角(T)] <160.0000>:

使用拉伸命令创建的实体模型效果如图 11-53 所示。

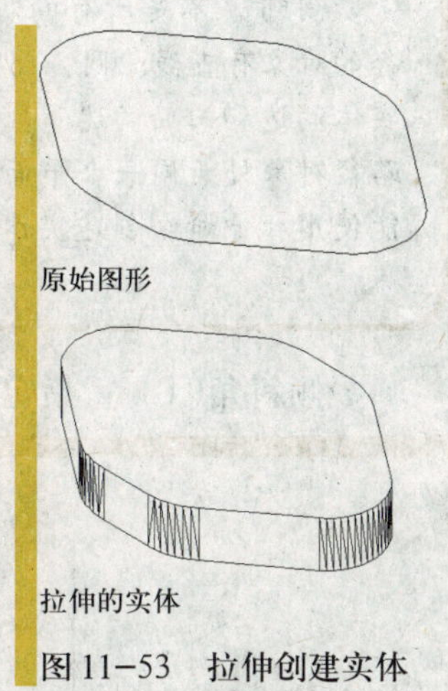

图 11-53　拉伸创建实体

拉伸命令其实也可以创建曲面，那么什么时候创建曲面，什么时候创建实体呢？有这样一个原则，如果选择的对象是闭合的，则创建实体，否则就创建曲面。呵呵，这个原则不但适用于拉伸命令，而且还适用于下面将要介绍的旋转、扫掠和放样命令。

可以使用拉伸命令的对象包括直线、圆弧、椭圆弧、二维多段线、二维样条曲线、圆、椭圆、面域、平面三维多段线、三维平面、平面曲面、实体上的平面等。

(3) 命令选项。

①方向(D)：通过指定两点确定拉伸的长度和方向。

②路径(P)：选择一个线性对象，如直线、圆弧等，沿该对象的起点到终点拉伸创建实体对象，如图 11-54 所示。

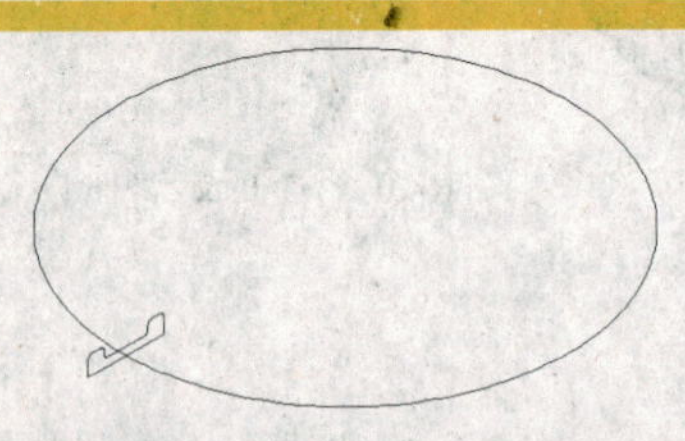

原始图形

拉伸创建的实体

图 11-54　按路径拉伸创建实体

呵呵，不是所有的对象都能拿来作为拉伸路径的，可以作为拉伸路径的对象有直线、圆、圆弧、椭圆、椭圆弧、二维多段线、二维样条曲线、实体的边和曲面的边等。另外，有了拉伸对象和路径后，如果拉伸对象和路径对象处于同一个平面上，或者拉伸对象与路径对象的平面相切，也不能使用拉伸命令创建实体，这点要特别注意哦。

③倾斜角(T)：指定拉伸对象时的倾斜角度，如图 11-55 所示。

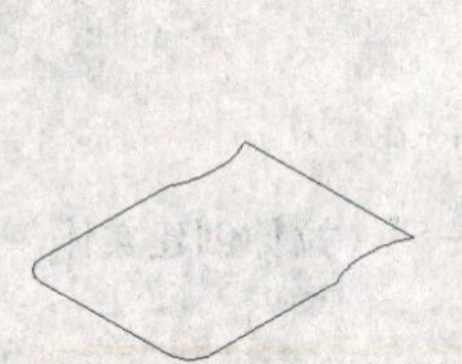

原始图形

倾斜角为 0

倾斜角为 5°

图 11-55　倾斜拉伸创建实体

11.3.4　旋转创建实体

这里的旋转命令可不是“修改”工具栏中的旋转命令，而是另一种创建实体对象的方法。通过将二维对象绕指定的轴进行旋转来创建三维实体。

(1) 创建方式。

①选择“绘图”→“建模”→“旋转”命令。

②单击“建模”工具栏中的“旋转”按钮。

③在命令行中输入命令：revolve。

(2) 操作格式。

命令：_revolve

当前线框密度：ISOLINES=4

选择要旋转的对象：找到 1 个

选择要旋转的对象：

指定轴起点或根据以下选项之一定义轴 [对象(O)/X/Y/Z] <对象>：

选择对象：

指定旋转角度或 [起点角度(ST)] <360>：

使用旋转命令创建的实体模型效果如图11-56所示。

旋转轴和旋转对象不能处于同一个平面上，否则将无法创建。

图 11-56　旋转创建实体

(3) 选项含义。

①对象(O)：选择指定的对象作为旋转轴。

②X：使用当前ucs的X轴作为旋转轴。

③Y：使用当前ucs的Y轴作为旋转轴。

④Z：使用当前ucs的Z轴作为旋转轴。

⑤起点角度(ST)：设置对象绕轴旋转的起始角度。

11.3.5　扫掠创建实体

使用扫掠命令也可以创建实体对象，它是将二维对象按照选定的路径进行扫掠，从而创建实体。呵呵，这与拉伸创建实体中的按路径拉伸有些类似，但它在扫掠的同时还可以指定对齐方式、基点、比例和扭曲。

(1) 创建方式。

①选择“绘图”→“建模”→“扫掠”命令。

②单击“建模”工具栏中的“扫掠”按钮。

③在命令行中输入命令：sweep。

(2) 操作格式。

命令：_sweep

当前线框密度：ISOLINES=4

选择要扫掠的对象：找到 1 个

选择要扫掠的对象：

选择扫掠路径或 [对齐(A)/基点(B)/比例(S)/扭曲(T)]：

使用扫掠创建的实体模型效果如图11-57所示。

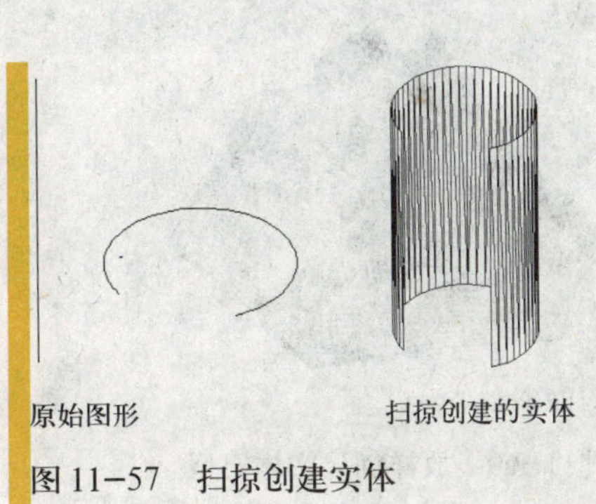

图 11-57　扫掠创建实体

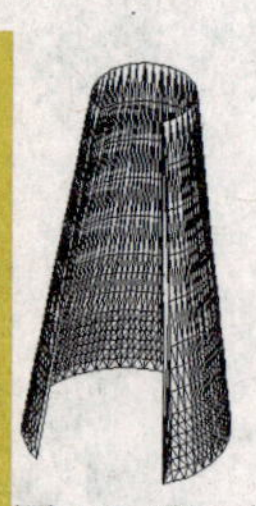
图 11-58　设置扫掠比例因子为0.5

(3) 选项含义。

①对齐(A)：指定扫掠的二维对象与路径的切线垂直。

②基点(B)：指定扫掠对象的基点。

③比例(S)：指定扫掠对象的比例因子。如果比例因子不等于 1，则从扫掠路径的开始到结束，扫掠呈渐变效果，如图 11-58 所示。

④扭曲(T)：指定扫掠对象扭曲的角度。这与拉伸命令中的倾斜角度可不一样，倾斜角是将实体各个面向内或向外倾斜，而扭曲是指将整个实体对象沿扫掠路径倾斜一个角度，效果如图 11-59 所示。

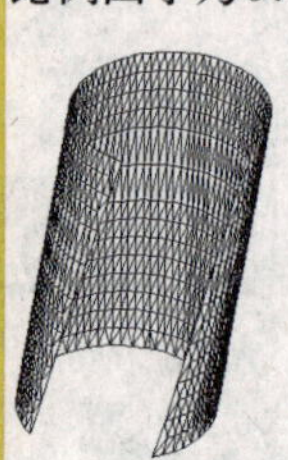
图 11-59　扭曲角度为 30° 的效果

拉伸创建实体和扫掠创建实体确有相似之处，但也有不同之处。拉伸只可以沿二维路径创建实体，在拉伸的过程中可以设置一个倾斜角度，如创建逐渐变细的茶壶嘴；而扫掠可以沿三维路径进行扫掠，并且在扫掠的过程中可以设置扭曲角度，这个扭曲角度将控制实体的扭曲度，如创建斜齿轮。

11.3.6　放样创建实体

使用放样命令可以在两个或多个对象之间快速形成过渡实体或曲面，这样就可以创建出一些比较复杂的模型。

(1) 创建方式。

①选择“绘图”→“建模”→“放样”命令。

②单击“建模”工具栏中的“放样”按钮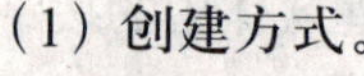。

③在命令行中输入命令：loft。

(2) 操作格式。

命令：_loft

按放样次序选择横截面：找到 1 个

按放样次序选择横截面：找到 1 个，总计 2 个

按放样次序选择横截面：找到 1 个，总计 3 个

按放样次序选择横截面：找到 1 个，总计 4 个

按放样次序选择横截面：

输入选项 [导向(G)/路径(P)/仅横截面(C)] <仅横截面>:

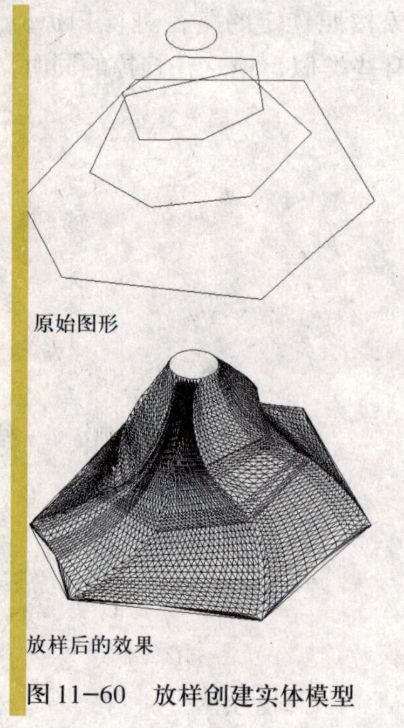
原始图形

放样后的效果

图 11-60　放样创建实体模型

使用放样创建的实体模型效果如图 11-60 所示。

（3）选项含义。

①导向(G)：使用直线或曲线控制放样效果，如图 11−61 所示。

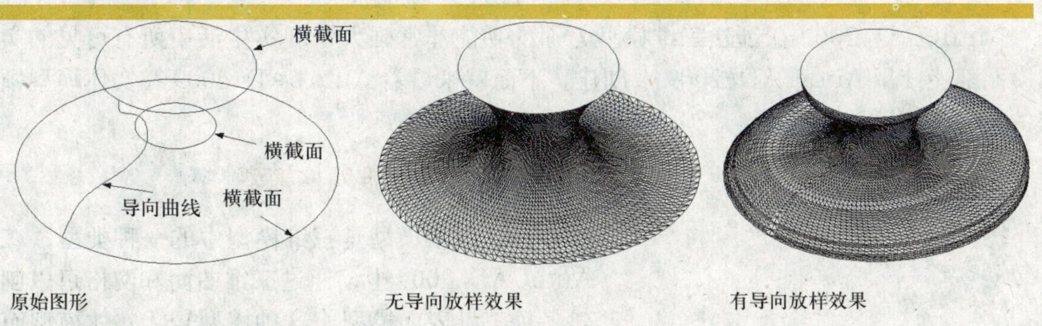

图 11−61　导向控制放样效果

②路径(P)：按指定的路径放样创建对象，如图 11−62 所示。

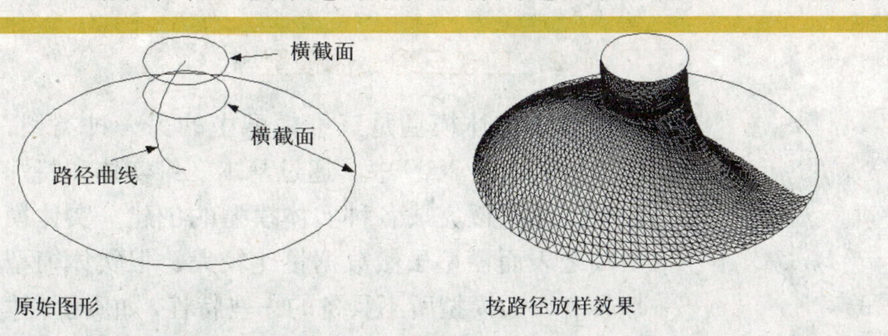

图 11−62　按路径放样效果

③仅横截面(C)：打开“放样设置”对话框，设置放样各项参数，控制横截面上的曲面效果，如图 11−63 所示。

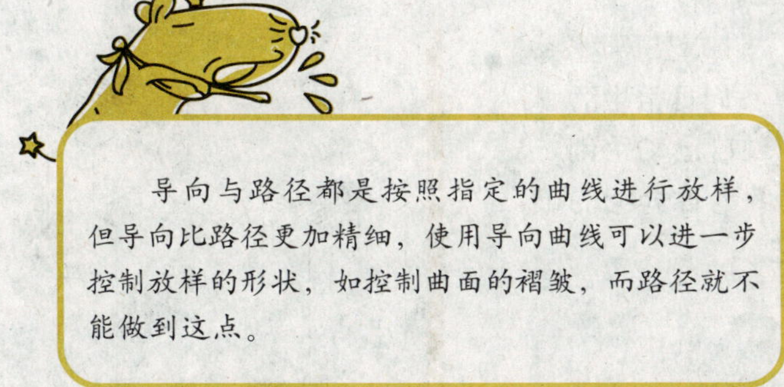

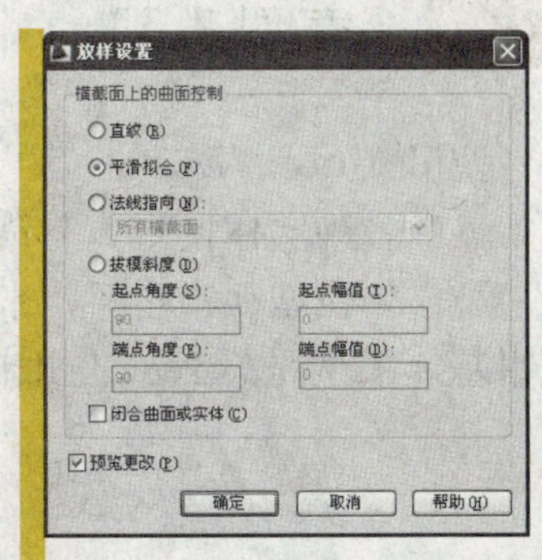

图 11−63　“放样设置”对话框

11.3.7　使用布尔运算创建实体

在前面的章节中我们已经介绍过布尔运算了，它不但能用来编辑面域对象，而且还能用于编辑实体模型。布尔运算能对各种实体对象进行交集、差集或并集运算，如图 11−64 所示的实体对象就是通过布尔运算创建的。

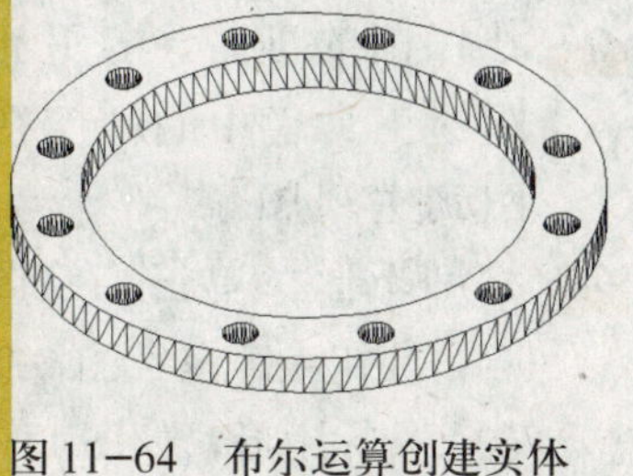

图 11−64　布尔运算创建实体

11.4 基 础 应 用

AutoCAD 2009 在创建三维模型方面的功能非常强大，现实生活中所有可见的实体模型都能使用 AutoCAD 2009 来创建。下面就来看看 AutoCAD 2009 在实体模型领域的的强大应用。

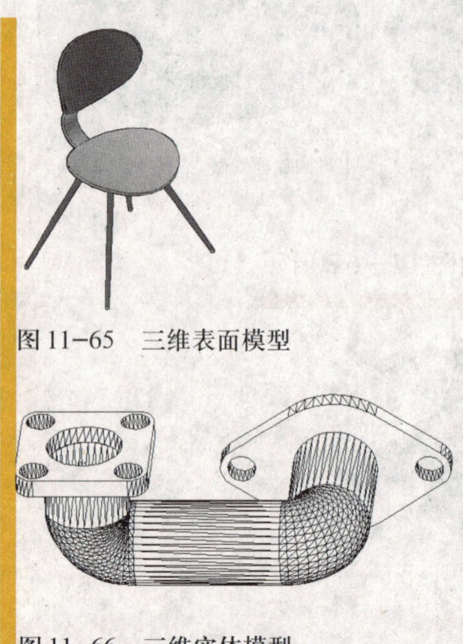

图 11–65　三维表面模型

图 11–66　三维实体模型

11.4.1 创建三维网格模型

三维网格模型是三维模型中的一种类型，在 AutoCAD 2009 中，通过三维曲面和网格可以创建各种三维表面模型，这种模型较之实体模型而言，具有数据量小、表现灵活等特点，如图 11–65 所示。

11.4.2 创建三维实体模型

三维实体模型是三维模型中的另一种类型，在 AutoCAD 2009 中，通过基本三维实体和特殊三维实体可以完成各种实体模型的创建。实体模型较之表面模型虽然数据量比较大，但实体模型却具有表面模型所不具备的一些特性，如质量、体积、贯性矩、质心等，如图 11–66 所示。

11.5 案例表现

使用 AutoCAD 2009 可以创建我们日常生活中常见的各种实体模型，有没有想过自己动手创建一个实体模型呢？呵呵，来看看我为你介绍的虎钳基座模型是怎么创建出来的吧。

虎钳基座模型

虎钳基座模型的效果如图 11–67 所示。

操作步骤如下。

01 绘图前的准备。打开正交功能，单击“视图”工具栏中的“前视”按钮，切换视图到主视图。

02 绘制矩形。单击“绘图”工具栏中的“矩形”按钮，在绘图窗口中绘制一个长 230、宽 130 的矩形，如图 11–68 所示。

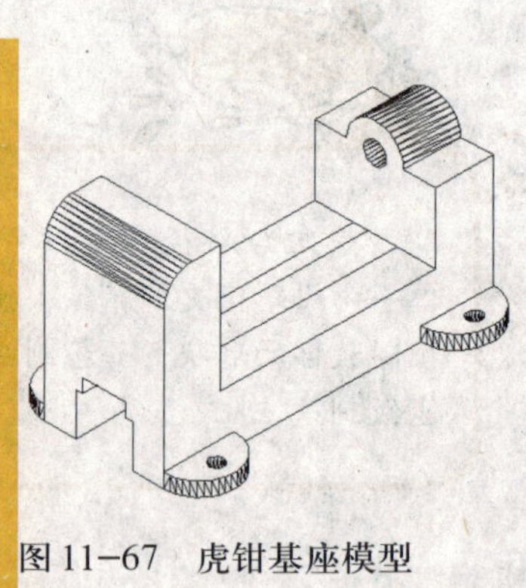

图 11–67　虎钳基座模型

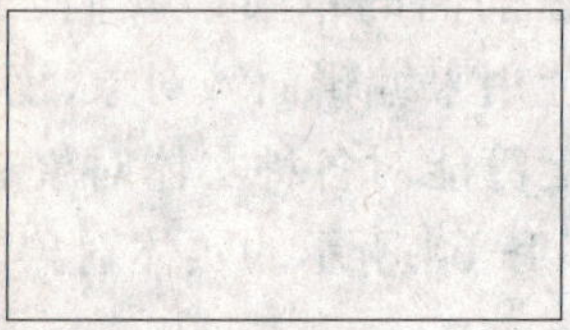

图 11–68　绘制矩形

03 分解矩形。单击“修改”工具栏中的“分解”按钮，分解绘制的矩形。

04 偏移直线。单击“修改”工具栏中的“偏移”按钮，将分解后矩形的下边依次向上偏移，偏移距离分别为40和50，再将右边依次向左偏移，偏移距离分别为40和150，效果如图11–69所示。

05 修剪直线。单击“修改”工具栏中的“修剪”按钮，修剪偏移后的直线，效果如图11–70所示。

06 圆角直线。单击“修改”工具栏中的“圆角”按钮，设置圆角半径为20，圆角图形左上角的角点，效果如图11–71所示。

07 创建面域。单击“绘图”工具栏中的“面域”按钮，将修剪后的图形创建成面域对象。

08 拉伸创建实体。切换视图为“西南等轴测”，新建用户坐标系如图11–72所示。单击“建模”工具栏中的“拉伸”按钮，拉伸创建的面域对象，拉伸高度为84，效果如图11–72所示。

09 创建圆柱体。新建用户坐标系如图11–73所示，单击“建模”工具栏中的“圆柱体”按钮，在实体下底面4个角点处分别创建一个底面半径为25，高为10的圆柱体，效果如图11–73所示。

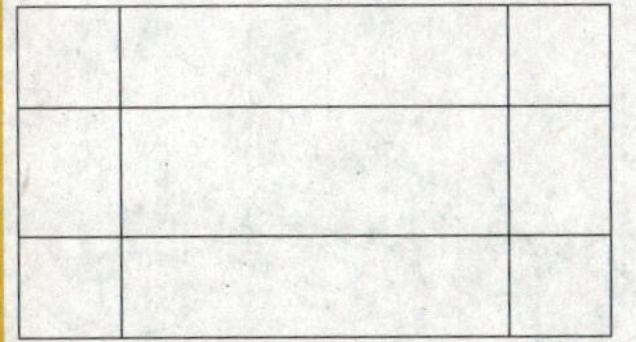
图11–69 偏移直线

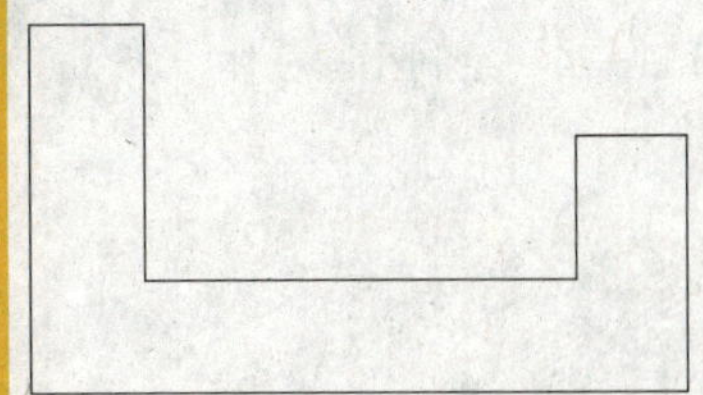
图11–70 修剪图形

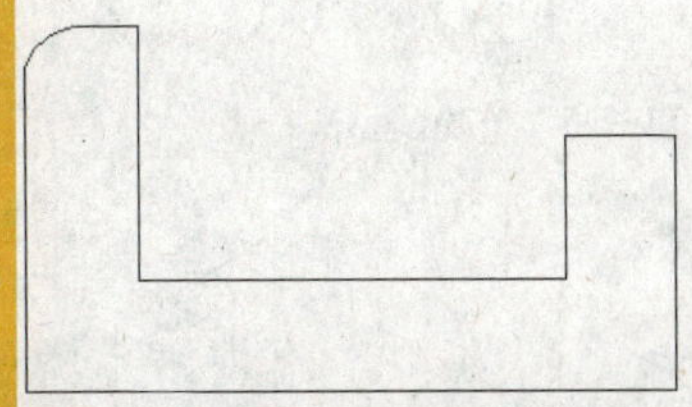
图11–71 圆角操作

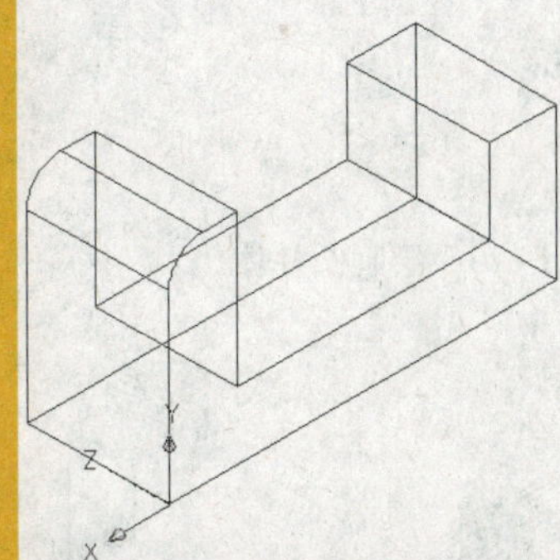

图11–72 拉伸创建实体

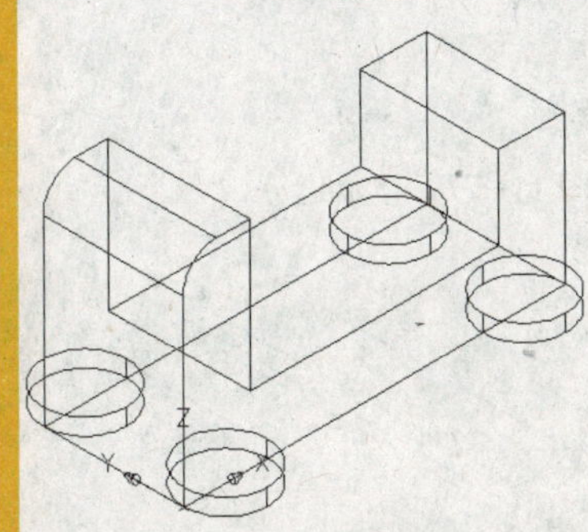

图11–73 绘制圆柱体

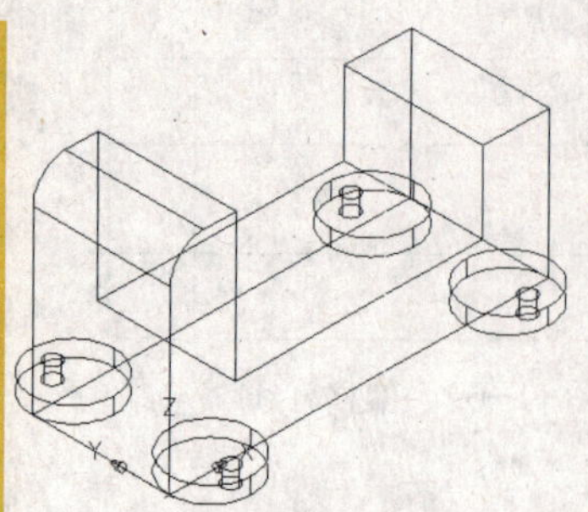
图 11–74　绘制小圆柱体

继续执行绘制圆柱体命令，分别在刚才绘制的4个圆柱体中以其底面中心为圆心再绘制一个底面半径为5，高为10的小圆柱体，并使用移动命令将其向外移动，移动距离均为12.5，效果如图11–74所示。

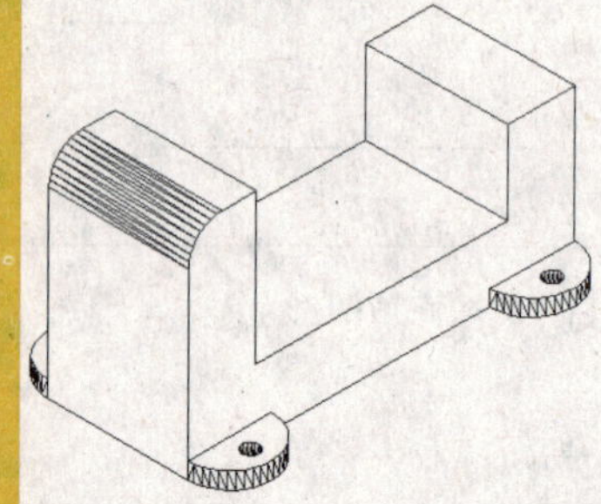
图 11–75　布尔运算

10 布尔运算。对拉伸创建的实体和大圆柱体执行并集运算，再用得到的实体对小圆柱体执行差集运算，消隐后的效果如图11–75所示。

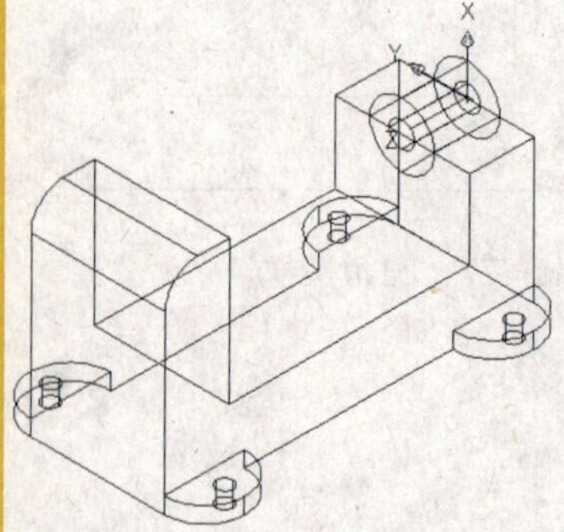
图 11–76　绘制圆柱体

11 创建圆柱体。新建用户坐标系如图11–76所示，以当前用户坐标系原点为底面中心点，分别绘制底面半径为8和20，高为40的两个圆柱体，效果如图11–76所示。

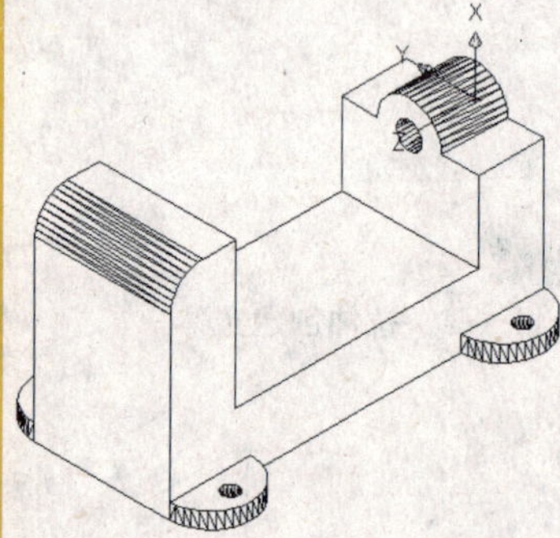
图 11–77　布尔运算

12 布尔运算。合并大圆柱体和原实体对象，再用合并后的实体减去小圆柱体，消隐后的效果如图11–77所示。

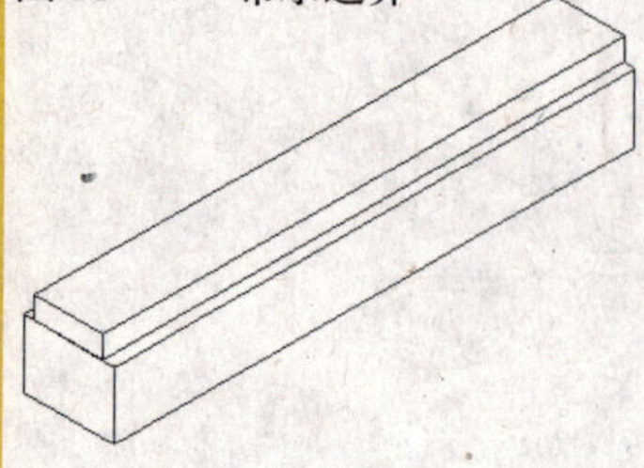
图 11–78　绘制长方体

13 创建长方体。单击“建模”工具栏中的“长方体”按钮，在绘图窗口的空白区域绘制一个长230、宽40、高30的长方体，一个长230、宽30、高10的长方体，并用移动命令将这两个长方体移动到如图11–78所示的位置。

14 布尔运算。对绘制的两个长方体执行并集运算。然后用移动命令将并集后的实体移动到基座的中间位置，并对其执行差集运算，完成虎钳基座模型的创建，消隐后的效果如图 11–79 所示。

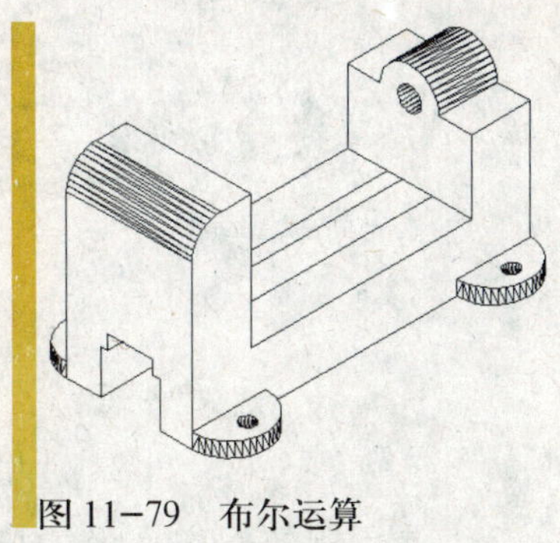

图 11–79　布尔运算

11.6 疑难及常见问题

在 AutoCAD 2009 中，模型对象可分为网格模型和实体模型两类，掌握了这两种模型对象的创建方法，也就掌握了 AutoCAD 2009 创建模型对象的方法。创建基本的三维模型对象并不困难，但根据设计创建实体模型就没有那么简单了，初学者会遇到很多难以解决的问题，以下针对初学者在学习过程中经常遇到的一些问题进行解答。

1．为什么不能对直线和圆创建直纹网格

答：呵呵，使用直纹网格是有条件的，即如果直纹网格两个对象中有一个是闭合的，则另一个也必须是闭合的。反之，如果其中一个是非闭合的，则另一个也必须是非闭合的。直线属于非闭合对象，而圆属于闭合对象，所以对这两个对象不能使用直纹网格创建曲面。

2．如何提高实体模型的平滑度

答：AutoCAD 2009 中有一个系统变量用于控制实体模型的平滑度，这个变量就是 facetres。变量 facetres 的值介于 0.01~10，值越大，模型的显示效果就越平滑，如图 11–80 所示。

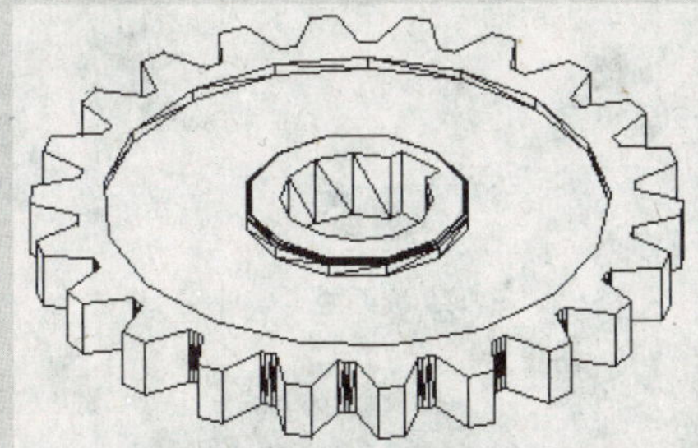

facetres＝0.5

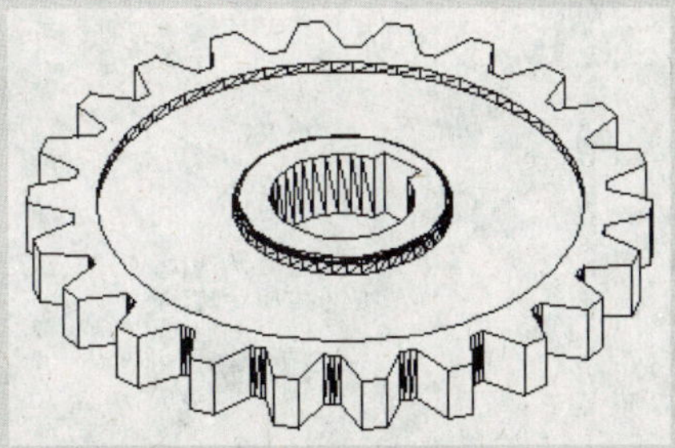

facetres＝8

图 11–80　实体模型的平滑度

另外，系统变量 isolines 用于控制显示线框弯曲部分的线条数目，这个值介于 0~2047，值越大，线框模型显示的越倾斜，如图 11–81 所示。

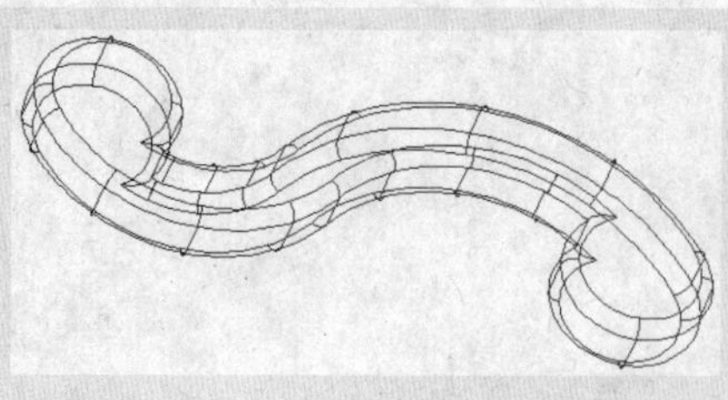

isolines=4

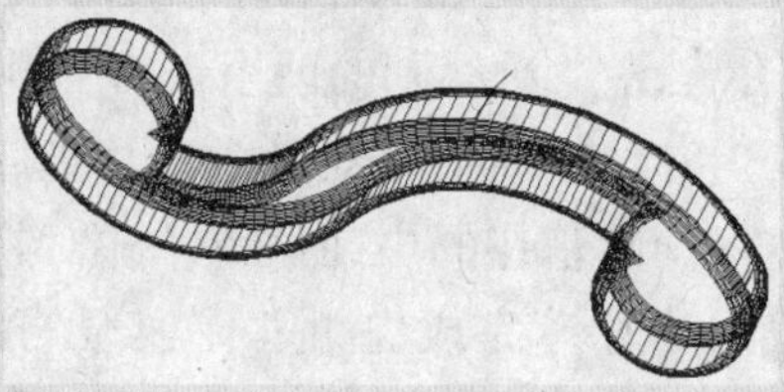

isolines=40

图 11-81　线框弯曲部分的线条数

3．使用旋转网格命令的技巧

答：旋转网格命令在创建三维模型时非常有用，使用该命令时需要注意以下两点：一是同一个二维曲线绕不同的旋转轴旋转会得到截然不同的效果；二是要符合设计的要求必须认真绘制二维曲线图形。图 11-82 所示就是同一个二维曲线绕不同旋转轴旋转后的效果。

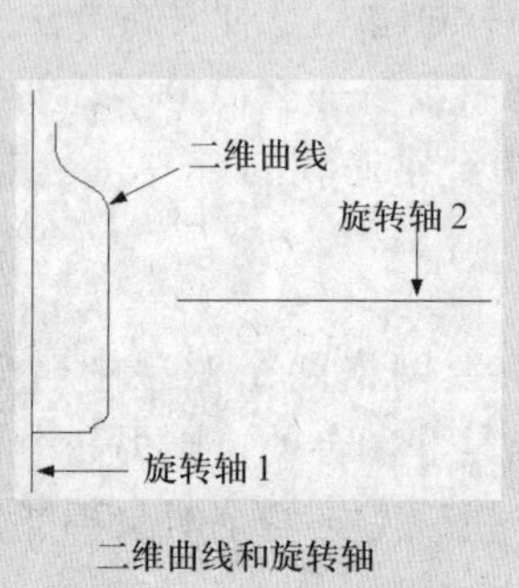

二维曲线和旋转轴

绕轴 1 旋转的效果

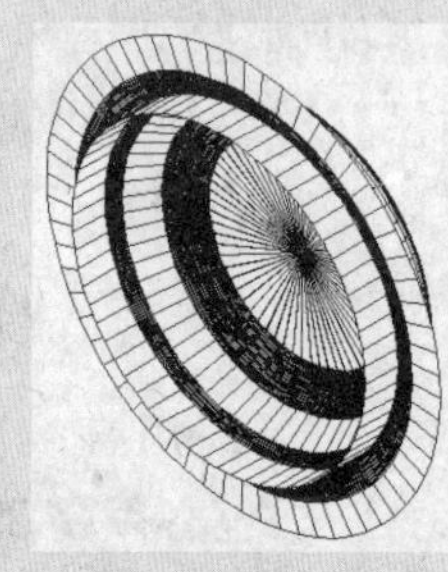

绕轴 2 旋转的效果

图 11-82　三维旋转网格效果

另外，在旋转的过程中可以任意指定起始旋转角度和旋转包含角度(360° 以内)，如图 11-83 所示就是使用这一特点在不同的起始角度旋转相同包含角的效果。

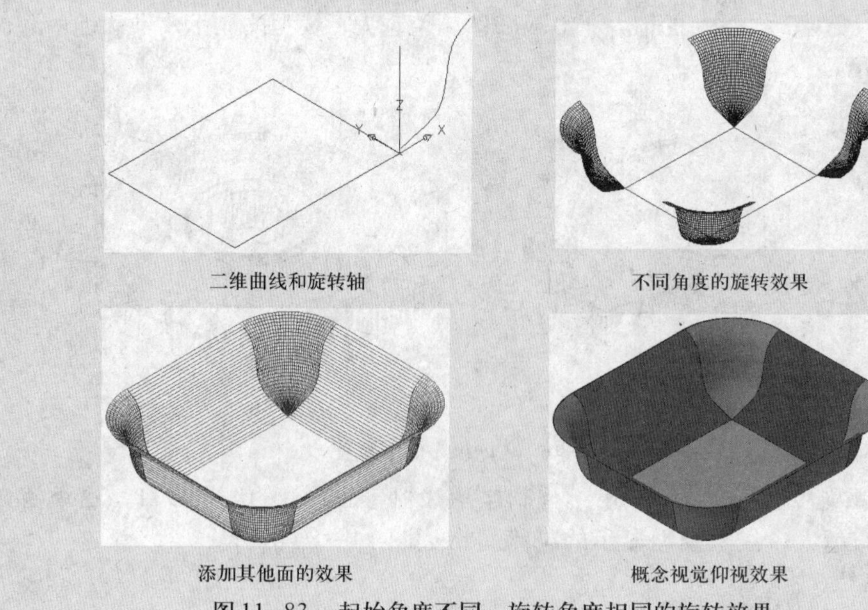

二维曲线和旋转轴

不同角度的旋转效果

添加其他面的效果

概念视觉仰视效果

图 11-83　起始角度不同，旋转角度相同的旋转效果

旋转网格在实际工作中非常实用，初学者要多加练习，掌握其中的技巧。

4．如何确定长方体长、宽、高的方向

答：在AutoCAD 2009中，系统会根据用户当前光标的位置动态显示绘图的方向和效果，所以在创建长方体时往往不能按照自己的意愿创建长方体。呵呵，不要紧，有两种方法可以帮助你确定方向：一种是使用相对或绝对坐标确定点的位置，有了参照点并精确定位，方向自然就不会乱了；另一种是打开正交功能，这样就能保证绘制图形时只能在与坐标轴平行的方向进行操作，也就能确认绘图的方向了。

5．为什么不能将有些指定的图形拉伸成实体

答：呵呵，使用拉伸命令时需要注意以下几点。

(1)被拉伸的图形必须在同一个平面上，多个平面上的图形不能被拉伸。

(2)被拉伸的对象只能是直线、圆弧、椭圆弧、二维多段线、二维样条曲线、圆、椭圆、面域、平面三维多段线、三维平面、平面曲面和实体上的平面。

(3)如果被拉伸的对象是闭合的图形，则拉伸后形成实体模型；如果没有闭合，则拉伸后形成网格模型，如图11−84所示。

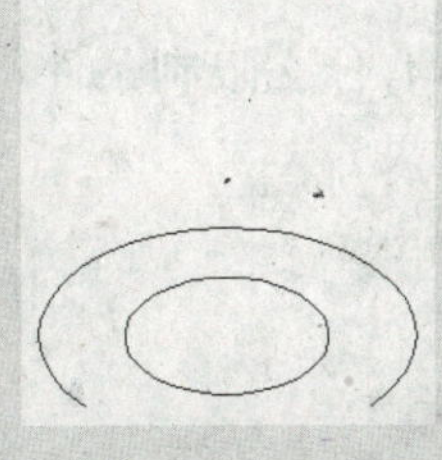

原始图形

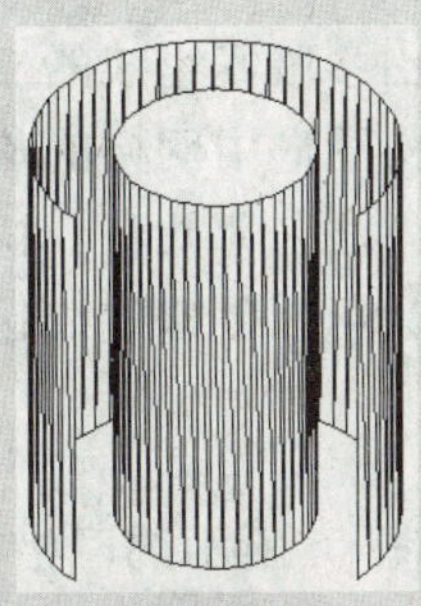

拉伸后的效果

图11−84　拉伸创建网格和实体

6．为什么交集运算后的实体不见了

答：布尔运算有并集、差集和交集三种方式。并集可以看做是加法运算；差集可以看做是减法运算；而交集就有些不同了，他是将多个对象的公共部分提出来作为一个新的对象，如果多个实体对象之间没有公共部分，那么交集后提取出来的只能是一个空集，就是什么都没有。

11.7 习题与上机练习

1. 选择题

(1) 在 AutoCAD 2009 中，视觉样式可分为二维线框和(　　)。

(A) 三维线框　　(B) 三维隐藏

(C) 真实　　(D) 概念

(2) 以下(　　)对象不属于三维多边形网格。

(A) 圆锥面　　(B) 棱锥面

(C) 多段体　　(D) 球面

(3) 用户可以使用(　　)变量控制网格的密度。

(A) SURFTAB1　　(B) SURFTAB2

(C) SURFTAB3　　(D) SURFTAB4

(4) 创建圆环体时，用 R 表示圆环体的半径，用 r 表示圆管的半径，则图 11-85 所示图形符合(　　)组参数值。

(A) R=10；r=5　　(B) R=10；r=-5

(C) R=5；r=10　　(D) R=5；r=-10

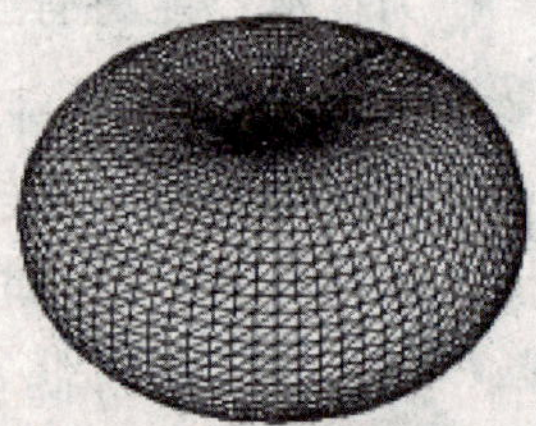

图 11-85　特殊圆环体

2. 问答题

(1) 如何将一个由多段线组成的二维曲线图形转换成网格图形？

(2) 如何控制网格图形中网格的疏密度？

(3) 创建实体的方法有哪几种？拉伸创建实体有什么限制条件？

(4) 使用什么工具可以创建连绵起伏的山地效果？

3. 上机练习题

(1) 创建如图 11-86 所示的网格模型。

(2) 创建如图 11-87 所示的实体模型。

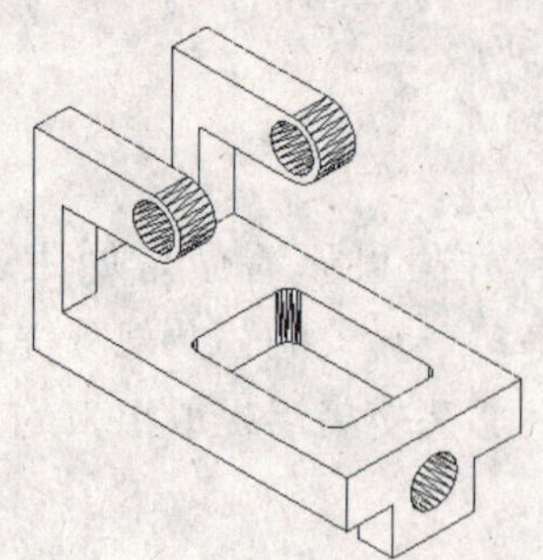

图 11-86　网格模型

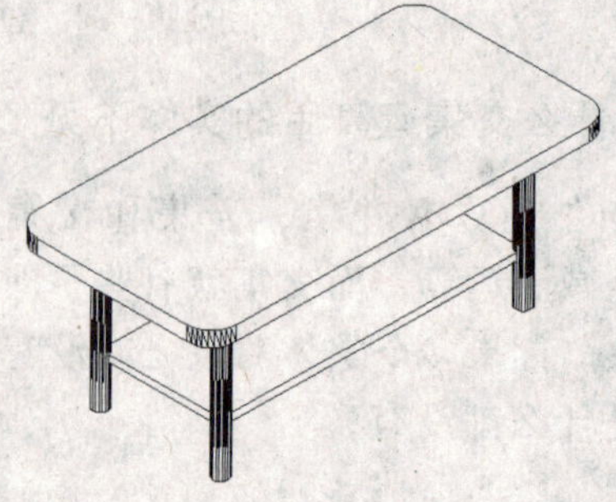

图 11-87　实体模型

第十二章 编辑三维实体

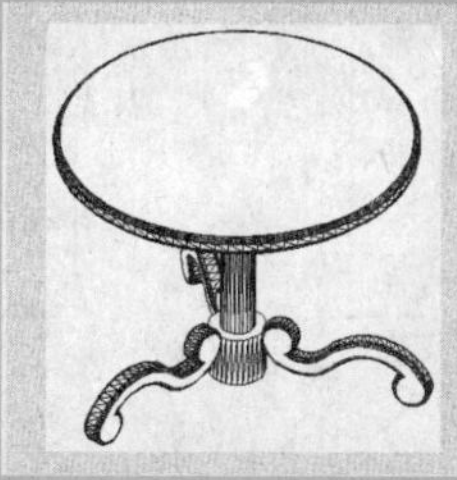

本章内容

实例引入——烟灰缸

基本术语

知识讲解

基础应用

案例表现

疑难及常见问题

本章导读

掌握了基本三维模型的创建方法就能创建所有的三维模型吗？呵呵，没有那么简单！基本三维模型只是创建复杂三维模型的基础，能直接创建的基本三维模型是很有限的，但AutoCAD 2009还为用户提供了一整套用于编辑三维实体的工具。三维实体编辑工具与基本三维模型创建完美组合，才能创建出各式各样的实体模型。下面就从一个烟灰缸模型开始学习三维实体的编辑工具吧。

12.1 实例引入——烟灰缸

12.1.1 制作分析

我们要绘制的烟灰缸效果如图12-1所示。

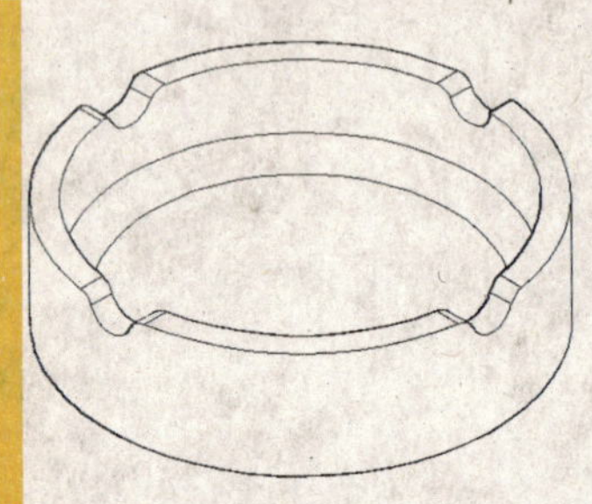

图12-1 烟灰缸

这个实体模型的绘制非常简单，在创建烟灰缸主体时可以选择多种方案，一般的做法是先创建两个半径不等的圆柱体，然后使用布尔运算生成模型，如图12-2所示。

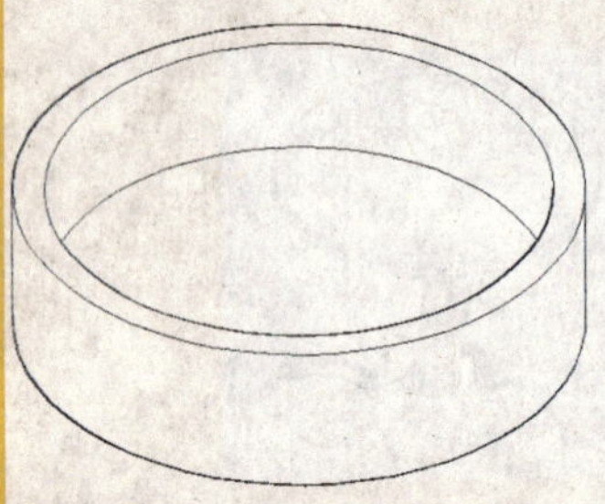

创建圆柱体

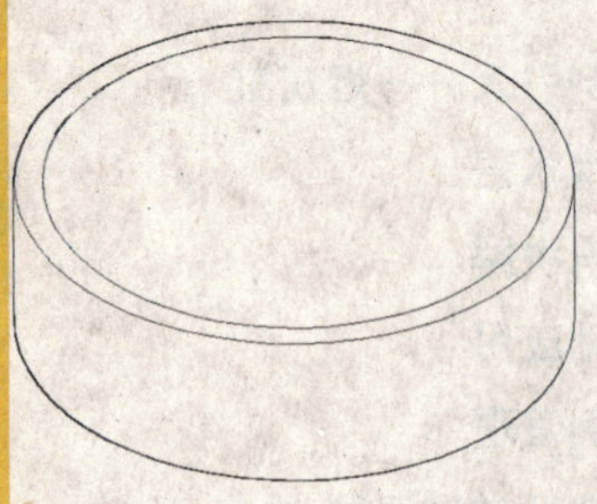

布尔运算效果

图12-2 创建烟灰缸主体模型

AutoCAD 2009编辑命令中有一个“抽壳”命令，使用该命令可以直接从一个圆柱体生成烟灰缸主体模型，下面就让我们来看一看该命令是如何巧妙地做到这点的。

12.1.2　制作步骤

01 新建文件。单击“标准”工具栏中的“新建”按钮，新建一个图形文件，保存并命名为“烟灰缸”。

02 绘制圆柱体。按F8功能键打开正交功能，单击“视图”工具栏中的“西南等轴测”按钮，切换视图。

单击“建模”工具栏中的“圆柱体”按钮，在绘图窗口中绘制一个底面半径为50，高为30的圆柱体，效果如图12-3所示。

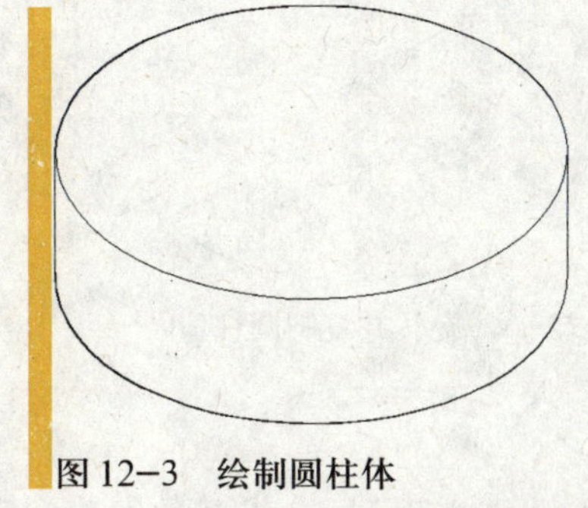

图12-3　绘制圆柱体

03 抽壳操作。单击“实体编辑”工具栏中的“抽壳”按钮，设置抽壳厚度为5，对绘制的圆柱体抽壳，命令行提示如下。

命令：_solidedit

实体编辑自动检查：SOLIDCHECK=1

输入实体编辑选项 [面(F)/边(E)/体(B)/放弃(U)/退出(X)] <退出>：_body

输入体编辑选项[压印(I)/分割实体(P)/抽壳(S)/清除(L)/检查(C)/放弃(U)/退出(X)] <退出>：_shell

选择三维实体：(选择绘制的圆柱体)

删除面或 [放弃(U)/添加(A)/全部(ALL)]：找到一个面，已删除 1 个。(选择圆柱体的上底面)

删除面或 [放弃(U)/添加(A)/全部(ALL)]：

输入抽壳偏移距离：5(输入抽壳的距离)

已开始实体校验。

已完成实体校验。

输入体编辑选项[压印(I)/分割实体(P)/抽壳(S)/清除(L)/检查(C)/放弃(U)/退出(X)] <退出>：

实体编辑自动检查：SOLIDCHECK=1

输入实体编辑选项 [面(F)/边(E)/体(B)/放弃(U)/退出(X)] <退出>：

抽壳后的圆柱体效果如图12-4所示。

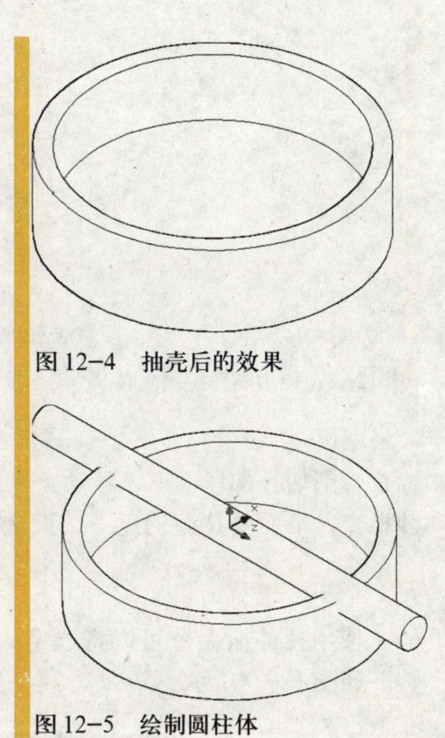

图12-4　抽壳后的效果

04 绘制圆柱体。新建用户坐标系如图12-5所示，执行绘制圆柱体命令，以点(0，0，-70)为圆柱体底面圆心，绘制一个底面半径为5、高为140的圆柱体，效果如图12-5所示。

图12-5　绘制圆柱体

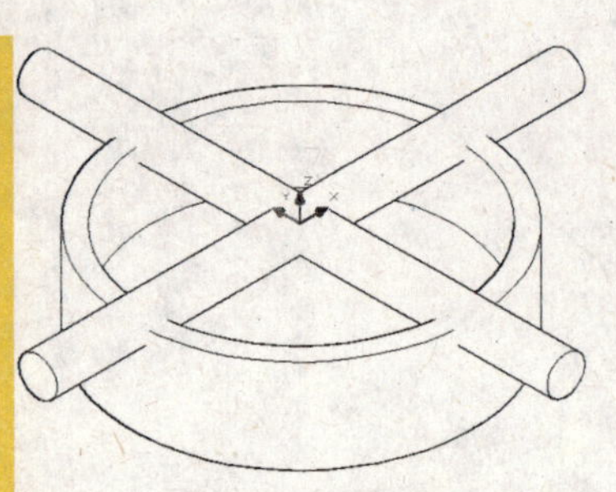

图 12-6　旋转并复制圆柱体

新建用户坐标系如图 12-6 所示，单击“修改”工具栏中的“旋转”按钮，以当前坐标系原点为中心点，旋转 90° 并复制绘制的圆柱体，效果如图 12-6 所示。

05 布尔运算。执行差集运算，用抽壳后的实体减去两个高为 140 的圆柱体，效果如图 12-7 所示。

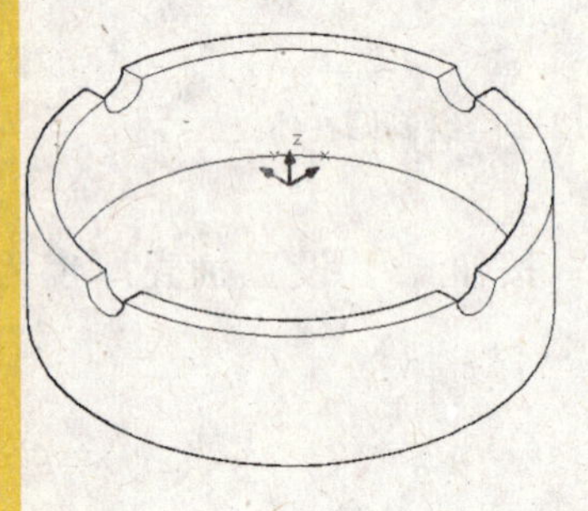

图 12-7　布尔运算

06 圆角操作。执行圆角命令，设置圆角半径为 3，对烟灰缸中放烟处的棱角进行圆角，然后再设置圆角半径为 5，对烟灰缸内壁底面圆周进行圆角，效果如图 12-1 所示。

至此，烟灰缸的效果图就完成了。

12.2 基本术语

在 AutoCAD 2009 中，许多二维图形编辑工具都可以用来编辑三维图形，如复制、镜像、旋转、缩放、倒角、圆角等，图 12-8 所示就是使用圆角工具编辑实体的效果。

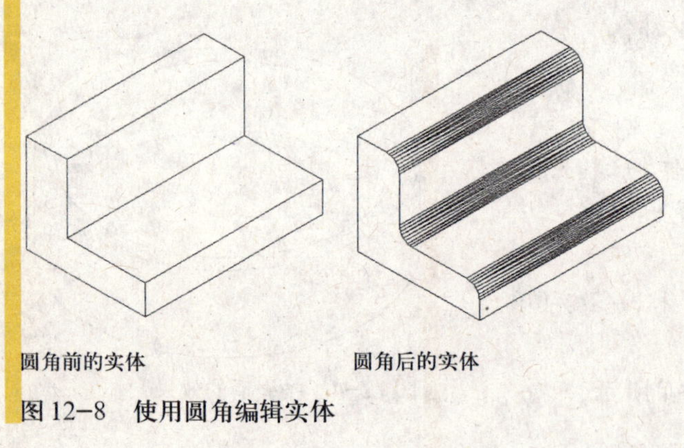

图 12-8　使用圆角编辑实体

除了许多二维图形编辑工具可以用来编辑三维实体外，AutoCAD 2009 系统还提供了一整套专门用于编辑三维实体的工具，包括对实体面的编辑工具，如拉伸面、移动面、偏移面、删除面、旋转面、倾斜面、着色面和复制面；对实体边的编辑工具，如压印边、着色边、复制边和提取边；对实体体的编辑工具，如清除、分割、抽壳、检查、剖切、加厚、三维移动、三维旋转、对齐、三维对齐、三维镜像、三维阵列和干涉检查。下面就让我们逐一认识这些工具吧。

12.2.1 拉伸面

使用拉伸面命令可以将选定的实体面拉伸到指定的高度，或按指定的路径进行拉伸，如图 12-9 所示。

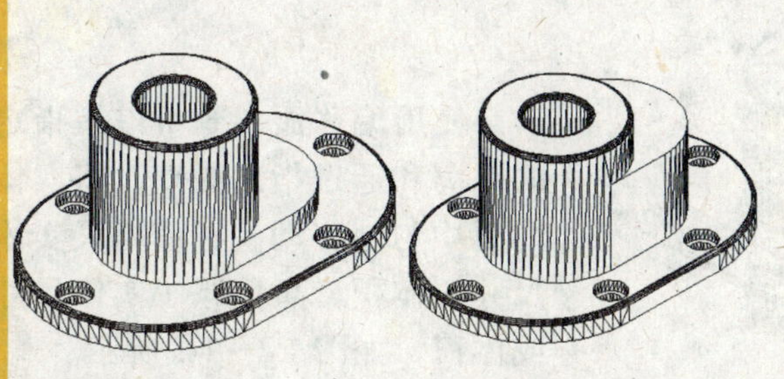

拉伸前的效果　　拉伸后的效果

图 12-9　拉伸实体面

对于单个的基本三维实体可以通过拖动实体上的三角形夹点来拉伸实体的面，如图 12-10 所示。而对于非基本三维实体，只能通过拉伸面命令来拉伸。

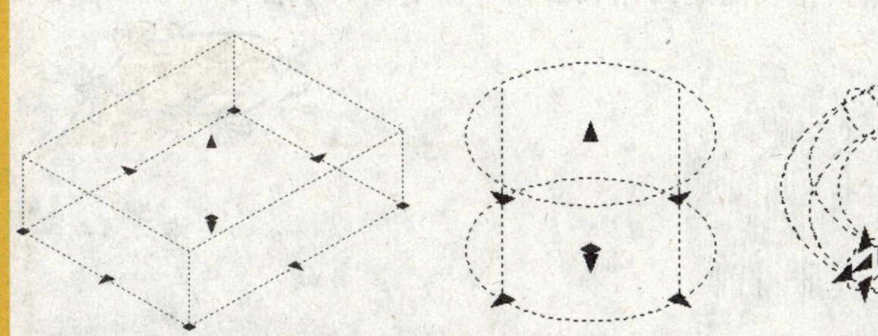

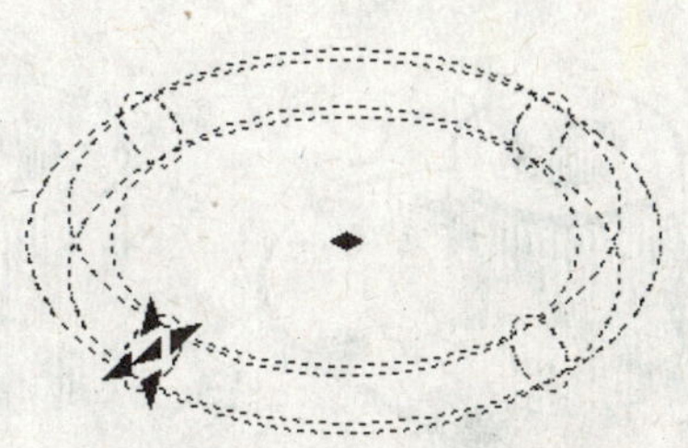

图 12-10　基本三维实体的特殊夹点

按指定高度拉伸面时，输入一个正值即沿正方向拉伸实体的面，输入一个负值即沿负方向拉伸实体的面。

12.2.2　移动面

使用移动面命令可以按指定的高度或距离移动选定的三维实体对象的面，如图 12-11 所示。

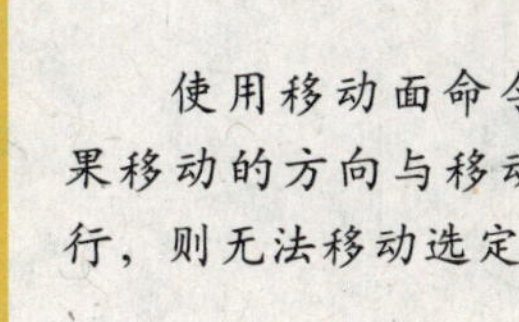

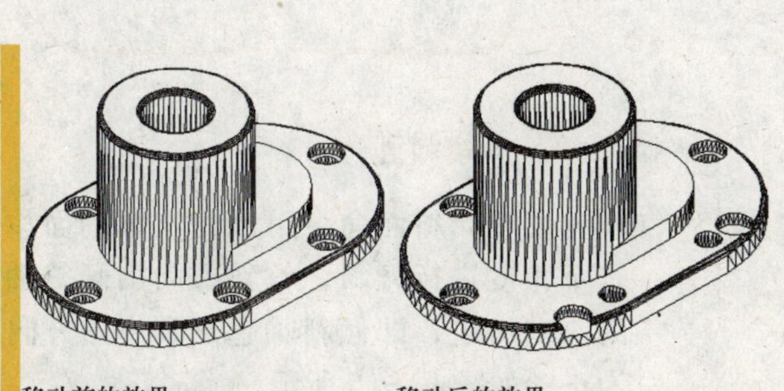

移动前的效果　　移动后的效果

图 12-11　移动实体面

使用移动面命令时，如果移动的方向与移动的面平行，则无法移动选定的面。

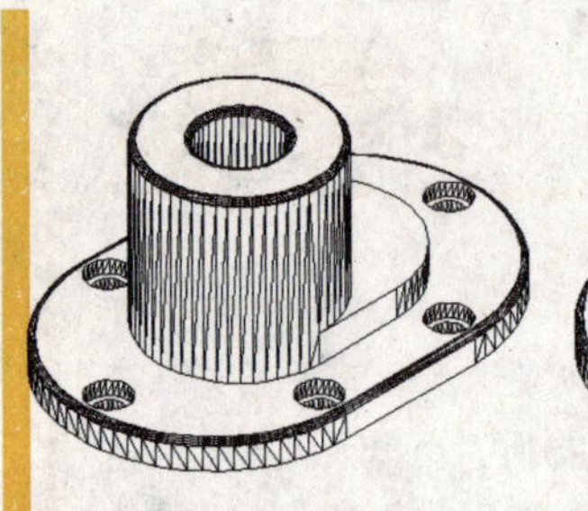

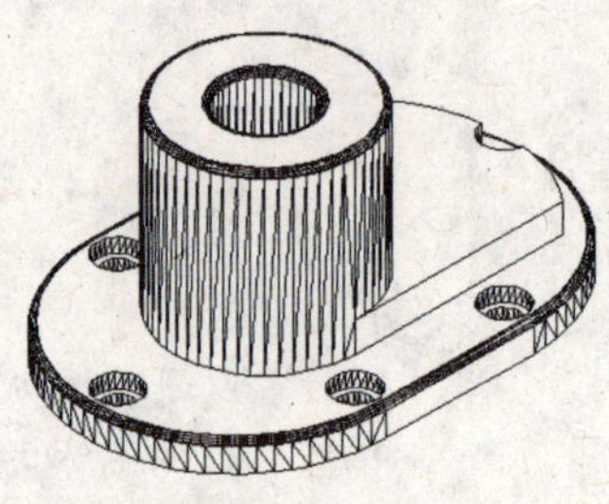

偏移前的效果　　偏移后的效果

图 12−12　偏移实体面

12.2.3　偏移面

使用偏移面命令可以按指定的距离和通过指定的点，将实体的面均匀地移动。正值增大实体尺寸或体积，负值减小实体尺寸或体积，如图 12−12 所示。

12.2.4　删除面

使用删除面命令可以删除实体表面的圆角和倒角等面对象，如图 12−13 所示。

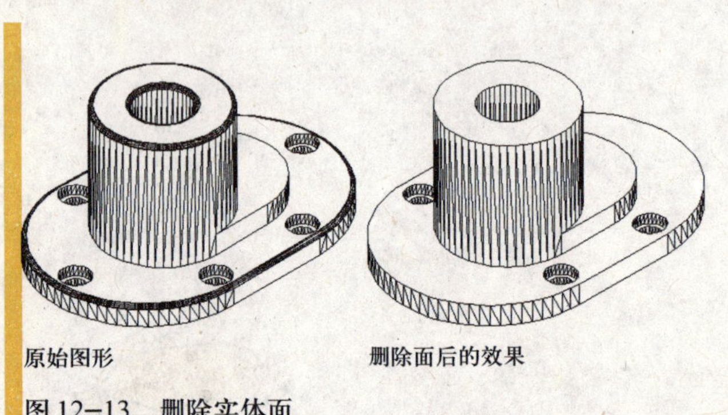

原始图形　　删除面后的效果

图 12−13　删除实体面

可以删除的实体面只局限于圆角面、倒角面和弧形表面，而且删除这些表面后不影响实体的性质。

12.2.5　旋转面

使用旋转面命令可以绕指定的轴旋转实体的一个或多个面，如图 12−14 所示。

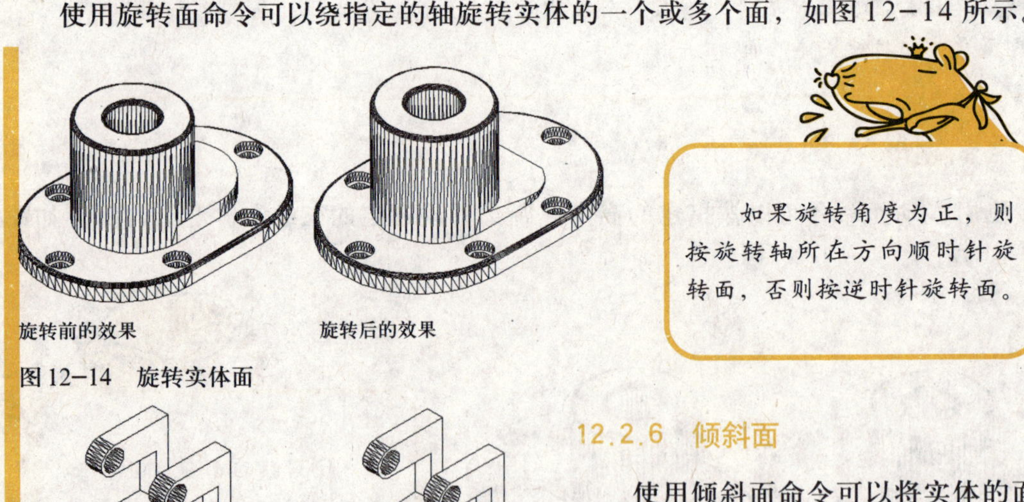

旋转前的效果　　旋转后的效果

图 12−14　旋转实体面

如果旋转角度为正，则按旋转轴所在方向顺时针旋转面，否则按逆时针旋转面。

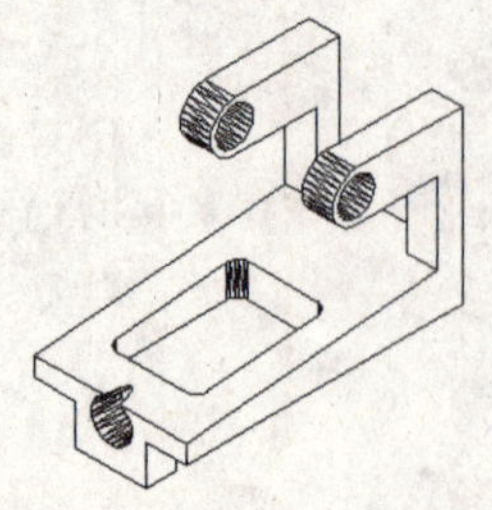

倾斜前的效果　　倾斜后的效果

图 12−15　倾斜实体面

12.2.6　倾斜面

使用倾斜面命令可以将实体的面按一个角度进行倾斜，倾斜方向由倾斜轴的方向决定，即倾斜轴起点到终点方向为正，如图 12−15 所示。

12.2.7　着色面

使用着色面命令可以为实体的面指定颜色，如图12－16所示。

12.2.8　复制面

使用复制面命令可以创建三维实体面的副本，效果如图12－17所示。

12.2.9　压印边

使用压印边命令可以在实体对象上压印一个对象，这个对象仅限于圆弧、圆、直线、二维和三维多段线、椭圆、样条曲线、面域、体和三维实体，效果如图12－18所示。

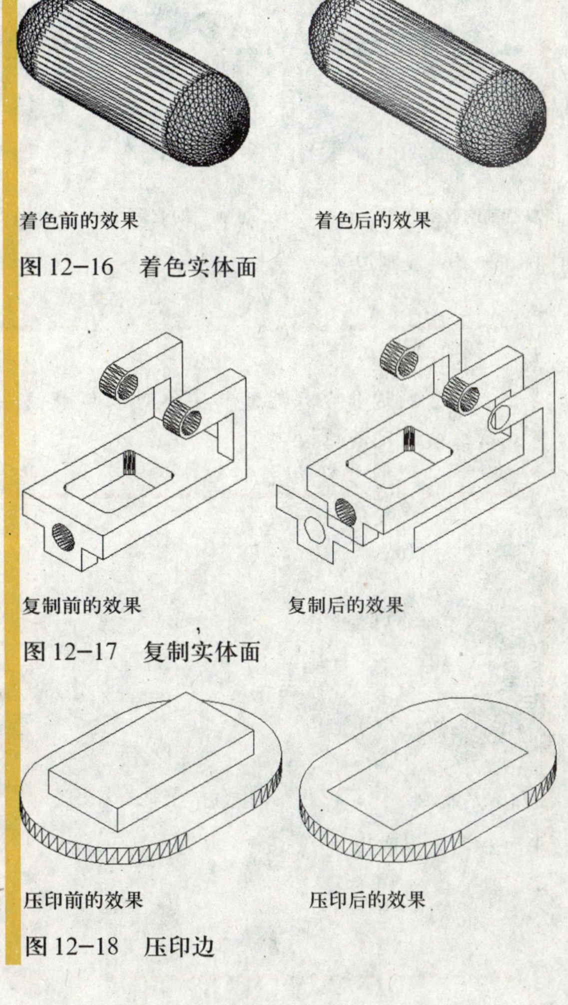

着色前的效果　着色后的效果

图12－16　着色实体面

复制前的效果　复制后的效果

图12－17　复制实体面

压印前的效果　压印后的效果

图12－18　压印边

被压印的对象必须与选定对象的一个或多个面相交，否则将不能创建压印边。

12.2.10　着色边

使用着色边命令可以为实体的边指定颜色，如图12－19所示。

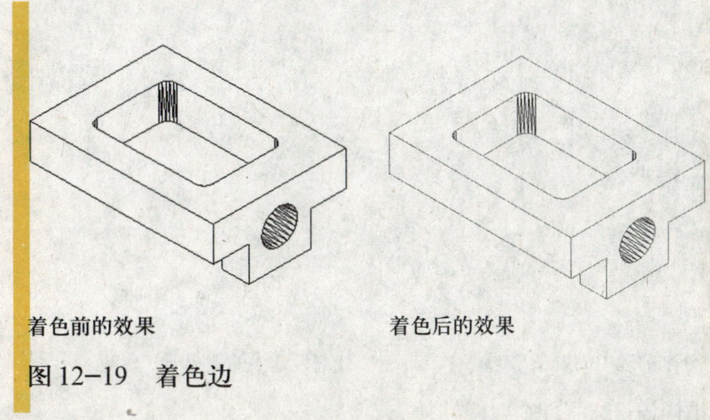

着色前的效果　着色后的效果

图12－19　着色边

12.2.11 复制边

使用复制边命令可以创建实体上指定的棱边对象，效果如图 12–20 所示。

复制前的效果

复制后的效果

图 12–20 复制边

复制边命令只能复制实体对象单个棱上的边，如果要复制其他棱上的边，可以继续选定其他棱。

12.2.12 提取边

使用提取边命令可以创建实体对象的棱边对象，这与复制边命令有些相似，但两者最大的区别是复制边命令只能创建实体对象上指定的棱边对象，而提取边命令则可以创建实体对象上的所有棱边对象，如图 12–21 所示。

提取前的效果

提取后的效果

图 12–21 提取边

执行提取边命令后，系统会在棱边的原位置创建棱边的副本，用移动命令移动实体对象后即可看到提取的棱边效果。

12.2.13 分割

分割命令可以将不相连的实体分割为几个独立的三维实体，如图 12–22 所示。

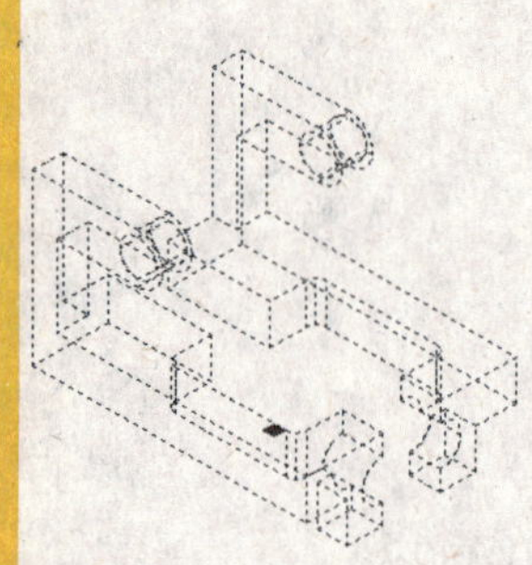

分割前选中的效果

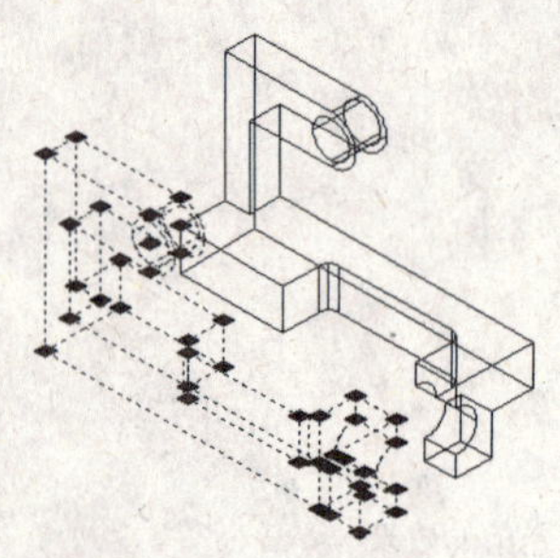

分割后选中的效果

图 12–22 分割实体

分割操作也可以看做是特殊情况下并集运算的逆运算，这种特殊情况就是并集的两个实体对象没有相交的部分。当然某些特殊情况下的差集运算也可以出现这种并集效果，如图 12-23 所示。总之，分割操作就是将这种实体各部分间没有相交但却作为一个对象的实体分解成单独的对象。

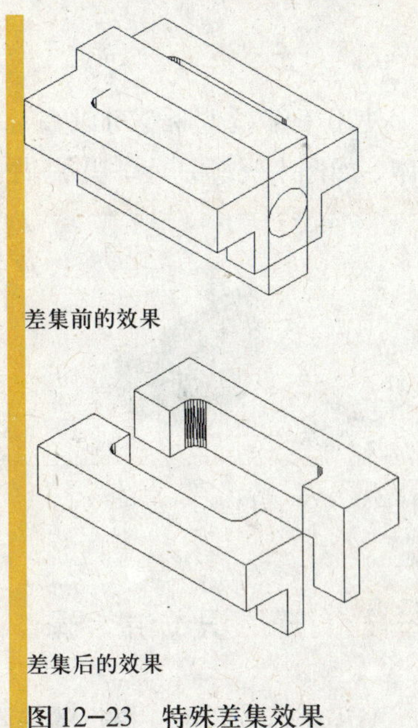

图 12-23　特殊差集效果

12.2.14　抽壳

使用抽壳命令可以按指定的厚度为实体创建一个空的薄层，通俗点说就是将实体掏空，只留个皮，如图 12-24 所示。

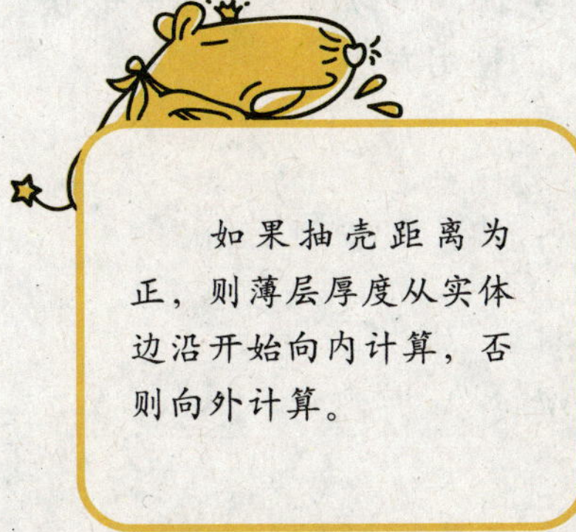

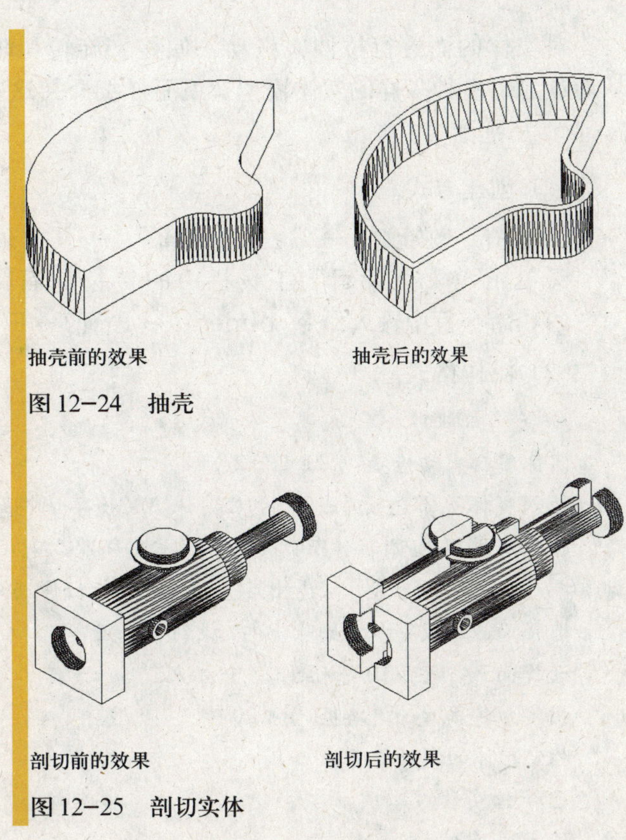

图 12-24　抽壳

图 12-25　剖切实体

12.2.15　剖切

使用剖切命令可以将实体按指定的平面进行切割，这就好比一根萝卜，用刀从中间切开后就成了两根萝卜，这萝卜就是实体，而刀就是剖切命令，效果如图 12-25 所示。

12.2.16 干涉检查

使用干涉检查命令可以查看多个实体对象重叠的部分，系统将以高亮色显示这部分实体，如图12-26所示，并提供“干涉检查”对话框供用户查看信息，如图12-27所示。

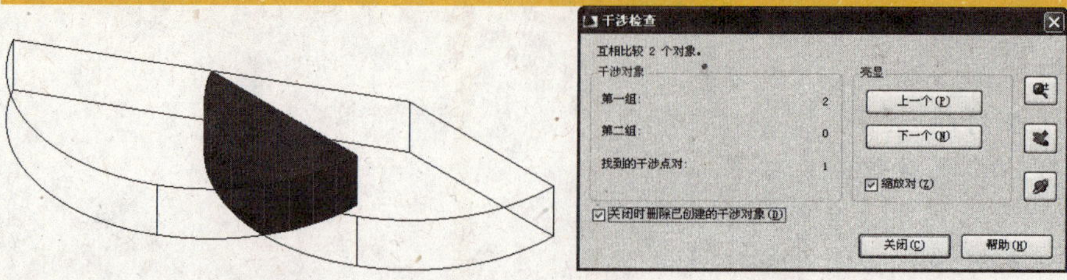

图12-26　干涉检查　　　　图12-27　“干涉检查”对话框

12.3 知 识 讲 解

AutoCAD 2009提供的三维模型编辑工具是不是很丰富啊！其实不难发现，以上介绍的这些工具可以划分为三大类，分别是对面、边和实体的编辑，下面就让我们详细看一下这些工具是如何操作的。

12.3.1 编辑实体的面

对实体的面进行拉伸、移动、偏移、旋转和倾斜等编辑，可以改变实体的形状，从而创建出多种多样的实体模型。下面详细介绍这些工具的使用方法。

1. 拉伸面

(1) 创建方式。

①选择“修改”→“三维编辑”→“拉伸面”命令。

②单击“实体编辑”工具栏中的“拉伸面”按钮。

③在命令行中输入命令solidedit→F(面)→E(拉伸)命令。

(2) 操作格式。

命令：_solidedit

实体编辑自动检查：SOLIDCHECK=1

输入实体编辑选项 [面(F)/边(E)/体(B)/放弃(U)/退出(X)] <退出>：_face

输入面编辑选项[拉伸(E)/移动(M)/旋转(R)/偏移(O)/倾斜(T)/删除(D)/复制(C)/颜色(L)/材质(A)/放弃(U)/退出(X)] <退出>:_extrude(执行拉伸面命令后系统自动生成以上提示)

选择面或 [放弃(U)/删除(R)]：找到一个面。

选择面或 [放弃(U)/删除(R)/全部(ALL)]：

指定拉伸高度或 [路径(P)]：20

指定拉伸的倾斜角度 <0>：

已开始实体校验。

已完成实体校验。

输入面编辑选项[拉伸(E)/移动(M)/旋转(R)/偏移(O)/倾斜(T)/删除(D)/复制(C)/颜色(L)/材质(A)/放弃(U)/退出(X)] <退出>：

实体编辑自动检查：SOLIDCHECK=1

输入实体编辑选项 [面(F)/边(E)/体(B)/放弃(U)/退出(X)] <退出>：

拉伸面的效果如图 12-28 所示。

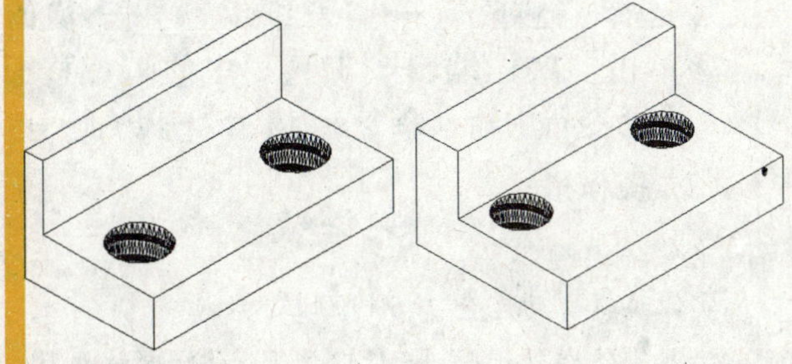

拉伸面前的效果　　拉伸面后的效果

图 12-28　拉伸实体面

2. 移动面

(1) 创建方式。

①选择“修改”→“三维编辑”→“移动面”命令。

②单击“实体编辑”工具栏中的“移动面”按钮。

③在命令行中输入命令 solidedit→F(面)→M(移动)命令。

(2) 操作格式。

命令：_solidedit

实体编辑自动检查：SOLIDCHECK=1

输入实体编辑选项 [面(F)/边(E)/体(B)/放弃(U)/退出(X)] <退出>：_face

输入面编辑选项[拉伸(E)/移动(M)/旋转(R)/偏移(O)/倾斜(T)/删除(D)/复制(C)/颜色(L)/材质(A)/放弃(U)/退出(X)] <退出>：_move

选择面或 [放弃(U)/删除(R)]：找到一个面。

选择面或 [放弃(U)/删除(R)/全部(ALL)]：

指定基点或位移：

指定位移的第二点：60

已开始实体校验。

已完成实体校验。

输入面编辑选项

[拉伸(E)/移动(M)/旋转(R)/偏移(O)/倾斜(T)/删除(D)/复制(C)/颜色(L)/材质(A)/放弃(U)/退出(X)] <退出>：

实体编辑自动检查：SOLIDCHECK=1

输入实体编辑选项 [面(F)/边(E)/体(B)/放弃(U)/退出(X)] <退出>：

移动面的效果如图 12-29 所示。

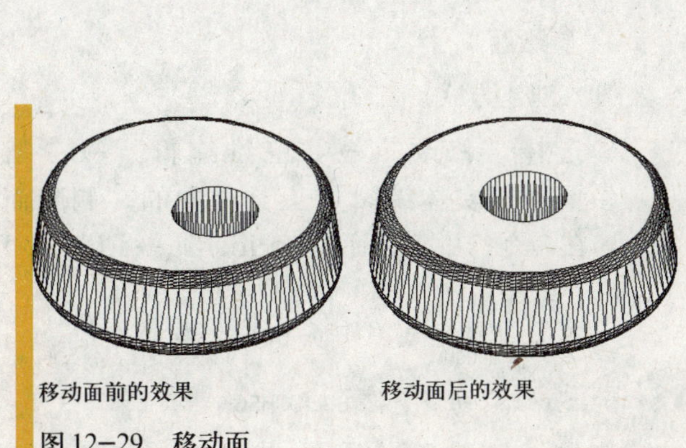

移动面前的效果　　移动面后的效果

图 12-29　移动面

3. 偏移面

(1) 创建方式。

①选择“修改”→“三维编辑”→“偏移面”命令。

②单击“实体编辑”工具栏中的“偏移面”按钮。

③在命令行中输入命令 solidedit→F(面)→O(偏移)命令。

(2) 操作格式。

命令：_solidedit

实体编辑自动检查：SOLIDCHECK=1

输入实体编辑选项 [面(F)/边(E)/体(B)/放弃(U)/退出(X)] <退出>：_face

输入面编辑选项[拉伸(E)/移动(M)/旋转(R)/偏移(O)/倾斜(T)/删除(D)/复制(C)/颜色(L)/材质(A)/放弃(U)/退出(X)] <退出>：_offset

选择面或 [放弃(U)/删除(R)]：找到一个面。

选择面或 [放弃(U)/删除(R)/全部(ALL)]：

指定偏移距离：20

已开始实体校验。

已完成实体校验。

输入面编辑选项[拉伸(E)/移动(M)/旋转(R)/偏移(O)/倾斜(T)/删除(D)/复制(C)/颜色(L)/材质(A)/放弃(U)/退出(X)] <退出>：

实体编辑自动检查：SOLIDCHECK=1

输入实体编辑选项 [面(F)/边(E)/体(B)/放弃(U)/退出(X)] <退出>：

偏移面的效果如图 12-30 所示。

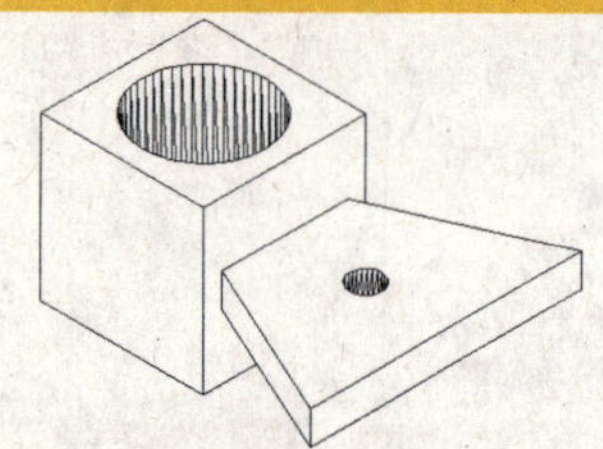

偏移面前的效果　　偏移面后的效果

图 12-30　偏移面

4. 删除面

(1) 创建方式。

①选择“修改”→“三维编辑”→“删除面”命令。

②单击“实体编辑”工具栏中的“删除面”按钮。

③在命令行中输入命令 solidedit→F(面)→D(删除)命令。

(2) 操作格式。

命令：_solidedit

实体编辑自动检查：SOLIDCHECK=1

输入实体编辑选项 [面(F)/边(E)/体(B)/放弃(U)/退出(X)] <退出>：_face

输入面编辑选项[拉伸(E)/移动(M)/旋转(R)/偏移(O)/倾斜(T)/删除(D)/复制(C)/颜色(L)/材质(A)/放弃(U)/退出(X)] <退出>：_delete

选择面或 [放弃(U)/删除(R)]：找到一个面。

选择面或 [放弃(U)/删除(R)/全部(ALL)]：

已开始实体校验。

已完成实体校验。

输入面编辑选项[拉伸(E)/移动(M)/旋转(R)/偏移(O)/倾斜(T)/删除(D)/复制(C)/颜色(L)/材质(A)/放弃(U)/退出(X)] <退出>：

实体编辑自动检查：SOLIDCHECK=1

输入实体编辑选项 [面(F)/边(E)/体(B)/放弃(U)/退出(X)] <退出>：

删除面的效果如图 12-31 所示。

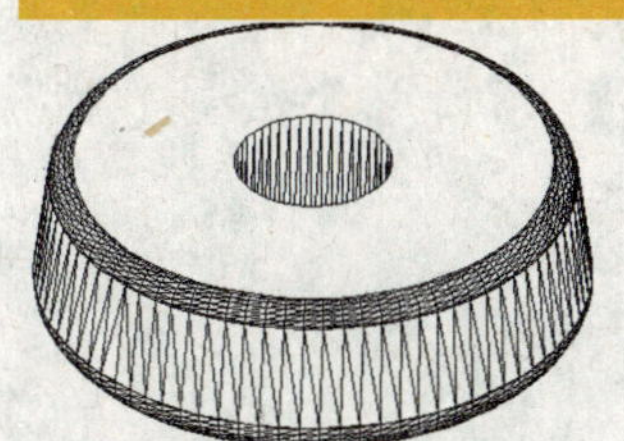

删除面前的效果

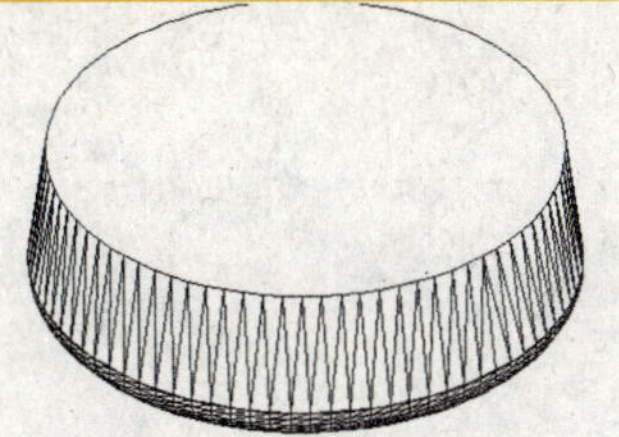

删除面后的效果

图 12-31　删除面

5. 旋转面

(1) 创建方式。

①选择“修改”→“三维编辑”→“旋转面”命令。

②单击“实体编辑”工具栏中的“旋转面”按钮。

③在命令行中输入命令 solidedit → F(面)→ R(旋转)命令。

(2) 操作格式。

命令：_solidedit

实体编辑自动检查：SOLIDCHECK=1

输入实体编辑选项 [面(F)/边(E)/体(B)/放弃(U)/退出(X)] <退出>：_face

输入面编辑选项[拉伸(E)/移动(M)/旋转(R)/偏移(O)/倾斜(T)/删除(D)/复制(C)/颜色(L)/材质(A)/放弃(U)/退出(X)] <退出>：_taper

选择面或 [放弃(U)/删除(R)]：找到一个面。

选择面或 [放弃(U)/删除(R)/全部(ALL)]：

指定基点：

指定沿倾斜轴的另一个点：

指定倾斜角度：30

已开始实体校验。

已完成实体校验。

输入面编辑选项

[拉伸(E)/移动(M)/旋转(R)/偏移(O)/倾斜(T)/删除(D)/复制(C)/颜色(L)/材质(A)/放弃(U)/退出(X)] <退出>:

实体编辑自动检查: SOLIDCHECK=1

输入实体编辑选项 [面(F)/边(E)/体(B)/放弃(U)/退出(X)] <退出>:

旋转面的效果如图 12-32 所示。

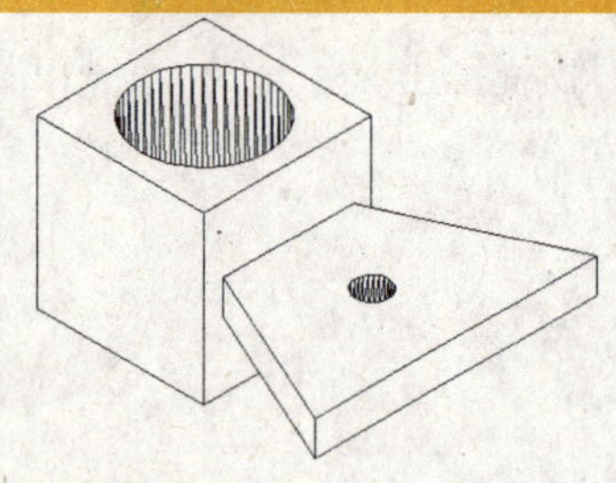

旋转面前的效果

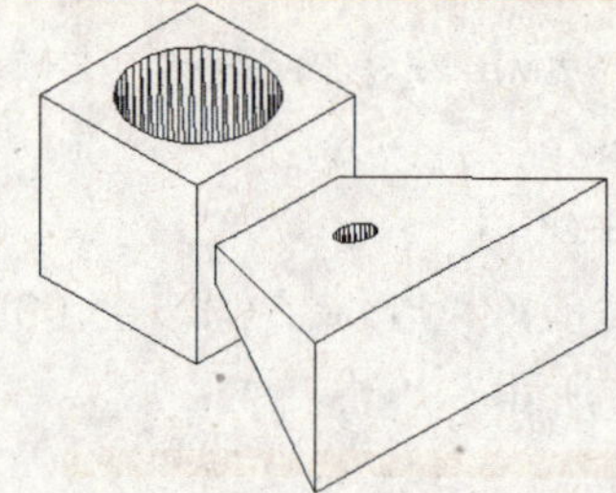

旋转面后的效果

图 12-32 旋转面

6. 倾斜面

(1) 创建方式。

①选择"修改"→"三维编辑"→"倾斜面"命令。

②单击"实体编辑"工具栏中的"倾斜面"按钮。

③在命令行中输入命令 solidedit→F(面)→T(倾斜)命令。

(2) 操作格式。

命令: _solidedit

实体编辑自动检查: SOLIDCHECK=1

输入实体编辑选项 [面(F)/边(E)/体(B)/放弃(U)/退出(X)] <退出>: _face

输入面编辑选项[拉伸(E)/移动(M)/旋转(R)/偏移(O)/倾斜(T)/删除(D)/复制(C)/颜色(L)/材质(A)/放弃(U)/退出(X)] <退出>: _taper

选择面或 [放弃(U)/删除(R)]: 找到一个面。

选择面或 [放弃(U)/删除(R)/全部(ALL)]:

指定基点:

指定沿倾斜轴的另一个点:

指定倾斜角度: 15

已开始实体校验。

已完成实体校验。

输入面编辑选项

[拉伸(E)/移动(M)/旋转(R)/偏移(O)/倾斜(T)/删除(D)/复制(C)/颜色(L)/材质(A)/放弃(U)/退出(X)] <退出>:

实体编辑自动检查: SOLIDCHECK=1

输入实体编辑选项 [面(F)/边(E)/体(B)/放弃(U)/退出(X)] <退出>:

倾斜面的效果如图 12-33 所示。

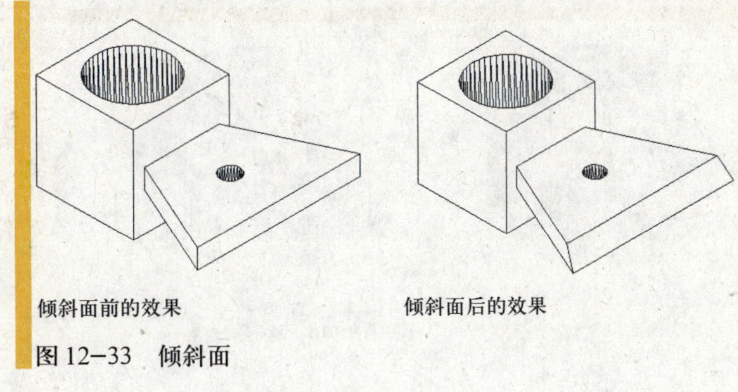

图 12−33　倾斜面

呵呵，旋转面和倾斜面是不是有些相似呢！不错，这两个工具在使用时都需要一个轴线，但对于同一平面和同一轴线，两者编辑后的效果是截然不同的。

7. 着色面

(1) 创建方式。

①选择“修改”→“三维编辑”→“着色面”命令。

②单击“实体编辑”工具栏中的“着色面”按钮。

③在命令行中输入命令 solidedit→F(面)→L(着色)命令。

(2) 操作格式。

命令：_solidedit

实体编辑自动检查：SOLIDCHECK=1

输入实体编辑选项 [面(F)/边(E)/体(B)/放弃(U)/退出(X)] <退出>：_face

输入面编辑选项[拉伸(E)/移动(M)/旋转(R)/偏移(O)/倾斜(T)/删除(D)/复制(C)/颜色(L)/材质(A)/放弃(U)/退出(X)] <退出>：_color

选择面或 [放弃(U)/删除(R)]：找到一个面。

选择面或 [放弃(U)/删除(R)/全部(ALL)]：（选中面后打开“选择颜色”对话框，在该对话框中选择颜色对面进行着色，如图 12−34 所示）

输入面编辑选项[拉伸(E)/移动(M)/旋转(R)/偏移(O)/倾斜(T)/删除(D)/复制(C)/颜色(L)/材质(A)/放弃(U)/退出(X)] <退出>：

实体编辑自动检查：SOLIDCHECK=1

输入实体编辑选项 [面(F)/边(E)/体(B)/放弃(U)/退出(X)] <退出>：

着色面的效果如图 12−35 所示。

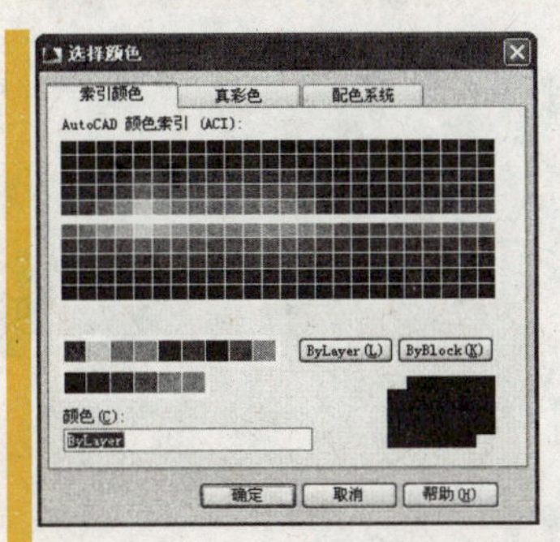

图 12−34　“选择颜色”对话框

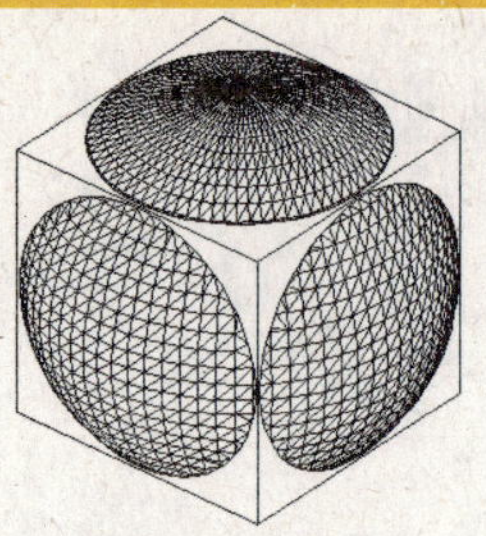

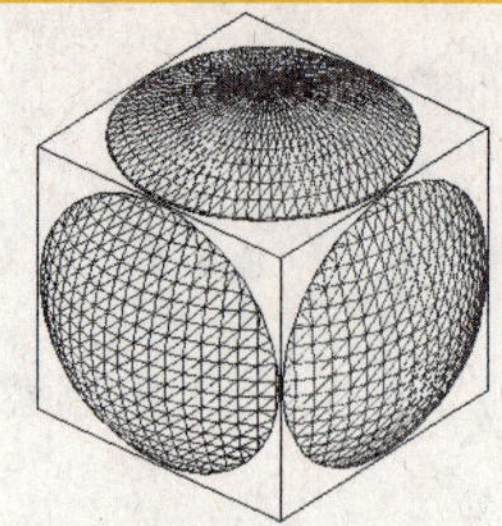

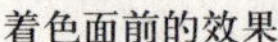

着色面前的效果　　　　着色面后的效果

图 12-35　着色面

8. 复制面

（1）创建方式。

①选择“修改”→“三维编辑”→“复制面”命令。

②单击“实体编辑”工具栏中的“复制面”按钮。

③在命令行中输入命令 solidedit → F(面) → C(复制)命令。

（2）操作格式。

命令：_solidedit

实体编辑自动检查：SOLIDCHECK=1

输入实体编辑选项 [面(F)/边(E)/体(B)/放弃(U)/退出(X)] <退出>：_face

输入面编辑选项[拉伸(E)/移动(M)/旋转(R)/偏移(O)/倾斜(T)/删除(D)/复制(C)/颜色(L)/材质(A)/放弃(U)/退出(X)] <退出>：_copy

选择面或 [放弃(U)/删除(R)]：找到一个面。

选择面或 [放弃(U)/删除(R)/全部(ALL)]：

指定基点或位移：

指定位移的第二点：

输入面编辑选项[拉伸(E)/移动(M)/旋转(R)/偏移(O)/倾斜(T)/删除(D)/复制(C)/颜色(L)/材质(A)/放弃(U)/退出(X)] <退出>：

实体编辑自动检查：SOLIDCHECK=1

输入实体编辑选项 [面(F)/边(E)/体(B)/放弃(U)/退出(X)] <退出>：

复制面的效果如图 12-36 所示。

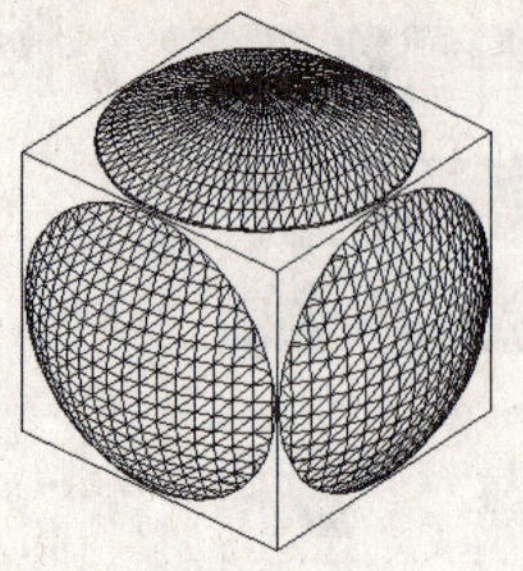

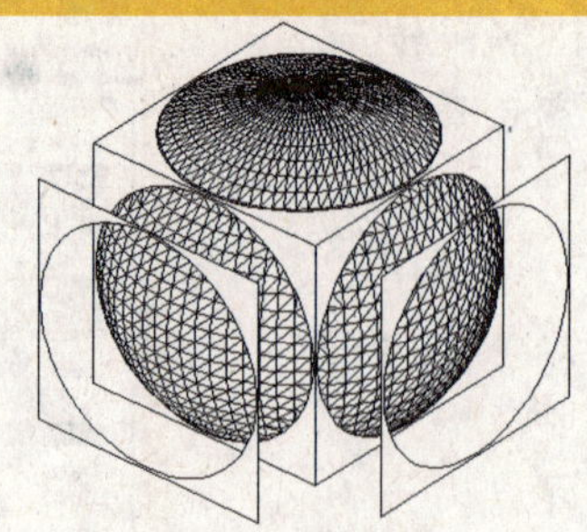

复制面前的效果　　　　复制面后的效果

图 12-36　复制面

12.3.2 编辑实体的边

除了对实体面的编辑命令外，AutoCAD 2009还提供了对实体边的编辑工具，如压印、着色、复制和提取，下面就来看一下这些工具是如何使用的。

1. 压印边

(1) 创建方式。

①选择“修改”→“三维编辑”→“压印边”命令。

②单击“实体编辑”工具栏中的“压印”按钮。

③在命令行中输入命令：imprint。

(2) 操作格式。

命令：_imprint

选择三维实体：

选择要压印的对象：

是否删除源对象 [是(Y)/否(N)] <N>：

选择要压印的对象：

压印边的效果如图12-37所示。

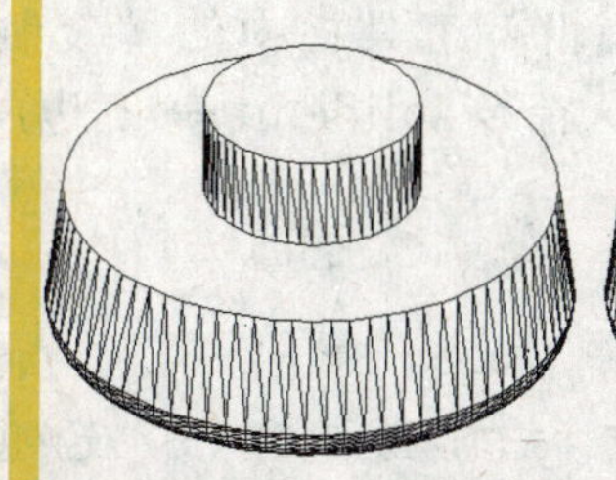

压印前的效果

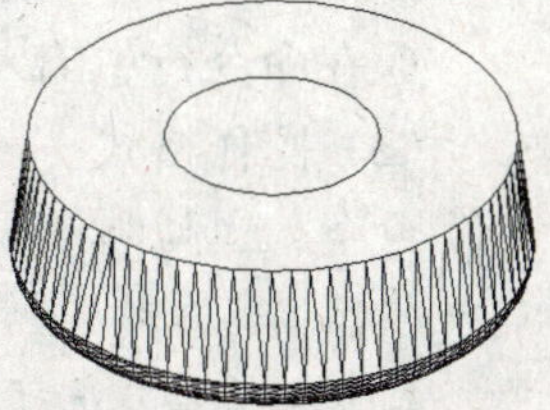

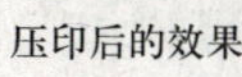

压印后的效果

图12-37 压印边

要压印的对象可以是二维平面对象，也可以是三维实体对象，但压印与被压印的对象必须相交。

2. 着色边

(1) 创建方式。

①选择“修改”→“三维编辑”→“着色边”命令。

②单击“实体编辑”工具栏中的“着色边”按钮。

③在命令行中输入命令solidedit→E(边)→L(着色)命令。

(2) 操作格式。

命令：_solidedit

实体编辑自动检查：SOLIDCHECK=1

输入实体编辑选项 [面(F)/边(E)/体(B)/放弃(U)/退出(X)] <退出>：_edge

输入边编辑选项 [复制(C)/着色(L)/放弃(U)/退出(X)] <退出>：_color

选择边或 [放弃(U)/删除(R)]：

选择边或 [放弃(U)/删除(R)]：（与着色面一样，确定着色的边后也会打开“选择颜色”对话框，为选择颜色）

输入边编辑选项 [复制(C)/着色(L)/放弃(U)/退出(X)] <退出>：

实体编辑自动检查：SOLIDCHECK=1

输入实体编辑选项 [面(F)/边(E)/体(B)/放弃(U)/退出(X)] <退出>:

着色边的效果如图 12-38 所示。

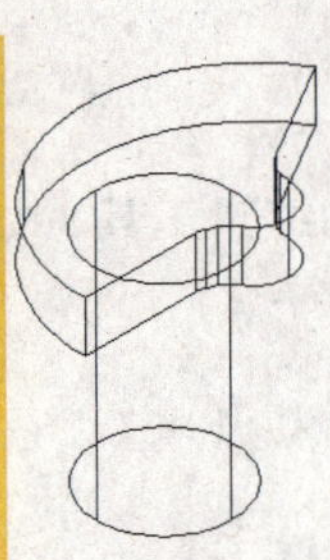

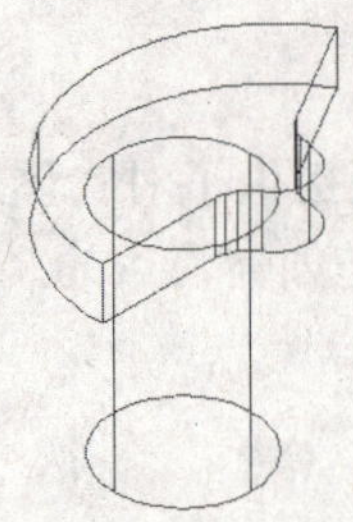

着色边前的效果　　着色边后的效果

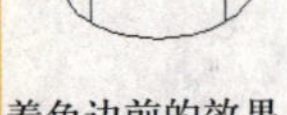

图 12-38　着色边

3. 复制边

(1) 创建方式。

①选择“修改”→“三维编辑”→“复制边”命令。

②单击“实体编辑”工具栏中的“复制边”按钮。

③在命令行中输入命令 solidedit→E(边)→C(复制)命令。

(2) 操作格式。

命令: _solidedit

实体编辑自动检查: SOLIDCHECK=1

输入实体编辑选项 [面(F)/边(E)/体(B)/放弃(U)/退出(X)] <退出>: _edge

输入边编辑选项 [复制(C)/着色(L)/放弃(U)/退出(X)] <退出>: _copy

选择边或 [放弃(U)/删除(R)]:

选择边或 [放弃(U)/删除(R)]:

指定基点或位移:

指定位移的第二点:

输入边编辑选项 [复制(C)/着色(L)/放弃(U)/退出(X)] <退出>:

实体编辑自动检查: SOLIDCHECK=1

输入实体编辑选项 [面(F)/边(E)/体(B)/放弃(U)/退出(X)] <退出>:

复制边的效果如图 12-39 所示。

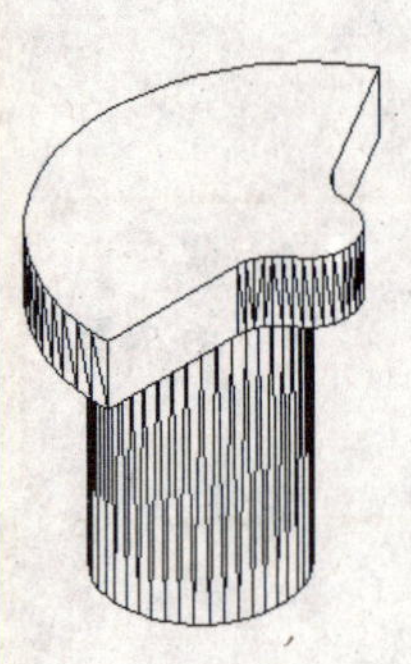

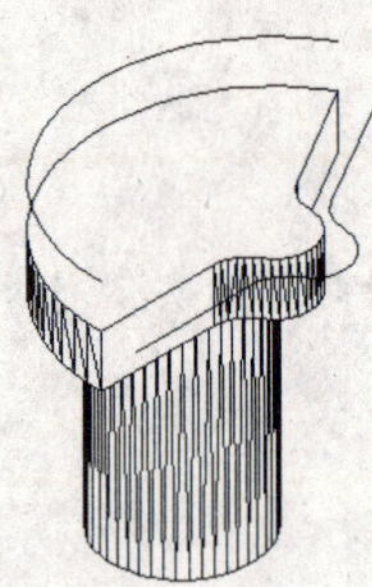

复制边前的效果　　复制边后的效果

图 12-39　复制边

4. 提取边

(1) 创建方式。

①选择“修改”→“三维操作”→“提取边”命令。

②在命令行中输入命令: xedges。

(2) 操作格式。

命令: _xedges

选择对象: 找到 1 个

选择对象:

提取边的效果如图 12-40 所示。

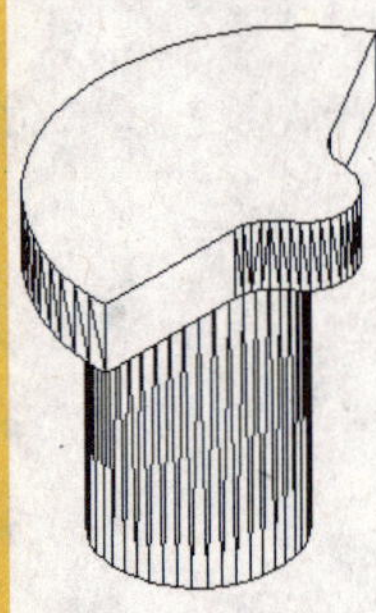

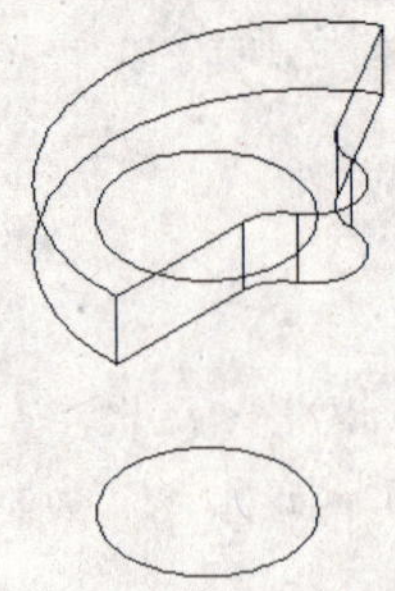

提取边前的效果　　提取边后的效果

图 12-40　提取边

12.3.3 编辑实体的体

以上介绍的是对实体面和边的编辑工具，AutoCAD 2009 还提供了很多直接用于编辑实体的工具，如分割、抽壳、剖切、加厚、三维旋转、三维镜像和三维阵列。如果说对面和边的编辑工具适合对实体进行小“手术”，那么这些工具就是对实体进行大手术。下面就来看一下如何使用这些工具对实体进行大“手术”。

1. 分割

(1) 创建方式。

①选择“修改”→“实体编辑”→“分割”命令。

②单击“实体编辑”工具栏中的“分割”按钮。

③在命令行中输入命令 solidedit→B(体)→P(分割实体)命令。

(2) 操作格式。

命令：_solidedit

实体编辑自动检查：SOLIDCHECK=1

输入实体编辑选项 [面(F)/边(E)/体(B)/放弃(U)/退出(X)] <退出>：_body

输入体编辑选项[压印(I)/分割实体(P)/抽壳(S)/清除(L)/检查(C)/放弃(U)/退出(X)] <退出>：_separate

选择三维实体：

输入体编辑选项[压印(I)/分割实体(P)/抽壳(S)/清除(L)/检查(C)/放弃(U)/退出(X)] <退出>：

实体编辑自动检查：SOLIDCHECK=1

输入实体编辑选项 [面(F)/边(E)/体(B)/放弃(U)/退出(X)] <退出>：

分割实体的效果如图 12-41 所示。

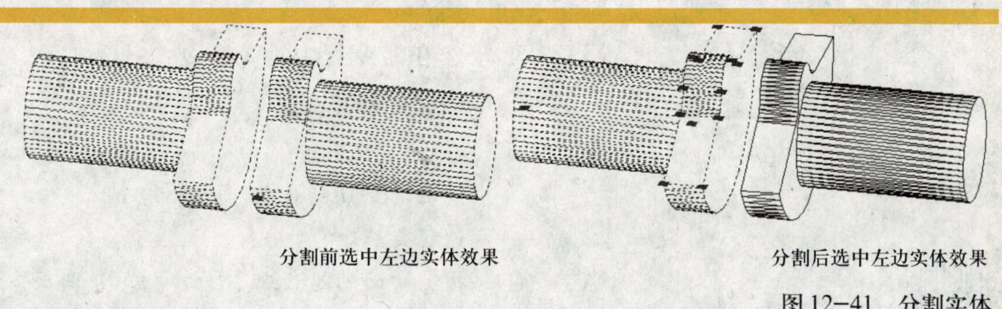

分割前选中左边实体效果　　分割后选中左边实体效果

图 12-41　分割实体

2. 抽壳

(1) 创建方式。

①选择“修改”→“实体编辑”→“抽壳”命令。

②单击“实体编辑”工具栏中的“抽壳”按钮。

③在命令行中输入命令 solidedit→B(体)→S(抽壳)命令。

(2) 操作格式。

命令：_solidedit

实体编辑自动检查：SOLIDCHECK=1

输入实体编辑选项 [面(F)/边(E)/体(B)/放弃(U)/退出(X)] <退出>: _body

输入体编辑选项[压印(I)/分割实体(P)/抽壳(S)/清除(L)/检查(C)/放弃(U)/退出(X)] <退出>: _shell

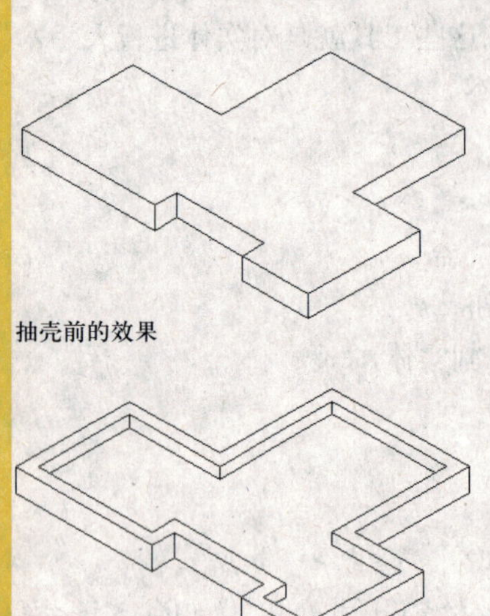

抽壳前的效果

抽壳后的效果

图 12-42　抽壳

选择三维实体:

删除面或 [放弃(U)/添加(A)/全部(ALL)]: 找到一个面，已删除 1 个。

删除面或 [放弃(U)/添加(A)/全部(ALL)]:

输入抽壳偏移距离: 2

已开始实体校验。

已完成实体校验。

输入体编辑选项

[压印(I)/分割实体(P)/抽壳(S)/清除(L)/检查(C)/放弃(U)/退出(X)] <退出>:

实体编辑自动检查: SOLIDCHECK=1

输入实体编辑选项 [面(F)/边(E)/体(B)/放弃(U)/退出(X)] <退出>:

抽壳效果如图 12-42 所示。

3. 剖切

(1) 创建方式。

①选择"修改"→"三维操作"→"剖切"命令。

②在命令行中输入命令: slice。

(2) 操作格式。

命令: _slice

选择要剖切的对象: 找到 1 个

选择要剖切的对象:

指定切面的起点或 [平面对象(O)/曲面(S)/Z 轴(Z)/视图(V)/XY(XY)/YZ(YZ)/ZX(ZX)/三点(3)] <三点>:

指定平面上的第二个点:

在所需的侧面上指定点或 [保留两个侧面(B)] <保留两个侧面>:

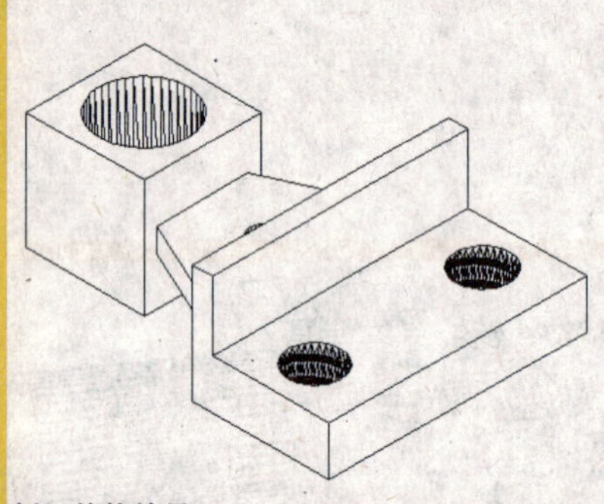

剖切前的效果

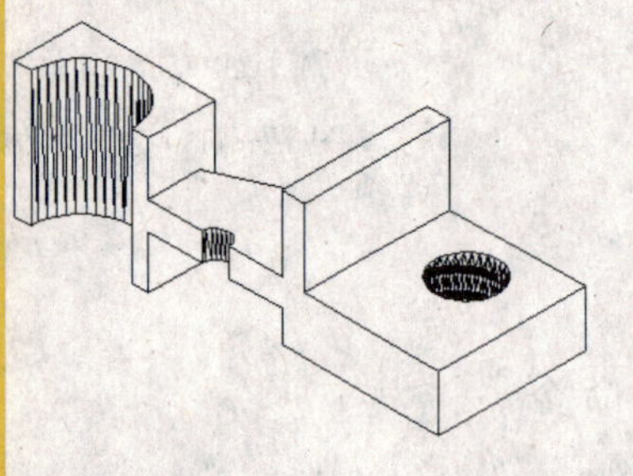

剖切后的效果

图 12-43　剖切实体

剖切实体的效果如图 12-43 所示。

(3) 选项含义。

①平面对象(O)：将选中的平面对象所在面作为剖切面，这些对象可以是圆、椭圆、圆弧、椭圆弧、二维样条曲线或二维多段线，如图 12-44 所示。

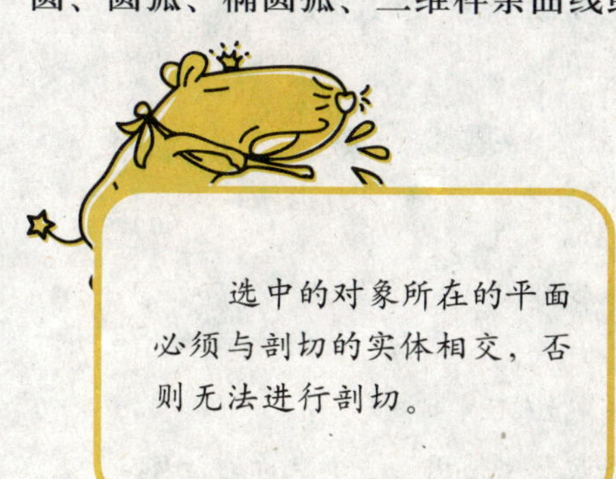

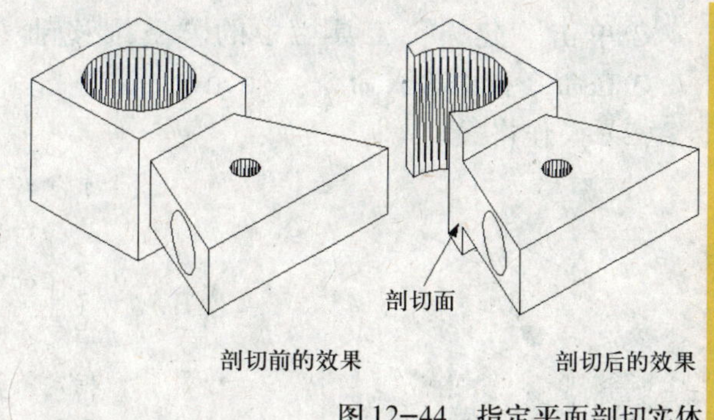

图 12-44　指定平面剖切实体

②曲面(S)：将选中的曲面作为剖切面，但该曲面不能是通过旋转网格、平移网格、直纹网格或边界网格创建的曲面对象。

③Z 轴(Z)：通过平面上一点和 Z 轴法线上一点确定剖切面。

④视图(V)：通过指定当前视图平面上一点确定剖切面。

⑤XY(XY)：通过指定平面上一点确定剖切面，该平面与当前用户坐标系的 XY 平面平行。

⑥YZ(YZ)：通过指定平面上一点确定剖切面，该平面与当前用户坐标系的 YZ 平面平行。

⑦ZX(ZX)：通过指定平面上一点确定剖切面，该平面与当前用户坐标系的 ZX 平面平行。

⑧三点(3)：通过指定平面上的三点确定剖切面。

⑨保留两个侧面(B)：剖切成功后保留剖切面两边的实体。

4. 加厚

(1) 创建方式。

①选择“修改”→“三维操作”→“加厚”命令。

②在命令行中输入命令：thicken。

(2) 操作格式。

```
命令：_thicken
选择要加厚的曲面：找到 1 个
选择要加厚的曲面：
指定厚度 <0.0000>：20
```

加厚曲面生成实体的效果如图 12-45 所示。

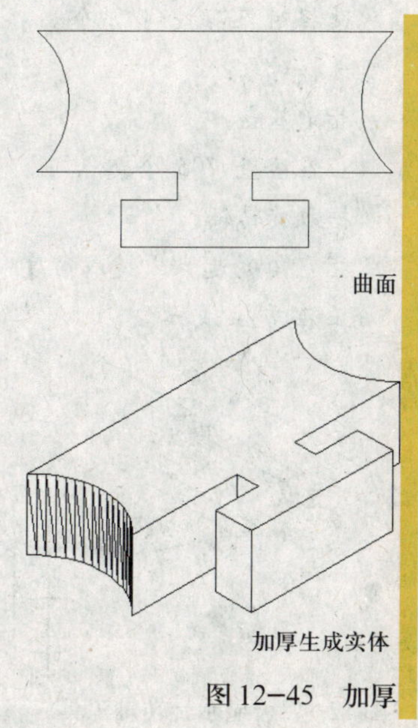

图 12-45　加厚

5. 三维移动

(1) 创建方式。

①选择"修改"→"三维操作"→"三维移动"命令。

②单击"建模"工具栏中的"三维移动"按钮。

③在命令行中输入命令：3dmove。

(2) 操作格式。

命令：_3dmove

选择对象：找到 1 个

选择对象：

指定基点或 [位移(D)] <位移>:

指定第二个点或 <使用第一个点作为位移>:

在执行三维移动操作时，系统显示一个移动夹点工具(由三个相互垂直的坐标轴组成)，如图12-46所示，使用该工具就可以在三维空间中确定移动基点的位置。

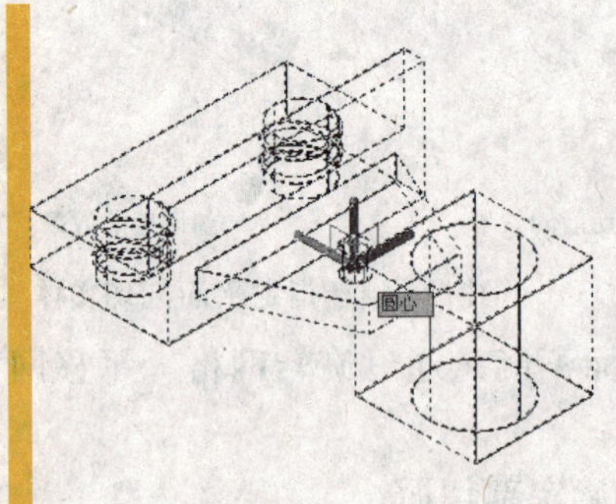

图12-46　移动夹点工具

6. 三维旋转

(1) 创建方式。

①选择"修改"→"三维操作"→"三维旋转"命令。

②单击"建模"工具栏中的"三维旋转"按钮。

③在命令行中输入命令：3drotate。

(2) 操作格式。

命令：_3drotate

UCS 当前的正角方向：　ANGDIR=逆时针　ANGBASE=0

选择对象：找到 1 个

选择对象：

指定基点：

正在检查 703 个交点...

拾取旋转轴：

指定角的起点或键入角度：90

正在重生成模型。

三维旋转命令在指定旋转轴时会显示一个三维旋转工具，如图12－47所示。当鼠标移动到相应旋转轴上时，系统会自动显示一条直线，以延伸旋转轴的方向。

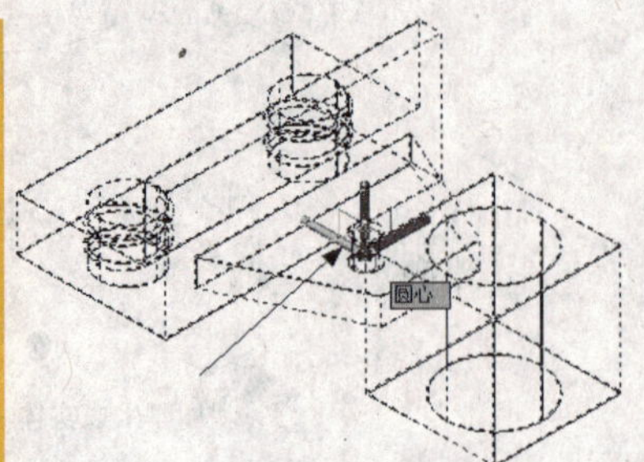

图12-47　显示旋转轴工具

7. 对齐

(1) 创建方式。

①选择“修改”→“三维操作”→“对齐”命令。

②在命令行中输入命令：align。

(2) 操作格式。

命令：_align

选择对象：找到 1 个

选择对象：

指定第一个源点：

指定第一个目标点：

指定第二个源点：

指定第二个目标点：

指定第三个源点或 <继续>：

指定第三个目标点：

对齐两个实体的效果如图 12-48 所示。

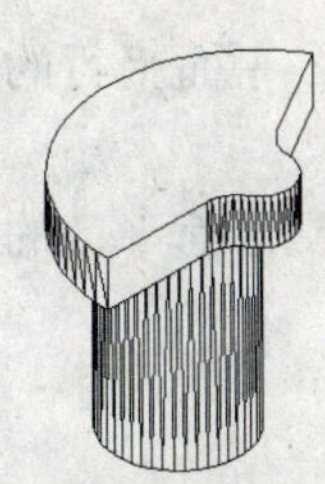
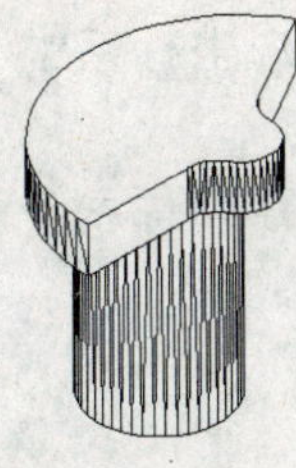

对齐前的效果

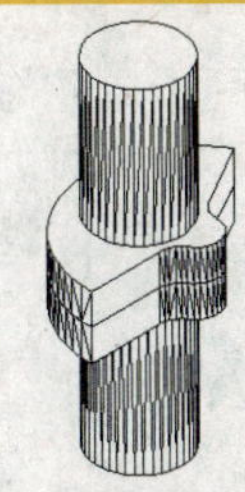

对齐后的效果

图 12-48　对齐实体

9. 三维镜像

(1) 创建方式。

①选择“修改”→“三维操作”→“三维镜像”命令。

②在命令行中输入命令：mirror3d。

(2) 操作格式。

命令：_mirror3d

选择对象：找到 1 个

选择对象：

指定镜像平面(三点) 的第一个点或[对象(O)/最近的(L)/Z 轴(Z)/视图(V)/XY 平面(XY)/YZ 平面(YZ)/ZX 平面(ZX)/三点(3)] <三点>：

在镜像平面上指定第二点：

在镜像平面上指定第三点：

是否删除源对象？[是(Y)/否(N)] <否>：

三维镜像实体的效果如图 12-49 所示。

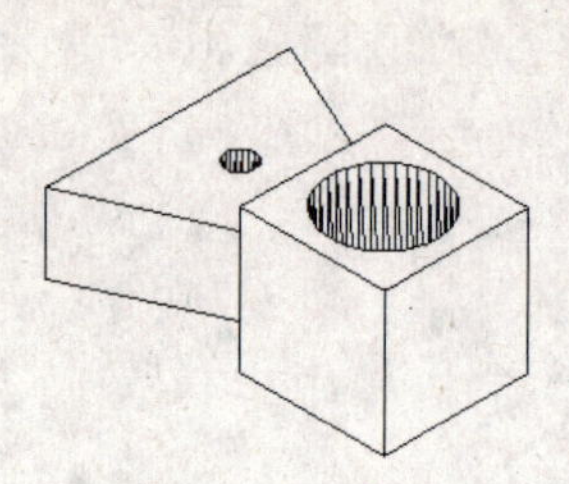

三维镜像前的效果

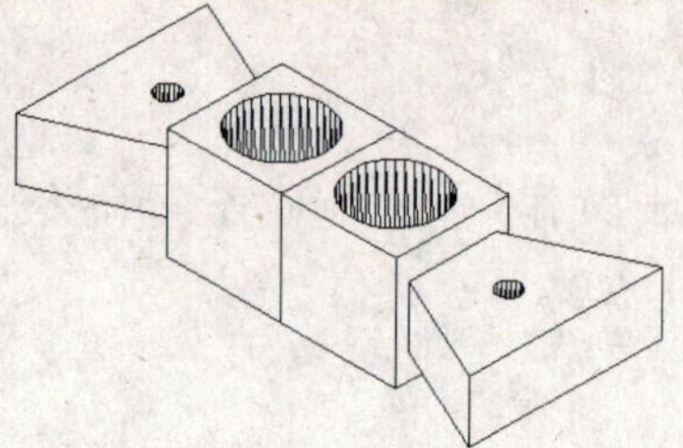

三维镜像后的效果

图 12-49 三维镜像

(3) 选项含义。

①对象(O)：选择指定对象所在平面作为镜像面，这些对象只能是圆、圆弧或二维多段线线段。

②最近的(L)：使用最近上一次镜像操作的镜像面作为当前三维镜像的镜像面。

③ Z 轴(Z)：根据镜像面的 Z 轴法线和镜面面上的一点确定镜像面。

④视图(V)：在当前视图中指定一点确定镜像面。

⑤ XY 平面(XY)：根据指定点所在平面，且与当前用户坐标系中 XY 平面平行的平面确定镜像面。

⑥ YZ 平面(YZ)：根据指定点所在平面，且与当前用户坐标系中 YZ 平面平行的平面确定镜像面。

⑦ ZX 平面(ZX)：根据指定点所在平面，且与当前用户坐标系中 ZX 平面平行的平面确定镜像面。

⑧三点(3)：根据指定镜像面上的三个点确定镜像面。

10. 三维阵列

(1) 创建方式。

①选择“修改”→“三维操作”→“三维阵列”命令。

②在命令行中输入命令：3darray。

(2) 操作格式。

命令：_3darray

选择对象：找到 1 个

选择对象：

输入阵列类型 [矩形(R)/环形(P)] <矩形>：

(3) 选项含义。

①矩形(R)：对实体对象进行三维矩形阵列，命令行提示如下。

输入行数 (---) <1>：

输入列数 (|||) <1>：

输入层数 (...) <1>：

指定行间距 (---)：

指定列间距 (|||)：

指定层间距 (...)：

三维矩形阵列的效果如图 12-50 所示。

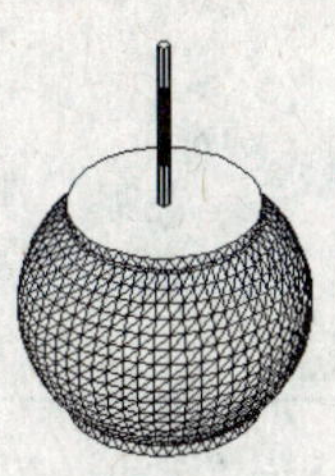

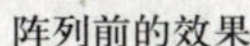

阵列前的效果

阵列后的效果

图 12-50　三维矩形阵列

②环形(P)：对实体对象进行三维环形阵列，命令行提示如下。

输入阵列中的项目数目：

指定要填充的角度 (+=逆时针，-=顺时针) <360>：

旋转阵列对象？ [是(Y)/否(N)] <Y>：

指定阵列的中心点：

指定旋转轴上的第二点：

三维环形阵列的效果如图 12-51 所示。

阵列前的效果　　阵列后的效果

图 12-51　三维环形阵列

11. 干涉检查

(1) 创建方式。

①选择“修改”→“三维操作”→“干涉检查”命令。

②在命令行中输入命令：interfere。

(2) 操作格式。

命令：_interfere

选择第一组对象或 [嵌套选择(N)/设置(S)]：

指定对角点：找到 2 个

选择第一组对象或 [嵌套选择(N)/设置(S)]：

选择第二组对象或 [嵌套选择(N)/检查第一组(K)] <检查>：（显示干涉检查效果，如图 12-52 所示，同时打开“干涉检查”对话框，如图 12-53 所示）

正在重新生成模型。

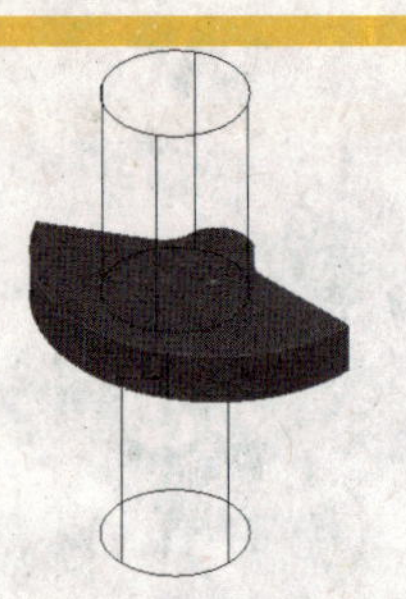

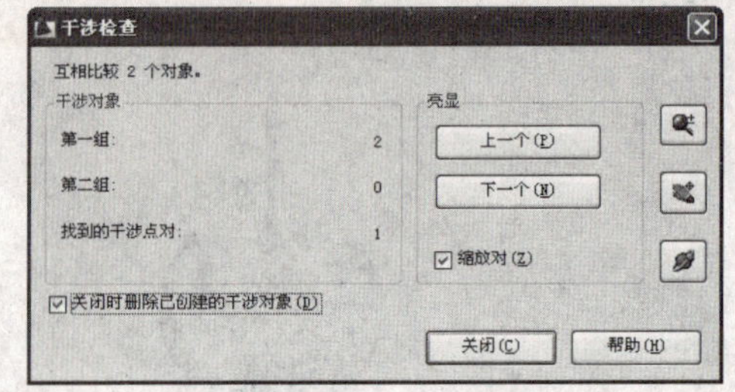

图12-52　干涉检查效果　　图12-53　“干涉检查”对话框

12.4 基 础 应 用

AutoCAD 2009不仅提供了丰富的建模工具，而且还提供了丰富的实体编辑工具。呵呵，有了这些工具，AutoCAD用户在建模领域就能如虎添翼。

12.4.1　以编辑面实现编辑体

对实体面进行编辑的工具有很多，但在实际操作过程中，很多人忽略了这些工具，因为人们会下意识地认为编辑实体与其面没有太大关系，其实不然，灵活运用这些对实体面的编辑命令，同样可以快速收到一些意想不到的效果。

例如现在有一个空心管，其外管半径为100，内管半径为30，现在需要将其内管半径修改为40，采用实体编辑的方法是在其内管中心处再创建一个半径为40的圆柱体，然后执行差集命令，如图12-54所示。但如果使用偏移面命令，直接向外偏移内管面，偏移距离为-10，可以获得内管半径为40的空心管，效果如图12-55所示。

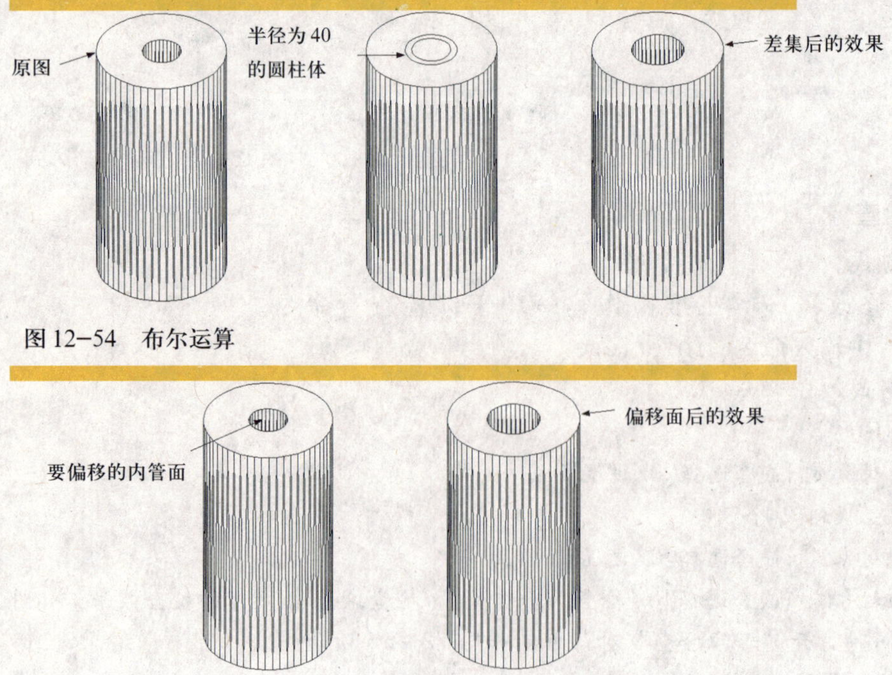

图12-54　布尔运算

图12-55　偏移面编辑

不仅是偏移面工具，其他拉伸面、旋转面、倾斜面等工具都可以替代一些实体编辑操作，而且方便快捷。

12.4.2　变形三维实体

我们知道 AutoCAD2009 提供了很多基本三维实体，如长方体、圆柱体、球体、斜体，但在实际建模过程中，单靠这些基本三维实体难以满足我们建模的需要，怎么办呢？这就需要用到各种编辑命令对这些基本三维实体进行变形，最常见的是使用布尔运算完成特殊实体的创建，如图 12-56 所示。

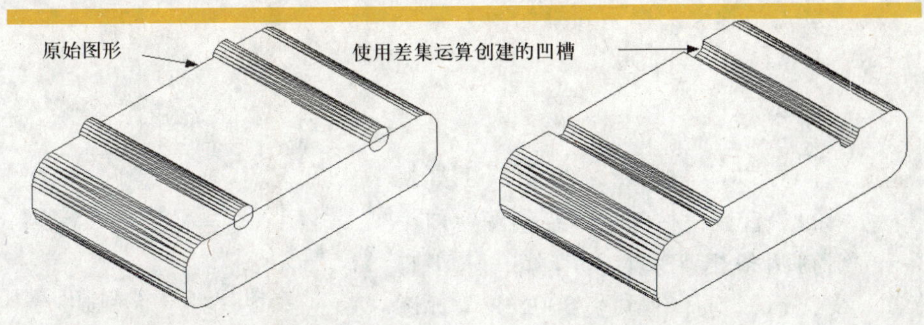

图 12-56　使用布尔运算变形三维实体

除了布尔运算外，抽壳、剖切、加厚等工具也可用于变形三维实体，这些工具不仅丰富了用户对三维实体的操作，而且可以满足用户对实体建模的各种设计要求。

12.4.3　按特定要求编辑三维实体

如果说以上两点是针对三维实体的形状进行的编辑，那么下面就来看一看三维旋转、对齐、三维镜像以及三维阵列操作对实体的影响。想必大家对这些工具的使用方法及其特点已经有了一定的了解，那么我要说的是，这些操作不会改变实体对象的形状，只能按特定要求编辑实体，具体表现为调整实体的位置、改变实体的方向、创建对称实体，以及在三维空间中对其进行阵列等，如图 12-57 所示。

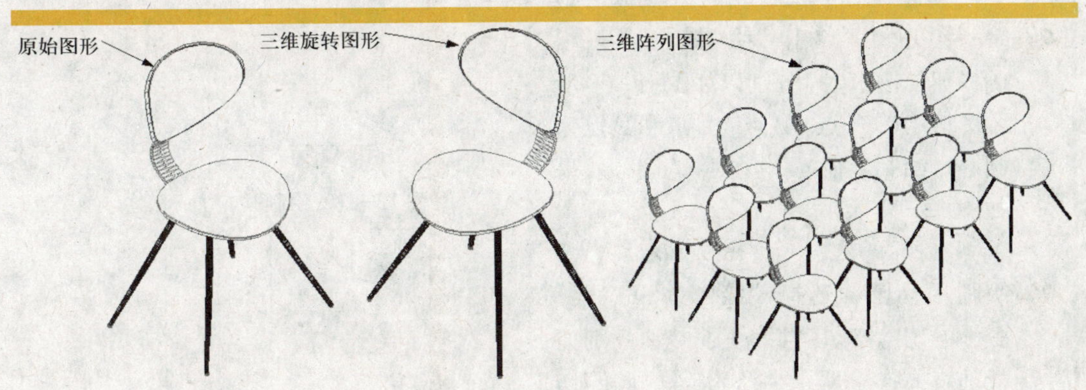

图 12-57　按特定要求编辑三维实体

12.5 案例表现

呵呵，介绍了这么多，下面就让我们在推拉式快速夹模型和圆桌模型的创建过程中深入了解AutoCAD 2009在三维实体建模方面的强大应用吧。

12.5.1 案例1：推拉式快速夹模型

推拉式快速夹的模型效果如图12−58所示。

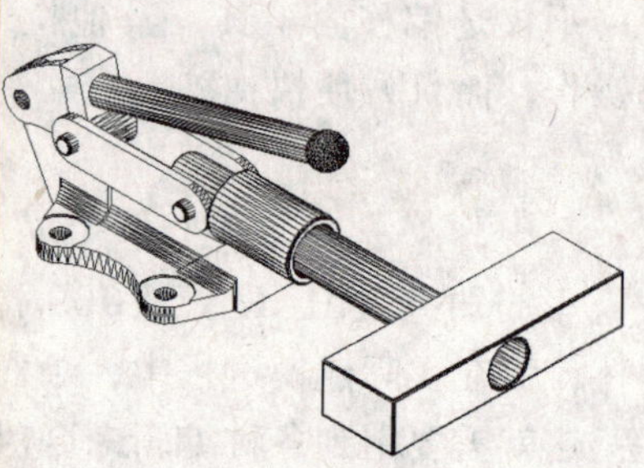

图12−58 推拉式快速夹

操作步骤：

01 绘制辅助线。单击“绘图”工具栏中的“直线”按钮，在绘图窗口中绘制两条相互垂直的直线，水平直线长140，垂直直线长260。效果如图12−59所示。

图12−59 绘制辅助线

02 偏移辅助线。单击“修改”工具栏中的“偏移”按钮，将绘制的水平直线依次向上和向下偏移，偏移距离分别为136、88和12。再次执行偏移命令，将绘制的垂直直线依次向左和向右偏移，偏移距离分别为22和90，偏移后的效果如图12−60所示。

图12−60 偏移辅助线

03 绘制同心圆。单击“绘图”工具栏中的“圆”按钮，分别以如图12−60所示图形中的A点、B点、C点和D点为圆心，绘制半径为20和44的圆，效果如图12−61所示。

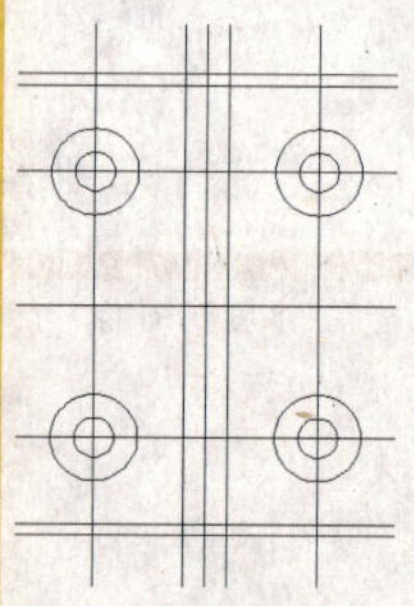

图12−61 绘制圆

04 绘制相切圆。选择“绘图”→“圆”→“相切、相切、半径”命令，分别捕捉垂直方向上两个半径为44的圆的切点，绘制两个半径为170的圆，效果如图12−62所示。

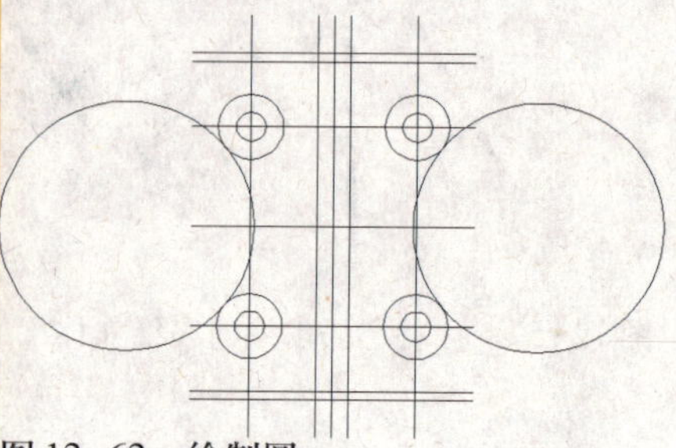

图12−62 绘制圆

05 修剪图形。单击“修改”工具栏中的“修剪”按钮，对图12–62进行修剪，然后删除多余的直线，效果如图12–63所示。

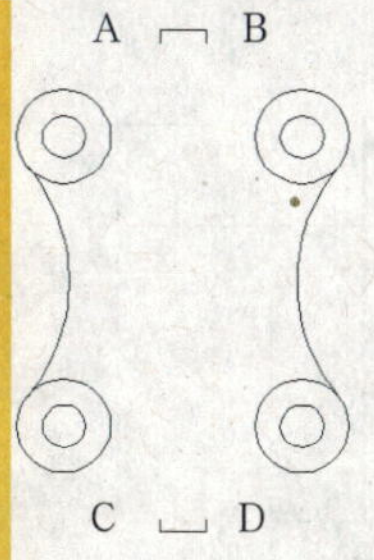

图12–63　修剪图形

06 绘制切线。执行绘制直线命令，分别以如图12–63所示图形中的A点、B点、C点和D点为起点，捕捉半径为40的圆的切点，绘制圆的切线，效果如图12–64所示。

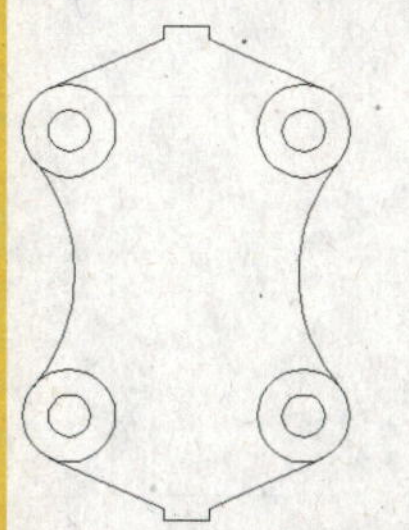
图12–64　绘制切线

07 修剪图形。执行修剪命令，修剪如图12–64所示的图形，效果如图12–65所示。

08 创建面域。单击“绘图”工具栏中的“面域”按钮，分别将如图12–65所示的五个封闭图形创建成面域对象。

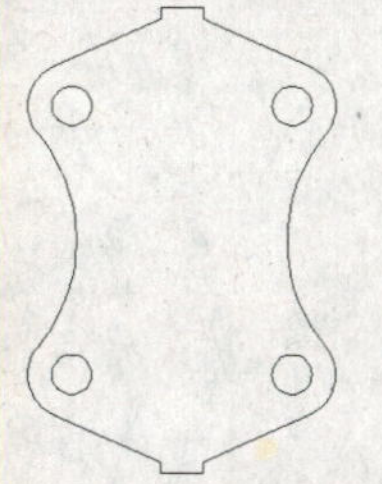
图12–65　修剪图形

09 布尔运算。单击“实体编辑”工具栏中的“差集”按钮，用最大的面域图形减去4个小的面域图形。

10 拉伸生成实体。单击“视图”工具栏中的“西南等轴测”按钮，将视图切换到西南等轴测视图。单击“实体”工具栏中的“拉伸”按钮，将差集后的面域图形垂直向上拉伸，拉伸高度为42，效果如图12–66所示。

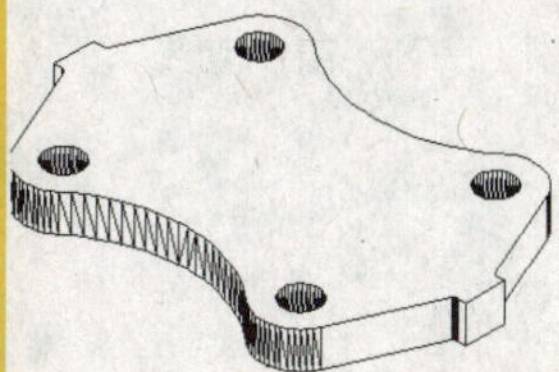
图12–66　拉伸生成实体

11 绘制直线。单击“视图”工具栏中的“左视”按钮，切换视图到左视图。执行绘制直线命令，在绘图窗口中绘制两条相互垂直的直线，水平直线长230，垂直直线长250。效果如图12–67所示。

图12–67　绘制直线

12 偏移直线。单击“修改”工具栏中的“偏移”按钮，设置偏移距离为167和225，分别将水平直线向上偏移。再次执行偏移命令，设置偏移距离为88、140和200，分别将垂直直线向左偏移，效果如图12–68所示。

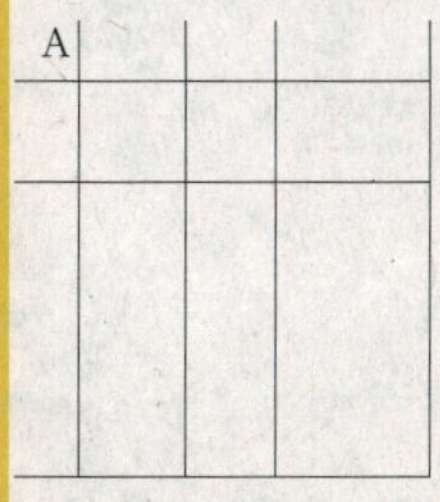

图12–68　偏移直线

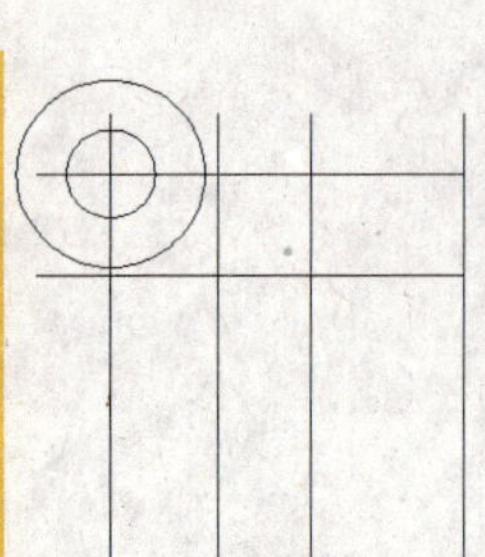
图 12–69 绘制圆

13 绘制同心圆。单击“绘图”工具栏中的“圆”按钮，以如图 12–68 所示图形中的交点 A 为圆心，分别绘制半径为 25 和 53 的两个圆，效果如图 12–69 所示。

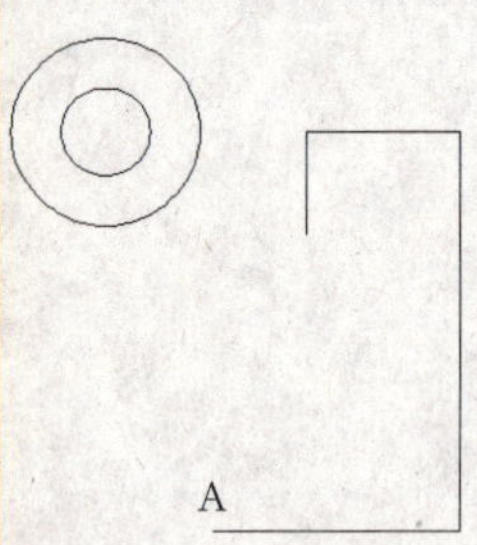

图 12–70 修剪图形

14 修剪图形。单击“修改”工具栏中的“修剪”按钮，修剪图 12–69 所示图形，修剪后的效果如图 12–70 所示。

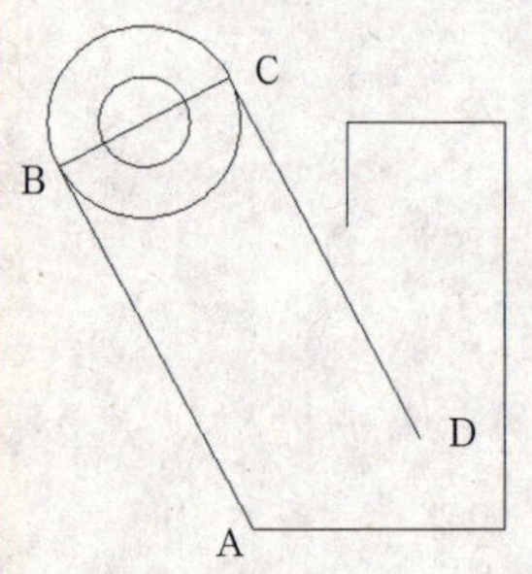

图 12–71 绘制直线

15 绘制切线。执行绘制直线命令，以如图 12–70 所示图形中的 A 点为起点，绘制半径为 53 的圆的切线AB，再通过圆心绘制一条圆的直径BC，以 C 点为起点，绘制一条平行于直线 AB 的直线 CD，效果如图 12–71 所示。

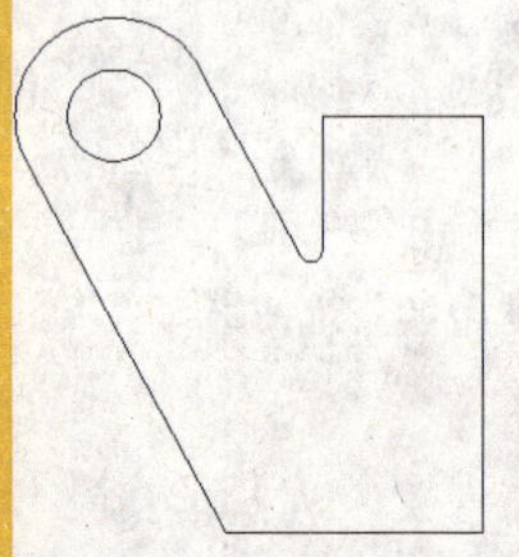
图 12–72 圆角图形

16 圆角图形。单击“修改”工具栏中的“圆角”按钮，设置圆角半径为 6，圆角图 12–71 所示图形，并使用修剪命令修改绘制的图形，效果如图 12–72 所示。

17 创建面域。单击“绘图”工具栏中的“面域”按钮，将图 12–72 所示图形都创建成面域对象。

18 布尔运算。单击“实体编辑”工具栏中的“差集”按钮，用大面域减去小面域。

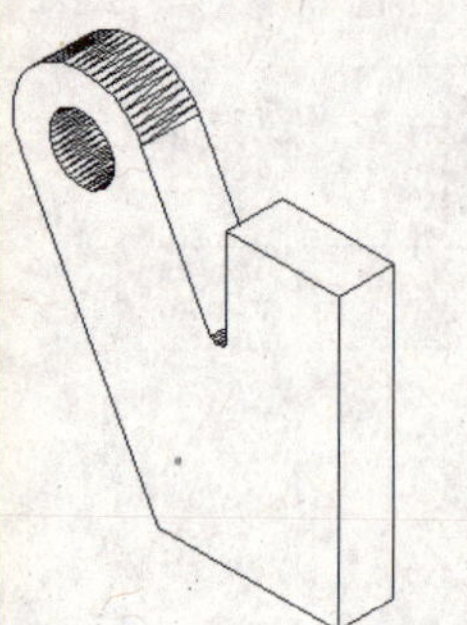
图 12–73 拉伸生成实体

19 拉伸生成实体。单击“建模”工具栏中的“拉伸”按钮，垂直拉伸差集后的面域图形，拉伸高度为 44，转换视图到西南等轴测视图，效果如图 12–73 所示。

20 创建长方体。新建坐标系如图12–74所示。单击“实体”工具栏中的“长方体”按钮，指定点(–15,0,0)为长方体的第一个角点，绘制一个长30，宽164，高125的长方体，如图12–74所示。

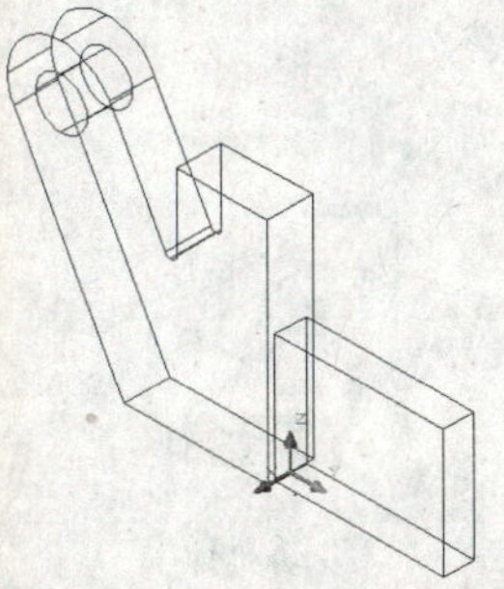
图12–74　绘制长方体

21 创建长方体。继续在绘图窗口中绘制一个长44、宽175、高150的长方体，如图12–75所示。

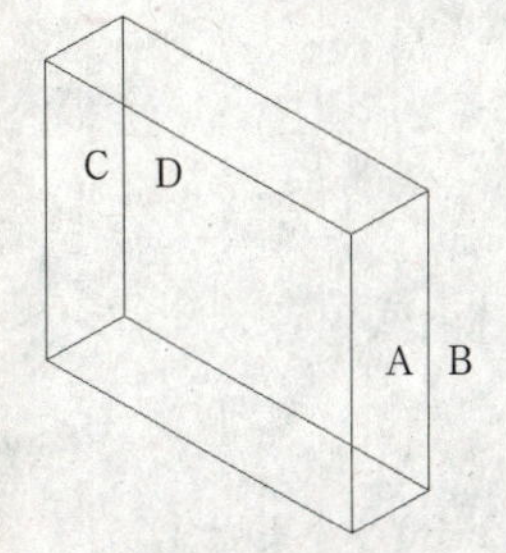

图12–75　绘制长方体

22 旋转长方体的面。单击“实体编辑”工具栏中的“旋转面”按钮，分别以如图12–75所示图形中的中点连线AB和CD为旋转轴，旋转长方体上旋转轴所在的平面，旋转角度为45°，效果如图12–76所示。

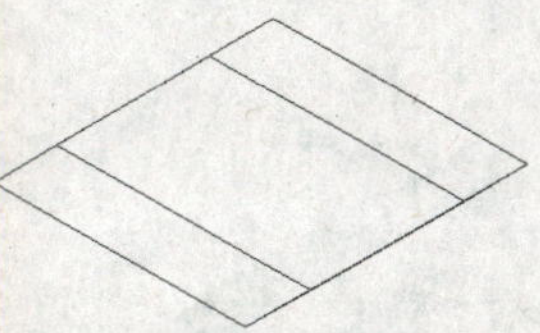
图12–76　旋转长方体的面

23 移动长方体。单击“修改”工具栏中的“移动”按钮，将编辑后的实体移动到如图12–77所示位置。

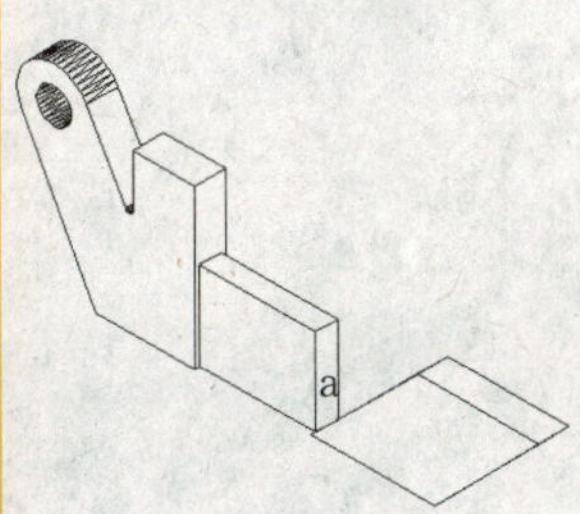

图12–77　移动实体

24 拉伸长方体的面。单击“实体编辑”工具栏中的“拉伸面”按钮，拉伸如图12–77所示图形中长方体的表面a，拉伸距离为150，效果如图12–78所示。

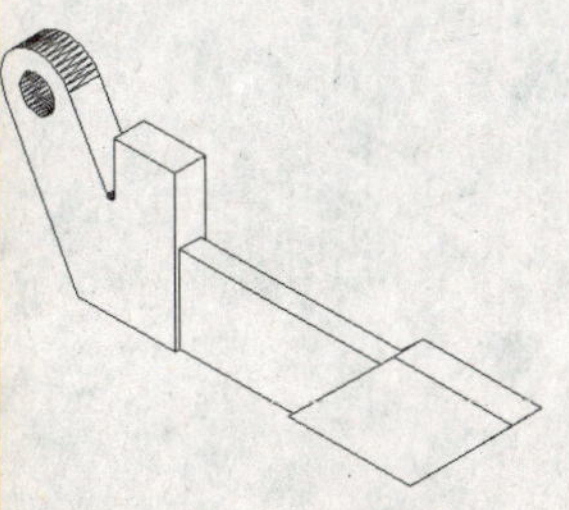
图12–78　拉伸实体面

25 布尔运算。单击“实体编辑”工具栏中的“并集”按钮，对如图12–78所示图形进行并集操作。

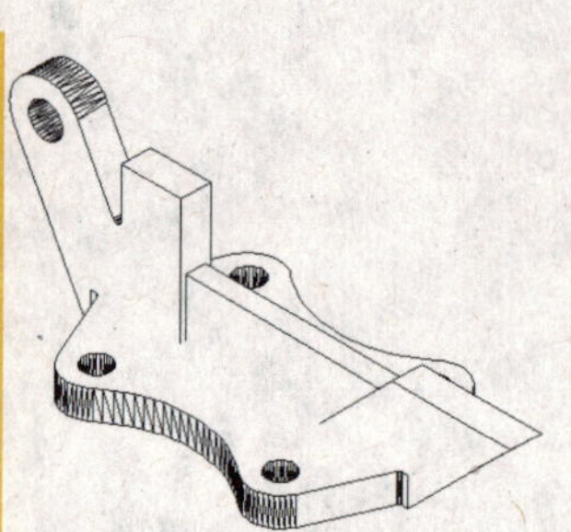
图 12-79　移动实体

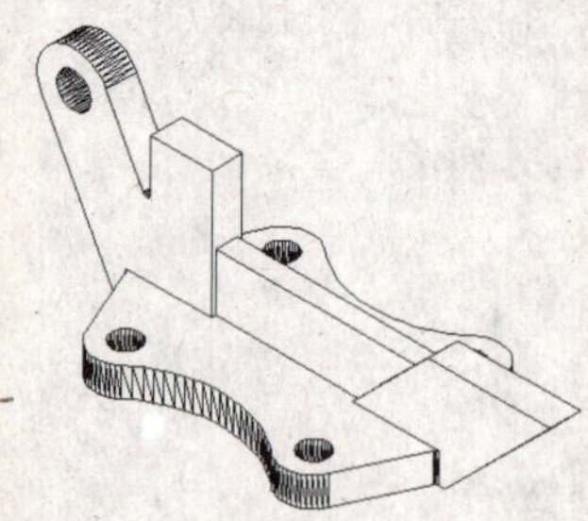
图 12-80　并集操作

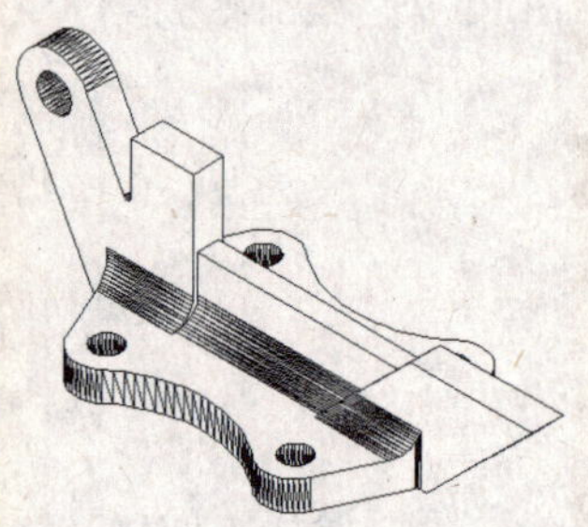
图 12-81　圆角操作

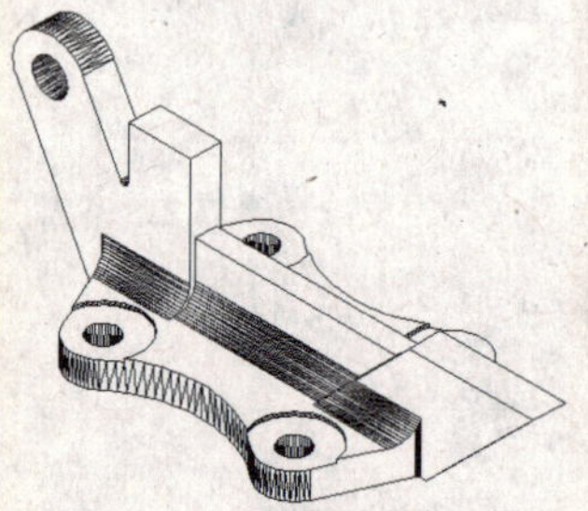
图 12-82　绘制圆柱体

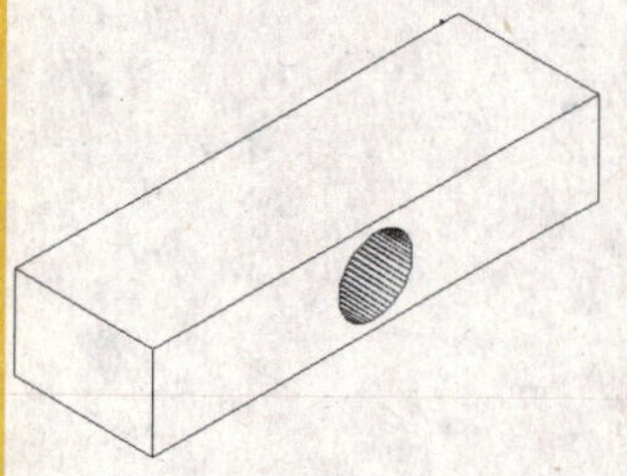
图 12-83　绘制长方体和圆柱体

26 移动实体。单击“修改”工具栏中的“移动”按钮，将步骤 25 并集后的实体移动到如图 12-79 所示的位置。

27 布尔运算。执行并集命令，对图 12-78 所示图形进行并集操作，效果如图 12-80 所示。

28 圆角操作。单击“修改”工具栏中的“圆角”按钮，设置圆角半径为 30，对图 12-80所示的图形进行圆角操作，效果如图 12-81 所示。

29 创建圆柱体。单击“建模”工具栏中的“圆柱体”按钮，分别以图 12-81 所示底座上 4 个圆孔的顶面圆心为圆柱体的底面圆心，绘制半径60，高为5的圆柱体，然后对绘制的圆柱体进行差集运算，效果如图 12-82 所示。

30 创建长方体和圆柱体。执行绘制长方体命令，在绘图窗口中绘制一个长600，宽188，高125的长方体；执行绘制圆柱体命令，以长方体侧面中心点为圆柱体圆心，绘制一个底面半径 50、高 200 的圆柱体，对绘制的长方体和圆柱体进行差集运算，效果如图 12-83 所示。

31 创建圆柱体。执行绘制圆柱体命令，分别绘制底面半径为50和70，高为210的两个圆柱体，对绘制的圆柱体进行差集运算后的效果如图12－84所示。

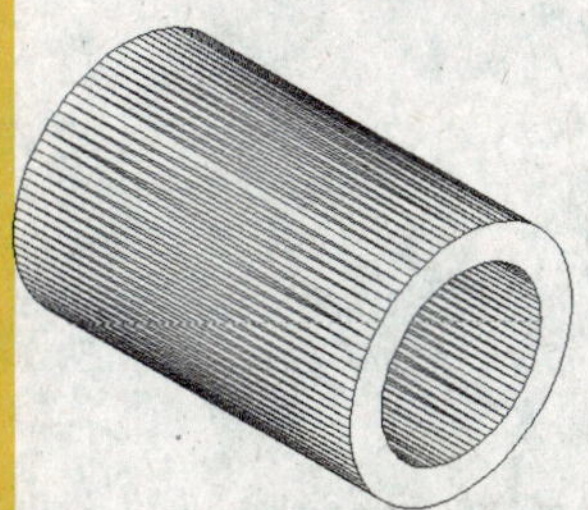
图12－84　绘制圆柱体

32 创建并移动圆柱体。执行绘制圆柱体命令，绘制一个底面半径50、高660的圆柱体，用移动命令将步骤30和步骤31创建的实体与该圆柱体移动到如图12－85所示位置。

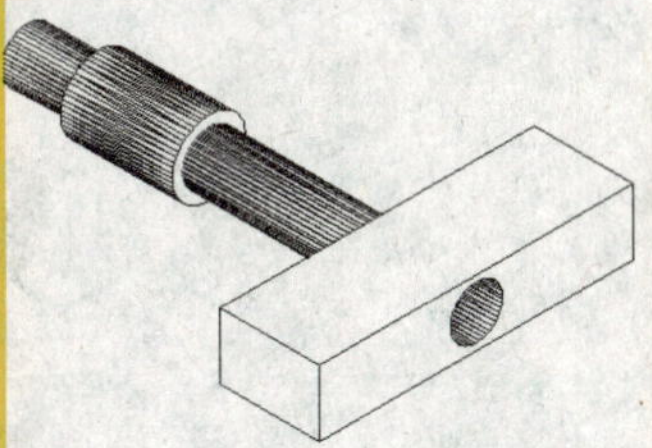
图12－85　移动实体

33 圆角操作。单击“修改”工具栏中的“圆角”按钮，设置圆角半径为5，对如图12－85所示的图形进行圆角操作，效果如图12－86所示。

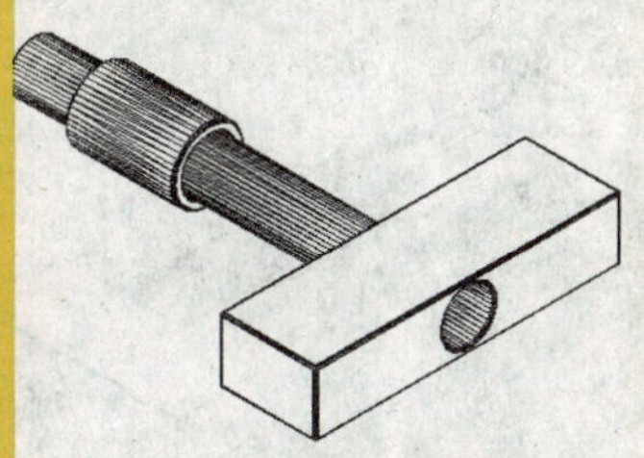
图12－86　圆角实体

34 移动实体。执行移动命令，将图12－86所示的图形移动到图12－87所示的位置。

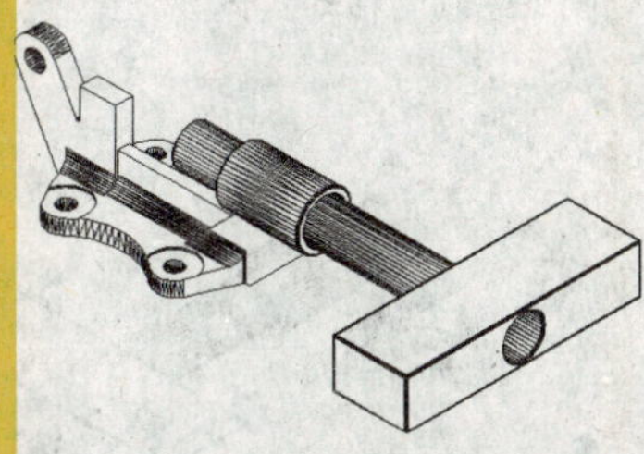
图12－87　移动实体

35 创建圆柱体。执行绘制圆柱体命令，绘制一个底面半径50、高100和底面半径为20、高100的两个圆柱体，并对绘制的圆柱体执行差集运算，效果如图12－88所示。

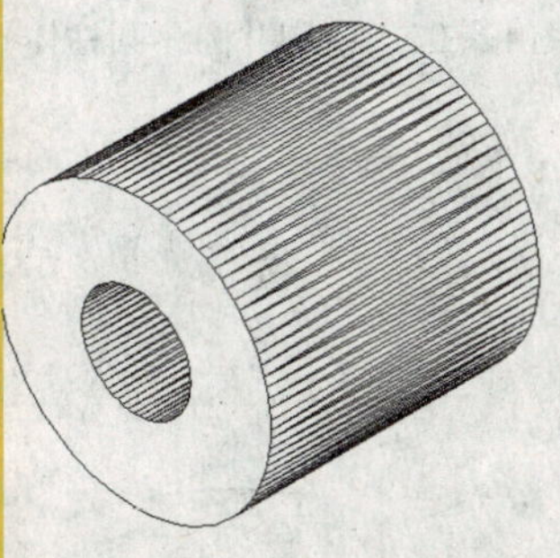
图12－88　绘制圆柱体

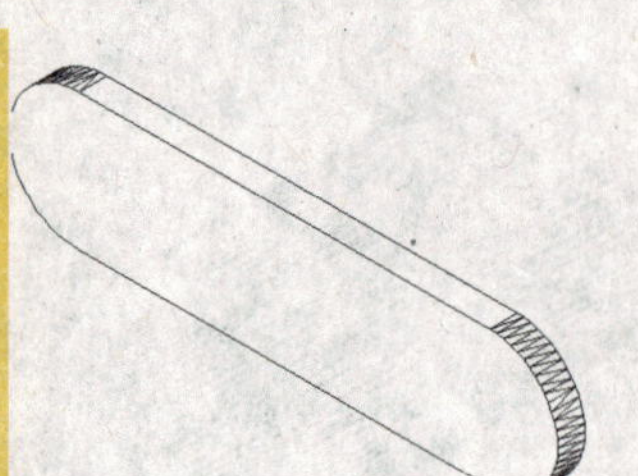
图 12-89　绘制实体

36 创建长方体和圆柱体。执行绘制长方体命令，在绘图窗口中绘制一个长300，宽100，高20的长方体。然后执行绘制圆柱体命令，以长方体宽边的中点为圆心，绘制两个底面半径50、高20的圆柱体，并对绘制的长方体和圆柱体执行并集运算，效果如图12-89所示。

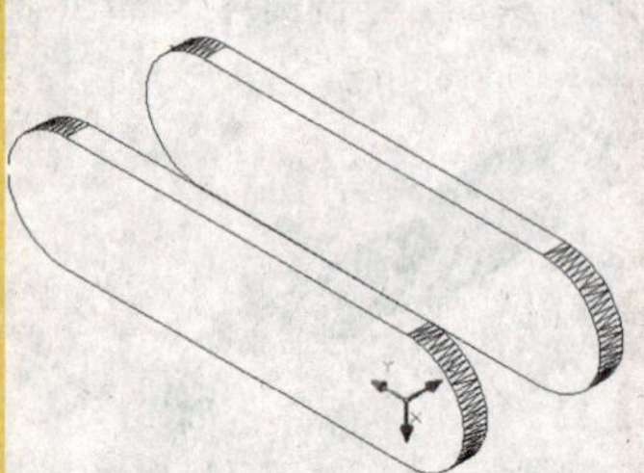
图 12-90　复制实体

37 复制实体。使用复制命令复制步骤36绘制的实体，复制的距离为120，效果如图12-90所示。

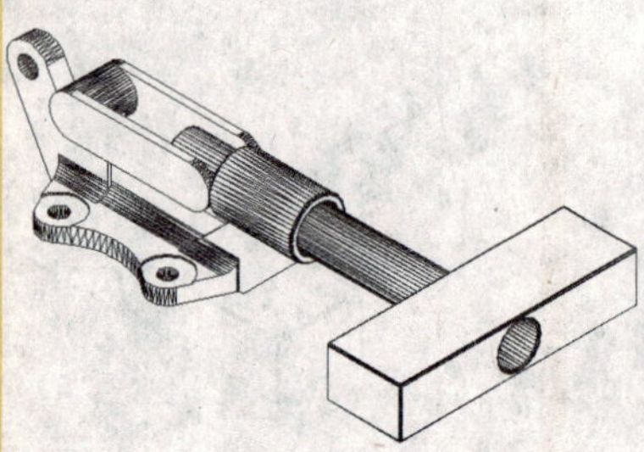
图 12-91　移动实体

38 移动实体。执行移动命令，将步骤35和步骤37创建的实体移动到如图12-91所示位置。

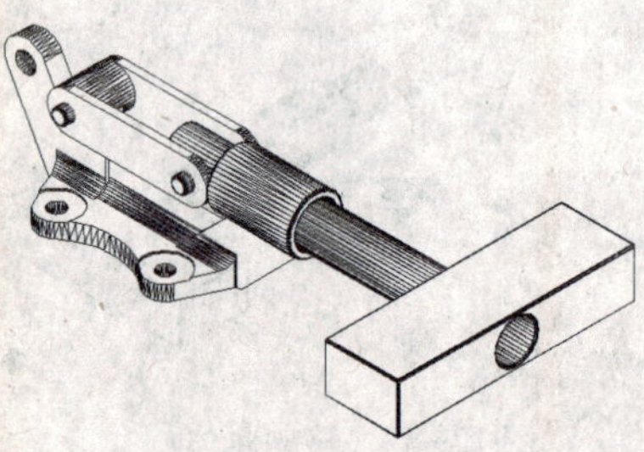
图 12-92　绘制并圆角圆柱体

39 圆角操作。新建用户坐标系如图12-92所示，执行绘制圆柱体命令，绘制底面半径20，高184的两个圆柱体，然后执行圆角命令，设置圆角半径5，对绘制的圆柱体进行圆角操作，效果如图12-92所示。

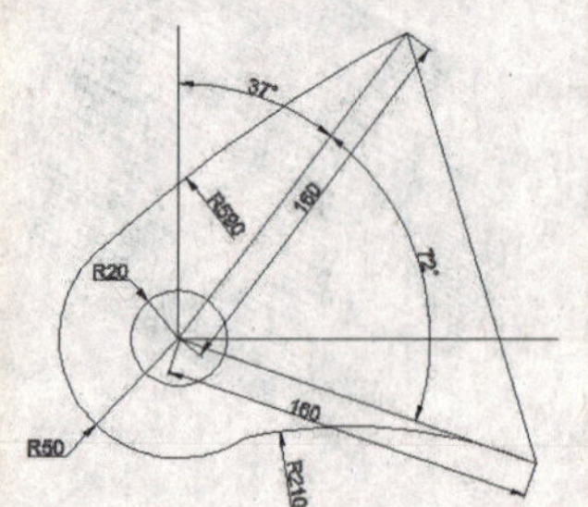

图 12-93　创建面域

40 创建面域。单击“视图”工具栏中的“左视”按钮，转换视图到左视图。利用圆、直线、圆弧和修剪命令绘制如图12-93所示的图形，然后单击“绘图”工具栏中的“面域”按钮，将其创建成面域对象。

41 布尔运算。执行差集运算，对步骤 40 创建的两个面域执行布尔运算。单击“建模”工具栏中的“拉伸”按钮，设置拉伸高度为 23，垂直拉伸差集运算后的实体，转换视图到西南等轴测视图，效果如图 12−94 所示。

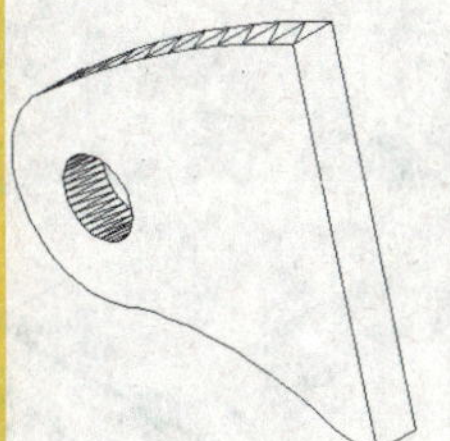

图 12−94　拉伸生成实体

42 复制实体。执行复制命令，复制一个如图 12−94 所示的图形，并用移动命令将其移动到如图 12−95 所示的位置。

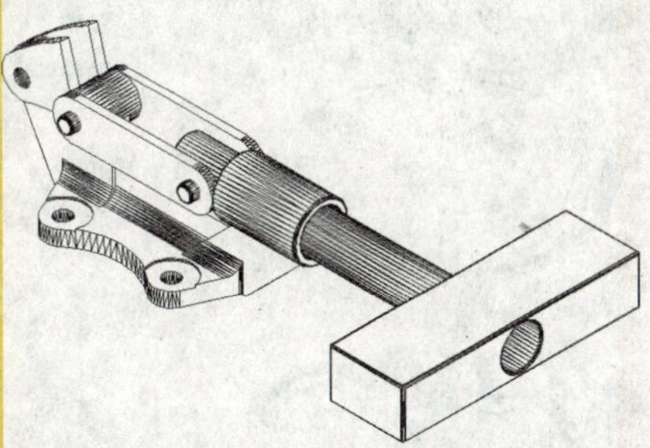

图 12−95　复制并移动实体

43 创建长方体。单击“实体”工具栏中的长方体按钮，绘制一个长 50，宽 94，高 100 的长方体，然后单击“实体编辑”工具栏中的“旋转面”按钮，将创建的长方体的长边所在的面绕长边中点所在的直线旋转 −15°，效果如图 12−96 所示。

图 12−96　绘制长方体并旋转面

44 移动长方体。执行移动命令，移动图 12−96 所示的图形到如图 12−97 所示的位置。

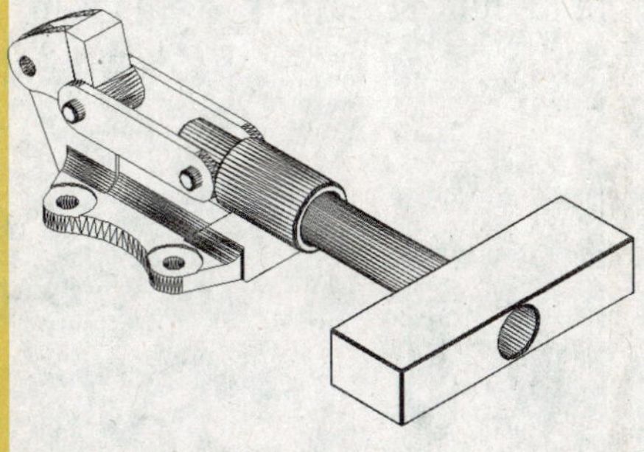

图 12−97　移动实体

45 创建圆柱体。新建用户坐标系如图 12−98 所示。执行绘制圆柱体命令，绘制一个底面半径为 32、高为 600 的圆柱体，效果如图 12−98 所示。

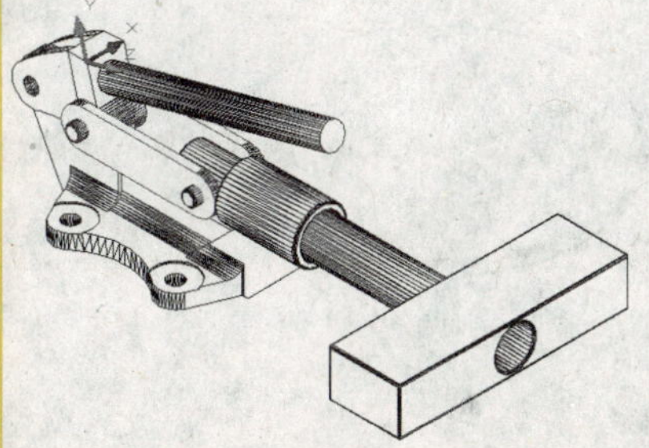

图 12−98　绘制圆柱体

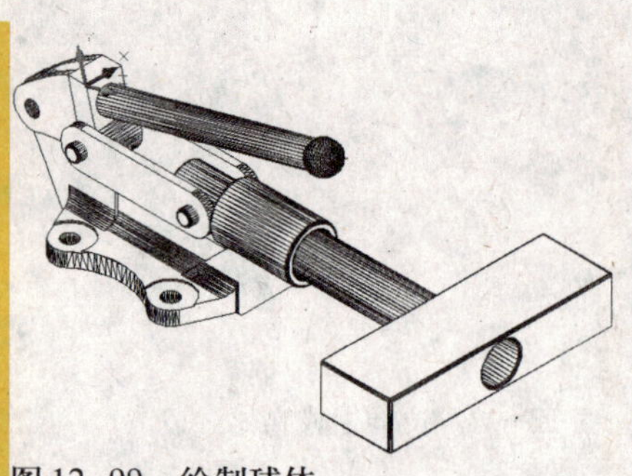
图 12–99　绘制球体

46 创建球体。单击“建模”工具栏中的“球体”按钮，以步骤45绘制的圆柱体的底面圆心为球心，绘制一个半径为40的球体，完成推拉式快速夹模型的创建，效果如图12–99所示。

12.5.2　案例2：圆桌模型

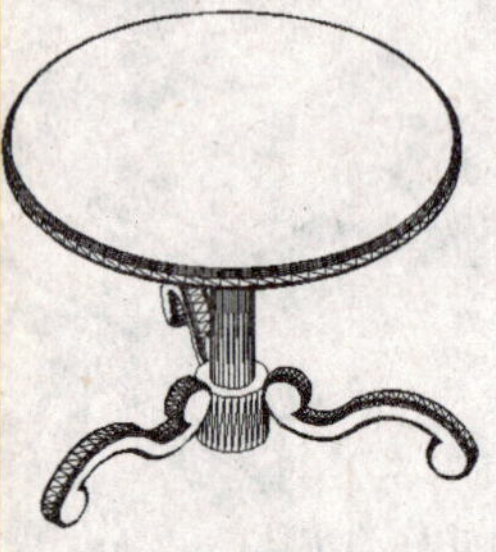
图 12–100　圆桌模型

圆桌模型的效果如图12–100所示。

操作步骤：

01 切换视图。打开正交功能，单击“视图”工具栏中的“西南等轴测”按钮，切换视图到西南等轴测。

02 创建圆柱体。单击“建模”工具栏中的“圆柱体”按钮，在绘图窗口中绘制一个底面半径为15、高为28的圆柱体，效果如图12–101所示。

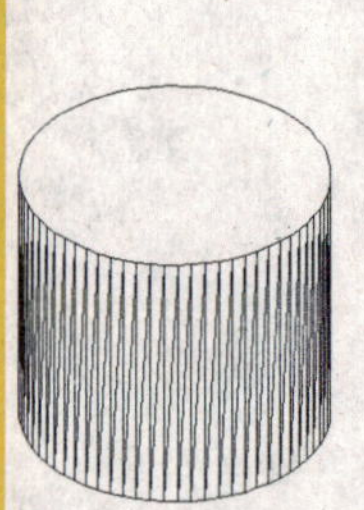
图 12–101　绘制圆柱体

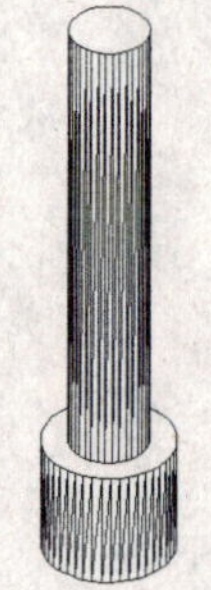
图 12–102　绘制圆柱体

继续执行绘制圆柱体命令，以上一步绘制的圆柱体的上底面圆心为圆心，绘制一个底面半径9、高110的圆柱体，效果如图12–102所示。

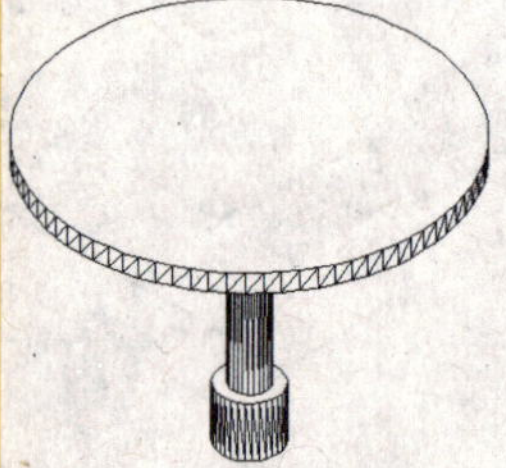
图 12–103　绘制圆柱体

以上一步绘制的圆柱体的上底面圆心为圆心，绘制一个底面半径95、高10的圆柱体，效果如图12–103所示。

03 圆角操作。单击“修改”工具栏中的“圆角”按钮，设置圆角半径为3，圆角上一步绘制的圆柱体的边，效果如图12–104所示。

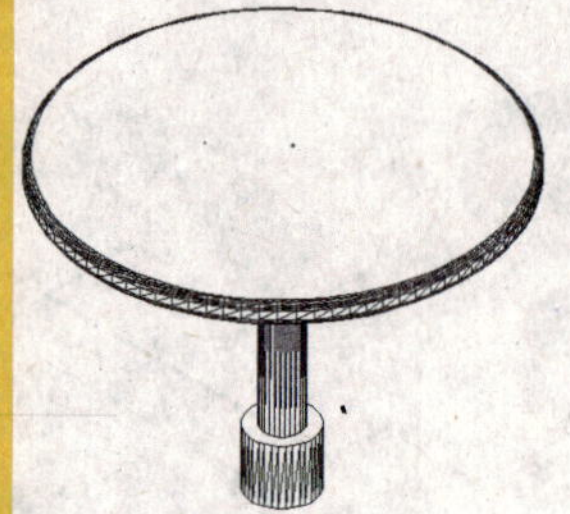
图 12–104　圆角操作

04 绘制圆。单击“视图”工具栏中的“主视”按钮，切换到主视图。执行绘制直线命令，在绘图窗口中绘制一条长 50 的水平直线，再以直线的两个端点为圆心，分别绘制半径为 25 的两个圆，效果如图 12-105 所示。

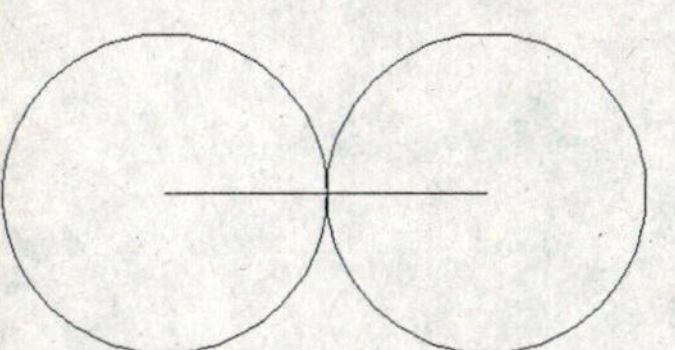
图 12-105 绘制圆

继续执行绘制圆命令，以直线的两个端点为圆心，分别绘制半径为 35 和 15 的两个圆，效果如图 12-106 所示。

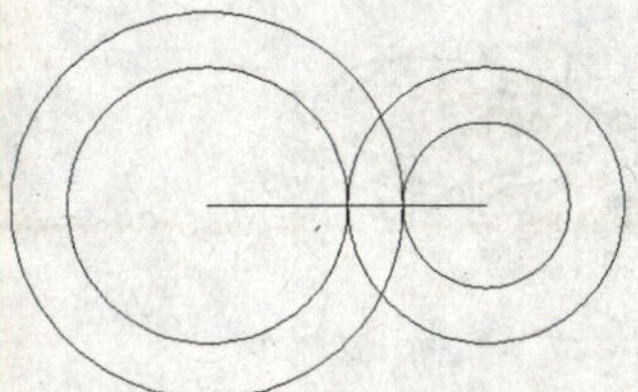
图 12-106 绘制另两个圆

05 旋转圆和直线。单击“绘图”工具栏中的“旋转”按钮，以直线左边的端点为基点，设置旋转角度为42°，旋转绘制的圆和直线，效果如图 12-107 所示。

图 12-107 旋转圆

06 绘制直线。执行绘制直线命令，命令行提示如下。

命令：_line
指定第一点:(捕捉倾斜直线的下端点)
指定下一点或 [放弃(U)]：@25<152
指定下一点或 [放弃(U)]：
命令：_line
指定第一点：(捕捉倾斜直线的上端点)
指定下一点或 [放弃(U)]：@15<-28
指定下一点或 [放弃(U)]：

绘制的直线如图 12-108 所示。

图 12-108 绘制直线

07 绘制圆。执行绘制圆命令，分别以上一步绘制的直线的端点为圆心，绘制两个半径为 10 的圆，效果如图 12-109 所示。

图 12-109 绘制圆

08 修剪图形。单击“修改”工具栏中的“修剪”按钮，修剪绘制的图形，效果如图 12-110 所示。

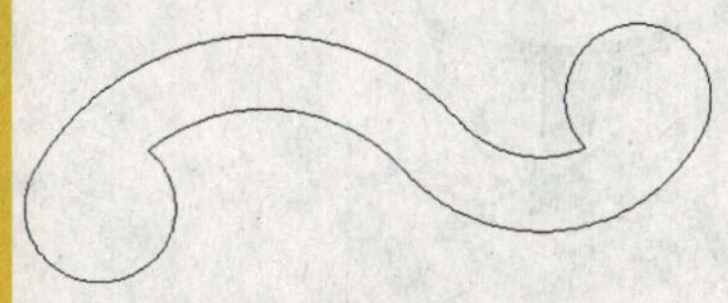
图 12-110 修剪图形

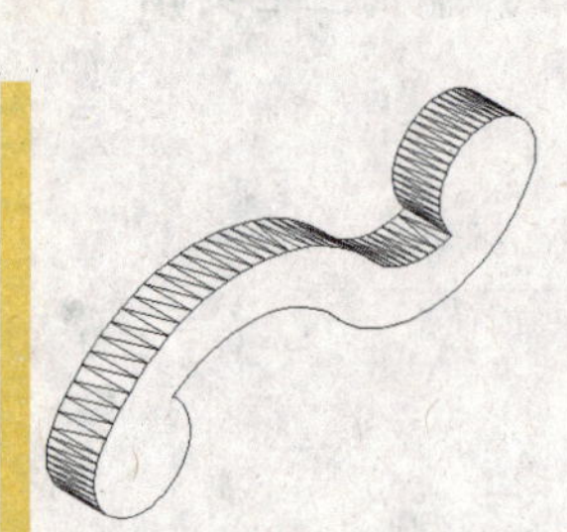

图 12-111　拉伸生成实体

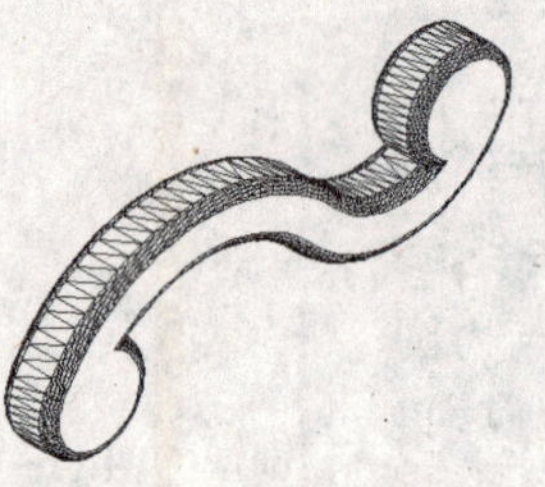

图 12-112　圆角实体的边

09 拉伸创建实体。切换视图到西南等轴测，单击“绘图”工具栏中的“面域”按钮，将修剪后的图形创建成面域对象。再单击“建模”工具栏中的“拉伸”按钮，拉伸创建的面域，拉伸高度为10，拉伸后的效果如图 12-111 所示。

10 圆角操作。单击“修改”工具栏中的“圆角”按钮，设置圆角半径为 2，圆角拉伸后实体的边，效果如图12-112 所示。

王子逡妈：

如果实体某一面上的边由多条曲线组成，那么对其边进行圆角时，必须选中该面上的所有边，否则将不能进行圆角操作。

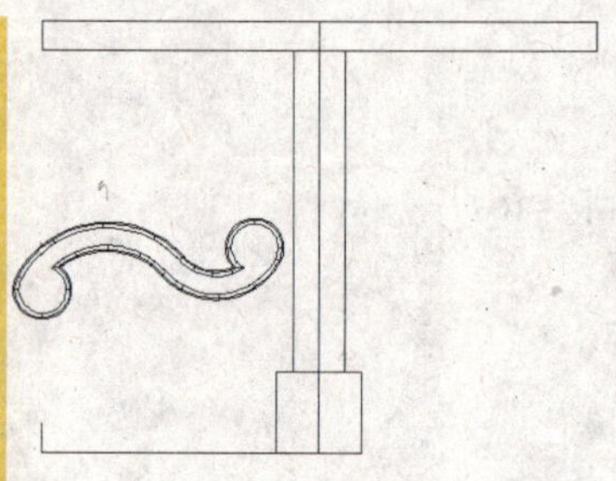

图 12-113　绘制辅助线

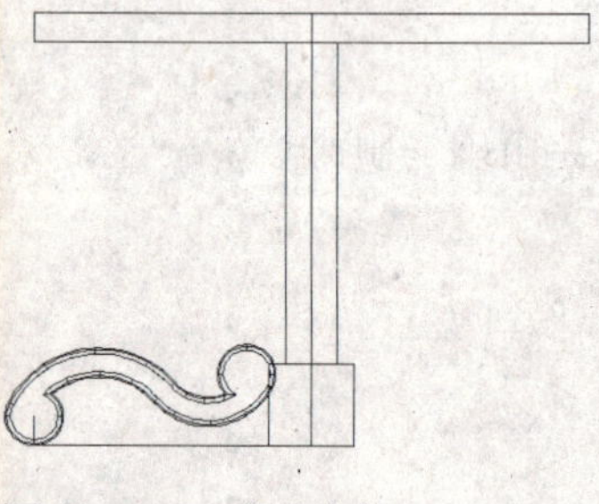

图 12-114　移动实体

图 12-115　三维阵列实体

11 绘制直线。切换视图到主视图，执行绘制直线命令，以下面圆柱体底面圆心为起点，向左绘制一条长为 9 5 的直线，再以直线端点为起点，向上绘制一条长为10的直线，效果如图12-113 所示。

12 移动实体。执行移动命令，以拉伸生成实体的表面圆心为基点，移动实体到直线的端点，效果如图 12-114 所示。

13 三维阵列实体。切换视图到西南等轴测视图。选择“修改”→“三维操作”→“三维阵列”命令，阵列拉伸的实体，完成圆桌模型的创建，命令行提示如下。

```
命令：_3darray
选择对象：找到 1 个
选择对象：
输入阵列类型 [矩形(R)/环形(P)] <矩形>:p
输入阵列中的项目数目：3
指定要填充的角度 (+=逆时针，-=顺时针) <360>:
旋转阵列对象 [是(Y)/否(N)] <Y>:
指定阵列的中心点:(捕捉圆柱体的下底面圆心)
指定旋转轴上的第二点:(捕捉圆柱体的上底面圆心)
```

三维阵列后的效果如图 12-115 所示。

12.6 疑难及常见问题

对于初学者而言，要达到灵活运用编辑工具还需要不断地练习。在这期间一定会遇到各种问题，以下就经常遇到的一些问题进行解答。

1．三维实体的拉伸工具和实体面的拉伸工具是否相同

答：不同。虽然这两个工具都能进行拉伸，但两者有着本质的区别。“建模”工具栏中的拉伸是将面域对象或封闭的二维平面图形拉伸成实体，如图12–116所示；而“实体编辑”工具栏中的拉伸是对已经存在的实体表面进行编辑，如图12–117所示。

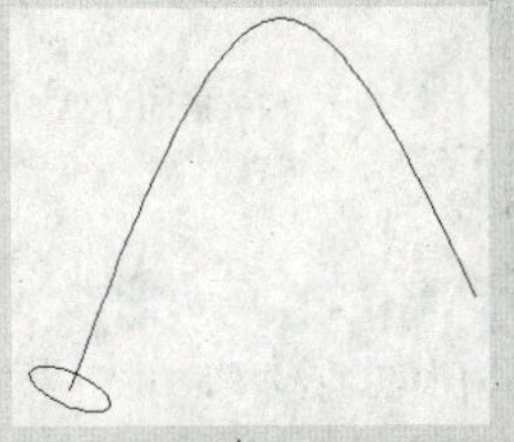

原始图形

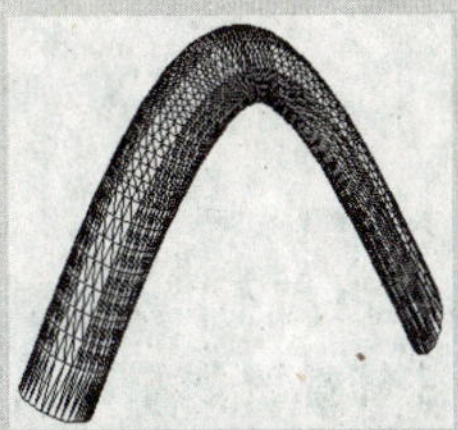

按指定路径拉伸创建实体

图12–116　拉伸创建实体

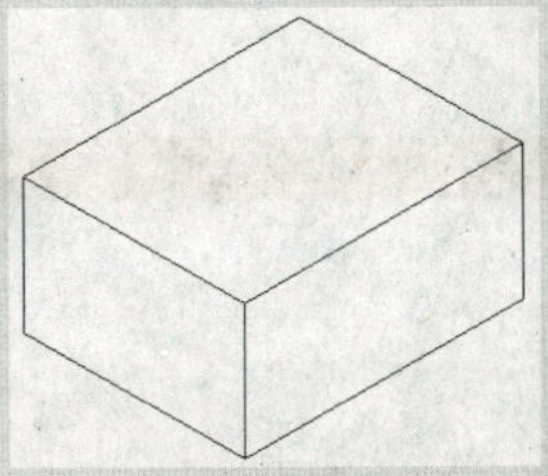

原始图形

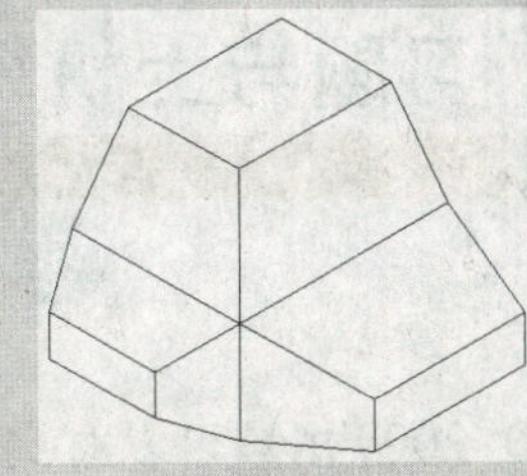

拉伸实体面的效果

图12–117　拉伸实体的 面

2．压印工具有什么用

答：压印是一个很好用的工具。我们可以使用压印工具在实体表面压印出一些图形，然后使用拉伸面命令拉伸压印的图形，这样就可以很方便地完成实体局部的设计，如图12–118所示。

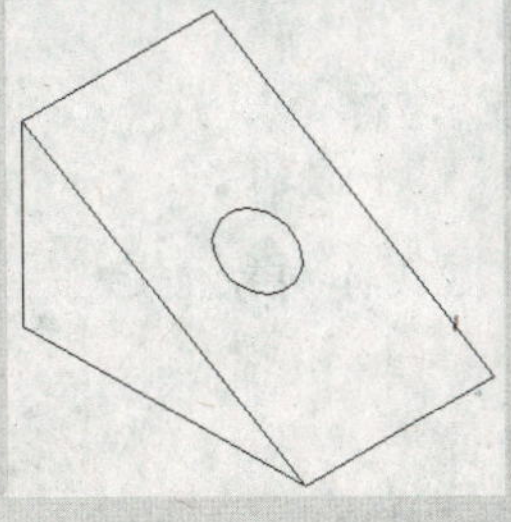

压印图形

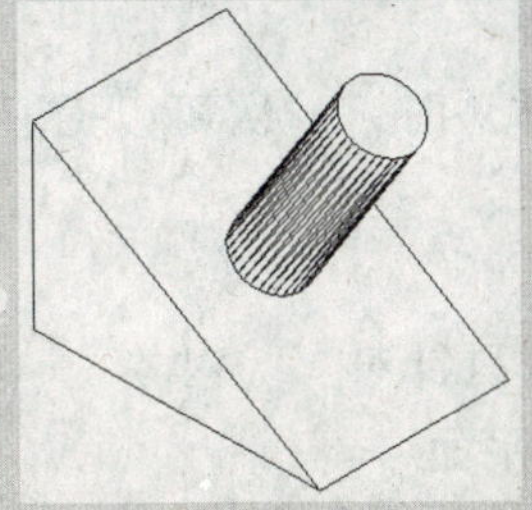

生成实体

图12–118　压印的应用

3. 对实体抽壳时需要注意些什么

答：在对实体抽壳的过程中，需要删除实体上抽壳位置的一个或多个面，这样抽壳效果才能完全显示出来，如图 12-119 所示，但不能删除所有面。

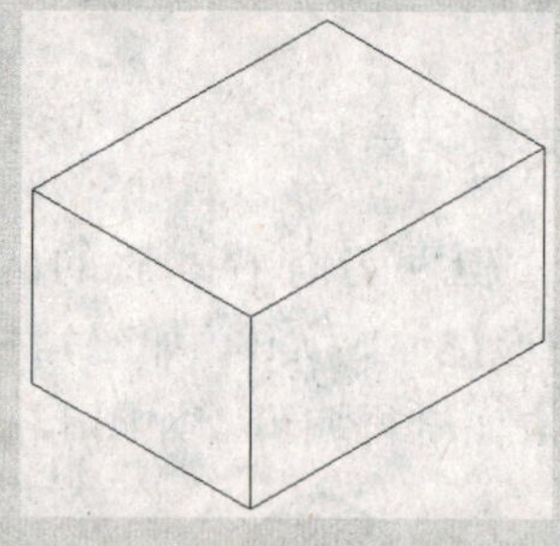

抽壳前的效果

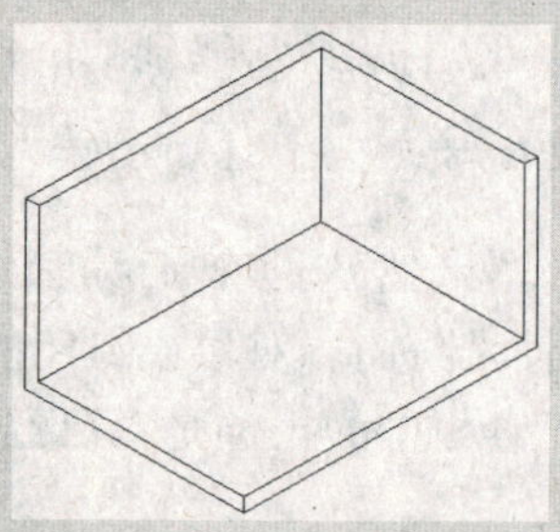

抽壳后的效果

图 12-119 抽壳

另一方面，抽壳距离不能为 0，也不能大于实体尺寸的一半。因为抽壳的过程类似于从实体的里边往外挖，如果距离为 0，等于呆在原地没动；如果距离太大，就相当于挖到表面了，所以抽壳距离不能为 0，也不能太大。

12.7 习题与上机练习

1. 选择题

(1) AutoCAD 2009 用户可以对实体的面进行(　　)等操作。

(A) 拉伸　　(B) 旋转

(C) 倾斜　　(D) 着色

(2) 压印属于对实体(　　)的操作。

(A) 面　　(B) 边

(C) 棱　　(D) 体

(3) 给一个边长为 50 的正方体抽壳，使用以下(　　)抽壳距离将会失败。

(A) 0　　(B) 24

(C) 25　　(D) 50

(4) 提取实体边时，一次可以提取(　　)条边。

(A) 1　　(B) 2

(C) 3　　(D) 根据实体对象而定

(5) 加厚操作只针对(　　)对象。

(A) 二维平面　　(B) 曲面

(C) 实体　　(D) 任何对象

(6) 除了布尔运算中的交集运算外，还可以通过(　　)操作获取两个实体对象的公共部分。

(A) 剖切　　(B) 分割

(C) 对齐　　(D) 干涉检查

2. 问答题

(1) 二维平面图形中的编辑工具有哪些可以用来编辑三维模型?

(2) 对实体边、面和体的编辑命令分别有哪些?

(3) 使用什么工具可以从如图 12-120 所示的图形得到如图 12-121 所示的图形?

图 12-120　长方体

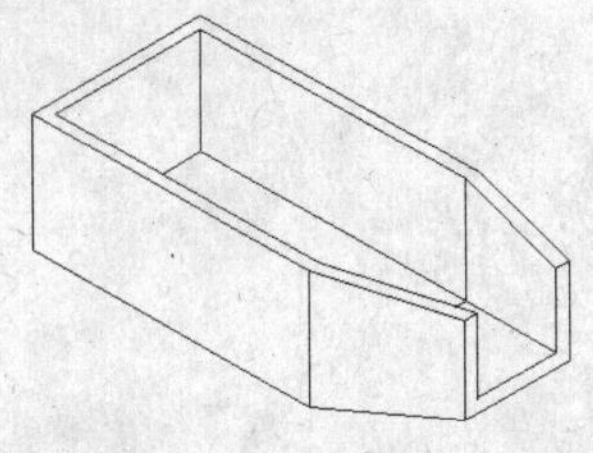

图 12-121　实体模型

3. 上机练习题

(1) 创建如图 12-122 所示的实体模型。

(2) 创建如图 12-123 所示的实体模型。

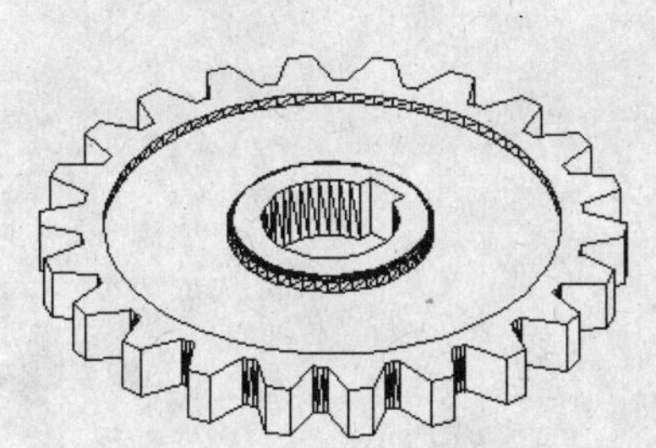

图 12-122　实体模型

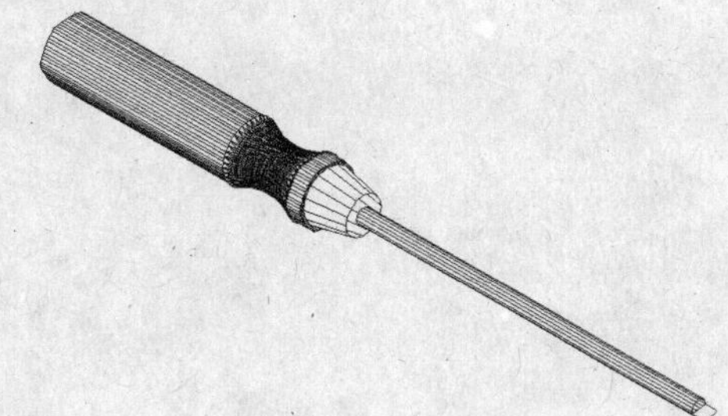

图 12-123　实体模型

第十三章
渲染三维实体

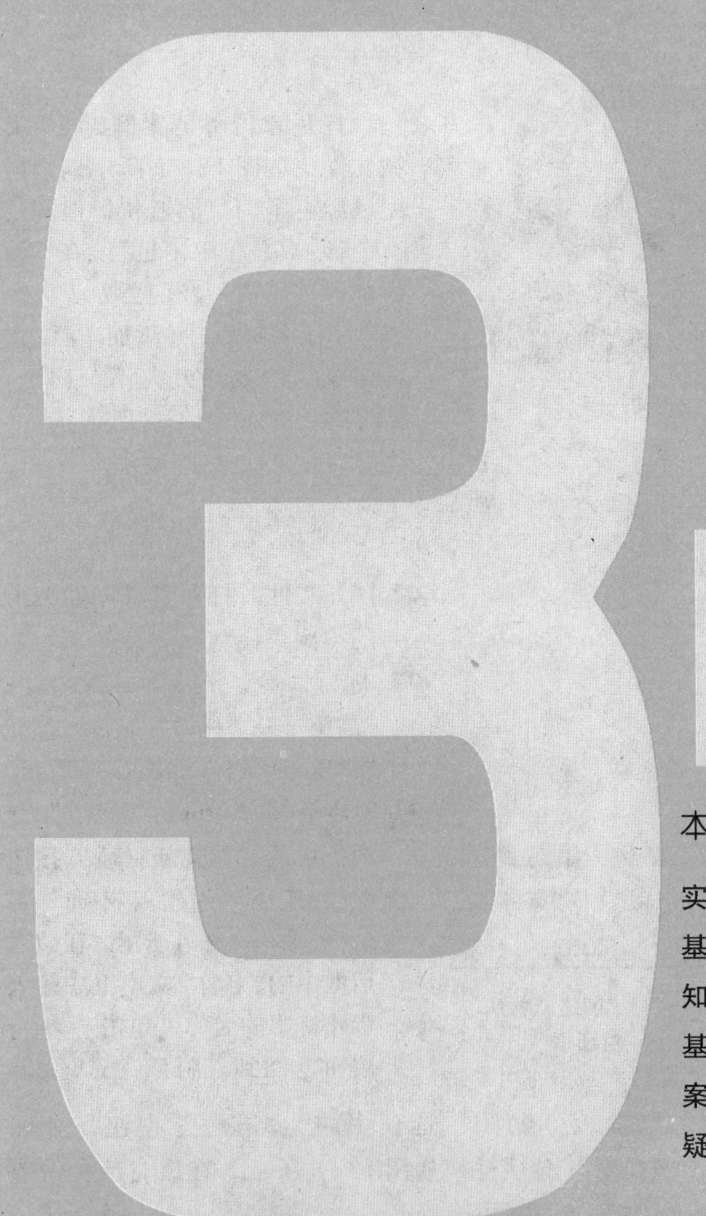

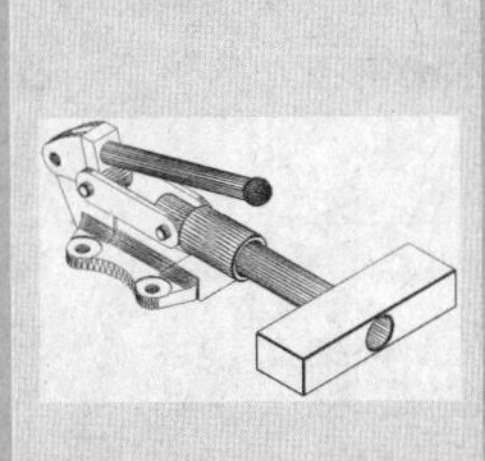

本章内容

实例引入——渲染圆桌模型

基本术语

知识讲解

基础应用

案例表现

疑难及常见问题

本章导读

前面两章分别介绍了三维实体的创建与编辑的方法，但显示的三维模型效果非常粗糙，呵呵，要想不让你的视觉继续备受煎熬，就赶快使用渲染工具对创建的实体模型做进一步的加工吧，为它附着鲜艳的色彩、明亮的光照以及丰富的背景。

13.1 实例引入——渲染圆桌模型

13.1.1 制作分析

图 13−1　圆桌模型

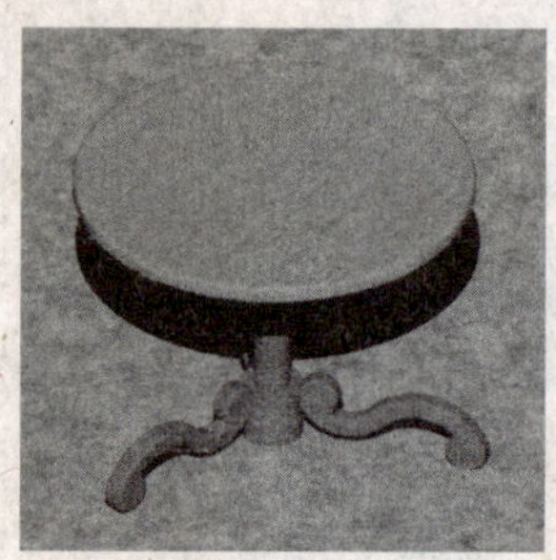

图 13−2　渲染效果

打开第 12 章的案例 2 圆桌模型文件，如图 13−1 所示。该模型已经有了圆桌的形状，但却没有色彩，真是美中不足啊。在下面的制作过程中，我们会为圆桌的面和腿附着材质，并添加光源，这样渲染出的效果就大不一样了，最终的效果如图 13−2 所示。

13.1.2 制作步骤

01 打开文件。打开素材文件夹中的“圆桌模型”文件。

02 执行命令。选择“视图”→“渲染”→“材质”命令，打开“材质”选项板，如图13−3所示。

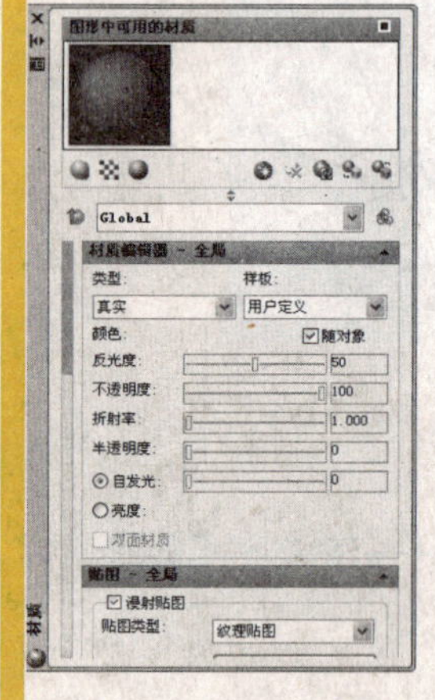

图 13−3　“材质”选项板

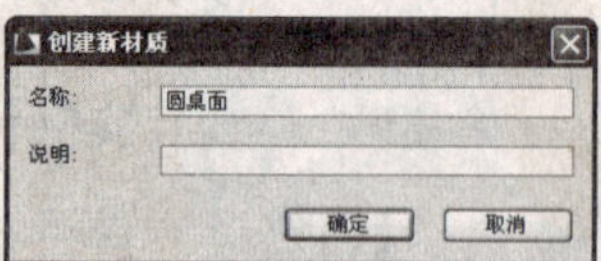

图 13−4　“创建新材质”对话框

03 创建新材质。单击“材质”选项板中的“创建新材质”按钮 ，打开“创建新材质”对话框，如图 13−4 所示，在该对话框中的“名称”文本框中输入新建材质的名称，单击 确定 按钮返回到“材质”选项板。

04 选择材质。单击“材质”选项板“贴图”选项中的 选择图像 按钮，如图 13−5 所示。打开“选择图像文件”对话框，如图 13−6 所示，在该对话框中选择一种贴图材质。

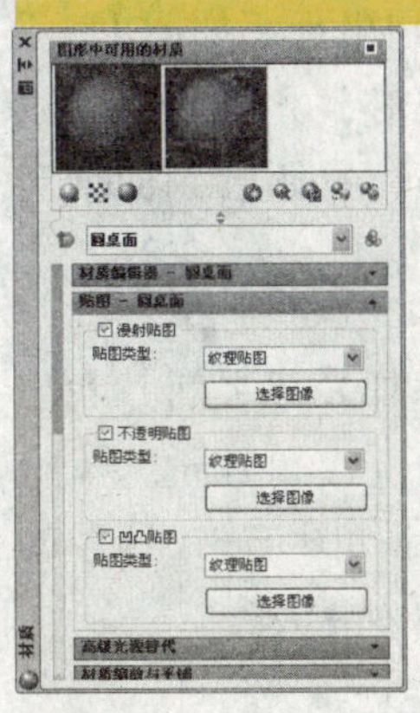
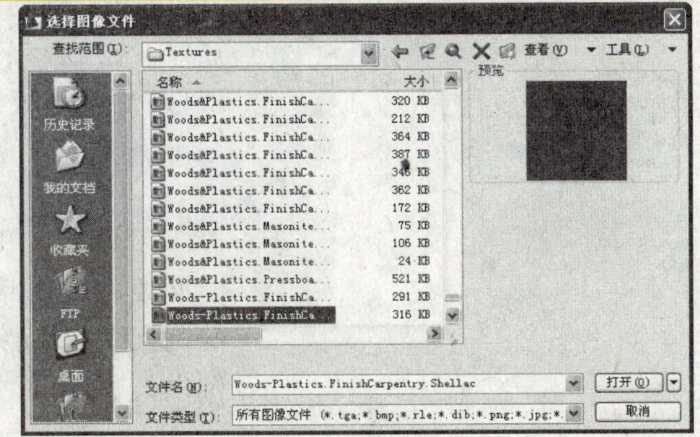

图 13-5　“材质”选项板　图 13-6　选择贴图

05 附着桌面材质。单击“材质”选项板中的“将材质应用到对象”按钮，然后选择圆桌面，此时光标变成一个笔刷，如图 13-7 所示。

06 附着桌腿材质。重复以上操作，为桌腿创建材质，并附着到桌腿。

07 渲染。选择“视图”→“渲染”→“渲染”命令，打开渲染效果预览框，查看附着材质后渲染的效果，如图 13-8 所示。

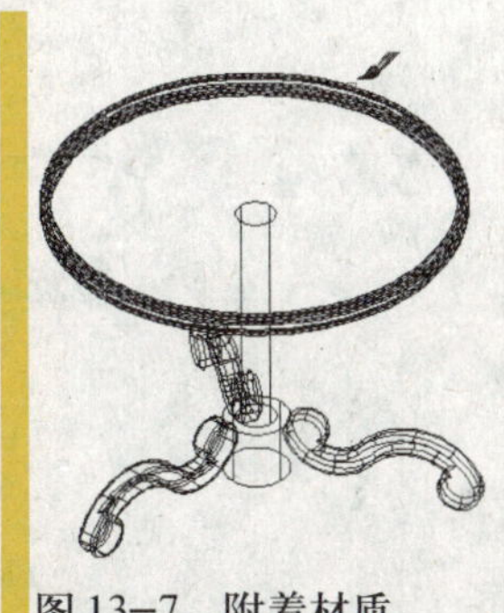

图 13-7　附着材质

呵呵，终于有些实体的感觉了，我们可以根据需要设置合适的材质，并随时查看渲染的效果。但这些还不够，要想渲染出的实体有明亮的色彩，还需要为其添加光源。

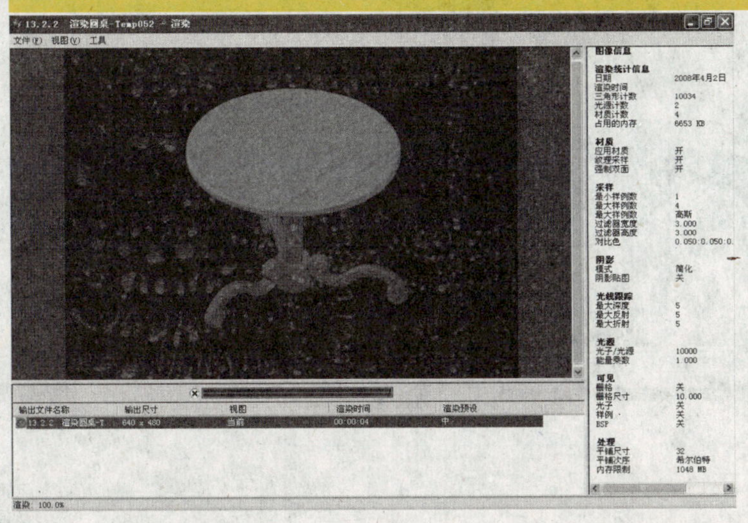

图 13-8　渲染预览效果

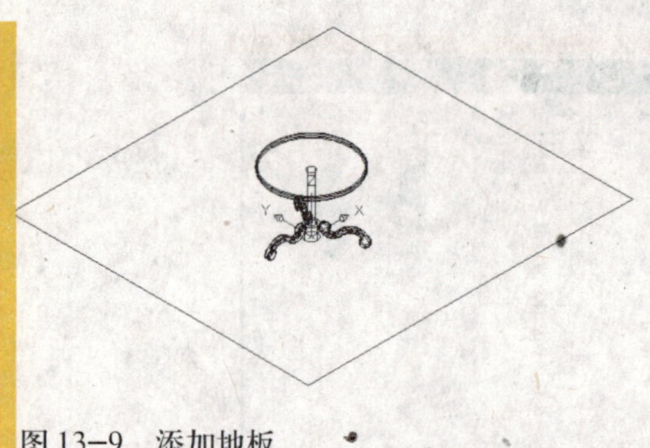

图 13-9　添加地板

08 添加地板。新建用户坐标系如图 13-9 所示。绘制一个矩形，并将其创建成面域。新建地板材质，并附着到面域对象上。

09 绘制辅助线。在添加光源之前，我们有必要确定光源的位置和方向。执行绘制直线命令，绘制如图 13-10 所示的辅助线，辅助线高为 400。

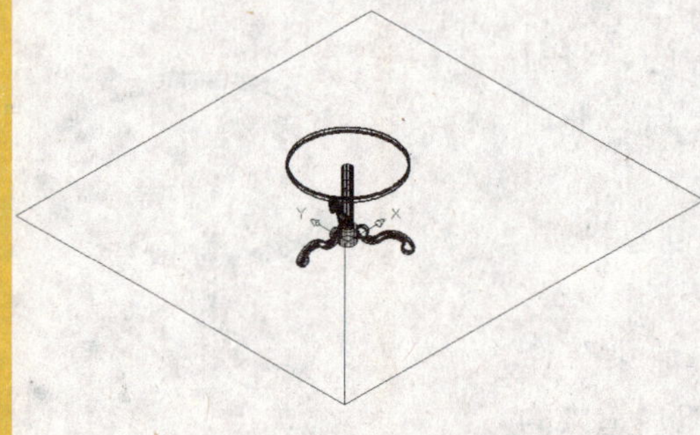

图 13-10　绘制辅助线

10 新建光源。选择“视图”→“渲染”→“光源”→“新建平行光”命令，命令行提示如下。

命令：_distantlight

指定光源来向 <0,0,0> 或 [矢量(V)]:(捕捉辅助线的上端点)

指定光源去向 <1,1,1>:0,0,0

输入要更改的选项 [名称(N)/ 强度因子(I)/ 状态(S)/ 光度(P)/ 阴影(W)/ 过滤颜色(C)/ 退出(X)] <退出>:

11 渲染。选择“视图”→“渲染”→“渲染”命令，打开渲染效果预览框，查看添加光源后的渲染效果，如图 13-11 所示。

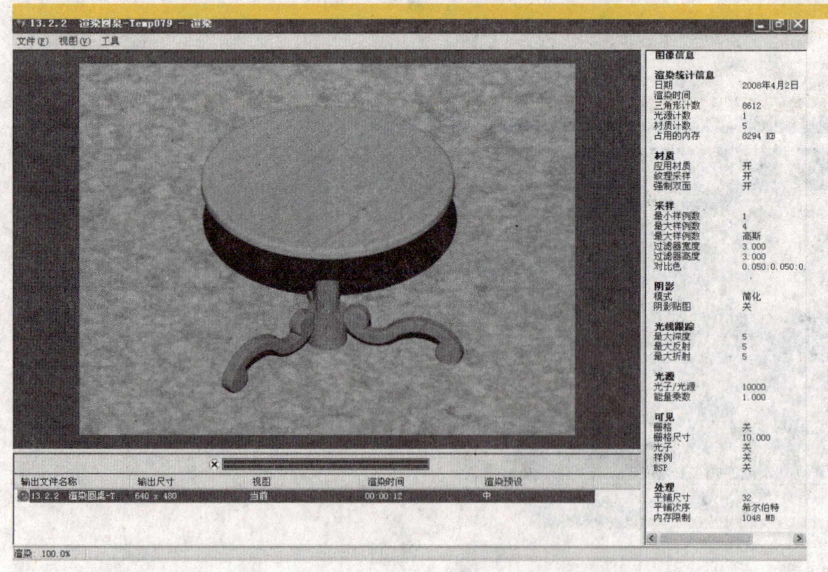

图 13-11　添加光源后的渲染效果

13.2 基本术语

呵呵，渲染后的效果是不是好了很多呢！现在先来看一看与本章相关的一些术语，以便能更好地理解本章的内容。

13.2.1 渲染

渲染是将创建的三维线框或实体模型显示为真实的效果并呈现给用户，在渲染的过程中，用户还可以为渲染的对象附着材质、添加光源和背景，从而创建出可以与照片相媲美的具有真实感的图形。

13.2.2 材质

材质就是实体的材料，在AutoCAD 2009中使用图片来表示材质，选择不同的图片也就选择了不同的材质。当用户为实体附着材质时，也就将图片附着到了实体的表面，这样渲染出来的实体效果就有了质感。

13.2.3 光源

日常生活中的光源来自于太阳、灯和火，而AutoCAD 2009中的光源则来自于系统日照光源、点光源、平行光和聚光灯。

(1)日照光源：是系统默认的光源，在不添加其他光源的情况下进行渲染，所得到的效果即是日照光源的效果，如图13-12所示。

图13-12　日照光源效果

(2)点光源：从一个点发出的光就是点光源，如房间里的白炽灯，这种光向该点的周围发射，其渲染后的效果如图13-13所示。

图13-13　点光源效果

(3)平行光：日常生活中的太阳光可以看做是平行光，虽然它是从太阳向周围发出的，但对于我们而言，可以将其视为从一个面发出的光。在AutoCAD 2009中，平行光是从一个面发射出来的光，其渲染后的效果如图13-14所示。

图13-14　平行光效果

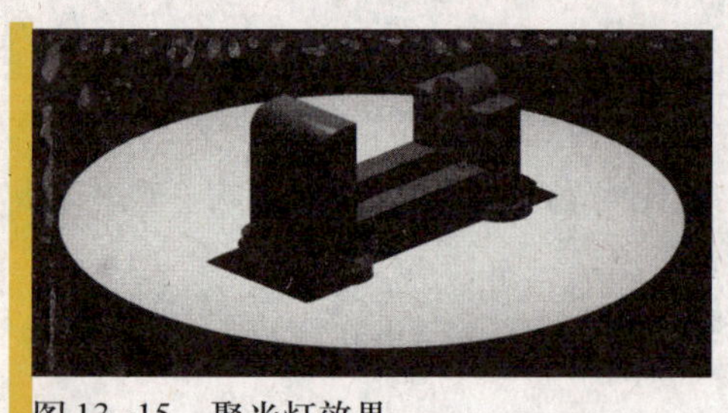
图 13–15　聚光灯效果

（4）聚光灯：如果给点光源戴一顶"帽子"就成聚光灯了。聚光灯最大的特点是可以将光照控制在一定的范围内，其渲染后的效果如图 13–15 所示。

13.3　知 识 讲 解

既然 AutoCAD 2009 的渲染功能如此强大，那么如何使用渲染工具渲染实体模型呢？呵呵，不要着急，下面就来逐一介绍与渲染操作有关的各种工具的使用方法。

13.3.1　设置材质

为实体选择合适的材质是渲染的第一步。在 AutoCAD 2009 中，设置材质的方法有两种，一种是使用系统提供的材质直接附着到实体上，另一种是用户自定义材质。

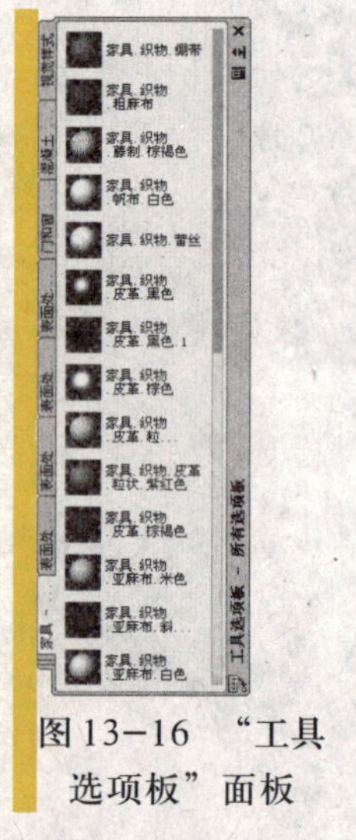
图 13–16　"工具选项板"面板

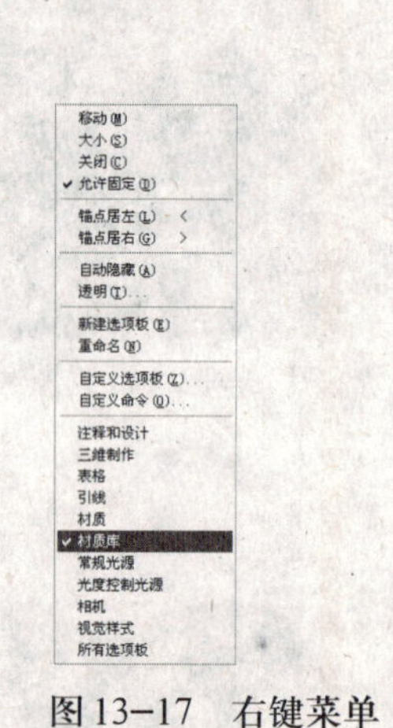
图 13–17　右键菜单

1. 使用系统材质

AutoCAD 2009 系统为用户提供了丰富的材质，以满足用户的各种需求。选择"工具"→"选项板"→"工具选项板"命令，或直接按 Ctrl+3 组合键，打开"工具选项板"面板，如图 13–16 所示。在该面板右边的标题栏中单击鼠标右键，在弹出的快捷菜单中选择"材质库"命令，如图 13–17 所示，打开材质库面板。

这就是 AutoCAD 2009 系统为用户提供的材质库了。看到了吧，其中包括混凝土材质库、门和窗材质库、家具材质库、砖石材质库、金属材质库、木材和塑料材质库等。使用这些材质的方法也非常简单，只需要用鼠标单击需要的材质，再选择创建的实体模型就可以了。

2. 用户自定材质

如果系统提供的材质还不能满足你的要求，那么可以使用自定义材质。选择"视图"→"渲染"→"材质"命令，打开"材质"选项板，如图 13–18 所示。

在“材质”选项板中，通过修改各项参数可以完成创建、编辑和删除材质的操作。下面以创建材质为例，详细介绍其操作过程。

（1）单击“创建新材质”按钮，打开“创建新材质”对话框，如图13-19所示。在该对话框中的“名称”文本框中输入新创建材质的名称。

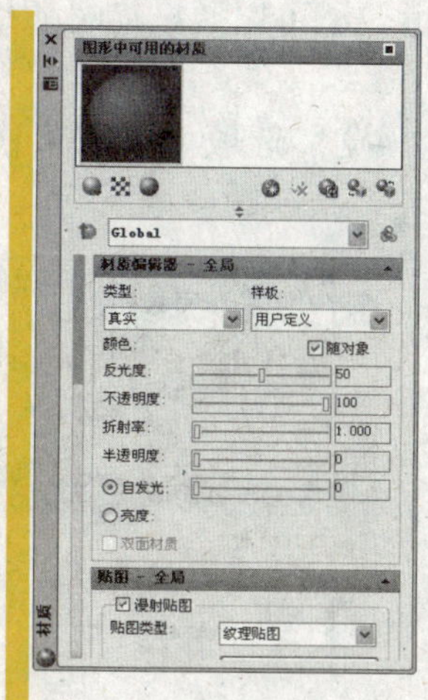

图13-18　“材质”选项板

图13-19　“创建新材质”对话框

（2）单击“确定”按钮后返回到“材质”选项板，在该选项板中的“贴图”选项中单击“漫射贴图”中的“选择图像”按钮，打开“选择图像文件”对话框，如图13-20所示。在该对话框中选择一种材质，然后单击“打开”按钮返回到“材质”选项板，这样就完成了材质的选择。

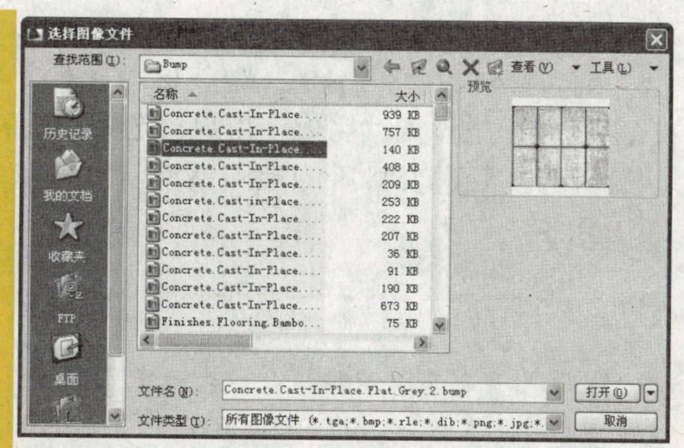

图13-20　选择材质

（3）在“材质“选项板中，可以通过“材质编辑器”选项对材质的颜色、反光度、透明度和折射率等参数进行编辑，如图13-21所示。

（4）还可以通过“高级光源替代”选项对材质的颜色饱和度、间接凹凸度、反射度和透射度进行编辑，如图13-22所示。

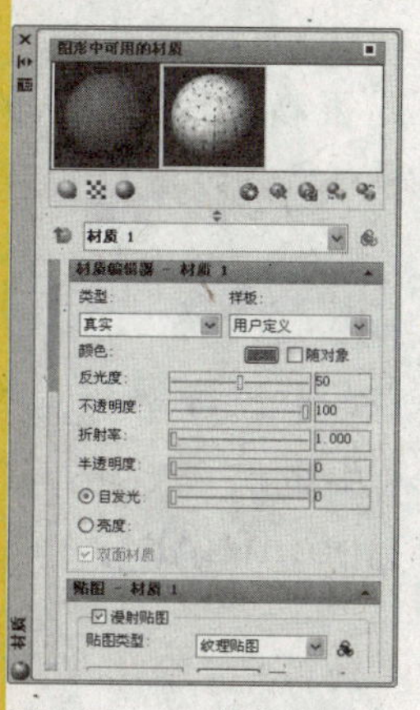

图13-21　“材质编辑器”选项

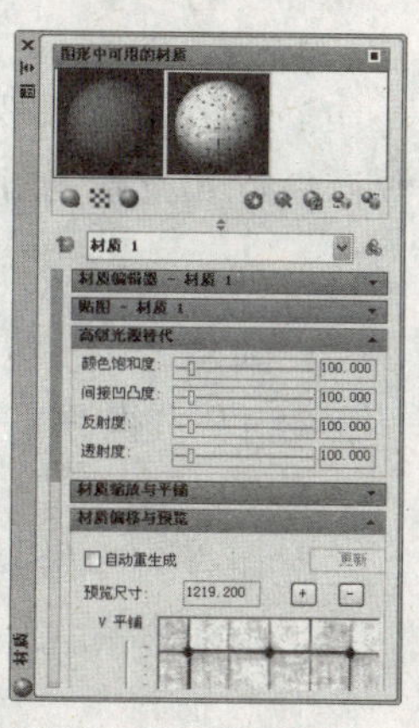

图13-22　“高级光源替代”选项

(5)如果附着的材质图案比较小，还可以通过“材质缩放与平铺”选项对材质进行缩放或移动，如图13－23所示。

(6)另外，通过“材质偏移和预览”选项可以在偏移材质的同时预览其效果，如图13－24所示。

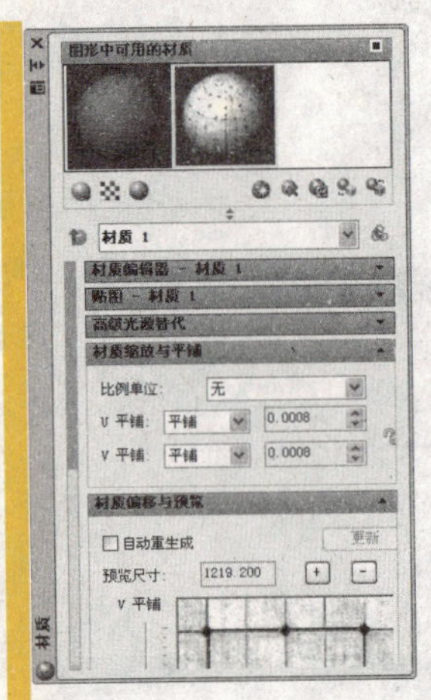

图13－23 “材质缩放与平铺”选项

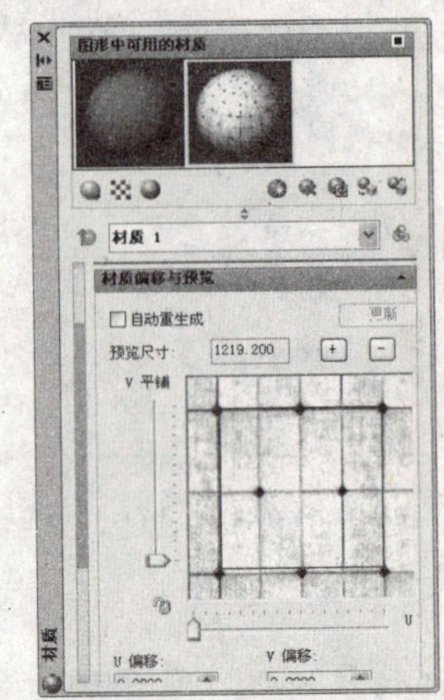

图13－24 “材质偏移和预览”选项

(7)通过以上设置就完成了用户自定义材质的创建，单击“将材质应用到对象”按钮，然后选择要附着材质的视图模型就可以了。

使用自定义材质时，可以先选中要附着材质的实体模型，然后单击“将材质应用到对象”按钮，也可以完成附着材质操作。

13.3.2 设置光源

如果对渲染效果要求不是很高，使用默认的日照光源就可以了，否则需要创建点光源、平行光或聚光灯等光源对象。

1. 点光源

(1) 创建方式。

①选择“视图”→“渲染”→“光源”→“新建点光源”命令。

②单击“光源”工具栏中的“新建点光源”按钮。

③在命令行中输入命令：pointlight。

(2) 操作格式。

命令：_pointlight

指定源位置 <0,0,0>:

输入要更改的选项[名称(N)/强度因子(I)/状态(S)/光度(P)/阴影(W)/衰减(A)/过滤颜色(C)/退出(X)] <退出>:

(3) 选项含义。

①名称(N)：设置点光源的名称，以便进行管理。

②强度因子(I)：设置光源的强度或亮度。

③状态(S)：设置光源为打开或关闭状态。

④光度(P)：指测量可见光源的照度。

⑤阴影(W)：设置是否启用光源投射阴影。设置阴影的效果如图13-25所示。

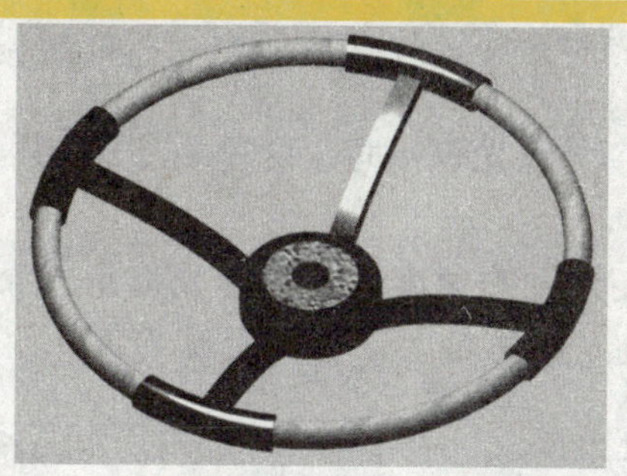

无阴影效果

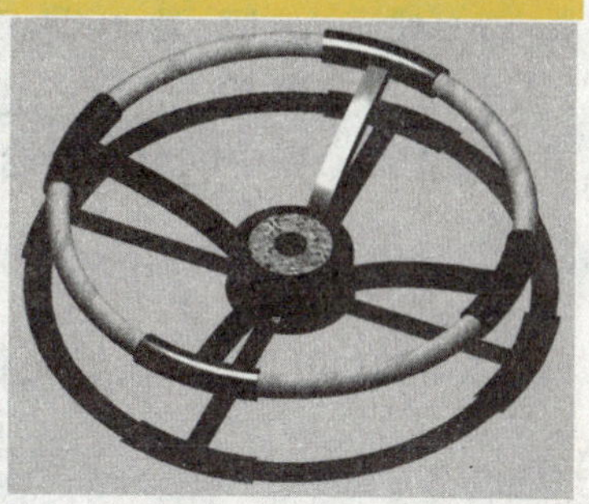

有阴影效果

图13-25　光源阴影效果

⑥衰减(A)：设置光线的衰减方式，如果不设置，则无论光源距离物体多远，明暗程度都一样。

⑦过滤颜色(C)：设置光源的颜色。

2. 平行光

(1) 创建方式。

①选择“视图”→“渲染”→“光源”→“新建平行光”命令。

②单击“光源”工具栏中的“新建平行光”按钮。

③在命令行中输入命令：distantlight。

(2) 操作格式。

命令：_distantlight

指定光源来向 <0,0,0> 或 [矢量(V)]:

指定光源去向 <1,1,1>:

输入要更改的选项[名称(N)/强度因子(I)/状态(S)/光度(P)/阴影(W)/过滤颜色(C)/退出(X)] <退出>:

平行光命令中的选项含义与点光源中相同，为节省篇幅，这里就不再赘述了。

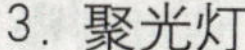

3. 聚光灯

(1) 创建方式。

①选择“视图”→“渲染”→“光源”→“新建聚光灯”命令。

②单击“光源”工具栏中的“新建聚光灯”按钮。

③在命令行中输入命令：spotlight。

(2) 操作格式。

命令：_spotlight

指定源位置 <0,0,0>:

指定目标位置 <0,0,-10>:

输入要更改的选项[名称(N)/强度因子(I)/状态(S)/光度(P)/聚光角(H)/照射角(F)/阴影(W)/衰减(A)/过滤颜色(C)/退出(X)]<退出>:

(3) 选项含义。

聚光灯命令中的大部分选项与点光源相同，这里主要介绍聚光角和照射角两个选项的含义。

①聚光角(H)：设置最亮光锥的角度，也称为光束角，如图13-26所示。

②照射角(F)：设置完整光锥的角度，也称为现场角，如图13-26所示。

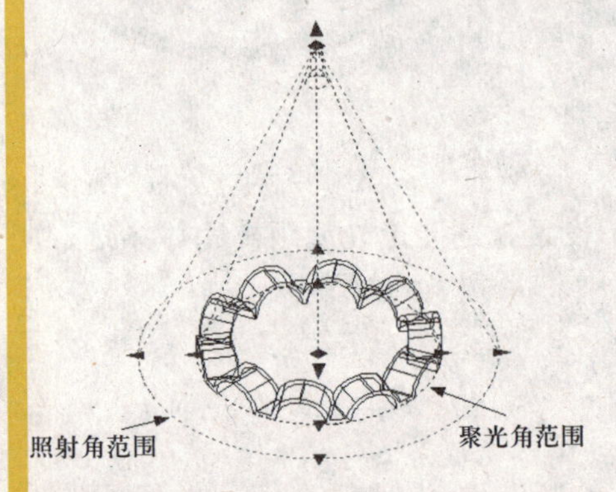

图13-26　聚光角和照射角

聚光角和照射角的取值范围在0~160°，而且聚光角必须小于或等于照射角，效果如图13-27所示。两个角之间的区域是灯光的衰减区域。

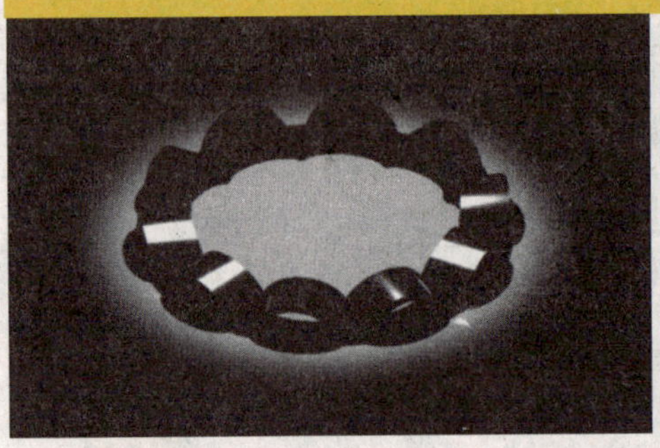

聚光角小于照射角效果

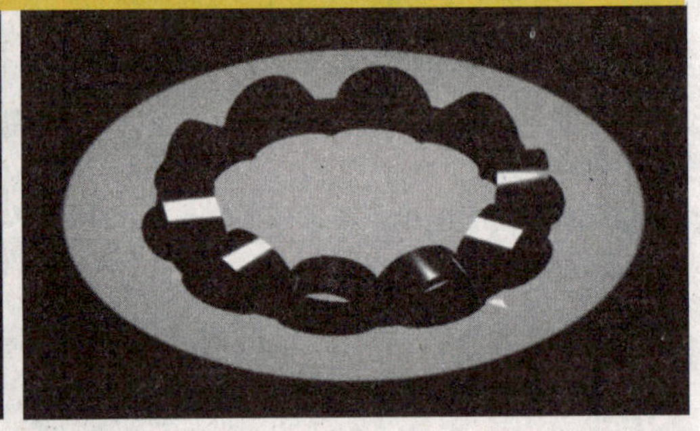

聚光角等于照射角效果

图13-27　聚光灯效果

13.3.3　设置背景

本章开始的案例中，为了让渲染出的圆桌模型有更好的效果，我们为其添加地板。其实在AutoCAD 2009中，为了得到更好的渲染效果，除了添加辅助对象外，还可以设置图形的背景，让实体模型呈现在一个场景中，这样渲染出的效果就更加完美了。

在AutoCAD 2009中可以通过以下步骤为图形设置背景。

（1）选择“视图”→“命名视图”命令，打开“视图管理器”对话框，如图13-28所示。

（2）单击该对话框中的 新建(N)... 按钮，打开“新建视图／快照特性”对话框，如图13-29所示，在该对话框中的“视图名称”文本框中输入新建视图的名称。

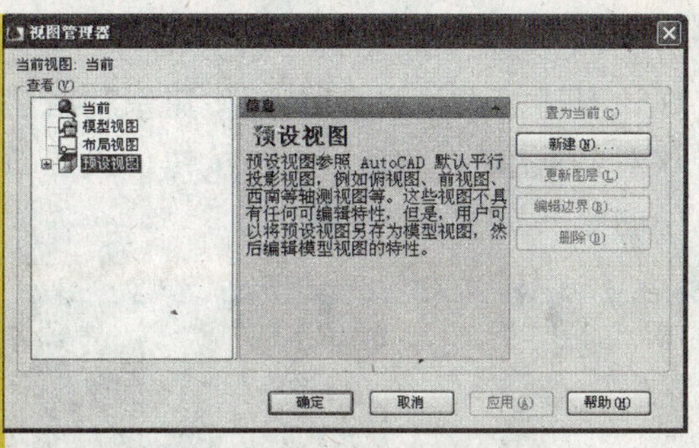
图13-28　“视图管理器”对话框

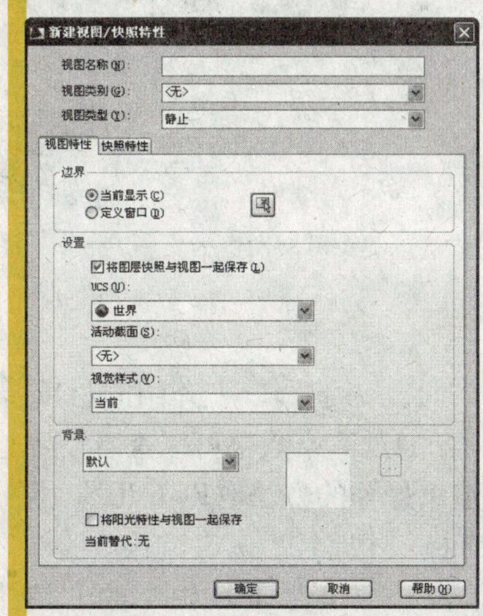
图13-29　“新建视图／快照特性”对话框

（3）在“视图特性”选项卡“背景”选项组中的下拉列表中选择“图像”选项，打开“背景”对话框，如图13-30所示。单击该对话框中的 浏览... 按钮添加一幅背景图像，单击 调整图像... 按钮打开“调整背景图像”对话框，在该对话框中调整背景图像的位置和大小，如图13-31所示。

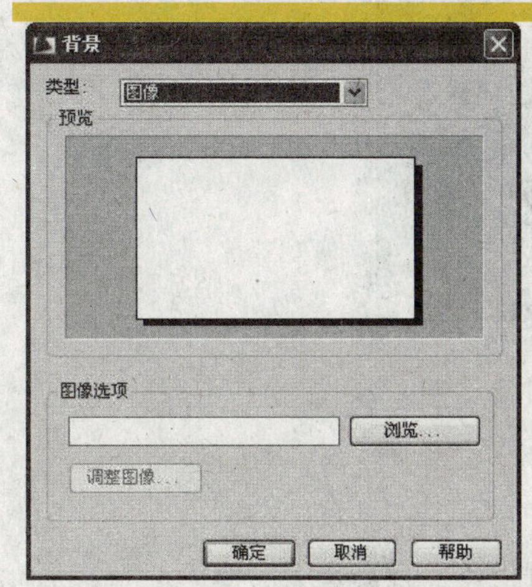
图13-30　“背景”对话框

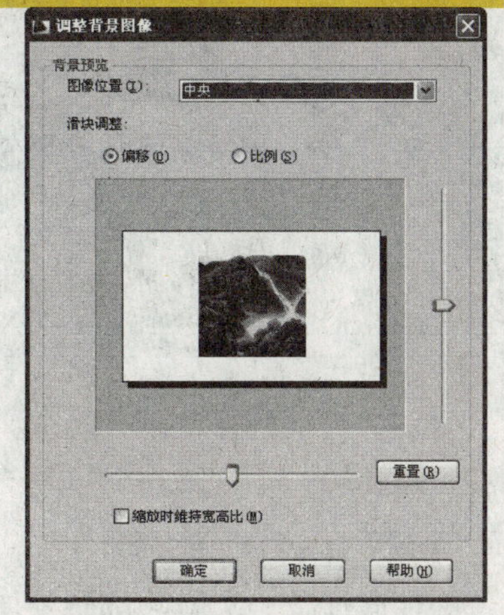
图13-31　“调整背景图像”对话框

（4）选择背景图片后，单击 确定 按钮返回“新建视图／快照特性”对话框，在该对话框中单击 确定 按钮保存新建的视图并返回到“视图管理器”对话框，单击该对话框中的 置为当前(C) 按钮，设置新建的视图为当前视图，添加背景的圆桌模型渲染的效果如图13−32所示。

图13−32　背景下圆桌模型渲染效果

13.3.4　渲染对象

重要的时刻到了。以上介绍的材质、光源和背景都是给渲染做准备的，现在可以进行渲染了。通过渲染效果可以查看设置是否适当，并不断进行改进。在AutoCAD 2009中，执行渲染操作的方法有以下几种。

（1）选择“视图”→“渲染”→“渲染”命令。

（2）单击“渲染”工具栏中的“渲染”按钮 。

（3）在命令行中输入命令：render。

执行渲染命令后，打开“渲染”对话框开始对当前图像中的实体进行渲染，如图13−33所示。

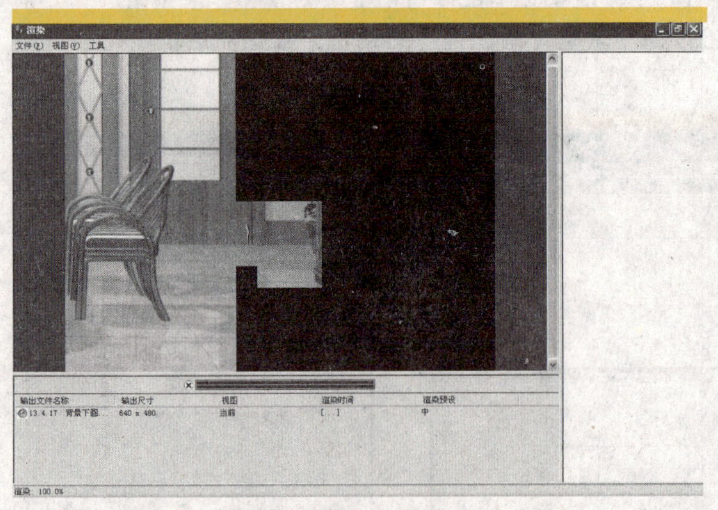

图13−33　“渲染”对话框

难道每做一次修改都必须通过渲染对话框查看效果吗？这样岂不是很浪费时间！呵呵，不要着急，AutoCAD 2009还提供了“渲染高级设置”功能，它不但能解决渲染慢的问题，还可以解决材质、光照、阴影等许多问题。

选择“视图”→“渲染”→“高级渲染设置”命令，或单击“渲染”工具栏中的“高级渲染设置”按钮，打开“高级渲染设置”面板，如图13-34所示。

在该面板中的“常规”选项中的“渲染描述”中设置“过程”为“修剪”，这样在执行渲染命令后，可以在绘图窗口中指定需要渲染的区域，也就大大节省了渲染时间。另外，使用高级渲染设置功能还可以控制材质的应用与关闭、光照采样的各项参数以及阴影的模式与显示等多种与渲染有关的选项。

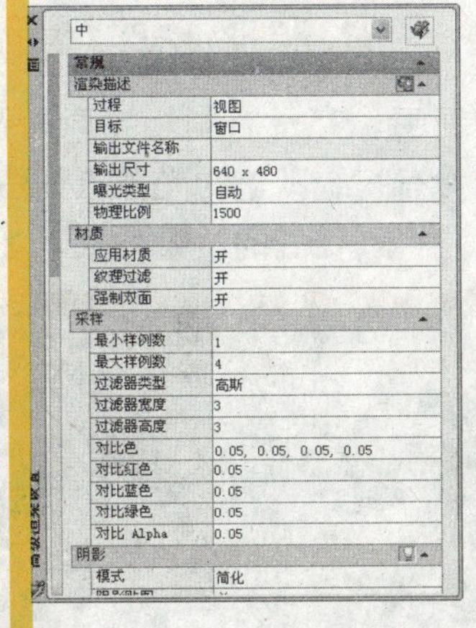

图13-34　“高级渲染设置”面板

由于高级选项设置中的选项众多，这里就不一一介绍了，用户可根据需要查看各选项并进行设置。

13.4　基础应用

使用渲染功能可以表现出实体模型更加真实的效果，主要表现在实体模型的材质、光照和背景三个方面。

13.4.1　使用渲染表现实体的真实材质

创建实体模型后，如果不为实体附着材质，也可以使用渲染功能查看渲染效果，但此时的效果并不真实，如图13-35所示。附着材质后，无论在哪种视觉样式下显示实体，都不能展现其真实效果，只有通过渲染才能做到这点，如图13-36所示。

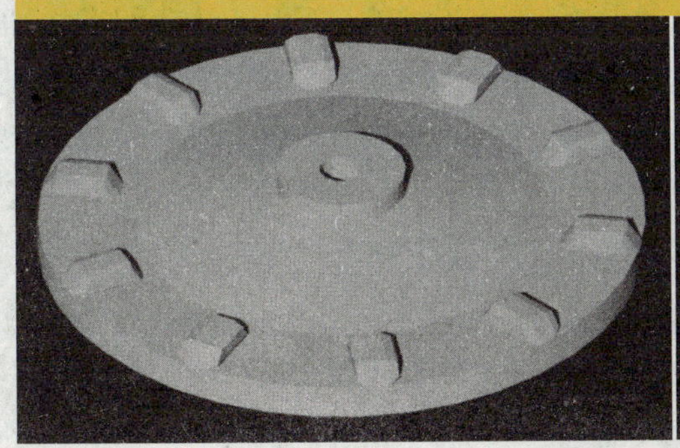

图13-35　无材质渲染效果

图13-36　有材质渲染效果

13.4.2 使用渲染表现实体的光照效果

呵呵，在没有创建光源的情况下进行渲染，也可以看到实体模型的光照效果，这是因为有系统默认的光源，如图13-37所示。如果要强调光照效果，还得新建光源，这样才能得到更好的渲染效果，如图13-38所示。

图13-37 默认光源渲染效果

图13-38 自定义光源渲染效果

13.4.3 使用渲染表现实体的背景效果

在AutoCAD 2009中，可渲染的对象是实体模型，如果只对实体进行渲染，难免有些单调，这时就需要将实体放置到一个特定的环境中，也就是为实体添加背景，这样渲染出的实体模型既美观又大方，如图13-39所示。

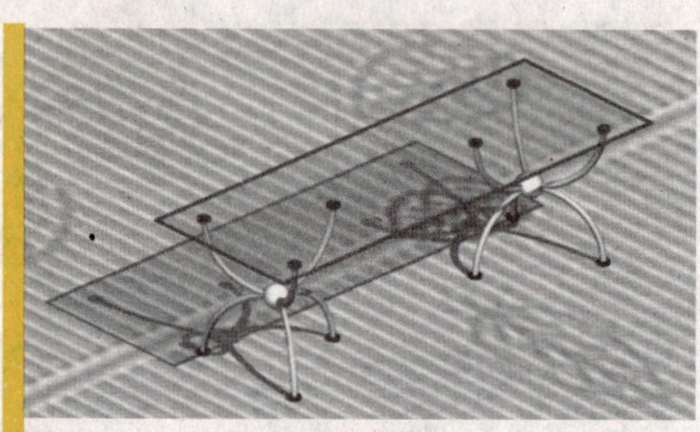

图13-39 添加背景的渲染效果

13.5 案例表现

渲染推拉式快速夹模型

AutoCAD 2009的渲染功能如此强大，但要做出漂亮的渲染效果却不是一朝一夕就能练成的，下面就让我们来详细看一下推拉式快速夹模型是如何渲染的，并掌握一些渲染的技巧与方法。

渲染后的推拉式快速夹模型效果如图13-40所示。

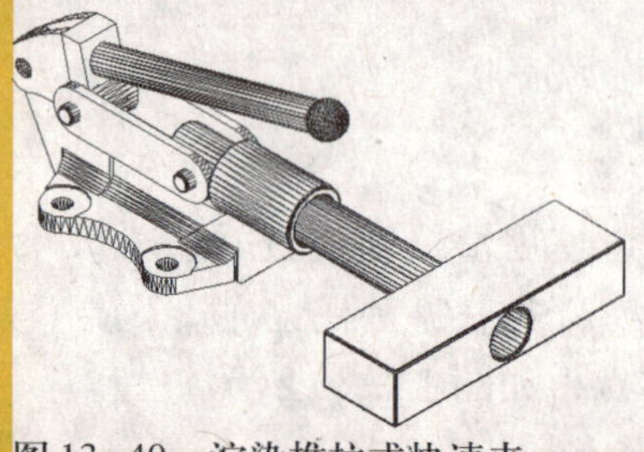

图13-40 渲染推拉式快速夹

操作步骤：

01 准备新建材质。首先打开素材文件中的“推拉式快速夹”文件。然后选择“视图”→“渲染”→“材质”命令，打开“材质”选项板，如图13-41所示。

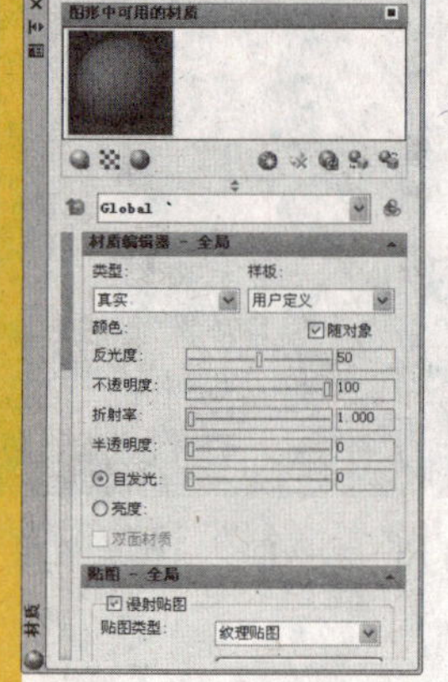

图13-41 “材质”选项板

02 新建材质。单击“材质”选项板中的“创建新材质”按钮，打开“创建新材质”对话框，如图13-42所示，在该对话框中的“名称”文本框中输入新建材质的名称“基座”。

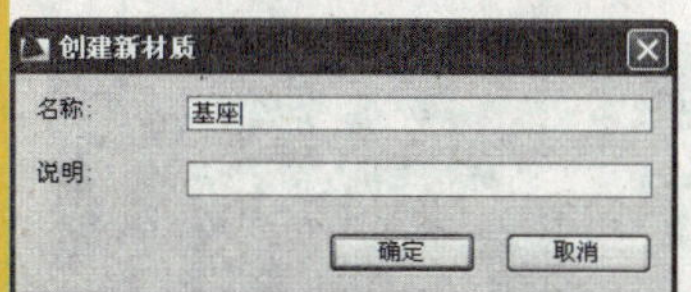

图13-42　“创建新材质”对话框

03 选择材质。单击 确定 按钮后返回到“材质”选项板，在“贴图—基座”选项组中单击“漫射贴图”下的 选择图像 按钮，打开“选择图像文件”对话框，如图13-43所示，在该对话框中选择sc003_T作为材质的贴图。

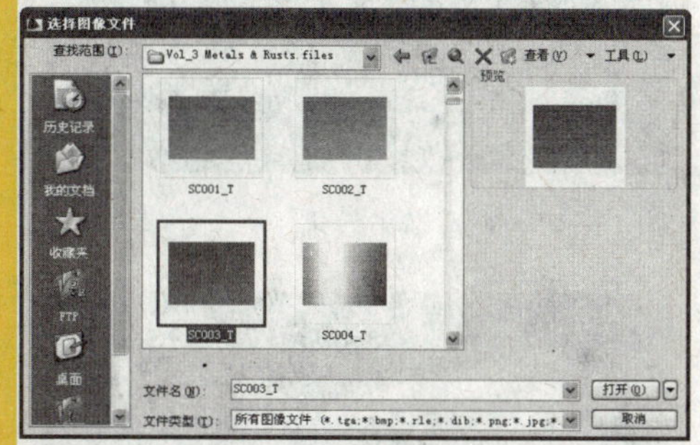

图13-43　“选择图像文件”对话框

04 应用材质。单击 打开(O) 按钮返回到“材质”选项板，在绘图窗口中选中如图13-44所示的基座，然后单击“材质”选项板中的“将材质应用到对象”按钮。

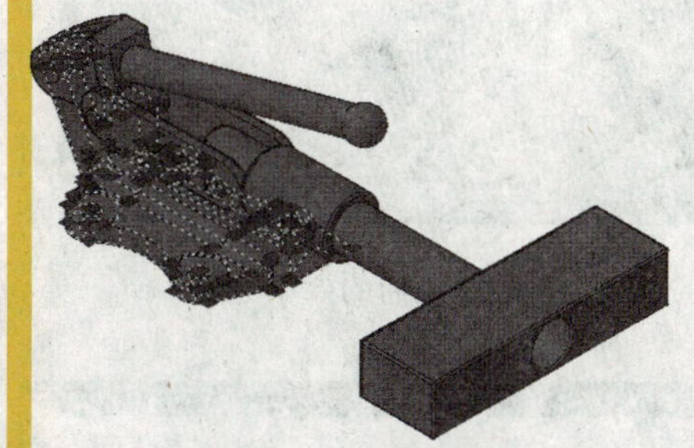

图13-44　为基座附着材质

05 设置渲染过程。单击“渲染”工具栏中的“高级渲染设置”按钮，打开“高级渲染设置”选项板，如图13-45所示，在该选项板中的“常规”选项卡“渲染描述”选项组中设置过程为“修剪”。

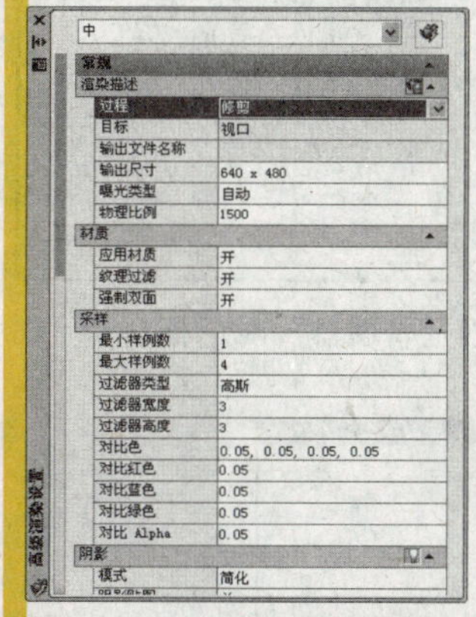

图13-45　“高级渲染设置”选项板

06 局部渲染。单击“渲染”工具栏中的“渲染”按钮，在命令行的提示下选择要渲染的基座区域，渲染后的效果如图13-46所示。

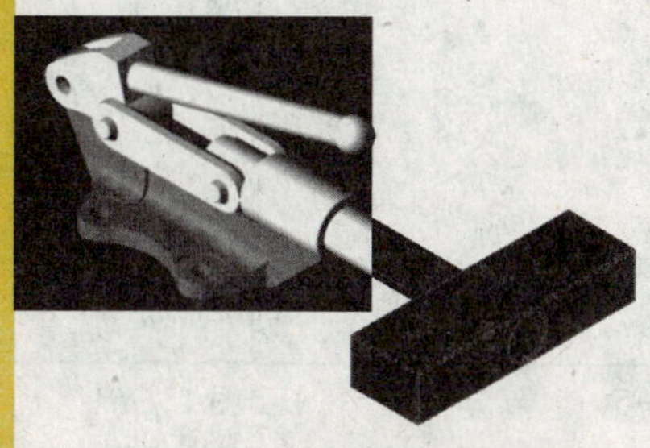

图13-46　渲染部分区域

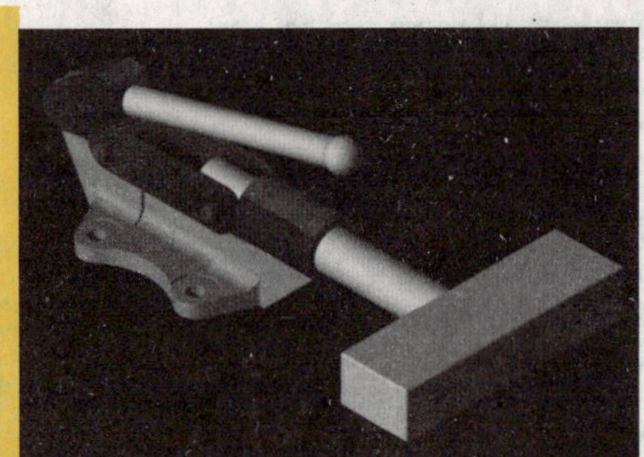

图 13–47　查看渲染效果

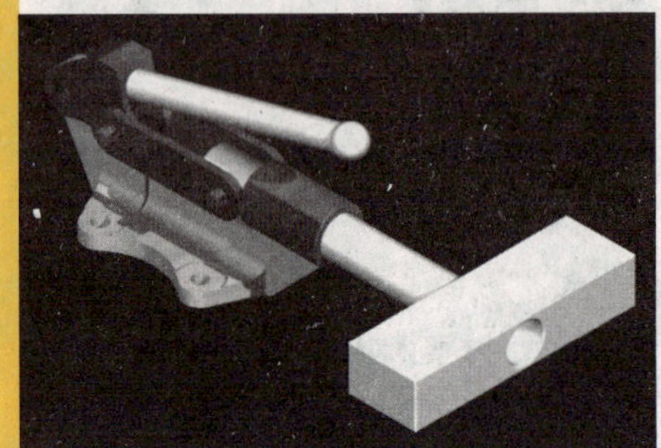

图 13–48　添加光源后的效果

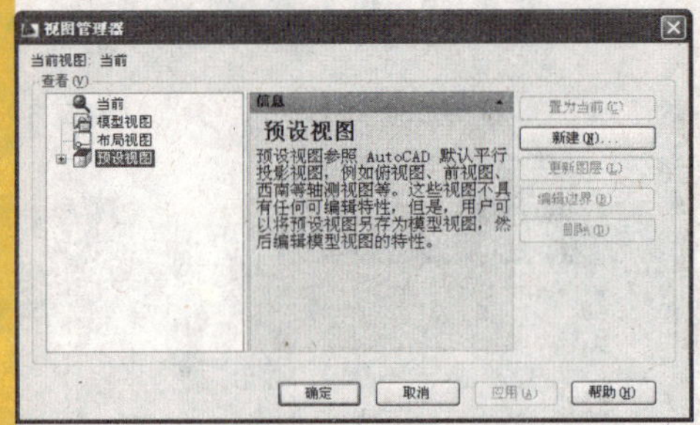

图 13–49　“视觉管理器”对话框

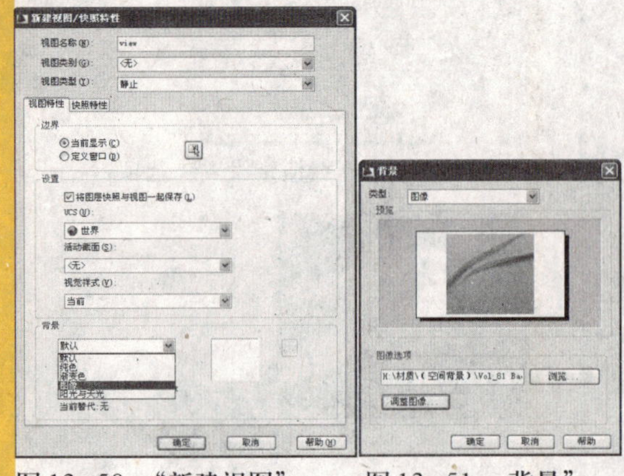

图 13–50　“新建视图”对话框

图 13–51　背景”对话框

07 查看渲染效果。重复以上步骤，为推拉式快速夹的其他部分分别创建材质，并附着材质，查看渲染的效果如图 13–47 所示。

08 新建光源。选择“视图”→“渲染”→“光源”→“新建平行光”命令，根据命令行的提示，在实体模型的右上方位置指定一点作为平行光的来向，然后在实体模型左下方位置指定一点作为平行光的去向，再次查看渲染后的效果，如图 13–48 所示。

09 打开视觉管理器。选择“视图”→“命名视图”命令，打开“视觉管理器”对话框，如图 13–49 所示。

10 新建视图。单击“视觉管理器”对话框中的 新建(N)... 按钮，打开“新建视图”对话框，如图 13–50 所示，在该对话框中的“视图名称”文本框中输入新建视图的名称“view”，然后在“背景”下拉列表中选择“图像”选项，打开“背景”对话框，如图 13–51 所示，在该对话框中单击“浏览”，选择一个图像作为背景。

11 设置当前视图。选择背景后返回到“视图管理器”对话框，单击 置为当前(C) 按钮将新建的视图背景设置为当前背景。

12 查看效果。单击“视觉样式”工具栏中的“真实视觉样式”按钮，可以查看到设置的背景已经应用到当前图中了，如图 13–52 所示。

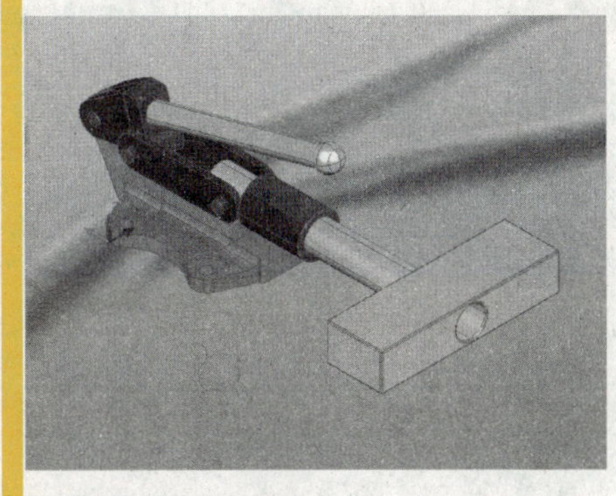

图 13–52　应用背景

13 设置渲染过程。在“高级渲染设置”选项板中设置渲染过程为“视图”，渲染目标为“窗口”，如图 13–53 所示。执行渲染命令，在渲染窗口中显示渲染的效果，如图 13–54 所示。

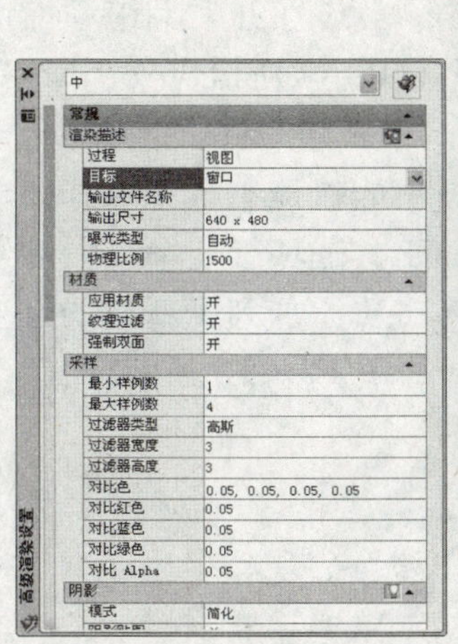

图 13–53　渲染设置

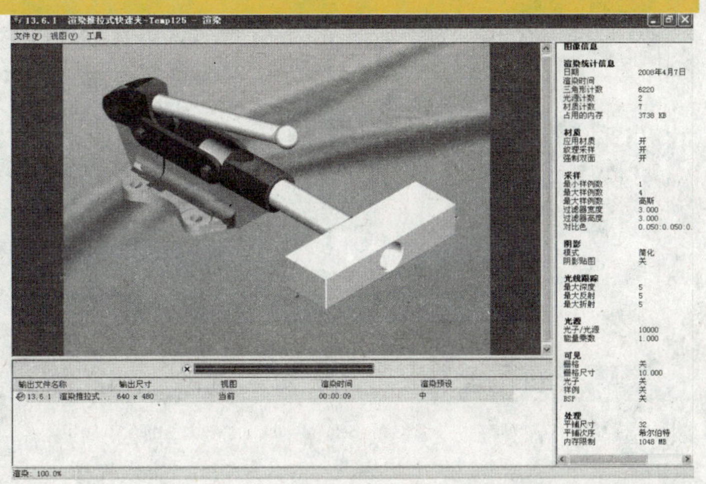

图 13–54　渲染窗口

13.6 疑难及常见问题

通过以上的练习，大家对 AutoCAD 2009 的渲染功能有了更深的了解，但在实际的操作过程中依然会遇到各种问题，以下就初学者经常会遇到的一些问题进行解答。

1. 能否保存自定义的材质

答：呵呵，这个想法非常好，解决了资源重复利用问题。在 AutoCAD 2009 中，完全可以满足用户这样的需求。首先我们需要在工具选项板中新建一个选项卡，然后将自定义的材质放进来，这样就可以像使用系统材质一样使用这些材质了。具体操作方法如下。

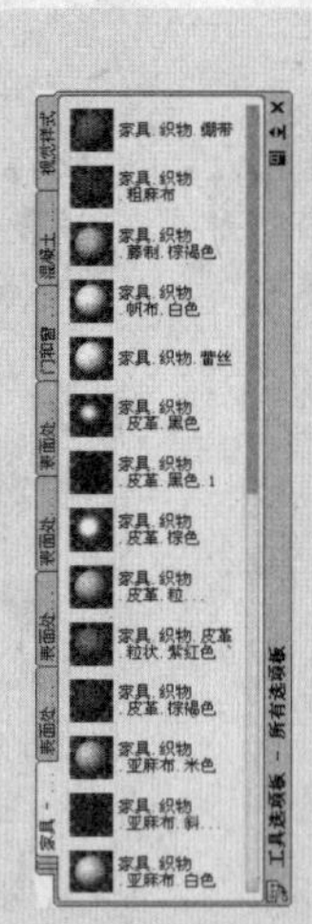
图 13–55 “工具选项板”面板

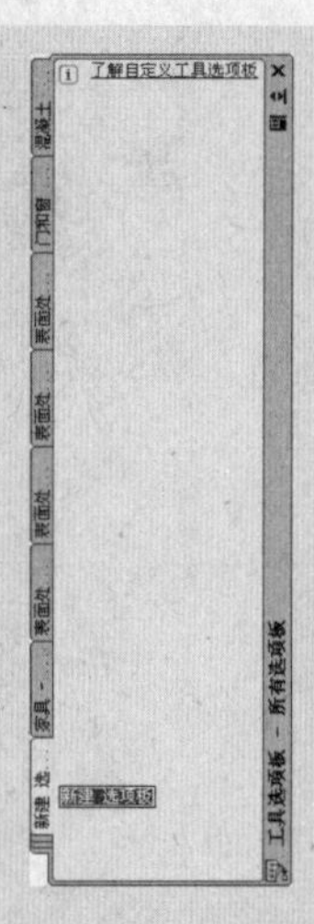
图 13–56 新建选项板

（1）选择“工具”→“选项板”→“工具选项板”命令，打开“工具选项板”面板，如图 13–55 所示。

(2) 在选项板中的选项卡上单击鼠标右键，在弹出的快捷菜单中选择“新建选项板”命令，新建一个选项板，如图 13–56 所示。

图 13–57 新建材质

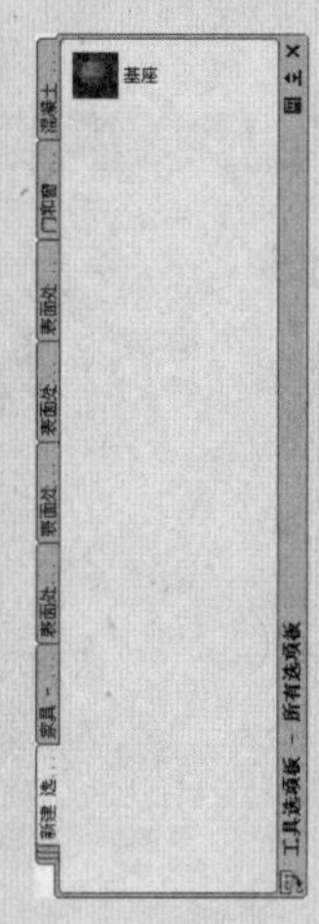
图 13–58 添加材质到选项板

(3)单击“渲染”工具栏中的“材质”按钮，打开“材质”面板，新建一个材质，如图 13–57 所示。

(4)选中新建的材质，单击鼠标右键，在弹出的快捷菜单中选择“输出到活动的工具选项板”命令，这样就将新建的材质添加到了新建的选项板中，效果如图 13–58 所示。

2．为什么上次添加的背景没有了

答：呵呵，这个问题是初学者不经意间就会遇到的问题。在添加背景时，我们指定了本地计算机中的一幅图像作为背景，当我们整理计算机中的文件时，有可能会改变这幅图像的存储位置，这样一来AutoCAD 2009系统自然就找不到原来设置的背景了。这就跟外部参照一样，只要改变了文件的存储路径，那么文件就找不到了。解决的办法只有一个，那就是找到作为背景的图像文件，重新编辑背景图像。

3．为什么渲染后的曲面模型具有明显的棱角效果

答：我们前面介绍过，实体模型的光滑度由几个系统变量来控制，一个是Facetres，一个是isolines。之所以会出现棱角效果，主要是因为这两个值设置得比较小。重新设置这两个值后，选择“视图”→“重生成”命令，此时再进行渲染就不会出现棱角了。

4．如何保存渲染后的效果

答：查看 AutoCAD 2009 中的渲染效果有两种方式，一种是使用“修剪”的渲染过程方法，在当前窗口中查看渲染效果；另一种是使用“视图”的渲染过程方法，在渲染窗口中查看渲染效果。这两种渲染方法可以在“高级渲染设置”面板中的“基本”选项中进行设置，如图 13-59 所示。

使用修剪方法渲染后不能保存渲染效果，只能查看，而使用视图方法渲染后，在“渲染”窗口中选择“文件”→“保存”命令，即可保存渲染的效果。

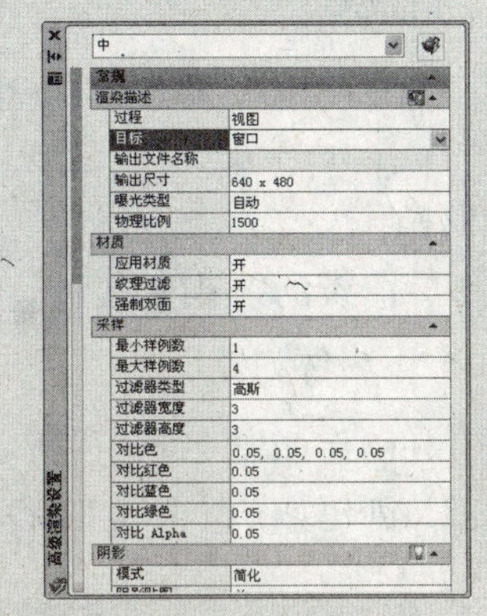

图 13-59　“高级渲染设置”面板

13.7 习题与上机练习

1．选择题

(1) 工具选项板是一个非常有用的面板，按(　　)键打开该面板。

(A) Ctrl+1　　(B) Ctrl+2

(C) Ctrl+3　　(D) Ctrl+4

(2) 以下(　　)是系统默认的光源。

(A) 日照光源　　(B) 平行光

(C) 点光源　　(D) 聚光灯

(3) 图 13-60 中所示的效果是(　　)的效果。

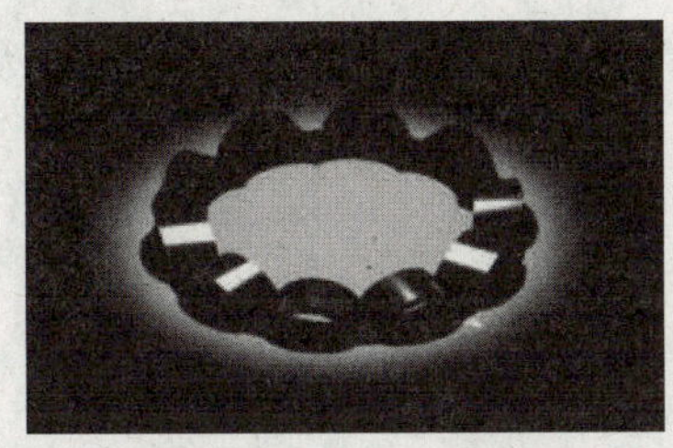

图 13-60　光照效果

(A) 日照光源　　(B) 平行光

(C) 点光源　　(D) 聚光灯

(4) 设置图形背景时，可以选择(　　)作为背景色。

(A) 纯色　　(B) 渐变色

(C) 图像　　(D) 阳光与天光

(5) 单击以下(　　)按钮即可执行渲染命令。

(A)　　(B)

(C)　　(D)

2. 问答题

(1) 在 AutoCAD 2009 中如何创建聚光灯，在创建的过程中应注意哪些问题?

(2) 在 AutoCAD 2009 中，能否将一幅图像的一部分作为背景使用，如果可以，应如何操作?

(3) 渲染的方式有几种，如何进行设置?

3. 上机练习题

(1) 创建如图 13-60 所示的实体模型，并进行渲染。

(2) 创建如图 13-61 所示的实体模型，并进行渲染。

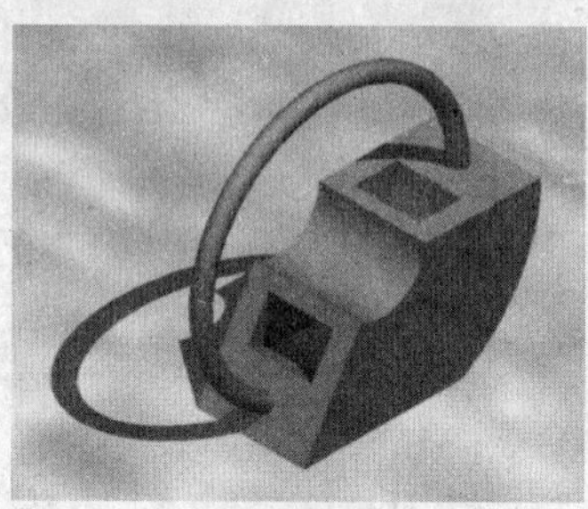

图 13-60　实体模型

图 13-61　实体模型

第十四章

图形的输入输出及Internet连接

14

本章内容

基本术语
知识讲解
基础应用
疑难及常见问题

本章导读

呵呵，讲到这里大家应该能够绘制出一幅完整的二维或三维图形了，但这还不够，本章将介绍绘制图形的最后一个步骤，图形的输入输出及Internet连接。

14.1 基本术语

在本章的讲解过程中，将会遇到图元文件、DWF文件和网上发布等基本术语，下面先对这些术语进行简单的介绍。

14.1.1 图元文件

图元文件是AutoCAD 2009中可用于输入的一种文件格式，是指包含矢量图形或光栅图形的Windows图元文件格式，与其他文件格式相比，能实现更快的平移和缩放，这就保证了AutoCAD 2009中图形操作的顺畅。图元文件以.wmf为后缀名。

14.1.2 DWF文件

DWF文件是一种Web图形格式，它可以将丰富的设计数据高效率地分发给需要查看、评审或打印这些数据的任何人，但它不能替代原有的CAD格式，设计者仍然需要原始文件来编辑和更新设计数据。DWF文件使设计者、工程师、开发人员及其同事能够与任何需要了解设计信息和设计意图的人进行充分的交流。使用Autodesk Express Viewer可以查看DWF文件。

14.1.3 网上发布

网上发布是指将本地计算机中的AutoCAD 2009图形文件创建成DWF格式，然后上传到Internet上，这样就可以实现资源共享和交流。

14.1.4 布局

在AutoCAD 2009中，可以创建多种布局，每个布局都代表一张单独的打印输出图纸。创建新布局后就可以在布局中创建浮动视口。不同视口可以使用不同的打印比例，并能控制视口中图层的可见性。

14.2 知识讲解

了解了以上几个术语后，下面就来详细看一下如何实现图形文件的输入输出以及网上发布功能。

14.2.1 输入图形文件

AutoCAD 2009 允许用户将其他图形文件在 AutoCAD 2009 文件中使用，操作方法非常简单，只需要将这些图形文件输入到 AutoCAD 2009 中即可，但可供输入的文件只限于图元文件(*.wmf)、ACIS 文件(*.sat)、3D Studio 文件(*.3ds)和 V8 DGN 文件(*.dgn)。选择"文件"→"输入"命令，打开"输入文件"对话框，如图 14-1 所示，在该对话框中选择需要输入的文件，然后单击 打开(O) 按钮即可。

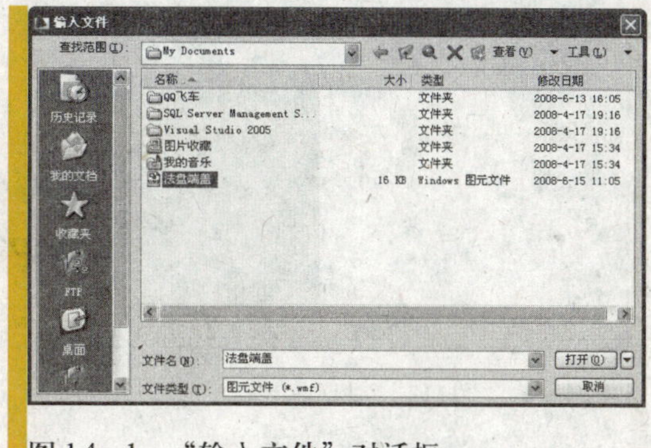

图 14-1 "输入文件"对话框

14.2.2 输出图形文件

输出图形文件的方法有两种，一种是电子输出，输出 DWF 文件；另一种是打印输出，输出到打印机或绘图仪。

1. 电子输出

可以将设计稿输出成不易受到限制的电子文档供更多的人分享、交流。DWF 是设计人士之间交流的一种好格式。选择"文件"→"打印"命令，打开"打印"对话框，在该对话框中的"打印机/绘图仪"选项区中设置"名称"为"DWF6 ePlot.pc3"，如图 14-2 所示。单击 确定 按钮后打开"浏览打印文件"对话框，如图 14-3 所示，在该对话框中指定输出文件的路径和名称，单击 保存(S) 按钮即可。

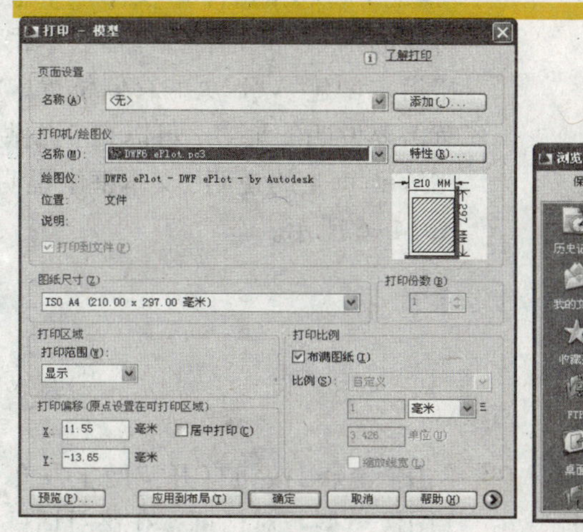

图 14-2 "打印"对话框

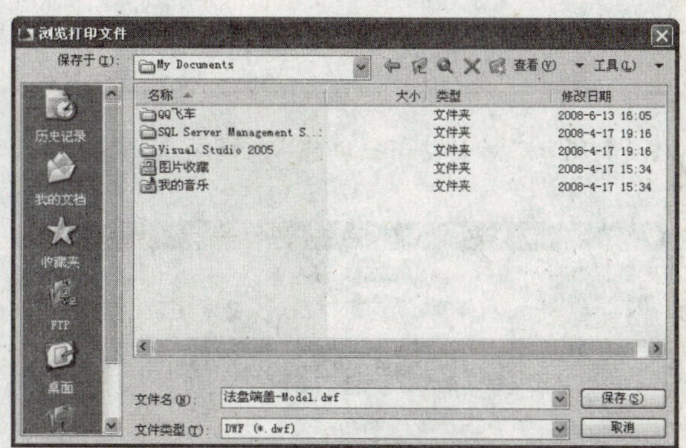

图 14-3 "浏览打印文件"对话框

2. 打印输出

打印输出是指将图形文件打印到指定的打印机或绘图仪，选择"文件"→"打印"命令，打开"打印"对话框，如图 14-4 所示。在该对话框中的"名称"列表中选择

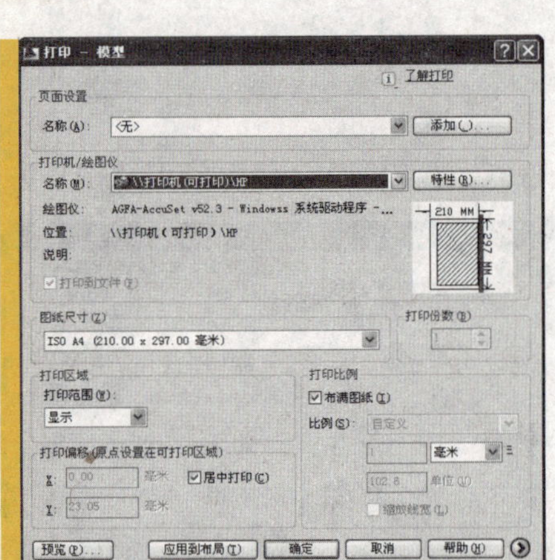
图 14-4 "打印"对话框

打印机或绘图仪，单击预览(P)...按钮预览打印效果，并适当进行调整，最后单击确定按钮就可以打印了。

14.2.3 网上发布文件

使用网上发布功能可以直接将绘制的图形创建成网页文件，这样就可以轻松实现异地资源共享了。其操作步骤如下：

01 选择"文件"→"网上发布-开始"命令，打开"网上发布"向导，如图14-5所示。选中默认的"创建新Web页"，单选按钮。

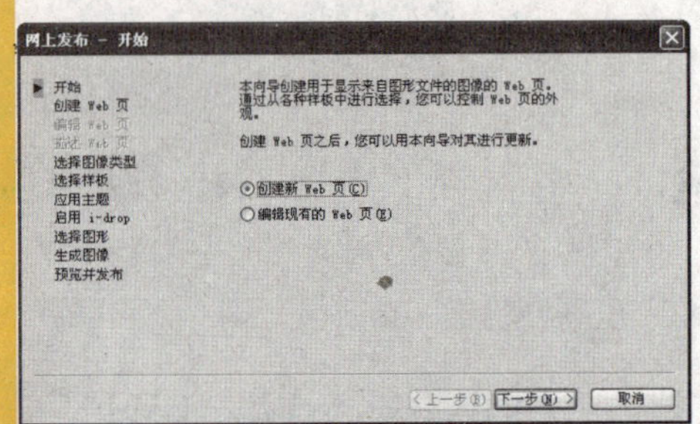
图 14-5 "网上发布-开始"对话框

如果选中"编辑现有的Web页"单选按钮，则会将图形插入到已经存在的主页上。

02 单击下一步(N) >按钮打开"网上发布-创建Web页"对话框，在该对话框中的"指定Web页的名称"文本框中输入要新建的Web页的名称，然后单击...按钮指定创建Web页的存储位置。如果有需要说明的地方，可以在"提供显示在Web页上的说明"文本框中说明，如图14-6所示。

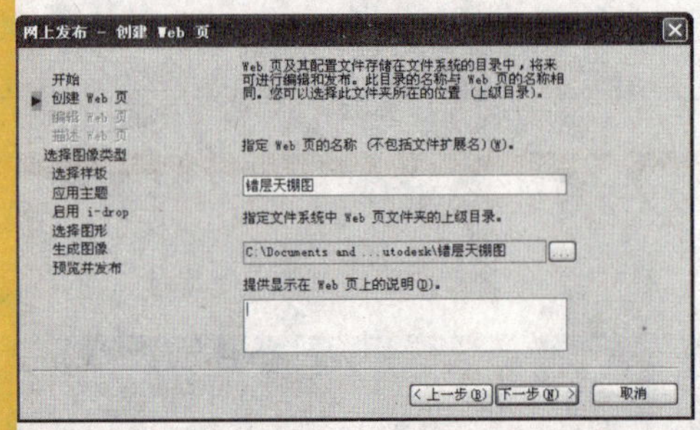
图 14-6 "网上发布-创建Web页"对话框

03 单击下一步(N) >按钮打开"网上发布-选择图像类型"对话框，在该对话框中可以设置发布图像的类型，可以选择DWF、JPEG和PNG三种类型，我们这里选择DWF类型，如图14-7所示。

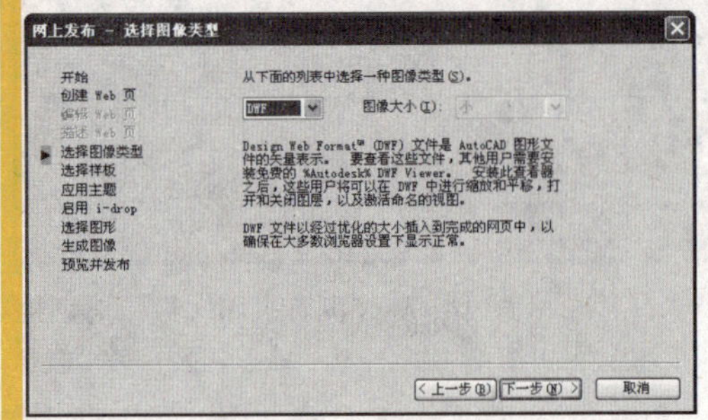
图 14-7 "网上发布-选择图像类型"对话框

04 单击下一步(N) >按钮打开“网上发布－选择样板”对话框，在该对话框中可以选择网页的样板类型，如图14–8所示。

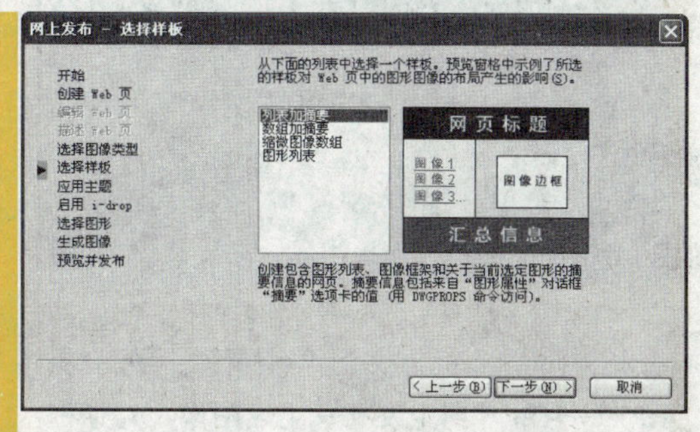

图 14–8 “网上发布－选择样板”对话框

05 单击下一步(N) >按钮打开“网上发布－应用主题”对话框，系统提供了“超级俱乐部”、“多云的天空”、“海浪”等多种主题可供选择，如图14–9所示。

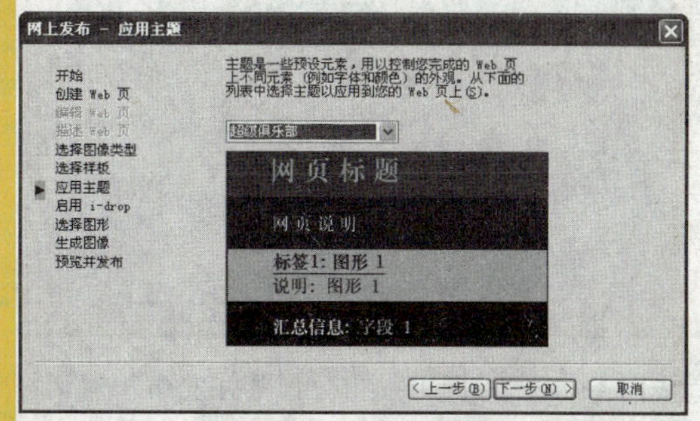

图 14–9 “网上发布－应用主题”对话框

06 单击下一步(N) >按钮打开“网上发布－启用i－drop”对话框，如果勾选“启用i－drop”复选框，则绘制的图形文件会与网页一起发布，浏览网页的用户可以将AutoCAD 2009文件拖放到程序中运行，如图14–10所示。

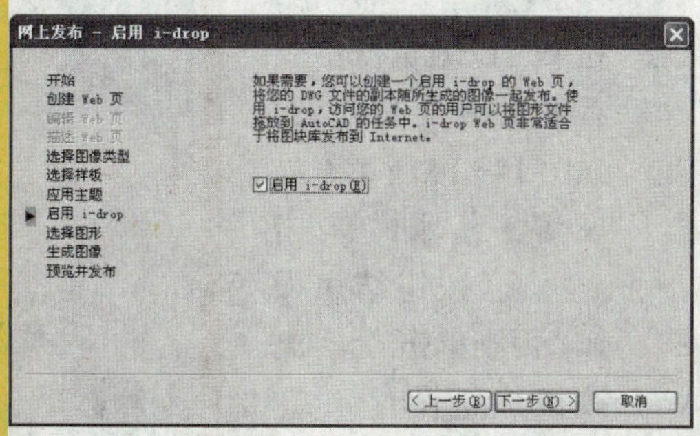

图 14–10 “网上发布－启用i－drop”对话框

07 单击下一步(N) >按钮打开“网上发布－选择图形”对话框，单击该对话框中的添加(A) ->按钮将图形文件添加到图像列表中，如图14–11所示。

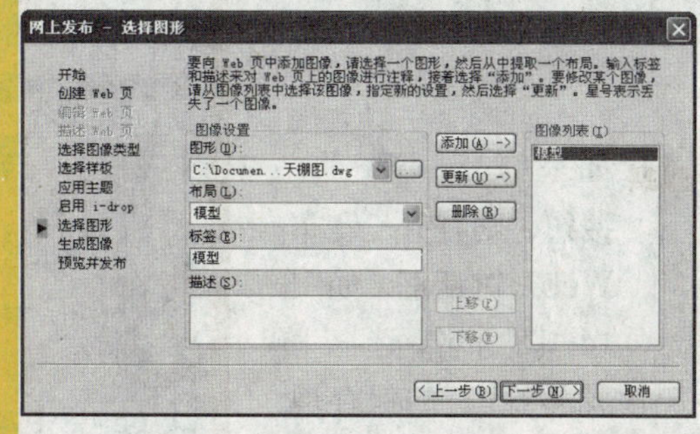

图 14–11 “网上发布－选择图形”对话框

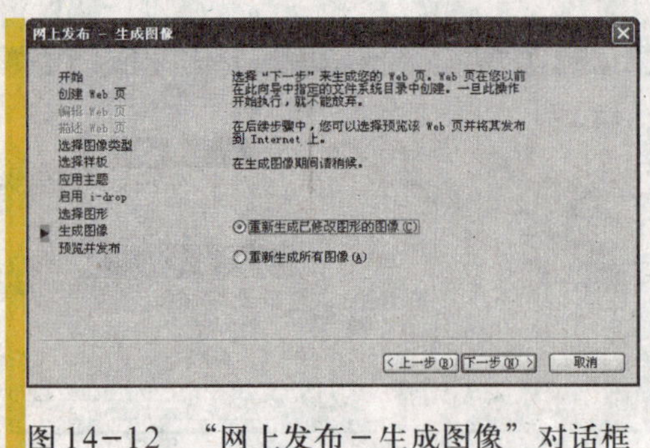
图 14-12 “网上发布 - 生成图像”对话框

08 单击[下一步(N) >]按钮打开“网上发布 - 生成图像”对话框，在该对话框中可以选择重新生成已修改图形的图像或所有图像，如图 14-12 所示。

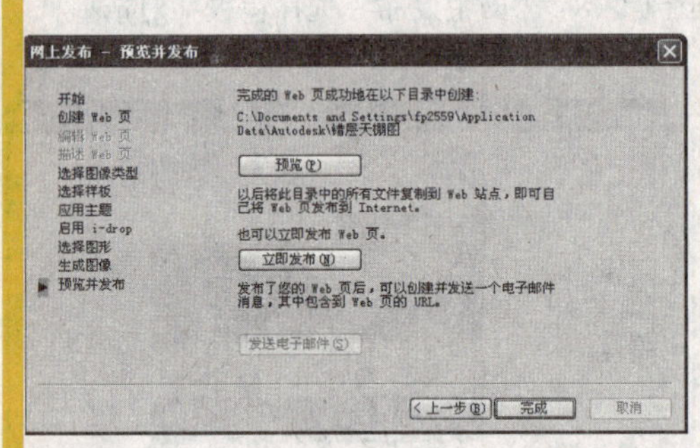
图 14-13 “网上发布 - 预览并发布”对话框

09 单击[下一步(N) >]按钮打开“网上发布 - 预览并发布”对话框，如图 14-13 所示。

10 单击该对话框中的[预览(P)]按钮，在 Web 浏览器中查看发布网页的效果，如图 14-14 所示。如果满意则单击[完成]按钮结束操作，否则单击[< 上一步(B)]按钮重新设置。

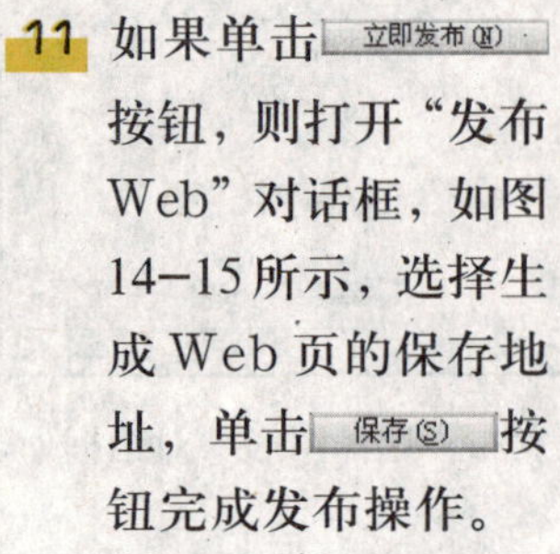

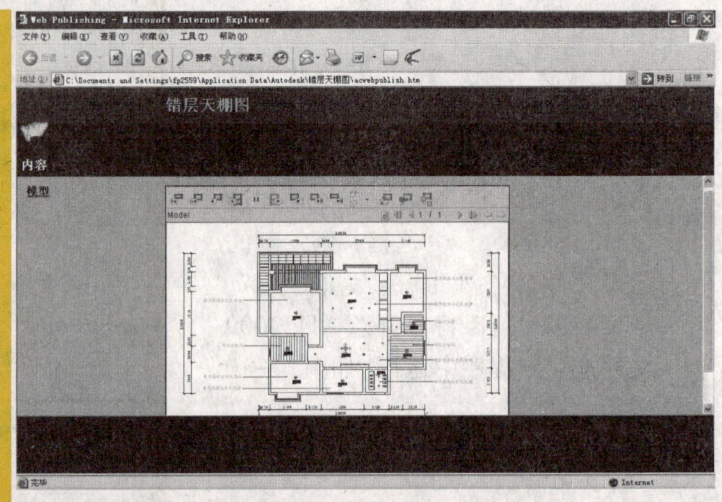
图 14-14 发布网页效果

11 如果单击[立即发布(N)]按钮，则打开“发布 Web”对话框，如图 14-15 所示，选择生成 Web 页的保存地址，单击[保存(S)]按钮完成发布操作。

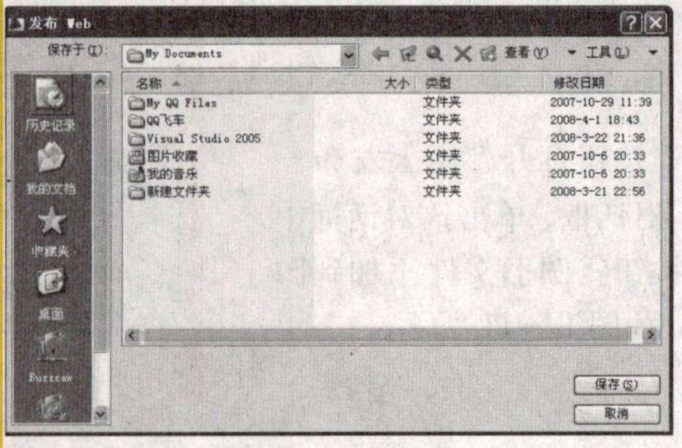
图 14-15 “发布 Web”对话框

14.2.4　创建和管理布局

布局用于构造或设计图形以便进行打印。单击“绘图窗口”下面的布局1选项卡，即可切换到布局窗口，如图 14-16 所示。

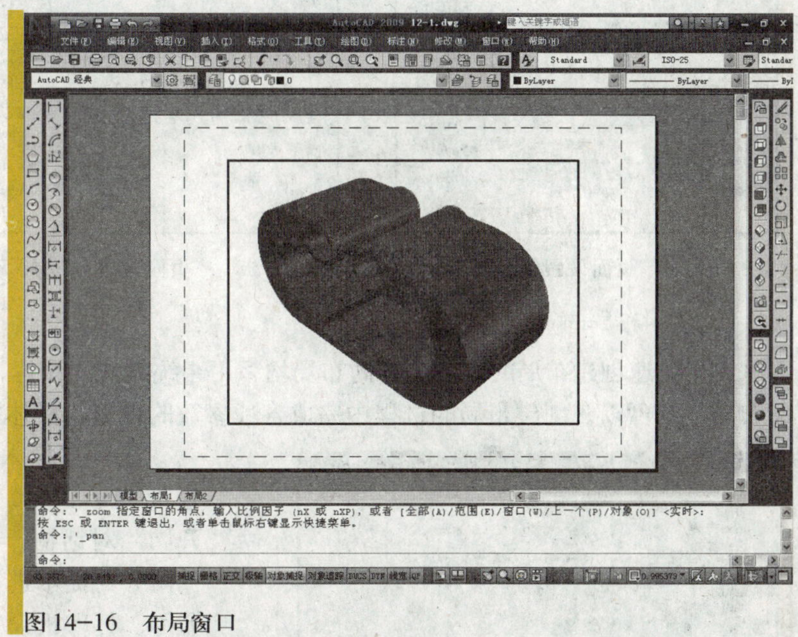

图 14-16　布局窗口

1．快速创建布局

在默认情况下，系统已经为用户创建了两个布局，如果需要更多的布局，可以按以下几种方式创建新布局。

（1）在“布局”选项卡上单击鼠标右键，在弹出的快捷菜单中选择“新建布局”命令，即可创建一个新的布局。

（2）选择“插入”→“布局”→“新建布局”命令，命令行提示如下。

命令：_layout

输入布局选项 [复制(C)/删除(D)/新建(N)/样板(T)/重命名(R)/另存为(SA)/设置(S)/?] <设置>：_new

输入新布局名 <布局6>：(输入新建布局的名称)

以上两种方法创建的布局均采用系统默认配置，如果要对新建的布局进行页面设置，还需要在新建布局选项卡上单击鼠标右键，在弹出的快捷菜单中选择“页面设置管理器”命令，打开“页面设置管理器”对话框，如图 14－17 所示。在该对话框中选择新建的布局，单击修改(M)...按钮，打开“页面设置　－　布局 5”对话框，在该对话框进行各项参数设置，如图 14－18 所示。

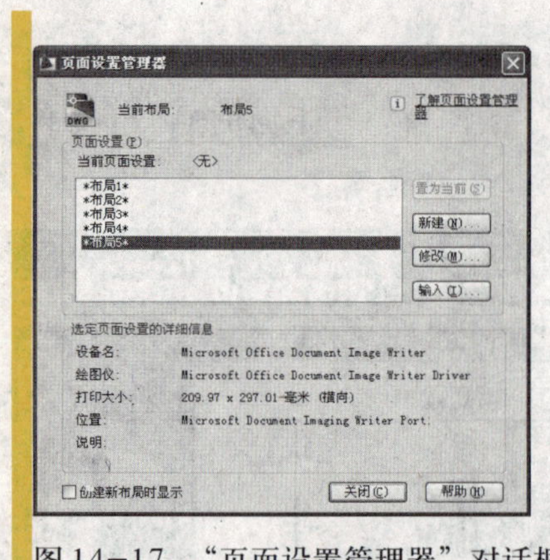

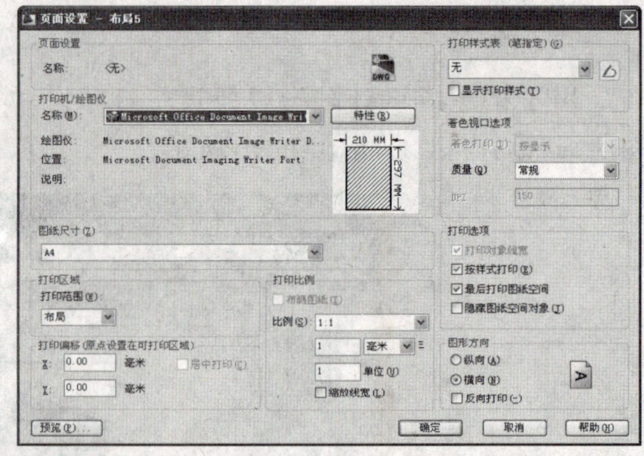

图 14-17 “页面设置管理器”对话框　图 14-18 “页面设置 - 布局 5”对话框

2．使用布局向导创建布局

使用快速创建布局的方法创建的布局均采用系统默认的设置，如果使用布局向导创建布局，则可以在创建布局的过程中完成各项参数的设置，具体操作步骤如下。

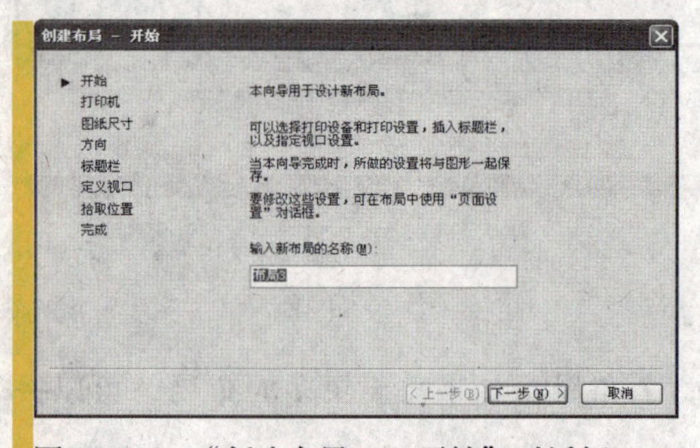

图 14-19 “创建布局 - 开始”对话框

选择“插入”→“布局”→“创建布局向导”命令，打开“创建布局 - 开始”对话框，如图 14-19 所示。根据向导的提示进行操作，即可完成布局名称、打印机设置、图纸尺寸、图纸方向、标题栏样式与位置、视口个数和位置等一系列参数设置。

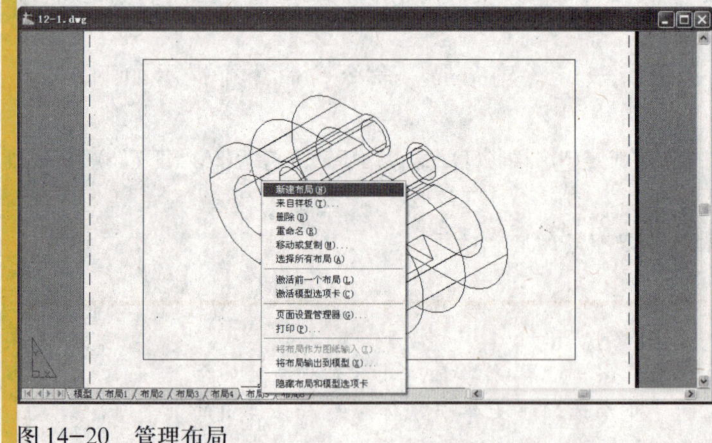

图 14-20 管理布局

3．管理布局

对布局的管理主要是新建、删除、重命名、移动或复制等操作，而所有的这些操作，都可以在新建的布局选项卡上单击鼠标右键，在弹出的快捷菜单中选择相应的命令来完成，如图 14-20 所示。

4．创建视口

每个布局都代表一张单独的打印输出图纸，在新建的布局中有一个默认的视口。为了控制打印效果，还可以在布局中创建多个视口，而每个视口中又能以不同的比例显示图形，这样就为打印图纸提供了非常大的灵活性。

用鼠标双击布局中的视口，即可激活相应的视口，这样就可以使用移动、缩放等命令调整视口中图形的显示效果了。

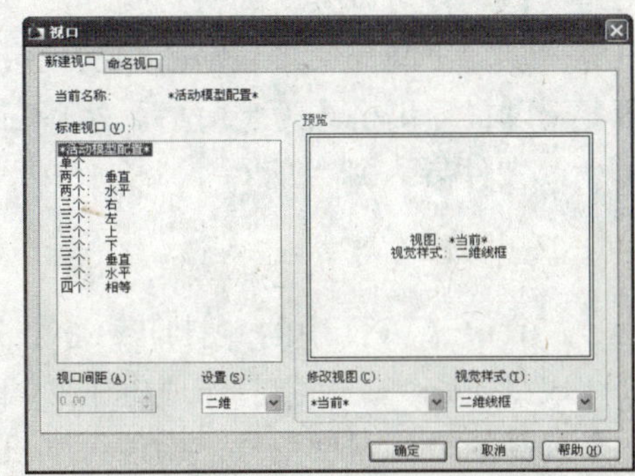

图 14–21　“视口”对话框

选择“视图”→“视口”→“新建视口”命令，打开“视口”对话框，如图14–21所示。在该对话框中的“新建视口”选项卡中选择要创建的视口数，单击 确定 按钮，在布局窗口中选择创建视口的范围，即可创建指定的视口，效果如图 14–22 所示。

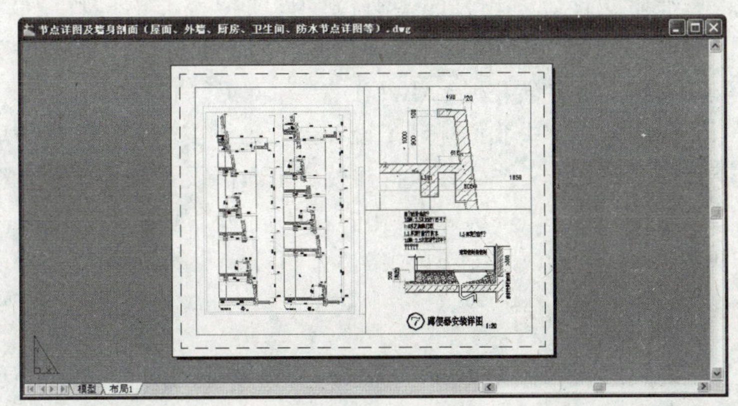

图 14–22　创建的多个视口效果

为了布局方便，在创建新视口前可以先将系统默认的视口删除，再根据自己需要创建视口，并用移动、缩放等命令调整视口的位置和大小。

14.3 基 础 应 用

图形输入输出的应用非常广泛，一般情况下，绘制的图形都必须打印到图纸上，以方便下一步的工作。有时为了工作需要，还必须利用输入输出功能转换各种图形文件的格式，以便其他工作能顺利开展。下面就图形输入输出的基础应用作一个简单介绍。

14.3.1　实现不同格式文件的跨平台编辑

AutoCAD 是矢量软件，默认的文件格式是 *.dwg。如果需要在文件中引用其他格式文件实现 AutoCAD 软件与其他软件的合作编辑，则需要利用输入或者插入命令。譬如在创建三维模型中，我们可以将 3ds max 软件生成的 *.3ds 模型文件输入到当前 CAD 文件中，减少 CAD 建模时间。

反之如果需要把 CAD 文件应用到其他软件中，则可以采用输出命令将当前文件输出为其他软件可以接受的格式文件。譬如需要将装饰平面布置图应用到 coreldraw 软件中进一步加工制作成彩色平面图，就可以在 CAD 中选择需要的输出对象后执行“输出”命令，设置输出格式为 *.eps。然后在 coreldraw 软件中，利用“导入”命令将输出的 *.eps 文件导入到当前 corel 文件中，取消群组，就可以随意编辑了。

14.3.2 打印

Auto CAD 中的“打印”是个概念比较宽的、有很大作用的命令。既指传统的打印成纸质资料，又指打印成电子文档。在打印设置对话框中，打印机/绘图仪选项组如果选择的是打印机型号，则进行纸质文件等实物打印输出，如果选择其他，则打印成电子文档输出。

纸质文件等实物打印需要设置打印图纸大小、打印的文件范围、打印比例等。

电子文档打印则非常有趣。这个时候，打印命令成了一个转化器，将默认的 *.dwg 格式文件转化成 *.dwf 或者 *.jpg 等。

在知识讲解中我们提到了设计人士为了交流将文件打印成 dwf 格式。有时候我们还需要打印成 jpg 文件。譬如将样板房平面图设计制作成彩色稿。这时可以在打印机配置处选择“publish to web jpg.pc3”，然后设置大小或打印像素值就可以将设计稿打印成 photoshop、coreldraw 等软件可以接收的位图文件。

14.3.3 制作网页

说到网页，大家可能会联想到一些专业的网页开发工具，如 Dreamweaver 等，但是现在，即使你不熟悉 Dreamweaver 和 Html 语言，也可以轻松地创建一个非常漂亮的网页，并把需要的图形放到这个网页上，这就是 AutoCAD 2009 的网上发布功能。通过“网上发布”向导，可以一步一步地创建网页的名称、发布图形的类型、网页的样板模式、应用的主题等，引导用户创建符合要求的网页。

14.4 疑难及常见问题

本章的知识点比较少，但却非常实用，初学者在学习的过程中也会遇到各种疑问，以下就初学者在学习过程中经常会遇到的一些问题进行解答。

1. 如何将图形打印到图纸的中间位置

答：“打印”对话框中的各项参数用于设置与打印相关的信息。选择“文件”→“打印”命令，即可打开该对话框，如图 14-23 所示。在该对话框中的“打印偏移”选项中可以设置打印偏移的距离，也可以通过勾选“居中打印”复选框将图形打印到图纸的中间位置。

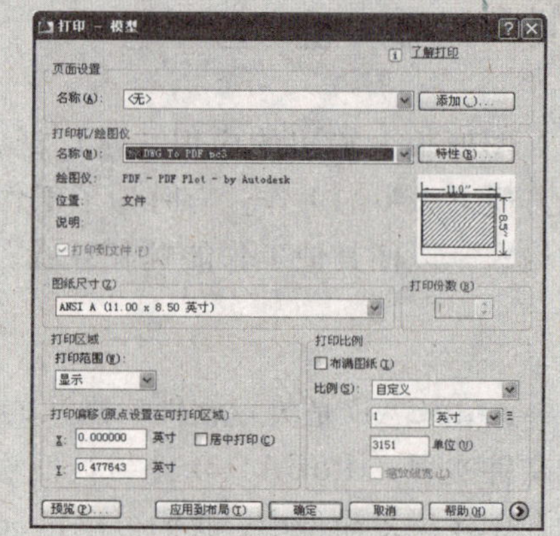

图 14-23 “打印”对话框

2．如何在一张图纸上打印多幅图形

答：虽然 AutoCAD 2009 属于多文档窗口，即使我们同时打开多个图形文件，在某一刻也只能操作一幅图形文件。为了节省打印纸或者需要将多个图形打印到一张图纸上时，可以将多个图形文件复制到一个图形中，然后利用多个视口的方式进行组织，这样就可以在一张图纸上打印多幅图形了，如图 14–24 所示。

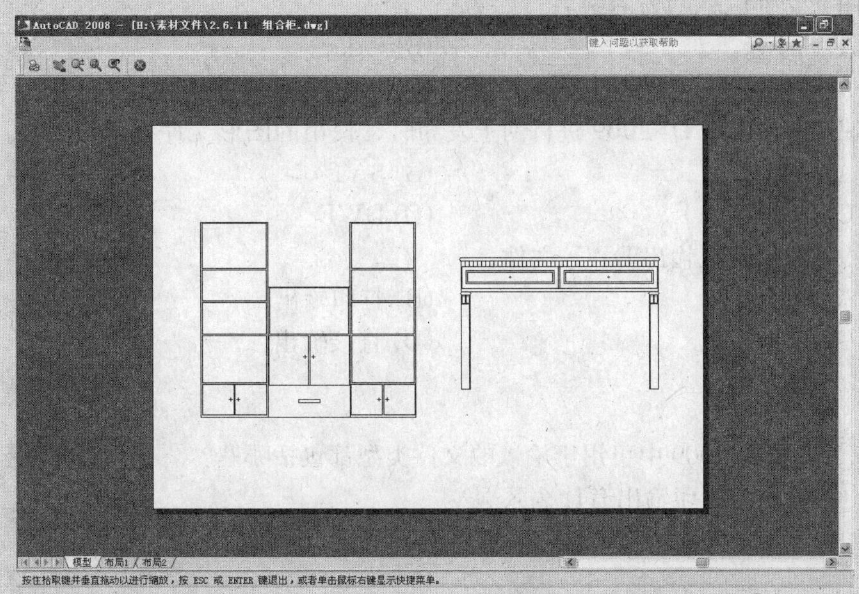

图 14–24　在一张图纸上打印多幅图形

3．如何控制图纸的比例

答：打印图纸时，根据图纸的大小和实际的需要，可以任意调整图纸的比例。打开“打印”对话框，在该对话框中的“打印比例”选项区中取消选中“布满图纸”复选框，然后在“比例”下拉列表中选择合适的打印比例即可，如图 14–25 所示。

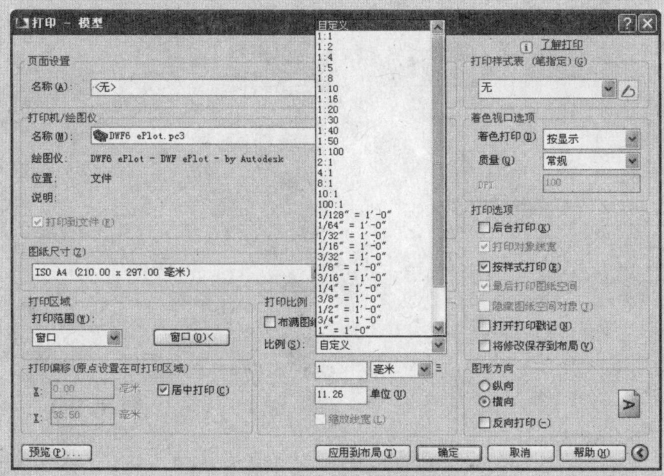

图 14–25　设置打印比例

14.5 习题与上机练习

1．选择题

(1) 图元文件以(　　)为后缀名。

(A) *.dwg　　(B) *.doc

(C) *.wmf　　(D) *.jsp

(2) 使用AutoCAD 2009进行网上发布时，使用的图形文件格式为(　　)。

(A) WMF　　(B) SAT

(C) DGN　　(D) DWF

(3) (　　)方式可以输出DWF文件。

(A) 电子输出　　(B) 打印输出

(C) 网上发布　　(D) 直接输出

2．问答题

(1) AutoCAD 2009中可用于输入的文件类型都包括哪些?

(2) 电子输出与打印输出有什么区别?

(3) 如何在网上发布图形文件?

3．上机练习题

绘制一幅建筑图形，或在素材文件中打开一幅图形，将其发布到网上并打印到图纸上。

第十五章 案例集锦

15

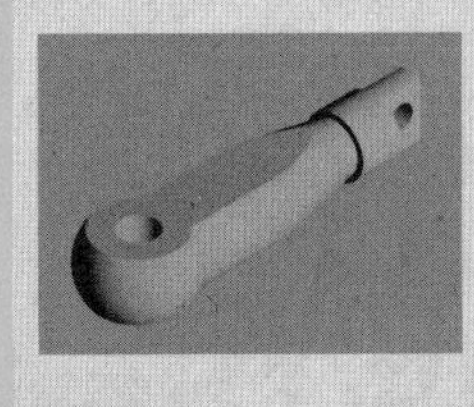

本章内容

案例1：常见户型平面图
案例2：连杆模型
案例3：管束支撑架
案例4：机械零件模型
案例5：经典户型电路布局图

15.1 案例 1：常见户型平面图

常见户型平面图的效果如图 15－1 所示。

制作步骤：

01 设置图形界限。选择“格式”→“图形界限”命令，设置图形界限的左下角点坐标为“0，0”，右上角点坐标为“42000，29700”，然后在命令行中输入 Z 按回车键，选择 All 命令，显示图形界限。

02 新建图层。单击“图层”工具栏中的“图层特性管理器”按钮，打开“图层特性管理器”对话框，在该对话框中新建轴线、墙线、门窗、家具、阳台、图案填充、尺寸标注和文字标注 8 个图层，设置各图层属性如图 15－2 所示。

03 设置对象捕捉。设置轴线层为当前图层。选择“工具”→“草图设置”命令，打开“草图设置”对话框，在该对话框中的“对象捕捉”选项卡中设置对象捕捉模式如图 15－3 所示。

04 绘制轴线。按 F8 功能键打开正交功能，执行绘制直线命令，在绘图窗口中绘制两条相互垂直的直线，水平直线长为 13500，垂直直线长为 12900，效果如图 15－4 所示。

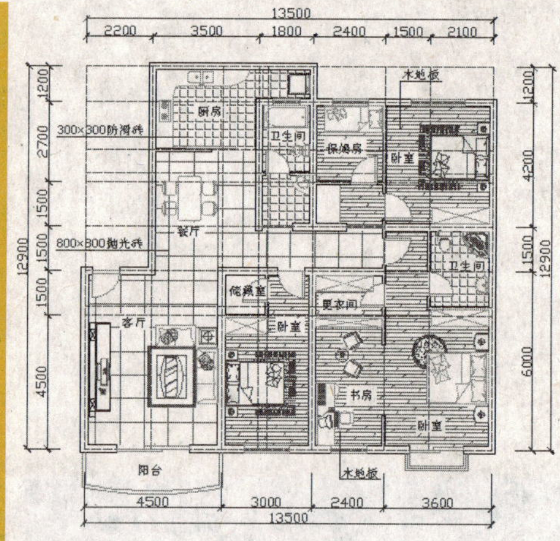

图 15－1　常见户型平面图

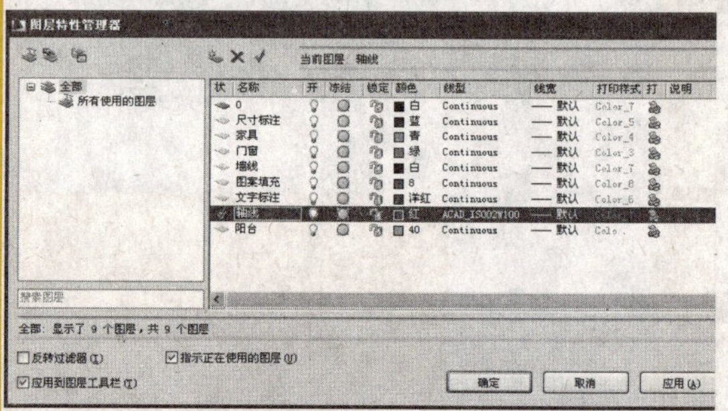

图 15－2　“图层特性管理器”对话框

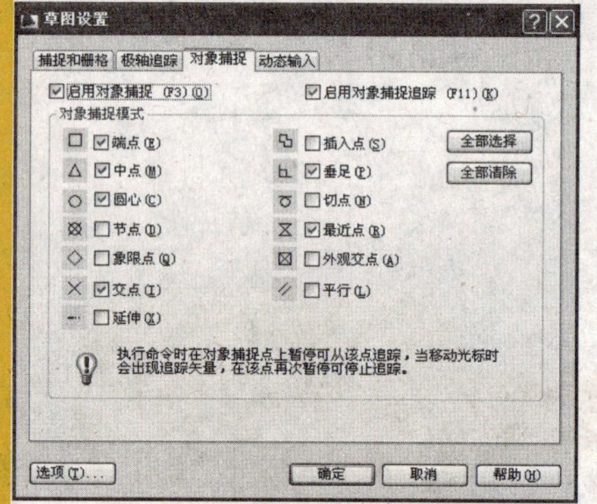

图 15－3　“草图设置”对话框

图 15－4　绘制直线

图 15-5 偏移垂直直线

图 15-6 偏移水平直线

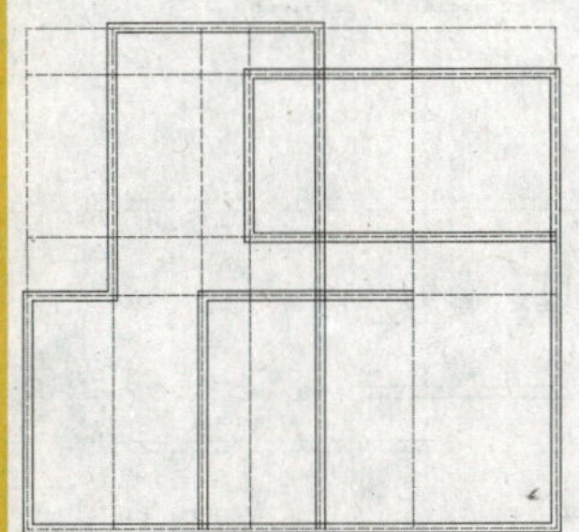
图 15-7 绘制多线

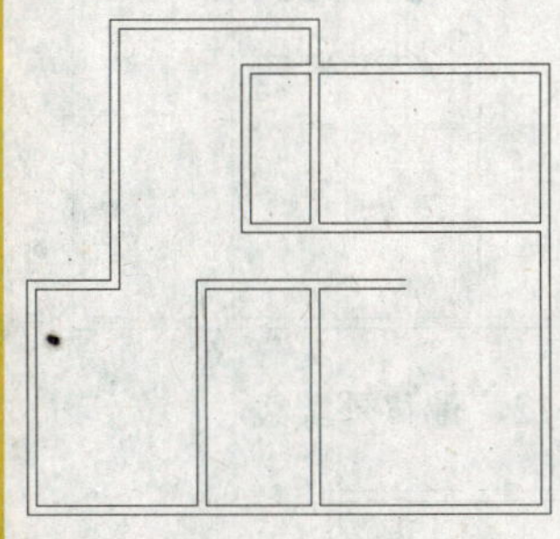
图 15-8 修剪多线

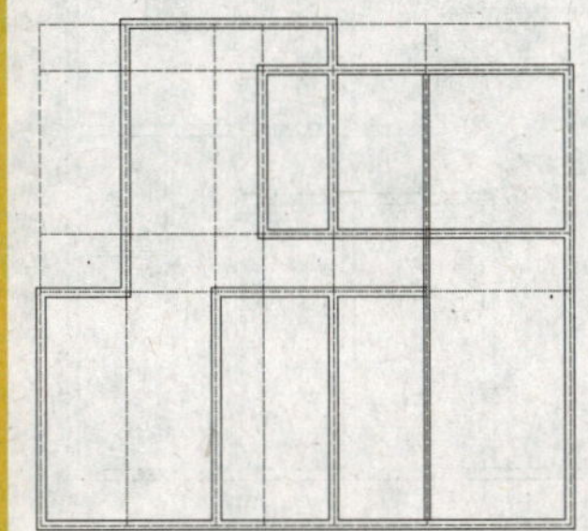
图 15-9 绘制多线

05 偏移轴线。执行偏移命令，依次向右偏移垂直的直线，偏移距离分别为4500，3000，2400和3600，再将右边第三条垂直直线依次向左偏移，偏移距离分别为1800和3500，效果如图15-5所示。

06 继续偏移轴线。执行偏移命令，依次向上偏移水平直线，偏移距离分别为6000，1500，4200和1200，效果如图15-6所示。

07 绘制多线。设置墙线层为当前图层。执行绘制多线命令，设置多线的对正方式为“无”，多线比例为240，绘制如图15-7所示的多线。

08 分解并修剪多线。关闭轴线层。使用分解命令分解绘制的多线，并用修剪命令修剪绘制的图形，效果如图15-8所示。

09 继续绘制多线。打开轴线层。执行绘制多线命令，设置多线比例为120，按照图15-9所示图形绘制多线。

10 继续绘制多线。使用偏移和多线命令，根据图 15−10 所示的尺寸绘制其他比例为 120 的多线。

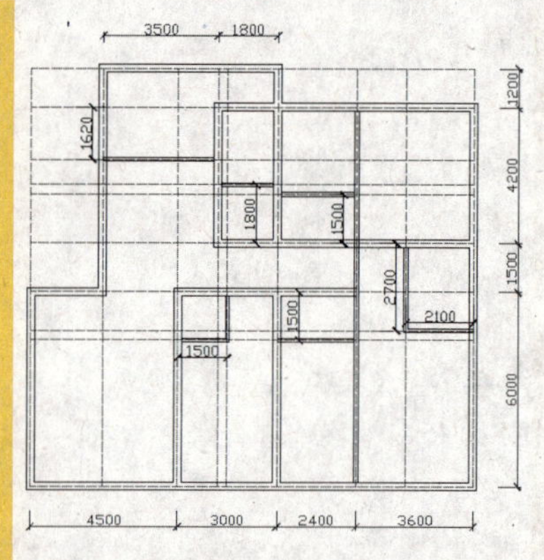

图 15−10　绘制多线

11 分解并修剪多线。关闭轴线层，使用分解命令分解绘制的多线，并对其进行修剪，效果如图 15−11 所示。

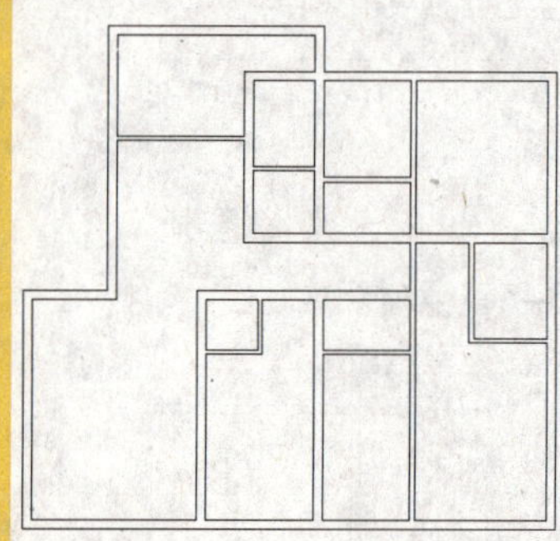

图 15−11　修剪多线

12 偏移直线。执行偏移命令，依次向右偏移最左边的外墙线，偏移的距离分别为 360 和 900，效果如图 15−12 所示。

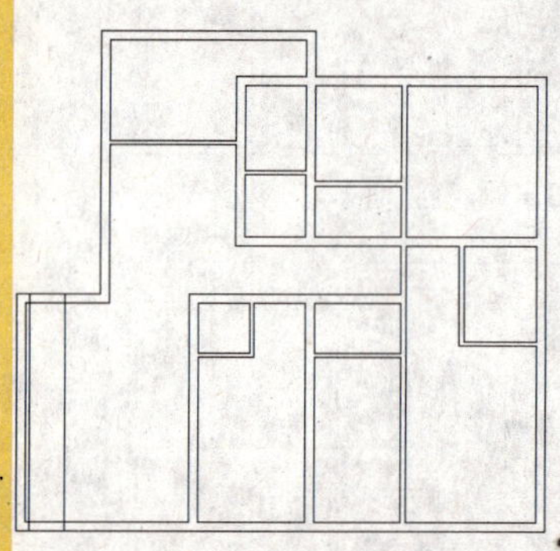

图 15−12　偏移外墙线

13 修剪进户门洞。执行修剪命令，修剪多余的直线，绘制进户门洞，效果如图 15−13 所示。

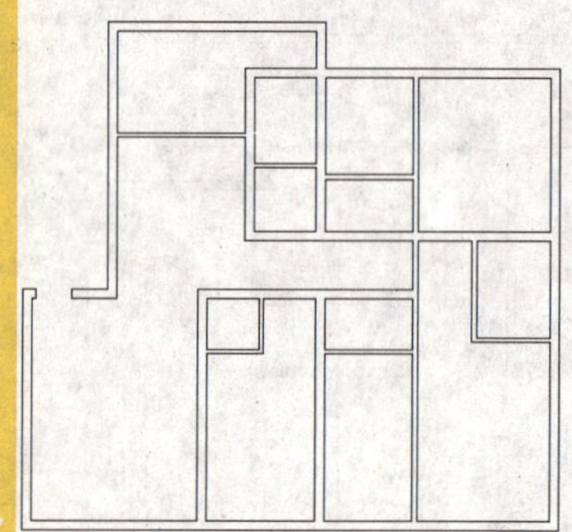

图 15−13　修剪门洞

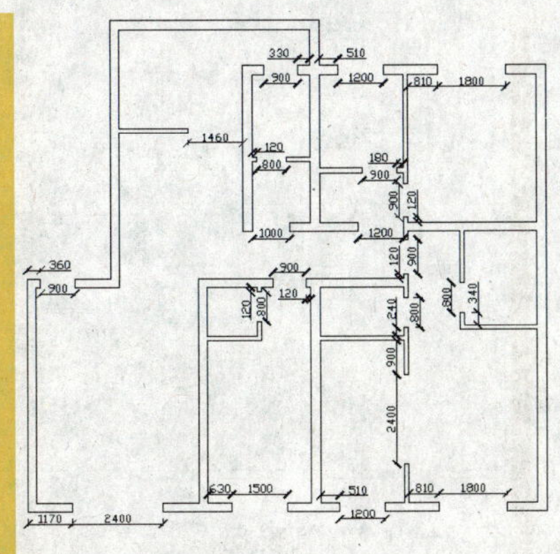

图 15−14 门洞和窗洞尺寸

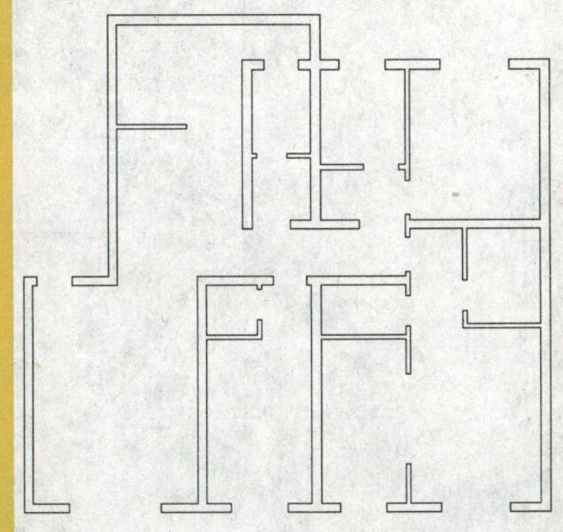

图 15−15 门洞和窗洞效果

图 15−16 绘制矩形和圆 图 15−17 绘制门

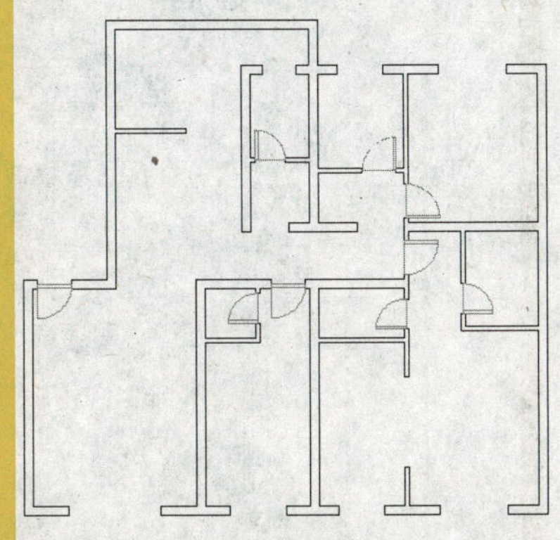

图 15−18 插入门

14 绘制其他门洞和窗洞。根据以上操作，参照如图 15−14 所示尺寸，绘制其他的门洞和窗洞，效果如图 15−15 所示。

15 绘制单开门。设置门窗层为当前图层。执行绘制矩形命令，绘制一个长为 900，宽为 80 的矩形，然后执行绘制圆命令，以矩形左下角点为圆心，绘制一个半径为 900 的圆，最后使用直线命令绘制一条垂直的半径，效果如图 15−16 所示。

执行修剪命令，修剪绘制的矩形和圆，修剪后的效果如图 15−17 所示。

16 创建图块。执行创建块命令，将绘制的门创建成块。根据以上操作，绘制宽度为 800 的门，并将其创建成块。

17 插入图块。执行插入块命令，将创建的块插入到绘制的图形中，效果如图 15−18 所示。

18 绘制直线。执行绘制直线命令，捕捉窗洞端口的端点绘制窗线，使用偏移命令依次向下偏移 3 次绘制的窗线，偏移距离均为 80，完成窗户的绘制，效果如图 15-19 所示。

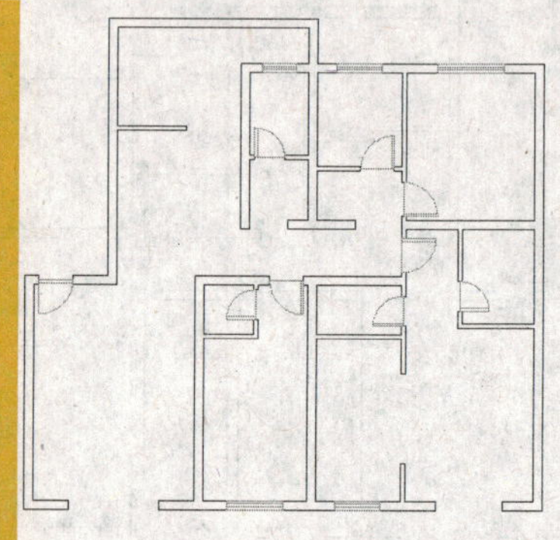
图 15-19　绘制窗户

19 绘制矩形。执行绘制矩形命令，在左下角的门洞处分别绘制两个长为1500，宽为80的矩形，表示推拉门，效果如图15-20所示。

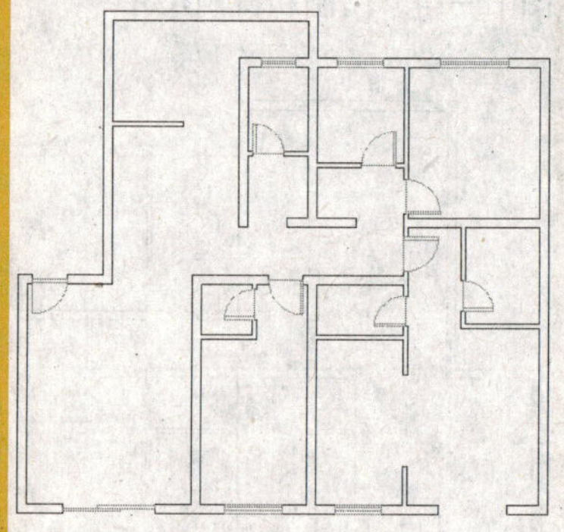
图 15-20　绘制推拉门

20 绘制推拉门。根据以上操作，绘制其他的推拉门，效果如图 15-21 所示。

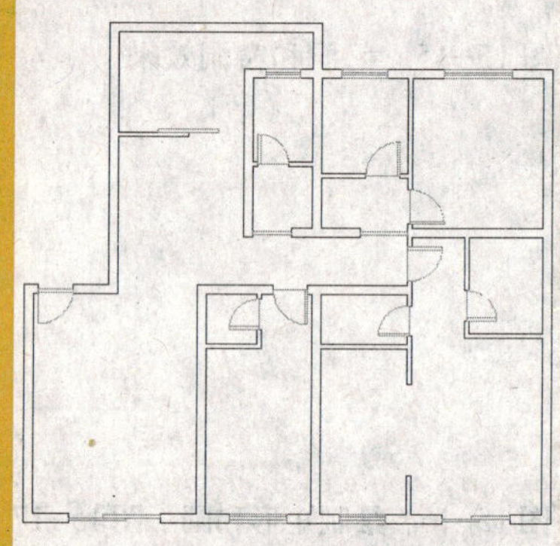
图 15-21　绘制其他推拉门

21 绘制阳台。设置阳台层为当前图层。打开轴线层，执行绘制多线命令，设置多线比例为 120，如图 15-22 所示分别向下绘制两条长为 1500 的垂直多线。执行分解命令，分解绘制的多线。

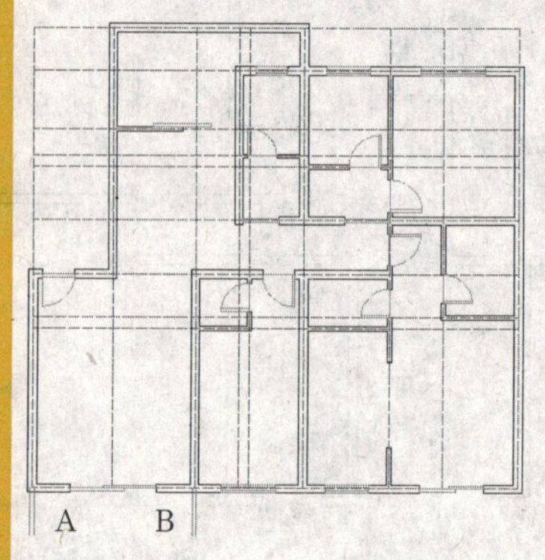

图 15-22　绘制多线

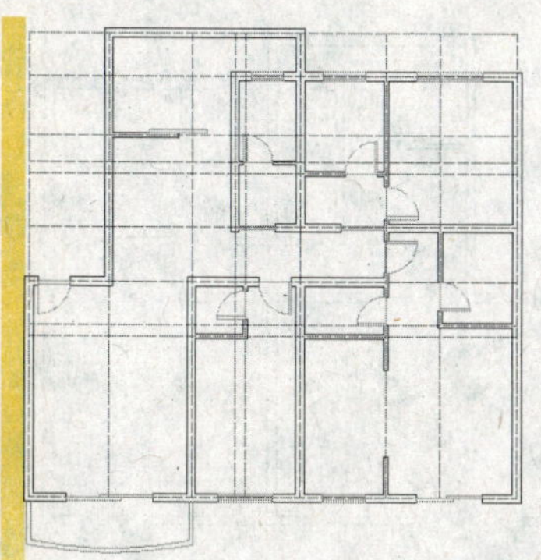
图 15-23 绘制阳台

22 绘制并修剪圆弧。执行绘制圆弧命令，以左右两端外侧直线的下端点为起点绘制半径为12000 的圆弧，并向上偏移绘制的圆弧，偏移距离为 90，执行修剪命令，修剪偏移后图形，完成阳台的绘制，效果如图 15-23 所示。

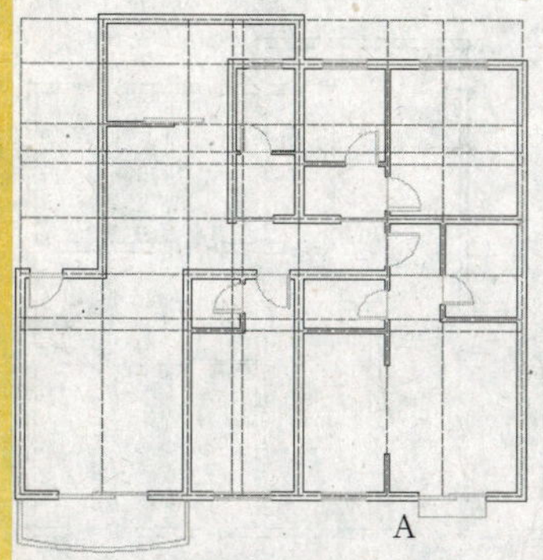

图 15-24 绘制多段线

23 绘制多段线。执行绘制多段线命令，如图 15-24 所示图形中的 A 点为起点，向下绘制长为 425 的垂直线段，再向右绘制长为 1800 的水平线段，最后向上绘制长为 425 的垂直线段，效果如图 15-24 所示。

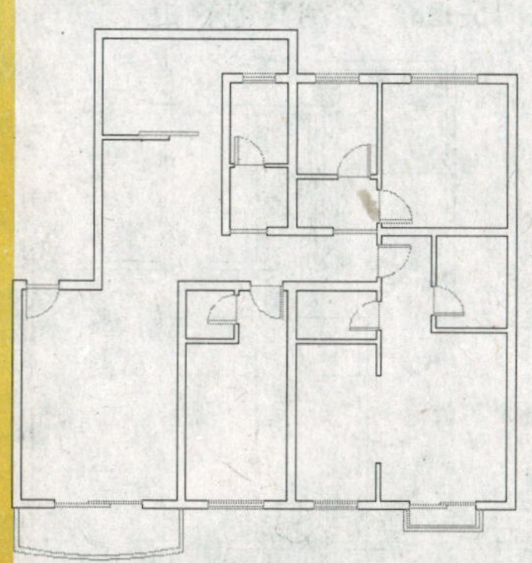
图 15-25 偏移多段线

24 偏移多段线。执行偏移命令，设置偏移距离为 80，依次向下偏移两次绘制的多段线，关闭轴线后的效果如图 15-25 所示。

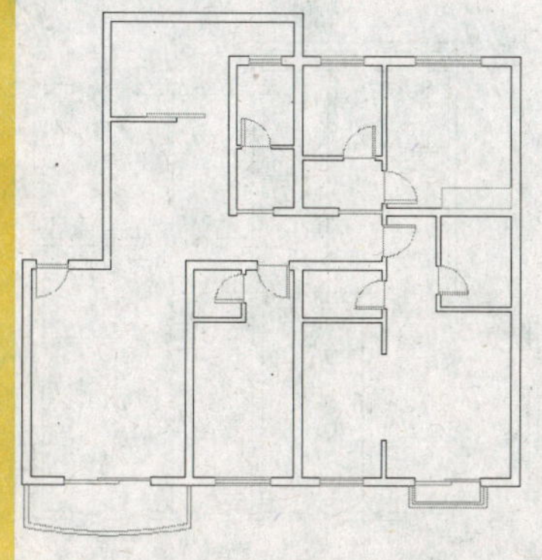
图 15-26 绘制矩形

25 绘制衣柜。设置家具层为当前图层。执行绘制矩形命令，在右上角的卧室中绘制一个长 1900、宽 550 的矩形表示衣柜，效果如图 15-26 所示。

执行绘制直线命令，捕捉衣柜的对角点绘制直线，完成衣柜的绘制，效果如图15−27所示。

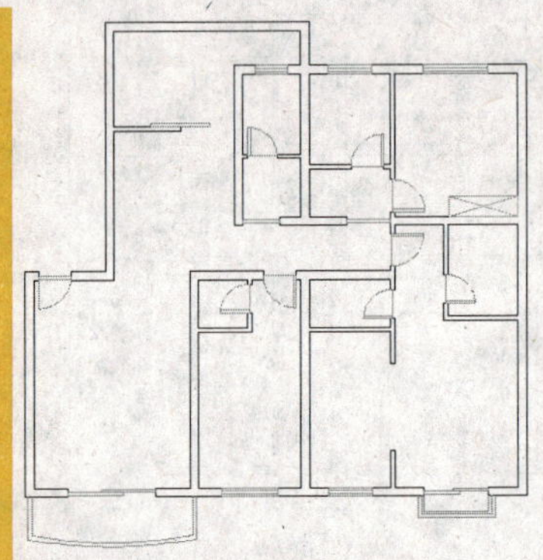

图 15−27　绘制衣柜

26 绘制其他衣柜。根据以上操作绘制其他卧室的衣柜，宽度为550，效果如图15−28所示。

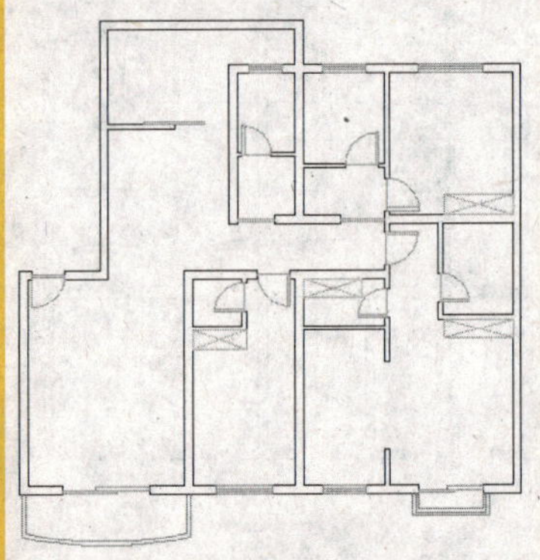

图 15−28　绘制其他衣柜

27 绘制书柜。根据绘制衣柜的方法绘制书柜，书柜的宽为300～350mm，效果如图15−29所示。

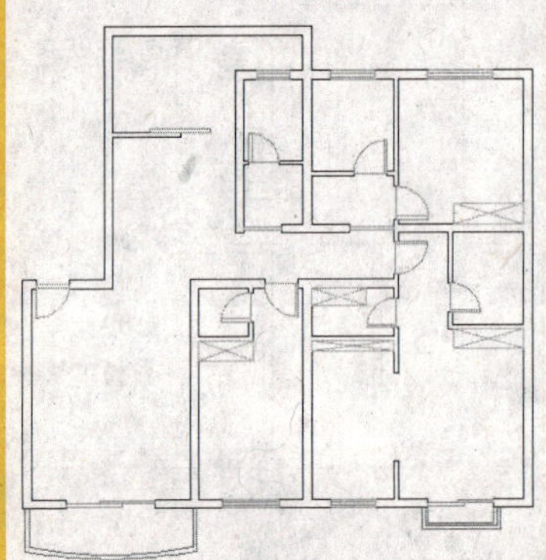

图 15−29　绘制书柜

28 偏移直线。执行偏移命令，向右偏移图中左上角厨房的内墙线，偏移距离分别为560和3050，向下偏移厨房的内墙线，偏移距离为530，效果如图15−30所示。

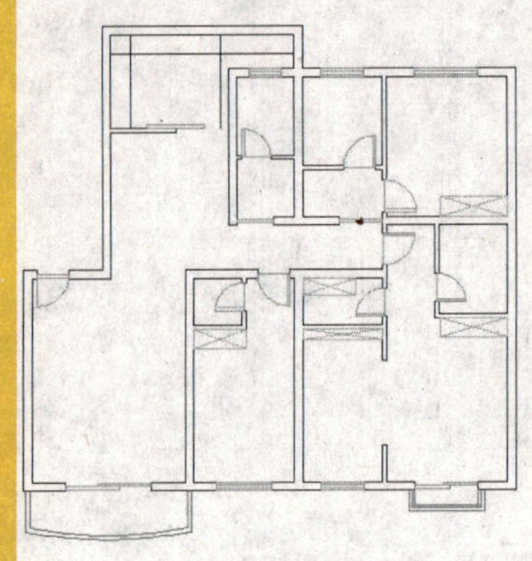

图 15−30　偏移内墙线

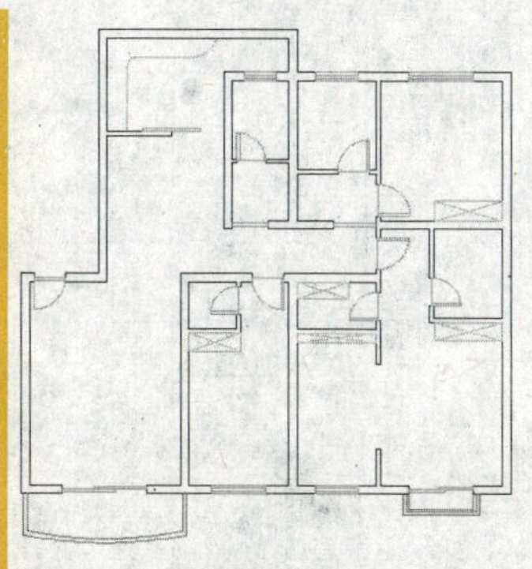

图 15-31 橱柜效果

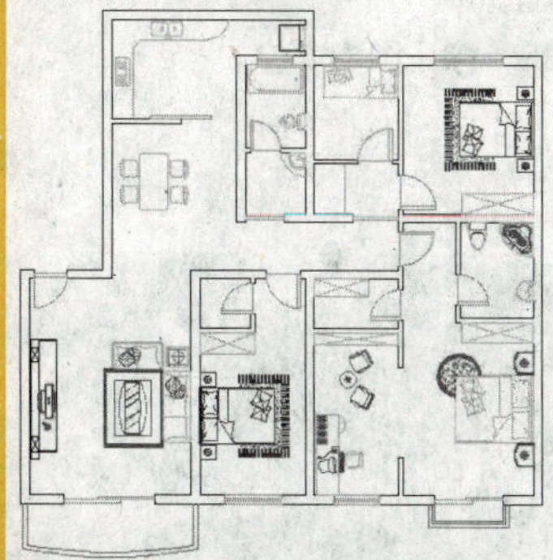

图 15-32 插入图块

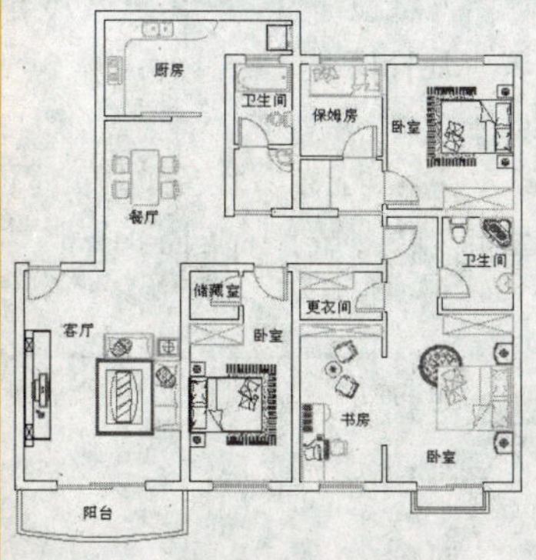

图 15-33 标注图形文字

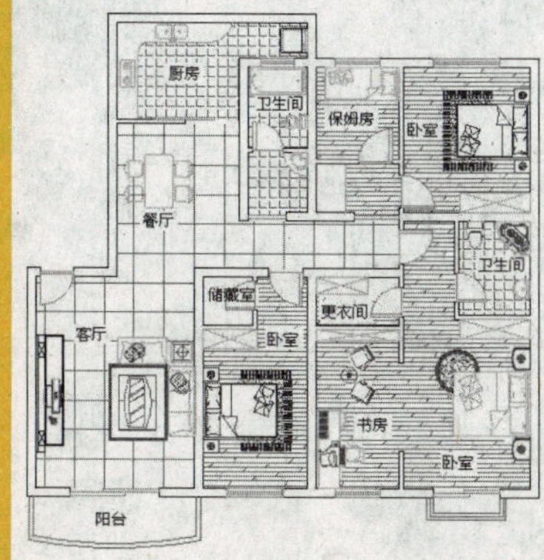

图 15-34 卧室、书房填充效果

29 圆角对象。执行圆角命令，分别设置圆角半径为 300 和 600，圆角偏移的内墙线，完成橱柜的绘制，最后设置橱柜线到家具层，效果如图 15-31 所示。

30 插入图块。执行插入块命令，选择合适的图块插入到绘制的图形中，效果如图 15-32 所示。

31 标注文字。设置文字标注层为当前图层选择“绘图”→“文字”→“单行文字”命令，标注图形中的文字，效果如图 15-33 所示。

32 填充图案。设置图案填充层为当前图层。执行图案填充命令，选择合适的图案填充卧室、书房、保姆房、厨房和卫生间，填充图案后的效果如图 15-34 所示。

33 标注其他文字。回到文字标注图层，使用直线和文字标注命令标注图形文字，效果如图 15−35 所示。

34 标注图形尺寸。设置尺寸标注层为当前图层，使用尺寸标注命令标注图形尺寸，完成常见户型平面图的绘制，最终效果如图 15−1 所示。

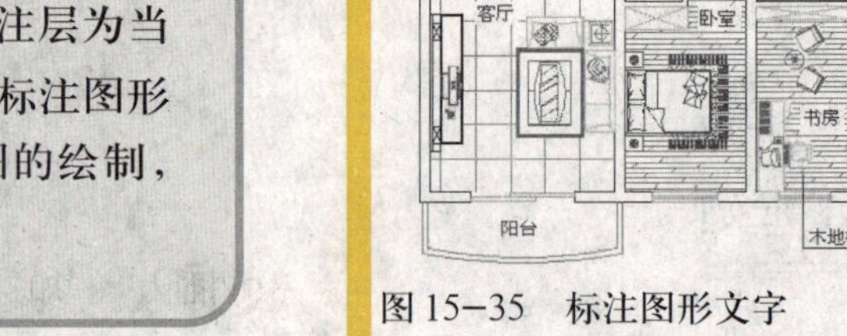

图 15−35　标注图形文字

15.2 案例 2：连杆模型

连杆模型效果如图 15−36 所示。

制作步骤：

01 新建文件。新建一个图形文件，保存并命名为“连杆模型”。

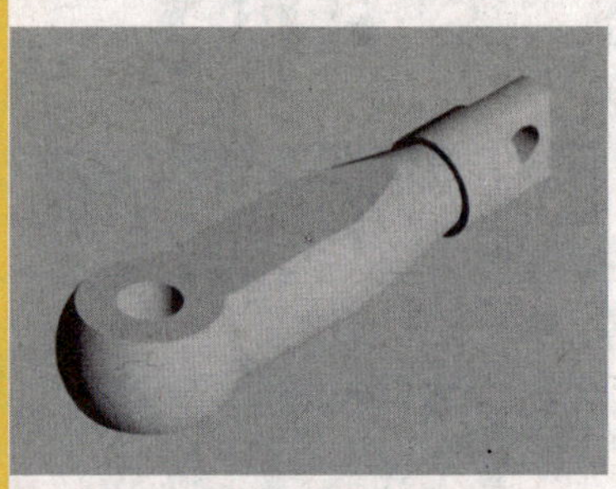

图 15−36　连杆模型

02 设置工作环境。单击“工作空间”工具栏中的下拉按钮，切换工作空间为“三维模型”工作空间，单击“视图”工具栏中的“西南等轴测”按钮转换视图，效果如图 15−37 所示。

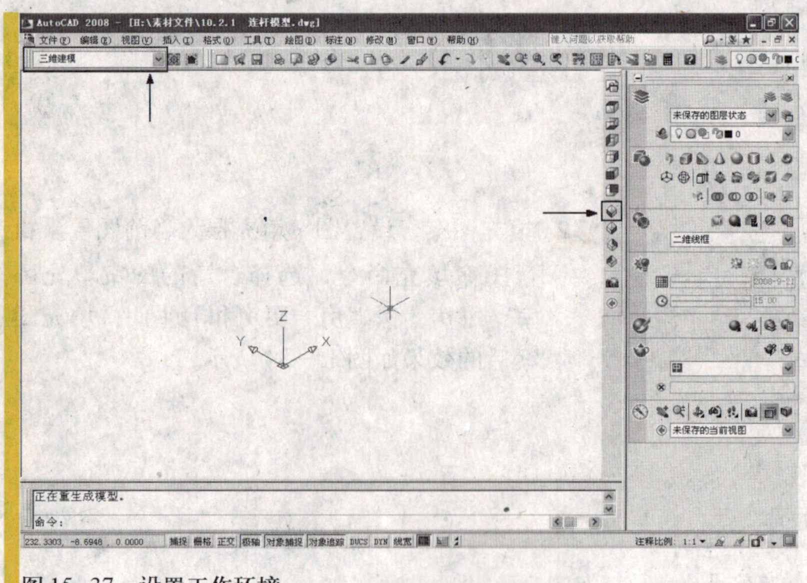

图 15−37　设置工作环境

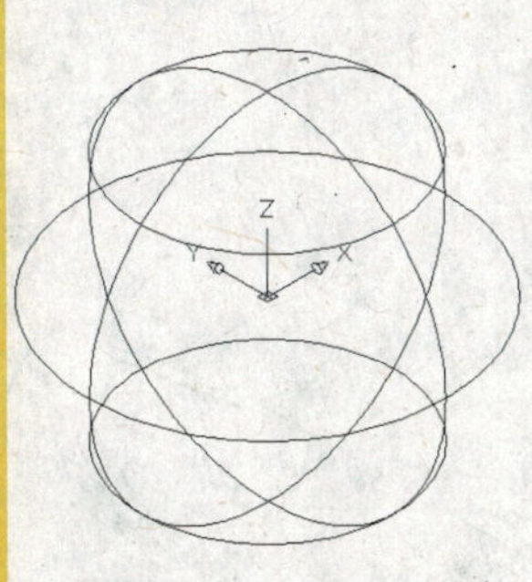

图 15-38　绘制球体

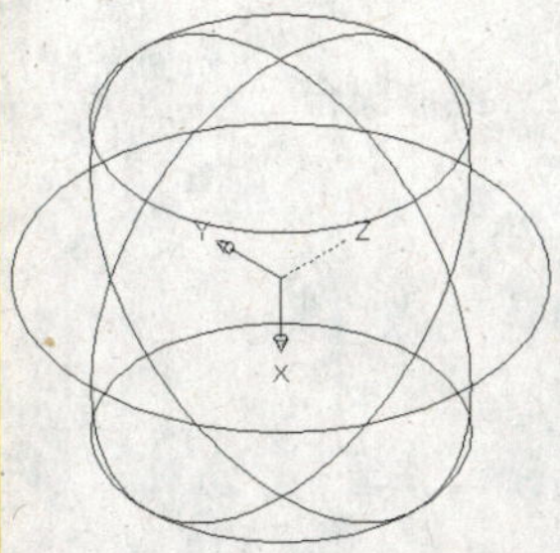

图 15-39　新建用户坐标系

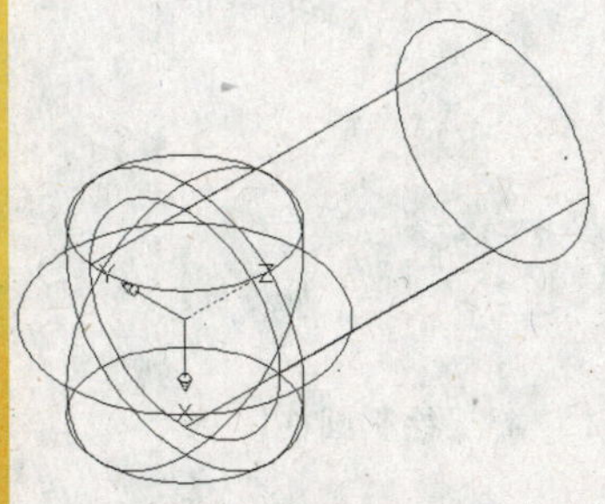

图 15-40　绘制圆柱体

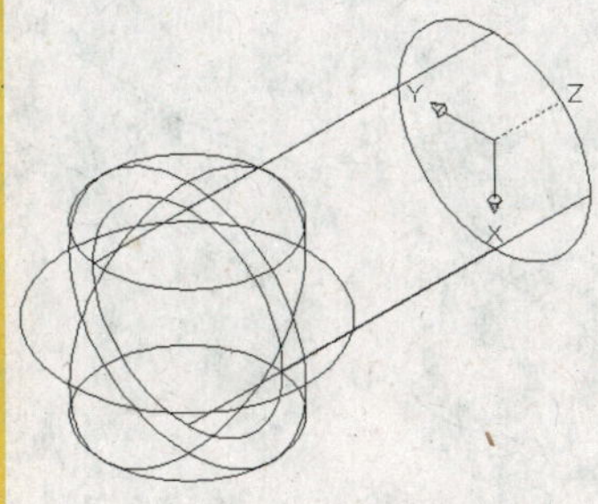

图 15-41　新建用户坐标系

03 绘制球体。单击面板中的“球体”按钮，以坐标系原点为中心点，绘制一个半径为50的球体，命令行提示如下。

命令：_sphere

指定中心点或 [三点(3P)/ 两点(2P)/ 相切、相切、半径(T)]：0,0,0

指定半径或 [直径(D)] <37.6533>：50

绘制的球体效果如图 15-38 所示。

04 新建用户坐标系。使用 ucs 命令新建一个用户坐标系，将当前世界坐标系绕 Y 轴旋转 90° ，命令行提示如下。

命令：ucs

当前 UCS 名称：*世界*

指定 UCS 的原点或 [面(F)/ 命名(NA)/ 对象(OB)/ 上一个(P)/视图(V)/世界(W)/X/Y/Z/Z 轴(ZA)] <世界>：y

指定绕 Y 轴的旋转角度 <90>：

新建用户坐标系的效果如图 15-39 所示。

05 绘制圆柱体。单击面板中的“圆柱体”按钮，以当前坐标系原点为圆柱体底面圆心，绘制一个底面半径为40，高为130的圆柱体，命令行提示如下。

命令：_cylinder

指定底面的中心点或 [三点(3P)/ 两点(2P)/ 相切、相切、半径(T)/ 椭圆(E)]：0,0,0

指定底面半径或 [直径(D)] <50.0000>：40

指定高度或 [两点(2P)/轴端点(A)] <59.8734>：130

绘制的圆柱体效果如图 15-40 所示。

06 新建用户坐标系。使用 ucs 命令新建一个用户坐标系，将当前用户坐标系的原点移动到圆柱体的上底面圆心处，命令行提示如下。

命令：ucs

当前 UCS 名称：*没有名称*

指定 UCS 的原点或 [面(F)/ 命名(NA)/ 对象(OB)/ 上一个(P)/视图(V)/世界(W)/X/Y/Z/Z 轴(ZA)] <世界>：(捕捉圆柱体上底面圆心)

指定 X 轴上的点或 <接受>：

新建用户坐标系效果如图 15-41 所示。

07 绘制圆台。单击面板中的“圆锥体”按钮，以当前用户坐标系原点为圆锥体下底面圆心，绘制一个下底面半径为40，上底面半径为25，高为80的圆台，命令行提示如下。

命令：_cone

指定底面的中心点或［三点(3P)/两点(2P)/相切、相切、半径(T)/椭圆(E)］:(捕捉坐标系原点)

指定底面半径或［直径(D)］<50.0000>：40

指定高度或［两点(2P)/轴端点(A)/顶面半径(T)］<130.0000>：t

指定顶面半径<0.0000>：25

指定高度或［两点(2P)/轴端点(A)］<130.0000>：80

绘制的圆台效果如图15-42所示。

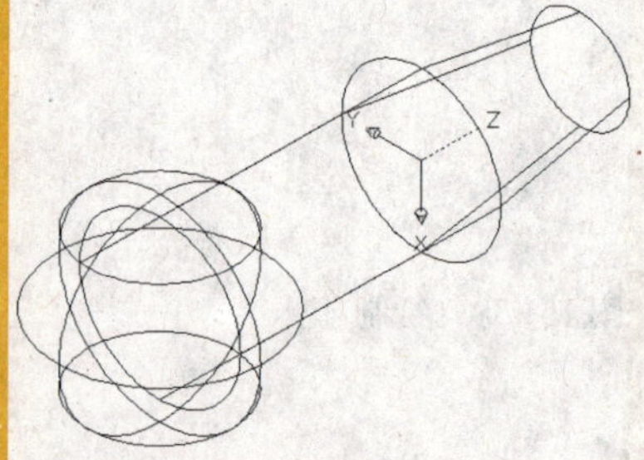

图15-42　绘制圆台

08 绘制圆柱体。继续使用ucs命令新建用户坐标系如图15-43所示。单击面板中的“圆柱体”按钮，以当前用户坐标系原点为底面圆心，绘制一个底面半径为30，高为80的圆柱体，命令行提示如下。

命令：_cylinder

指定底面的中心点或［三点(3P)/两点(2P)/相切、相切、半径(T)/椭圆(E)］:

指定底面半径或［直径(D)］<40.0000>：30

指定高度或［两点(2P)/轴端点(A)］<80.0000>:

绘制的圆柱体效果如图15-43所示。

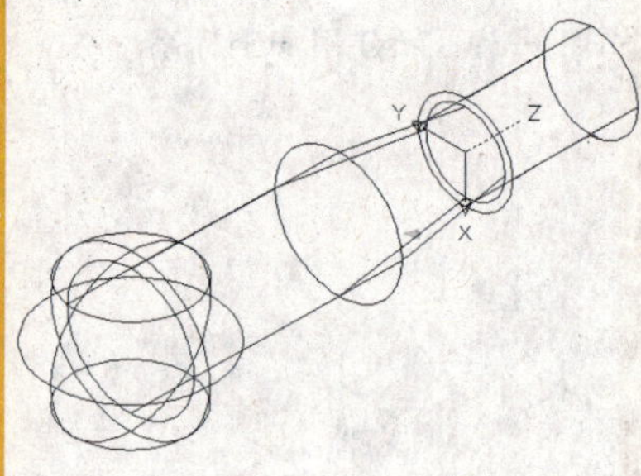

图15-43　绘制圆柱体

09 恢复世界坐标系。使用ucs命令恢复世界坐标系。命令行提示如下。

命令：ucs

当前UCS名称：*没有名称*

指定UCS的原点或［面(F)/命名(NA)/对象(OB)/上一个(P)/视图(V)/世界(W)/X/Y/Z/Z轴(ZA)］<世界>：w

恢复后的世界坐标系如图15-44所示。

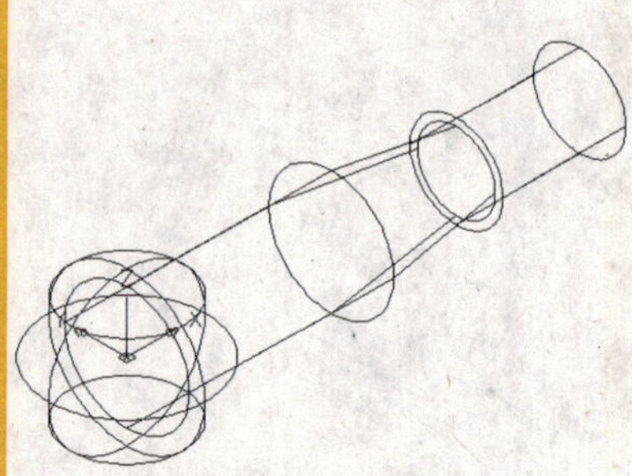
图15-44　恢复世界坐标系

10 合并实体。单击面板中的“并集”按钮，合并绘制的实体。

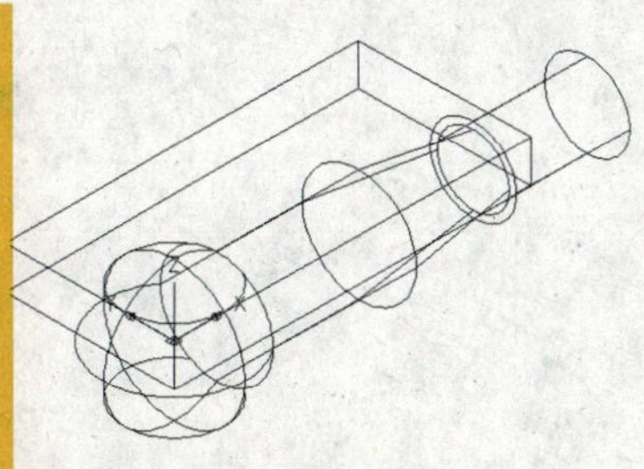
图 15-45　绘制长方体

11 绘制长方体。打开正交功能，单击面板中的"长方体"按钮，在合并后实体的上方绘制一个长为120，宽为250，高30的长方体，命令行提示如下。

命令：_box

指定第一个角点或 [中心(C)]：-60,60,30

指定其他角点或 [立方体(C)/长度(L)]：l

指定长度 <200.0000>：120

指定宽度 <120.0000>：250

指定高度或 [两点(2P)] <30.0000>：30

绘制的长方体效果如图15-45所示。

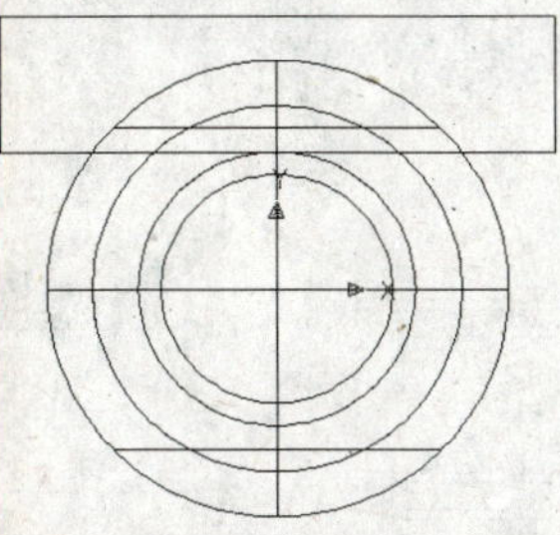
图 15-46　转换视图

12 转换视图。单击"视图"工具栏中的"右视"按钮，转换视图后的效果如图15-46所示。

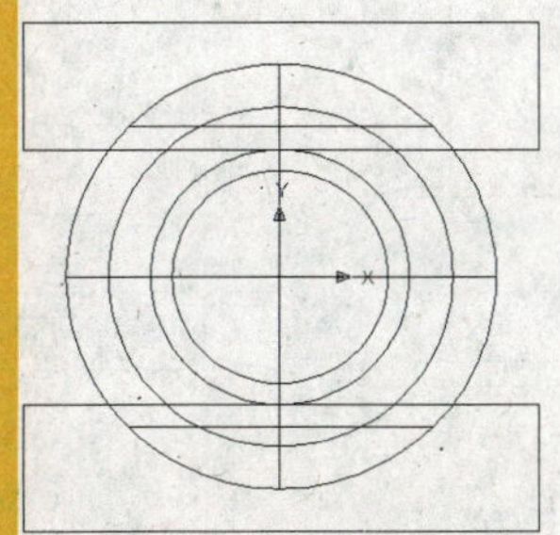
图 15-47　复制长方体

13 复制长方体。单击"修改"工具栏中的"复制"按钮，向下复制一个长方体，复制距离为90，效果如图15-47所示。

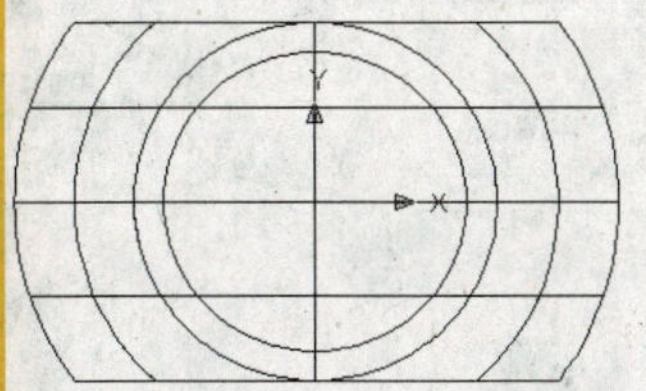
图 15-48　布尔运算

14 布尔运算。单击面板工具栏中的"差集"按钮，用合并后的实体减去新建的两个长方体，差集运算后的效果如图15-48所示。

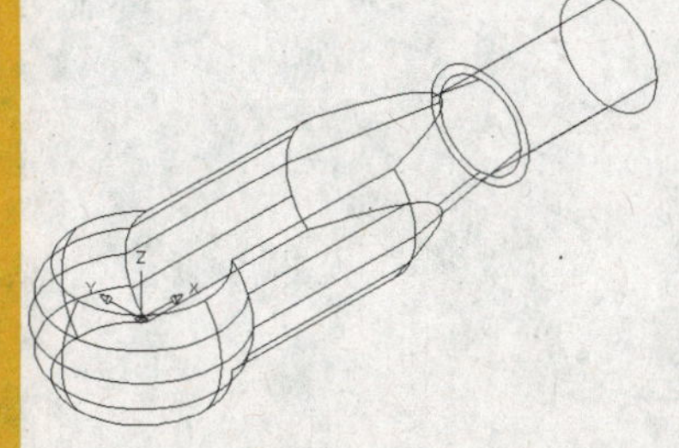
图 15-49　转换视图

15 转换视图。单击"视图"工具栏中的"西南等轴测"按钮转换视图，效果如图15-49所示。

16 绘制长方体。新建用户坐标系如图15-50所示。单击面板中的“长方体”按钮，绘制一个长为80，宽为20，高为40的长方体，命令行提示如下。

```
命令：_box
指定第一个角点或 [中心(C)]：40,-10,-40
指定其他角点或 [立方体(C)/长度(L)]：l
指定长度 <120.0000>：80
指定宽度 <200.0000>：20
指定高度或 [两点(2P)] <30.0000>：40
```

绘制的长方体效果如图15-50所示。

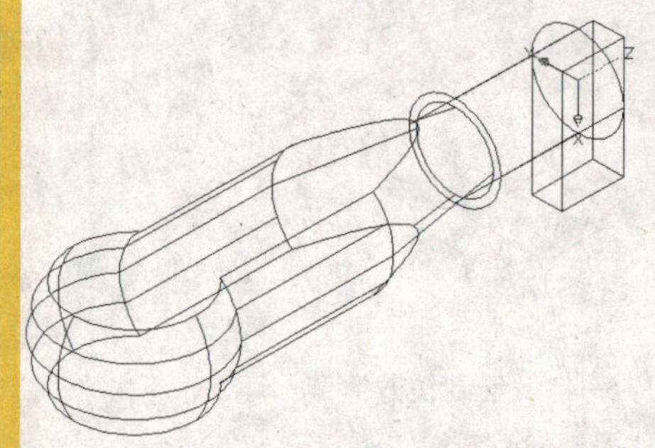

图 15-50　绘制长方体

17 转换视图。单击“视图”工具栏中的“俯视”按钮，转换视图为俯视效果，如图15-51所示。

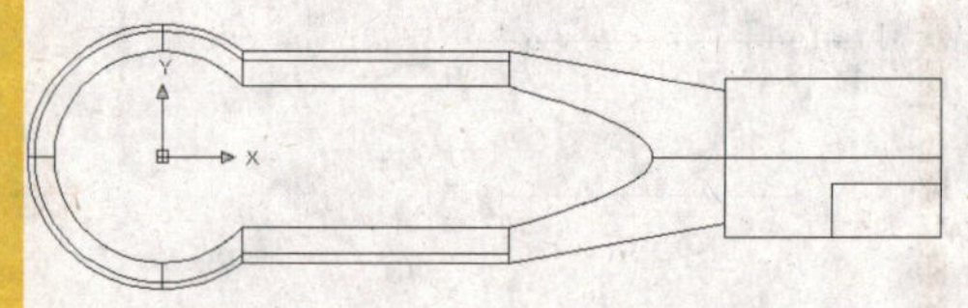

图 15-51　转换视图

18 复制长方体。单击“修改”工具栏中的“复制”按钮，垂直向上复制刚才绘制的长方体，复制的距离为40，效果如图15-52所示。

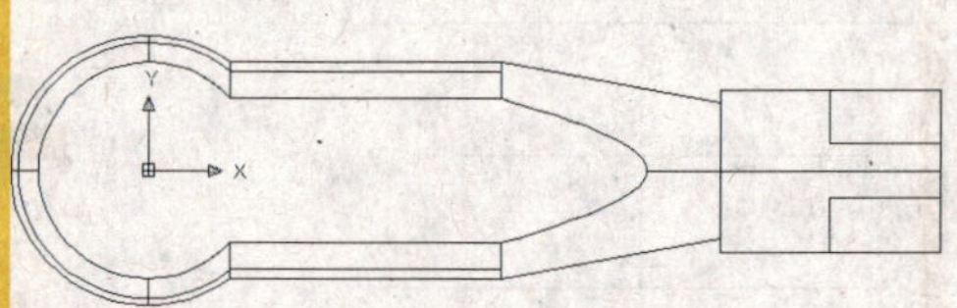

图 15-52　复制长方体

19 布尔运算。单击面板中的“差集”按钮，用合并的实体对象减去右边的两个长方体，差集运算后的效果如图15-53所示。

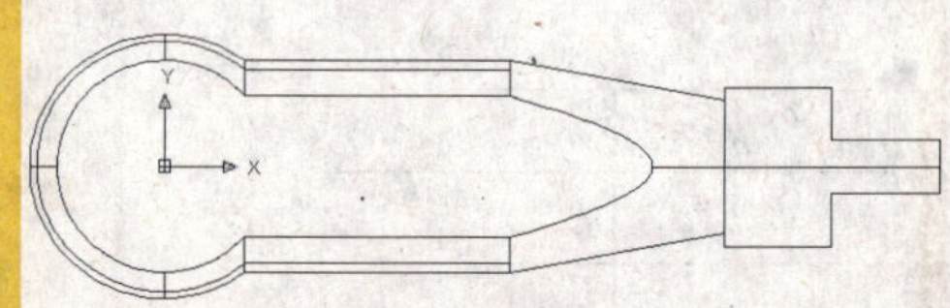

图 15-53　差集运算

20 转换视图。单击“视图”工具栏中的“西南等轴测”按钮，转换视图为西南等轴测效果，如图15-54所示。

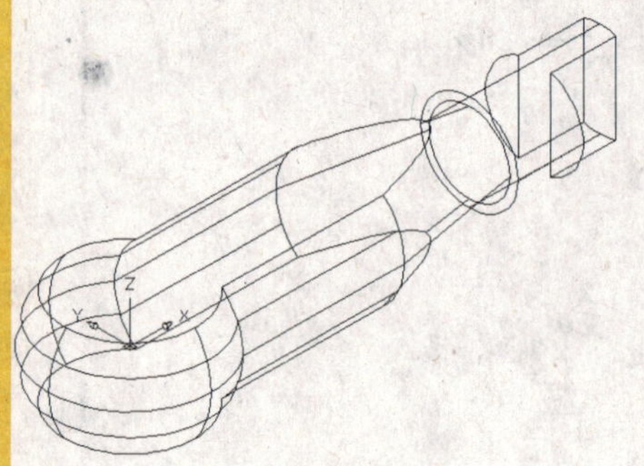

图 15-54　转换视图

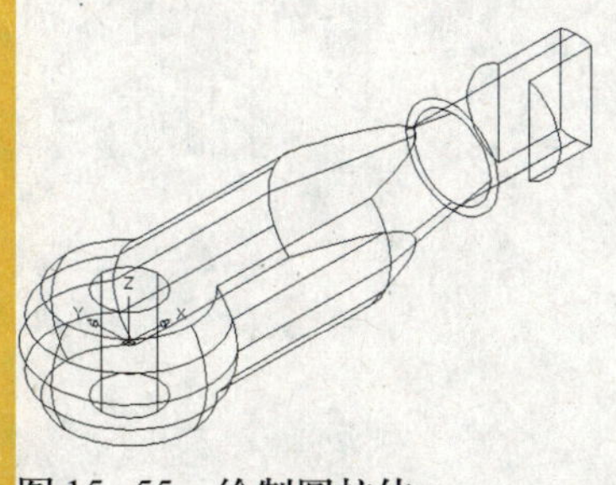

图 15-55　绘制圆柱体

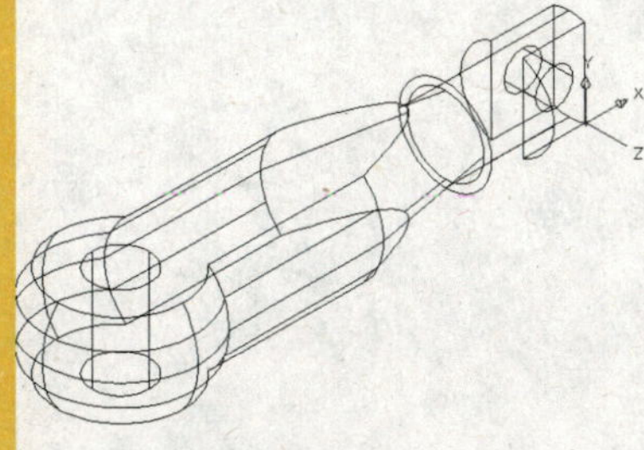

图 15-56　创建圆柱体

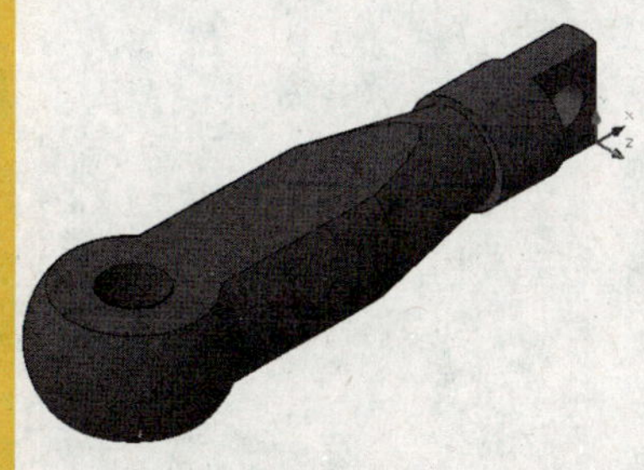

图 15-57　布尔运算

21 绘制圆柱体。使用 ucs 命令恢复世界坐标系，单击面板中的“圆柱体”按钮，在创建的实体中绘制一个底面半径为 18，高为 60 的圆柱体，命令行提示如下。

命令：_cylinder

指定底面的中心点或 [三点(3P)/ 两点(2P)/ 相切、相切、半径(T)/椭圆(E)]：0,0,30

指定底面半径或 [直径(D)] <30.0000>：18

指定高度或 [两点(2P)/轴端点(A)] <40.0000>：-60

绘制的圆柱体效果如图 15-55 所示。

22 绘制另一个圆柱体。使用 ucs 命令新建用户坐标系，如图 15-56 所示。单击面板中的“圆柱体”按钮，在创建的实体中绘制一个底面半径为 12，高为 20 的圆柱体，命令行提示如下。

命令：_cylinder

指定底面的中心点或 [三点(3P)/ 两点(2P)/ 相切、相切、半径(T)/椭圆(E)]：-20,30,0

指定底面半径或 [直径(D)] <18.0000>：12

指定高度或 [两点(2P)/轴端点(A)] <-60.0000>：-20

创建的圆柱体效果如图 15-56 所示。

23 布尔运算。单击面板中的“差集”按钮，用合并的实体减去创建的两个圆柱体，最后单击“视觉样式”工具栏中的“概念视觉样式”按钮，效果如图 15-57 所示。

24 为创建的实体模型附着材质，渲染后的效果如图 15-36 所示。

15.3 案例 3：管束支撑架

管束支撑架的效果如图 15-58 所示。

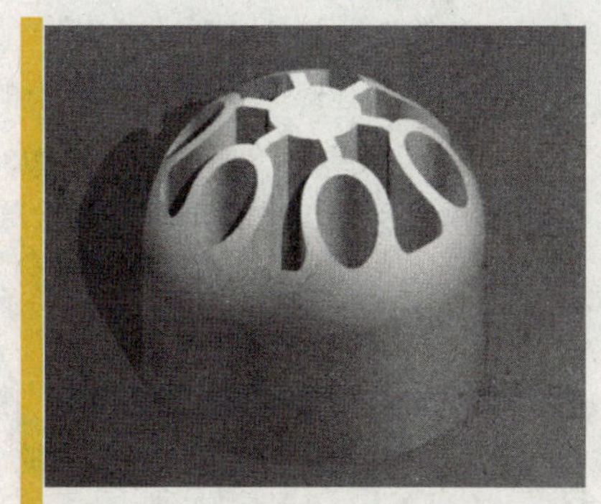

图 15-58　管束支撑架

制作步骤：

01 绘制圆。切换视图到俯视图，执行绘制圆命令，在绘图窗口中分别绘制半径为13、18、58和63的4个同心圆，如图15-59所示。

02 复制并移动圆。按“F 8”键打开正交功能，执行复制命令，复制半径为13和18的圆，然后向右移动45，效果如图15-60所示。

03 绘制并偏移直线。执行绘制直线命令，指定半径为13的圆的圆心为起点，另一个半径为13的圆的圆心为终点绘制一条直线，执行偏移命令，设置偏移距离为2.5，分别将绘制的直线向上和向下偏移，效果如图15-61所示。

04 修剪图形。执行修剪命令，修剪偏移后的直线和圆，效果如图15-62所示。

05 圆角图形。执行圆角命令，设置圆角半径为3，圆角修剪后的图形，效果如图15-63所示。

06 环形阵列。执行环形阵列命令，以半径为63的圆的圆心为阵列的中心点，选择图15-64所示图形中的虚线对象，设置阵列的项目数为6，填充角度为360°，阵列的效果如图15-65所示。

07 修剪图形。执行修剪命令，修剪阵列后的图形，效果如图15-66所示。

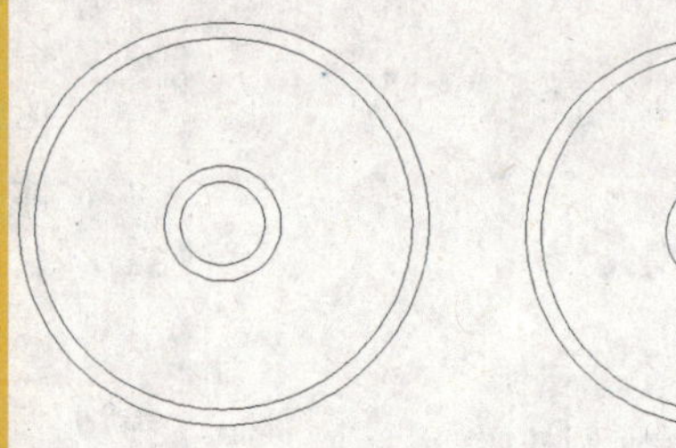

图15-59　绘制同心圆　　图15-60　复制圆

图15-61　绘制并偏移直线

图15-62　修剪直线和圆

图15-63　圆角操作

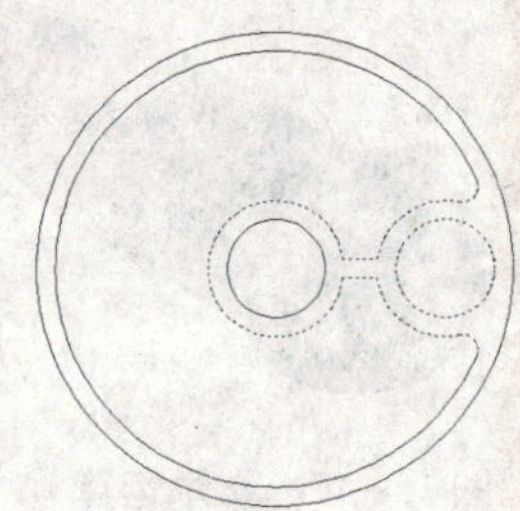

图15-64　选择阵列对象

图15-65　阵列图形

图15-66　修剪图形

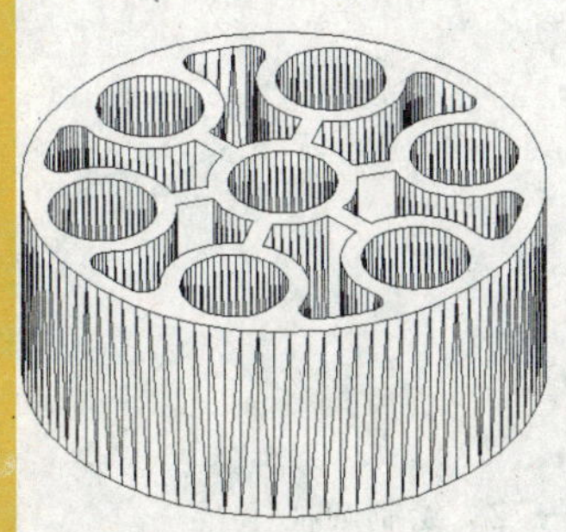
图 15-67　拉伸生成实体

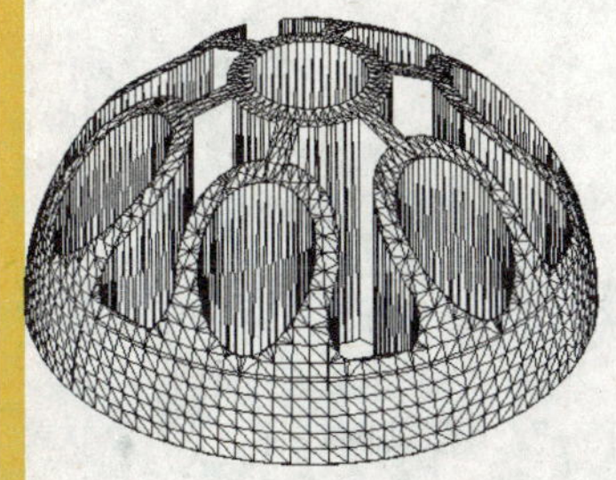
图 15-68　交集运算

08 创建面域。执行创建面域命令，将修剪后的图形创建成面域对象，再执行差集命令，用半径为 63 的圆减去该圆内创建的所有面域对象。

09 拉伸图形。切换视图到“东南等轴测”视图，执行实体拉伸命令，拉伸面域后的图形，拉伸高度为 55，倾斜角度为 0，效果如图 15-67 所示。

10 绘制球体。执行复制命令，在绘图窗口的空白处复制一个拉伸后的实体。执行绘制球体命令，以复制后实体的下底面圆心为中心，绘制一个半径为 63 的球体，再执行交集命令，对这两个实体进行交集运算，效果如图 15-68 所示。

11 移动交集后实体。执行移动命令，捕捉如图 15-68 所示实体下底面圆心，将其移动到图 15-67 所示实体上底面圆心处。为实体附着材质，渲染后的效果如图 15-58 所示。

15.4 案例 4：机械零件模型

机械零件模型的效果如图 15-69 所示

图 15-69　机械零件模型

制作步骤：

01 绘制长方体。切换视图到东南等轴测，执行绘制长方体命令，在绘图窗口中绘制一个长为 130，宽为 130，高为 15 的长方体。然后执行圆角命令，设置圆角半径为 4，对绘制的长方体的 4 条棱进行圆角操作，如图 15-70 所示。

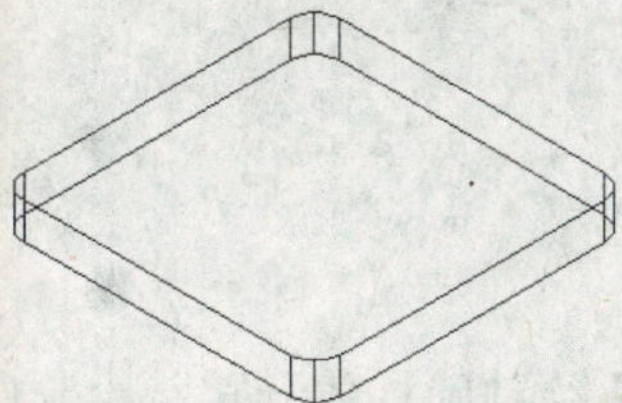
图 15-70　绘制并圆角长方体

02 绘制圆柱体。执行绘制圆柱体命令，以如图 15-71 所示长方体圆角端点为圆柱体底面圆心，绘制一个底面半径为 10，高为 15 的圆柱体，效果如图 15-72 所示。

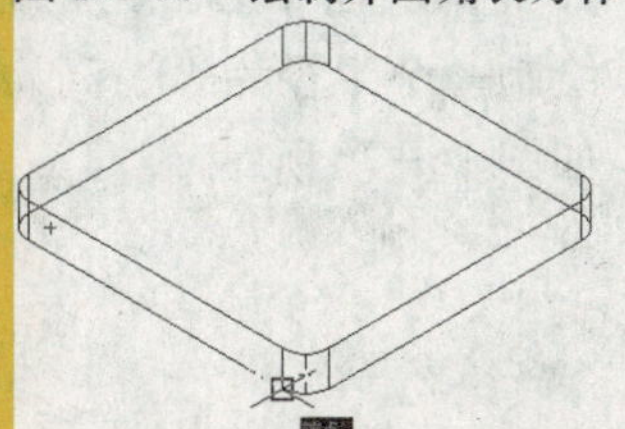
图 15-71　捕捉长方体圆角端点

03 移动圆柱体。执行移动命令，以圆柱体底面圆心为基点，以点（@-10，20，0）为目标点，移动绘制的圆柱体，效果如图 15-73 所示。

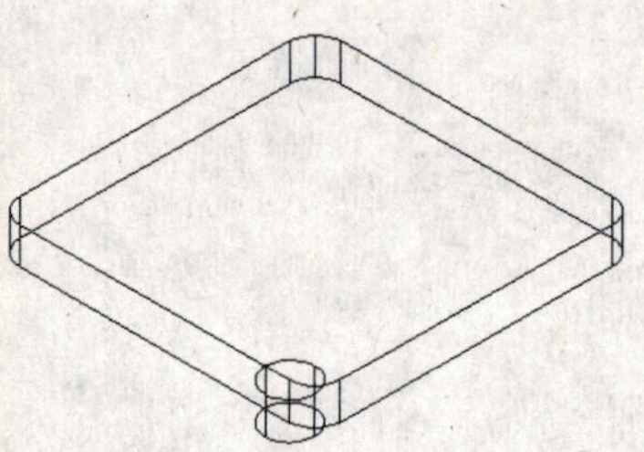
图 15-72　绘制圆柱体

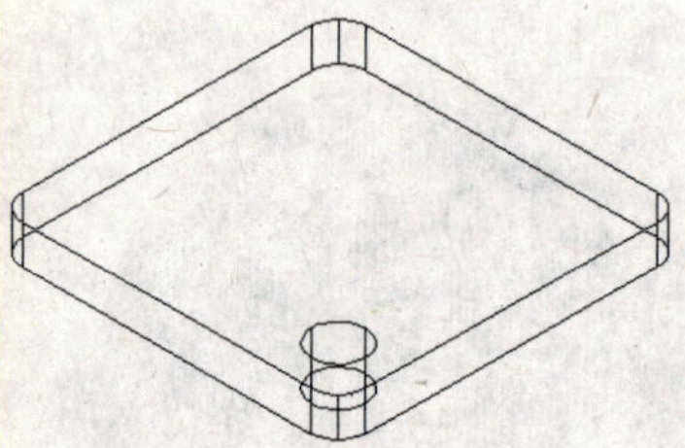
图 15-73　移动圆柱体

04 矩形阵列圆柱体。执行矩形阵列命令，设置阵列的行数为 2，列数为 2，行偏移为 90，列偏移为 -90，矩形阵列移动后的圆柱体，效果如图 15-74 所示。

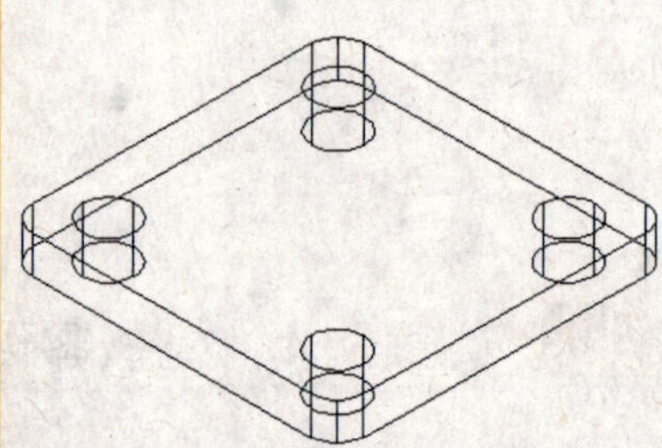
图 15-74　阵列圆柱体

05 布尔运算。执行差集命令，对圆角后的长方体和阵列的圆柱体进行差集运算，效果如图 15-75 所示。

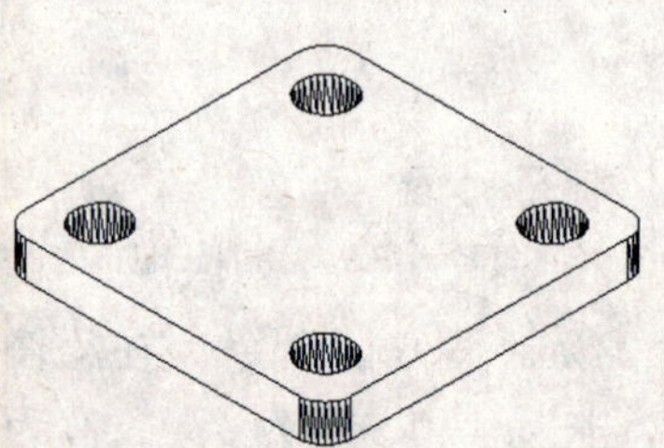
图 15-75　布尔运算

06 绘制圆柱体。执行绘制圆柱体命令，以长方体底面中心点为圆柱体底面圆心，绘制一个半径为 40、高为 170 的圆柱体，如图 15-76 所示。

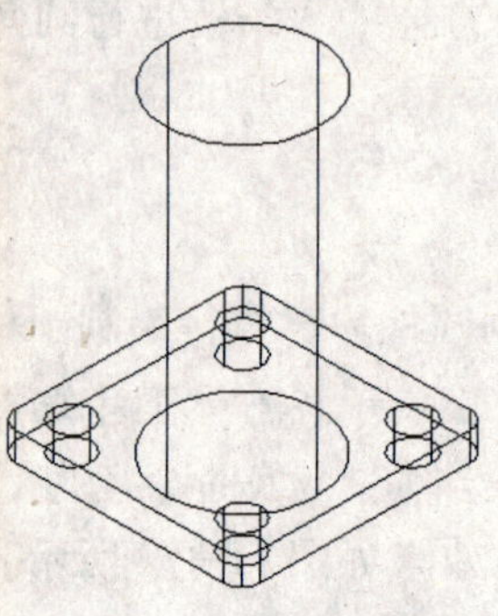
图 15-76　绘制圆柱体

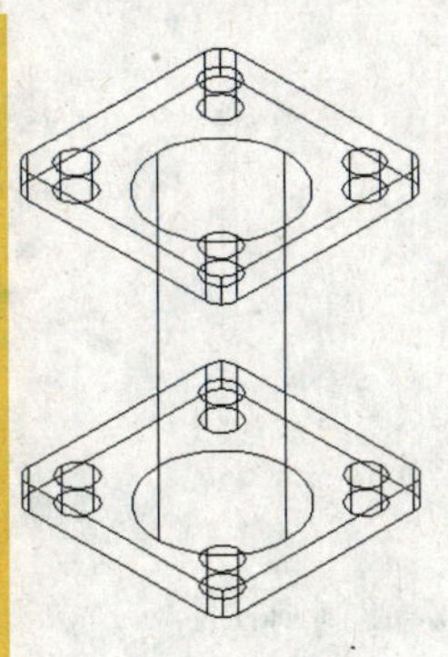

图 15-77　复制实体

07 复制实体。执行复制命令，复制一个差集后的实体，并将其移动到圆柱体的上底面，效果如图 15-77 所示。

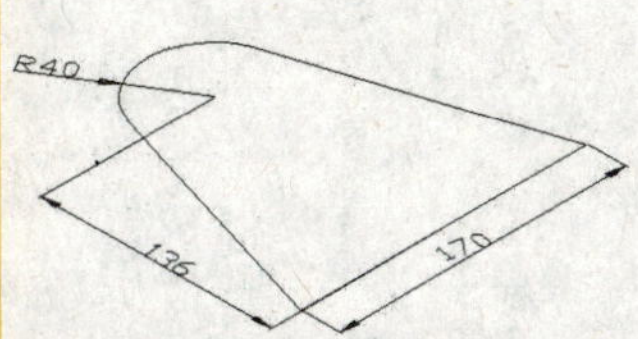

图 15-78　绘制面域对象

08 创建面域。使用直线、圆和修剪命令绘制如图 15-78 所示图形，并将其创建成面域对象。

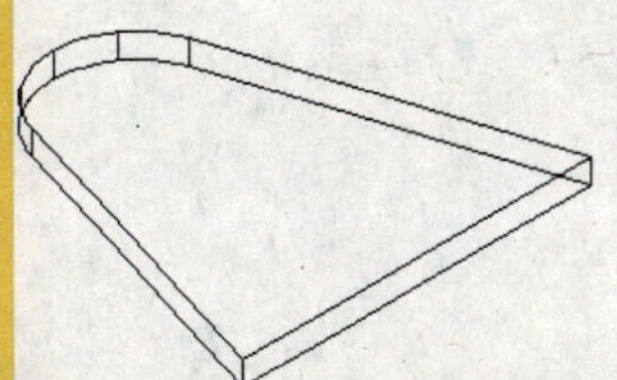

图 15-79　拉伸实体

09 拉伸生成实体。执行实体拉伸命令，将绘制的面域对象拉伸成实体，拉伸高度为12，倾斜角度为0，效果如图 15-79 所示。

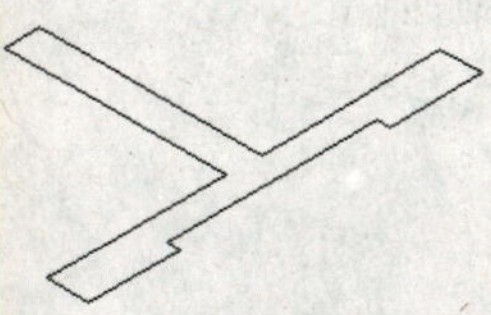

图 15-80　创建面域对象

10 绘制多段线。执行多段线命令，在绘图窗口中任意指定一点，然后依次指定点(@6,0)、点(@0,40)、点(@-18,0)、点(@0,-78)、点(@-95,0)、点(@0,-15)、点(@95,0)、点(@0,-78)、点(@18,0)、点(@0,40)和点(@-6,0)，最后输入C按回车键闭合多段线，并将绘制的图形创建成面域对象，如图 15-80 所示。

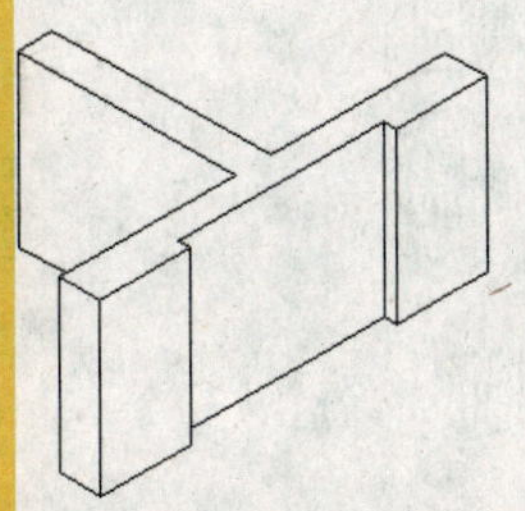

图 15-81　拉伸创建实体

11 拉伸创建实体。执行实体拉伸命令，拉伸创建的面域对象，拉伸的高度为75，倾斜角度为0，效果如图 15-81 所示。

12 绘制圆柱体。新建用户坐标系如图15−82所示，执行绘制圆柱体命令，以点(@−16，0，0)为圆柱体底面的圆心，绘制一个底面半径为8，高度为−18的圆柱体，效果如图15−82所示。

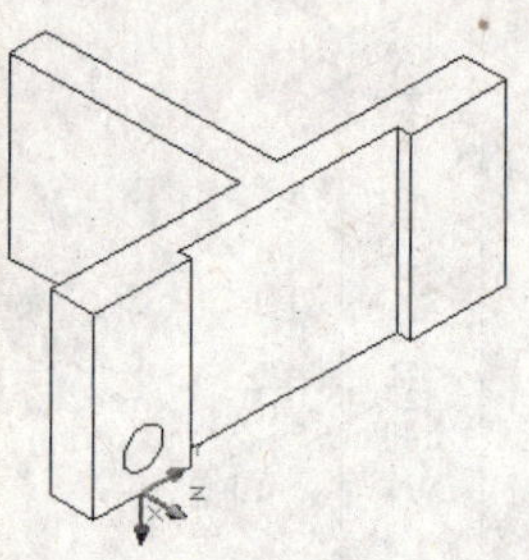

图15−82　绘制圆柱体

13 矩形阵列。执行矩形阵列命令，设置阵列的行数为2，列数为2，行间距为131，列间距为−43，矩形阵列绘制的圆柱体，并对其执行差集运算，效果如图15−83所示。

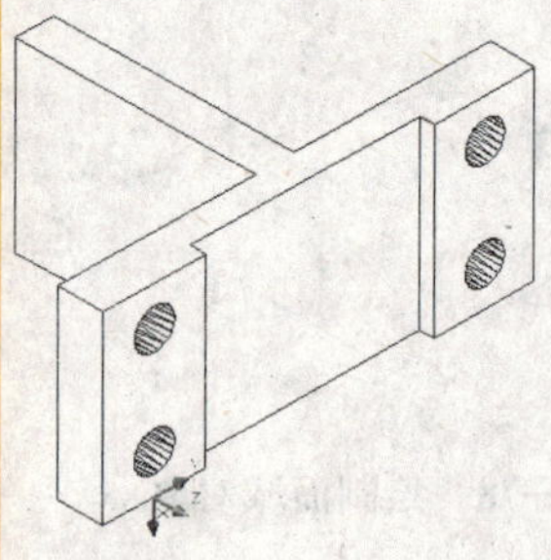

图15−83　布尔运算

14 移动实体。恢复世界坐标系，执行移动命令，移动创建的实体，并对其进行并集运算，效果如图15−84所示。

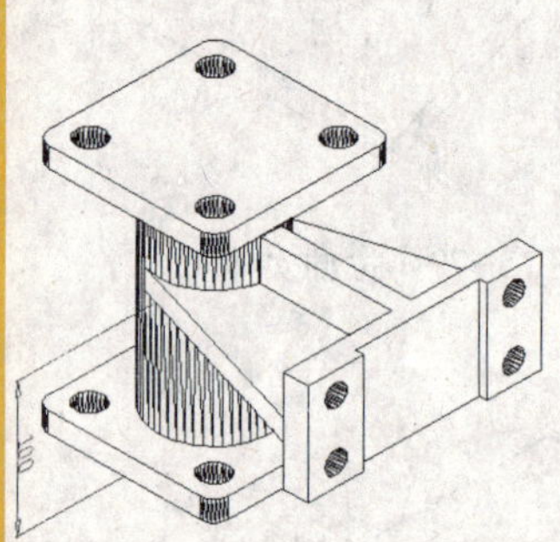

图15−84　移动实体

15 绘制圆柱体。执行绘制圆柱体命令，以圆柱体下底面圆心为底面圆心，绘制一个底面半径为34，高为170的圆柱体，然后执行差集运算，效果如图15−85所示。

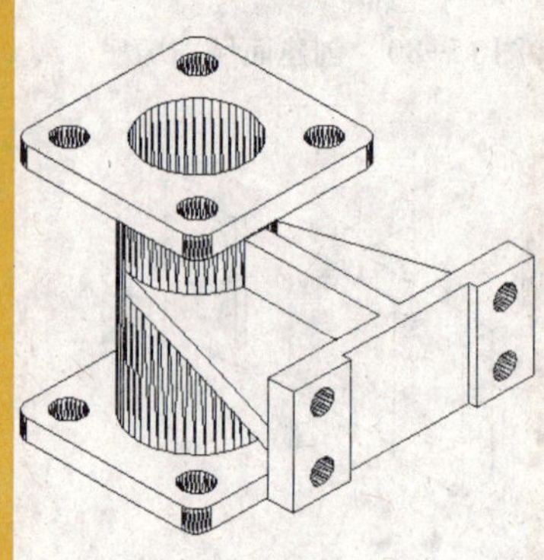

图15−85　差集运算

16 渲染实体模型。为创建的实体附着材质、光源和背景，渲染后的效果如图15−69所示。

15.5 案例 5：经典户型电路布局图

经典户型电路布局图的效果如图 15-86 所示。

表 15-1 电气元件图例

元件	含义	元件	含义
K	空调插座	TV	电视插座
	电源插座		电话插座
	地面插座		网络插座
	双向开关		一位开关
	门铃		二位开关
	对讲机		三位开关
	配电箱		

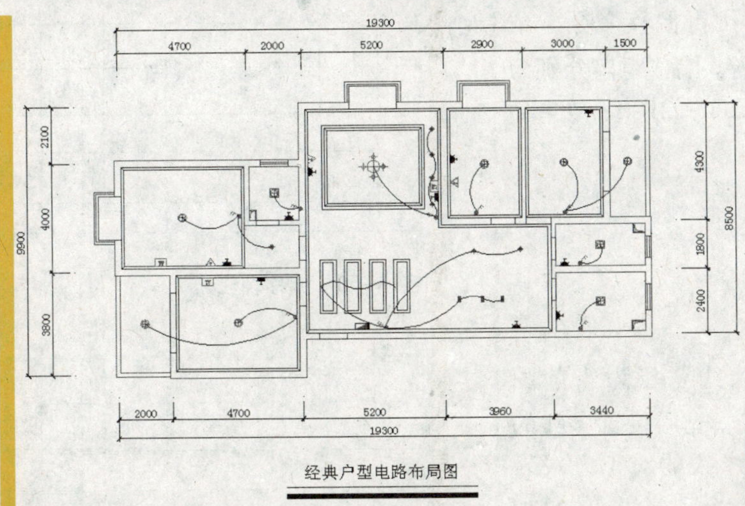

图 15-86 经典户型电路布局图

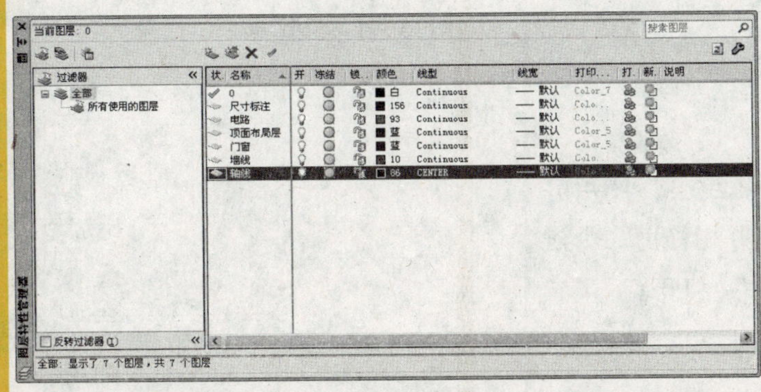

图 15-87 创建图层

操作步骤：

01 创建图层。单击“图层”工具栏中的“图层特性管理器”按钮，打开“图层特性管理器”对话框，在该对话框中分别创建轴线层、墙线层、门窗层、顶面布局层、电路层和尺寸标注层 6 个图层，各图层参数设置如图 15-87 所示。

02 绘制轴线。设置“轴线”层为当前图层，使用直线命令在绘图窗口中绘制两条相互垂直的轴线，水平线长为19 300，垂直线长9 900，效果如图15-88所示。

03 偏移垂直轴线。使用偏移命令将上步绘制的垂直轴线依次向右偏移，偏移距离分别为2000、2700、2000、5200、2900、1060、1940、1500，效果如图15-89所示。

04 偏移水平轴线。继续执行偏移命令，依次将水平轴线向上偏移，偏移距离分别为1400、2400、1800、2200、2100，效果如图15-90所示。

05 绘制墙线。设置“墙线”层为当前图层，执行绘制多线命令，先后设置多线的比例为240和120，多线的对正方式为“无”，沿着偏移的轴线绘制墙线，效果如图15-91所示。

06 分解并修剪墙线。关闭轴线层，使用分解命令分解绘制的墙线，并用修剪命令进行修剪，效果如图15-92所示。

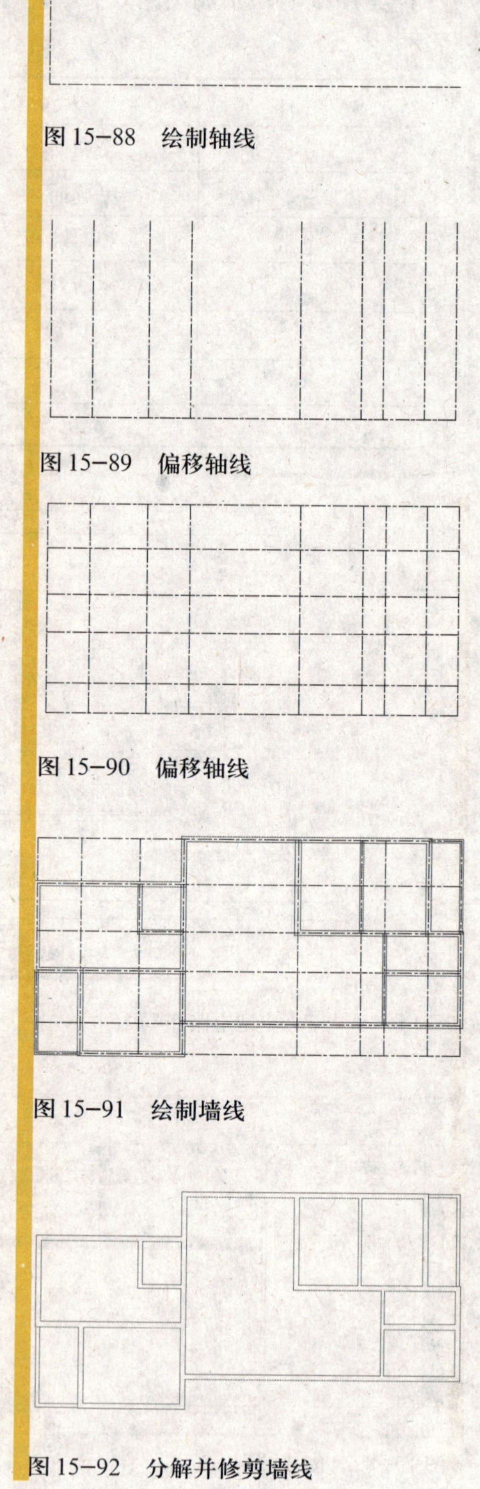

图15-88 绘制轴线

图15-89 偏移轴线

图15-90 偏移轴线

图15-91 绘制墙线

图15-92 分解并修剪墙线

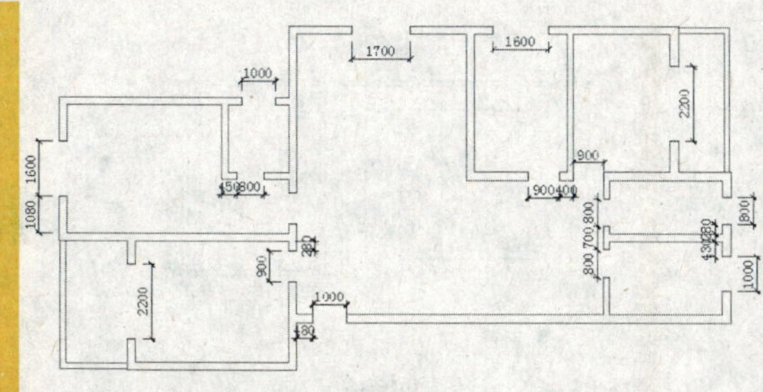

图 15-93　绘制门洞和窗洞

07 修剪门洞与窗洞。设置“门窗”层为当前图层，参照如图 15-93 所示尺寸，使用直线、偏移和修剪命令绘制门洞和窗洞。

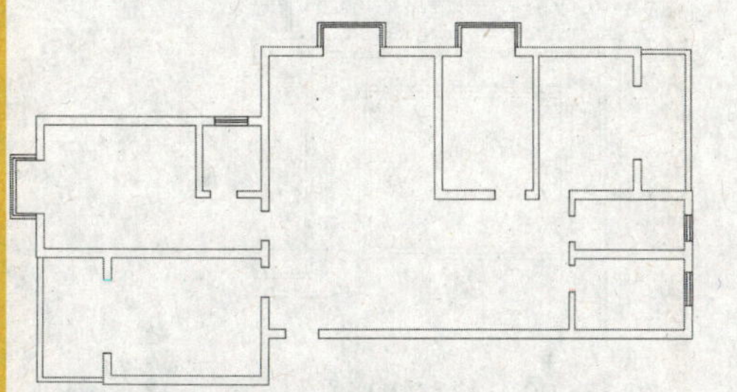

图 15-94　绘制窗户

08 绘制窗户。使用直线和偏移命令绘制窗户，窗外向外伸出的距离是 760，效果如图 15-94 所示。

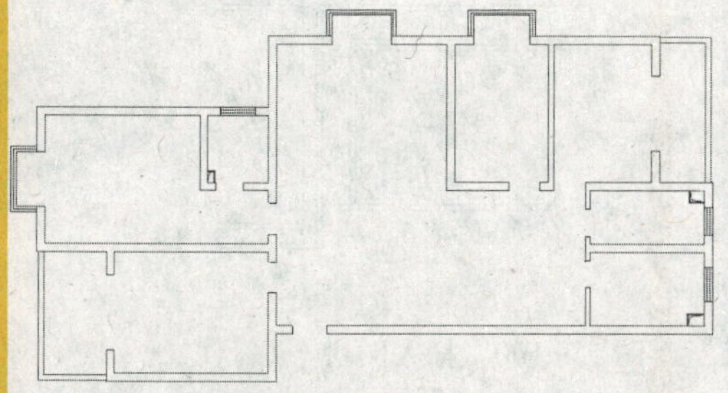

图 15-95　绘制烟道和管道

09 设置“墙线”层为当前图层，使用直线和偏移命令绘制烟道和管道，效果如图 15-95 所示。

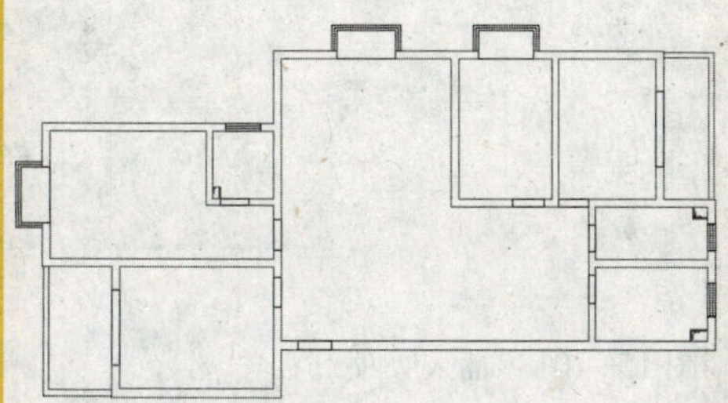

图 15-96　连接门洞

10 连接门洞。设置“顶面布局”层为当前图层，使用直线命令连接门洞，效果如图 15-96 所示。

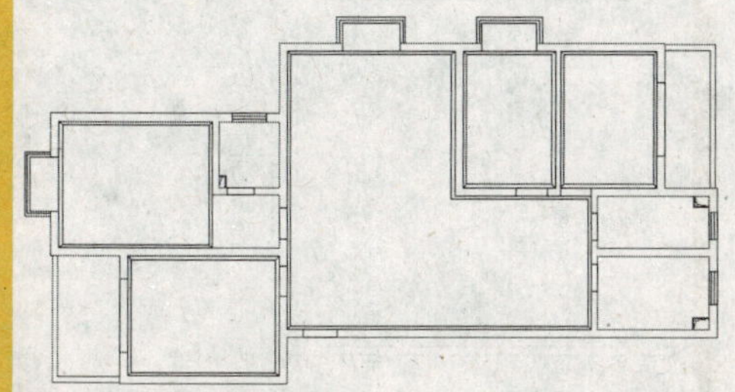

图 15-97　绘制顶面

11 绘制顶面。参照如图 15-97 所示图形，使用偏移命令将各内墙线分别向内偏移，偏移距离为 100，并用延伸和修剪命令编辑偏移后的直线，然后使用直线命令连接偏移后直线的端点，最后将编辑后的直线匹配到“顶面布局”层，效果如图 15-97 所示。

12 绘制矩形。执行绘制矩形命令，以如图15-98所示图形中的A点为角点，绘制一个长为3760，宽为3100的矩形，并用移动命令分别将其向下和向右移动，移动距离均为500，效果如图15-98所示。

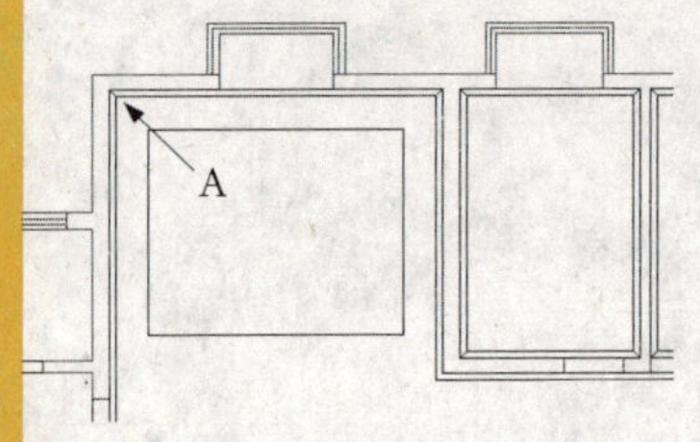

图15-98　绘制矩形

13 偏移矩形。使用偏移命令将上步绘制的矩形依次向内偏移两次，偏移距离均为100，效果如图15-99所示。

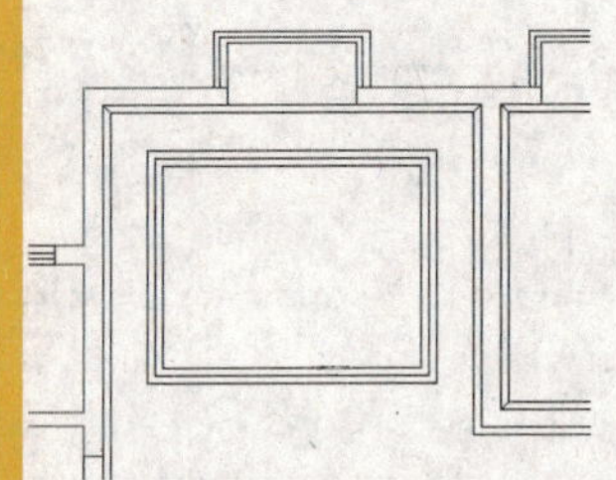

图15-99　偏移矩形

14 插入造型吊灯。使用直线命令连接偏移后矩形的角点。执行插入命令，将素材文件夹中的图块“造型吊灯”插入到矩形的中心点位置，效果如图15-100所示。

图15-100　插入图块

15 插入吸顶灯。继续执行插入命令，在如图15-101所示位置插入吸顶灯。

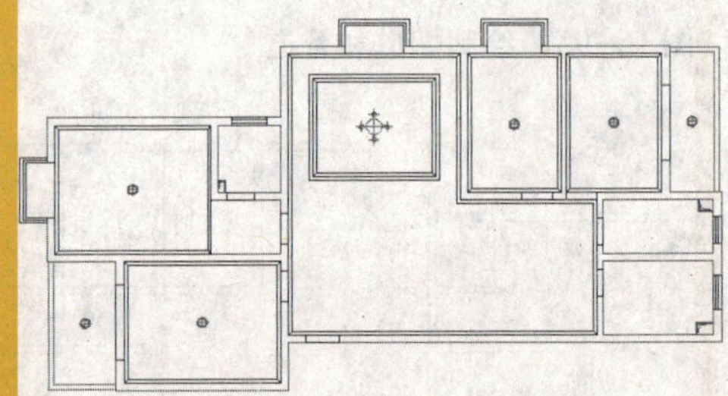

图15-101　插入吸顶灯

16 插入造型吊线灯。继续执行插入命令，在如图15-102所示位置插入造型吊线灯。

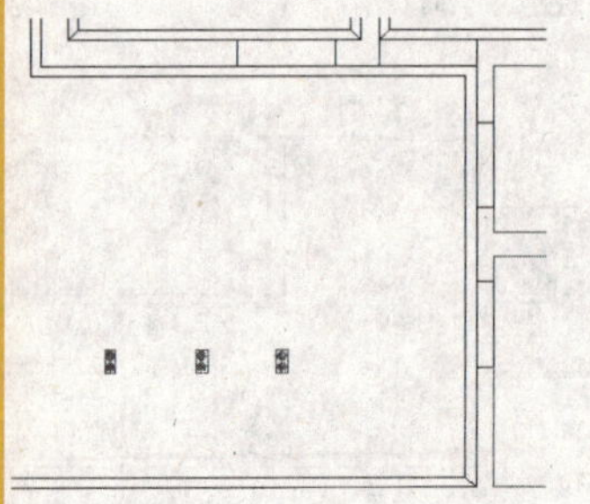

图15-102　插入造型吊线灯

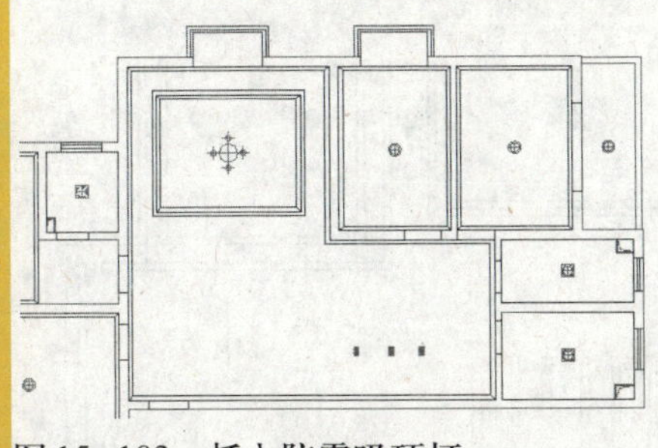
图 15-103 插入防雾吸顶灯

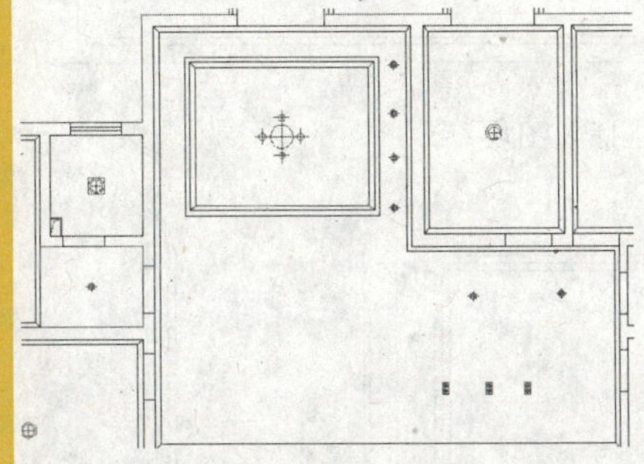
图 15-104 插入筒灯

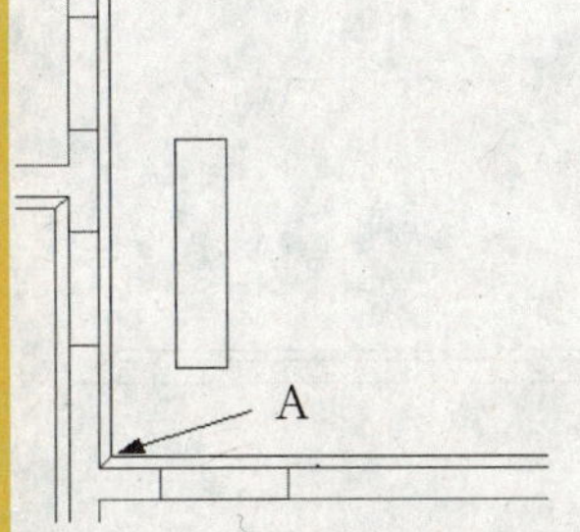

图 15-105 绘制并移动矩形

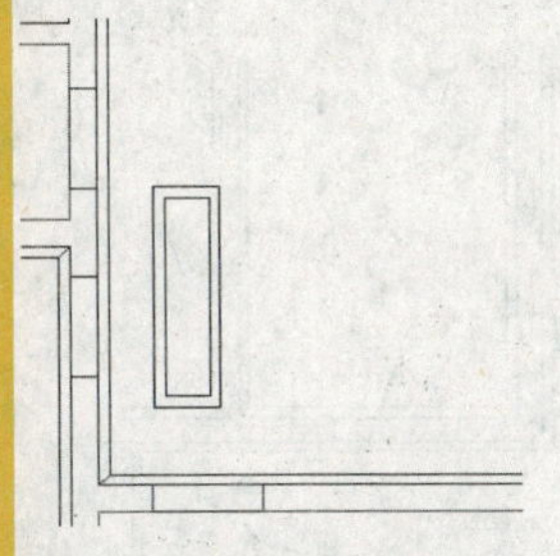
图 15-106 偏移矩形

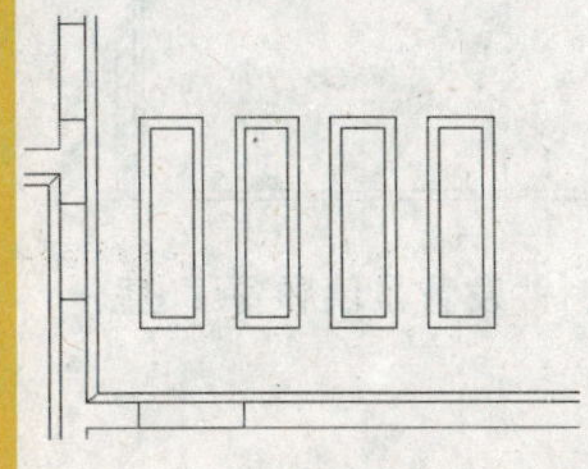
图 15-107 阵列矩形

17 插入防雾吸顶灯。继续执行插入命令，在如图 15-103 所示位置插入防雾吸顶灯。

18 插入筒灯。继续执行插入命令，在如图 15-104 所示位置插入筒灯。

19 绘制并移动矩形。执行绘制矩形命令，以图 15-105 所示图形中的 A 点为角点，绘制一个长为 400，宽为 1800 的矩形，再用移动命令将其分别向上和向右移动，移动距离分别为 600 和 400，效果如图 15-105 所示。

20 偏移矩形。执行偏移命令，将上步绘制的矩形向外偏移，偏移距离为100，效果如图 15-106 所示。

21 阵列矩形。执行矩形阵列命令，设置阵列的行数为 1，列数为 4，列间距为 900，阵列矩形，效果如图 15-107 所示。

22 插入图块。设置“电路”层为当前图层，执行插入块命令，在素材文件夹中选择图块配电箱和电源开关，将其插入到如图 15-108 所示的位置。

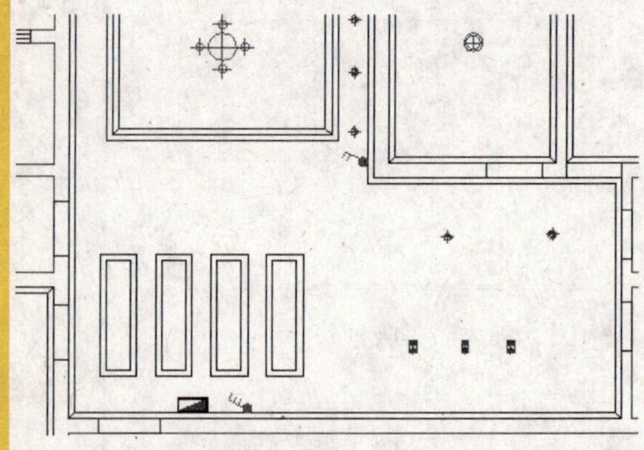

图 15-108　插入图块

23 绘制线路。使用圆弧命令将客厅、餐厅、过道电路连接起来，效果如图 15-109 所示。

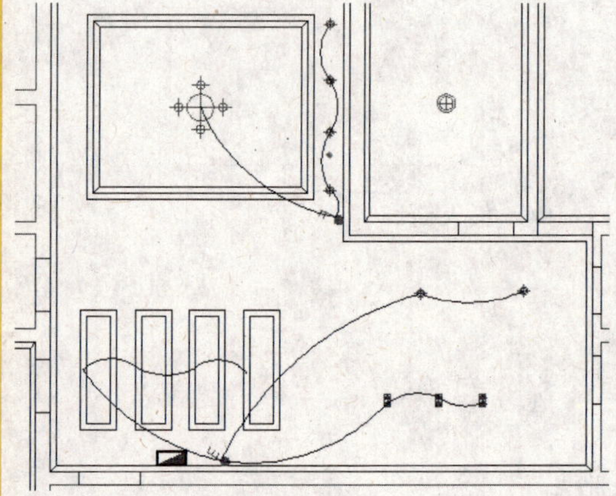

图 15-109　绘制线路

24 布局电视墙、沙发背景墙和餐厅电路。执行插入块命令，在电视墙中插入电视插座和电源插座图块；在沙发背景墙面插入电源插座图块、电话插座图块；在餐厅墙面插入电源插座图块，效果如图 15-110 所示。

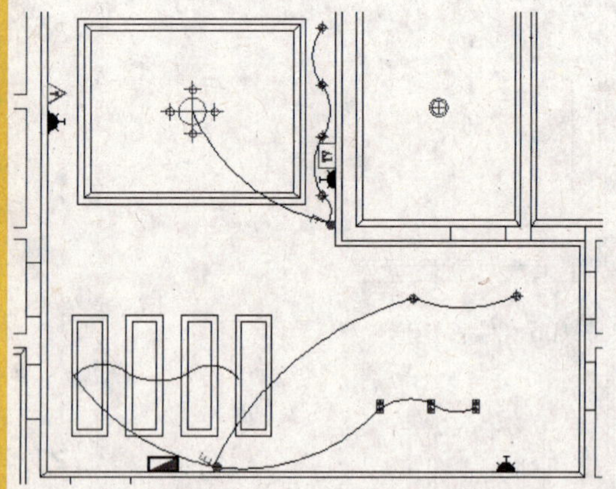

图 15-110　布局电视墙、沙发背景墙和餐厅电路

25 布局卧室和书房电路。继续执行插入块命令，在卧室和书房插入电源开关、电源插座、电话插座、电视插座图块，并使用圆弧命令绘制线路，效果如图 15-111 所示。

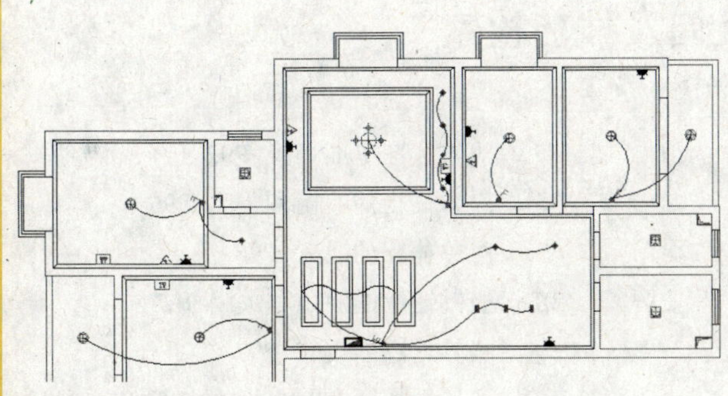

图 15-111　布局卧室和书房电路

26 布局厨房和卫生间电路。在厨房和卫生间插入电源开关、电源插座图块，并使用圆弧命令绘制线路，效果如图 15-112 所示。

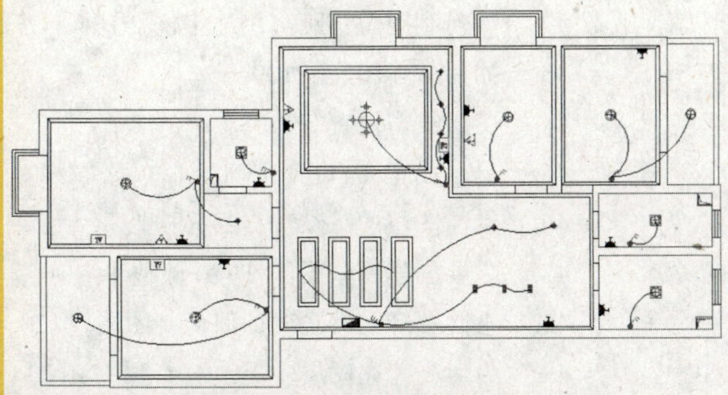

图 15-112　布局厨房和卫生间电路

27 标注图形尺寸。设置"尺寸标注"层为当前图层，对图形进行尺寸标注，完成经典户型电路布局图的绘制，效果如图 15-113 所示。

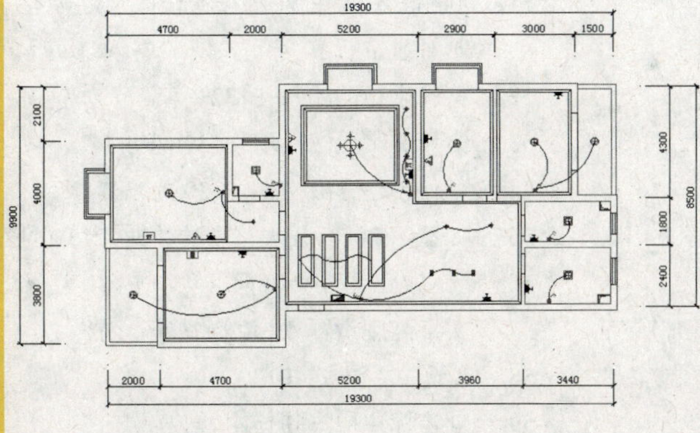

图 15-113 标注图形尺寸

疑问及技巧检索

69. 创建外部块 P184
70. 创建块属性 P188
71. 参照图形与当前图形的图层显示区别 P190 王子婆妈
72. 修改已创建块 P196 问答 1
73. 如何使用其他图形中的块 P197 问答 2
74. 参照图形丢失 P197 问答 3
75. 需要定义哪些块 P197 问答 4
76. 修改块文字 P198 问答 5
77. 定义块时基点对块使用的影响 P199 问答 6
78. 设置中心复制图层、标注样式、文字样式等 P206 王子婆妈
79. 使用设计中心创建模板文件 P211 问答 1
80. 二维图形创建面域 P217 王子婆妈
81. 使用边界定义面域 P218 王子婆妈
82. 填充中“边界定义错误”警告 P219 王子呲牙
83. 为何提示创建 0 个面域 P228 问答 1
84. 如何使用自定义图案 P228 问答 2
85. 填充无法显示 P229 问答 3
86. 自定义填充图案线条宽度 P229 问答 4
87. 如何设置填充比例 P229 问答 5
88. 多个对象转换为平面曲面 P235 王子婆妈
89. 网格密度控制 P237 王子俏皮
90. 哪些对象可以进行平移 P238 王子婆妈
91. 创建直纹曲面的条件 P238 王子婆妈
92. 不可见三维面 P242 王子婆妈
93. 旋转中心的影响 P243 王子婆妈
94. 圆环体的两个半径如何设置 P248 王子婆妈
95. 拉伸创建曲面和实体的分别 P249 王子显宝
96. 可以进行拉伸的对象有哪些 P249 王子婆妈
97. 拉伸路径的限制 P250 王子俏皮
98. 为何无法旋转 P251 王子婆妈
99. 拉伸实体和扫掠实体的区别 P252 王子婆妈
100. 放样中导向放样和路径放样的区别 P253 王子婆妈
101. 直线和圆之间不能创建直纹网格 P257 问答 1
102. 如何提供实体模型平滑度 P257 问答 2
103. 旋转网格的技巧 P258 问答 3
104. 如何确定长方体的长、宽、高方向 P259 问答 4
105. 为何部分图形不能拉伸成实体 P259 问答 5
106. 为何交集运算后实体不见了 P259 问答 6
107. 为何移动面命令无法移动选定面 P265 王子婆妈
108. 无法压印 P267 王子婆妈和 P277 王子婆妈
109. 无法剖切 P281 王子婆妈
110. 实体拉伸和实体面拉伸的区别 P299 问答 1
111. 压印有何用 P299 问答 2
112. 抽壳要注意什么 P300 问答 3
113. 聚光角和照射角有何关系 P312 王子婆妈
114. 用户自定义材质 P308~310
115. 保存自定义材质 P319 问答 1
116. 背景图像消失了 P320 问答 2
117. 曲面模型渲染出来有明显棱角 P320 问答 3
118. 保存渲染 P321 问答 4
119. 创建新视口 P331 王子呲牙
120. 如何居中打印 P332 问答 1
121. 如何在一张纸上打印多个图形 P332 问答 2
122. 如何控制图纸比例 P333 问答 3